普通高等教育“十二五”规划教材 | 教育部CAXC项目指定教材

# CATIA V5 机械设计案例教程

全国计算机辅助技术认证管理办公室 ◎ 组编
侯洪生 刘广武 ◎ 主编

人 民 邮 电 出 版 社
北 京

图书在版编目（CIP）数据

CATIA V5机械设计案例教程 / 侯洪生，刘广武 主编. -- 北京 : 人民邮电出版社，2014.9
教育部CAXC项目指定教材
ISBN 978-7-115-35937-7

Ⅰ. ①C… Ⅱ. ①侯… ②刘… Ⅲ. ①机械设计－计算机辅助设计－应用软件－教材 Ⅳ. ①TH122

中国版本图书馆CIP数据核字(2014)第163760号

## 内 容 提 要

本书基于高等教育对高素质人才培养的要求，依据教育部工程图学教学指导委员会制定的“普通高等院校工程图学课程教学基本要求”中提出的工程图学课程任务之一“培养使用绘图软件绘制工程图样及进行三维造型设计的能力”，并结合编者多年教学改革经验编写而成，是工程图学课程改革的配套教材。

本书以高端三维设计软件 CATIA V5R19 中文版为平台，主要介绍机械设计模块下的零件设计、装配设计、草图编辑器和工程制图四个子模块。主要内容有草图设计、基于草图特征的构型设计、二维视图与三维立体转换、一般零件与常用件以及标准件设计、自下而上及自上而下装配设计、协同混合装配设计、减速器参数化装配设计实例等内容。本书通过大量实例向读者介绍了零件三维数字模型创建、部件的现代设计方法和过程及与零件相关联的虚拟装配设计以及与三维数字模型相关联的创成式工程图设计。以上内容都是通过大量实例帮助读者轻松掌握各种命令的应用进而达到利用 CATIA V5R19 设计软件进行创新设计。

本书可作为各层次高等学校三维 CAD 教学的教材，也可作为 CATIA V5 的培训教材，特别适合作为具有传统图学基础以及有工程设计背景的技术人员了解掌握 CATIA V5 的自学教材。

♦ 组　　编　全国计算机辅助技术认证管理办公室
主　　编　侯洪生　刘广武
责任编辑　吴宏伟
责任印制　张佳莹　焦志炜

♦ 人民邮电出版社出版发行　　北京市丰台区成寿寺路 11 号
邮编　100164　　电子邮件　315@ptpress.com.cn
网址　http://www.ptpress.com.cn
固安县铭成印刷有限公司印刷

♦ 开本：787×1092　1/16
印张：21.75　　　　2014 年 9 月第 1 版
字数：554 千字　　　　2024 年 8 月河北第 23 次印刷

定价：45.00 元

读者服务热线：(010) 81055256　印装质量热线：(010) 81055316
反盗版热线：(010) 81055315
广告经营许可证：京东市监广登字20170147号

# 全国计算机辅助技术认证项目专家委员会

党的十八大报告明确提出："坚持走中国特色新型工业化、信息化、城镇化、农业现代化道路，推动信息化和工业化深度融合、工业化和城镇化良性互动、城镇化和农业现代化相互协调，促进工业化、信息化、城镇化、农业现代化同步发展"。

在我国经济发展处于由"工业经济模式"向"信息经济模式"快速转变时期的今天，计算机辅助技术（CAX）已经成为工业化和信息化深度融合的重要基础技术。对众多工业企业来说，以技术创新为核心，以工业信息化为手段，提高产品附加值已成为塑造企业核心竞争力的重要方式。

围绕提高产品创新能力，三维CAD、并行工程与协同管理等技术迅速得到推广；柔性制造、异地制造与网络企业成为新的生产组织形态；基于网络的产品全生命周期管理（PLM）和电子商务（EC）成为重要发展方向。计算机辅助技术越来越深入地影响到工业企业的产品研发、设计、生产和管理等环节。

2010年3月，为了满足国民经济和社会信息化发展对工业信息化人才的需求，教育部教育管理信息中心立项开展了"全国计算机辅助技术认证"项目，简称CAXC项目。该项目面向机械、建筑、服装等专业的在校学生和社会在职人员，旨在通过系统、规范的培训认证和实习实训等工作，培养学员系统化、工程化、标准化的理念，以及解决问题、分析问题的能力，使学员掌握CAD/CAE/CAM/CAPP/PDM等专业化的技术、技能，提升就业能力，培养适合社会发展需求的应用型工业信息化技术人才。

立项3年来，CAXC项目得到了众多计算机辅助技术领域软硬件厂商的大力支持，合作院校的积极响应，也得到了用人企业的热情赞誉，以及院校师生的广泛好评，对促进合作院校相关专业教学改革，培养学生的创新意识和自主学习能力起到了积极的作用。CAXC证书正在逐步成为用人企业选聘人才的重要参考依据。

目前，CAXC项目已经建立了涵盖机械、建筑、服装等专业的完整的人才培训与评价体系，课程内容涉及计算机辅助设计（CAD）、计算机辅助工程（CAE）、计算机辅助制造（CAM）、计算机辅助工艺计划（CAPP）、产品数据管理（PDM)等相关技术，并开发了与之配套的教学资源，本套教材就是其中的一项重要成果。

本套教材聘请了长期从事相关专业课程教学，并具有丰富项目工作经历的老师进行编写，案例素材大多来自支持厂商和用人企业提供的实际项目，力求科学系统地归纳学科知识点的相互联系与发展规律，并理论联系实际。

在设定本套教材的目标读者时，没有按照本科、高职的层次来进行区分，而是从企业的实际用人需要出发，突出实际工作中的必备技能，并保留必要的理论知识。结构的组织既反映企业的实际工作流程和技术的最新进展，又与教学实践相结合。体例的设计强调启发性、针对性和实用性，强调有利于激发学生的学习兴趣，有利于培养学生的学习能力、实践能力和创新能力。

希望广大读者多提宝贵意见，以便对本套教材不断改进和完善。也希望各院校老师能够通过本套教材了解并参与CAXC项目，与我们一起，为国家培养更多的实用型、创新型、技能型工业信息化人才！

教育部教育管理信息中心处长
高级工程师 薛玉梅
2013年6月

当今世界，人们对产品设计的要求越来越高，产品更新换代也就越来越快。围绕提高产品创新能力和用户需求，三维 CAD、CAE、CAM 等现代设计制造技术得到迅速推广和应用，“设计从三维开始”的理念已经随着计算机技术应用的普及和三维设计软件的成熟迅速成为现实。

传统的设计方法和尺规绘图甚至单纯的计算机二维绘图已不能适应当前现代工业发展的需要。工程设计现在已发展到全数字化阶段，能使设计制造数字化、一体化过程得以实现的核心是三维几何模型，二维视图已满足不了当前科技发展的需求，它也不再是设计和制造之间必不可少的环节。采用三维 CAD 技术是现代工业发展和科技发展的必然趋势，因此从事工程设计的人员、理工科院校的学生应学习掌握三维 CAD 技术，能够利用三维软件进行产品的创新设计与开发。否则将无法适应现代科技发展的需要，无法从事先进的工程设计和工程管理工作。

对于从事工程图学教育者更应紧跟本学科发展前沿，落实教育部工程图学教学指导委员会最新修订的工程图学课程教学基本要求中新增加的：“培养学生创造性构型设计能力、使用绘图软件绘制工程图样及进行三维造型设计能力”的要求。以此改变我国图学教育工作者在工程图学课程中只教授学生尺规绘图技艺和计算机二维绘图技术的现状，应结合工程图学课程改革和建设，将三维 CAD 技术融入到传统工程图学课程之中，责无旁贷地承担起向学生传授现代三维 CAD 技术的教学工作，为我国经济建设培养更多的三维 CAD 应用人才。

基于以上所说，为满足工程设计人员、理工科院校的学生学习三维 CAD 技术以及图学教师教授三维 CAD 课程的需求，作者总结十几年三维 CAD 教学经验，编写了这本既方便自学又便于教学的三维 CAD 教材。

总的来说，本书具有以下特点：

（1）本书主要介绍 CATIA V5 设计软件中的机械设计模块。以大中专院校机械类专业的学生或初学三维 CAD 的工程技术人员为对象，根据教师课堂教学过程和学生上机实践过程的经验总结，按照教与学的规律精心编辑。

共包括以下 11 章内容：第 1 章 CATIA V5 概述、第 2 章 草图设计、第 3 章 草图绘制实例、第 4 章 基于草图的特征的构型设计、第 5 章 二维视图与三维立体转换、第 6 章 修饰特征、变换特征与布尔操作、第 7 章一般零件的构型设计、第 8 章常用件与标准件设计、第 9 章 工程制图、第 10 章 装配设计、第 11 章 减速器参数化装配设计。

（2）本书在编写过程中，各章节的编排与传统工程图学有关章节相对应。通过此种框架的编写，形成了一本以三维数字模型创建为主线的三维工程图学教材。此种编写的目的是使读者能够将已掌握的传统图学知识和现代三维 CAD 技术融合在一起，使两者相辅相成，进而更快、更好地掌握 CATIA V5 软件的建模方法和设计流程，使得在学习软件操作和设计工作中少走弯路、达到事半功倍的效果。

例如：

- “草图设计与绘制”扩展对应于传统图学教材中的“平面图形的绘制”；
- “基于草图的特征的构型设计、二维视图与三维立体转换、”对应于传统图学教材中的“基本立体的投影、组合体构型及读组合体视图”；
- “一般零件的构型设计” 对应于传统图学教材中的“零件图中的部分内容”；
- “装配设计”对应于传统图学教材中的“装配图一章”；
- “工程制图”对应于传统图学教材中的“机件的表达方法、技术要求在图样中的标注等内容”；
- “减速器参数化装配设计”一章是传统图学教材中所没有的内容，增加本章的目的是通过一产品的设计流程向读者介绍在设计团队下分工合作、协同设计的现代设计理念和设计方法。

（3）本书在编写过程中注重将命令的功能与实际应用相结合，适时配有结合工程实际应用的典型实例。

（4）在软件操作上步骤清晰，语言通俗易懂，不会给读者留下操作上的困惑，节省读者大量的宝贵时间。读者完全可以通过自学配以上机操作快速掌握 CATIA V5 的草图绘制、三维实体建模、典型零件的创建、虚拟装配以及创成式制图方法，即由三维实体模型自动转换成与其相关联的二维工程图样。

（5）本书将传统图学教材中有关概念术语、物体分类、成形方法、读图规则、物体的表达方法等内容与现代三维 CAD 技术融为一体，使有传统图学基础的人能够利用已学知识，根据二维视图利用 CATIA 软件快速创建三维数字模型，反之能够根据已有三维数字模型创建符合国家标准的二维工程图样。

本书可作为各层次工科院校工程图学课程改革的配套教材，它既可以按一门独立课程集中讲授，又可以将 11 章内容穿插在工程图学课程中分散讲授。（建议授课学时约 30 学时，学生上机 20 学时，课外 20 学时）。同时，通过本课程的学习也为后续课程的实践环节的深化改革奠定基础。例如利用三维设计工具进行工程图学课程实践环节的零、部件测绘、机械设计课程的课程设计以及所学专业的毕业设计。学生通过以上的学习与实践，能够掌握现代三维 CAD 技术，能够满足企业界对人才培养的需求。

本书所附资源包中收录了书中实例的源文件，供读者上机练习时参考。

本书由吉林大学侯洪生、刘广武主编。参加本书编写的人员有长春大学贺春山、吉林农业科技学院张秀芳、长春工程学院杜微、长春工业大学韩冬、吉林工商学院刘天明、薛玉霞、长春汽车高等专科学校房芳。

由于编者的水平有限，书中难免有不妥之处，敬请读者批评指正。

编者

2014.4.25

CONTENTS

# 目录

# 第1章 CATIA V5概述

## 1.1 CATIA软件简介

CATIA 软件的全称是 Computer Aided Tri-Dimensional Interface Application（计算机辅助三维交互应用），它是由法国著名飞机设计师和航空工业企业家达索（原名马塞尔·布洛赫）为首创建的世界著名的航空航天企业——法国达索飞机制造公司旗下的达索系统公司开发的 CAD/CAE/CAM/PLM 于一体的工程设计软件。CATIA 诞生于 20 世纪 70 年代，最早用于幻影系列和阵风战斗机的设计制造中。从 1982 年到 1988 年相继推出了 CATIA V1、V2、V3 版本。1993 年推出了功能强大的 V4 版本。但它只能运行在 IBM 的 UNIX 图形工作站上。

为了扩大软件的用户群并使软件能够易学易用，达索系统公司于 1994 年重新开发全新的 CATIA V5 版本。V5 版本界面更加友好，功能也更加强大。CATIA V5 是在 Windows NT 平台和 UNIX 平台上开发完成。在 Windows 平台的应用可以使设计师更加简便地同办公应用系统共享数据；而 UNIX 平台上的 NT 风格的用户界面，可使用户在 UNIX 平台上高效地处理复杂的工作。CATIA V5 版本包括概念布局设计、工业设计、机械设计、模塑产品设计、钣金设计、线束布局设计、管路设计、逆向工程、有限元及结构分析、人机工程、电子样机工程、三轴加工设计等多个模块。它的集成解决方案覆盖了所有产品设计与制造领域。其特有的电子样机模块功能及混合建模技术更是推动着企业竞争力和生产力的提高。CATIA 提供方便的解决方案，满足所有工业领域的大、中、小企业的需求。包括：波音飞机、火箭发动机、汽车、化妆品的包装盒等，几乎涵盖了所有的制造业产品。

CATIA 源于航空航天工业，自诞生以来一直保持着骄人的业绩。在全球的工业界内，CATIA V5 已经成为公认的标准，是欧洲、北美和亚洲顶尖汽车制造商所用的核心系统。CATIA 被广泛用于汽车、航空航天、轮船、军工、仪器仪表、建筑工程、电气管道、通信等方方面面。最大的客户有：通用、波音麦道、空客、福特、大众、戴克、宝马、沃尔沃、标致雪铁龙、丰田、本田、雷诺、达索飞机、菲亚特、三菱汽车、西门子、博世、现代、起亚。在中国 CATIA 也拥有越来越多的用户群，一汽集团、东风汽车集团、上海大众集团、沈阳华晨金杯、南京依维柯汽车有限公司、北京吉普、哈飞、西飞、沈飞等大公司都是其忠实的用户。

波音飞机公司在波音 777 项目中，应用 CATIA 设计了除发动机以外的 100%的机械零件，并将包括发动机在内的 100%的零件进行了预装配。波音 777 实现了 100%数字化设计和装配的大型喷气客机。参与波音 777 项目的设计工程师、工装设计师以及项目管理人员超过 1700 余人，分布于美国、日本、英国等不同地区。他们通过上千套 CATIA 工作站联系在一起，进行并行工作。它集合了众人的力量，在世界范围内打造了一个统一的工作环境。波音的设计人员对 777 的全部零件进行了三维实体造型，并在计算机上对整个 777 进行了全尺寸的预装配。工程师在预装配的数字样机上即可检查和修改设计中的干涉和不协调。不必重新设计和建立物理样机，只需进行参数更改，就可以得到满足用户需要的电子样机。波音飞机公司使用 CATIA 软件完成了从概念设计到最后调试运行，成功实现完全无纸化生产和管理。整个波音 777 的电子装配，创造了业界的一个奇迹，从而也确定了 CATIA 在 CAD/CAE/CAM/PLM 行业内的领先地位。

# 1.2 CATIA V5 的启动及用户界面

## 1.2.1 CATIA V5 软件的启动

通常用以下方法启动 CATIA 软件：

- 双击桌面上 CATIA V5 快捷图标；
- 在安装有 CATIA V5R19 软件的计算机上单击桌面“开始”按钮，在弹出菜单中依次逐级选择“所有程序→CATIA→CATIA V5”。
- 双击用 CATIA 创建的文件。

启动后首先进入的是 Product1（装配设计）界面，如图 1-1 所示。

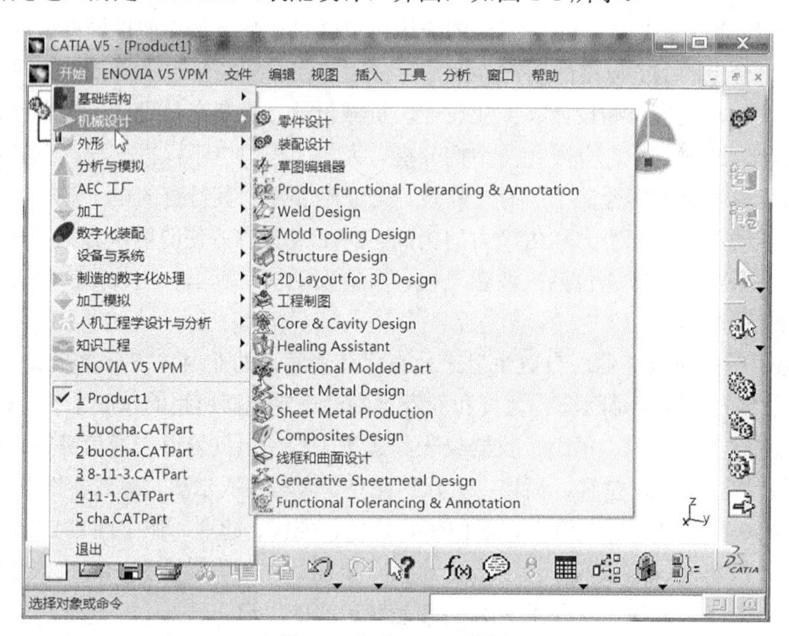


图 1-1　启动 CATIA 图标

单击图 1-1 界面中的“开始”下拉菜单，可显示出 CATIA V5R19 版本共有基础结构、机械设计、外形、分析与模拟、AEC 工厂、加工、数字化装配、设备与系统、制造的数字化处理、加工模拟、人机工程学设计与分析、知识工程、ENOVIA V5 VPM13 个功能模块，这些功能几乎涵盖了现代工业领域的全部应用。本书主要介绍机械设计模块下的零件设计、装配设计、草图编辑器和工程制图 4 个工作台的功能及应用。

启动 CATIA V5R19 后，可通过以下 3 种方式进入所需要的工作台：

- 单击图 1-1 中“开始”下拉菜单，选择“机械设计”→“零件设计工作台”或其他工作台。
- 单击图 1-1 中“文件”下拉菜单，选择“新建”→在弹出的新建对话框中选择“Part”（零件设计）工作台或其他工作台，如图 1-2 所示。
- 利用自定义的“开始”对话框进入所需要的工作台。

“开始”对话框的定制过程如下：单击图 1-1 中“工具”下拉菜单，选择“自定义”，弹出如图 1-3 所示的“自定义”对话框。在其中选择“开始菜单”选项卡，单击“可用的”窗口中的“草图编辑器”，再单击中间的箭头⟹，即可将草图编辑器工作台移动到“收藏夹”窗口中。

图 1-2 新建对话框

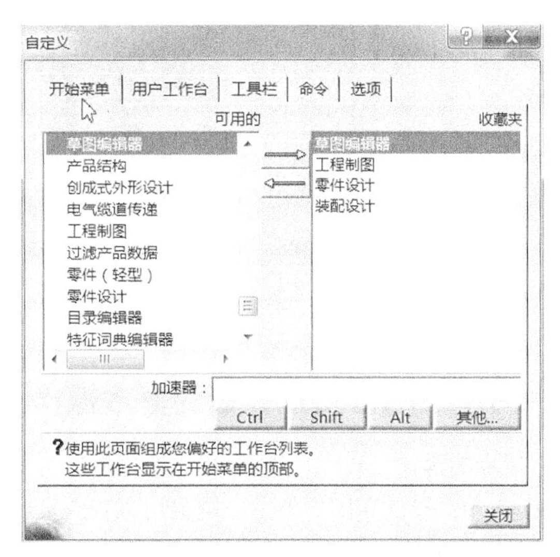


图 1-3 “自定义”对话框—开始菜单

按此过程将工程制图、零件设计、装配设计移动到收藏夹窗口中，单击“关闭”按钮，完成自定义的开始菜单。

一旦定制了“开始”菜单，再单击图 1-1 界面中右上角的装配工作台图标（见图 1-4）或重新启动 CATIA V5 软件，都会弹出如图 1-5 所示的欢迎使用 CATIA V5 的开始菜单对话框，在此对话框中选择自己需要的工作台。也可在工作台图标上单击鼠标右键，在弹出的快捷工具栏上选择一个工作台图标，即可进入相应工作台，如图 1-6 所示。

图 1-4 装配工作台图标

图 1-5 自定义的开始对话框

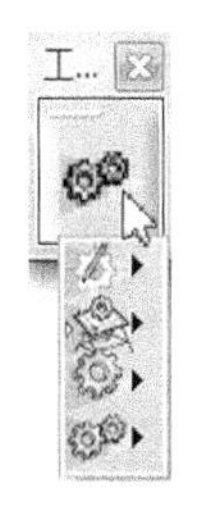


图 1-6 快捷键选择工作台

利用自定义的开始菜单进入相应工作台，可提高工作效率。

### 1.2.2 CATIA V5 用户界面

CATIA V5 采用了标准的 Windows 工作界面，它虽然拥有几十个模块，但每个模块的工作台界面的风格是一致的。二维作图或三维建模的区域位于屏幕的中央，周边是工具栏，顶部是下拉菜单，最顶部是标题栏，最底部是人机信息交互提示区。图 1-7 是零件设计工作台界面。

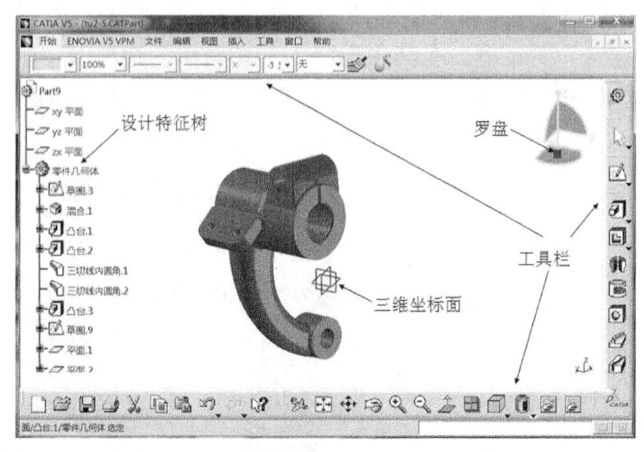


图 1-7 零件设计工作台界面

### 1.2.3 CATIA V5 用户界面的基本操作

#### 1. 鼠标的操作

CATIA V5 以鼠标操作为主，键盘用来输入数值。熟练使用鼠标各键的功能，对提高工作效率至关重要。CATIA 推荐用带滚轮的双键鼠标。

执行命令时主要使用鼠标单击工具图标，也可以通过单击下拉菜单命令或用键盘输入快捷键来执行命令。CATIA V5 中左键、右键、滚轮及按键的组合功能如表 1-1 所列。

表 1-1 各种按键的使用方法

| 按　键 | 功　能 |
|---|---|
| 单击左键 | 可选择命令、选择对象，在 CATIA V5 工作界面中选中的对象以橘黄色显示。按下 Ctrl 键时单击左键，可进行连续选择。选择对象时，在几何图形区与在设计特征树上选择是相同的，并且是关联的 |
| 双击左键 | 双击命令图标，可连续执行同一命令；在其他对象上双击左键可弹出相应对话框或其他有关信息 |
| 按下左键并拖动鼠标 | 可框选对象、移动对象，如移动草图中的未约束图形元素 |
| 单击鼠标右键 | 在要选择的对象上单击鼠标右键，弹出可供多项选择的快捷菜单 |
| 单击滚轮 | 在物体上单击滚轮，可将选中的点移到作图区中心 |
| 按下滚轮并拖动鼠标 | 可移动草图或物体 |
| 按下滚轮和右键并划动鼠标 | 可旋转视图区中的物体 |
| 按下滚轮单击鼠标右键并前后移动鼠标 | 可放大或缩小草图或物体 |

### 2. 设计特征树的操作

设计特征树（简称特征树）是用来记录用户创建物体的过程。特征树以树状层次结构显示了二维图形或三维物体从上向下的组织结构。

根结点的种类与 CATIA 的模块相关，例如零件设计模块的根结点是 Part、二维草图模块的根结点是 Drawing、装配设计模块的根结点是 Product。

带有符号“+”的结点还有下一层结点，单击节点前的“+”，显示该节点的下一层结点，单击节点的“-”，返回上一节点。节点右侧的文本是对该节点的说明。例如图 1-7 上所示特征树的根节点是 Part9，它以下有 xy、yz、zx 三个坐标平面和第一节点：零件几何体，它的下层有 26 个节点（节点没有全部显示）。说明了物体从上向下的构建过程。

设计特征树的操作有以下 5 个方面：

（1）显示或隐藏特征树：通过单击功能键 F3 可以显示或隐藏特征树。

（2）移动特征树：将光标移至特征树节点的连线，按住鼠标左键，即可拖动特征树到指定位置。

（3）缩放特征树：将光标指向特征树节点的连线，按住 Ctrl 键和鼠标左键，前后推拉鼠标，特征树将放大或缩小。

（4）特征树的展开和折叠：除了单击+、-符号展开和折叠特征树外，还可通过选择菜单【视图】、【树展开】来选择展开的层级或全部折叠。

（5）在特征树上双击+-草图.1图标，可对草图进行修改；双击--凸台.1图标，可对立体进行修改。

> 注意：当单击特征树节点连线或单击界面右下角的坐标系图标，则无法对图形区域的草图或物体进行操作，此时只能对特征树进行操作，只有再次单击节点连线或坐标系图标才能恢复对草图或物体的操作。

### 3. 罗盘的操作

罗盘用于移动或旋转物体以获得最佳视角进而对物体进行编辑和修改。罗盘位于界面的右上角。罗盘中的字母 X、Y 和 Z 表示轴。Z 轴是默认方向。Z 轴上的点是自由旋转手柄。XY 平面上的红色正方形是移动罗盘的手柄，将光标移至罗盘上的轴线、平面、圆弧和圆手柄上按下左键出现手形时拖动鼠标，界面中的物体就会沿着图 1-8 所注明的对应方向移动或转动。拖动旋转时，手形离红色手柄近时旋转速度快；离红色手柄远时，旋转速度变慢。

将光标移至罗盘上的红色手柄后按下左键出现图标时，拖动鼠标，可将罗盘拖到界面中的物体上，如图 1-9 所示。罗盘呈高亮绿色时操作罗盘，再单击更新命令图标，物体相对坐标系就会产生实际的相对位移。将罗盘移出物体释放左键，罗盘会自动回到原位。

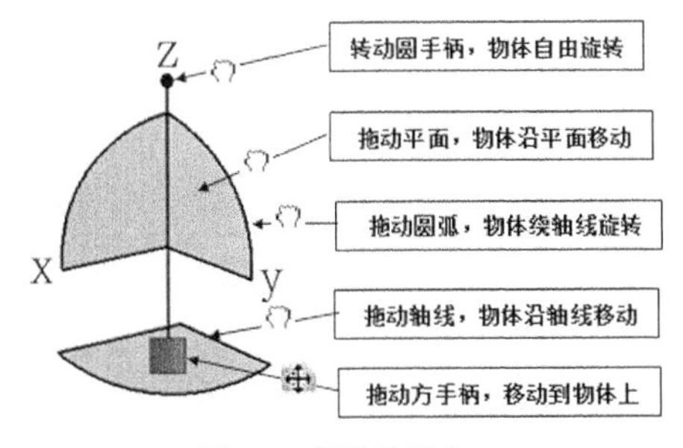


图 1-8 罗盘的操作

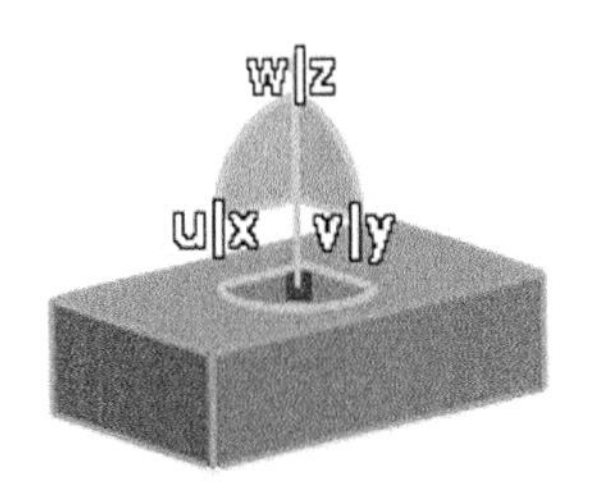


图 1-9 罗盘依附于物体

若要将罗盘的 Z 轴方向恢复到竖直向上的原始位置，可按住 Shift 键后，释放鼠标左键。将罗盘拖放到界面右下角的绝对参考轴上释放鼠标左键，也可实现同样的效果。

罗盘操作主要用于装配设计一章中。

#### 4．工具栏的操作

启动 CATIA 软件后，只显示如图 1-7 所示的 3 排工具栏，其他工具栏都隐藏在界面右下角的位置。当鼠标左键按住如图 1-10 所示箭头所指位置的灰色双箭头或灰杠时，就会拖出若干工具栏。当此处没有灰色双箭头或灰杠时，表示工具栏全部拖出。不需要的工具栏单击其上的关闭按钮☒即可，需要的工具栏用左键按住灰杠拖至合适位置。要调出关闭的工具栏，可在任一工具栏上单击鼠标右键，在弹出如图 1-11 所示的快捷菜单上选择需要的工具栏。

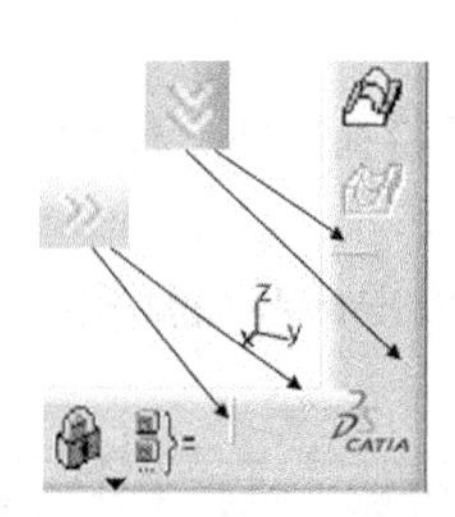

图 1-10　工具栏的隐藏处

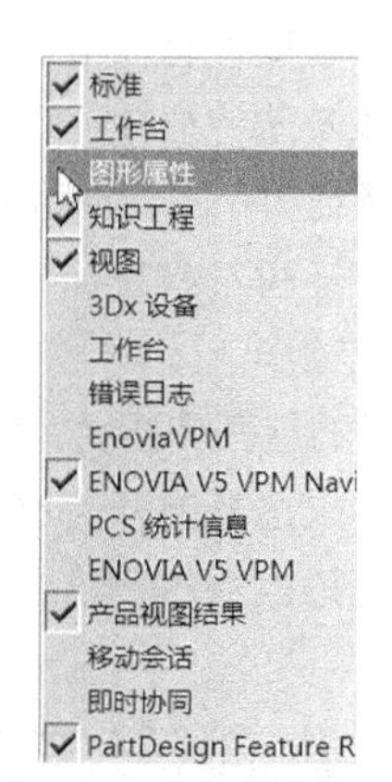


图 1-11　工具栏快捷菜单

如果工具栏放置太乱，或无法找到需要的工具栏，可单击“工具”下拉菜单，选择图 1-12 工具菜单中的“自定义”→在弹出如图 1-13 所示的“自定义”对话框中选择工具栏→标准→恢复位置→确定→关闭，即可恢复工具栏原始位置。

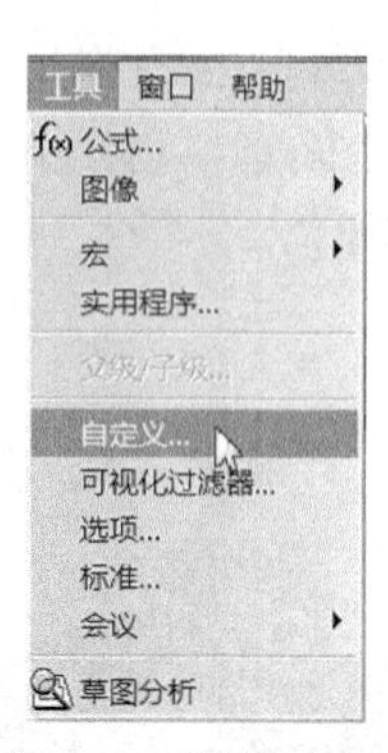


图 1-12　选择自定义

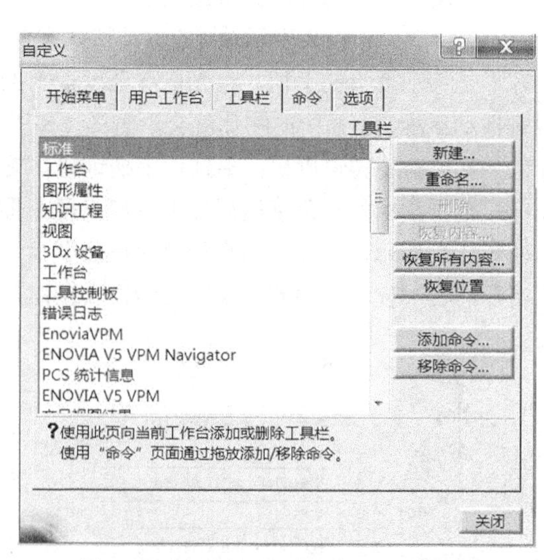


图 1-13　“自定义”对话框中选择恢复位置

按下 shift 键，左键按住工具栏上的灰杠，可将工具栏横向放置。

## 1.2.4 定制工作台设计环境

可根据设计要求对工作台设计环境进行设置。

设计环境设置的操作如下：

（1）单击菜单栏“工具”→“选项”命令，弹出如图 1-14 所示的“选项”对话框，在该对话框中的左侧以树状结构列出各项模块。右侧是所选模块对应的项目设置。

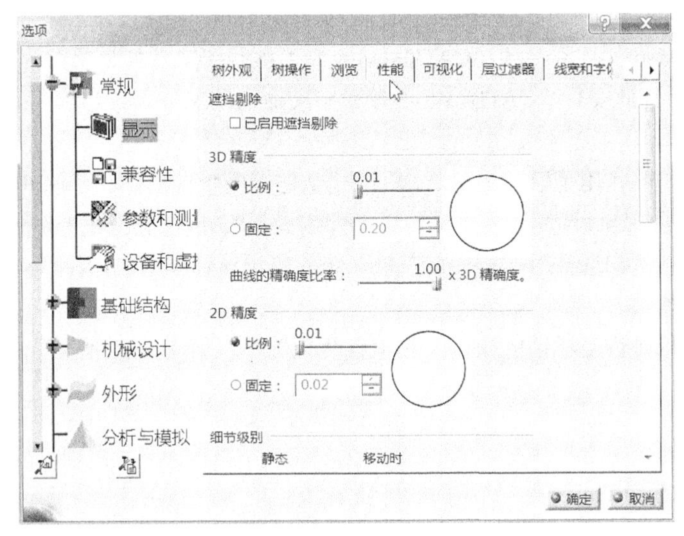


图 1-14 选项对话框中的项目和设置

（2）单击对话框中左侧“常规”→“显示”→选择 “性能”选项卡，就会显示该选项卡下的设置，向右拉动 3D 精度和 2D 精度下比例处的滑块，在界面中的 3D 物体和 2D 草图的显示精度就会降低。

（3）如果选择“可视化”选项卡，在“背景”窗口中选择白色，则图形工作区的背景就会变为白色。

机械设计模块下各选项的设置基本都可满足设计要求，初学者可利用默认设置完成设计工作。如果设置有误，可单击对话框左下角的“将参数值重置为默认值”图标，即可恢复各选项的默认设置。

## 1.2.5 通用工具栏

CATIA V5 各模块的工作台中有若干通用工具栏。下面主要介绍三个工具栏。

### 1．标准工具栏上的各命令的名称

如图 1-15 所示，其功能和用法与 Windows 操作系统一致，不多赘述。需要说明的是：

（1）新建一个文件时，在弹出的如图 1-2 所示对话框中选择新建文件类型。

（2）文件打不开时，可能有两种原因：

一是本计算机时钟迟于文件创建时间，尝试将时钟调整为当前时间；

二是低版本打不开高版本创建的文件，尝试在安装高版本的计算机上打开低版本文件后，将其另存为 stp 格式，即可用低版本软件打开高版本文件。

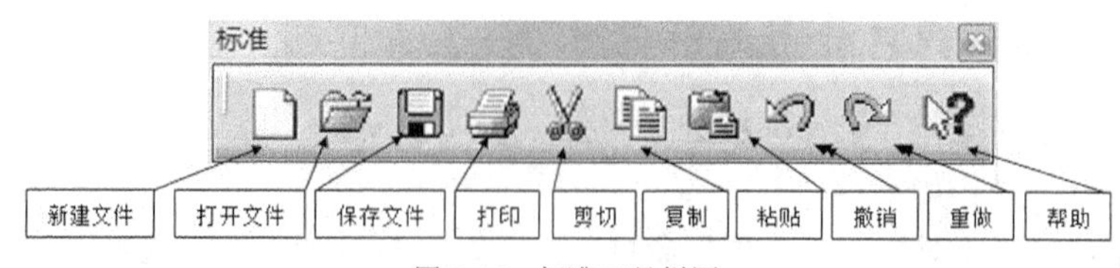


图 1-15 标准工具栏图

（3）保存文件时，不同工作台下保存的文件类型有所不同。零件设计工作台文件类型：CATPart；装配设计：CATProduct；工程制图：CATDrawing。工程制图文件如果另存为.dwg 类型，则可利用 AutoCAD 软件打开此文件。CATIA V5 不接受中文命名的文件名，建议用数字、英文或拼音字母为当前文件命名。

（4）撤销命令的作用是取消最后一次的操作，它有两个选项，如图 1-16 所示。单击图标，撤销一次，连续单击，连续撤销。单击图标，弹出图 1-17 按历史撤销的对话框，在此对话框中可以多选历史操作，例如选择对话框中前三项，然后单击对话框中的图标，可以把该对话框中选择的前三项一次撤销。

重做命令的作用是恢复撤销的操作。它也有两个选项，如图 1-18 所示，操作与撤销相同。

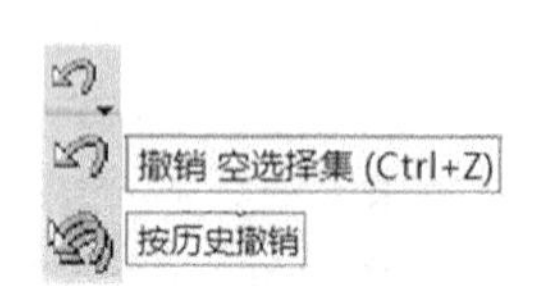


图 1-16 撤销和按历史撤销

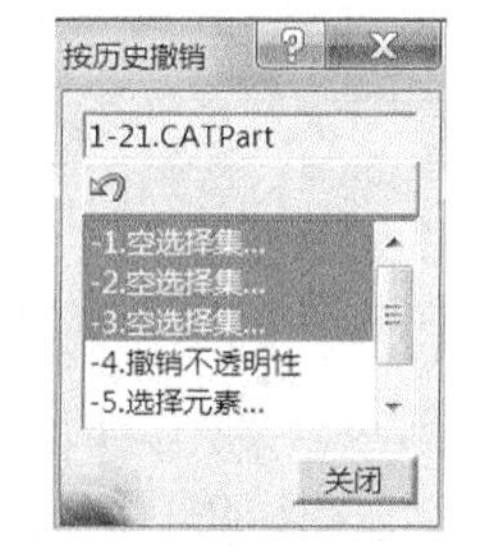


图 1-17 按历史撤销对话框

图 1-18 重做和按历史重做

**2．视图工具栏上还包含两个子工具栏：快速查看和视图模式**

其上各命令的名称如图 1-19 所示。各项命令都是为了方便观察模型对象和设计操作过程的辅助工具，不论用哪种命令操作对象，都不会改变对象的尺寸参数和几何形状。

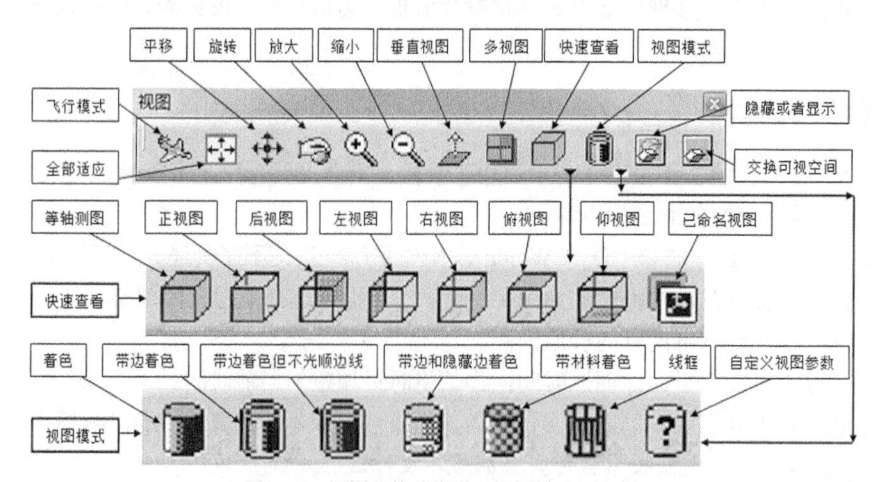


图 1-19 视图、快速查看、视图模式工具栏

下面首先对视图工具栏中各命令的使用进行说明：

（1）飞行模式：用于设置对窗口模型对象的观察模式。单击飞机图标时，图标变成检查模式，（再次单击，恢复原图标）只有转换到透视投影才能执行观察操作。操作完成后，需要单击下拉菜单“视图”→渲染样式→平行，将其改回平行投影模式，否则在中心投影下很难对草图或实体进行编辑。建议不要使用此模式。

（2）全部适应：是一常用的实用命令，不论已建对象是否显示在视图区，只要单击该命令，所建全部对象就会自动显现并以最大方式显示在窗口中。

（3）平移：用于将观察对象在视图区中平移视角。操作过程：单击平移命令图标，在视图区中按住鼠标左键并拖动到合适位置后松开。建议按住鼠标滚轮移动鼠标实现平移。

（4）旋转：用于将观察对象在视图区中旋转视角。操作过程：单击旋转命令图标，在视图区中按住鼠标左键旋转至合适位置后松开。建议按住鼠标滚轮和右键移动鼠标实现旋转。

（5）放大：用于将观察对象在视图区中放大视角。操作过程：单击放大命令图标，视图区中的对象就会放大一定幅度，连续单击，则连续放大。建议按住鼠标滚轮后单击鼠标右键前后移动鼠标实现放大或缩小。

（6）缩小：用于将观察对象在视图区中缩小视角。操作过程是：单击缩小命令图标，视图区中的对象就会缩小一定幅度，连续单击，则连续缩小。建议按住鼠标滚轮后单击鼠标右键前后移动鼠标实现缩小或放大。

（7）垂直视图：也称法向视图，利用该命令可以将物体上的平面置于与界面平行的位置。具体操作如下：选择如图 1-20（a）所示六棱柱的顶面，单击法向视图按钮，则顶面变成与界面平行的位置并反映实形如图 1-20（b）所示。单击法向视图命令可以将歪斜二维网格面摆正，如图 1-21 所示。单击法向视图命令还可以将二维草图左右翻转 180°，如图 1-22 所示。

（a）选择平面

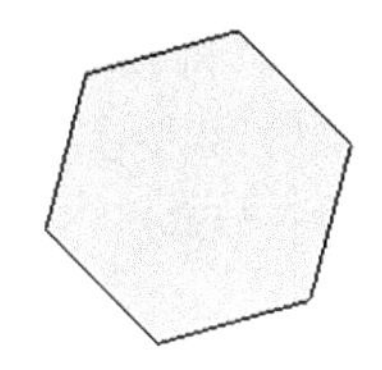

（b）反映实形

图 1-20 利用法向视图命令摆正一个面

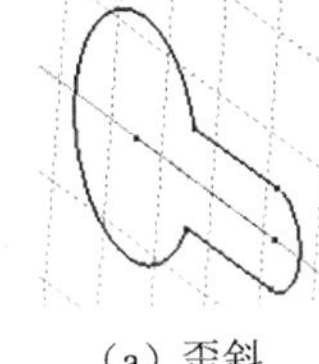

（a）歪斜

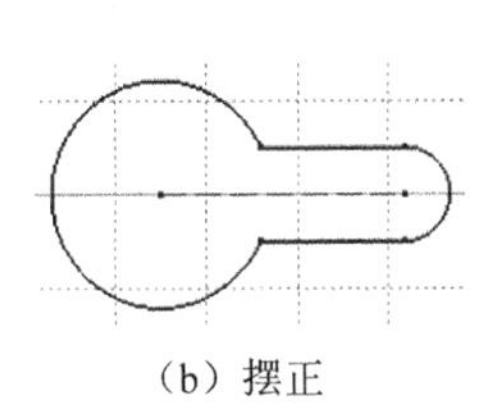

（b）摆正

图 1-21 利用法向视图命令摆正网格面

（8）多视图：单击多视图命令，物体以第三角画法形成的三视图及正等轴测图在视图区同时显示，如图 1-23 所示。再次单击该命令，返回原状态。

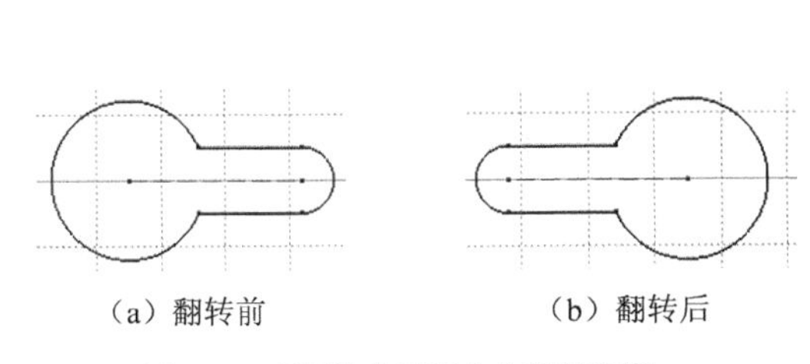

（a）翻转前 （b）翻转后

图 1-22 利用法向视图命令翻转草图

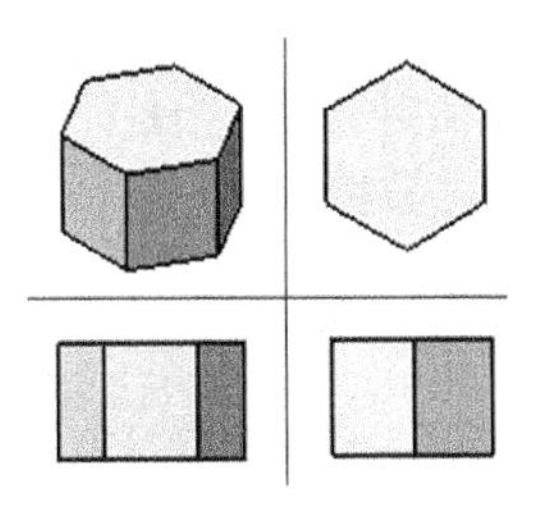

图 1-23 多视图显示

（9）快速查看：展开图 1-19 中的快速查看工具栏，其上共有显示界面中物体的一个正等轴测图和六个基本视图以及用户根据特殊需要设定的视图的命令图标。单击视图命令图标，显示对应方向的视图如图 1-24 所示。

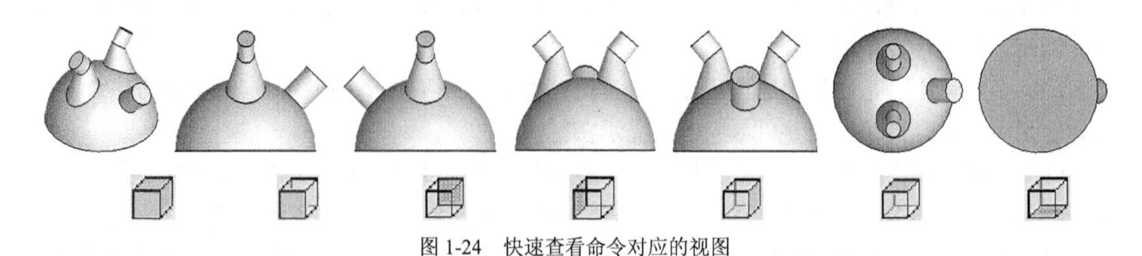

图 1-24 快速查看命令对应的视图

（10）视图模式：展开图 1-19 中的视图模式工具栏，其上共有六种物体的显示模式和一个自定义视图参数命令图标。单击不同命令图标，物体显示的对应效果如图 1-25 所示。

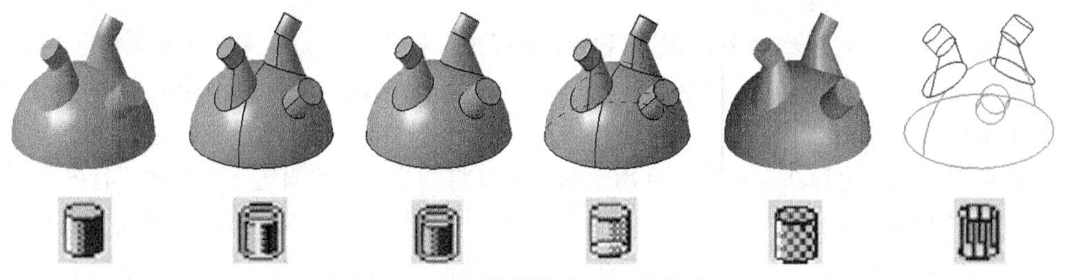

图 1-25 不同视图模式下的显示效果

以上显示中，只有带材料着色模式需要利用“应用材料”命令对物体赋予材料才能达到显示效果。

单击视图模式工具栏中的自定义视图参数命令图标，会弹出“视图模式自定义”对话框，在此对话框中可设置用户需要的物体显示模式。

（11）隐藏/显示：用于对选定对象的隐藏或显示。CATIA V5 模型空间分为两个：隐藏空间和显示空间。对象隐藏/显示有两种操作：

- 单击命令图标，再选择隐藏对象，对象就会隐藏于不可见空间；
- 右键单击对象，在快捷菜单上选择隐藏/显示命令。

下面以图 1-26（a）中的立体（由一个矩形和一个圆作为草图经拉伸构成）为例说明具体操作。

在特征树上的“凸台”单击右键；在快捷菜单上选择隐藏/显示，如图 1-26（b）所示，则立体被隐藏，草图仍处于显示状态，如图 1-26（c）所示；此时被隐藏对象的图标在特征树上以虚化轮廓显示，如图 1-26（d）中的凸台和 yz 平面的图标。而显示对象的图标在特征树上以高亮清晰轮廓显示。

如果要显示被隐藏对象，在虚化图标上单击鼠标右键，在快捷菜单上选择隐藏/显示即可。

此命令主要用于在构建物体过程中，隐藏一些对象，突出被编辑的对象，以方便修改和观察。也可用于物体构建完成后，将草图及坐标面等对象隐藏起来以突出物体的视觉效果。

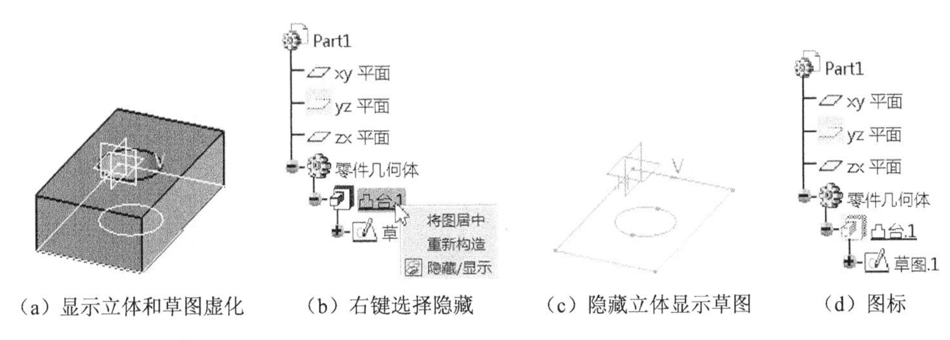


（a）显示立体和草图虚化　（b）右键选择隐藏　（c）隐藏立体显示草图　（d）图标

图 1-26　隐藏/显示命令的右键操作

（12）交换可视空间：用于显示在可见空间被隐藏的对象。例如图 1-26 中被隐藏的对象是立体（凸台）和 yz 平面，此时单击交换可视空间命令图标，则显示被隐藏的立体和 yz 平面，而草图和 xy 平面以及 zx 平面不再显示，如图 1-27 所示。再次单击该命令图标返回可见空间。

利用该命令可将不同对象置于不同空间，以方便对编辑对象进行分类操作。也可利用该命令快速找到那些在可视空间被隐藏的对象。

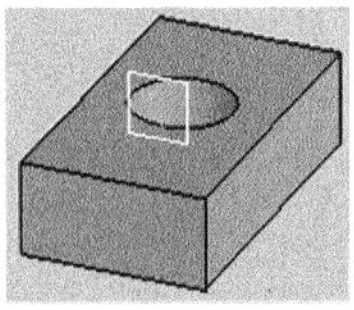

图 1-27　显示被隐藏的对象

### 3．图形属性工具栏

图形属性工具栏如果处于隐藏状态，可用本章 1.2.4 小节中讲述的方法调出工具栏。该工具栏中各窗口中的内容和命令图标的作用如图 1-28 所示。通过该工具栏中各窗口的设置，可以改变图形对象的颜色、透明度、线宽、线型、点的样式、渲染方式等属性。

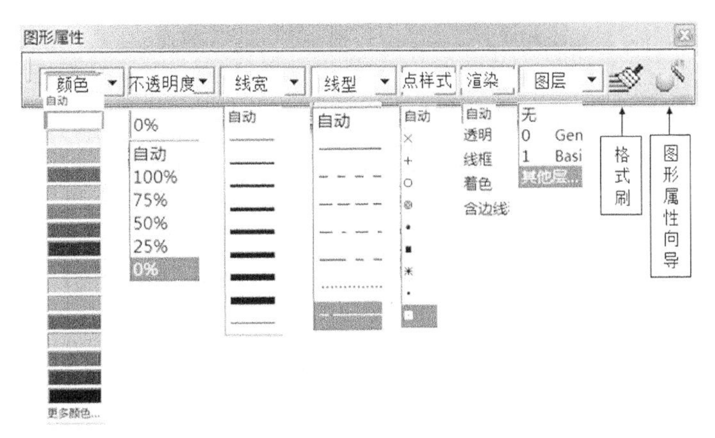


图 1-28　图形属性工具栏

图形属性工具栏中的各项操作基本相同：先选择对象，再在相应窗口中进行设置。

- 如果想改变物体的颜色，应该在特征树上选择“零件几何体”，如图 1-29 所示，然后展开颜色窗口，选择需要的颜色（红色），则整个物体表面变成红色。
- 如果想改变物体上某一部分表面的颜色，可用鼠标选择这个表面（选择圆柱顶面，），选择颜色窗口中的绿色，则顶面变成绿色。也可在特征树上选择物体上某一部分立体，例如按下 Ctrl 键连选旋转体 2 和镜像 1，再选择窗口中的元素（蓝色）则两椎体变为蓝色，改变颜色属性的物体如图 1-30 所示。

- 要改变整个物体的透明度，应在特征树上选择“零件几何体”，然后展开不透明度窗口，选择 25%，透明效果如图 1-31 所示。在不透明度窗口中，100%为不透明，0%为全透明。

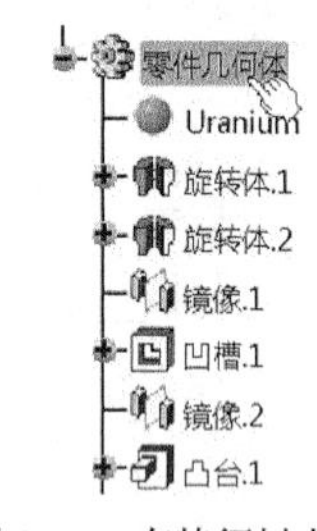


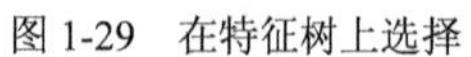
图 1-29 在特征树上选择

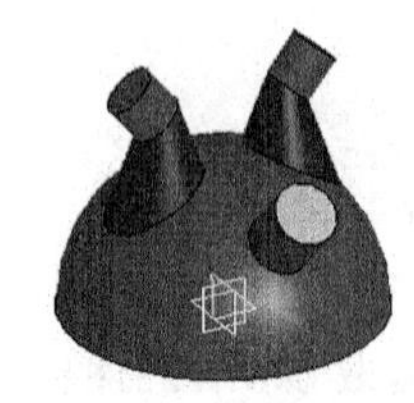

图 1-30 改变颜色属性

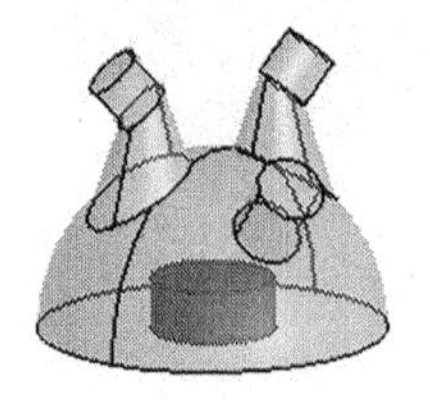

图 1-31 改变透明属性

用格式刷改变对象属性的操作：单击格式刷，单击要改变属性的对象，再单击源对象。

# 第2章 草图编辑器工作台

利用零件设计工作台中的“基于草图特征”工具栏中的10类工具（见图2-1）进行三维实体建模时，必须要在草图编辑器工作台下，利用如图2-2所示“轮廓”工具条中的8类工具绘制一个称为二维草图的平面图形，并在同一工作台中利用如图2-3所示的“操作”和图2-4所示“约束”等工具对所绘制的草图进行编辑修改同时施以尺寸约束和几何约束。

图2-1 “基于草图特征”工具条

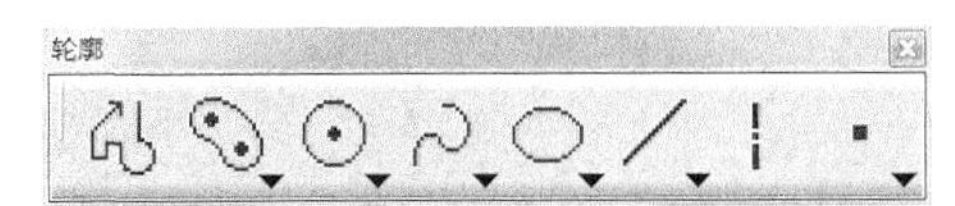


图2-2“轮廓”工具条

图2-3 “操作”工具条

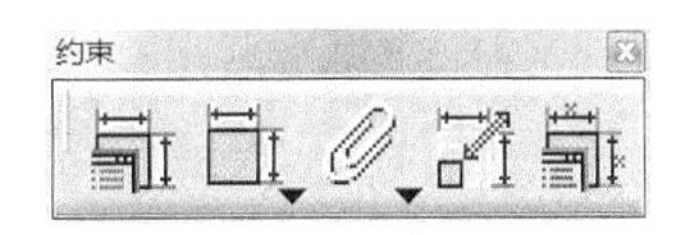


图2-4 “约束”工具条

将绘制好的二维草图利用“退出”工作台按钮切换到零件设计工作台中，然后再可利用“拉伸”、“旋转”等命令生成三维实体。

本节重点介绍草图编辑器工作台中的各种草绘工具的使用。

## 2.1 进入“草图编辑器”工作台

在零件设计工作台中要进入“草图编辑器”工作台，必须先选定绘制草图的工作面。草图工作面可以在设计特征树中单击 xy、yz、zx 中的任一个坐标面作为工作面，也可以选择已建实体上的某一平面或选择创建好的参考面作为绘制草图的工作面，如图2-5所示。

工作面选好后，单击零件设计工作台界面内右上侧的“草图”工具按钮，即可进入到草图编辑器工作台绘制草图，如图2-6所示。

进入“草图编辑器”工作台有以下几种方法。

- 选定草图工作面（也可以后选择工作面），单击菜单栏“开始”→“机械设计”/“草图编辑器”命令，可进入草图编辑器工作界面。
- 在零件设计界面中，利用鼠标左键双击特征树中的草图图标，也可进入草图编辑器工作界面，编辑修改当前的草图。
- 在零件设计界面中，利用鼠标右键单击结构树中的草图图标，在弹出的菜单中选择“草图对象”/“编辑”命令，也可编辑修改当前的草图。

CATIA 软件基于草图的三维构型设计流程如图2-7所示。

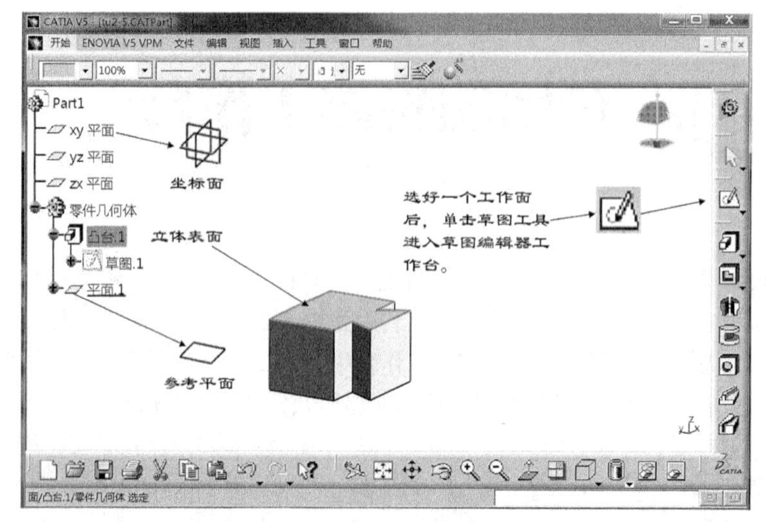


图 2-5　草图工作面的选择

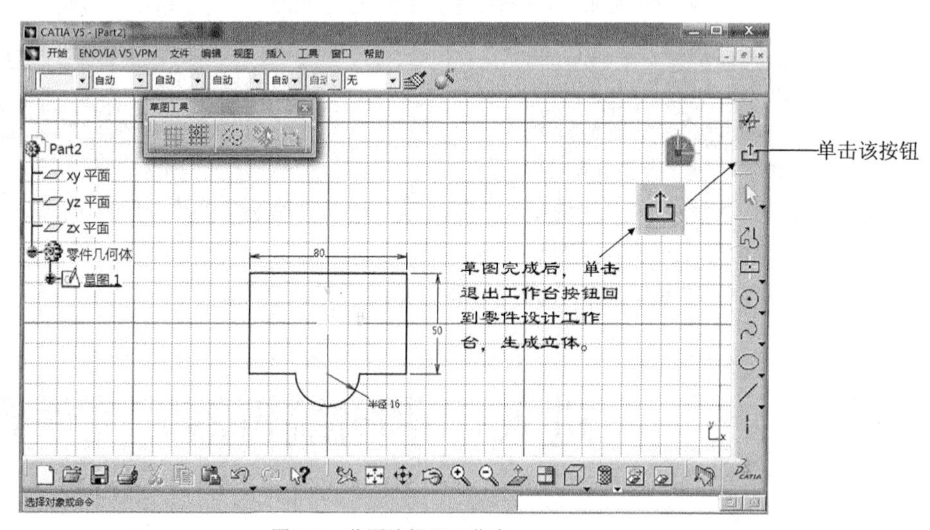


图 2-6　草图编辑器工作台

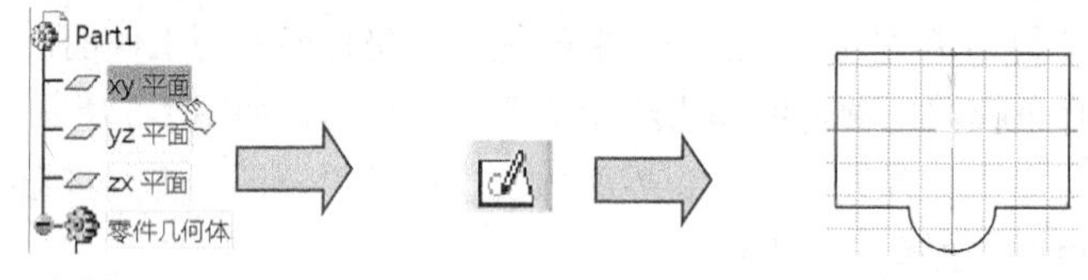


（a）选择一个草图工作面　（b）单击草图工具按钮　（c）进入草绘器，绘制草图轮廓

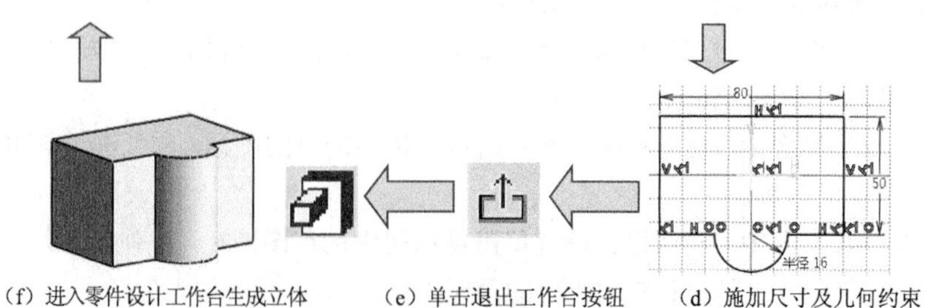


（f）进入零件设计工作台生成立体　（e）单击退出工作台按钮　（d）施加尺寸及几何约束

图 2-7　基于草图的三维设计流程

# 2.2 草图的绘制

## 2.2.1 草图工具栏

草图工具栏是草图编辑器工作台中的一个重要工具栏，它提供了网格、点捕捉、构造元素与标准元素、几何约束、尺寸约束 5 种绘图辅助工具（见图 2-8）。利用单击各图标，可以在激活和关闭之间切换，激活状态为橘红色。

图 2-8 草图工具栏

### 1．“网格”

激活此选项，可在当前界面上显示网格。网格的水平轴 H、竖直轴 V 的轴向间距均为 10mm。网格间距可通过下拉菜单“工具”→“选项”→“机械设计”→“草图设计”下重新定义。画图时，可以利用网格作参考，快速确定图形的大概轮廓和位置。

### 2．“点捕捉”

激活此选项，无论网格是否显示，在绘制草图时，光标会自动捕捉网格的交点。利用此选项可快速精准确定某些图形元素的大小和位置。

### 3．构造元素与标准元素

这里的元素是指构成草图轮廓的点、线、面等图形元素。

系统默认的是在标准元素状态下以实线方式绘制草图轮廓，如图 2-9 中的实线轮廓为标准元素构成。

激活状态下绘制的图形元素为构造元素，显示为虚线。构造元素可作为标准元素的尺寸界线、对称轮廓的对称线、确定标准元素形状大小的辅助轮廓线等，如图 2-9 所示中的虚线。构造元素只起定形和定位作用。

标准元素的轮廓是生成三维立体的草图轮廓，如图 2-9（c）所示图形如用拉伸命令则生成六棱柱而不是圆柱。

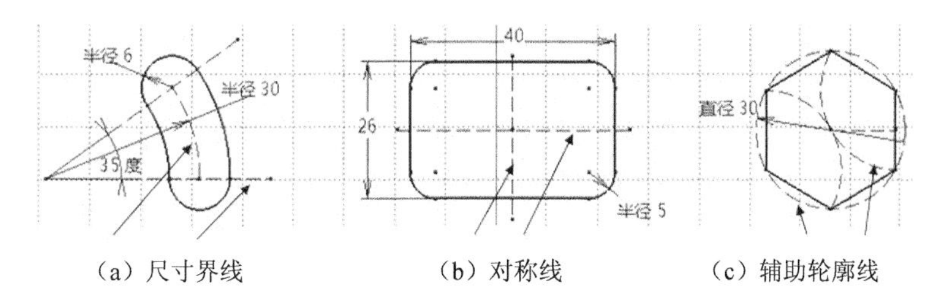


（a）尺寸界线　（b）对称线　（c）辅助轮廓线

图 2-9 标准元素（实线）和构造元素（虚线）

在选中标准元素的状态下，单击按钮，可将标准元素变成构造元素，反之亦然。

### 4．几何约束

激活此选项，在绘制草图过程中，系统将对图形元素自动施加永久的几何约束来限定它们位置或方向，并在图形元素旁添加相应的约束符号。

如图 2-10（a）所示为在激活状态下，由左上角至右下角绘制的矩形，其上下、左右两边分别自动添加了水平约束（H）和竖直约束（V）符号。

左上和右下两顶点处的“相合约束”符号“◎”，则表示左竖直线和下水平线分别与V轴和H轴相合，加之标注的两个尺寸，该矩形的形状和位置不会发生变化。如图2-10（b）所示的矩形是在关闭此选项状态下绘制的，不会自动添加任何几何约束。当移动顶点和边线时，该矩形的形状和位置均会发生变化，如图2-10（c）所示。

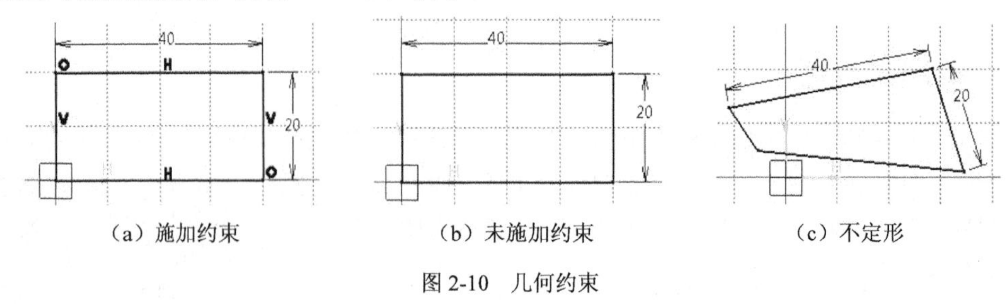


（a）施加约束　（b）未施加约束　（c）不定形

图2-10　几何约束

激活几何约束选项，可以利用已有图形元素，快速地建立起如图2-11所示的具有相切、平行、垂直、同心、相合等几何约束关系的草图轮廓。

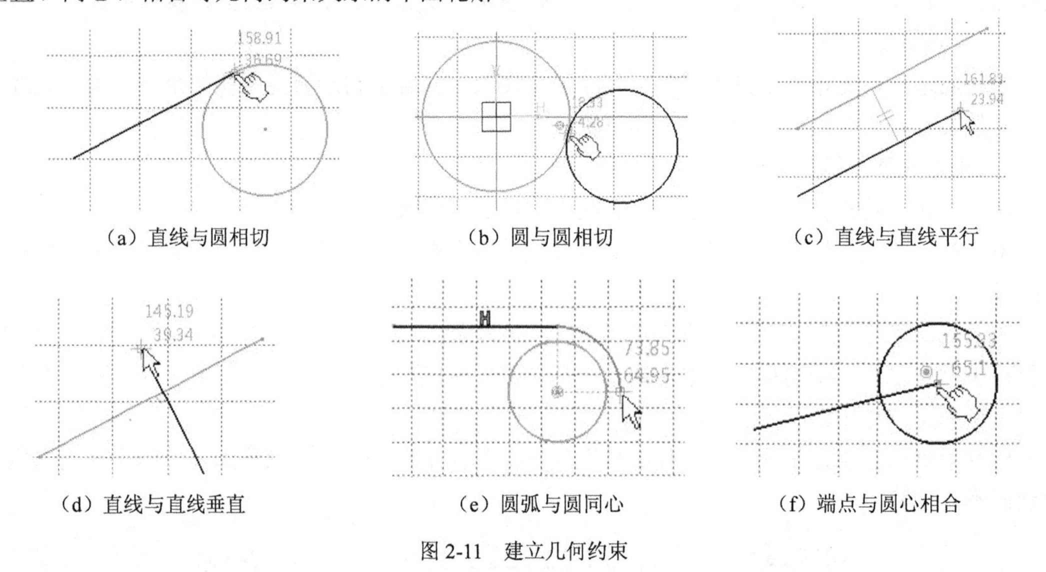


（a）直线与圆相切　（b）圆与圆相切　（c）直线与直线平行

（d）直线与直线垂直　（e）圆弧与圆同心　（f）端点与圆心相合

图2-11　建立几何约束

### 5. 尺寸约束

激活此选项，利用绘图命令绘制图形元素时，在数值框内输入相应的数值，系统将自动添加相应的尺寸以约束图形的大小和位置。

**【实例2-1】**　绘制图2-12（a）所示的圆。

（1）激活尺寸约束。

（2）单击绘制圆的按钮。

（3）在弹出的数值框内输入40按Enter键，输入20按Enter键，输入15按Enter键，如图2-12（a）所示。此时在绘图区内完成半径15的圆的绘制并自动添加圆心的2个定位尺寸40和20以及圆的半径尺寸15，如图2-12（b）所示，此时该圆的大小和位置均被约束。

如果关闭尺寸约束，按上述步骤绘制的圆则不能自动添加尺寸约束，如图2-12（c）所示，移动该圆时其大小和位置都会发生变化。

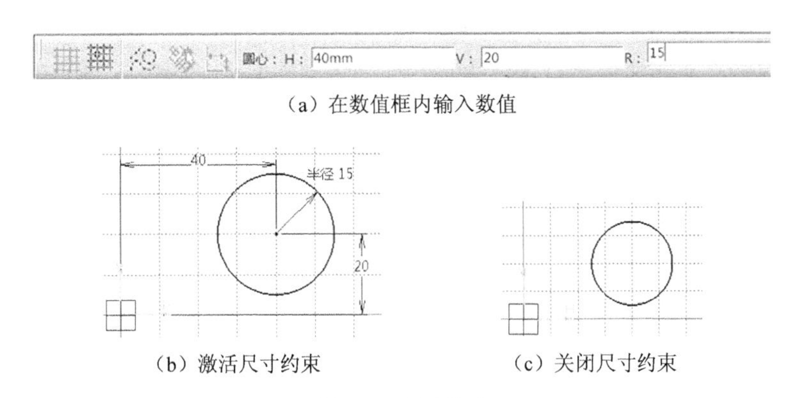


（a）在数值框内输入数值

（b）激活尺寸约束　（c）关闭尺寸约束

图 2-12　尺寸约束

## 2.2.2　轮廓工具栏

草图编辑器工作台有用于创建二维草图的“轮廓”工具栏，它提供了包括绘制简单的点、线及一些常见的平面图形如圆、矩形、椭圆等工具，如图 2-13 所示。

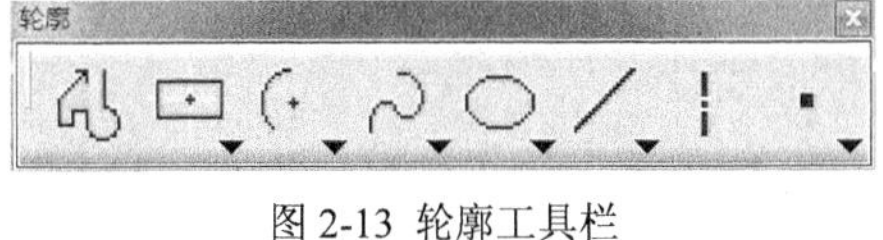


图 2-13 轮廓工具栏

单击轮廓工具栏中不同的绘图命令时，会在草图工具栏右侧弹出输入相应数据的数值框。例如单击“通过单击创建点”的图标■，会弹出输入点坐标的两个数值框，如图 2-14（a）所示。在数值框内输入数值的方法是：先按住左键将窗口内的数值刷蓝，输入新值后一定要按 Enter 键确认，否则数值会随光标移动而改变。可用同样方法在下一窗口输入新值或按下 Tab 键切换到下一个数值窗口。

1．创建点

单击“点”按钮下的黑三角，展开点的工具栏，其上有通过单击创建点、使用坐标创建点、等距点、相交点、投影点 5 种工具。各种点的创建步骤如图 2-14（a）～（e）所示。

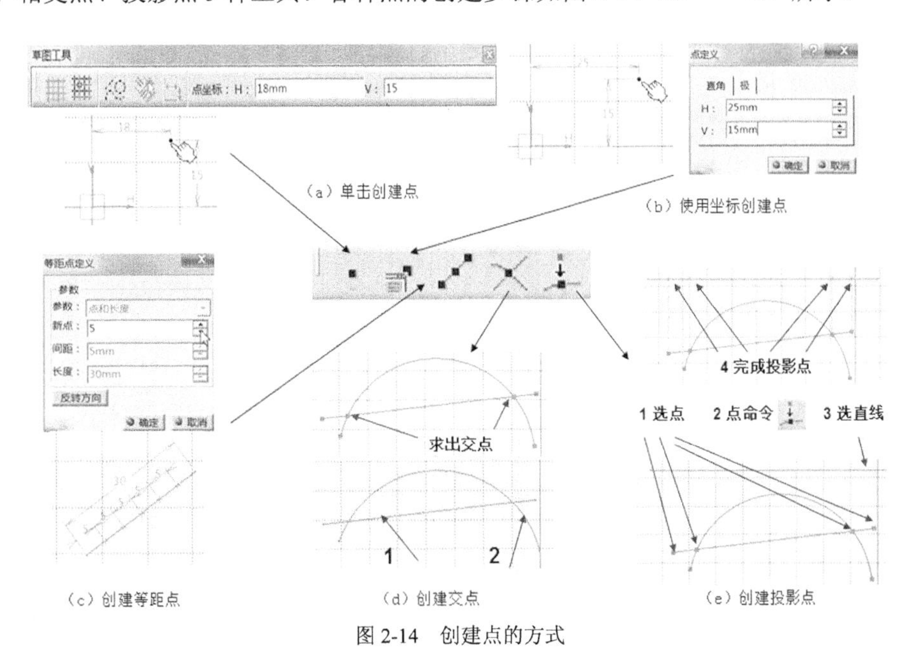


（a）单击创建点　（b）使用坐标创建点

（c）创建等距点　（d）创建交点　（e）创建投影点

图 2-14　创建点的方式

- 单击创建点：单击命令，在数值框中输入数值后按 Enter 键，完成点的创建。
- 坐标创建点：单击命令，在对话框中输入坐标值后单击确定，完成点的创建。
- 创建等距点：单击命令，选择线段（直线或曲线），在对话框中输入点数值后单击确定，完成等距点的创建。
- 创建相交点：单击命令，选择线段 1、2（直线或曲线），完成相交点的创建。
- 创建投影点：可按下 Ctrl 键连续选择要投影的端点或交点，单击命令，选择直线，完成投影点的创建。

**2．创建轴线**

绘制完草图轮廓后，用该命令添加一条轴线，利用“旋转”命令生成回转体时，草图自动以此线做轴线旋转成回转体，此操作过程如图 2-15 中（1）、（2）、（3）、（4）所示。

创建旋转体和旋转槽时都需要轴，通过在轮廓工具栏上单击“轴”命令，再定义起点和终点即可创建轴。

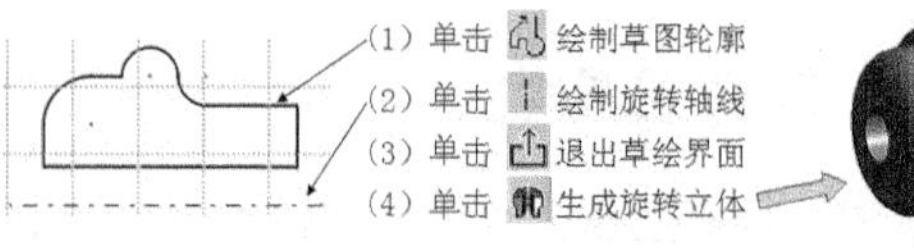


图 2-15 轴线及其应用

创建轴时应注意：

（1）每个草图只能创建一根轴，如果试图创建第二根轴，则所创建的第一根轴将自动变换成构造线。

（2）如果先选择草图中的一条直线，再单击“轴”命令，则该直线自动变换为轴线。

（3）在创建完成的轴上双击可以弹出“直线定义”对话框，在对话框内可对轴进行编辑。

**3．创建直线**

直线工具栏中有 5 种创建直线的工具。可根据需要选择创建直线的方式用于草图轮廓的绘制。各种直线的创建步骤按图 2-16 顺序操作。

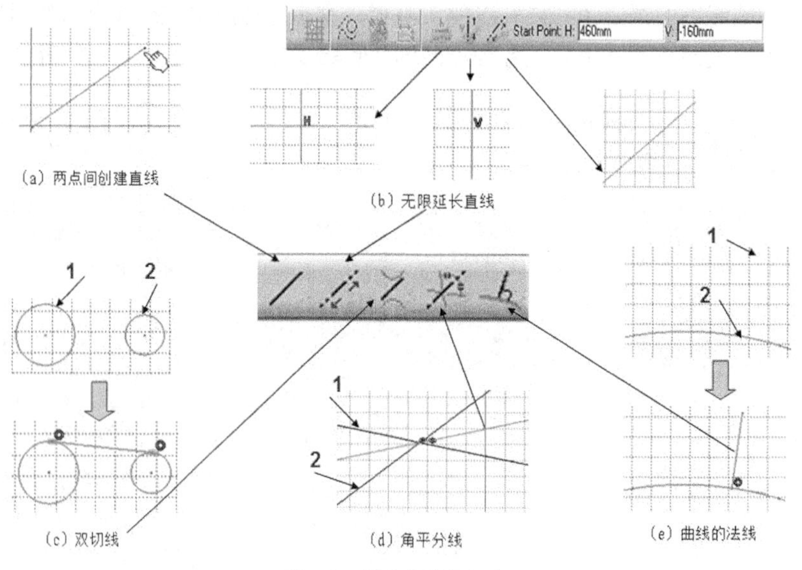


图 2-16 创建直线的方式

**4．创建二次曲线**

二次曲线工具栏中有创建椭圆、抛物线、双曲线、二次曲线（最近的中点、两个点、四个点、五个点）等工具。各种曲线的创建步骤按图 2-17 顺序操作。

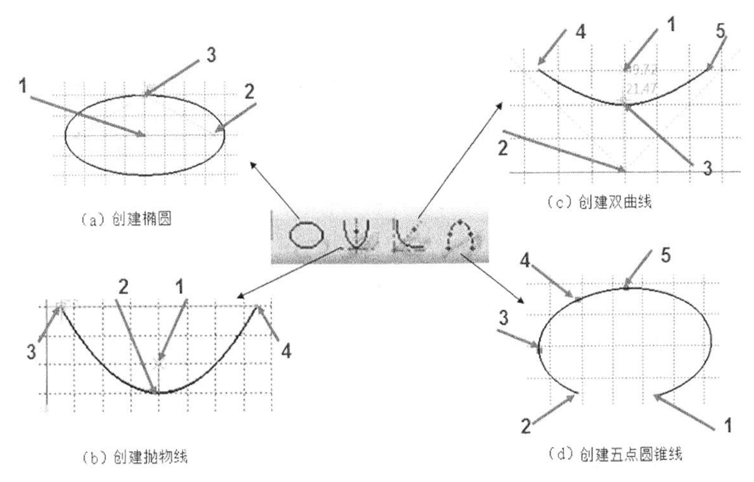

图 2-17 二次曲线的创建

### 5. 创建样条曲线

样条曲线工具栏中有创建样条曲线、连接曲线（用弧连接、用样条曲线连接）等工具。样条曲线的创建及连接步骤按图 2-18 顺序操作。

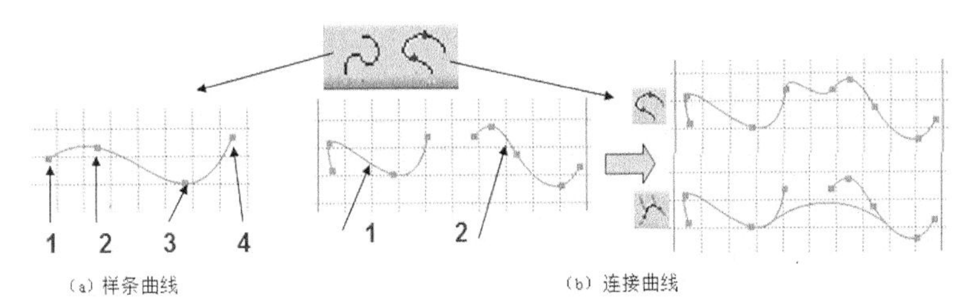

图 2-18 样条曲线及连接曲线

### 6. 创建圆和圆弧

圆工具栏中有 4 种创建圆及 3 种创建圆弧的工具。可根据需要选择创建圆及圆弧的工具用于草图轮廓的绘制。各种圆及圆弧的创建步骤按图 2-19 顺序操作。

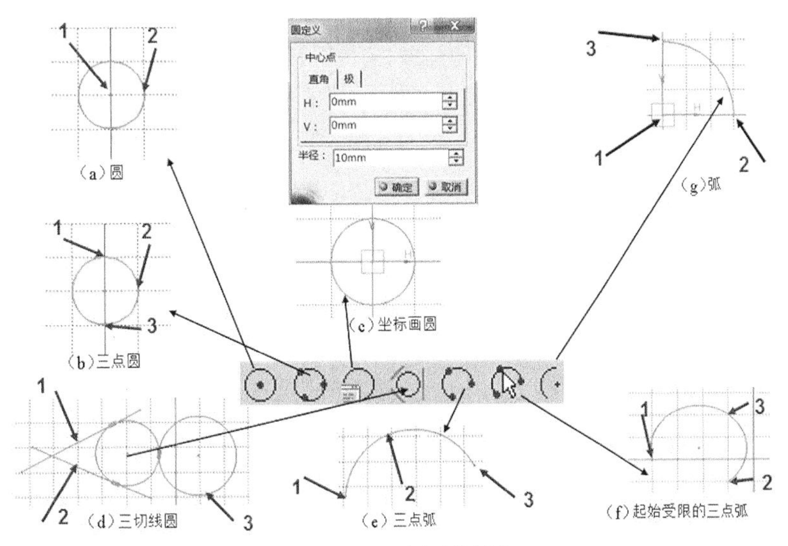

图 2-19 圆及圆弧的创建

### 7. 创建预定义轮廓

预定义工具栏中提供有 9 种绘制常用平面图形的工具。各种图形的创建步骤按图 2-20 顺序操作。

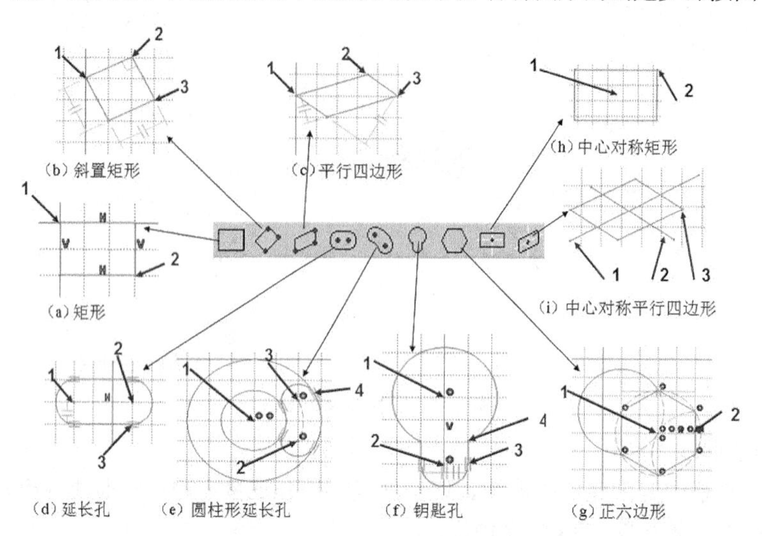


图 2-20　预定义轮廓的绘制

### 8. 任意轮廓的绘制

该命令是使用最频繁的绘图工具，它有 3 种绘制轮廓的模式：

- “直线”：可绘制由若干段直线围成的轮廓；
- “切线弧”：可绘制直线与圆弧相切的轮廓；
- “三点弧”：可绘制直线与圆弧相交或圆弧与圆弧相交的轮廓。

默认模式为绘制“直线”围成的轮廓，在绘制过程中可单击图标切换成不同模式。

如果所绘轮廓的起点与终点重合则自动结束命令。也可在最后一点处双击鼠标左键，结束命令；还可按 Esc 键结束命令；或单击其他图标直接切换至其他命令。

绘制连续折线、直线与圆弧相切、直线与圆弧相交可按图 2-21 顺序操作。

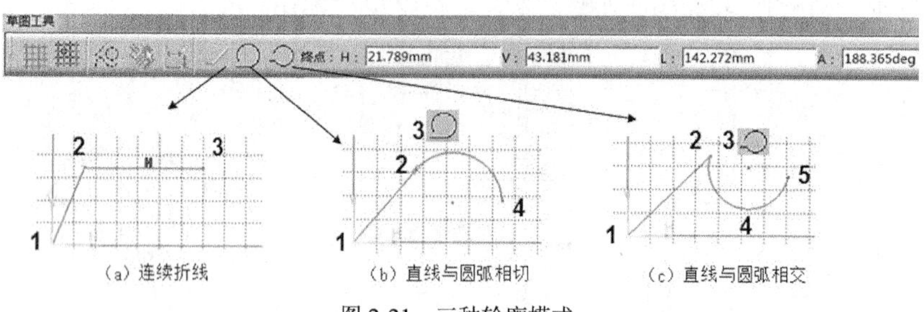


图 2-21　三种轮廓模式

快速绘制直线与圆弧相切、圆弧与圆弧相切的操作步骤如图 2-22 所示。

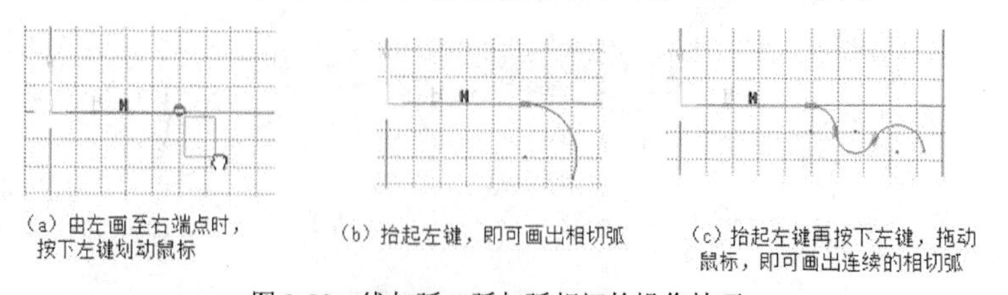


图 2-22　线与弧、弧与弧相切的操作技巧

# 2.3 选择工具栏

“选择”工具栏中的命令图标如图 2-23 所示，它总是处于激活状态。展开后依次为几何图形上方的选择框、矩形选择框、相交矩形选择框、多边形选择框、手绘的选择框、矩形选择框之外、相交矩形选择框之外等 7 种选择工具。

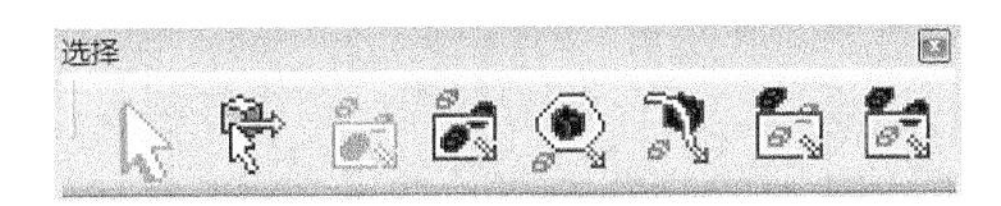


图 2-23 选择工具

### 1. 矩形选择框

用矩形选择框选择对象是系统默认的选择方式，当关闭其他选择方式时，系统将自动返回矩形选择框状态。

- 单选：将光标移至待选对象，单击左键，被选中的对象呈橘黄色。
- 连选：按住 Ctrl 键重复上述步骤可连续选择多个对象。按住 Ctrl 键再次单击已选对象，可以取消对该对象的选择。利用左键单击背景中的任意位置则可取消当前所有选择。
- 框选：按住鼠标左键拉出矩形选择框，框内所有对象均被选中。

### 2. 相交矩形选择框

此种选择与矩形选择框选择的操作过程完全相同。也可单选、连选和框选。只不过拉出矩形选择框选择对象时，位于矩形之内以及与矩形各边相交的对象都被选中。

### 3. 多边形选择框

此种选择不能单选和连选。激活此命令，单击左键，移动鼠标，重复此动作，当所选对象完全在一多边形线框内时，双击左键，位于多边形之内的对象都将被选中。

### 4. 手绘选择框

此种选择可以单选和连选。激活此命令，按下左键移动鼠标画出连续线段，与该线段相交的对象均被选中。

### 5. 矩形选择框之外

此种选择可以单选、连选和框选。激活此命令，按住鼠标左键拉出矩形选择框，完全位于矩形之外的对象被选中。

### 6. 相交矩形选择框之外

此种选择可以单选、连选和框选。激活此命令，按住鼠标左键拉出矩形选择框，完全位于矩形之外以及与矩形各边相交的对象都被选中。

### 7. 几何图形上方的选择框

该命令不能单独使用，只能与除多边形选择以外的其他 5 种选择组合使用。激活此命令，将终止单选和连选操作。只能按与其组合的选择工具利用矩形框完成相应操作。选择完成后将自动关闭此命令。

# 2.4 操作工具栏

“操作”工具栏提供了一组用于在已绘制的草图轮廓的基础上进行圆角、倒角、修剪、镜像、投影等操作。“操作”工具栏各种命令图标如图 2-24 所示。

图 2-24 操作工具栏

## 2.4.1 圆角

此命令可以使用不同的修剪模式在两条直线、直线与圆弧、圆弧与圆弧之间创建圆角。

**【实例 2-2】** 利用圆角工具创建圆角。

（1）单击“圆角”命令：草图工具栏中显示 6 种圆角修剪模式，默认为第一种（修剪所有元素）如图 2-25 所示。

（2）选择图 2-26 中 H、V 两条直线后，出现圆角连接，移动光标时，圆角的大小和位置会发生变化。

（3）在草图工具栏数值框中输入圆角半径值后按 Enter 键，完成圆角的创建，如图 2-26 所示。

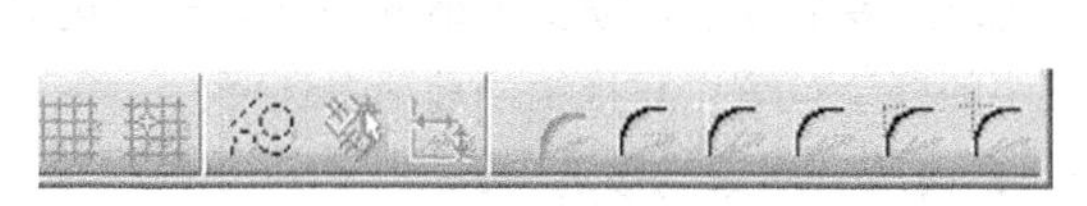

图 2-25 圆角修剪模式

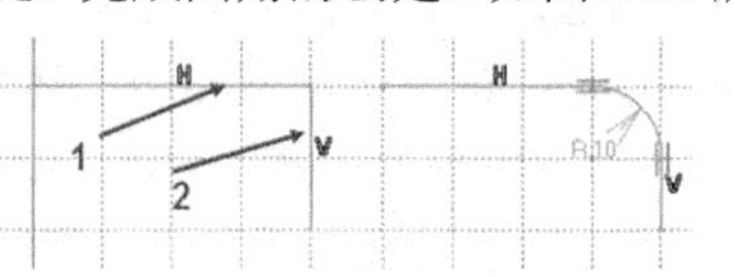


图 2-26 修剪前后

相交两条线用 6 种修剪模式创建圆角后的结果如图 2-27 所示。

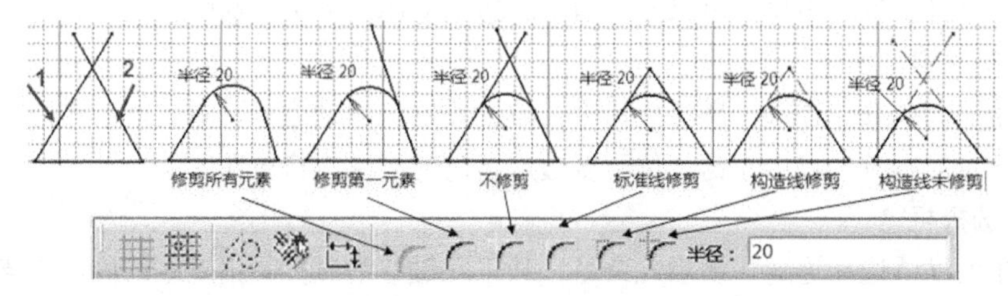


图 2-27 不同模式的修剪

等半径多圆角轮廓的创建过程如图 2-28 所示。

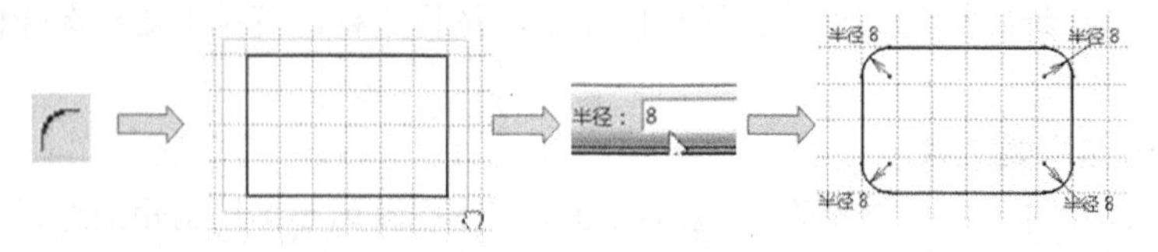


（a）单击圆角命令 （b）框选矩形 （c）输入圆角半径后按 Enter 键（d）完成 4 个圆角

图 2-28 等半径多圆角轮廓的创建过程

## 2.4.2 倒角

此命令可以在两条线之间创建倒角。倒角的创建条件、过程及修剪模式与圆角相同，也可按

图 2-28 所示的过程创建等尺寸多倒角轮廓。

单击“倒角”命令图标时，草图工具栏中显示 6 种倒角修剪模式。当选择两条倒角线后，会延伸出 3 种确定倒角大小的尺寸标注形式及数值框，如图 2-29 所示。

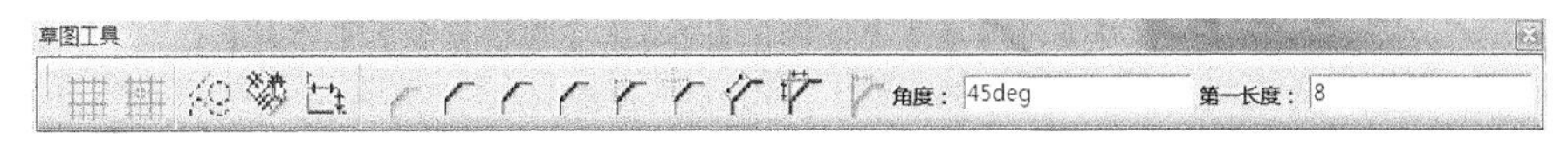


图 2-29 倒角修剪模式及数值框

图 2-30 为在“修剪所有元素”模式下的 3 种倒角定义方式。

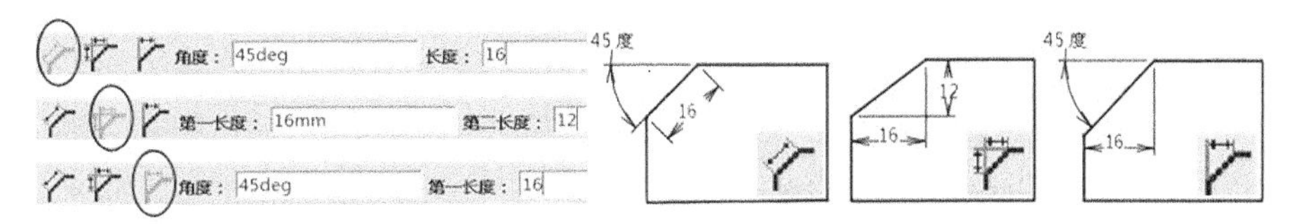


图 2-30 倒角定义方式

## 2.4.3 重新限定

单击“操作”工具条中修剪按钮右下角的黑三角会弹出“重新限定”子工具栏，如图 2-31 所示。该工具栏内提供了修剪、断开、快速修剪、封闭、补充等功能。

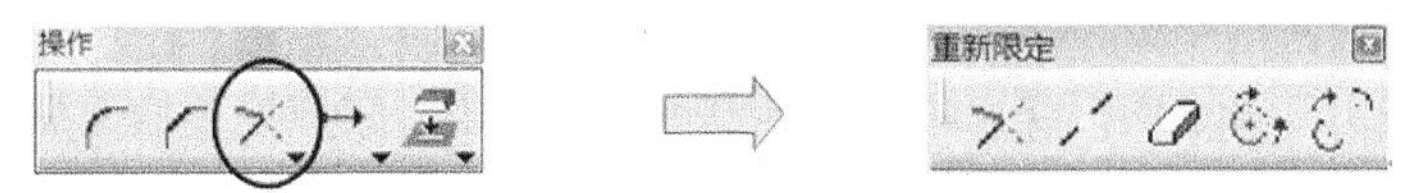


图 2-31 重新限定工具栏

### 1. 修剪

该命令可以修剪相交的线段。当单击修剪命令时，在草图工具栏中出现：修剪所有元素和修剪第一元素两个选项。

利用修剪所有元素修剪时，应选择 2 个保留边，如图 2-32（a）所示。利用修剪第一元素修剪时，应先选择保留边，再选修剪边，如图 2-32（b）所示。

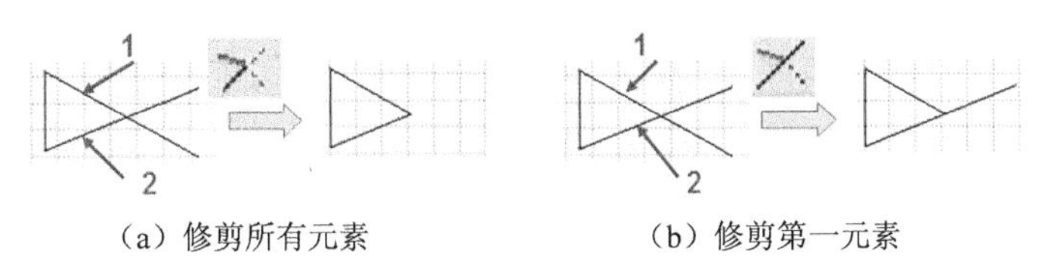


（a）修剪所有元素　　（b）修剪第一元素

图 2-32 修剪的操作

### 2. 断开

该命令可以使相交线段在交点处断开，也可将一条直线分成两段。断开步骤及断开前、后的状态如图 2-33 所示。

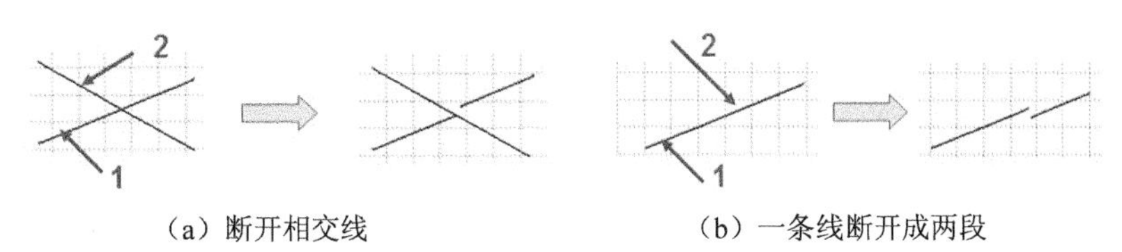


（a）断开相交线　　（b）一条线断开成两段

图 2-33 断开的操作

3．快速修剪

该命令是使用频率最高的草图修改工具。单击“快速修剪”图标：，在草图工具栏中会出现 3 个选项。

- 断开及内擦除，该选项是默认选项，其功能就像一块橡皮，它可以擦除单一线，也可以擦除相交线。擦除相交线时，选中部分被擦除，交点外侧被保留，如图 2-34（a）所示。
- 断开及外擦除，该选项只能修剪相交线。擦除相交线时，选中部分被保留，交点外侧被擦除，如图 2-34（b）所示。
- 断开并保留的作用是将选中的线剪断于交点并保留各线段，如图 2-34（c）所示。

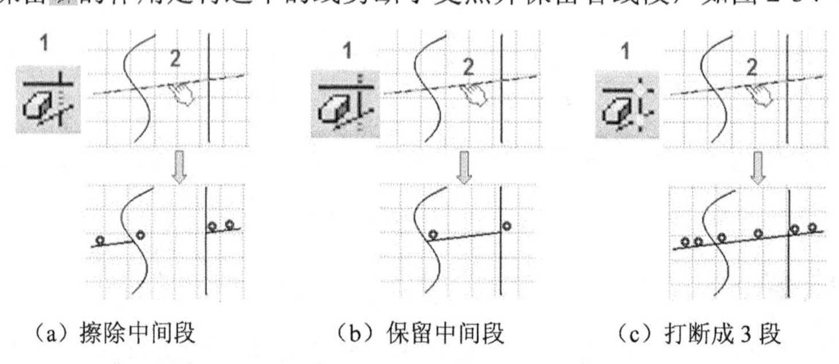

（a）擦除中间段　（b）保留中间段　（c）打断成 3 段

图 2-34　修剪的操作

修剪的操作步骤是：单击“快速修剪”图标，切换选项，左键单击所选线段即完成修剪。如果双击“快速修剪”命令图标，可以连续修剪多条线段。完成连续修剪后需单击该图标，使其处于关闭状态，才能执行诸如“撤销”、框选等操作。

4．封闭

该命令可以将圆弧、椭圆弧封闭为圆或椭圆。其操作步骤如下：

（1）单击“封闭”命令图标；

（2）选择弧，即可得到封闭后的圆，如图 2-35 所示。

被“修剪”的样条线，可用该命令将其恢复为原始形状。

5．互补

该命令可求出圆弧、椭圆弧的互补弧。操作步骤与“封闭”命令相同，如图 2-36 所示。

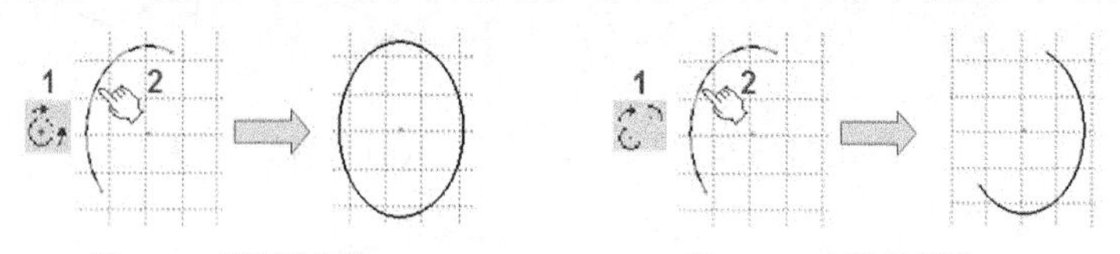

图 2-35　封闭的操作　　图 2-36　互补的操作

## 2.4.4　变换

在操作工具条上单击“镜像”按钮右下角的黑色三角，会弹出“变换”子工具栏，如图 2-37 所示。该工具栏上提供了镜像、对称、移动、旋转、缩放、偏移等功能。

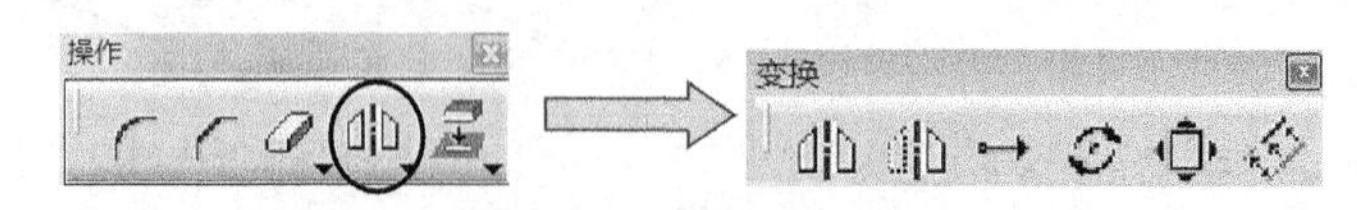

图 2-37　变换工具栏

### 1. 镜像和对称

“镜像”操作就是以一条直线作为镜像线，对称复制已有图形并保留原图形。“对称”操作与“镜像”操作步骤相同，区别在于对称复制后不保留原图形。操作步骤与结果如图 2-38 所示。

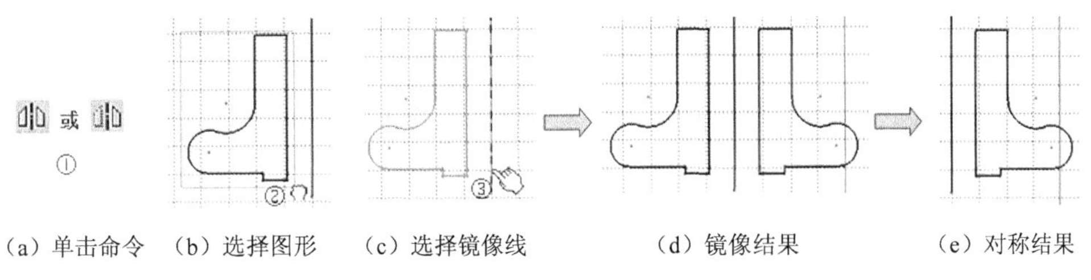


（a）单击命令 （b）选择图形 （c）选择镜像线 （d）镜像结果 （e）对称结果

图 2-38 镜像与对称

### 2. 平移

该命令可以通过在“平移定义”对话框中设置移动图形元素或移动复制图形元素。

单击“平移”图标，将出现“平移定义”对话框。默认为复制模式。如果取消“复制模式”，其功能是将图形元素从一个位置移动到另一个位置。“平移定义”对话框中各选项的含义及移动复制的操作步骤如图 2-39 所示。

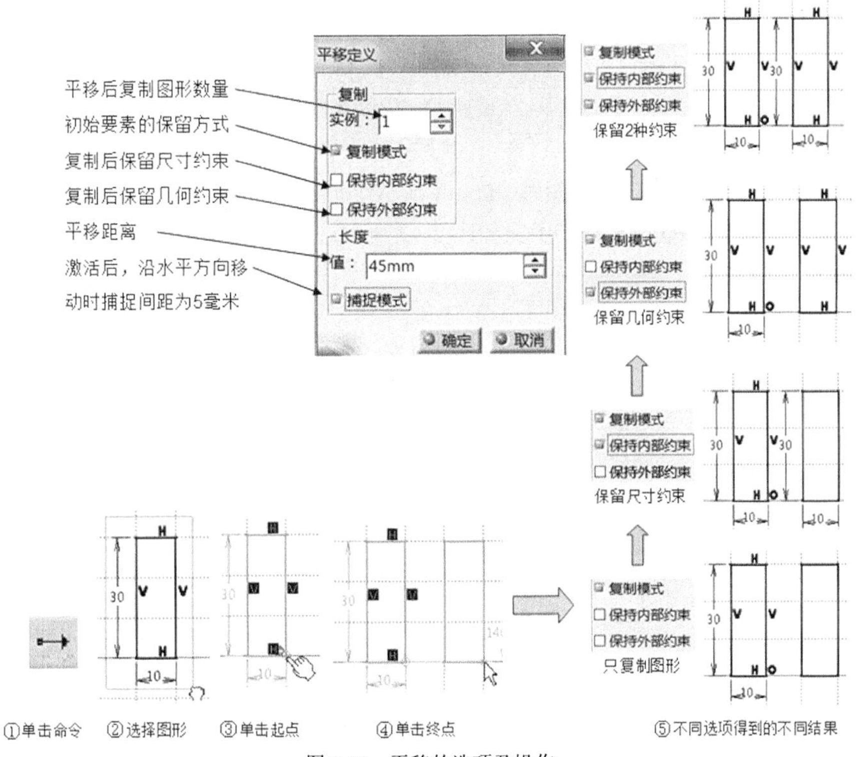


图 2-39 平移的选项及操作

### 3. 旋转

该命令与移动命令类似，旋转参数也是用对话框进行定义，如图 2-40 所示。定义的选项和参数包括：是否采用复制模式、复制数量、是否保持约束、旋转角度等。

如果取消复制模式，只能对所选图形进行旋转。其操作步骤如图 2-41 所示。

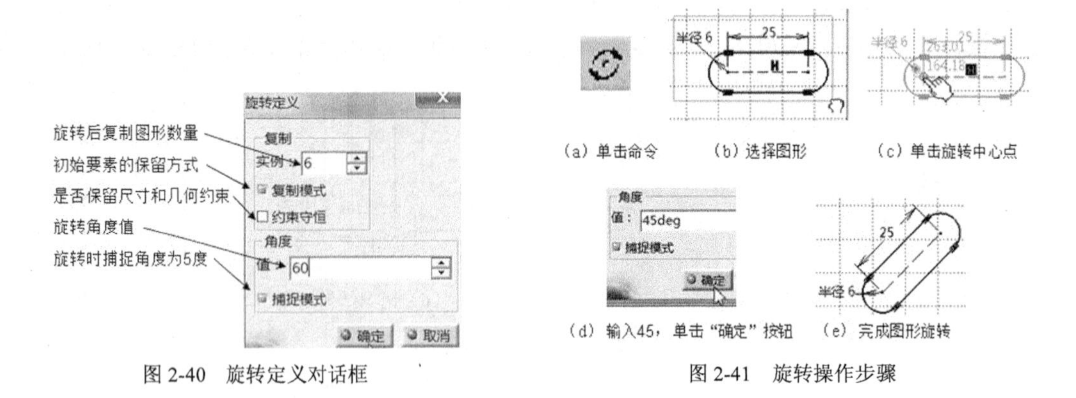


图 2-40 旋转定义对话框　　图 2-41 旋转操作步骤

旋转命令主要用于在复制模式下，对图形进行圆形阵列复制。操作步骤如图 2-42 所示。

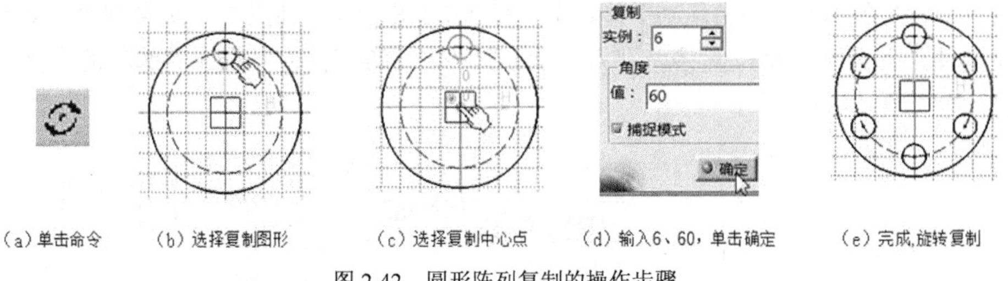


图 2-42 圆形阵列复制的操作步骤

4．缩放

该命令可以对已有图形按比例进行缩放。单击"缩放"图标，出现"缩放定义"对话框。对话框中各选项的含义及缩放的操作步骤如图 2-43 所示。

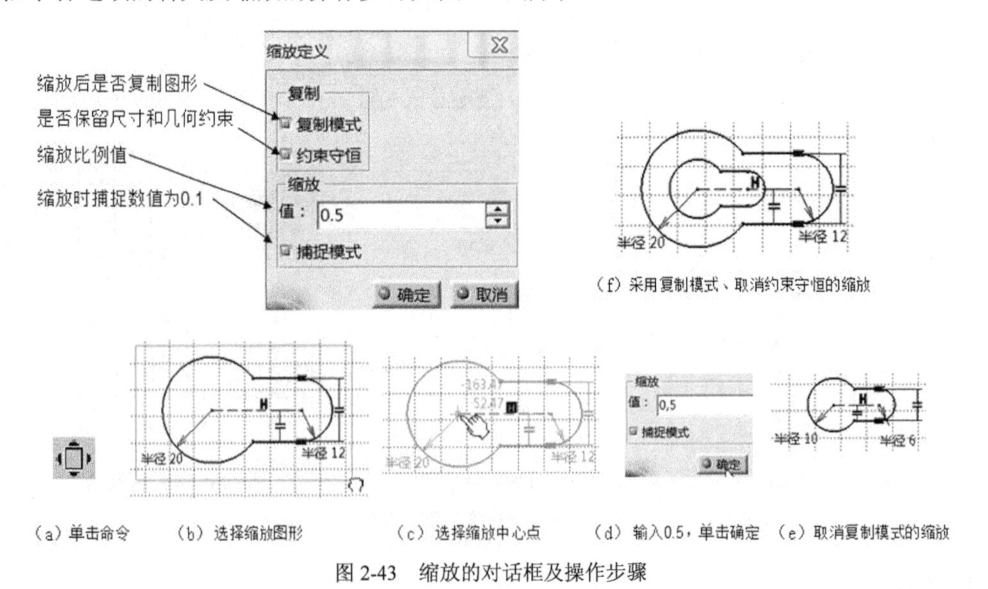


图 2-43 缩放的对话框及操作步骤

5．偏移

该命令可以对已有直线、曲线或平面图形进行偏移复制。偏移直线可得其平行线；偏移圆或圆弧，可得同心圆及同心圆弧。

单击“偏移”图标。在草图工具栏中会出现 4 种偏移选项，分别是“无拓展”（只偏移选中的元素）；“相切拓展”（与所选元素相切的元素一起偏移）；“点拓展”（与所选元素相连接的元素一起偏移）；“双侧偏移”（选中的线向两侧等距偏移）。

选择被偏移的元素后，草图工具栏中会出现 4 个字符框，分别用于确定偏移复制的数量、偏移后的位置（偏移位置也可通过单击鼠标确定）以及偏移量。偏移的操作步骤如图 2-44 所示。

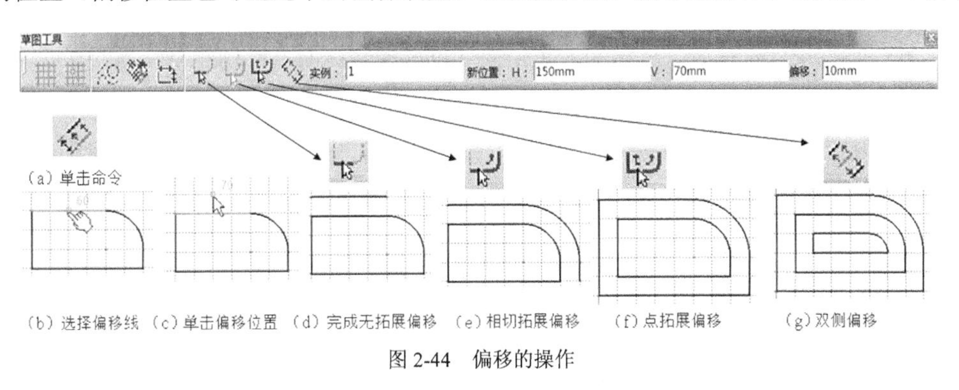


图 2-44 偏移的操作

三维立体上的元素及轮廓也可偏移，其操作步骤如图 2-45 所示。

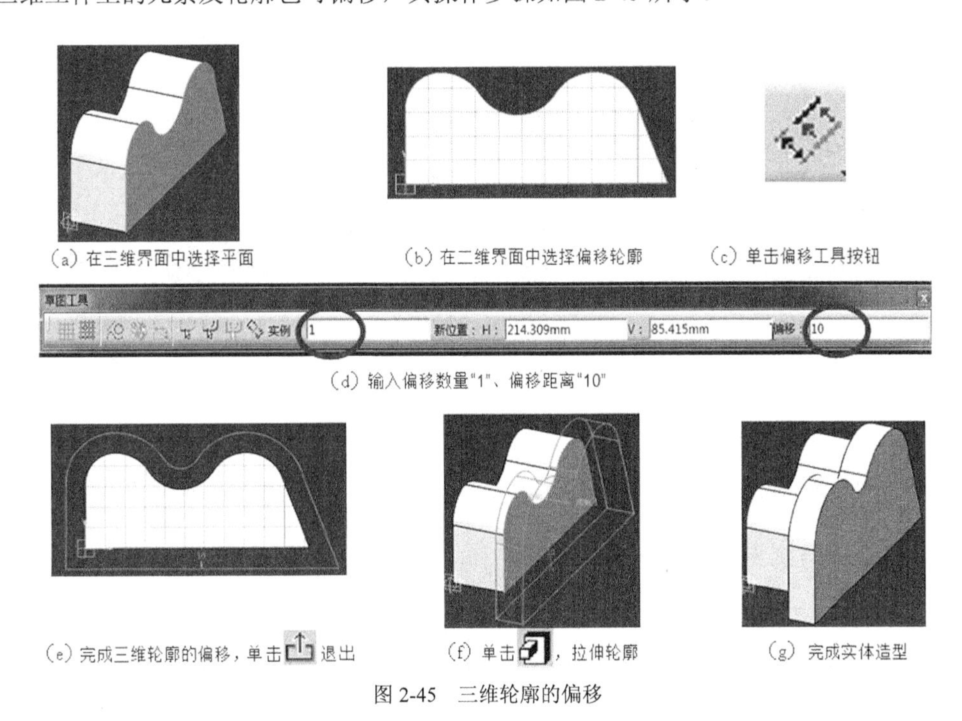


图 2-45 三维轮廓的偏移

## 2.4.5 3D 几何图形工具条

单击“操作”工具条中“投影 3D 元素”图标右下角的黑三角，会弹出“3D 几何图形”子工具栏。该工具栏提供了投影 3D 元素、与 3D 元素相交、投影 3D 轮廓边线 3 个投射命令，如图 2-46 所示。

图 2-46　3D 几何图形工具条

这些命令用于将立体表面的点、线（直线、曲线）、面（平面、曲面）等图形元素投射到指定的草图平面上，将投射后的 3D 元素进行编辑，再用编辑后形成的新草图来生成立体。

三个命令的操作相同，过程如下：

（1）在“零件设计工作台”中选择一个平面（可选择坐标面、已创建立体上的平面、利用参考平面命令创建的平面）作为投射 3D 元素的草图平面；

（2）单击命令，回到“草绘器”工作台；

（3）选择要投射的元素，单击某一投射命令，完成立体上 3D 元素在草图平面上的投影（投影后的元素在屏幕上显示为黄色）；

（4）将投射后的 3D 元素作为草图，用相应的命令生成立体。

**1. 投影 3D 元素的应用**

该命令主要用于将 3D 立体表面上的轮廓投影到与其平行的平面上。这个功能对创建有装配关系的零件非常方便。如图 2-47 所示的花键套就是在花键轴的基础上，利用投影 3D 元素创建的。而且两者之间具有关联性，即轴的端面尺寸发生变化，孔的尺寸也随之变化。

图 2-47 中所示花键套的创建步骤如下：先创建一个花键轴；在零件设计工作台中创建一个与花键轴端面平行的参考平面，在此基础上，按图 2-47 中（a）、（b）、（c）顺序操作即可完成花键套的创建。

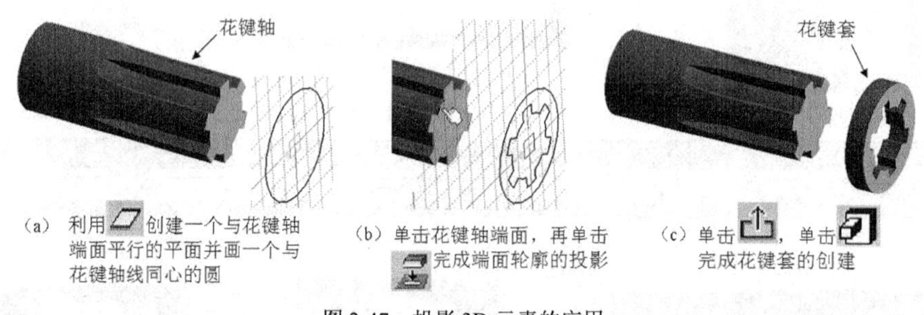


图 2-47　投影 3D 元素的应用

投影 3D 元素操作时注意问题如下。

（1）当一次投射到指定平面上的轮廓线为一封闭图形时（如图 2-47（b）中花键轴端面的投影），是不可修改的，即不可以进行修剪、倒角、倒圆角等操作。

（2）若干线段围成的封闭图形，如果分别投射则可以修改。例如一个三角形，将其三个边分三次投射，投射后的三角形便可修改。

（3）如要修改一次投射后的封闭图形，可在轮廓线上单击右键，在快捷菜单“标记.1 对象”下，选择“隔离”命令，即可对投射后的封闭图形进行修剪、倒角、倒圆角等操作。

以下两个投射命令也有相同的性质。

**2. 与 3D 元素相交**

该命令可以求出 3D 元素与所选草图平面的交线（两面不能平行）。求出的交线可作为草图生成立体。操作步骤及实例如图 2-48 所示。

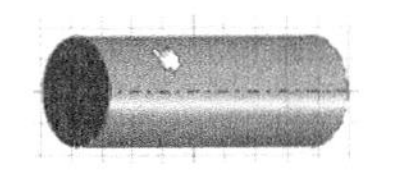

（a）在轴线中点创建一个与轴线成55°的草图平面并选择这个平面

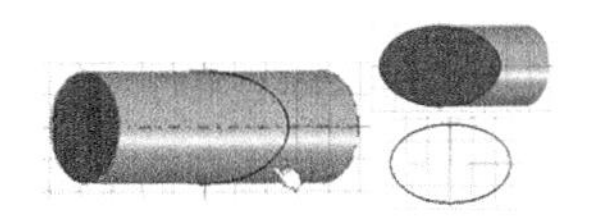

（b）返回草绘器界面，单击柱面，再单击 完成圆柱与草图平面的截交线（椭圆）

（c）利用截交线作为二维草图拉伸出一个椭圆柱

图 2-48　与 3D 元素相交的操作

3．投影 3D 轮廓

该命令主要用于将回转立体的表面轮廓投射到选定的草图平面上。操作步骤及实例如图 2-49 所示。

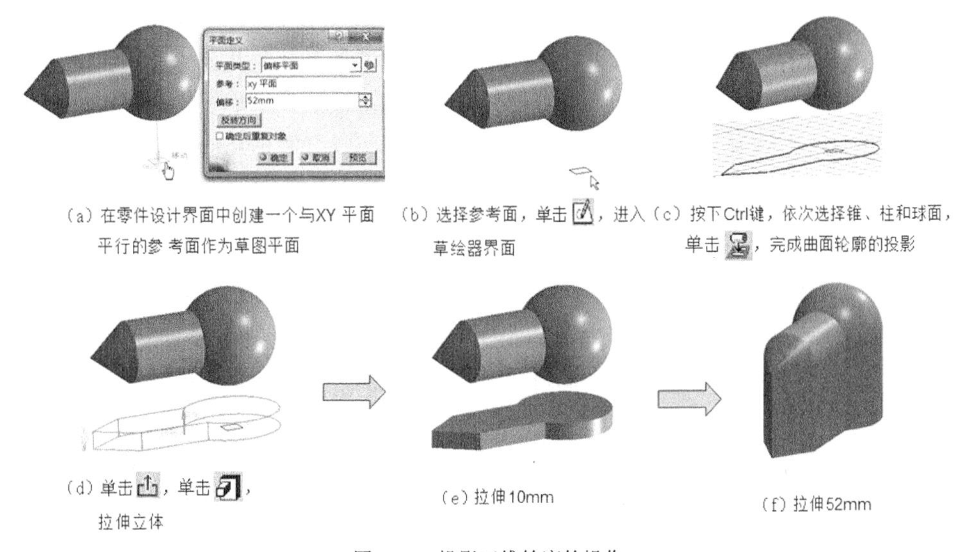

（a）在零件设计界面中创建一个与XY 平面平行的参考面作为草图平面

（b）选择参考面，单击 ，进入草绘器界面

（c）按下Ctrl键，依次选择锥、柱和球面，单击 ，完成曲面轮廓的投影

（d）单击 ，单击 ，拉伸立体

（e）拉伸10mm

（f）拉伸52mm

图 2-49　投影三维轮廓的操作

# 2.5 草图的尺寸约束和几何约束

由若干段图形元素构成的平面图形，即草图，都需要施加相应的尺寸约束和几何约束才能确定图形元素大小及相对位置。

## 2.5.1　尺寸约束和几何约束的概念

1．尺寸约束

尺寸约束是利用尺寸对图形元素的大小和图形元素之间的相对位置进行约束。

根据所注尺寸的作用，可将尺寸分为定形尺寸和定位尺寸。

- 定形尺寸的作用是确定图形元素的大小。图 2-50 中（a）中的尺寸 50、30 确定了矩形的大小；$\phi$15 确定了圆的大小，它们都是定形尺寸。

- 定位尺寸的作用是确定图形元素之间的相对位置。图 2-50（a）中的尺寸 20、10 确定了矩形相对坐标原点的位置；20、15 确定了圆与矩形之间的位置，它们都是定位尺寸。

标注定位尺寸的起点称为尺寸基准。平面图形中有上下、左右两个方向，每个方向至少应有一个基准，也可同时有几个基准，其中一个基准称为主要基准，其他基准称为辅助基准。

在图 2-50（a）中，矩形的两个定位尺寸是从主要基准（坐标原点）注出；圆心的两个定位尺寸是从辅助基准（矩形的两个边线）注出。H 轴和 V 轴是系统默认的两个基准轴，两轴交点为原点。画图时应将图形上的某个点与原点相合，这样可省却两个定位尺寸，如图 2-50（b）所示。

### 2．几何约束

几何约束是利用图形元素间的几何关系对图形元素的大小和相对位置进行约束。

平面图形中的几何约束有相合约束、水平约束、竖直约束、平行约束、垂直元素、相切约束、同心约束等。

在草图工作台中绘制的草图除施加尺寸约束外，还应添加必要的几何约束。否则移动图形元素时其形状和位置都会发生变化。没有添加几何约束，移动顶点时矩形发生变化，如图 2-50（c）所示。图 2-50（d）除了施加尺寸约束外，又添加了水平和竖直两种几何约束，此时所绘草图定形、定位。

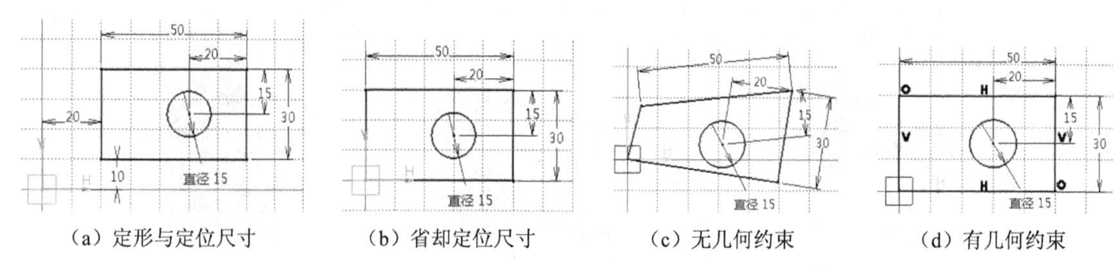


（a）定形与定位尺寸　（b）省却定位尺寸　（c）无几何约束　（d）有几何约束

图 2-50　尺寸约束与几何约束

### 3．尺寸约束与几何约束的关系

确定一个平面图形中的形状和位置的尺寸数量是一个定值，即尺寸数量不多不少。如果在注全尺寸的情况下，添加一个几何约束则必须减掉一个尺寸约束。例如图 2-51（a）中的四边形的定形、定位尺寸共计 8 个。随着几何约束的添加，尺寸数量随之减少。由图 2-51（b）、（c）、（d）、（e）、（f）可知尺寸约束与几何约束之间具有关联性，两者密不可分。在对草图进行约束时，应对图形元素之间的几何关系进行分析，使尺寸约束与几何约束的数量不多不少。少了称为欠约束；多了称为过约束，过约束的草图不能直接生成立体。

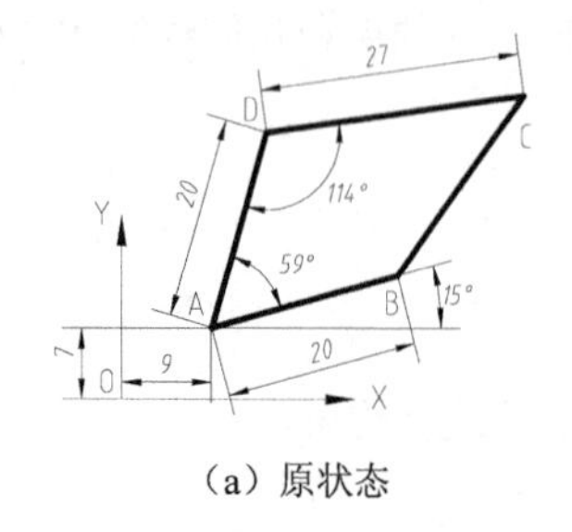


（a）原状态

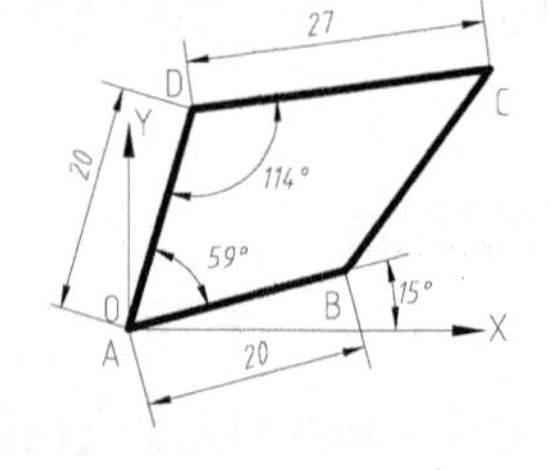


（b）顶点 A 与原点相合，减掉 2 个定位尺寸 9 和 7

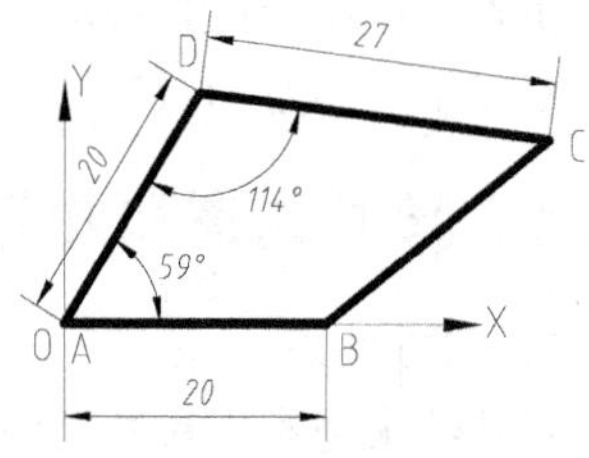


（c）将 AB 约束为水平，减掉角度尺寸 15°

图 2-51　尺寸约束与几何约束的关系

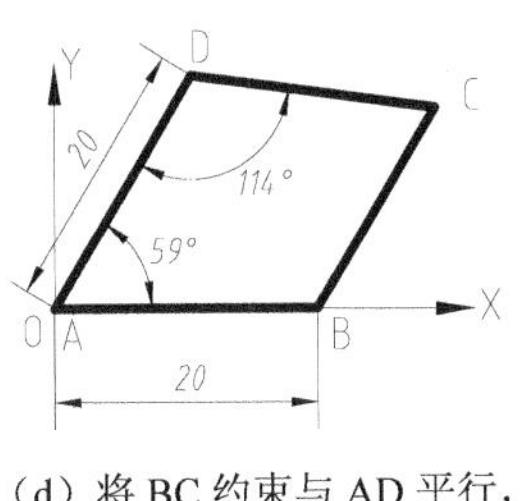


（d）将 BC 约束与 AD 平行，

减掉尺寸 27

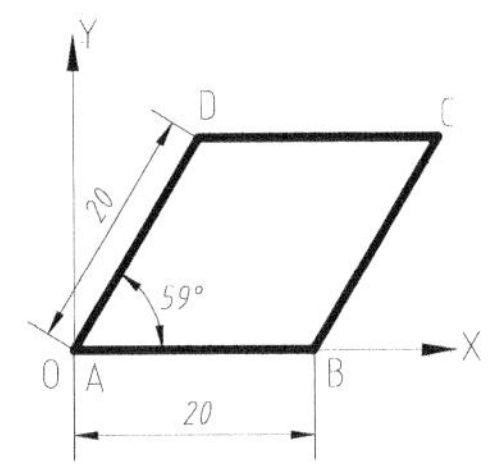


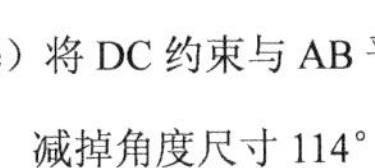

（e）将 DC 约束与 AB 平行，

减掉角度尺寸 114°

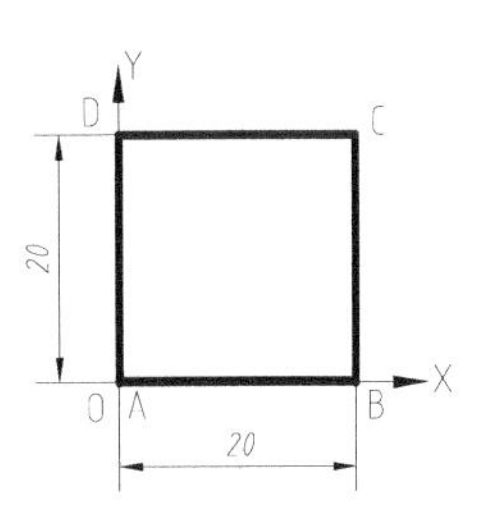


（f）将 AD 约束为竖直，

减掉角度尺寸 59°

图 2-51　尺寸约束与几何约束的关系（续）

## 2.5.2　约束的创建

### 1. 使用草图工具创建几何约束和尺寸约束

进入草图编辑器工作台时，草图工具栏中的“几何约束”和“尺寸约束”选项处于激活状态。因此在创建草图过程中，会自动生成检测到的几何约束，并在图形元素旁显示有相应的几何约束符号。在草图工具栏延伸出的数值框中输入尺寸数字后按 Enter 键，会在图形元素旁显示相应的尺寸约束。图 2-52 中矩形的绘制过程如下：

单击画矩形命令，将第一点置于坐标原点，单击左键，在宽度数值框内输入 50，按下 Tab 键，在高度数值框内输入 30，按 Enter 键，完成的矩形显示有水平和竖直约束符号 H、V 及尺寸约束 50、30。

### 2. 使用约束工具栏中的命令创建几何约束和尺寸约束

约束工具栏中有 7 种创建尺寸约束和几何约束的命令，如图 2-53 所示。

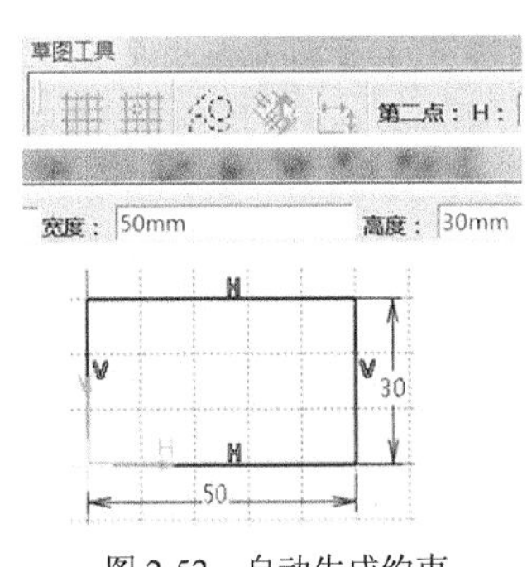


图 2-52　自动生成约束

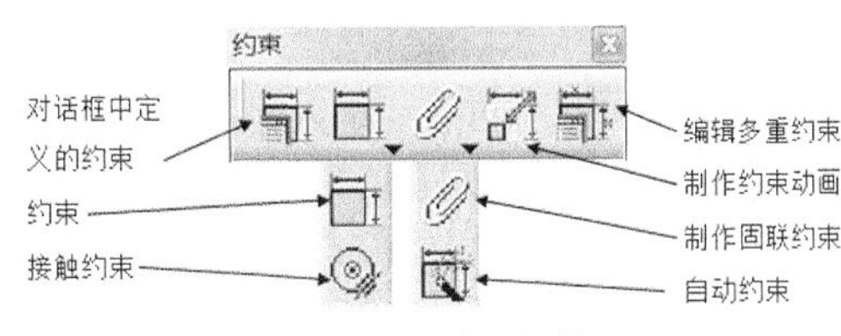


图 2-53　约束工具栏

（1）对话框中定义的约束。

用对话框创建约束时，系统会根据用户选择的图形元素自动进行分析，以决定可以创建的约束类型。

- 用于单个元素约束的类型有长度、半径/直径、半长轴、半短轴、固定、水平、竖直；
- 用于两个选定元素之间的约束类型有距离、中点、相合、同心度、相切、平行、垂直；
- 用于三个选定元素之间的约束类型有对称、等距点。

在创建对称约束时，最后选择的元素为对称线。在创建等距点约束时，不在同一直线上的 3 个点被约束后，3 个顶点连线为一等腰三角形。每种约束的含义如图 2-54 所示。

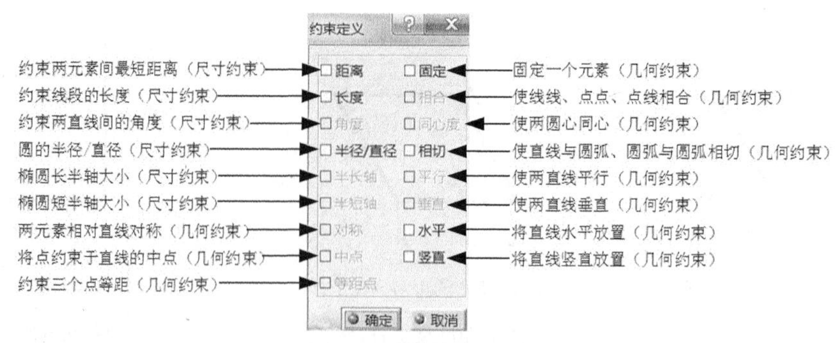


图 2-54　约束定义对话框

利用对话框创建约束时，一定要先激活草图工具栏中的几何约束命令，否则创建的约束为临时约束。

用对话框创建各种约束的操作过程完全相同。其步骤为：先选择约束对象（当选择 2 个或 3 个约束对象时应按下 Ctrl 键进行连选），再单击按钮，然后在弹出的对话框中选择约束类型，最后单击“确定”按钮。

利用对话框约束时，也可进行复选，创建多种约束。具体操作如下：

① 按住 Ctrl 键，依次选择如图 2-55 所示的直线 1、2、3（后选的线为对称线）。

② 单击“约束”工具栏中的按钮，在弹出的对话框中单击长度和对称，如图 2-56 所示。

③ 单击“确定”按钮，完成对称及线段长度的约束（两条线与对称线间夹角相等），如图 2-57 所示。

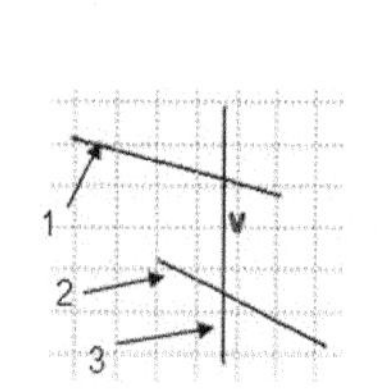


图 2-55　选择 3 条直线

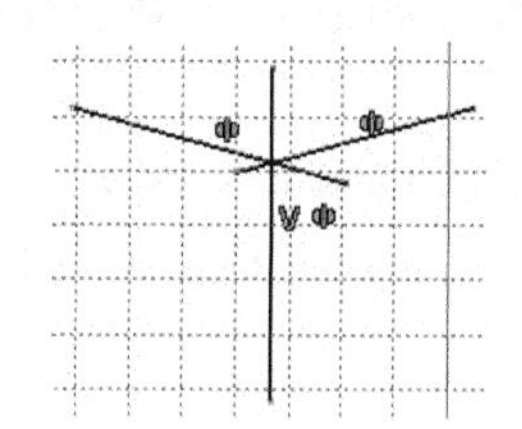

图 2-56　单击对称和长度

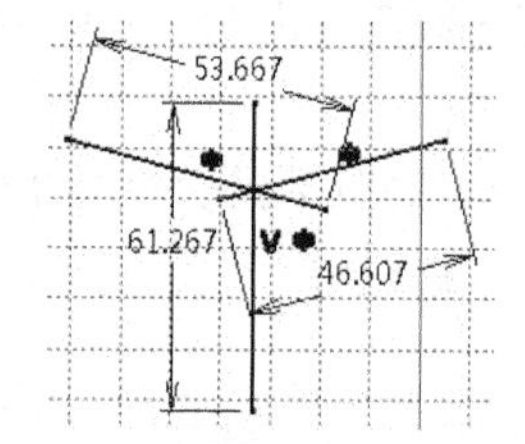


图 2-57　完成长度和对称约束

（2）约束。约束命令优先用于对所选元素进行尺寸约束。

- 激活该命令后，如果选中一个元素，可以注出该元素的大小尺寸（如直线的长度尺寸、圆及圆弧的直径或半径尺寸）；
- 如果连续选中两个元素，可以注出两元素之间的距离或角度等相对位置尺寸；
- 如果在选择过程中单击右键，可在弹出的快捷菜单中选择其他约束类型。

具体操作如图 2-58 所示。

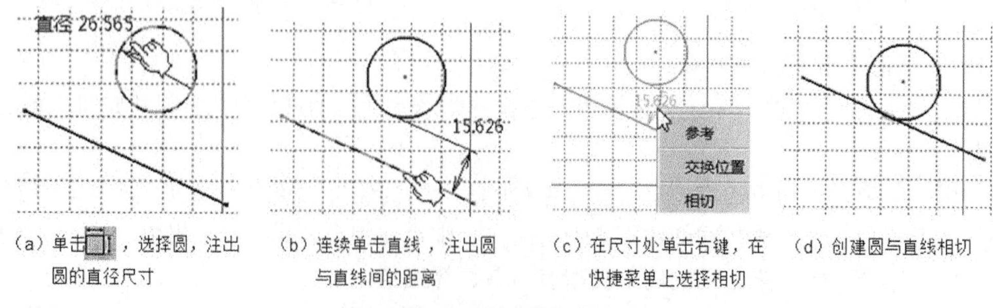


（a）单击，选择圆，注出圆的直径尺寸　（b）连续单击直线，注出圆与直线间的距离　（c）在尺寸处单击右键，在快捷菜单上选择相切　（d）创建圆与直线相切

图 2-58　约束的操作

如果仅注圆的直径尺寸，只需在拉出的尺寸旁单击左键即可。如若修改尺寸，可在尺寸数字

上双击左键，在弹出的对话框中填写新数值。

约束命令的操作技巧如图 2-59 所示。

① 按图 2-59（c）所示的草图，画出其大概轮廓，如图 2-59（a）所示。画图前，一定要激活草图工具栏中的几何约束命令。激活后，可自动生成一些所需要的几何约束，如水平、竖直、相切、相合等。在画图过程中，后画的元素与先画的元素之间应避免产生不必要的几何约束。如若消除自动生成的不必要的几何约束，在画图过程，按下“shift”键即可消除与所有先画出元素之间的约束关系。

② 左键双击约束命令，沿着上下、左右两个方向注全尺寸（先注小尺寸，再注大尺寸），具体操作步骤如图 2-59（b）所示。

单选 12 线，出现尺寸，单击左键，注出该线段的长度尺寸；单选 45 线，注出长度尺寸；连选 12、23 线标出角度尺寸；连选 18、34 线注出距离尺寸；连选 23、78 线后单击右键，在弹出的菜单中选择“平行”，完成两者的几何约束；单选 18 线，注出长度尺寸；单选 56 线，注出长度尺寸；连选 12、67 线注出距离尺寸；再分别单选两个圆，注出直径尺寸；分别连选 18 和 O1 圆心、12 和 O1 圆心，注出 O1 圆的 2 个定位尺寸；连选 O1、O2 圆心后单击右键，在弹出的菜单中选择“水平测量方向”，再连选 O1、O2 圆心后单击右键，在弹出的菜单中选择“竖直测量方向”，由此注出 O2 圆的 2 个定位尺寸。

③ 检查图形元素的约束是否完整。被约束的元素显示为绿色，欠约束的元素显示为白色，过约束时会出现紫色。在施加约束的过程中，如有元素仍显示为白色即为欠约束，就需要添加相应的尺寸约束或几何约束将其约束完整。欠约束的草图可以生成立体，而过约束的草图则不能生成立体。

④ 在完成约束后，单击关闭约束命令，在图 2-59（b）的基础上左键双击需要改正的尺寸，在弹出的约束定义对话框中输入指定的尺寸数值后单击“确定”按钮或按 Enter 键，即可完成尺寸的修改，重复此过程，即可完成全部尺寸的修改如图 2-59（c）所示。

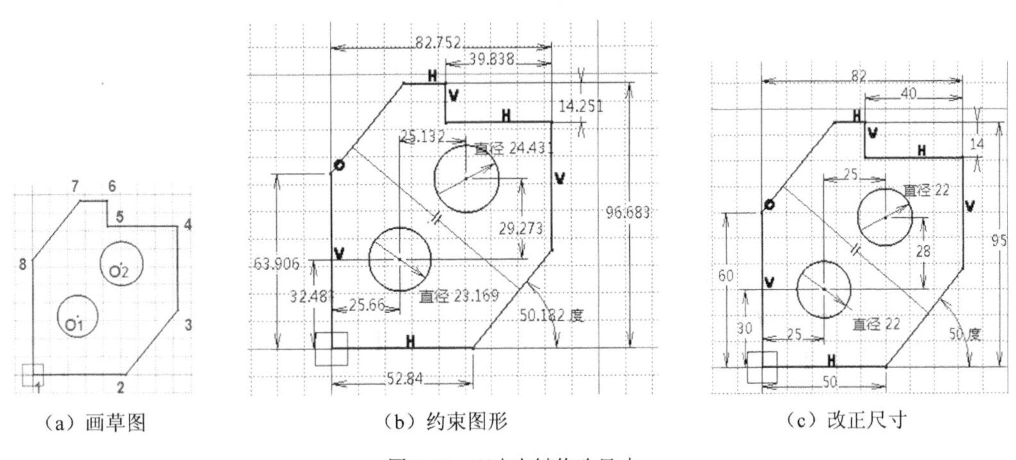


（a）画草图　　（b）约束图形　　（c）改正尺寸

图 2-59　双击左键修改尺寸

（3）接触约束。

该命令可在两个元素之间创建同心、相合、相切的几何约束。

操作步骤是：

单击“接触约束”图标，依次选择两个几何元素，自动完成相应的几何约束。

具体操作（按 1、2 顺序选择元素）及约束类型如图 2-60 所示。

（4）固联约束。

该命令可以将多个图形元素固连在一起。被固联在一起的多个元素被视为一组刚性图形，拖动任一元素，整组图形则同步移动。具体操作如图 2-61 所示。

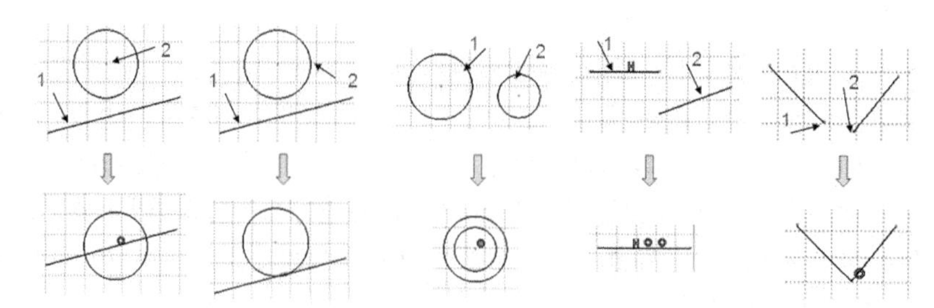

（a）点与线相合（b）圆与线相切 （c）两圆心相合 （d）两直线相合 （e）两端点相合

图 2-60　接触约束的操作

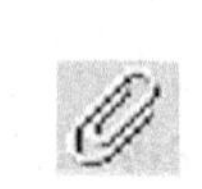

（a）单击命令

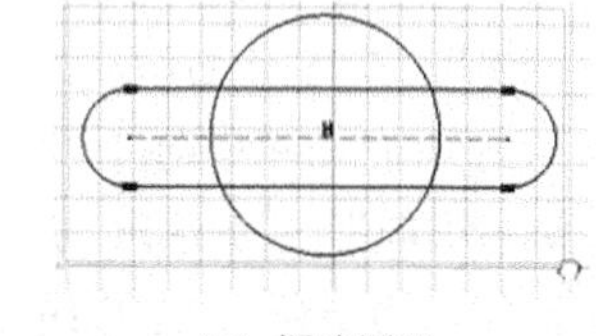

（b）框选图形

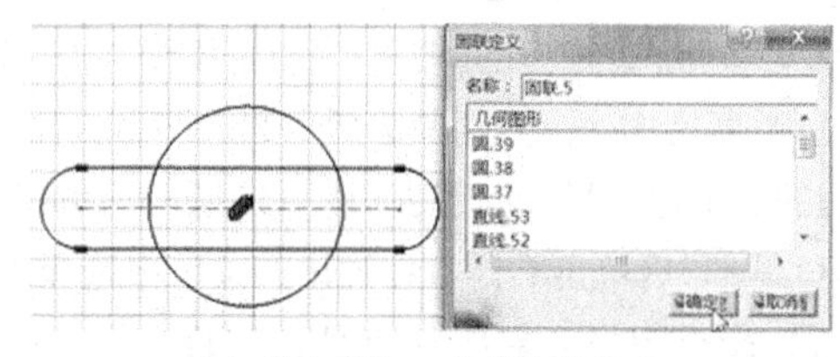

（c）单击确定，完成固联约束

图 2-61　固联约束的操作

（5）自动约束。

该命令可以自动检测到选定元素间的所有尺寸约束，并施加这些约束。该命令可以只约束一个元素，也可以同时对多个元素进行约束。

单击“自动约束”图标后，会弹出“自动约束”对话框，其中“参考元素”系指尺寸基准。在选择参考元素前，需激活输入栏窗口（变蓝）。如果约束的是对称图形，需画出对称线。选择对称线前同样需要激活输入栏窗口（变蓝）。

“约束模式”窗口只有在选择参考元素后方可使用，它有链式和堆叠式。具体操作步骤如图 2-62 所示。

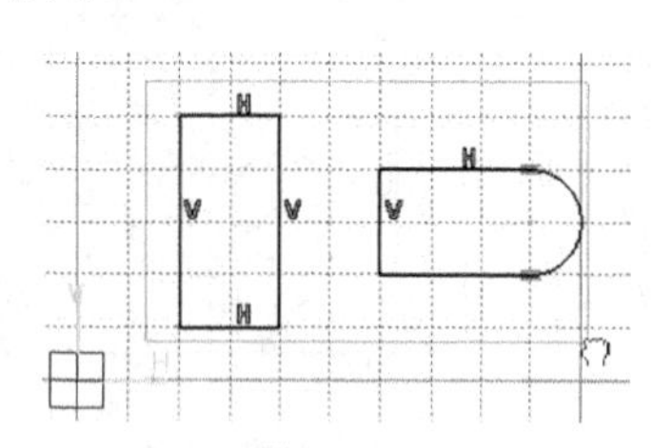

（a）单击命令，框选图形

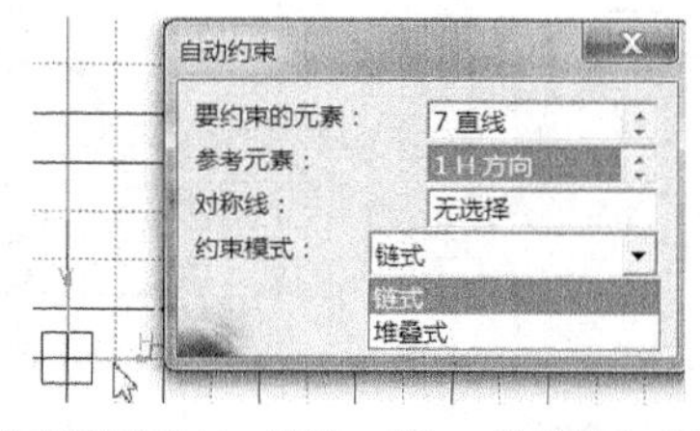


（b）单击参考元素窗口，连选 V 轴 H 轴后单击“确定”按钮

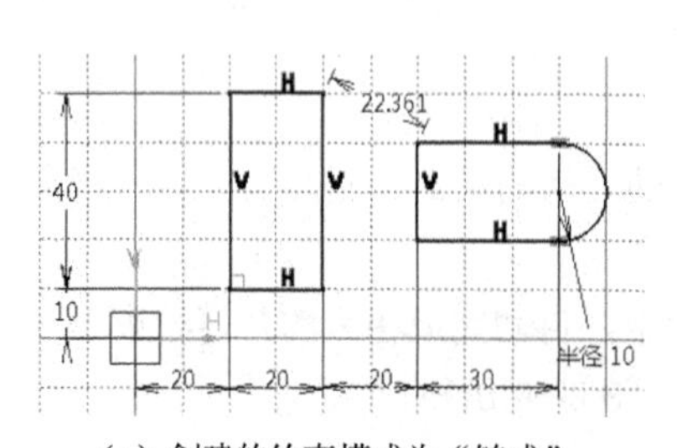


（c）创建的约束模式为“链式”

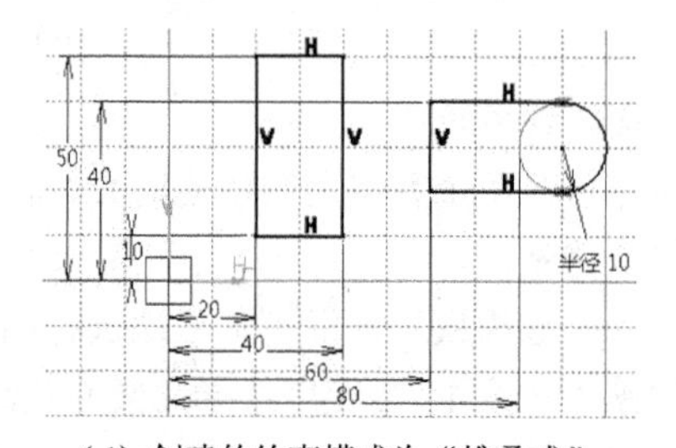


（d）创建的约束模式为“堆叠式”

图 2-62　自动约束的操作

（6）制作约束动画。

该命令可以对已有约束的图形，通过改变约束的数值，用约束间的牵引关系做出动画。这个功能对于草图约束没有太多实际意义，但在进行机构设计中分析设计方案、运动关系等会有很大帮助。

**【实例 2-3】**　创建约束动画。

其操作步骤如下：

① 绘制机构简图，如图 2-63（a）所示；

② 单击“制作约束动画”图标，单击简图中的 70°；

③ 在对话框中的设置如图 2-63（b）所示，选择重复播放方式，单击“运行动画”按钮即可演示运动过程。

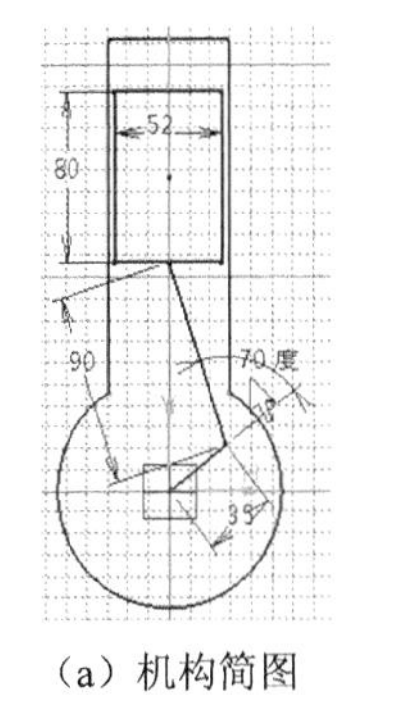


（a）机构简图

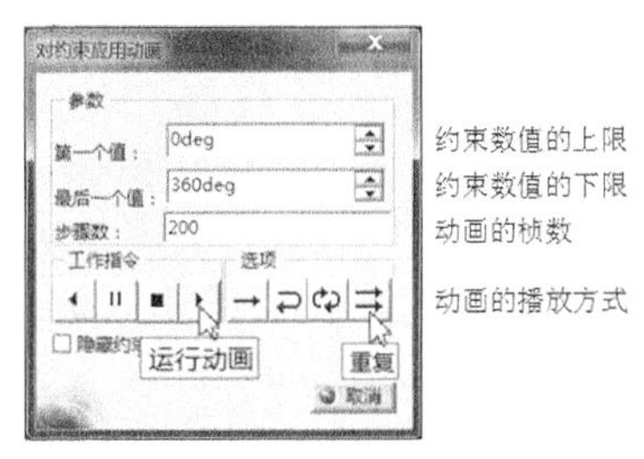


（b）对约束应用动画对话框

图 2-63　约束动画的操作

（7）编辑多重约束。

该命令可将选中的所有尺寸约束，在对话框中进行快速编辑和修改。具体操作如下：

单击“编辑多重约束”命令图标；框选已有尺寸约束的草图（也可先选草图，后单击命令）；在弹出的“编辑多重约束”对话框中显示所有被选中的尺寸约束；顺次单击需要修改的尺寸约束（草图中对应的尺寸显示为橘黄色）；在“当前值”窗口中填入新值。

下面以图 2-64（a）～（h）为例说明“自动约束”与“编辑多重约束”配合使用的优越性。

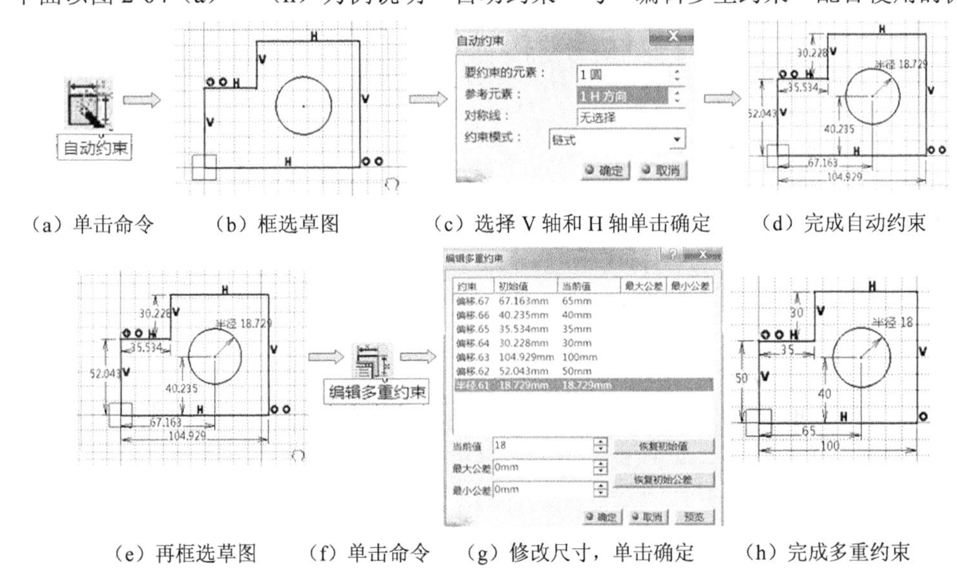


（a）单击命令　（b）框选草图　（c）选择 V 轴和 H 轴单击确定　（d）完成自动约束

（e）再框选草图　（f）单击命令　（g）修改尺寸，单击确定　（h）完成多重约束

图 2-64　自动约束和编辑多重约束

# 2.6 草图分析

## 2.6.1 草图轮廓和约束状态

### 1. 草图轮廓

一个正确的草图轮廓必须是首尾相接呈封闭状态。同一草图平面上有多个轮廓时，必须各自独立封闭。断开、相交、重合的草图轮廓是不能直接生成三维立体。

各种草图轮廓状态如图 2-65 所示。

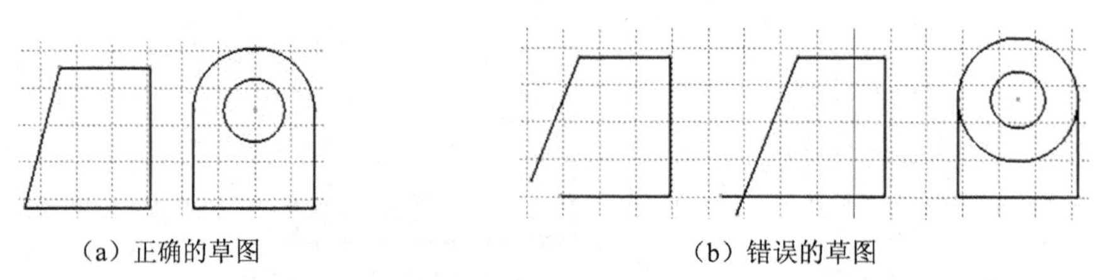

（a）正确的草图　　（b）错误的草图

图 2-65　正确草图与错误草图

### 2. 草图约束状态

一个正确的草图轮廓需要施加几何约束和尺寸约束确定它的大小和位置。约束草图时在屏幕上有四种显示状态：

- 欠约束，两种约束不足。图 2-66（a）水平边（或斜边）缺尺寸约束，斜边显示为白色。
- 全约束，两种约束不多不少。图 2-66（b）水平边添加尺寸约束，全部显示为绿色。
- 过约束，两种约束重复。图 2-66（c）斜边添加尺寸约束，过约束处显示为洋红色。
- 错误约束，约束之间有矛盾。图 2-66（d）两斜边尺寸均为 40，底边尺寸不应大于 80。此时底边所注尺寸不论大于 80 多少，图形大小不变，全部显示为深红色。

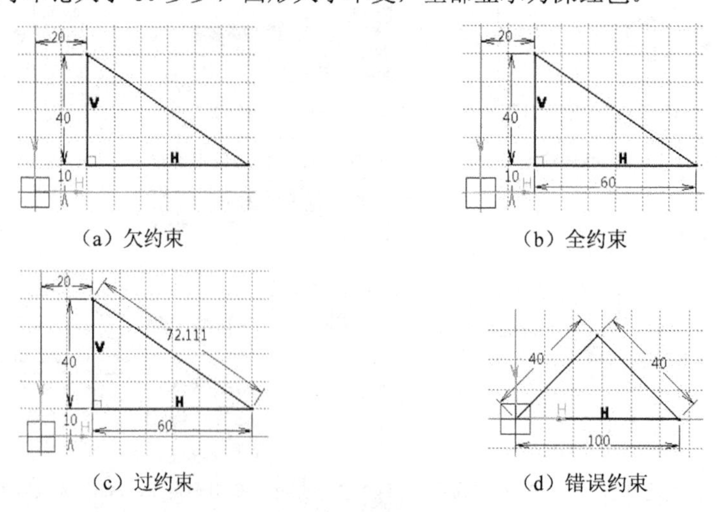


（a）欠约束　　（b）全约束

（c）过约束　　（d）错误约束

图 2-66　四种约束状态

系统用四种颜色区别不同的约束状态。欠约束和全约束的草图可以生成立体，过约束和错误约束的草图则不能生成立体。

解决过约束的方法是通过分析，删除多余约束。纠正错误约束的方法是找到有逻辑错误的约束，删除后再施加正确的约束。

## 2.6.2　“草图求解状态”和“草图分析”工具

当基于一个草图构建其实体特征时，系统提示“更新诊断：草图”或“特征定义错误”即不能构建三维实体。原因是绘制的草图有错误，存在的错误可能是：过分约束或不一致、草图轮廓未封闭、草图轮廓交叉、草图轮廓重叠。这些错误有时很难找到，利用草图编辑器工作台中的“工具”→“2D 分析工具”→“草图求解状态”和“草图分析”两个工具（见图 2-67）可以帮助查找和纠正存在的错误。

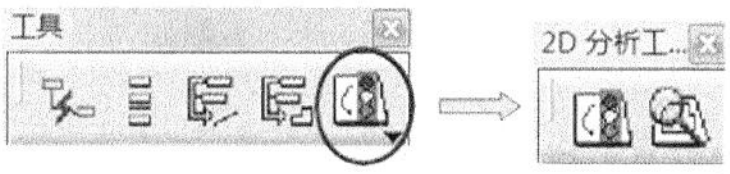

图 2-67　草图分析工具

### 1. “草图求解状态”工具的作用和操作

“草图求解状态”工具主要用于对草图约束进行简单的分析，判断草图的 4 种约束状态。例如在图 2-68 上，单击命令，出现的“草图求解状态”对话框显示该草图约束不充分即欠约束。关闭对话框利用约束工具将其约束完整，如图 2-69 所示。再次单击命令，出现的“草图求解状态”对话框显示该草图为等约束即全约束。

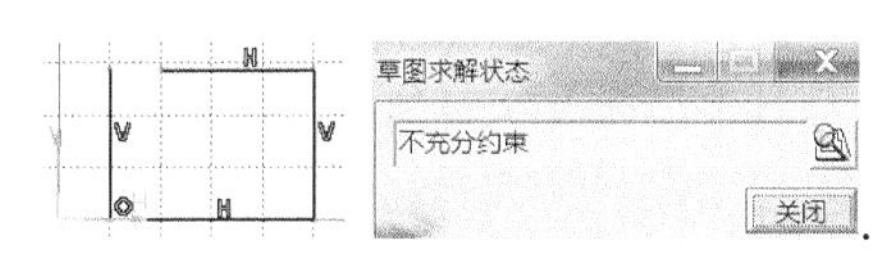


图 2-68 欠约束

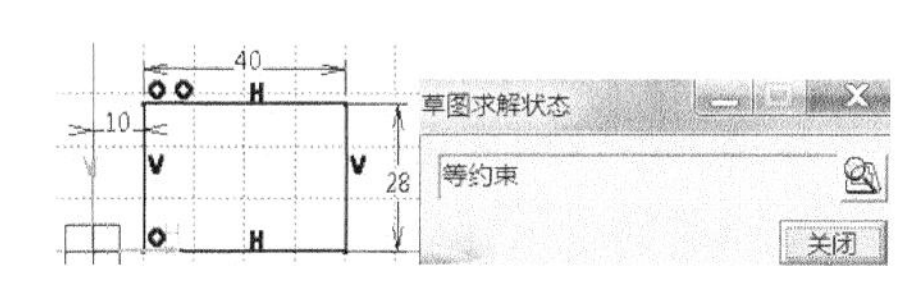


图 2-69　全约束

### 2. “草图分析”工具的作用和操作

“草图分析”工具可对欠约束、过约束和错误约束的草图进行详细分析。当单击“草图分析”工具时，会弹出如图 2-70 所示“草图分析”对话框。该对话框有 3 个选项卡。

（1）“几何图形”选项卡。

几何图形选项卡用于对草图轮廓进行分析。该选项卡有如下窗口。

- “一般状态”窗口：显示所有图形元素当前的状态。图形元素的一般状态有“已通过所有检查”和“警告：非流形拓扑”2 种。当草图轮廓封闭或断开时，一般状态窗口均显示“已通过所有检查”，如图 2-70 中的圆和断开的矩形。 当草图轮廓交叉或重叠时，一般状态窗口则显示“警告：非流形拓扑”。
- “详细信息”窗口：显示所列几何图形的数量、状态和注释。图形轮廓呈已关闭状态为正确；呈已打开状态为错误，如图 2-70 所示，圆已关闭；隐式轮廓的矩形呈已打开状态，它由 5 条线围成，断开点距离 10mm，见图 2-70 右上图“已打开”。

正确的图形元素应处于“已通过所有检查”和“已关闭”状态。如果非此状态，则图形元素之间必存在断开、交叉或重叠等错误。此时可用“更正操作” 中的相应工具进行修改。

- “更正操作”中有 5 个工具按钮，从左到右顺次为：
    - ➢ 在构造模式中进行设置工具：用于将选择的标准元素转变为构造元素。
    - ➢ 闭合开放轮廓工具：用于将选择的开放轮廓闭合。

- 删除几何图形工具：用于将不合理的图形元素删除。
- 隐藏约束工具：用于隐藏草图中的约束符号。
- 隐藏构造元素工具：用于隐藏草图中的所有构造元素。

如果将一个打开的轮廓改为关闭的轮廓，其操作步骤如图 2-70 所示：

单击“草图分析”工具，在弹出的对话框中单击已打开的隐式轮廓（该轮廓在屏幕上显示为橘黄色，断开点呈 2 个圆圈，见图 2-70 右上图中上边线）；单击闭合开放轮廓按钮，两断开点相合，状态显示“已关闭”如图 2-70 右下图所示。

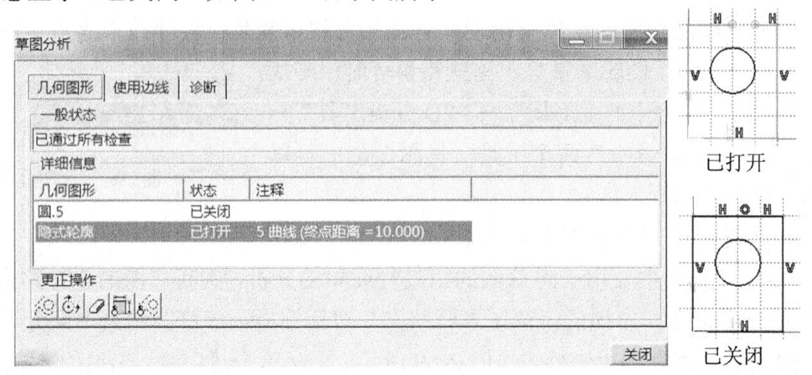


图 2-70　草图分析对话框

（2）“使用边线”选项卡。

“使用边线”选项卡用于对 3D 投影或截交的轮廓进行分析，如图 2-71 所示。

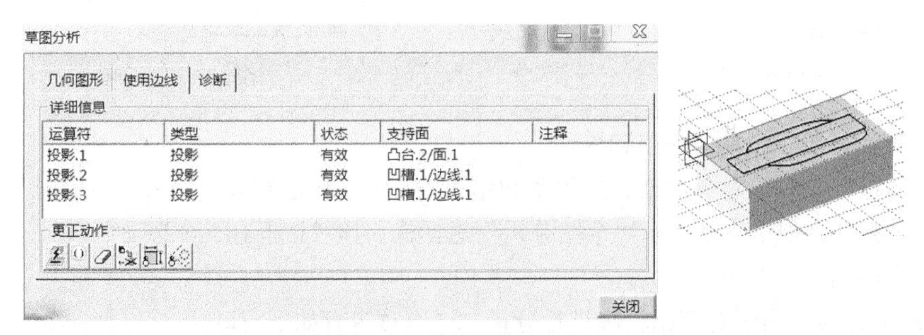


图 2-71　使用边线选项卡

- “详细信息”窗口：显示所有投影元素或截交元素当前的状态。如图 2-71 中在“详细信息”窗口中显示有立体顶面上的 3 组投影轮廓线的信息。
- “更正动作”中有 6 个工具，从左到右依次为：隔离几何图形、激活/取消草图中的约束、删除不合理的几何元素、替换 3D 几何图形、隐藏草图中的所有约束、隐藏草图中的所有构造图形元素。

（3）“诊断”选项卡。

“诊断”选项卡用于对草图轮廓进行全面分析。图 2-72 诊断选项卡中所列信息就是对图 2-73 所示矩形草图诊断的全部信息。

- “正在解析状态”窗口：显示所有图形元素的约束状态。如图 2-73 所示中的矩形为过约束状态（多注一个角度尺寸 90 度）。
- “详细信息”窗口：顺次列出矩形草图的构成元素、几何约束和尺寸约束状态等全部信息。

单击“详细信息”窗口中的项目，在矩形草图上的相应项目呈橘黄色显示。例如，单击窗口中最下面的“角度.12”则矩形上的尺寸 90 度显示为橘黄色。

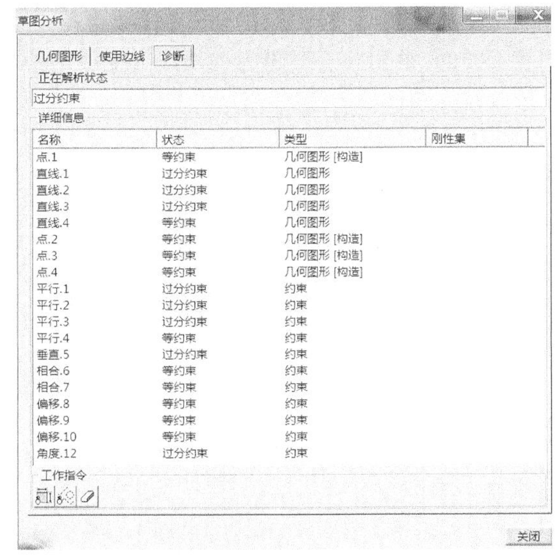


| 名称 | 状态 | 类型 | 刚性集 |
| --- | --- | --- | --- |
| 点.1 | 等约束 | 几何图形 [构造] | |
| 直线.1 | 过分约束 | 几何图形 | |
| 直线.2 | 过分约束 | 几何图形 | |
| 直线.3 | 过分约束 | 几何图形 | |
| 直线.4 | 等约束 | 几何图形 | |
| 点.2 | 等约束 | 几何图形 [构造] | |
| 点.3 | 等约束 | 几何图形 [构造] | |
| 点.4 | 等约束 | 几何图形 [构造] | |
| 平行.1 | 过分约束 | 约束 | |
| 平行.2 | 过分约束 | 约束 | |
| 平行.3 | 过分约束 | 约束 | |
| 平行.4 | 等约束 | 约束 | |
| 垂直.5 | 过分约束 | 约束 | |
| 相合.6 | 等约束 | 约束 | |
| 相合.7 | 等约束 | 约束 | |
| 偏移.8 | 等约束 | 约束 | |
| 偏移.9 | 等约束 | 约束 | |
| 偏移.10 | 等约束 | 约束 | |
| 角度.12 | 过分约束 | 约束 | |

图 2-72　诊断选项卡

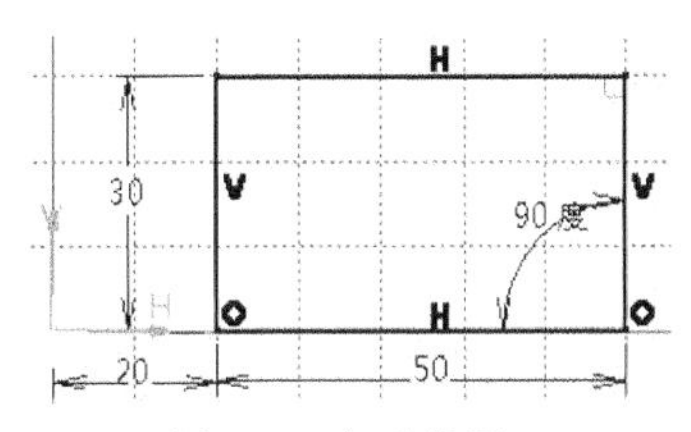


图 2-73　矩形草图

矩形几何元素的名称有 4 个点、4 条直线构成；状态有等约束和过分约束；类型为几何图形，其中 4 条直线是标准元素，4 个顶点是构造元素。几何约束的名称有平行、垂直、相合；状态有等约束和过约束。尺寸约束的名称有偏移、角度，其中偏移为等约束，角度为过分约束。

“工作指令”中有 3 个工具，从左到右依次为：隐藏草图中的所有约束、隐藏草图中的所有构造图形元素、删除不合理的几何元素或约束。删除不合理的元素或约束的步骤是，在窗口选中一个错误元素或约束，例如选中“角度.12”再单击删除工具按钮，“角度.12”即被删除，草图即被修改为全约束。

### 3. “草图分析”工具的实际应用

为达到熟练利用草图求解状态和草图分析工具分析纠正错误草图的目的，先按图 2-74 所示图形在 XY 坐标面上绘制草图，其中直径 10 的小圆先绘制一个，其余用旋转命令复制（在旋转定义对话框的实例窗口中输入 4）。然后按 2、3、4 等步骤进行操作。

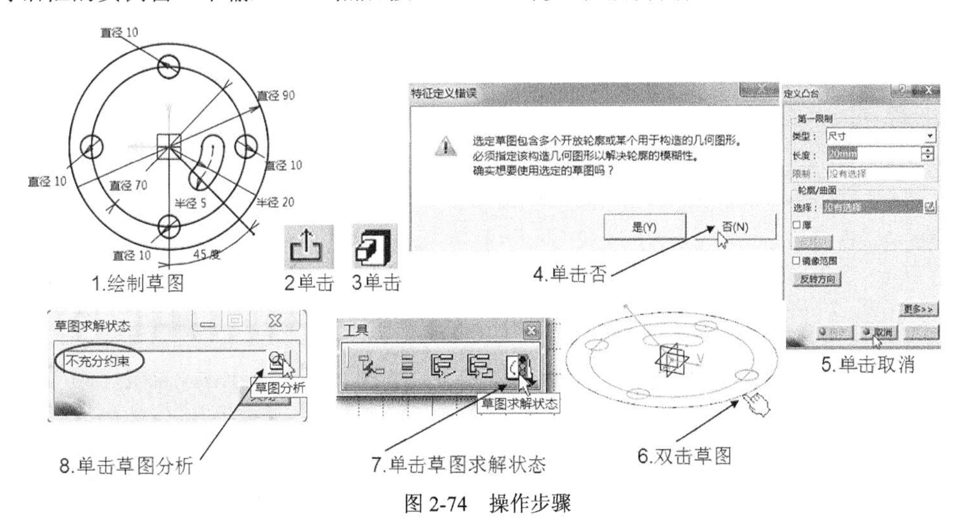


图 2-74　操作步骤

操作至步骤 8 时，弹出如图 2-75 所示草图分析对话框。在该对话框的“几何图形”选项卡中可看出，一般状态窗口中显示“警告：非流形拓扑”（说明草图存在问题）；在详细信息窗口中列有 9 个几何图形，其中直线.1 处于已隔离状态，其余为已关闭状态。

分别选择“直线.1”（45°线）和“圆.1”（直径 70）单击，更正为构造线（变成虚线，见图 2-76）。

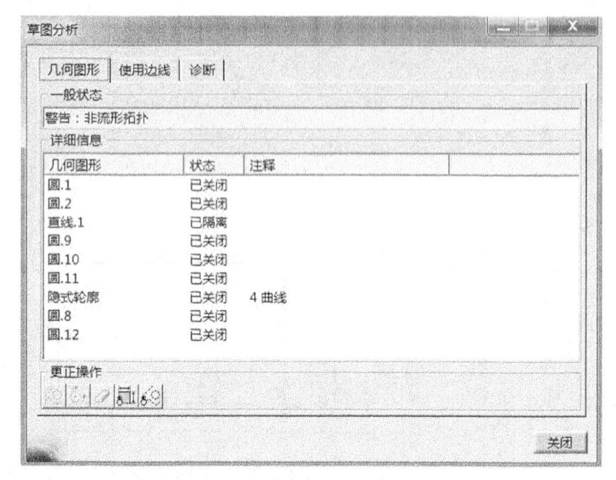


图 2-75　草图分析对话框

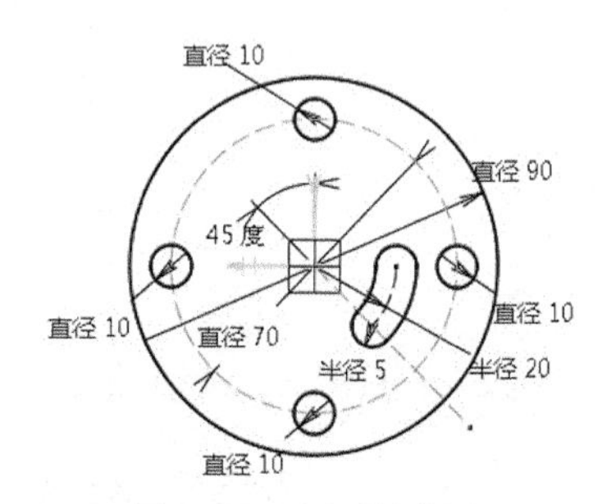


图 2-76　更改后的草图

对话框中显示有 7 个圆，绘制的草图中只有 6 个圆，从上向下顺次单击各圆时，图形中对应的圆显示为橘黄色，单击圆.8 和圆.12 时，2 圆在同一处显示，说明这 2 个圆重合在一起，选择“圆.12”，单击，删除该圆。

更正后的草图和对话框如图 2-77 所示，一般状态窗口中显示“已通过所有检查”。单击“关闭”按钮，按图 2-74 中 2、3 步骤操作，即可生成三维实体，如图 2-78 所示。

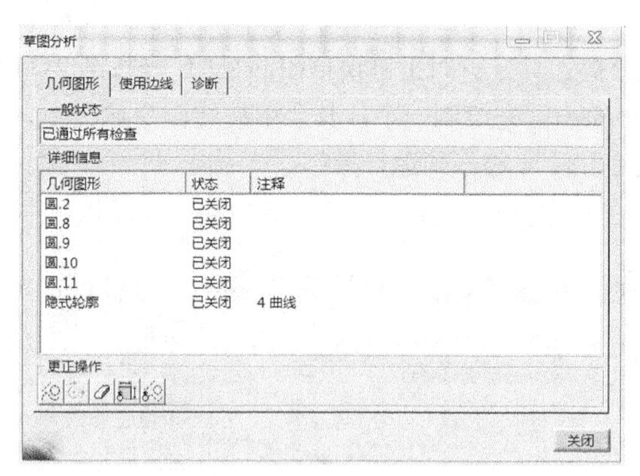


图 2-77　更正后的草图分析对话框

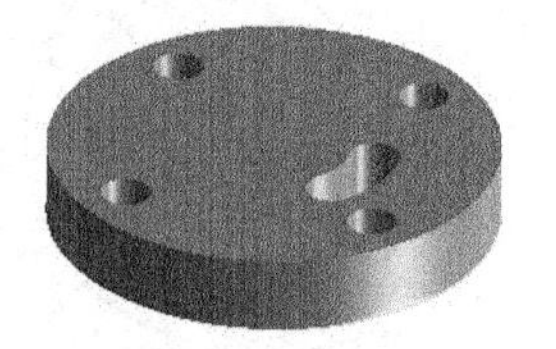

图 2-78　生成三维实体

由以上立体创建过程，总结草图设计流程如下：

绘制草图轮廓→利用相应命令不能生成立体时，则草图轮廓一定开放或重叠→利用“草图求解状态”工具使轮廓封闭→返回草图编辑工作台进行尺寸约束。约束后如不能生成立体，则一定过约束→利用“草图分析工具”进行“诊断”，使其全约束→完成草图设计。

如果利用相应命令顺利生成立体，则返回草图编辑工作台进行尺寸约束。

## 2.6.3 可视化工具条

可视化工具条中有 10 个命令用于当前草图与背景轮廓的显示，有 3 个命令用于约束状态的显示，各命令的功能如图 2-79 所示。

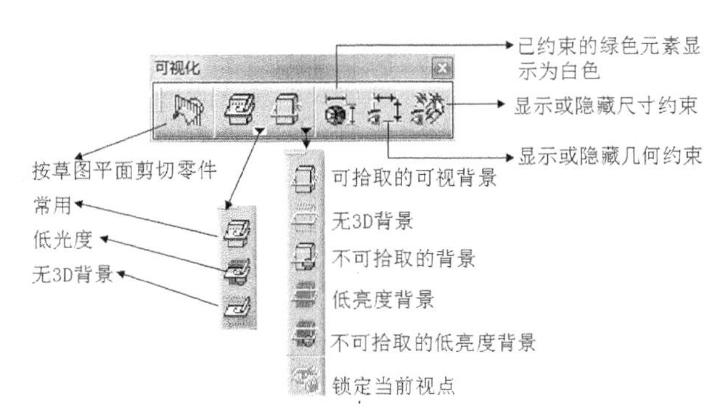


图 2-79　可视化工具条各命令的功能

在绘制如图 2-80 中右侧的白色矩形时，如果该矩形轮廓被背景轮廓遮住，单击“按草图平面剪切零件”命令时，就会显示矩形的全部轮廓，以方便对草图进行尺寸约束，如图 2-81 所示。

当单击低光度命令时，背景轮廓不能选择，如图 2-82 所示；

- 当单击无 3D 背景命令时，背景轮廓消失，如图 2-83 所示；
- 当单击可拾取的可视背景时，背景轮廓可选择，如图 2-84 所示；
- 当单击无 3D 背景时，背景轮廓消失，如图 2-85 所示；
- 当单击不可拾取的背景时，背景轮廓不可拾取，如图 2-86 所示；
- 当单击低亮度背景时，背景轮廓可以选择，如图 2-87 所示；
- 当单击不可拾取的低亮度背景时，背景轮廓不能选择，如图 2-88 所示。

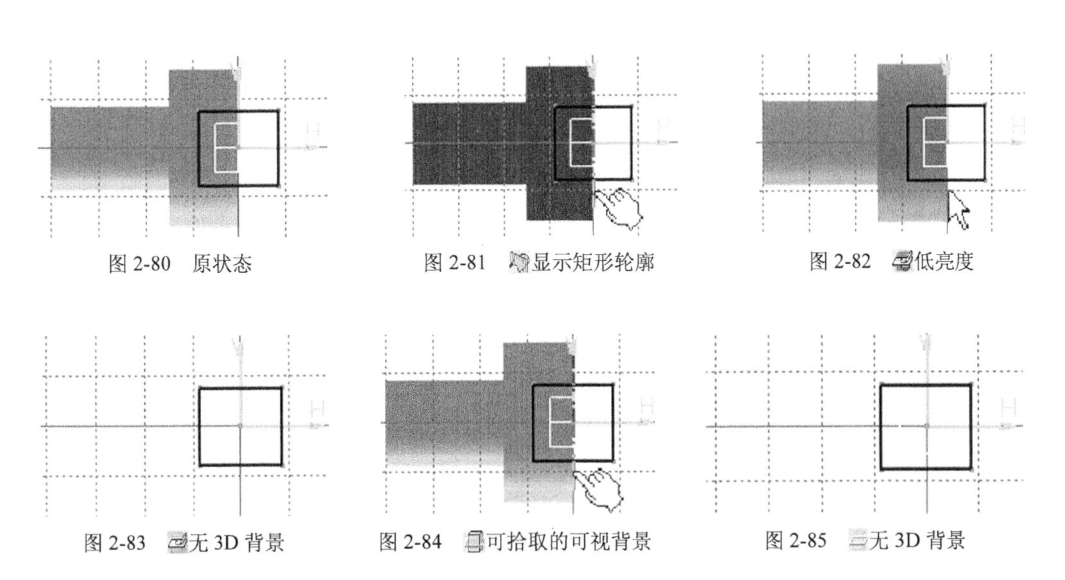

图 2-80　原状态　　图 2-81　显示矩形轮廓　　图 2-82　低亮度

图 2-83　无 3D 背景　　图 2-84　可拾取的可视背景　　图 2-85　无 3D 背景

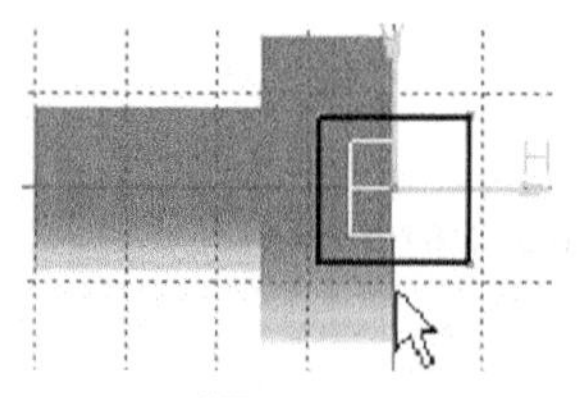

图 2-86 不可拾取的背景

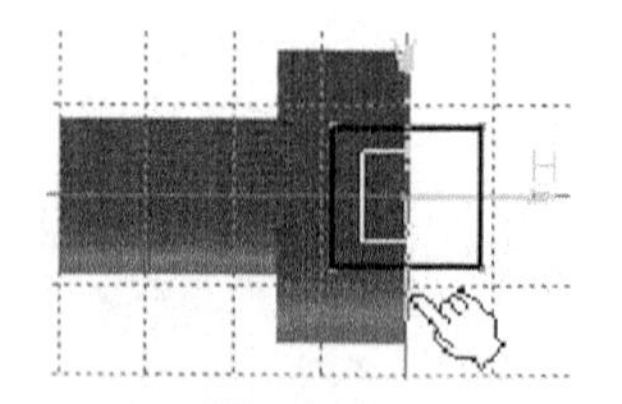

图 2-87 可拾取低亮度背景

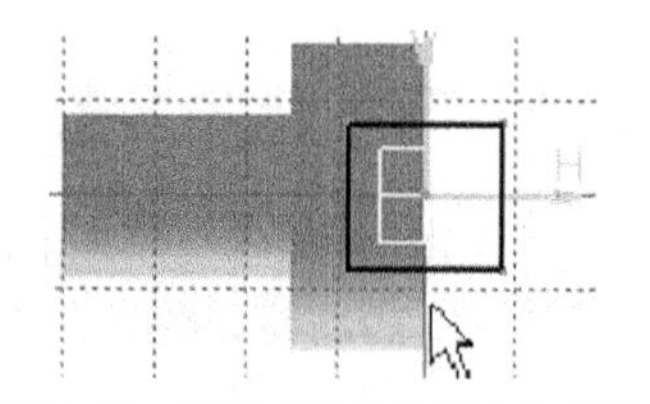

图 2-88 不可拾取的低亮度背景

“可视化”工具条中的3个命令，分别控制着3种约束状态的显示，默认状态3种命令处于被激活状态，约束被显示。单击按钮，取消激活，约束不显示。

- 当关闭诊断命令时，约束好的轮廓由绿色变成白色，如图2-89所示；
- 当关闭尺寸约束命令时，所标注的尺寸不显示，如图2-90所示；
- 当关闭几何约束命令时，几何约束符号不显示，如图2-91所示。

在绘制草图过程中，还可以单击“视图”工具栏中的“视图模式”子工具栏中的“线框”显示命令，使背景视图以线框形式显示，以便于当前草图轮廓与背景轮廓之间的尺寸约束，如图2-92所示。

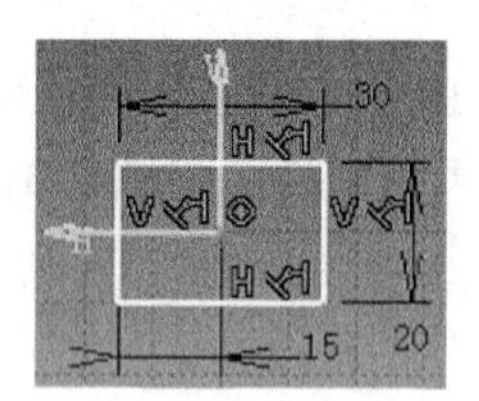

图 2-89 绿色变白色

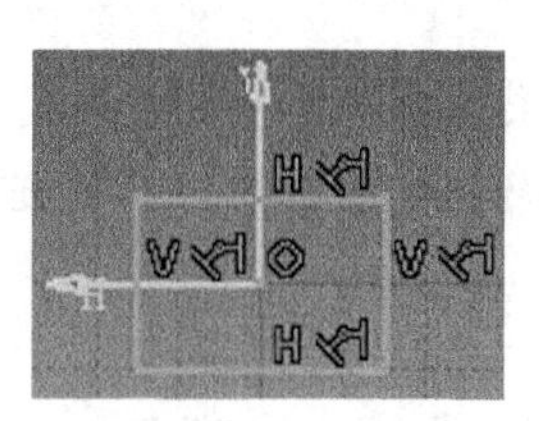
图 2-90 尺寸不显示

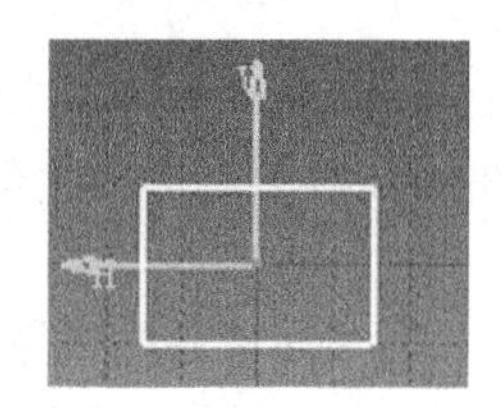
图 2-91 约束符号不显示

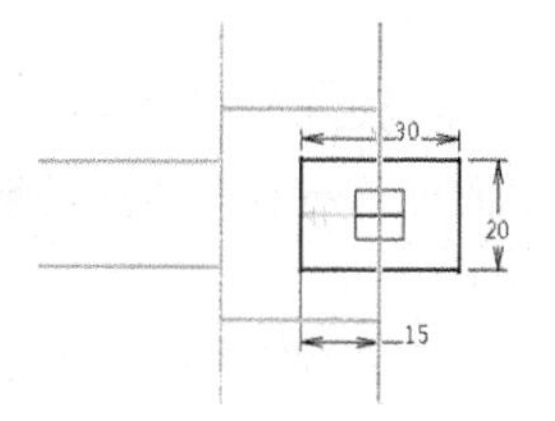

图 2-92 线框显示

# 第3章 草图绘制实例

前面介绍了草图编辑器工作台中各种草绘工具的作用和基本操作。本节通过抄画一系列不同特点的平面图形，达到熟练使用各种草绘工具，提高草图绘制的速度和准确度。

绘制草图的具体步骤如下。

（1）首先将“草图工具”栏中的几何约束和尺寸约束两个工具激活，使画图时能自动捕捉到需要的几何约束。在画图过程中若要消除自动捕捉到的不需要的几何约束，可同时按下“shift”键。

（2）分析给定图形的结构特点，确定图形的基准点。

（3）用相应工具绘制草图。

根据草图的图形特点，可用以下 3 种方法绘制：

- 一种是先画轮廓，后添加尺寸约束和几何约束；
- 另一种是边画轮廓边单击两个约束命令和，添加尺寸约束和几何约束，也可以通过草图工具后面的数值框输入尺寸数值对草图轮廓进行约束；
- 还有一种是将以上两种方法结合起来绘制草图。

## 3.1 草图绘制

**【实例 3-1】** 抄画如图 3-1 所示图形（此图适于先画轮廓后约束）。

分析：该图形不对称，可选左下角点为基准点。根据轮廓线特点可用和两个命令绘制。具体步骤如下。

（1）根据所注尺寸，画出大概轮廓，如图 3-2 所示。

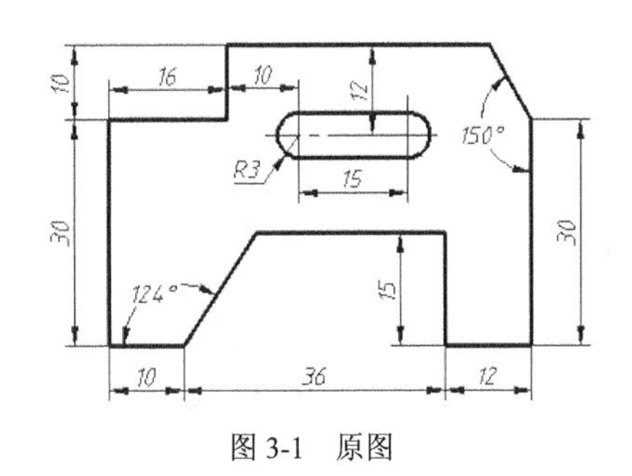


图 3-1　原图

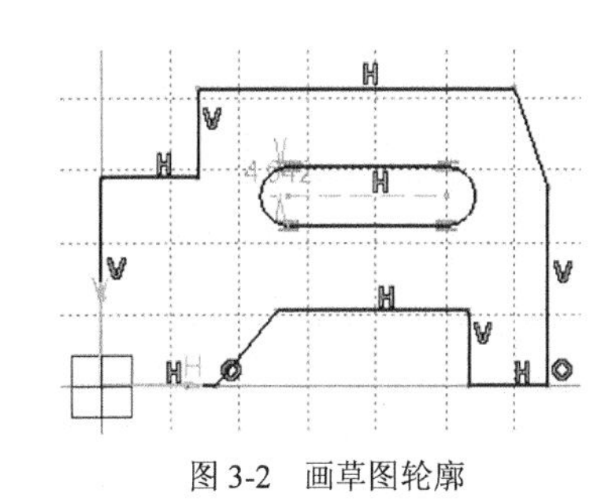


图 3-2　画草图轮廓

（2）双击约束图标，按图 3-1 中标注的尺寸连续注出所绘制轮廓的尺寸。修改尺寸时，双击尺寸，在弹出的对话框中填写新值。例如双击尺寸 170 度，在约束定义对话框中填写新值 150deg，单击“确定”按钮或按 Enter 键，如图 3-3 和图 3-4 所示，按此过程修改其他尺寸。

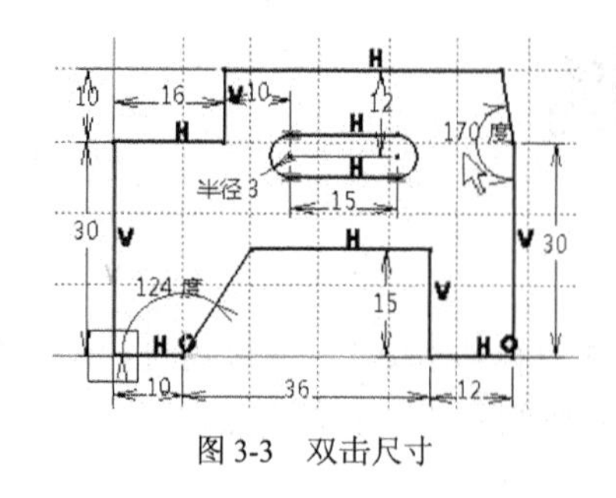


图 3-3 双击尺寸

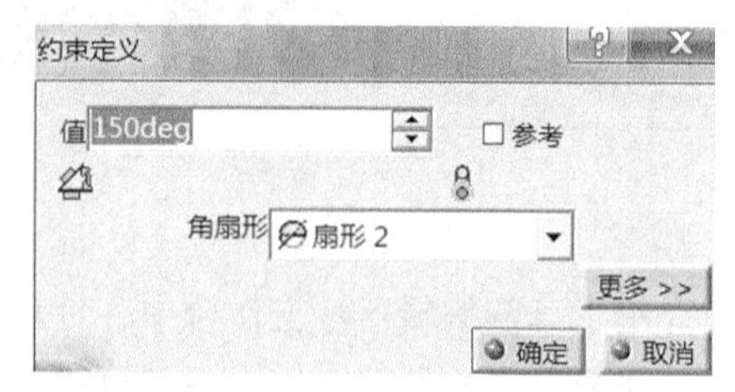


图 3-4 填写新值

**【实例 3-2】** 抄画如图 3-5 所示图形（此图适于边画轮廓边施加约束）。

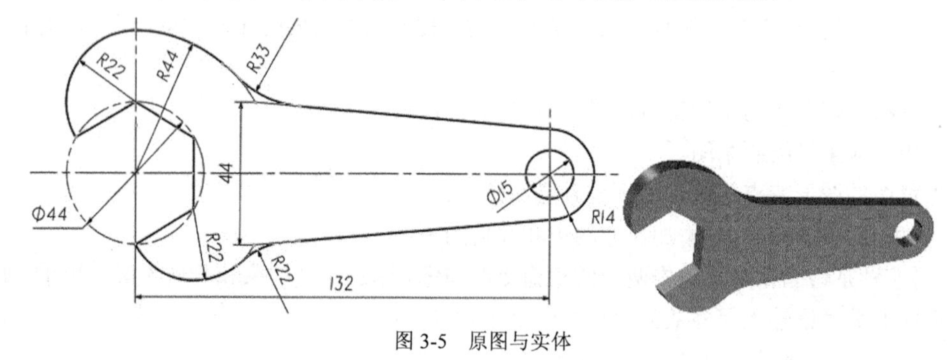


图 3-5 原图与实体

分析：该图形可选 $\phi$44 圆心为基准点。根据轮廓线特点可用、、和等命令绘制。具体步骤如下。

（1）单击六边形命令，将其中心置于原点，沿 H 轴拉出六边形，单击“约束”命令，注出构造线圆直径 $\phi$44，如图 3-6 所示。

（2）单击“圆”命令，先画出 2 个 *R*22 的圆；画 A 圆时，捕捉切点 B，完成 A 圆的绘制（不必再注出尺寸 *R*44 尺寸，否则会过约束）如图 3-7 所示；双击快速修剪命令，完成修剪如图 3-8 所示。

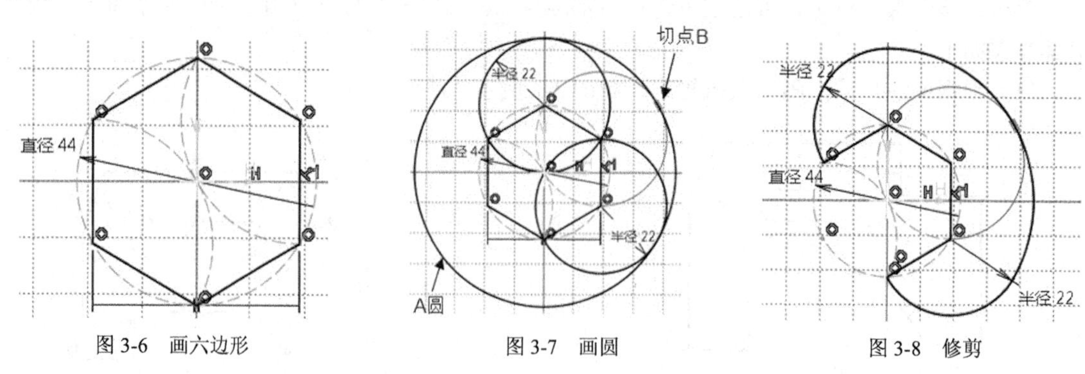


图 3-6 画六边形　　图 3-7 画圆　　图 3-8 修剪

（3）单击“直线”命令，先将直线端点 A 置于圆弧上，画至 B 点时与 *R*14 圆相切，注出尺寸 22，如图 3-9 所示。

（4）单击“镜像”命令，完成直线的镜像；单击“圆角”命令，完成 *R*22 和 *R*33 两个相切弧，如图 3-10 所示。

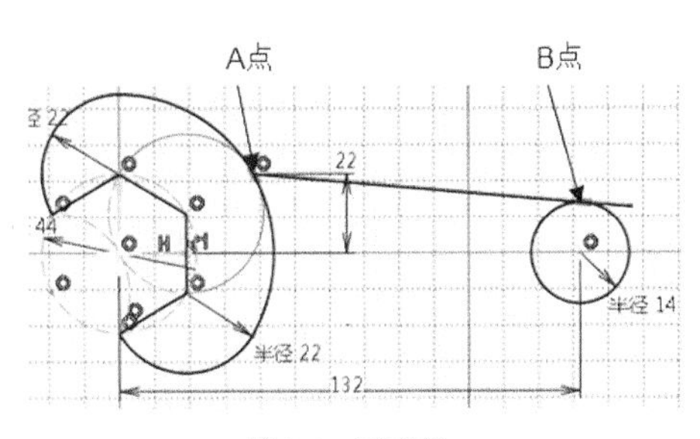


图 3-9 画直线

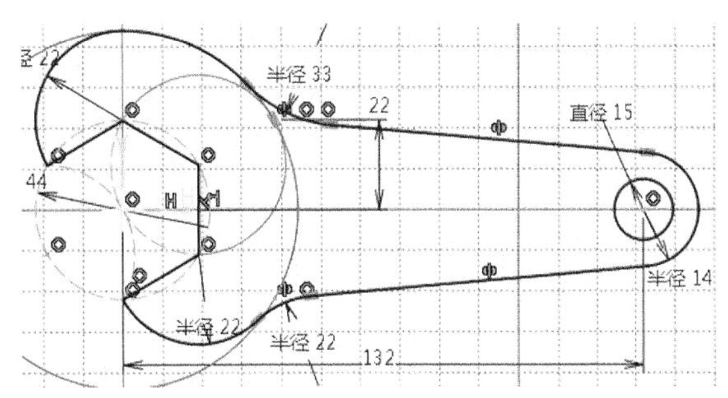


图 3-10 镜像和圆角

**【实例 3-3】** 抄画如图 3-11 所示图形。

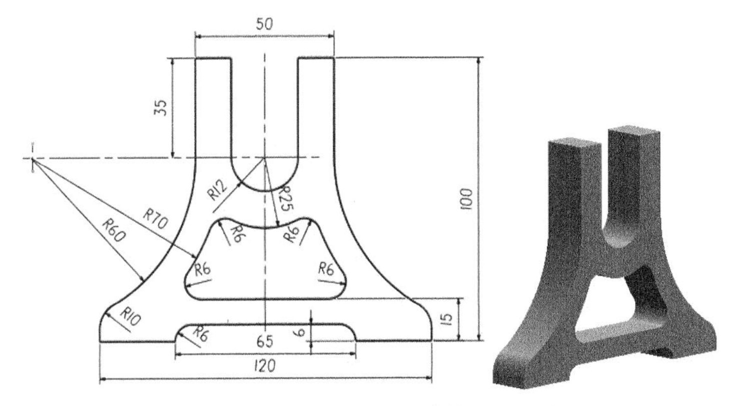


图 3-11 原图与实体

可将绘制实例 1 和实例 2 两图形的方法结合起来绘制此图形。外轮廓：先画轮廓后约束；内轮廓：边画边约束。

分析：该图形左右对称，将起始点 1 置于 V 轴，利用“轮廓”命令和“镜像”命令，完成图形的外轮廓。具体画图步骤如下：

（1）单击，从 1 点画至 2 点时按下左键并划动鼠标（见图 3-12），抬起左键，画出 2、3 弧（见图 3-13）。

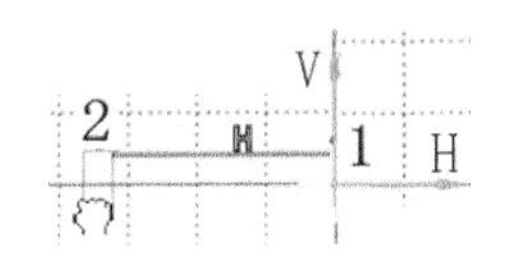


图 3-12 从 1 点画至 2 点

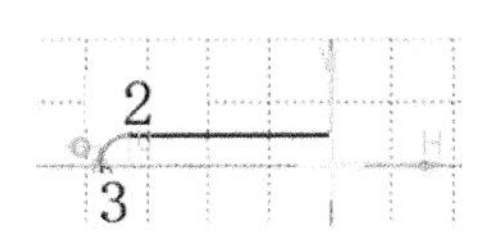


图 3-13 画出 2、3 弧

（2）画至 4 点时按下左键并划动鼠标（见图 3-14），抬起左键，画出 4、5 弧（见图 3-15）；再次按下左键并划动鼠标，抬起左键，画出 5、6 相切弧（见图 3-16）。

（3）画至 7 点时按下左键并划动鼠标（见图 3-17），抬起左键，画出 7、8 弧（见图 3-18）；按下 Ctrl 键，选择 7、8 弧的圆心和 V 轴，单击，选择“相合”约束。

（4）选择绘制完的轮廓，单击“镜像”命令，选择 V 轴，完成外轮廓。

（5）双击约束命令，完成外轮廓的尺寸标注（见图 3-19）。

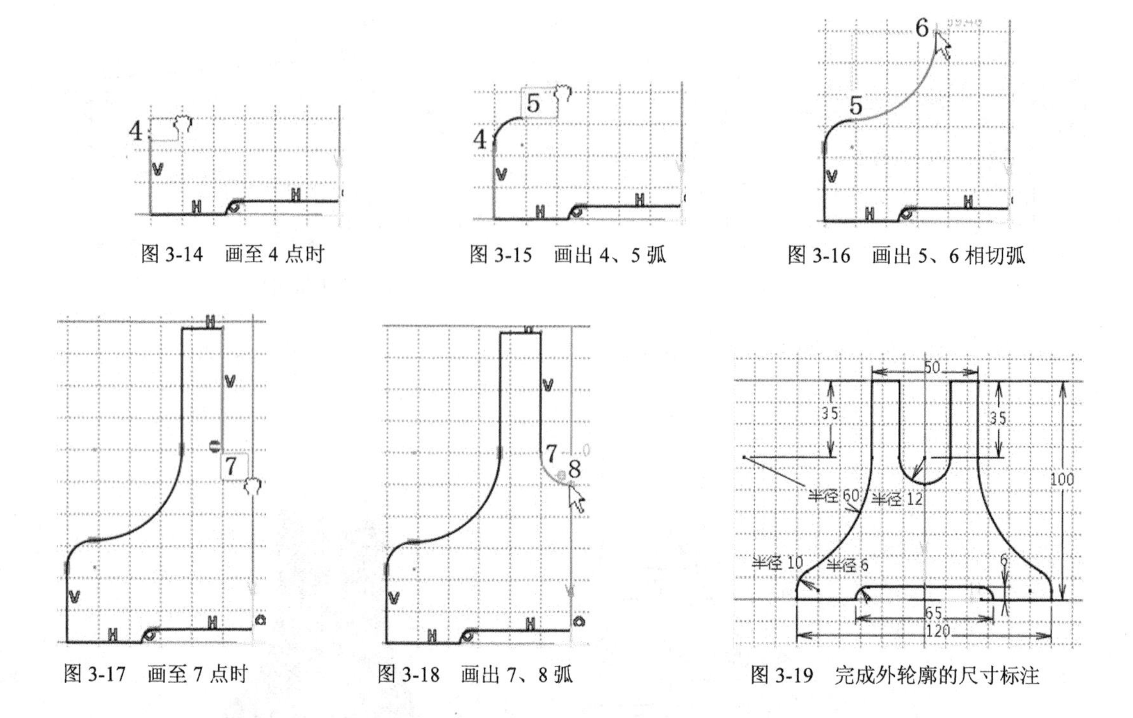


图 3-14 画至 4 点时　　图 3-15 画出 4、5 弧　　图 3-16 画出 5、6 相切弧

图 3-17 画至 7 点时　　图 3-18 画出 7、8 弧　　图 3-19 完成外轮廓的尺寸标注

（6）绘制内轮廓时可边画边添加尺寸约束。利用“弧”命令和“直线”命令，绘制 *R*25 和 *R*70 圆弧及与底边平行且相距 15mm 的水平线（见图 3-20）。

（7）双击圆角命令，完成 4 处 *R*6 圆角（见图 3-21）。

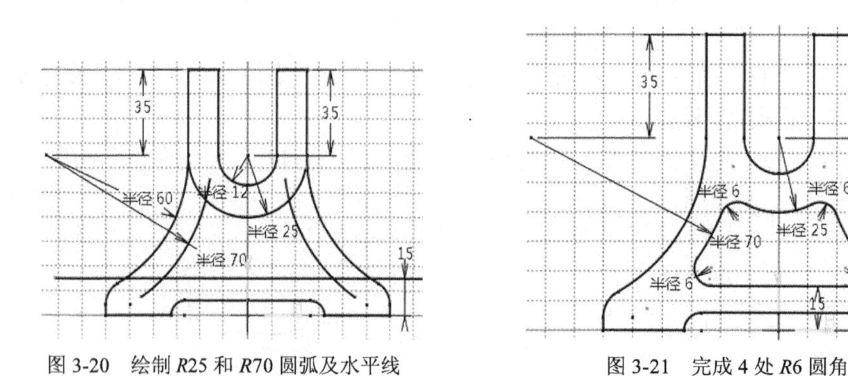


图 3-20 绘制 *R*25 和 *R*70 圆弧及水平线　　图 3-21 完成 4 处 *R*6 圆角

**【实例 3-4】** 抄画如图 3-22 所示图形（此图形可利用数值框输入尺寸数值约束草图轮廓）。

分析：该图形的尺寸基准为 $\phi$54 圆心，可将该圆心作为画图基准。具体画图步骤如下。

（1）单击圆命令，将光标置于原点处单击左键。将光标置于数值框的 R 窗口按下左键，将其“刷蓝”后，输入半径 27 并按 Enter 键，完成 $\phi$54 圆的绘制，如图 3-23 所示。

（2）单击圆柱形延长孔命令，将光标置于原点处单击左键；刷蓝半径窗口，输入半径：10，按 Enter 键；刷蓝起点，H 窗口：输入 66，按 Enter 键；刷蓝 V 窗口，输入 0，按 Enter 键；刷蓝 S 窗口，输入 45，按 Enter 键，完成圆柱形延长孔的绘制，如图 3-24 所示。

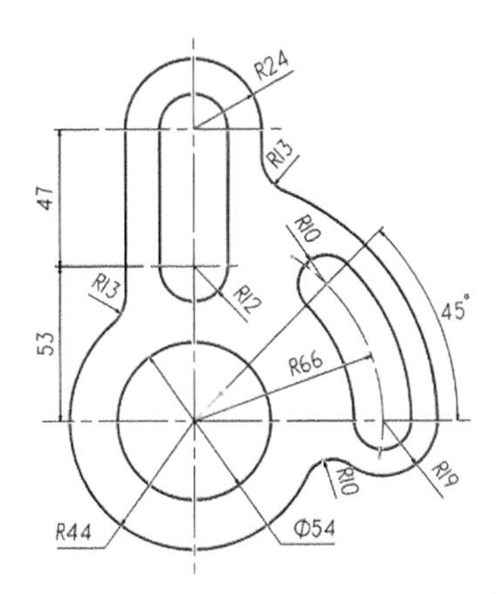

图 3-22 原图与实体

（3）单击延长孔命令，刷蓝半径窗口，输入半径：12，按 Enter 键；刷蓝第一中心，H 窗口：输入 0，按 Enter 键；刷蓝 V 窗口，输入 53，按 Enter 键；刷蓝 L 窗口，输入 47，按 Enter 键；刷蓝 A 窗口，输入 90，按 Enter 键，完成延长孔的绘制，如图 3-25 所示。

（4）单击弧命令，刷蓝弧中心，H 窗口：输入 66，按 Enter 键；刷蓝 V 窗口，输入 0，按 Enter 键；刷蓝 R 窗口，输入 19，按 Enter 键，刷蓝 A 窗口，输入 0，按 Enter 键；注意：刷蓝 S 窗口后，向下移动鼠标，观察 S 窗口中圆弧定向角度为负值，输入-180，按 Enter 键，完成 *R*19 圆弧的绘制。绘制 *R*24 圆弧时，向上移动鼠标，观察 S 窗口中圆弧定向角度为正值，输入 180，按 Enter 键，完成 *R*24 圆弧的绘制，如图 3-26 所示。

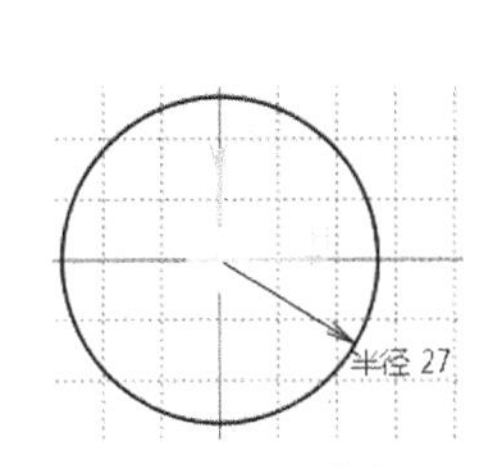


图 3-23 画圆

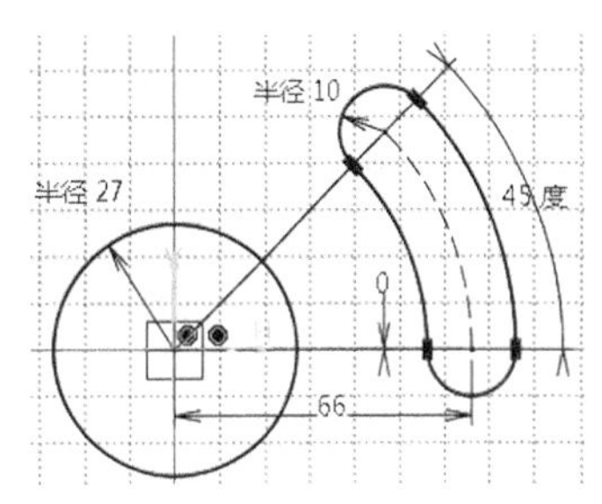


图 3-24 画圆柱形延长孔

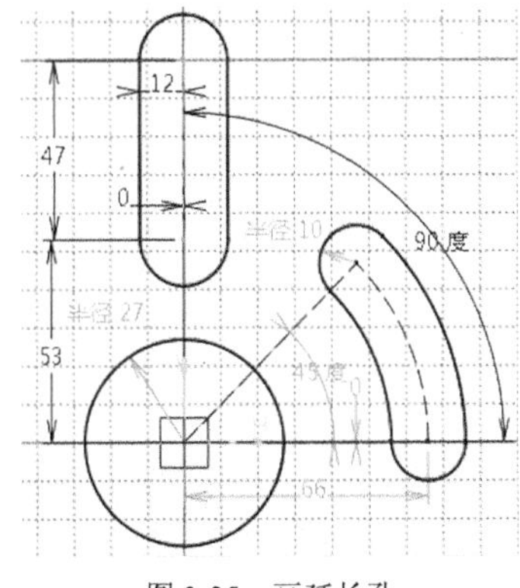


图 3-25 画延长孔

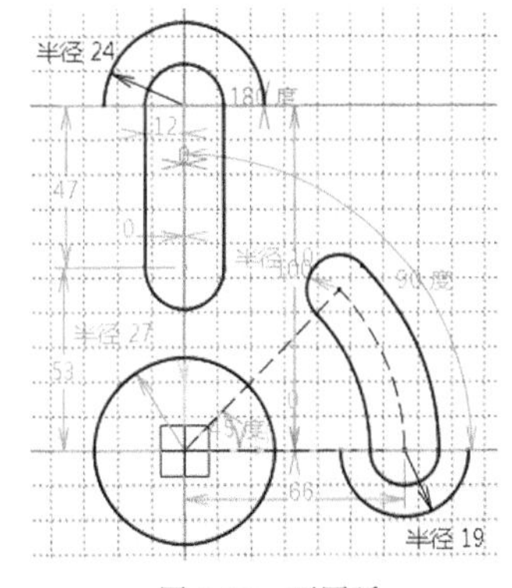


图 3-26 画圆弧

（5）单击弧命令，完成 *R*44 圆弧以及与 *R*19 相切的圆弧；单击直线命令，完成与 *R*24 弧相切的两条直线，如图 3-27 所示。

（6）双击圆角命令，完成 2 处 $R13$ 和 1 处 $R10$ 连接弧，如图 3-28 所示。

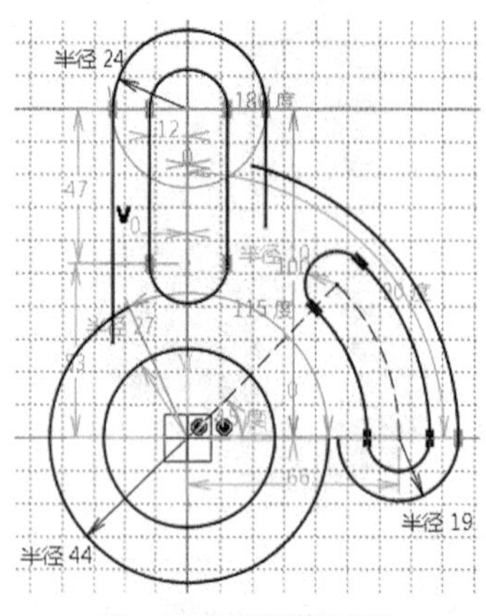


图 3-27　画圆弧和直线

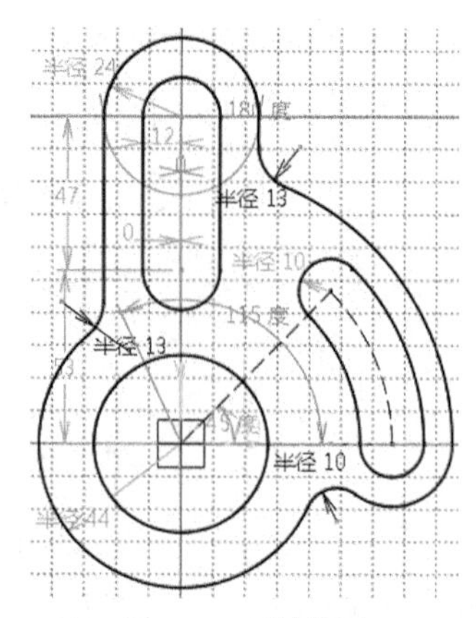


图 3-28　画连接弧

**【实例 3-5】**　抄画如图 3-29 所示图形（利用圆、双切线、旋转、圆角、修剪绘制）。

分析：该图形的尺寸基准为 $\phi15$ 圆心，可将该圆心作为画图基准。具体画图步骤如下。

（1）双击圆命令；将 $\phi15$ 和 $R15$ 圆心置于原点画出两圆，将 $\phi10$ 和 $R10$ 圆心置于 H 轴上再画出两圆。双击双切线命令，连续单击左右两圆，完成上下两条切线。双击约束命令，完成的尺寸约束如图 3-30 所示。

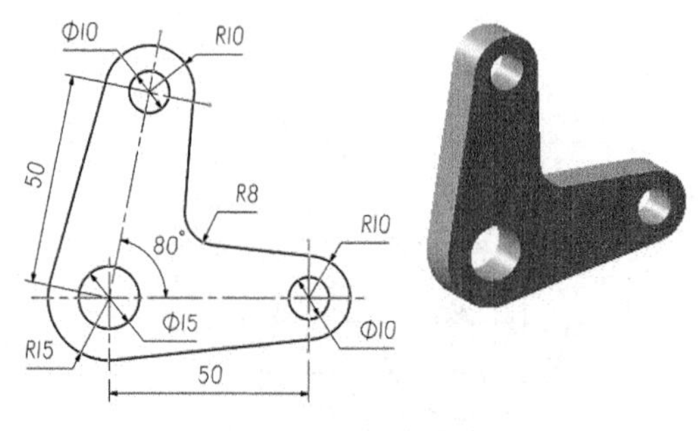


图 3-29　原图与实体

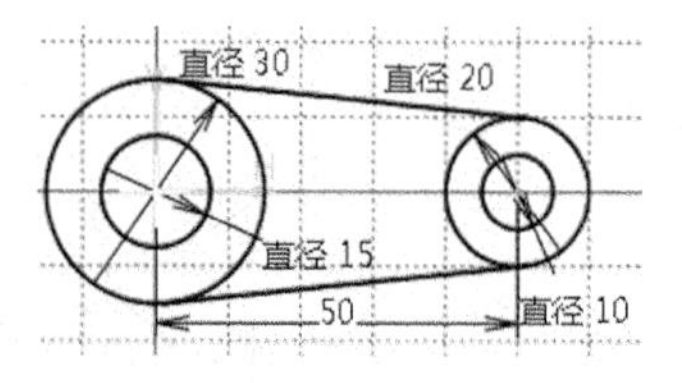


图 3-30　相切与尺寸约束

（2）旋转复制。连选上下两条切线和右侧两个圆，单击旋转命令，单击旋转中心（ $\phi15$ 圆心）如图 3-31 所示。在弹出的旋转定义对话框的实例窗口：输入 1。选择复制模式和约束守恒。在角度值窗口中输入 80，如图 3-32 所示。单击“确定”按钮，完成的旋转复制如图 3-33 所示。

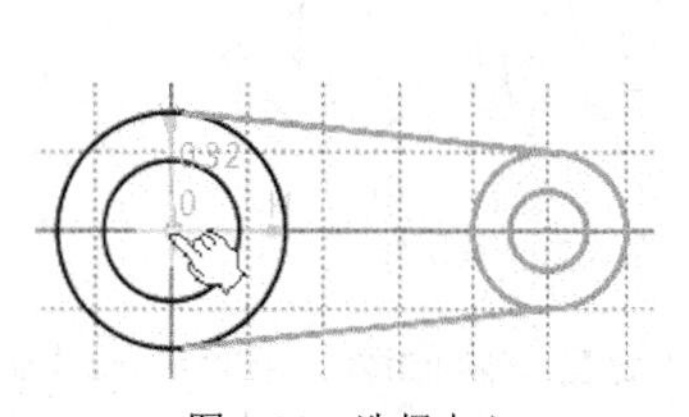

图 3-31　选择中心

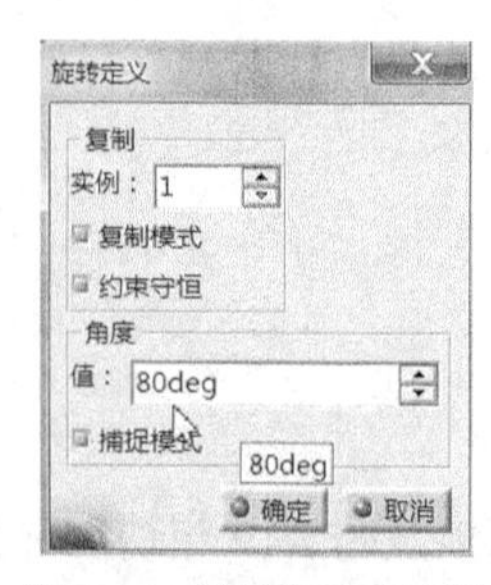


图 3-32　旋转定义对话框

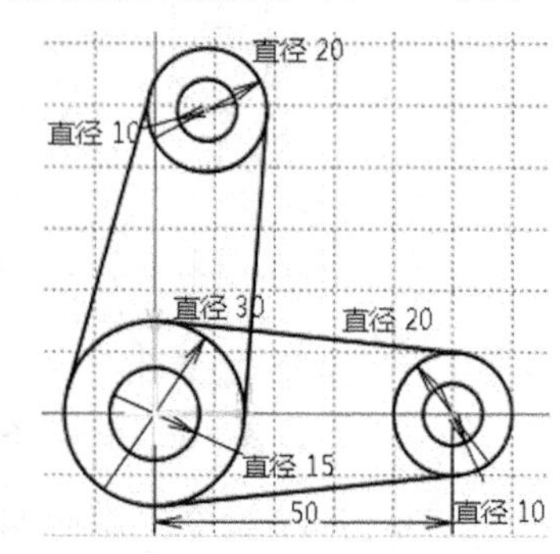


图 3-33　旋转复制

（3）旋转复制后的约束。单击直线命令，连接上下两圆的圆心并将此线变为构造线，注出构造线的长度尺寸 50 和与 H 轴的角度尺寸 80。分别选择旋转后的两条直线和 $\phi30$ 圆，单击，选择相切，完成的尺寸约束和几何约束如图 3-34 所示。

（4）单击圆角命令，完成 $R8$ 圆角。单击修剪命令。剪掉多余线，完成的图形如图 3-35 所示。

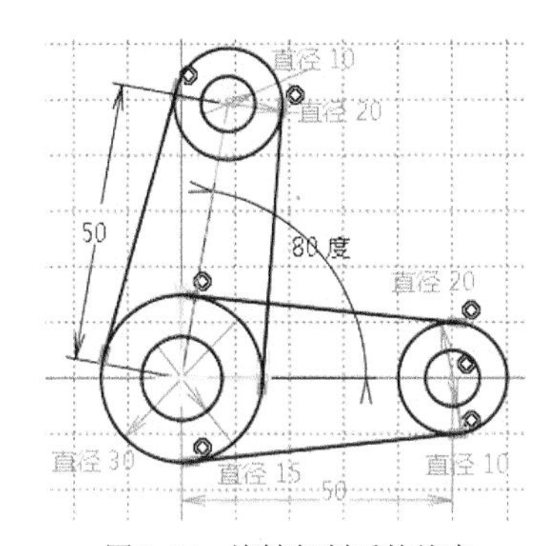

图 3-34 旋转复制后的约束

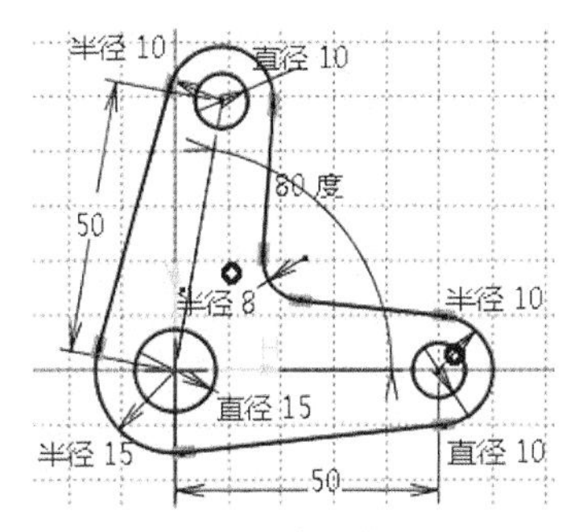

图 3-35 完成的图形

**【实例 3-6】** 抄画如图 3-36 所示图形（利用圆、旋转、修剪、圆角绘制）。

具体画图步骤如下。

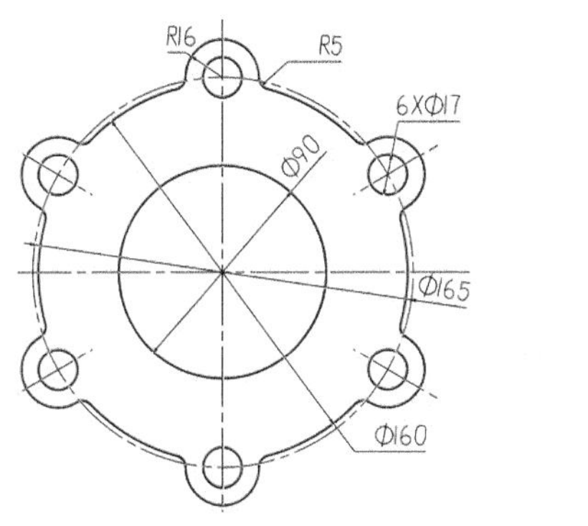

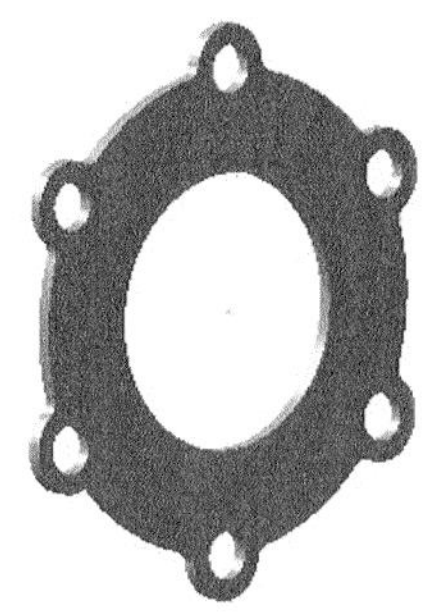
图 3-36 原图形和实体

（1）双击圆命令。将圆心置于原点，画出 $\phi90$、$\phi160$、$\phi165$ 三个圆并将 $\phi165$ 圆变为构造线。将圆心置于 V 轴与 $\phi165$ 圆相交处，画出 $\phi17$ 和 $R16$ 两个圆，如图 3-37 所示。

（2）连选 $\phi17$ 和 $R16$ 两个圆，单击旋转命令；单击旋转中心（坐标原点），在弹出的旋转定义对话框的实例窗口中输入 5。选择复制模式和约束守恒，在角度值窗口中输入 60，单击“确定”按钮，完成的旋转复制，如图 3-38 所示。

（3）单击可视化工具栏中的尺寸约束命令（不显示尺寸，便于修剪）。双击修剪命令，剪掉 $\phi160$ 圆与 $R16$ 圆相交的圆弧后，框选全部图形，如图 3-39 所示。单击圆角命令，在圆角半径的数值框中输入：5，按 Enter 键，一次完成 12 处 $R5$ 的圆角，如图 3-40 所示。

**【实例 3-7】** 抄画如图 3-41 所示图形（利用居中矩形、圆角、圆、镜像、钥匙孔轮廓绘制）。

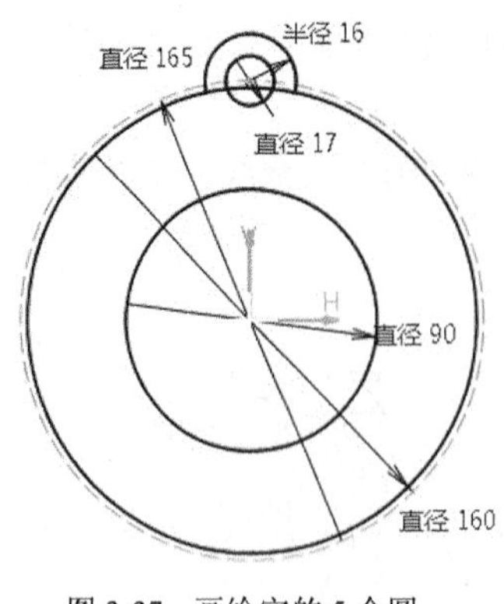


图 3-37 画给定的 5 个圆

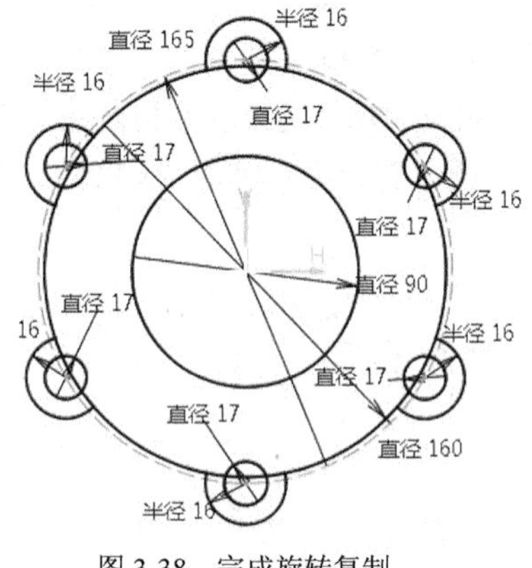


图 3-38 完成旋转复制

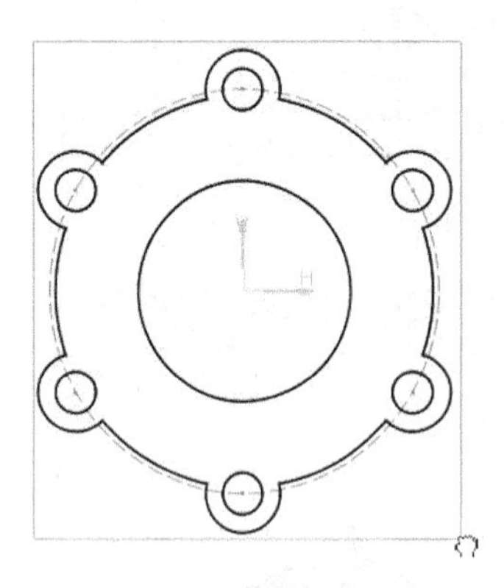

图 3-39 修剪后框选图形

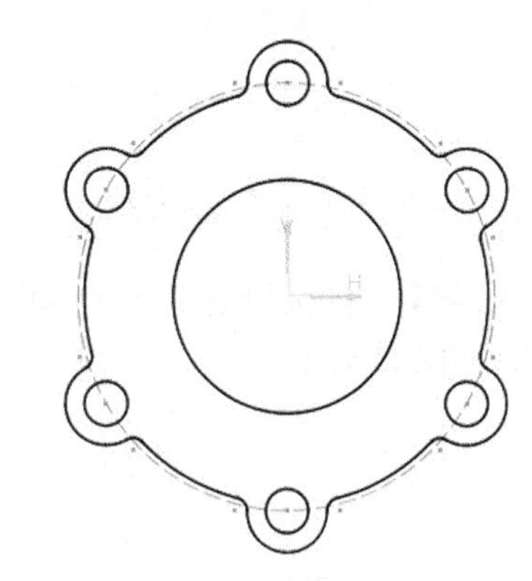

图 3-40 一次完成 12 处圆角

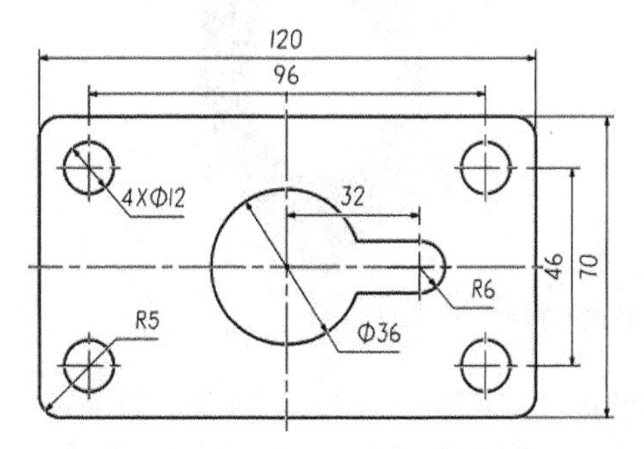


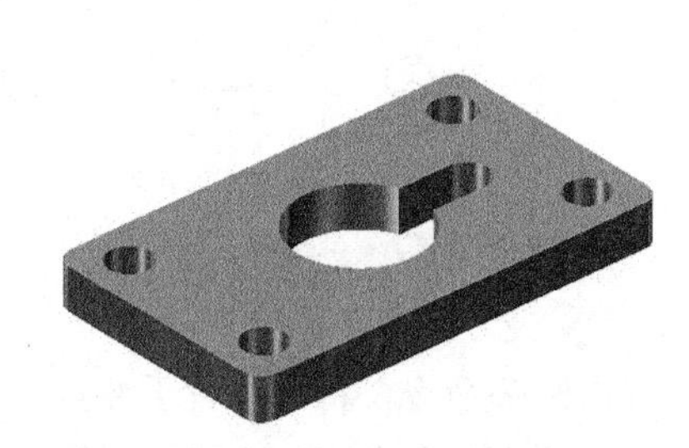

图 3-41 原图形和实体

具体画图步骤如下：

（1）单击居中矩形命令。将光标置于坐标原点单击左键，拉出矩形，标注尺寸 120、70，框选矩形，如图 3-42 所示。单击圆角命令，在圆角半径数值框中输入：5，按 Enter 键，一次完成 4 处 *R*5 的圆角，如图 3-43 所示。

（2）单击圆命令，绘制 $\phi$12 圆。单击镜像命令，选择 V 轴，完成一个圆的镜像复制。连选两个圆，单击镜像命令，选择 H 轴，完成两个圆的镜像复制。标注 4 个圆的定位尺寸 96、46，如图 3-44 所示。

（3）单击钥匙孔轮廓命令。将光标置于原点，单击鼠标左键确定大圆弧圆心，向右移动鼠标单击左键，确定小圆弧圆心。向上移动鼠标单击左键，画出小圆弧。向左移动鼠标单击左键，画出钥匙孔轮廓。注出 *R*18、*R*6 和两圆心之间的距离红，完成的图形如图 3-45 所示。

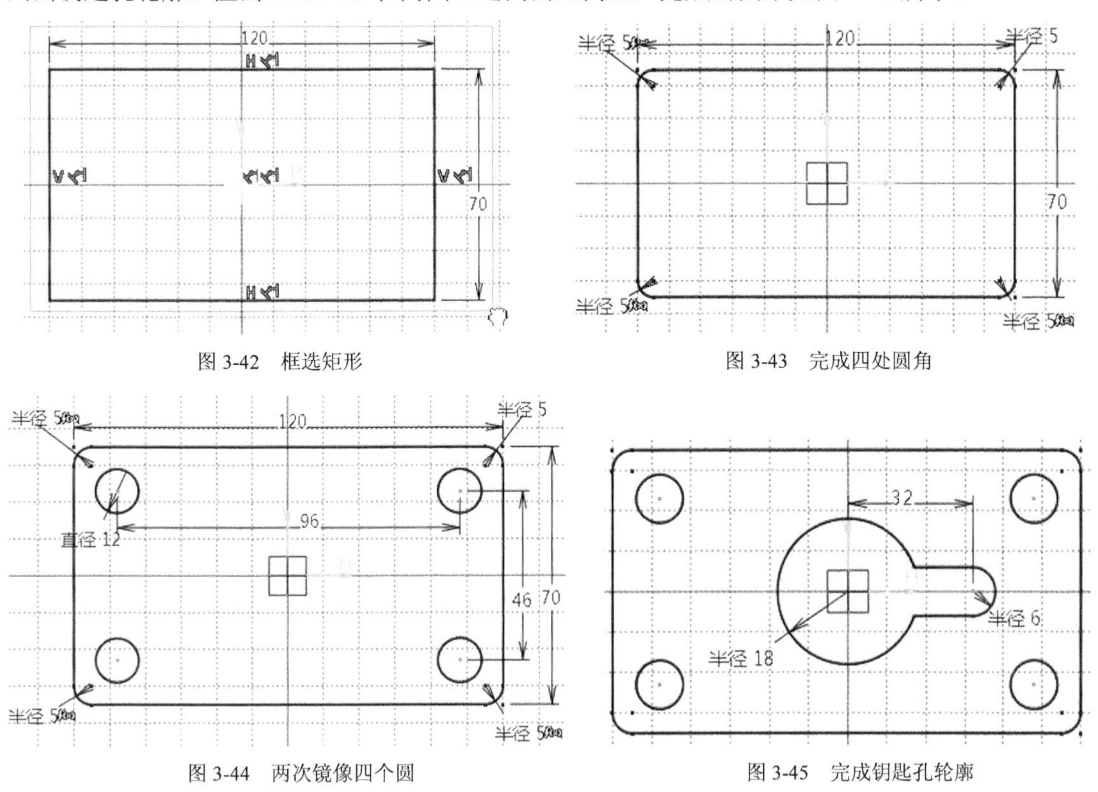


图 3-42 框选矩形

图 3-43 完成四处圆角

图 3-44 两次镜像四个圆

图 3-45 完成钥匙孔轮廓

## 3.2 实战练习

**练习题 1**：选择 ZX 坐标面绘制图 3-46 所示图形。

提示：此图形应边画边进行尺寸约束和几何约束，利用修剪命令，适时剪掉多余线段。

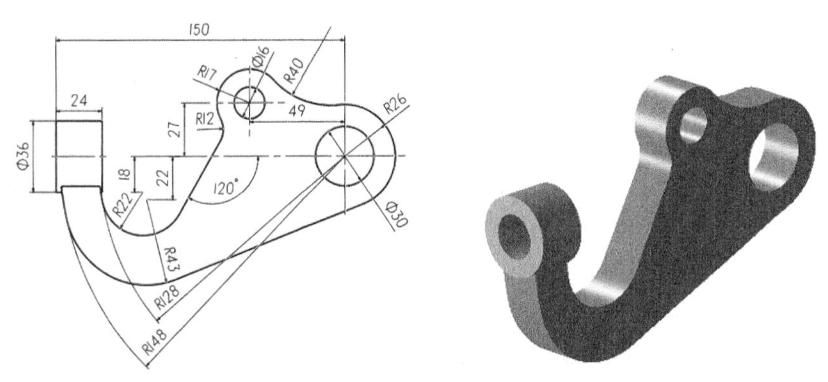


图 3-46 原图形和实体

**练习题 2**：选择 ZX 坐标面绘制如图 3-47 所示图形。

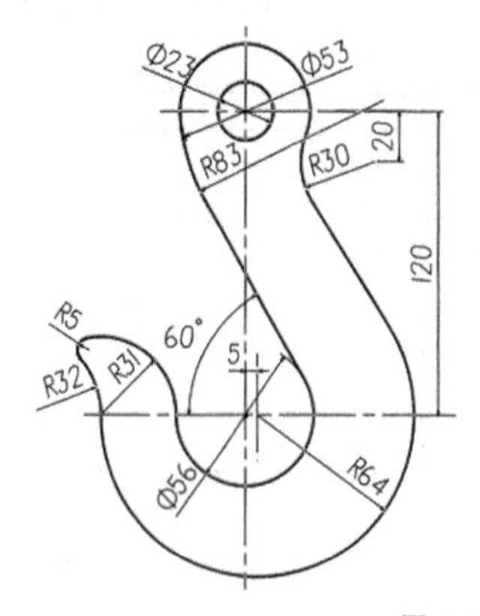


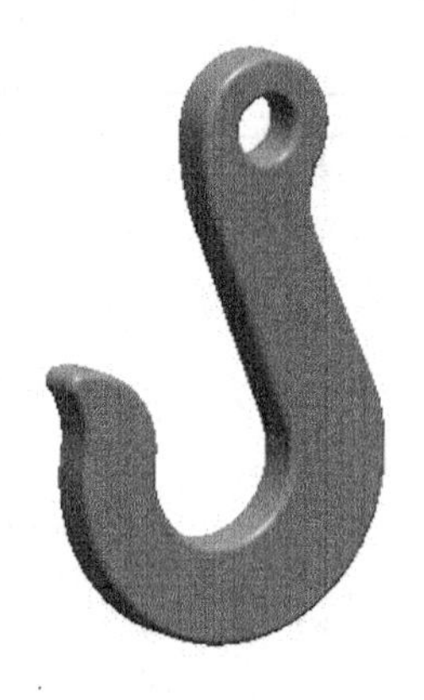

图 3-47 原图形和实体

提示：此图形应边画边进行尺寸约束和几何约束，*R*5 圆弧利用圆角命令完成。

**练习题 3**：选择 XY 坐标面绘制如图 3-48 所示图形。

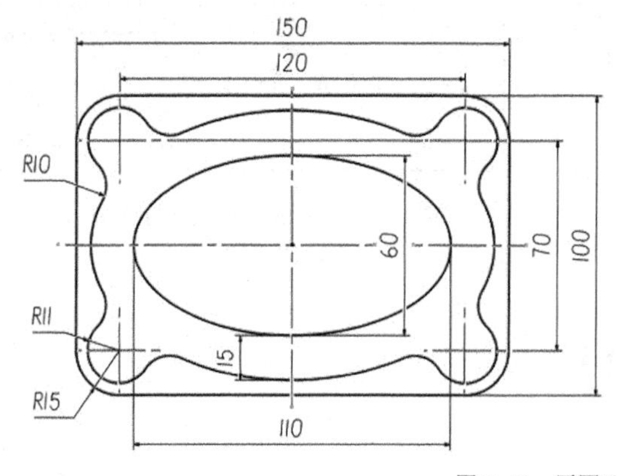


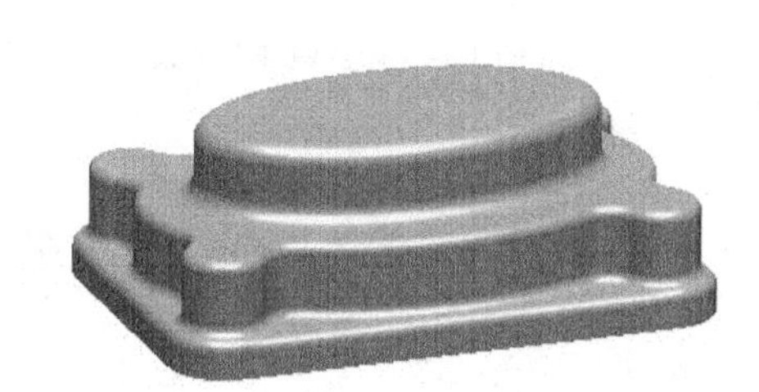

图 3-48 原图形和实体

提示：利用居中矩形命令绘制矩形后，全选矩形，单击圆角命令，在数值框中输入 *R*15，按 Enter 键，完成 4 个圆角。利用椭圆命令绘制两个椭圆。4 个 *R*11 圆弧利用镜像命令完成。当修剪成如图 3-49 所示图形时，全选图形，单击圆角命令，在数值框中输入 *R*10；按 Enter 键，同时完成 8 个 *R*10 圆角，如图 3-50 所示。

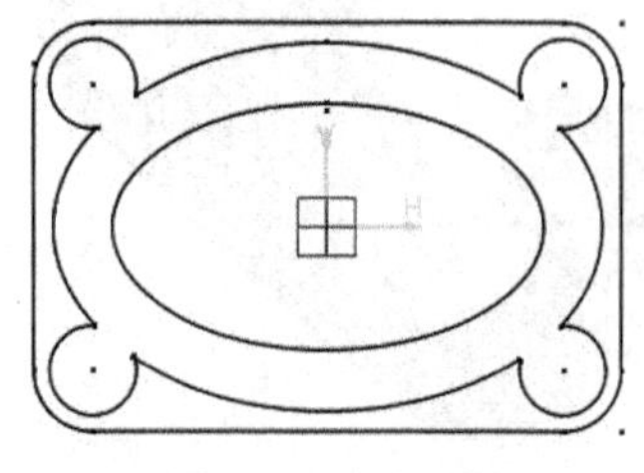

图 3-49 全选图形

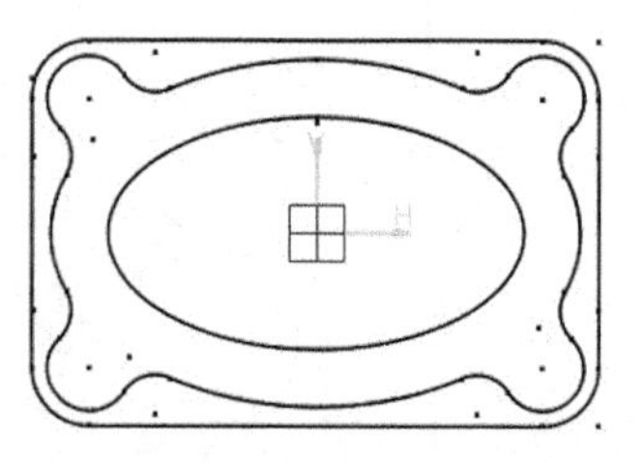

图 3-50 完成 8 个圆角

**练习题 4**：选择 XZ 坐标面绘制如图 3-51 所示图形。

提示：画出外轮廓后，单击偏移命令，选择点拓展，单击外轮廓线，在实例数值框中输入：1，在偏移数值框中输入-10，按 Enter 键，完成内轮廓如图 3-52 所示。

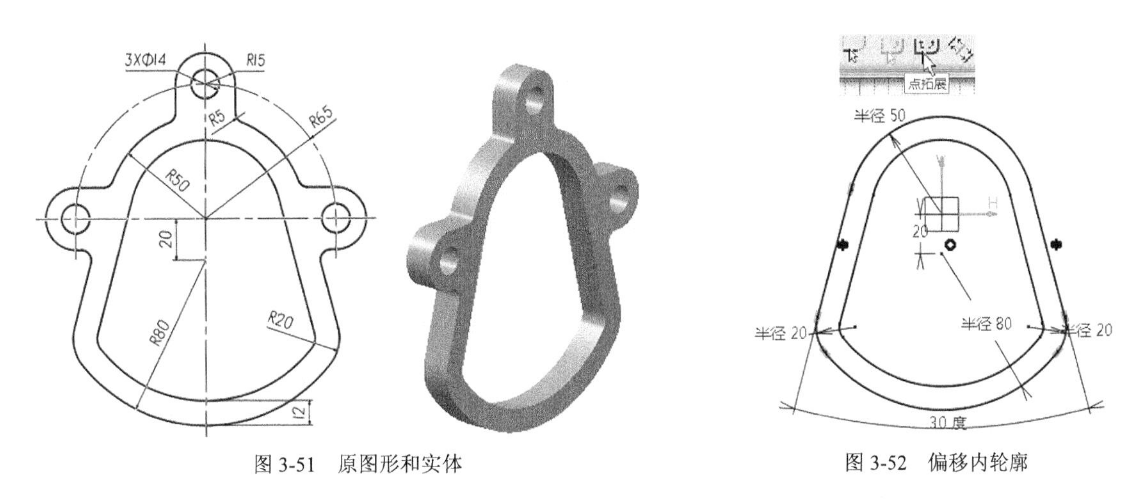


图 3-51 原图形和实体　　图 3-52 偏移内轮廓

利用延长孔命令绘制如图 3-53 中所示的轮廓，单击旋转命令，单击坐标原点，复制实例窗口：输入 2，角度值窗口：输入-90（顺时针旋转复制输入负值），单击“确定”按钮，完成旋转复制。当修剪成图 3-54 所示图形时，全选图形，单击圆角命令，输入 R5，按 Enter 键，同时完成 6 个 R5 圆角，如图 3-55 所示。

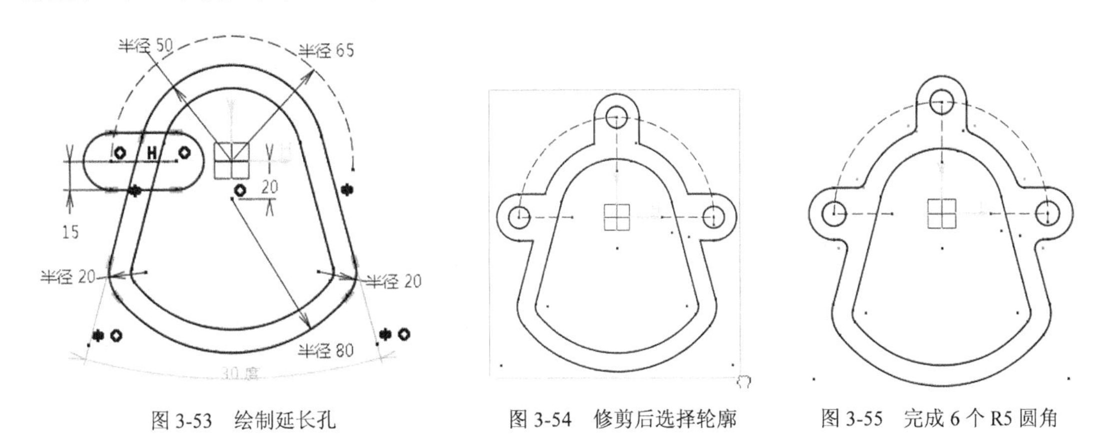


图 3-53 绘制延长孔　　图 3-54 修剪后选择轮廓　　图 3-55 完成 6 个 R5 圆角

**练习题 5**：选择 XZ 坐标面绘制图 3-56 所示图形。

提示（1）：利用轮廓命令从 V 轴上的 A 点开始向右画直线，连续划动鼠标画出 5 段圆弧，双击约束命令，完成外轮廓的约束，如图 3-57 所示。

提示（2）：选择图 3-58 A 处竖直矩形，单击平移命令，选择图 3-58 中 D 线，复制实例窗口：输入 4，长度值窗口：输入 25，按 Enter 键，沿水平方向移动后按下左键，完成 4 个竖直矩形的复制。选择图 3-59 中修剪后的图形，单击镜像命令，选择 H 轴，完成镜像复制。

提示（3）：选择图 3-58B 处 T 形，单击旋转命令，选择图 3-58 中原点 O，复制实例窗口：输入 5，角度值窗口：输入-36（顺时针旋转复制输入负值），按 Enter 键，完成 5 个 T 形轮廓复制。

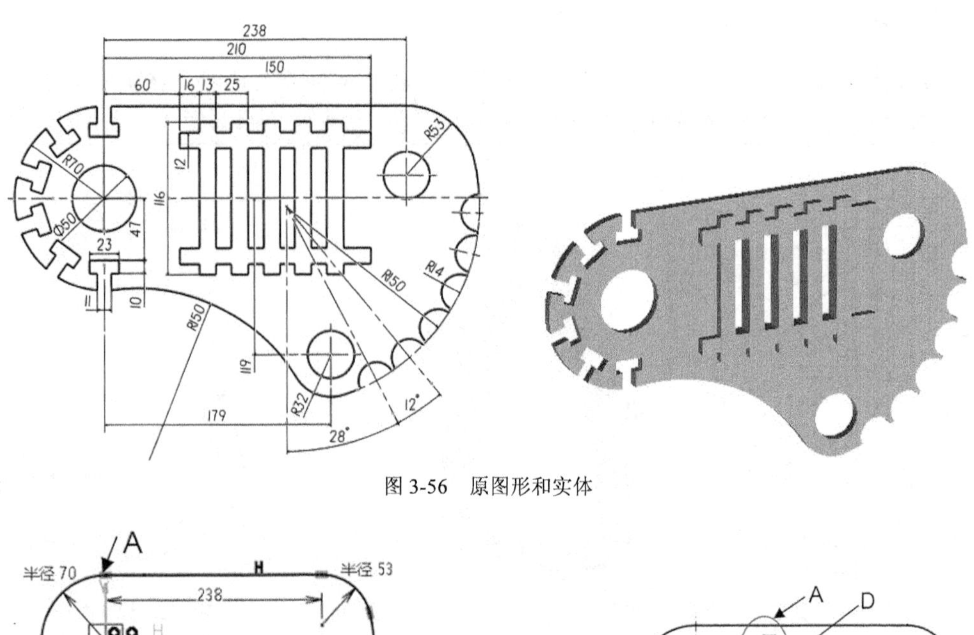


图 3-56 原图形和实体

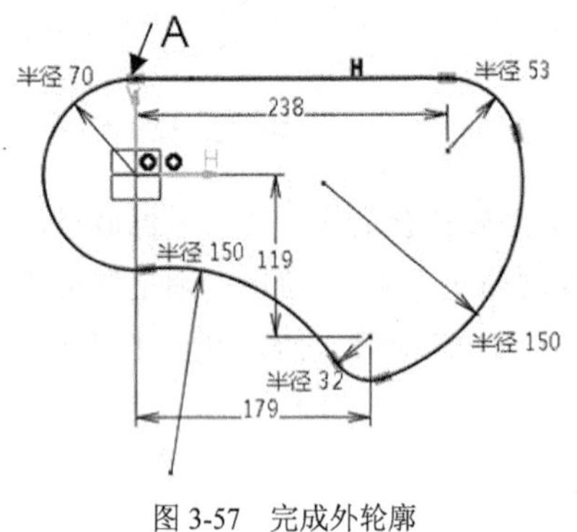


图 3-57 完成外轮廓

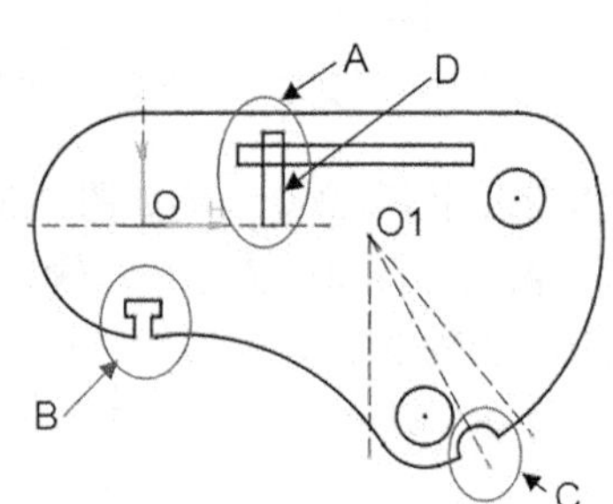


图 3-58 平移、镜像和旋转复制

提示（4）：选择图 3-58C 处 *R*14 圆弧，单击旋转命令，选择图 3-58 中 *R*150 圆心 O1，复制实例窗口：输入 5，角度值窗口：输入 12，按 Enter 键，完成 5 个 *R*14 圆弧复制。

特别提示：当几何约束符号过多，影响图形编辑修改，可单击如图 3-60 所示的可视化工具栏中的几何约束按钮，隐藏所绘轮廓中的全部约束符号。

图 3-59 修剪图形

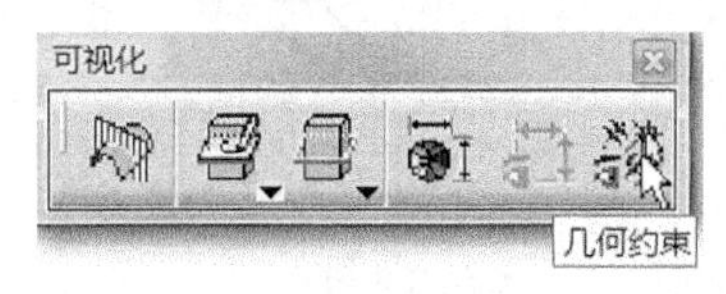


图 3-60 隐藏约束符号

# 第4章 参考元素与基于草图的特征

## 4.1 参考元素

在构建物体上的一些特征时，仅靠三个坐标面和物体的表面已无法满足构建需求，因此要经常用到一些参考元素：点、线、面来确定草图的位置以及特征生成的方向。CATIA V5 零件设计工作台中提供的三种创建参考元素的命令在如图 4-1 所示的参考元素工具栏中。

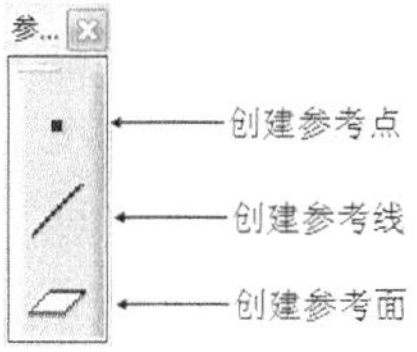

图 4-1 参考元素工具栏

### 4.1.1 创建参考点

单击如图 4-1 所示的参考元素工具条中的“点”命令图标，弹出如图 4-2 所示点定义对话框，展开点类型窗口，可看到有七种创建点的方式：坐标定义点、曲线上的点、平面上的点、曲面上的点、圆心或球心点、曲线的切点、两点之间创建点。

点类型窗口旁有一锁定图标，可以防止选择几何图形时自动更改类型。单击此按钮，锁变为红色则启动锁定功能。

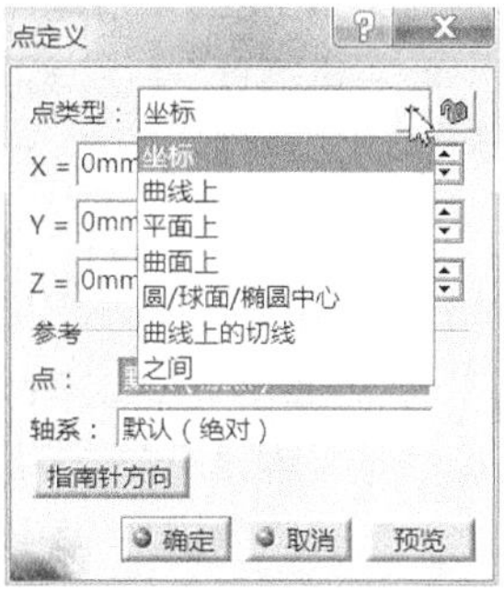

图 4-2 点定义对话框

**1. 坐标创建点**

绝对坐标系下的点：单击“点”图标，在三个坐标值框内输入[X=-20]、[Y=15]和[Z=20]，此点是以模型空间的绝对坐标系创建的，如图 4-3 所示。

相对坐标系下的点：先选择立体上的一个点，再单击“点”图标，在三个坐标值框内输入[X=15]、[Y=20]和[Z=-25]，此点是相对立体上的一个顶点为参考点（相对坐标系）创建的，如图 4-4 所示。

**2. 在曲线上（直线、圆弧）创建点**

单击“点”图标；在如图 4-5 所示的对话框中，选择点类型为“曲线上”；选择创建点所在的曲线，如图 4-6 所示。

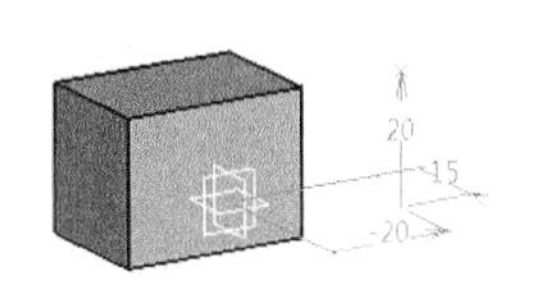

图 4-3 绝对坐标系下的点

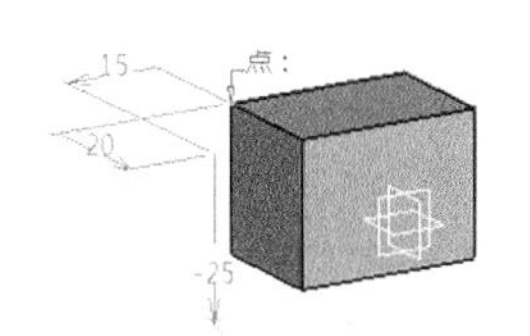

图 4-4 相对坐标系下的点

- 与参考元素的距离，有两个选项：曲线上的距离、曲线长度比率。选择不同，长度文本框中参数不同，分别是长度和比率。图4-6是选择“曲线上的距离”，所创建的参考点到曲线端点的长度值为60。

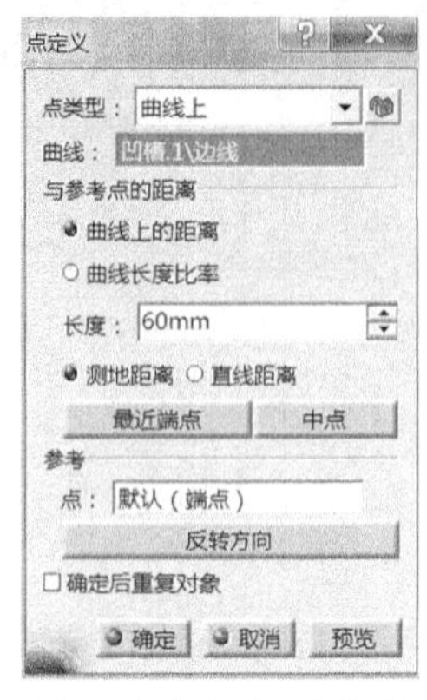


图4-5 点类型：曲线上

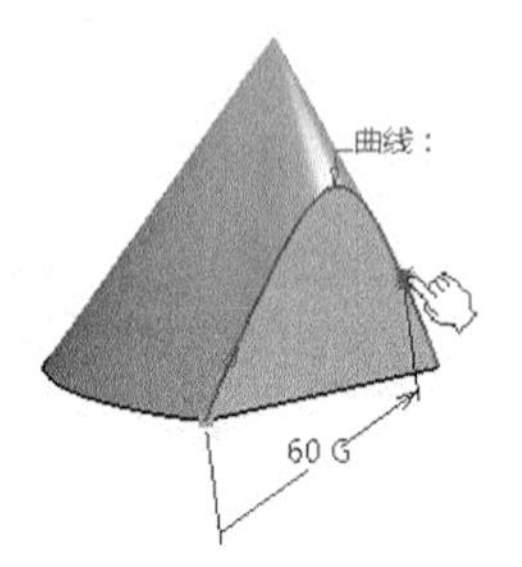


图4-6 曲线上创建点

- 测地距离和直线距离两个单选项为距离类型，分别是相对于参考元素的曲线距离和直线距离。
- 单击按钮“最近端点”，创建的点为曲线端点。单击按钮“中点”，创建的点为曲线中点。
- 参考元素：点的文本框中有六个选项，默认状态下为曲线端点。
- 单击“翻转方向”按钮，为曲线的另一个端点。
- 确定后重复对象：创建更多与当前创建的具有相同定义的点时选此复选框，将在完成点的创建同时弹出重复创建点对话框，在对话框中为参数赋值后单击“确定”按钮，结束重复创建任务，否则结束创建点退出定义点对话框。

### 3. 在平面上创建点

单击“点”图标；在如图4-7所示的对话框中，选择点类型为“平面上”；选择创建点所在的平面，如图4-8所示物体的前表面。在对话框中输入H值=15和V值=15，在平面上创建的参考点是以绝对坐标系创建的。

在平面上先选择一个点（见图4-9立体左上角点）；再单击“点”图标；选择点类型为“平面上”；选择立体左侧表面，在对话框中输入的H值=-12和V值=-17；单击“确定”按钮；该参考点是以选择点为基准，利用相对坐标系在平面上创建的一个参考点，如图4-9中箭头所指的点。

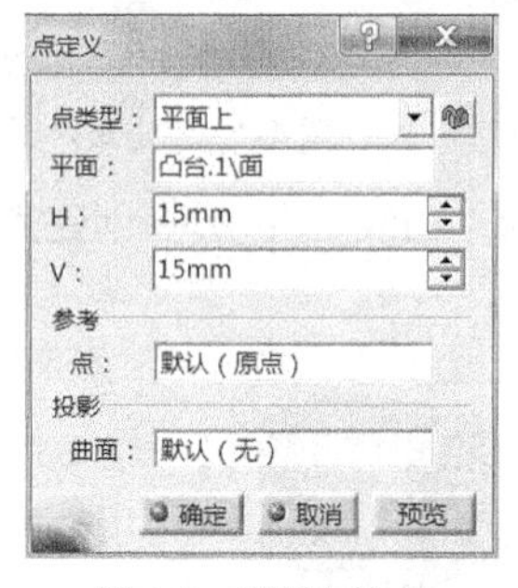


图4-7 平面上的点

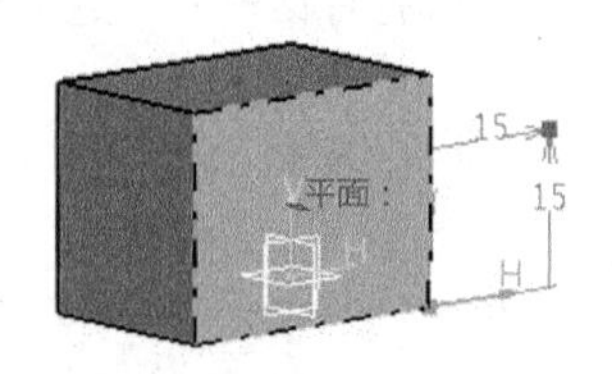


图4-8 绝对坐标系下的点

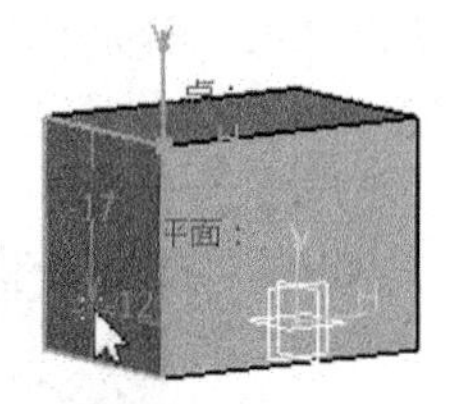


图4-9 相对坐标系下的点

### 4. 在曲面上创建点

单击“点”图标；在如图4-10所示的对话框中，选择点类型为“曲面上”；选择创建点所在的曲面，如图 4-11 所示的圆球表面；在方向窗口中单击右键；选择“Y 部件”；在距离窗口中输入 30；参考点窗口中选择“默认中间”即鼠标在曲面上单击的点默认为是曲面的中点。“动态定位”有“粗略的”（默认）和“精确的”的两个选项。当选择“精确的”选项时，在曲面上同一位置连续两次单击鼠标左键时，中点与在曲面上所建的参考点之间计算的直线距离比“粗略的”选项要精确些。

图 4-10 曲面上的点

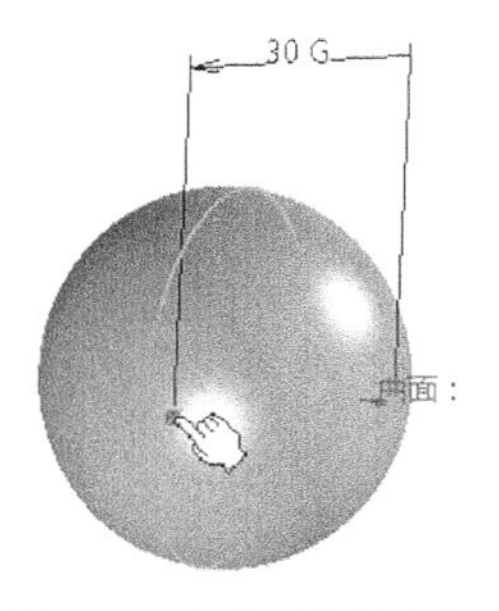


图 4-11 在曲面上创建点

### 5. 创建圆心点/球心点

单击“点”图标；在如图 4-12 所示的对话框中，选择点类型为“圆/球面/椭圆中心”；选择创建圆心点的圆弧，如图 4-13 所示；单击“确定”按钮，完成圆心点的创建，如图 4-14 所示。

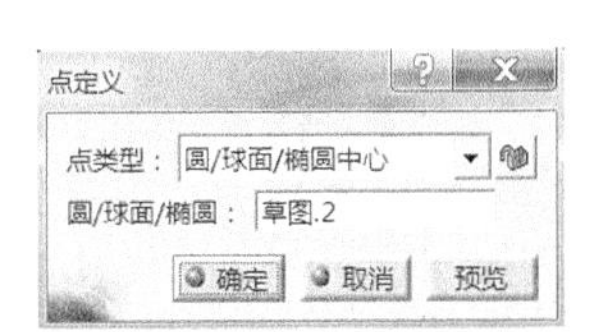


图 4-12 圆/球面/椭圆中心

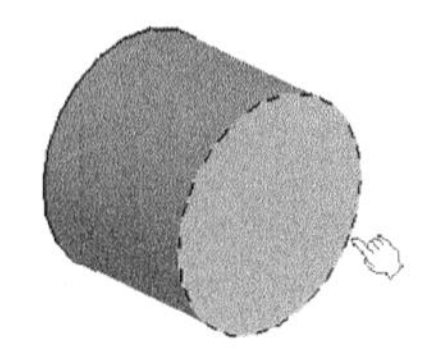

图 4-13 选择圆

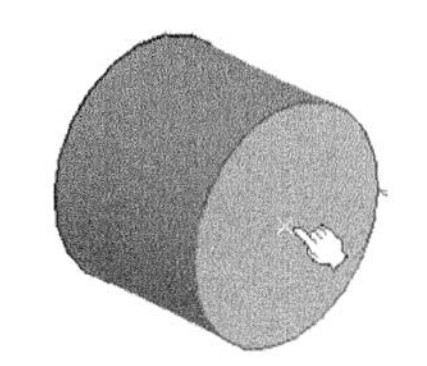

图 4-14 创建一个圆心点

如若创建球心点，选择球面即可。如若创建图 4-13 所示圆柱的轴线，可利用以上操作在圆柱后端面上再创建一个圆心点，然后利用该两参考点创建一条参考线即轴线。

### 6. 在曲线上的切线上创建切点

单击“点”图标；在如图 4-15 所示的对话框中，选择点类型为“曲线上的切线”；选择一个平面曲线和方向线；即可创建方向线与曲线的 3 个切点，如图 4-16 所示。

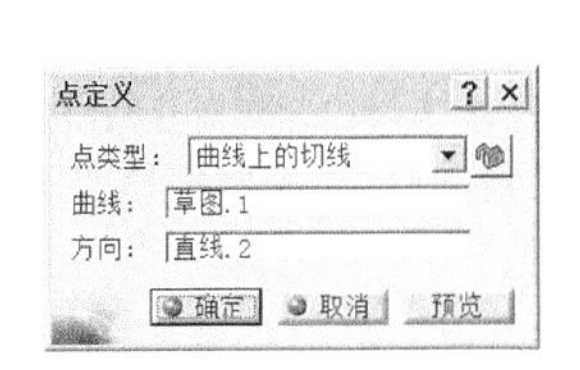


图 4-15 定义在曲线上的切点对话框

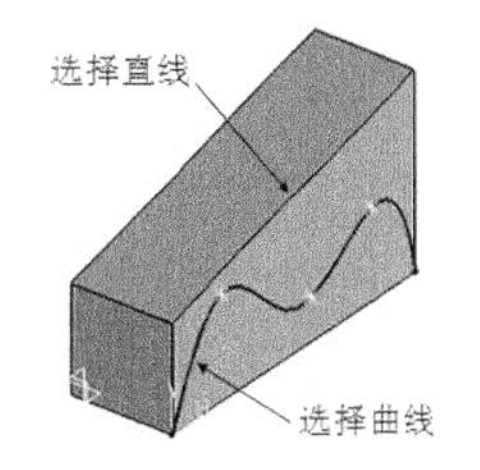


图 4-16 创建曲线上的切点

### 7. 在两点间创建点

单击“点”图标；在如图 4-17 所示的对话框中，选择点类型为“之间”； 顺次选择两个顶点，即可在点 1 和点 2 之间按比率创建一个点，如图 4-18 所示手指处的点。

如果要在两点之间创建一个中点，单击“中点”按钮即可，此时比率为 0.5。

图 4-17　定义在两点间的点对话框

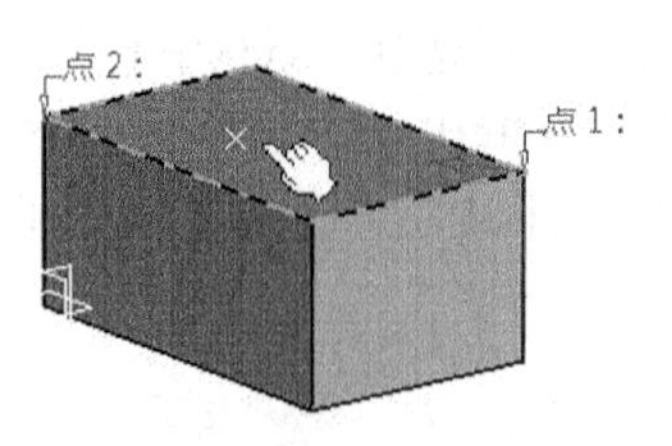


图 4-18　在两点间创建一个点

## 4.1.2　创建参考线

单击如图 4-1 所示的参考元素工具条中的“直线”命令图标，弹出如图 4-19 所示直线定义对话框，展开线型窗口，可看到有六种创建直线的方式：点-点、点-方向、曲线的角度/法线、曲线的切线、曲线的法线、角平分线。

### 1. 创建点-点线型

单击“直线”图标；在线型窗口中选择点-点，如图 4-19 所示；选择实体上的两个点，如图 4-20 上图中的两个顶点（也可选择已创建的两个参考点，见图 4-20 下图中的两个圆心点）；单击“确定”按钮，即可完成点-点型的参考线的创建。长度类型有 4 种，默认为“长度”。

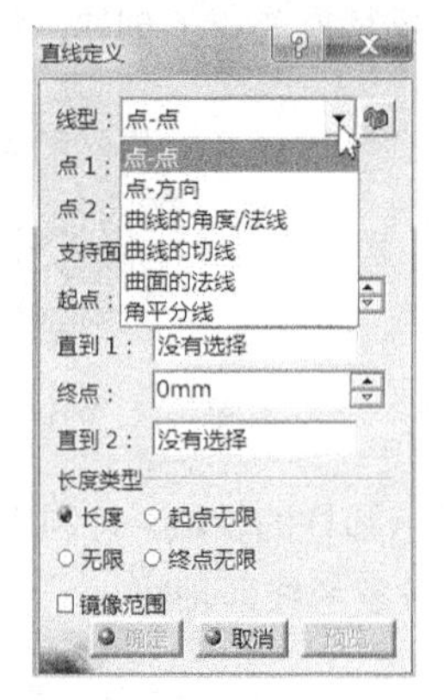


图 4-19　直线定义对话框

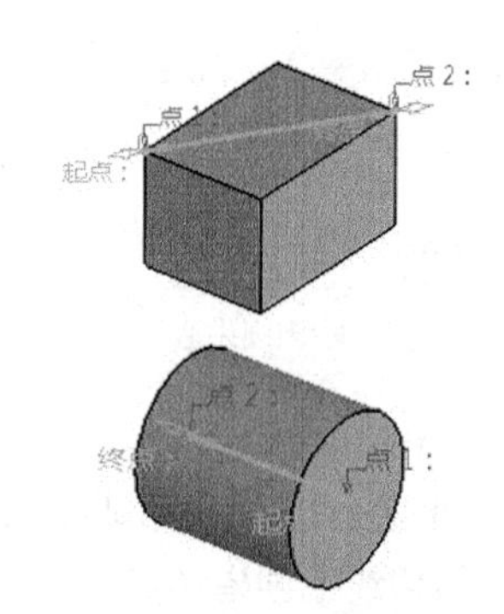


图 4-20　在两点间创建参考线

### 2. 创建点-方向线型

单击“直线”图标；在线型窗口中选择点-方向，如图 4-21 所示；选择实体前方的一个顶点，再选择实体上表面的一条直线作为方向线；如图 4-22 所示（也可选择已创建的一个参考点和一条参考线），根据需要，可在数值窗口中输入起点（-25）和终点（30）；单击“确定”按钮，完成点-方向线型参考线的创建，如图 4-22 所示。单击“反转方向”按钮将改变直线的方向。此对话框中的其他参数的作用和设置与“点-点”创建直线一致。

### 3. 创建曲线的角度/法线线型（与曲线呈一定角度或垂直）

单击“直线”图标；在线型窗口中选择曲线的角度/法线，如图 4-23 所示；选择实体前方的曲线，再选择在该曲线上创建的一个参考点；如图 4-24 所示。如果支持面默认为平面，角度值 45°；起点为 0，终点 35；单击“确定”按钮，即可生成一条过参考点生成的与曲线的切线成 45°、长度为 35 的参考线且该线与曲线共面，如图 4-24 所示。如果将支持面选为曲面，则所建参考线位于过参考点生成的与曲面相切的平面内。如果单击“曲线的法线”按钮，则所建参考线垂直于曲线。

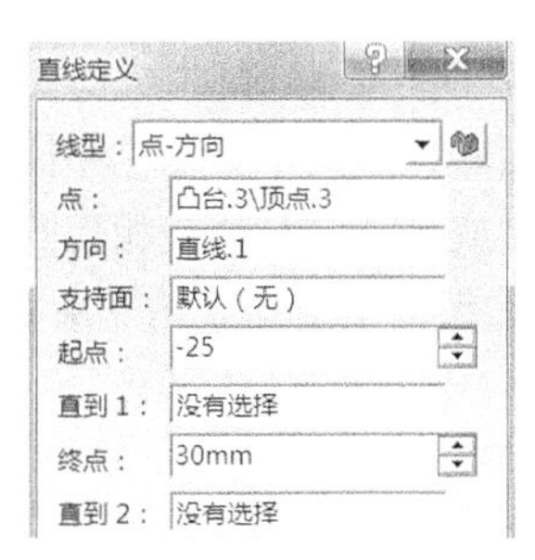


图 4-21 在两点间创建参考线

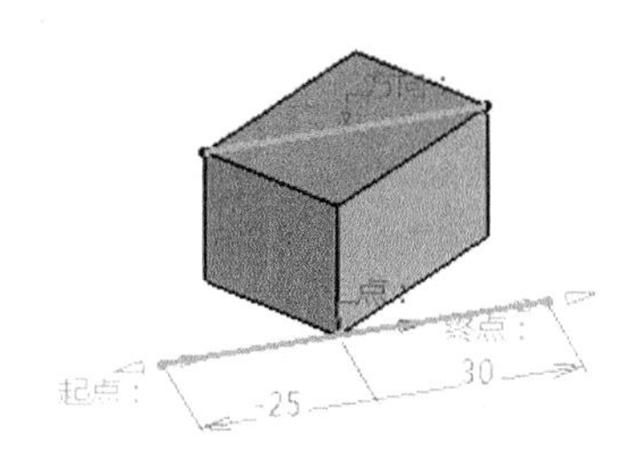


图 4-22 点-方向型参考线

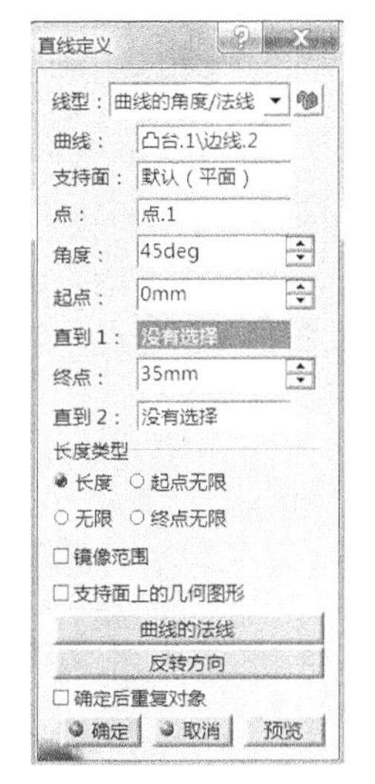


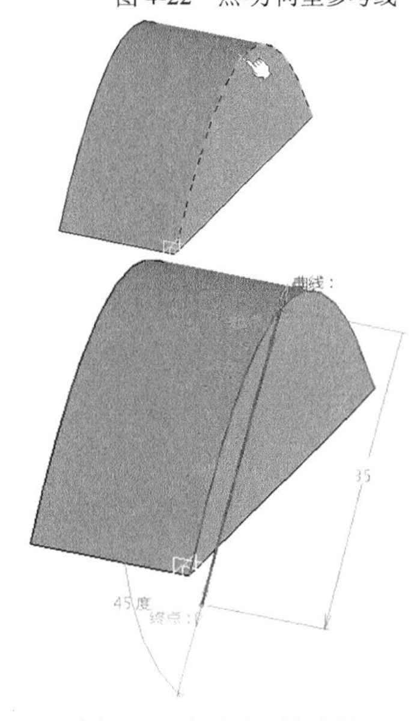


图 4-23 在两点间创建参考线

图 4-24 点-方向型参考线

## 4．创建曲线的切线线型

单击“直线”图标／；在线型窗口中选择曲线的切线，如图 4-25 所示。曲线的切线有两种选项：单切线和双切线。单切线适应于参考点创建在曲线上，当选择实体前方的曲线，再选择在该曲线上创建的参考点，则立刻生成过该点与曲线相切的参考线，如图 4-26 所示。

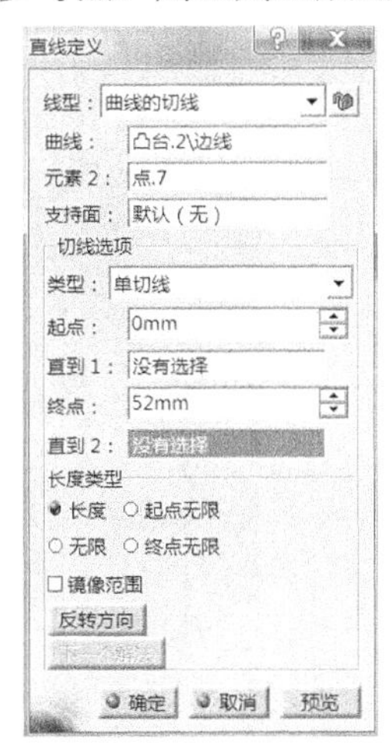


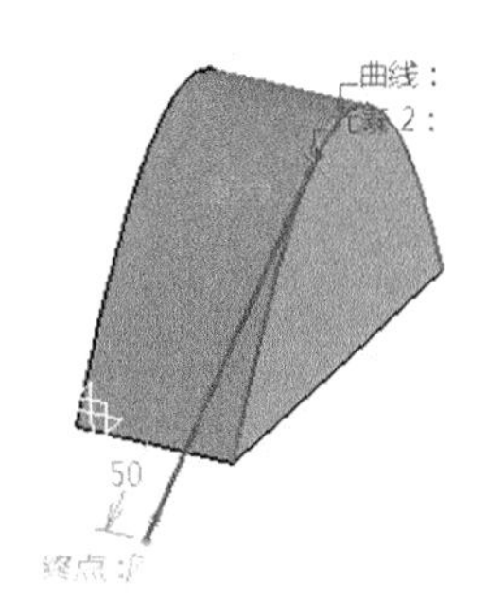


图 4-25 曲线的切线

图 4-26 点在曲线上的切线

双切线适用于参考点创建于曲线之外。如果顺次单击曲线、参考点，则生成的切线如图 4-27 所示。如果将类型窗口中的单切线切换为双切线，就会出现如图 4-28 所示的蓝色和橘黄色两条切线，选中一条后（被选中的呈橘黄色）单击“确定”按钮，完成需要的与曲线相切的参考线，如图 4-29 所示。如果出现多条切线时，可单击“下一个解法”按钮，确定需要的一条参考线。

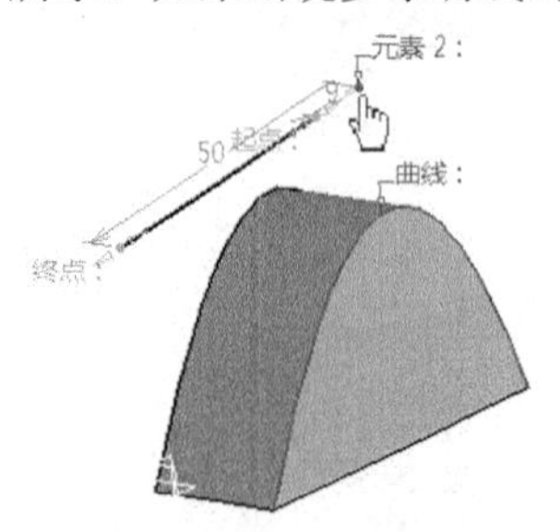

图 4-27　点在曲线之外

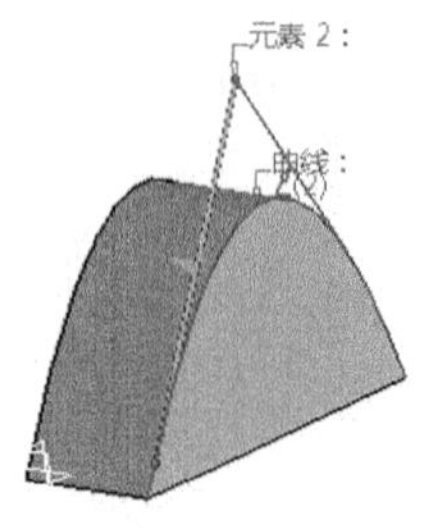

图 4-28　双切线

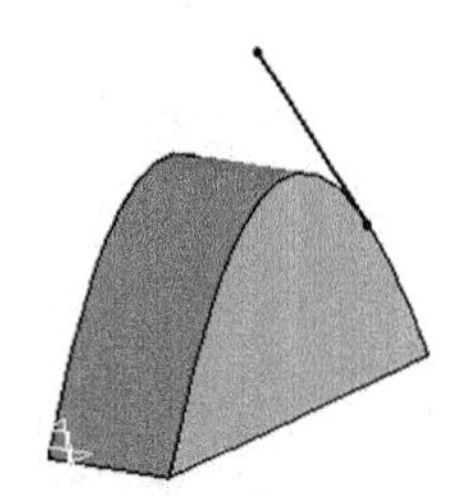
图 4-29　确定一条曲线

### 5．创建曲面的法线线型

单击“直线”图标⁄。在线型窗口中选择曲面的法线，然后顺次单击曲线、参考点，即可生成与曲面垂直的参考线。可利用创建参考点的方法，在曲面上或曲面外创建点。创建的曲面法线如图 4-30、图 4-31 和图 4-32 所示。

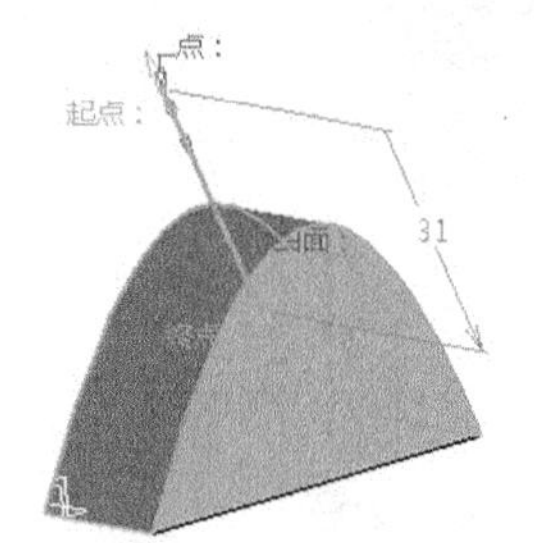

图 4-30　曲面外的点创建法线

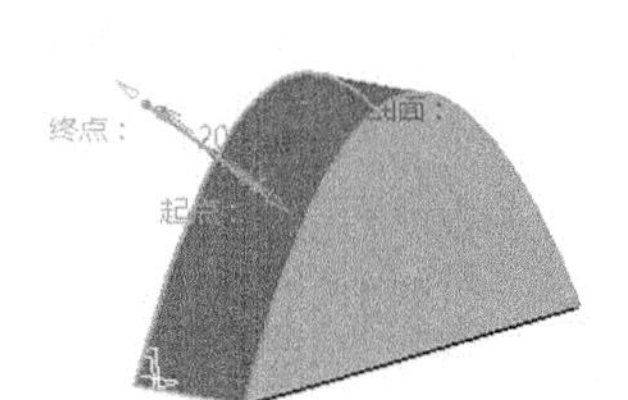

图 4-31　曲面上的点创建法线

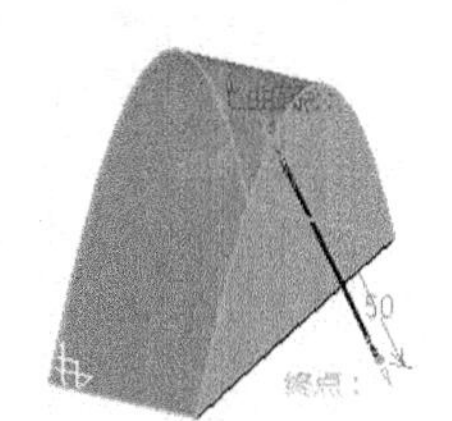

图 4-32　反转方向的法线

### 6．创建角平分线线型

单击“直线”图标⁄。在线型窗口中选择角平分线，如图 4-33 所示。然后顺次单击同一平面上的两棱线，呈现双角分线 1 和线 2，如图 4-34 所示。选择 2 线，单击“确定”按钮，生成需要的角分线，如图 4-35 所示。

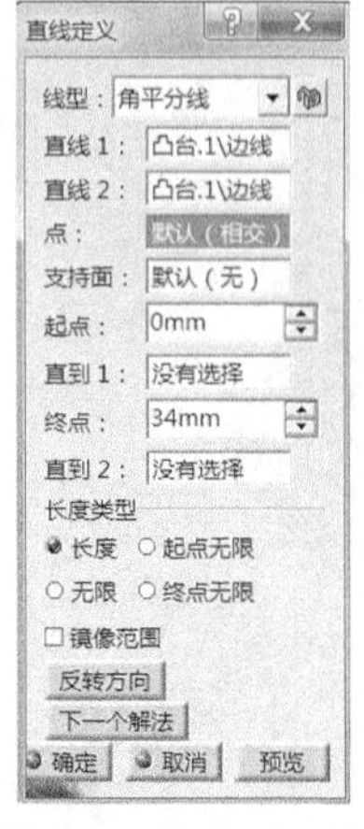

图 4-33　类型：角分线

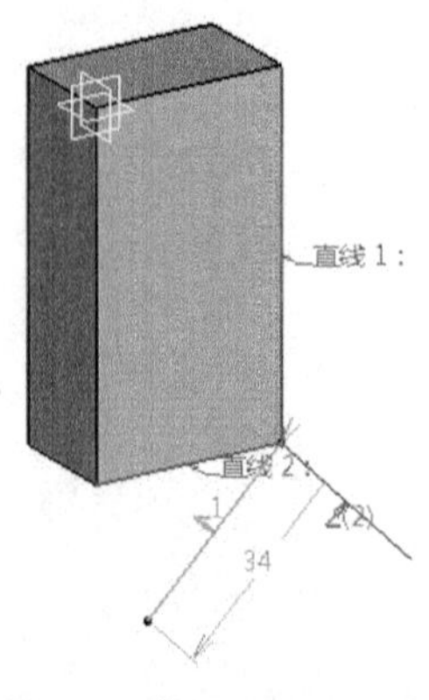

图 4-34　待选的双角分线

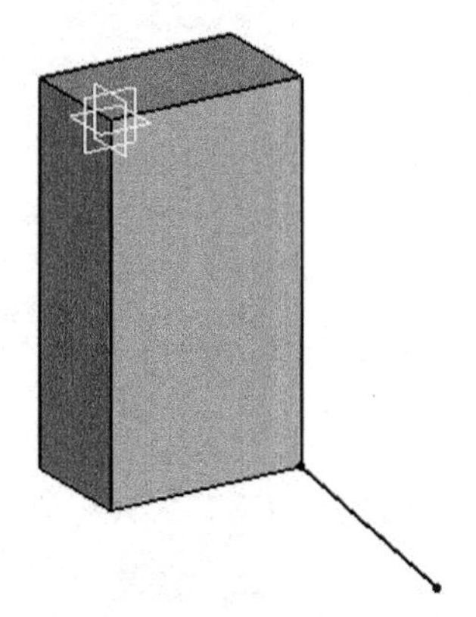
图 4-35　选定的角分线

## 4.1.3　创建参考平面

单击如图 4-1 所示的参考元素工具条中的“平面”命令图标，弹出如图 4-36 所示的“平面定义”对话框，展开平面类型窗口，可看到有 11 种创建平面的方式。

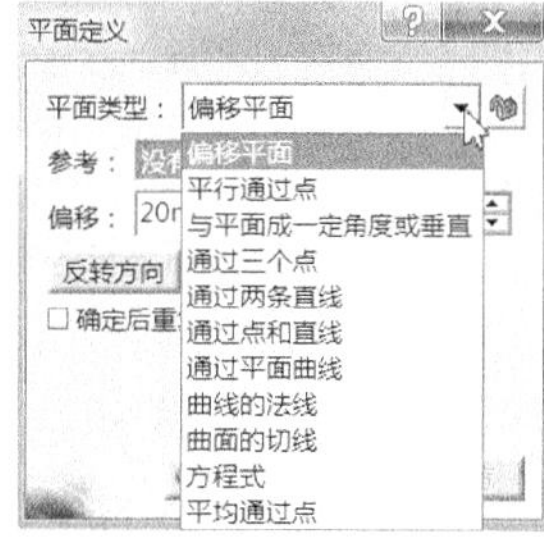

图 4-36　平面定义对话框

平面类型窗口右侧有一个新的锁定按钮，可以在选择几何图形时自动更改该类型，单击此按钮，锁变为红色，即可起锁定作用。

### 1．创建偏移平面

该方式可以创建平行于参考平面的偏移平面。具体操作如下：

在特征树上选择 xy 坐标面为参考面；单击“创建参考面”命令图标，弹出如图 4-37 所示的平面定义对话框；在平面类型窗口中选择“偏移平面”；在偏移距离窗口中输入 30；单击“确定”按钮，即可完成与 xy 坐标面平行且偏移距离为 30mm 的平面，如图 4-38 中手指处的平面所示。单击对话框中的反转方向按钮或单击图 4-38 中“参考”处的箭头，都可将平面反转到另一侧。

也可选择实体表面为参考面进行偏移，图 4-39 中手指处的平面就是以立体前表面进行偏移。

图 4-37　平面定义对话框

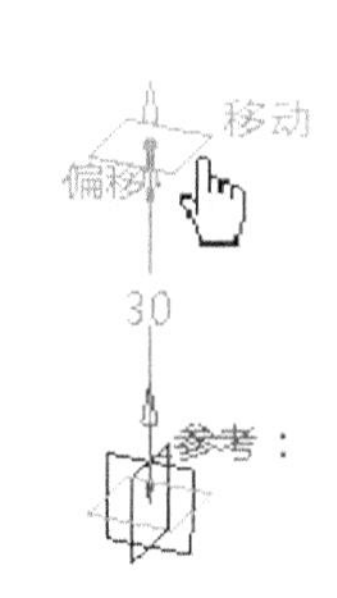

图 4-38　偏移的平面

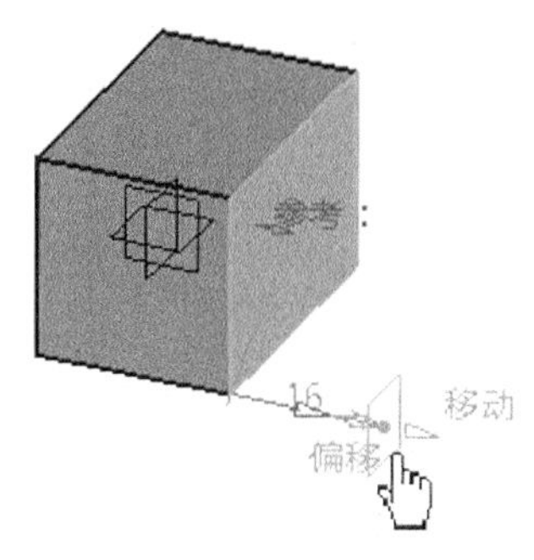

图 4-39　偏移的平面

若要创建更多的偏移平面，单击“确定之后重复对象”复选框后再单击“确定”按钮，如图 4-40 所示，结束平面创建的同时弹出如图 4-41 所示的“对象复制”对话框。在实例窗口中输入要生成平面的个数（2 个），单击“确定”按钮，生成结果如图 4-41 所示。

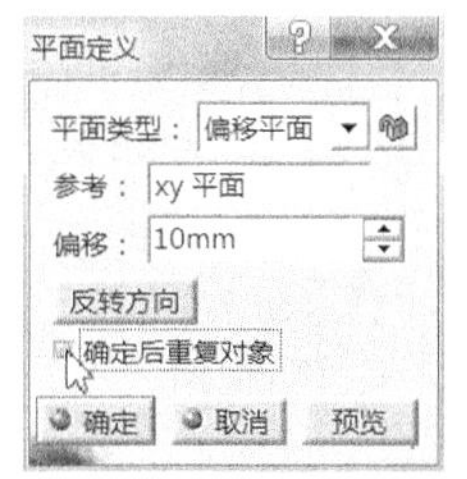

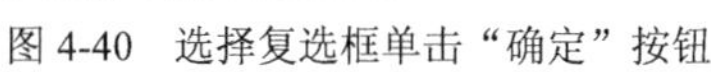
图 4-40　选择复选框单击“确定”按钮

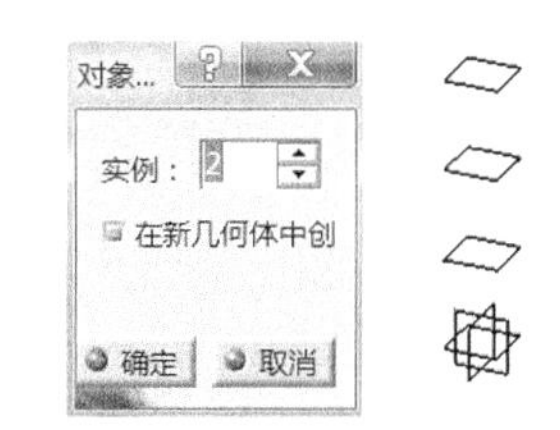

图 4-41　重复对象对话框及结果

### 2．创建平行通过点的平面

该方式可以创建过定点且平行于参考平面的平面。具体操作如下：

（1）单击“创建参考面”命令图标；在弹出如图 4-42 所示的平面定义对话框中选择“平行通过点”，选择图 4-43 中三角形平面作为参考面；

（2）再选择右下角顶点；单击“确定”按钮，即可完成与三角形平面平行且通过定点的平面，如图 4-43 中手指处的平面。

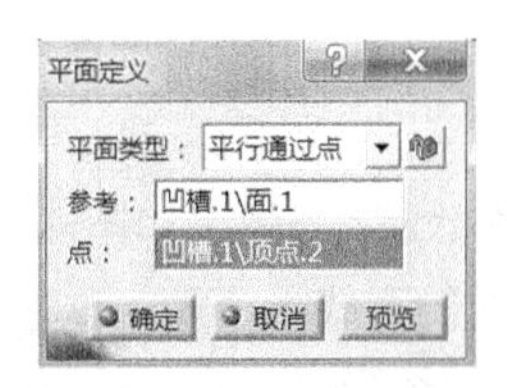


图 4-42　选择平行通过点

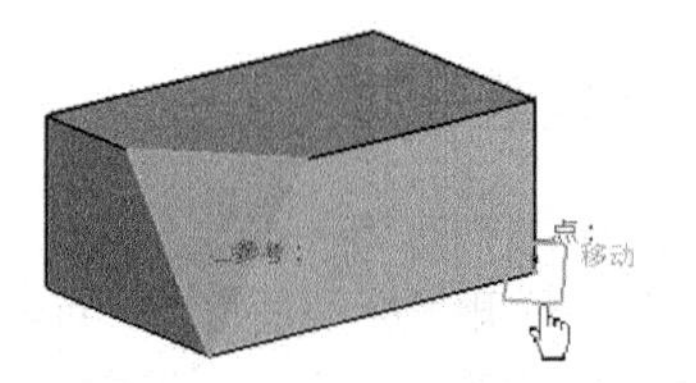


图 4-43　生成平行通过点的平面

### 3．创建与平面呈一定角度或垂直的平面

该方式可以创建与参考平面成一定角度或与参考面垂直的平面。具体操作如下：

（1）单击“创建参考面”命令图标；

（2）在弹出如图 4-44 所示的平面定义对话框中选择“与平面成一定角度或垂直”；选择图 4-45 中左上棱线作为旋转轴；再选择上顶面作为参考面；角度数值框中输入 60°；

（3）单击“确定”按钮，完成图 4-45 手指处的平面。

如果单击对话框中的“平面法线”按钮，即可完成与参考平面平行垂直的平面，如图 4-46 所示手指处的平面。

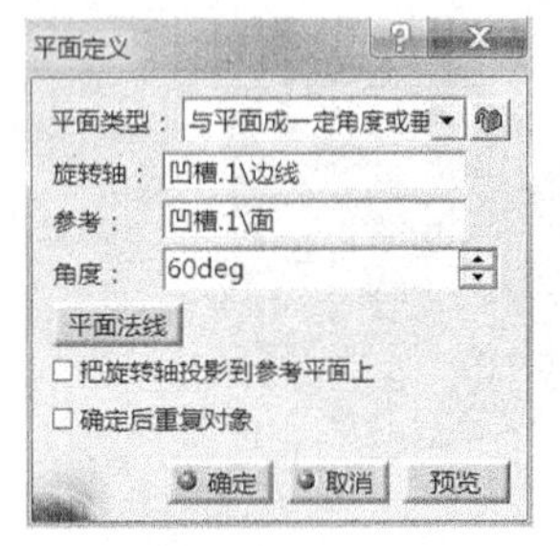


图 4-44　选择与平面呈一定角度或垂直

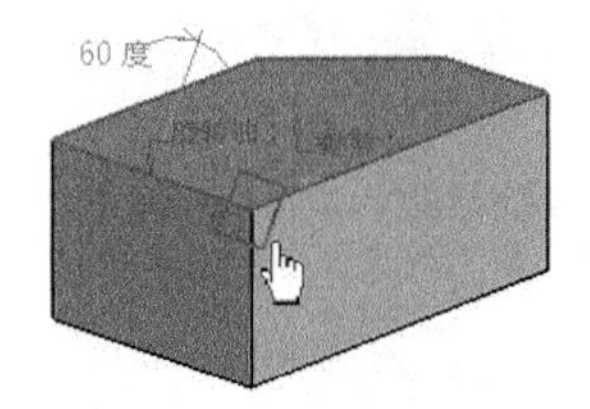


图 4-45　生成 60°角的平面

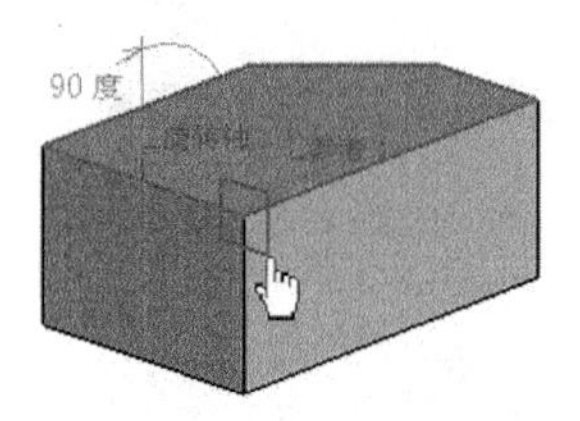


图 4-46　生成 90°角的平面

### 4．创建通过三个点的平面

该方式可以创建通过三个点确定的平面。具体操作如下：

（1）单击“创建参考面”图标；

（2）在弹出如图 4-47 所示的“平面定义”对话框中选择“通过三个点”；

（3）选择图 4-48 中实体上 3 个顶点（选择构建的参考点也可以）；

（4）单击“确定”按钮，完成图 4-48 所示手指处的平面。

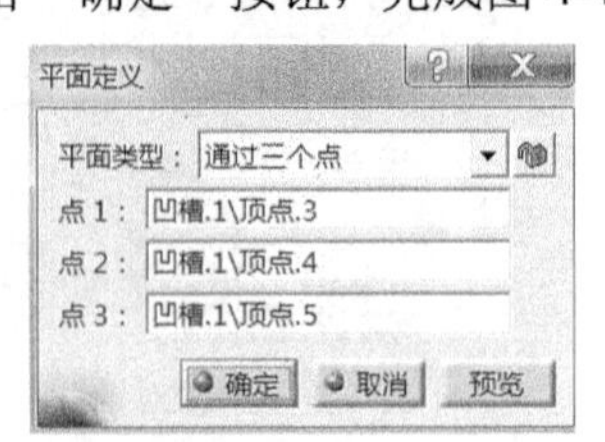


图 4-47　选择通过 3 个点

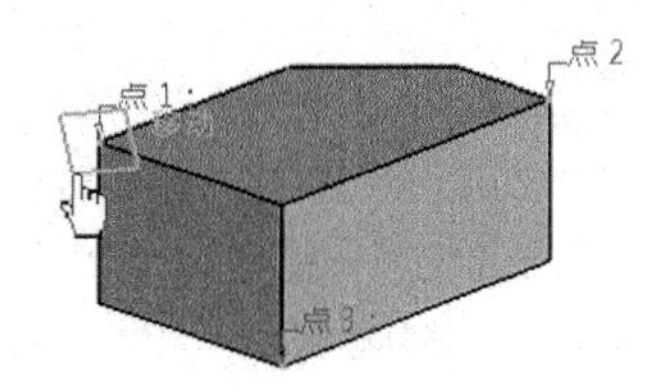


图 4-48　过 3 个点的平面

### 5．创建通过两条直线的平面

该方式既可以通过两条同面直线也可以通过两条异面直线创建平面，具体操作如下：

（1）单击“创建参考面”图标；

（2）在弹出如图 4-49 所示的“平面定义”对话框中选择“通过两条直线”；

（3）选择图 4-50 中直线 1 和直线 2（异面直线）；

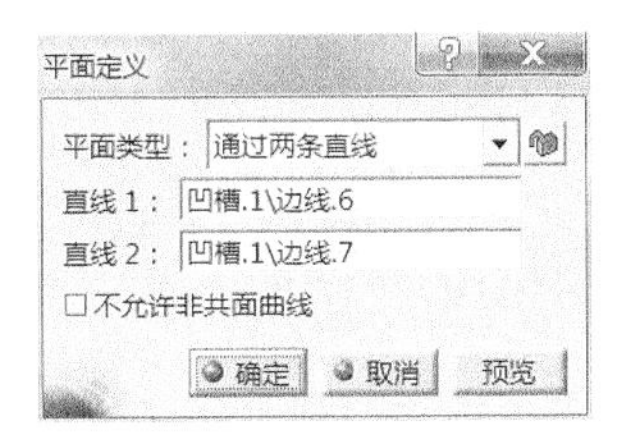

图 4-49 选择通过两条直线

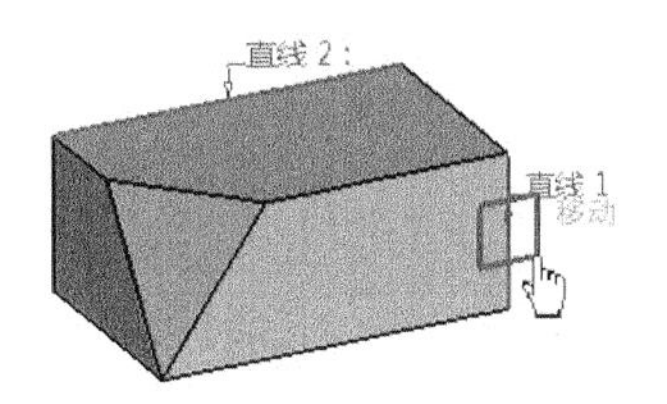

图 4-50 异面直线确定的平面

（4）单击“确定”按钮，完成图 4-50 手指处的平面。

如果选中对话框中的“不允许非共面曲线”，则所选的直线 1 和直线 2 不能生成平面。

### 6．创建通过点和直线的平面

该方式可以通过一个点一条直线创建平面。具体操作如下：

（1）单击“创建参考面”图标，在弹出如图 4-51 所示的“平面定义”对话框中选择“通过点和直线”。

（2）选择图 4-52 中点和直线，单击“确定”按钮，完成图 4-52 手指处的平面。

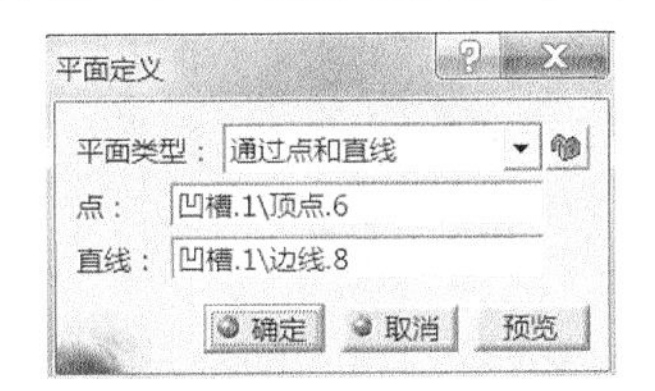

图 4-51 选择通过点和直线

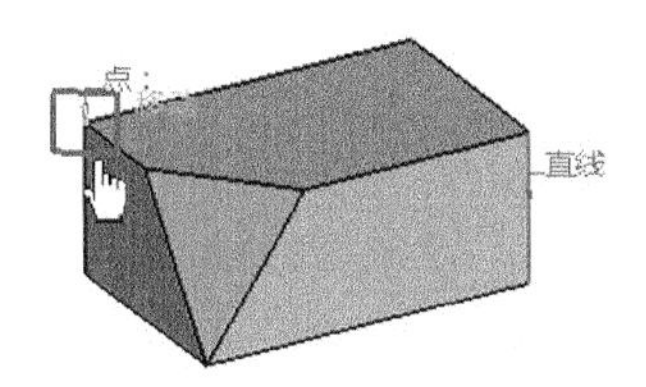

图 4-52 点和直线确定的平面

### 7．创建通过平面曲线的平面

该方式可以通过曲线上的一个点创建一个与平面曲线共面的平面。具体操作如下。

（1）单击“创建参考面”命令图标；在弹出如图 4-53 所示的平面定义对话框中选择“通过平面曲线”；

（2）选择指定的曲线；单击“确定”按钮，完成图 4-54 所示的平面。

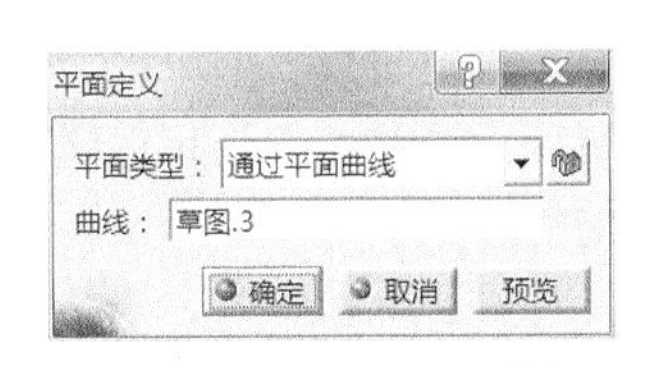

图 4-53 选择通过平面曲线

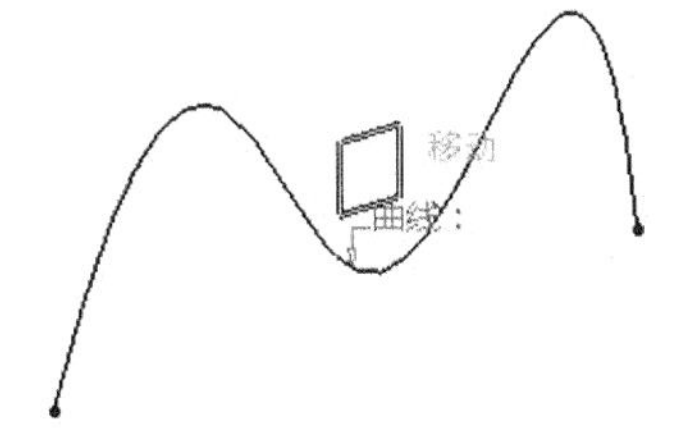

图 4-54 与平面曲线共面的平面

### 8．创建曲线的法线平面

该方式可以通过曲线上的一个点创建曲线的法线平面。具体操作如下。

（1）单击“创建参考面”命令图标；在弹出如图 4-55 所示的平面定义对话框中选择“曲线的法线”。

（2）选择指定的曲线，单击“确定”按钮，完成图 4-56 所示的法线平面（法线平面的默认位置在曲线的中点。

（3）若将法线平面移至曲线端点，可在对话框中“点”的窗口单击左键后，再单击曲线端点，即可将法线平面移至该点）。

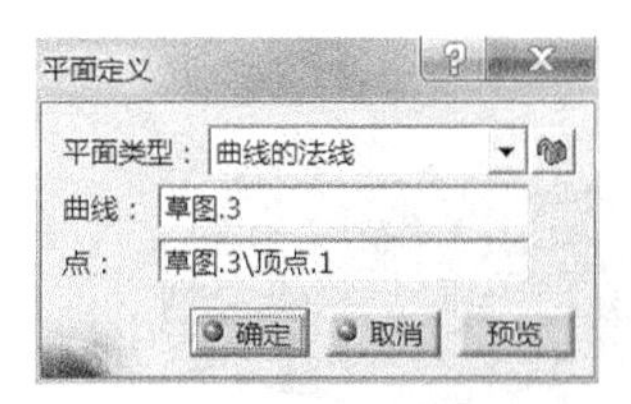


图 4-55　选择通过平面曲线

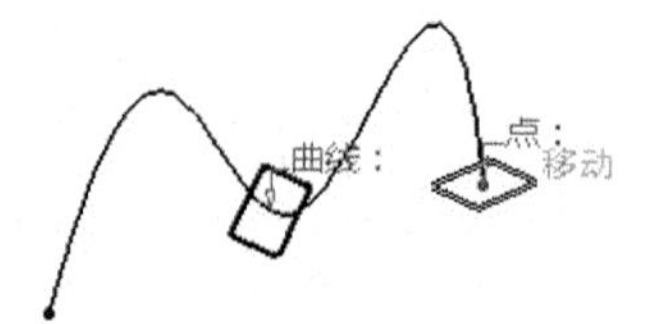


图 4-56　与平面曲线共面的平面

### 9. 创建曲面的切线平面

该方式可以通过曲面上的一个点创建曲面的切线平面。具体操作如下：

创建一个圆锥，并在其上利用“曲面上的点”构建一个参考点。单击“创建参考面”图标。在弹出如图 4-57 所示的“平面定义”对话框中选择“曲面的切线”。单击圆锥面，单击参考点，单击“确定”按钮，完成图 4-58 所示的圆锥面的切平面。

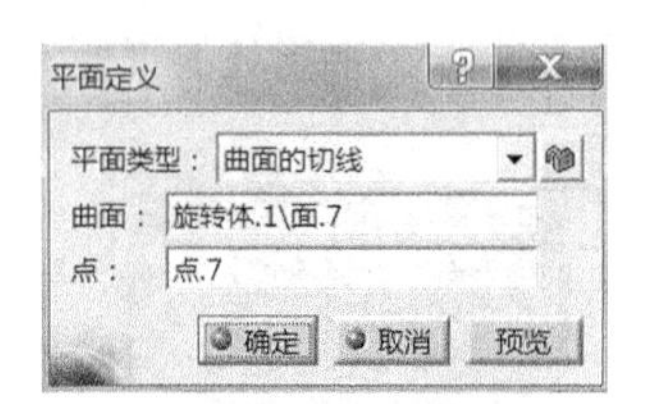


图 4-57　选择通过平面曲线

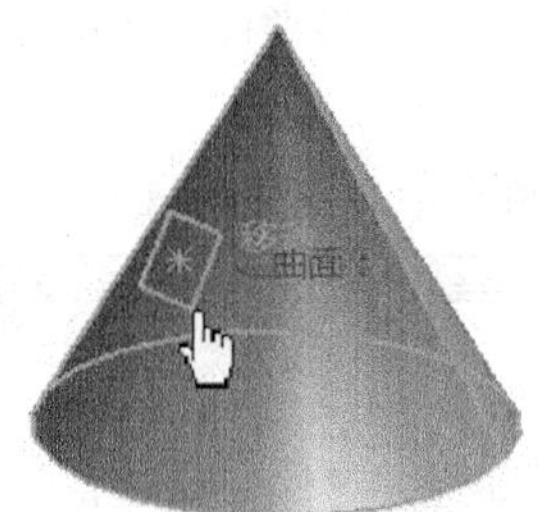


图 4-58　与平面曲线共面的平面

## 4.2 基于草图特征

特征是构成物体的基本单元，CATIA V5 中所有物体都是由各种实体特征组合而成。基于草图的特征是根据在草图编辑器工作台中创建的草图而生成实体特征。这种特征是最基本的特征。其他各种类型的特征都是在基于草图的特征基础上进行相应操作得到的。

基于草图的特征工具栏中的 15 个命令图标，如图 4-59 所示。这些命令还可以通过单击下拉菜单“插入”→“基于草图的特征”调出这些命令，如图 4-60 所示。

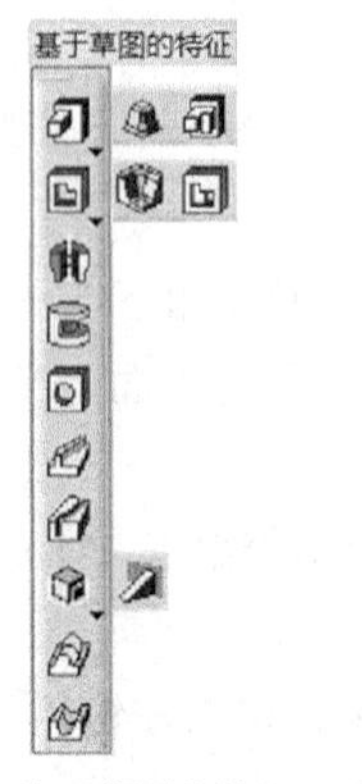


图 4-59　基于草图的特征工具栏

图 4-60　下拉菜单调出 15 个命令

当首次进入零件设计工作台时，只有凸台（添料拉伸）、旋转体、肋（扫掠）、实体混合、加强肋、多截面实体（放样）5 个命令处于激活状态并高亮显示，说明应首先利用这 5 个命令生成三维实体，在此基础上使用凹槽（除料拉伸）、旋转槽（除料旋转）、孔、开槽（除料扫掠）、已移除的多截面实体（除料放样）等命令修改三维实体。

## 4.2.1　拉伸构型

拉伸构型有两种方式：以添料方式拉伸成凸台；以除料方式拉伸成凹槽。

两种拉伸操作的步骤完全相同，执行两个命令时弹出的对话框中的内容和设置也完全相同。例如展开对话框中的类型窗口，5 种类型完全相同。如果在对话框中的草图窗口中单击右键都会弹出相同的快捷菜单，单击草图窗口右侧的图标，都会返回到草图编辑器工作台中对当前的草图进行编辑修改。

所不同的是，添料拉伸的尺寸叫做长度尺寸；除料拉伸的尺寸叫做深度尺寸。图 4-61、图 4-62 分别为定义凸台和定义凹槽对话框。

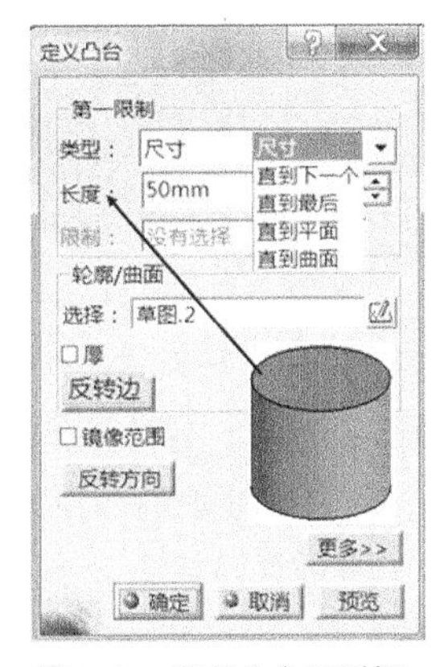


图 4-61　定义凸台对话框

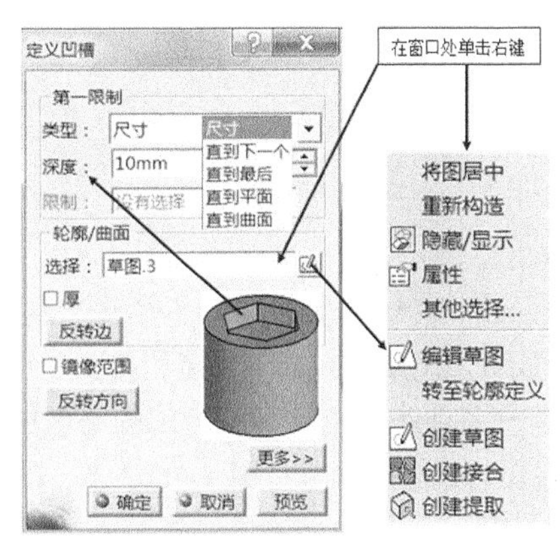


图 4-62　定义凹槽对话框及窗口右键菜单

### 1．添料拉伸

添料拉伸可生成 3 种凸台：凸台、拔模圆角凸台和多层凸台。

它们的操作步骤是：完成一个草图，单击，切换到零件设计工作台中单击"拉伸"命令图标，在弹出的相应对话框中设置有关参数、拉伸类型、拉伸方向等，设置完成后，单击"确定"按钮。

（1）凸台命令的操作。

图 4-61 所示的定义凸台对话框。在该对话框中，默认的拉伸类型为"尺寸"。也可切换到"直到下一个"、"直到最后"、"直到平面"、"直到曲面"等类型执行拉伸操作。

尺寸类型下的拉伸有：单向拉伸、对称（镜像）拉伸和不对称拉伸。

① 单向拉伸只需在长度数值框中输入具体数值，单击"确定"按钮，即可完成直径 50mm，长度为 50mm 的圆柱，如图 4-63 所示。单击实体上的箭头或对话框中的反转方向按钮，即可将顶面变成底面，完成反向拉伸，如图 4-64 所示。

② 对称（镜像）拉伸，在数值框中输入 25，选择定义凸台对话框中的镜像范围选项，单击"确定"按钮，即可完成对称拉伸，其总高为 50mm，如图 4-65 所示。

③ 不对称拉伸需要单击定义凸台对话框中的更多>>按钮，在弹出的如图 4-66 所示的对话框中进行设置。在第一限制下的长度尺寸输入 30，在第二限制下的长度尺寸输入 20，单击"确定"按钮，完成如图 4-67 所示的不对称拉伸。

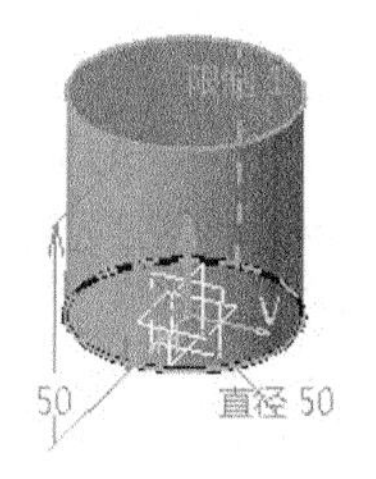


图 4-63　单向拉伸

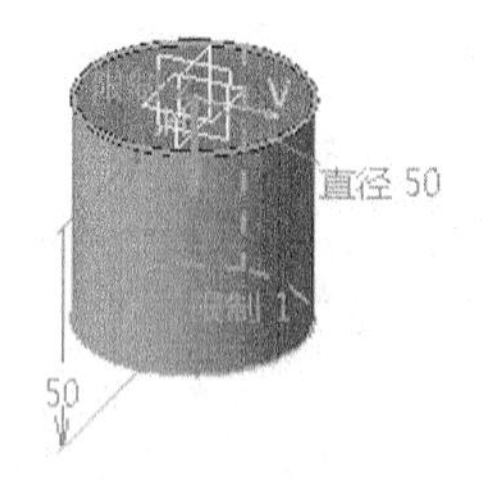


图 4-64　反转方向

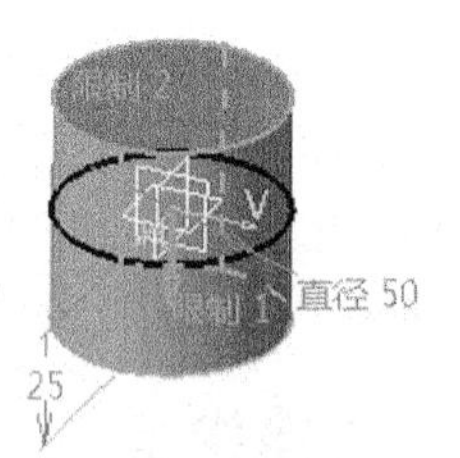


图 4-65　对称拉伸

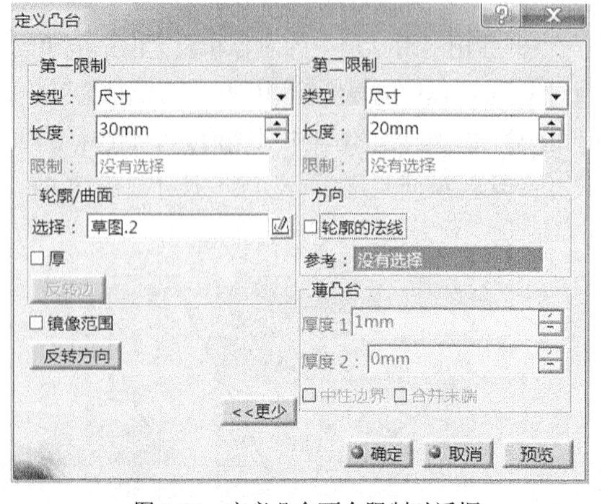


图 4-66　定义凸台两个限制对话框

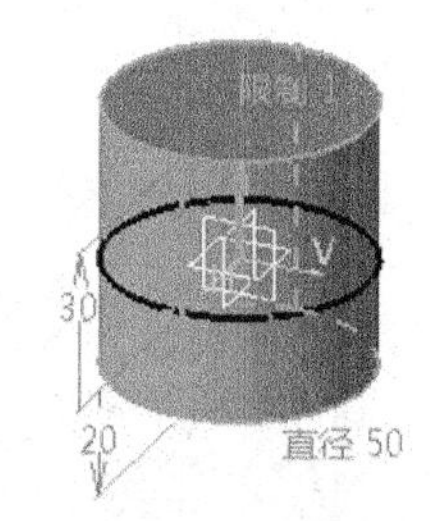


图 4-67　不对称拉伸

④ 开放草图轮廓的拉伸。首尾相接封闭的草图轮廓，可以拉伸成实体。对于开放轮廓（包括一条直线、一条曲线以及首尾不封闭的平面图形），可选择定义凸台对话框中的加厚设置复选框☐厚，生成实体。具体操作按图 4-68 中①、②、③、④、⑤所示步骤进行。

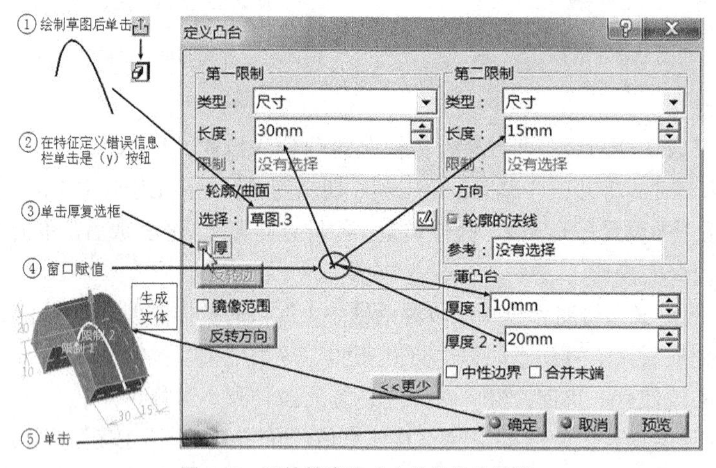


图 4-68　开放轮廓生成实体的操作步骤

⑤ 指定方向的拉伸。利用凸台命令拉伸实体特征时，其默认方向为草图轮廓的法线方向。但在实际构型过程中，需要按指定的方向进行拉伸。定向拉伸时，需要选择一条导向线或定向面。导向线或定向面可以是实体特征上的棱线、棱面，也可通过右击对话框中的参考窗口，在快捷菜单中选择导向元素。图 4-69 演示了①～⑤的定向拉伸操作的过程。当画完第③步的草图后，需在定义凸台对话框中单击 更多>> 按钮，取消默认的☐轮廓的法线复选框，再选择第④步中手指处的棱线，输入长度值 50，单击“确定”按钮，完成第⑤步中的实体构型。

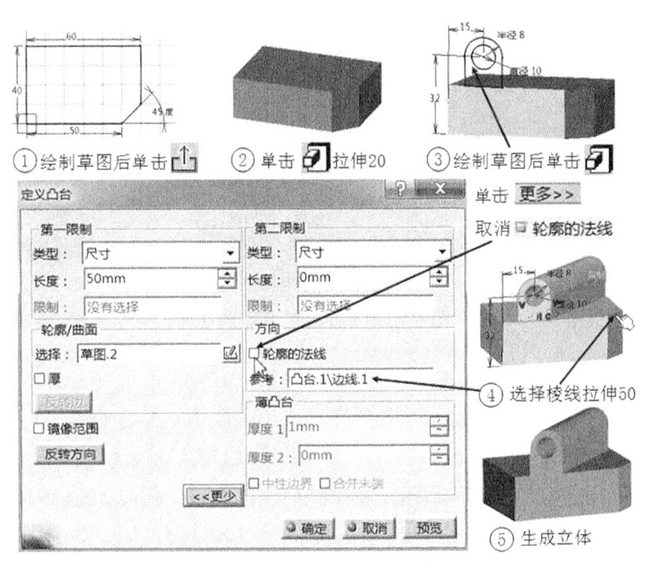


图 4-69 定向拉伸的操作

⑥ “直到下一个”、“直到最后”、“直到平面”和“直到曲面”等类型的拉伸操作。展开如图 4-70 所示的定义凸台对话框中的类型窗口可以看到，除了前述“尺寸”类型的拉伸外，还有“直到下一个”、“直到最后”、“直到平面”和“直到曲面”四种类型的拉伸操作。这四种类型的拉伸都需要事先为待拉伸的草图构建目标面。目标面包括实体上的平面和曲面、坐标面和参考面，也可以在线框和曲面设计工作台中构建的平面或曲面。

下面以图 4-71 为例，说明几种拉伸的操作。

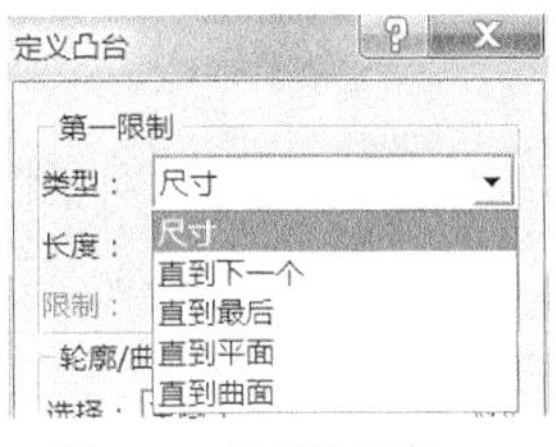


图 4-70 展开类型窗口

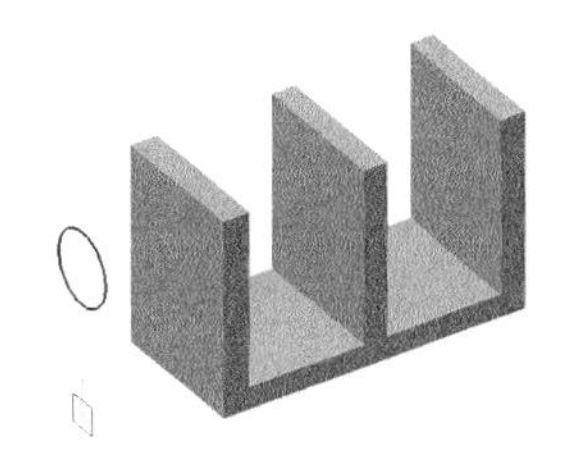

图 4-71 构建草图和实体

图 4-71 中是先构建一个“山”形实体，再绘制一个草图（圆），单击“凸台”图标，在“定义凸台”对话框的类型窗口中选择“直到下一个”，则圆柱按拉伸方向直接拉伸到第一个目标面上，如图 4-72 所示。如果拉伸类型选择“直到平面”，则需要单击指定的目标面，如图 4-73 所示。如果拉伸类型选择“直到最后”，则无需用光标指定目标面，可直接拉伸到最后一个目标面上，如图 4-74 所示。图 4-72 和图 4-74 也可利用“直到平面”进行拉伸。

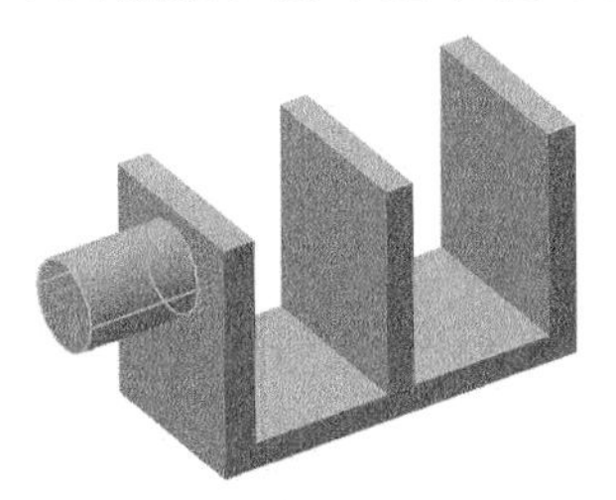

图 4-72 直到下一个

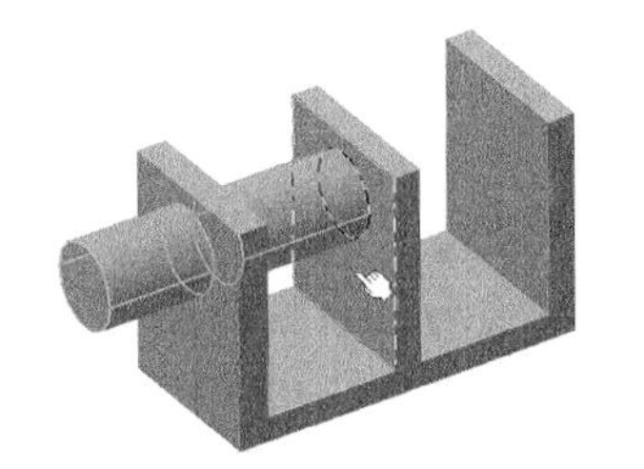

图 4-73 直到平面

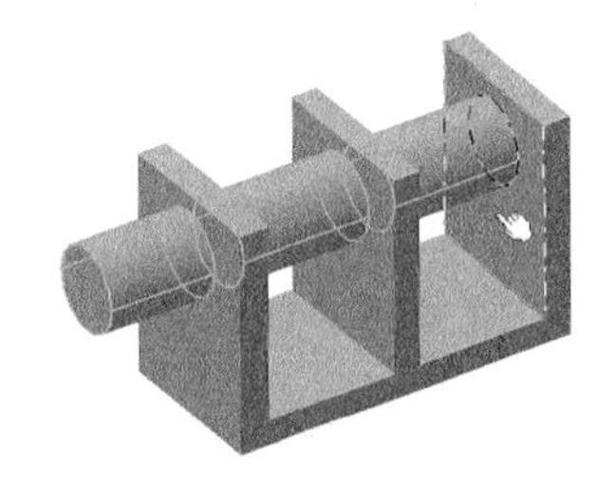

图 4-74 直到最后

当目标面是曲面时，拉伸类型应选择“直到曲面”。若图 4-75 中的草图，要拉伸到图 4-76 的状态时，选择“直到下一个”，也可直接拉伸到大圆柱表面。若选择“直到曲面”，则用光标单击曲面。若要拉伸到图 4-77 所示状态则应选择“直到最后”。

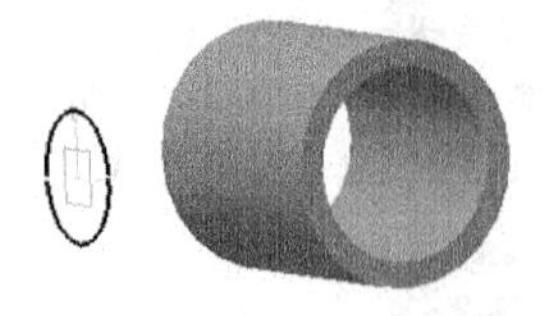

图 4-75　构建实体和草图

图 4-76 直到下一个或直到曲面

图 4-77 直到最后

（2）拔模圆角凸台命令的操作。在进行零件设计，特别是需要经过铸造、锻造、注塑等工艺成形的零件时，必须设置拔模角度（起模斜度）、铸造圆角。在 CATIA V5 中，利用拔模圆角凸台命令，可方便地为这类零件设置并添加拔模角度和铸造圆角。

图 4-78 演示了在第 1 个凸台的基础上，绘制草图轮廓后，利用拔模圆角凸台命令生成拔模角度 7°、铸造圆角均为 5mm、拉伸长度为 50mm 的第 2 个凸台的操作过程。

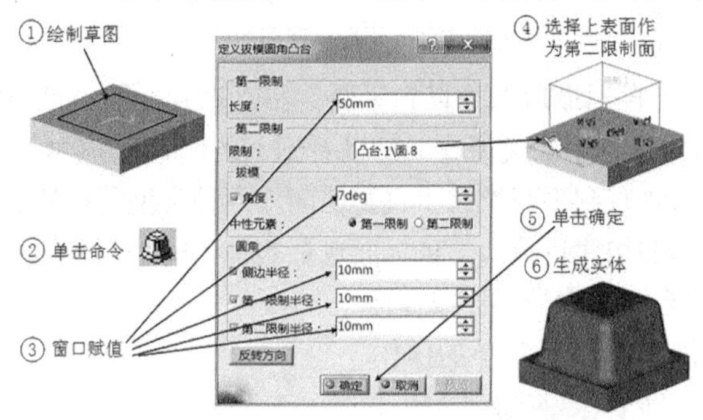


图 4-78　拔模圆角凸台命令的操作

需要说明的是：如果在坐标面上绘制草图后，单击拔模圆角凸台命令，对话框提示选择第 2 个限制面时，应在特征树上选择绘制草图的坐标面。例如，在 *xy* 坐标面上绘制草图，第 2 个限制面就应该在特征树上单击 *xy* 坐标面。若要修改某项，可在特征树上单击该项的图标。

（3）多层凸台命令的操作。

用多层凸台命令可以把一个草图中的多个独立的封闭轮廓分别拉伸不同的高度。这样就可以一次完成多个轮廓的拉伸操作。图 4-79 演示了利用多层凸台命令生成实体的操作过程。

需要说明的是，草图中每个独立轮廓在对话框中叫做拉伸域。本例中的草图有三个封闭轮廓，因此对话框中有三个拉伸域。在对话框中选中一个拉伸域，则在图形区对应的轮廓就呈蓝色，未选的拉伸域呈绿色。操作时，先选择一个拉伸域，再输入其拉伸的长度。外轮廓的拉伸长度大于内轮廓的拉伸长度时，则内轮廓生成的是凹槽。内轮廓拉伸长度为 0 时，则生成为通孔，如图 4-80 所示。

**2．除料拉伸（也叫切割）**

除料拉伸可切出 3 种凹槽：凹槽、拔模圆角凹槽和多层凹槽。除料拉伸前，必须先创建有实体，凹槽命令才能被激活。在此基础上生成凹槽的操作步骤与生成凸台的操作步骤完全相同：在实体的平面上完成一个草图，单击，切换到零件设计工作台中单击“凹槽”命令图标，在弹出的相应对话框中设置有关参数、凹槽类型、凹槽方向等，完成设置，单击“确定”按钮。

（1）凹槽命令的操作。图 4-81 演示了在圆柱顶面切割六边形凹槽的操作过程，其中对话框中显示切割类型为尺寸、切割深度为 8mm。如果单击反转边按钮，则向外切割，如图 4-82 所示。

选择镜像范围和单击反转方向则对此类切割没有实际意义。

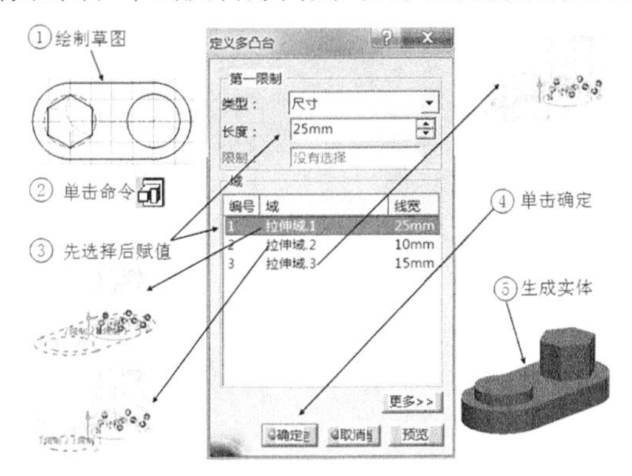


图 4-79 多层凸台命令的操作

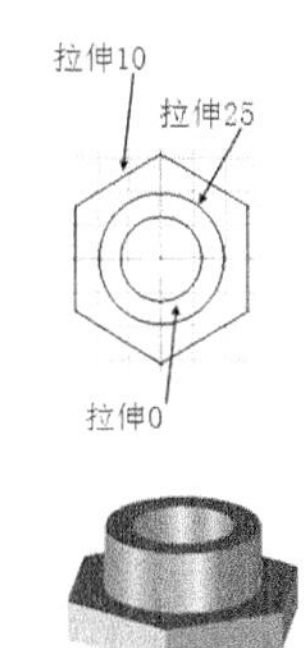


图 4-80 内轮廓拉伸为 0

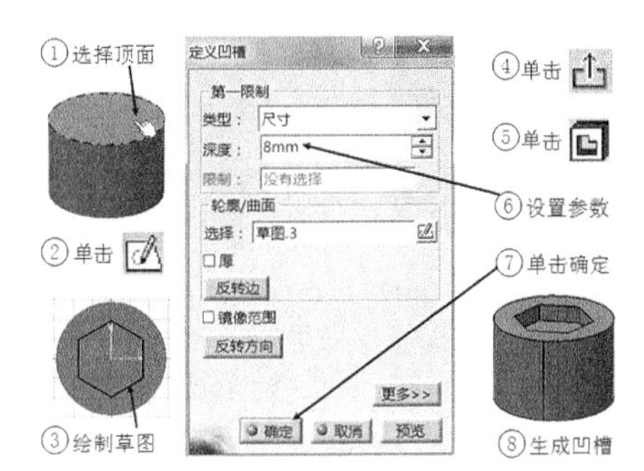


图 4-81 凹槽命令的操作

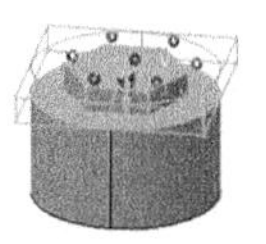

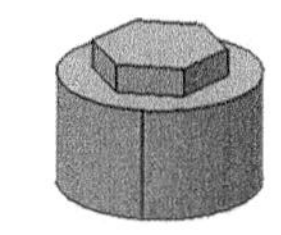

图 4-82 反转边挖切

选择目标面进行除料拉伸的操作如图 4-83 所示。对于目标面是曲面时，如图 4-84 中的草图进行除料拉伸到竖直圆柱内表面时，可选择直到下一个或直到曲面（选择直到曲面，需要先单击圆柱内表面），如图 4-85 所示。

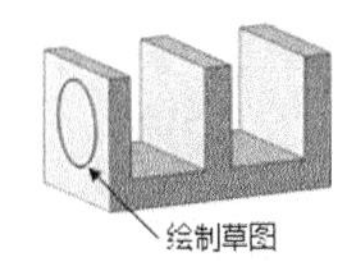


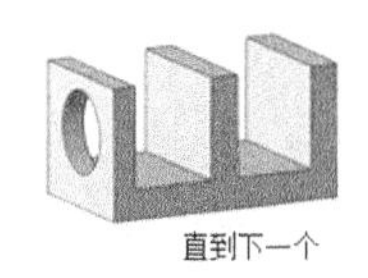


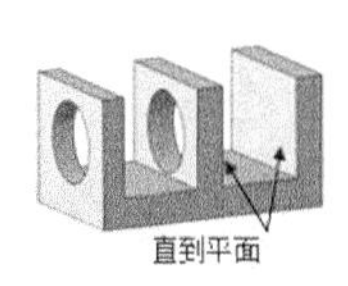


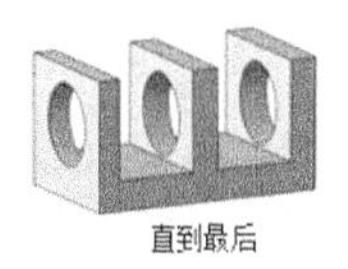


图 4-83 选择目标面切槽

若要除料拉伸至竖直圆柱外表面时，可选择直到最后或直到曲面（选择直到曲面，需要先单击圆柱外表面），如图 4-86 所示。

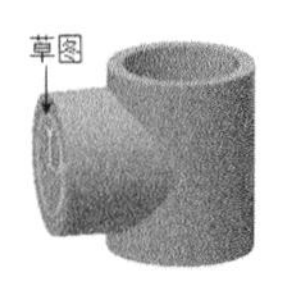


图 4-84 构建实体和草图

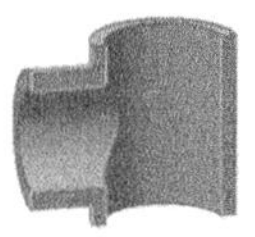

图 4-85 直到下一个或直到内表面

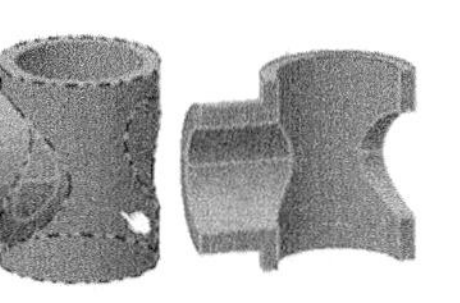

图 4-86 直到最后或直到外表面

以上是草图为封闭轮廓的除料拉伸即切割构建的实体。在 CATIA V5 中也可利用开放轮廓形成的平面或曲面对实体进行切割。例如在图 4-87（a）中构建的圆柱体的基础上，绘制一条直线，单击凹槽命令图标，在弹出的定义凹槽对话框中，类型：选择尺寸，输入深度尺寸后，单击镜像，再通过单击反转边按钮确定被切掉的部分（箭头所指方向为被切掉的方向），如图 4-87（b）

所示，切割结果如图 4-87（c）所示。如果需要沿着直线拉伸形成的平面切掉部分实体，可在尺寸类型下，输入相应深度尺寸值即可，如图 4-87（d）所示。

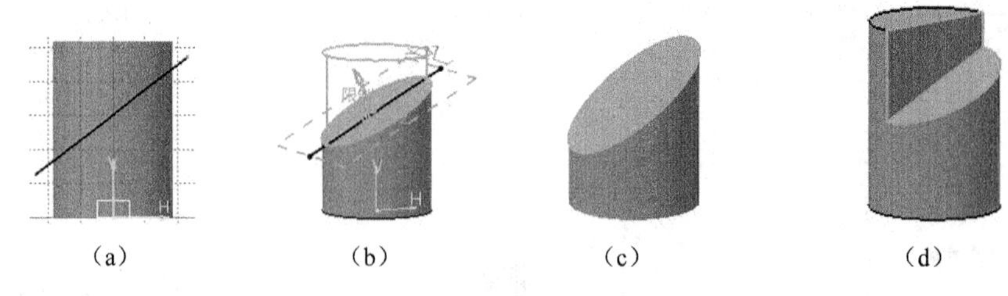

图 4-87　利用直线形成的平面进行切割

图 4-88、图 4-89 和图 4-90 所示分别为曲线切割、两相交直线切割、三条折线切割实体的实例，它们的切割过程与上述单一直线切割相同。开放轮廓的切割方法可快速构建各种切割体。

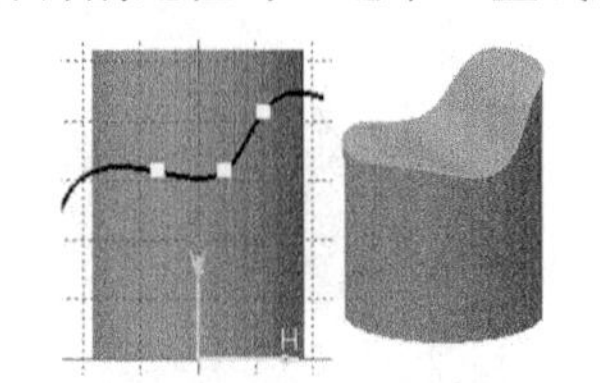
图 4-88　利用曲线进行切割

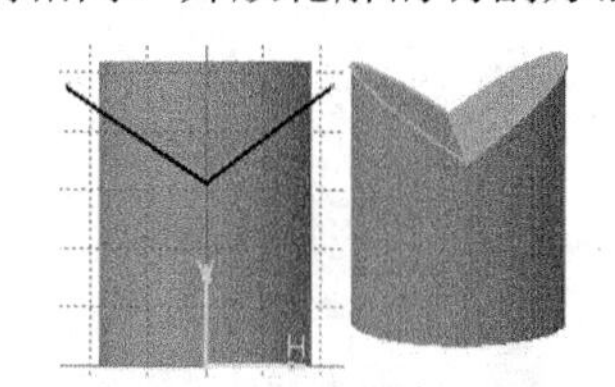
图 4-89　利用两交线进行切割

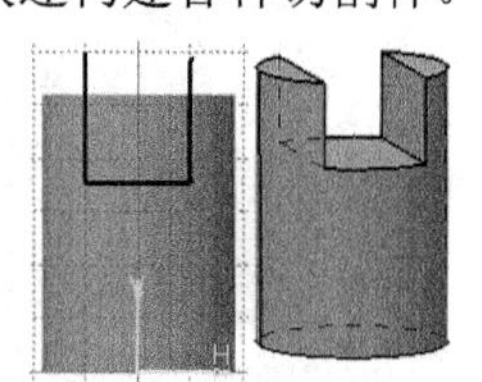
图 4-90　利用三条折线进行切割

在曲面上切割凹槽时，需要先做曲面的切平面，在切平面上绘制切割所用的草图轮廓。图 4-91 演示了根据二维视图，在圆柱面上切割凹槽的具体操作步骤。

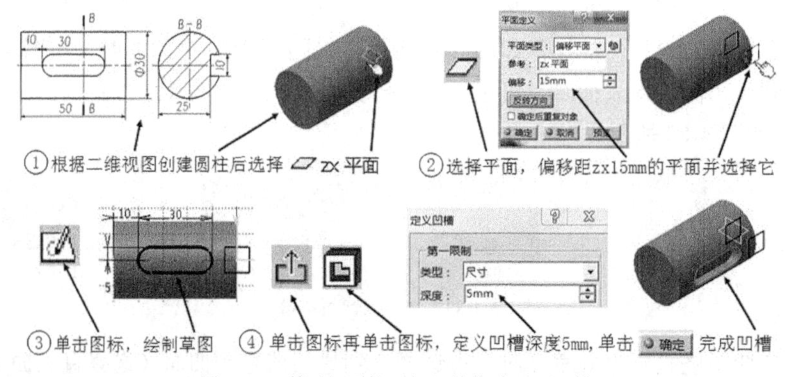

图 4-91　利用与圆柱面相切的偏移平面切槽

利用凹槽命令，可以在尺寸类型下进行单向切割、对称（镜像）切割和不对称切割。上述中的图 4-81、图 4-91 为单向切割，图 4-87(b)为对称（镜像）切割。

如图 4-91 所示的凹槽可以不作圆柱的切平面，将草图画在过圆柱轴线的坐标面上，然后利用不对称切割生成同样的凹槽。具体操作步骤如下：

选择 zx 坐标面绘制草图，如图 4-92 左上图所示，退出草图工作台后，单击“凹槽”命令图标，在弹出的定义凹槽对话框中，类型：选择尺寸，输入深度尺寸 15mm（圆柱半径），单击更多>>按钮，在展开的第二限制区内输入深度尺寸-10mm，（同向填充 10mm），如图 4-92 中对话框所示，单击“确定”按钮，完成从圆柱表面切割深度 5mm 的凹槽，如图 4-92 右上图所示。如果反向不对称除料切割，将第二限制区内的深度尺寸输入正值即可。

（2）拔模圆角凹槽命令的操作。

拔模圆角凹槽与拔模圆角凸台的设置和操作过程完全相同，只不过一个是减料拔模，一个是添料拔模。利用拔模圆角凹槽命令的功能，构建由铸造成型的箱体类零件的内腔时非常方便。

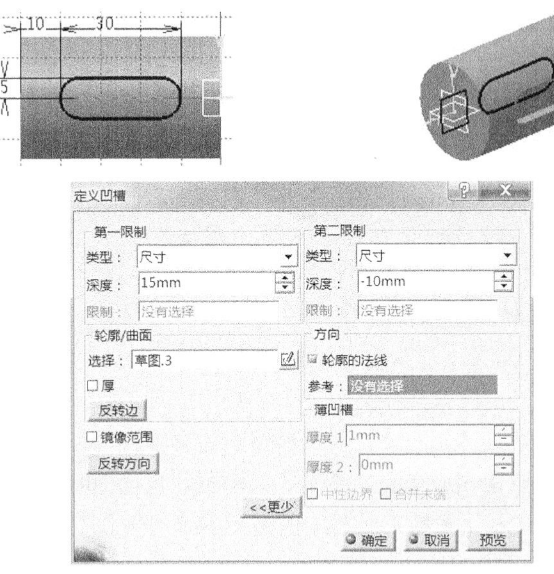


图 4-92 不对称切割的设置

在进行拔模圆角凹槽操作前，需要先创建一个实体，在此基础上才能执行此命令。

下面以图 4-93 为例，演示在创建的实体基础上，进行拔模圆角凹槽的操作过程。

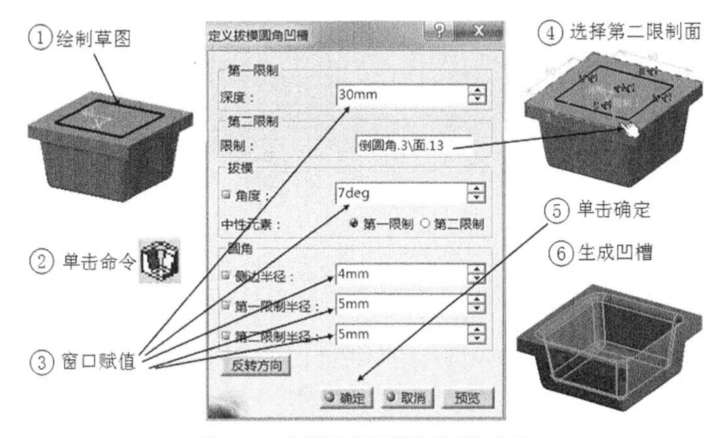


图 4-93 拔模圆角凹槽的设置与操作

（3）多层凹槽命令的操作。

应用多层凹槽命令时，必须在已有实体的表面上绘制草图。在此基础上利用多层凹槽命令可以把一个草图中的多个独立的封闭轮廓分别挖切不同的深度。该命令的操作与多层凸台的操作相同。图 4-94 演示了利用多层凹槽命令生成实体的操作过程。

应用多层凹槽命令时，所绘草图可以是连续的线框内套线框，如图 4-95 中的上图所示，拉伸域数值不同，生成的实体效果也不同，如图 4-95 中的下图所示。

由多层凹槽和多层凸台的操作可看出，在二维视图中，线框内套线框对应到所生成的实体上总会形成具有多个凸凹关系的子实体。

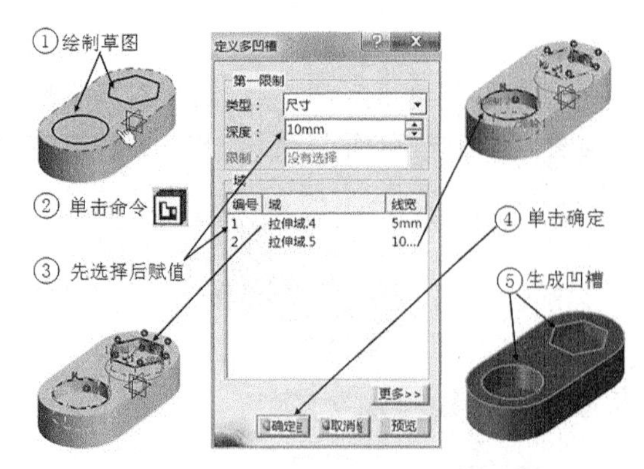


图 4-94 多层凹槽的设置与操作

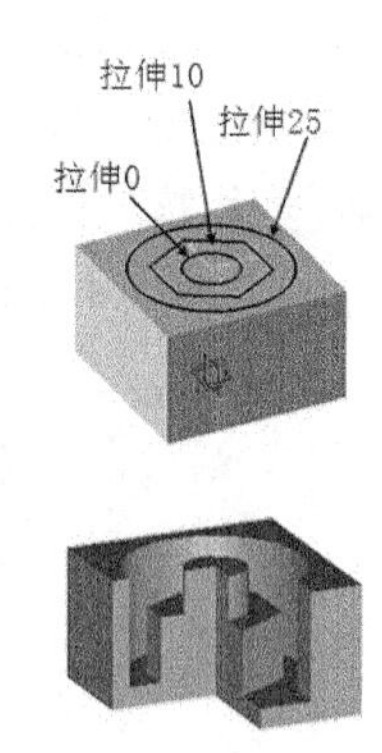


图 4-95 内轮廓拉伸为 0

### 3．添料拉伸与除料拉伸的综合应用

【例 4-1】 根据图 4-96 的二维视图构建其三维实体。

由给出的主、俯视图可看出，该实体共有三个特征构成：带有 4 个 $\phi$15mm 孔、$\phi$100mm 的圆盘；直径 30mm 与水平面成 45°角的圆柱以及与该圆柱同轴且直径为 20mm 的通孔。由以上分析可知，生成 3 个特征就需要在相应平面上绘制 3 次草图。直径 100mm 圆盘的草图应在 xy 坐标面绘制，其上 4 个 $\phi$15 的圆应利用变换工具栏中的旋转命令复制完成；$\phi$30mm 圆柱和 $\phi$20mm 的通孔的草图应在与 xy 坐标面成 45°角的辅助平面上绘制。具体步骤如下。

（1）选择 xy 平面绘制圆盘的草图并创建实体，如图 4-97 所示。

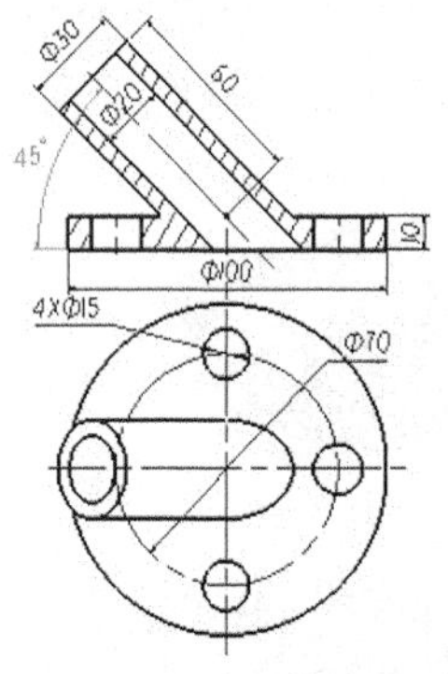


图 4-96 实体的二维视图

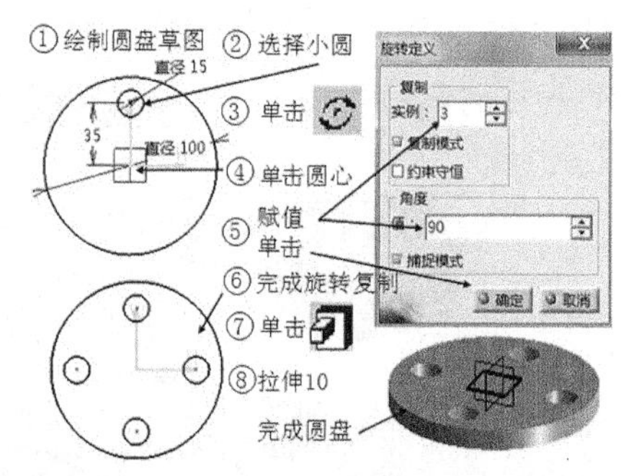


图 4-97 创建圆盘的操作步骤

（2）建立参考平面绘制斜置圆柱及圆孔的草图并创建实体，如图 4-98 所示

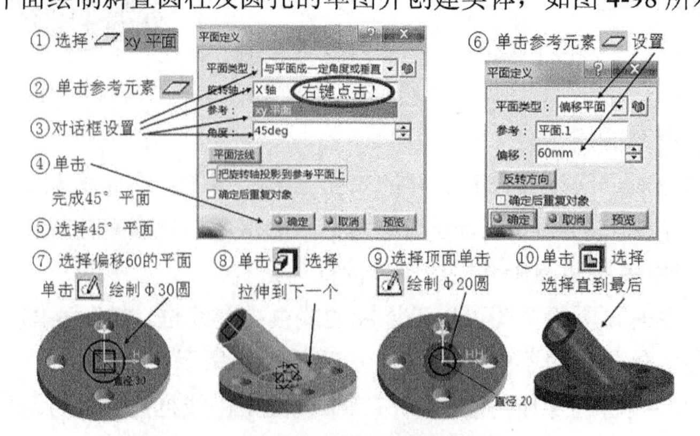


图 4-98 创建斜置圆柱和圆孔的操作步骤

## 4.2.2 旋转构型

旋转构型有两种方式：以添料方式旋转成旋转体和以除料方式旋转成旋转槽。两种旋转的操作步骤完全相同，执行两个命令时弹出的对话框中的内容和设置也完全相同。所不同的是，一个对话框叫做定义旋转体，一个叫做定义旋转槽。

### 1. 旋转体命令的操作

旋转体命令的操作步骤如图 4-99 所示。

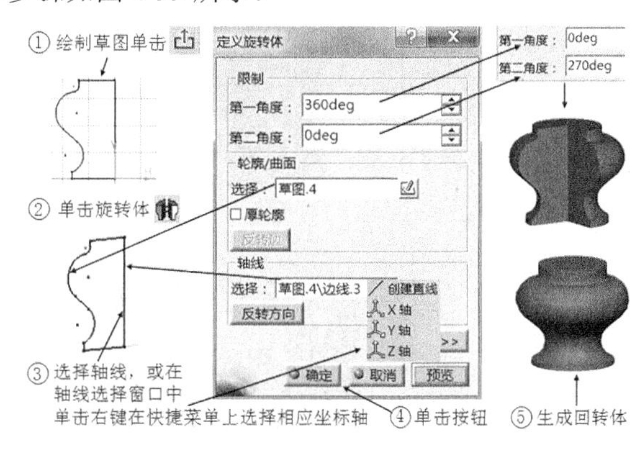


图 4-99 旋转体命令的操作步骤

图 4-99 中定义旋转体对话框限制区内的两个默认角度为 360°、0°。根据需要可改变两个角度值，例如重新输入的角度值为 0°、270°，单击“确定”按钮后生成的实体如图 4-99 右上图所示。旋转体命令的操作比较简单，但设定轴线有以下几种方式：

- 草图不封闭，但首尾两点都在轴线上，可以生成旋转体，如图 4-100 所示；
- 草图封闭，轴线为草图中的直线，可以生成旋转体，如图 4-101 所示；
- 草图封闭，轴线与草图设定有距离，可以生成有内外表面的旋转体，如图 4-102 所示。

首尾两点不在轴线上、轮廓线不封闭、轴线与轮廓线相交等都不会生成回转体。

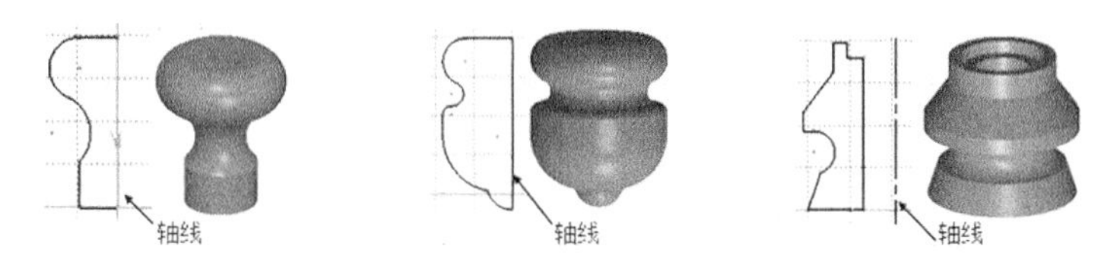


图 4-100 坐标轴为轴线　图 4-101 轮廓线为轴线　图 4-102 用轴线命令绘制轴线

用轴线命令创建轴线在第二章，2.2.2 轮廓工具栏一节中已有介绍。此处再详细说明轴线命令的实际应用。

图 4-99 所示为由草图生成回转体的操作过程。如果绘制完草图后，利用轮廓工具栏中轴线命令，将选定的直线变换为轴线，当回到零件设计工作台中单击旋转体命令后，无需再选择轴线，草图自动绕着变换后的轴线旋转成回转体。具体操作如图 4-103 所示。

此操作的优越性在于，当在零件设计工作台中无法找到指定旋转轴线时，利用上述操作可解决此类问题。

### 2. 旋转槽命令的操作

执行旋转槽命令时，必须是在实体的基础上，通过旋转草图，去除实体上的材料，形成新的实体。旋转槽和旋转体的操作相同，指定轴和修改轴的操作也完全相同，两个限制角度也可根据需要进行设置。创建旋转槽的具体步骤如图 4-104 所示。

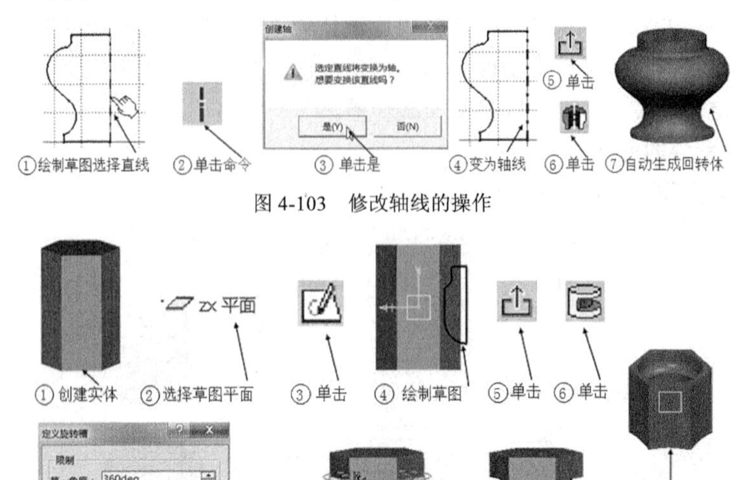


图 4-103　修改轴线的操作



图 4-104　旋转切槽的操作

简单的旋转切槽可以利用开放轮廓，但通常更提倡利用封闭轮廓生成切槽特征。这样会使切槽的结果更加准确，概念也更加清晰。

**3．旋转体命令与旋转槽命令的综合应用**

**【例 4-2】**　根据图 4-105 的二维视图构建其三维实体。

由给出的主视图及所注尺寸可看出，该实体属于旋转体，其上共有 3 个特征构成：主特征是一个由内外表面构成的旋转体，其他两个子特征是旋转槽。主特征的草图轮廓按给出的视图是画出剖面线的断面轮廓。$\phi12\times90^\circ$ 锥坑的草图轮廓是一个直角三角形，它们的草图应选择在 zx 坐标面上绘制。5 个 *R*3 旋转槽的草图应选择在 xy 坐标面上绘制，并利用变换工具栏中的平移命令复制，如图 4-106 所示。构建后的三维实体的特征树如图 4-107 所示。

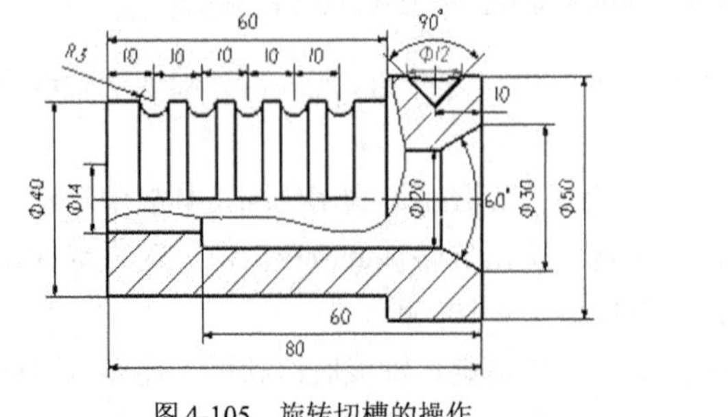

图 4-105　旋转切槽的操作

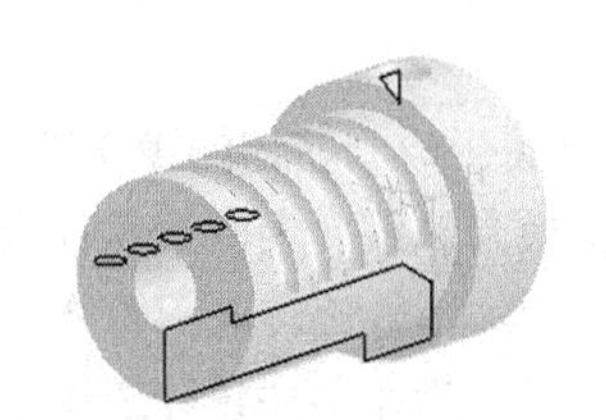

图 4-106　三个特征的草图轮廓

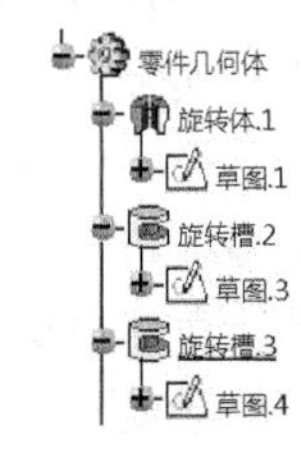


图 4-107　特征树

具体操作步骤如下：

（1）选择 zx 平面绘制旋转体的草图并创建实体，操作步骤如图 4-108 所示。

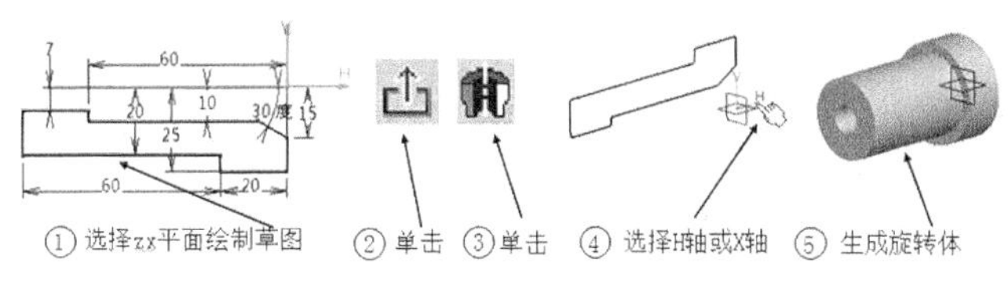


图 4-108　旋转体的创建步骤

（2）选择 zx 平面绘制锥坑的草图并创建实体，操作步骤如图 4-109 所示。

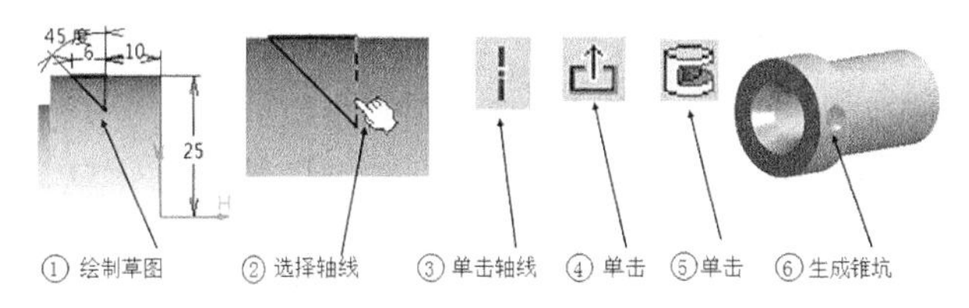


图 4-109　锥坑的创建步骤

（3）选择 xy 平面绘制 R3 回转槽的草图并创建实体，操作步骤如图 4-110 所示。

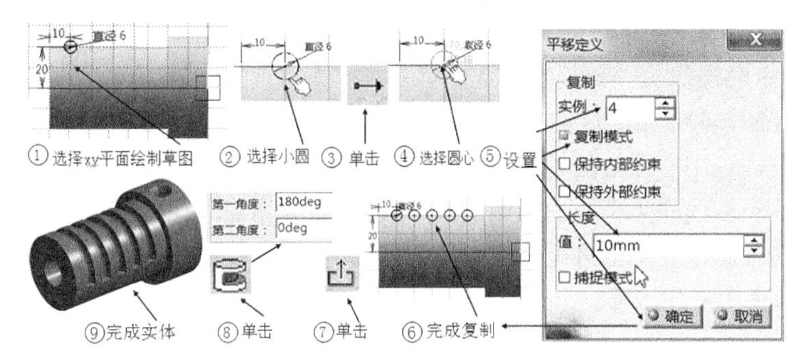


图 4-110　*R*3 回转槽的创建步骤

## 4.2.3　扫略构型

扫略构型有两种方式：以添料方式扫略成肋体和以除料方式扫略成肋槽。两种扫略的操作步骤完全相同，执行两个命令时弹出的对话框中的内容和设置也完全相同。

扫略和拉伸的构型原理相同，拉伸构型是草图沿着指定的直线方向扫略成柱体。而扫略构型是草图以平面曲线或空间曲线作为路径扫略成肋或肋槽。路径在这里被称为中心曲线，它可以开放也可以闭合。扫略构型时，轮廓草图和中心曲线不能在同一个平面上绘制。

### 1．肋命令的操作

肋命令的操作步骤如图 4-111 所示。

当选择定义肋对话框中的“厚轮廓”选项时，为厚度 1 赋值时向内加厚；为厚度 2 赋值则向外加厚；同时赋值则内外均加厚，三种加厚均形成管状体，如图 4-111 所示。

定义肋对话框中的控制轮廓有 3 种方式。

- 保持角度：草图轮廓平面与中心曲线的切线之间始终保持初始位置时的角度，如图 4-111 所示。
- 拔模方向，也叫导引方向：轮廓平面在扫略过程中轮廓的法线方向始终与指定的导引方向一致。导引方向可以选择实体上的棱线、也可以选择一个平面。如果选择平面，则方向由该面的法线方向确定。

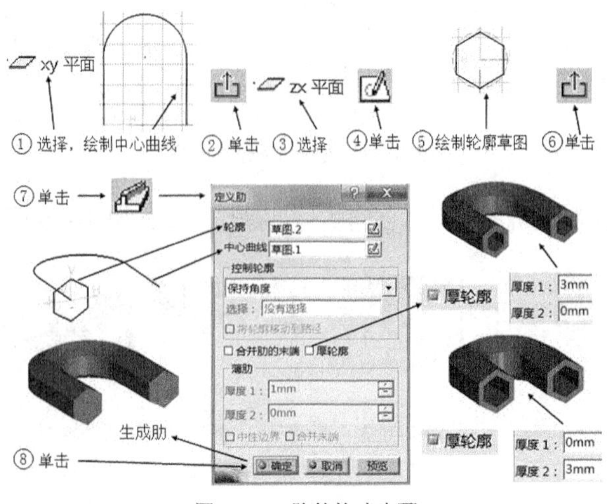


图 4-111　肋的构建步骤

- 参考曲面：轮廓平面与参考曲面之间的角度保持不变。

## 2．开槽命令的操作

执行开槽命令时，必须在已有实体的基础上，用扫略的方法去除实体上的材料而生成新实体。开槽与肋的操作相同，中心曲线的轮廓可以是开放的，也可以是闭合的，但草图轮廓必须闭合。如果利用实体上的轮廓线作为中心曲线则应利用投影 3D 元素命令将其重新生成独立的轮廓线。图 4-113 所示新实体就是利用图 4-112 所示的原实体的上表面的外轮廓作为中心曲线扫略而成。图 4-114 所示为具体的操作步骤。

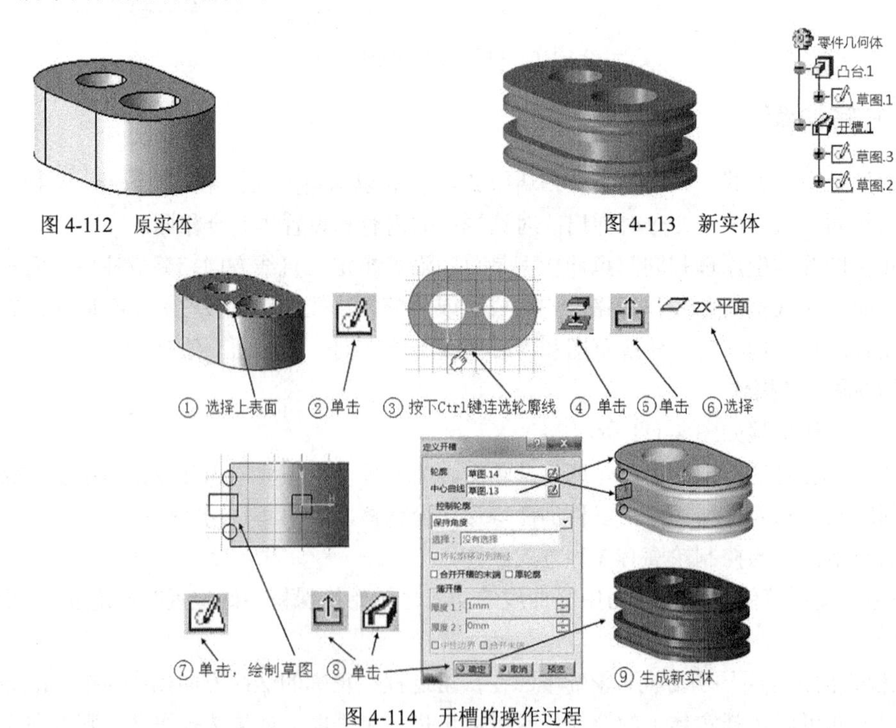


图 4-112　原实体

图 4-113　新实体

图 4-114　开槽的操作过程

### 3. 利用空间曲线（螺旋线）作为路径创建弹簧和螺杆

【例 4-3】 利用肋命令创建弹簧。

① 创建螺旋线的步骤。单击开始→机械设计→线框和曲面设计，进入到线框和曲面设计工作台中。

单击线框工具栏→曲线工具栏中的螺旋线图标，如图 4-115 所示。

图 4-115 单击“螺旋线”命令图标

在弹出的图 4-116 所示的螺旋线定义对话框中对螺旋线的起点、轴线、螺距（节距）和高度等参数进行设置。

- 设置起始点：在起点窗口单击右键，选择创建点，在弹出的“点定义”对话框中点类型选为坐标，输入 x 坐标值为 25（螺旋线的半径，也是弹簧的中径），单击 “确定”按钮，如图 4-117 所示。

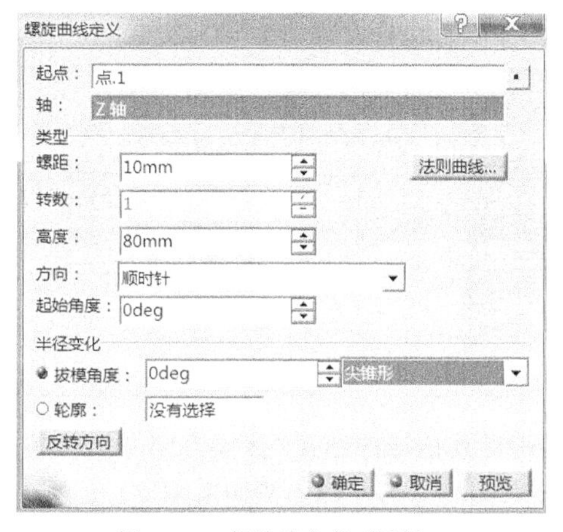


图 4-116 螺旋线定义对话框

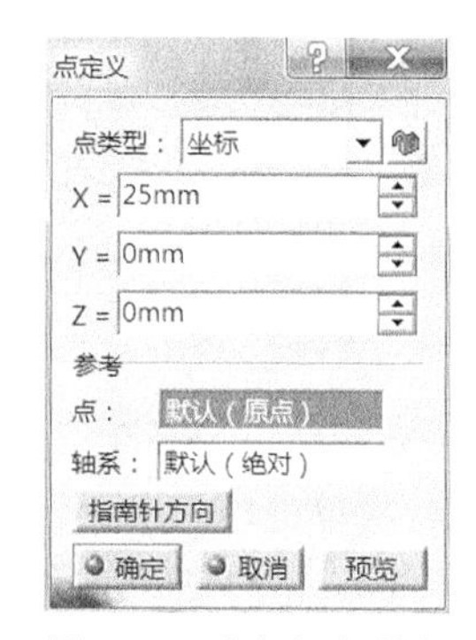


图 4-117 点定义对话框

- 设置旋转轴：在轴窗口单击右键选择 Z 轴。
- 在类型区内将螺距：输入 10；高度：输入 80；方向：顺时针；其余默认。单击“确定”按钮。生成的螺旋线如图 4-118 所示。

② 创建草图生成弹簧的步骤。

单击开始→机械设计→零件设计，回到零件设计工作台中。

在特征树上选择 zx 平面，单击，绘制直径 5mm 的圆并使圆心在螺旋线的起点上，如图 4-119 所示。

单击，再单击，在定义肋对话框中，轮廓选择直径 5mm 的圆。中心曲线选择螺旋线，保持角度，单击“确定”按钮，完成的弹簧如图 4-120 所示。

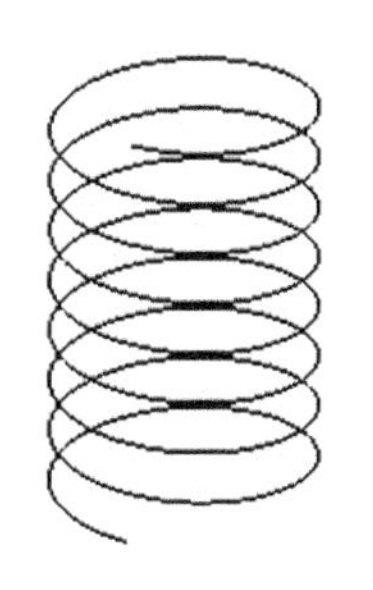

图 4-118 生成螺旋线

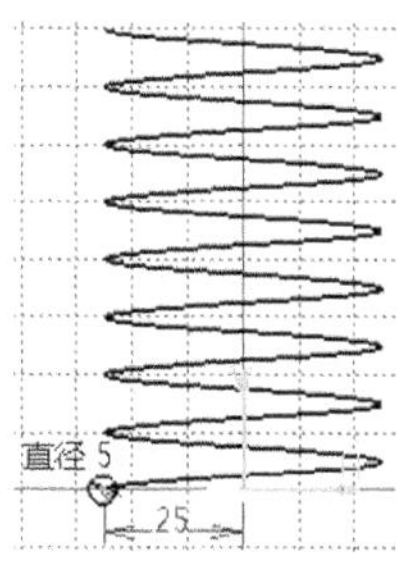


图 4-119 绘制小圆

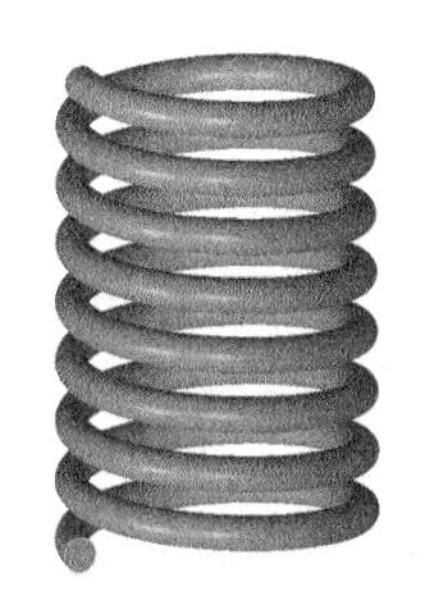

图 4-120 生成弹簧

【例 4-4】　利用开槽命令创建螺杆。

① 首先创建一个圆柱体：选择 xy 平面绘制直径 50mm 的圆，利用命令拉伸长度 100mm 的圆柱，如图 4-121 所示。

② 在圆柱的下表面创建螺旋线的起始点和螺旋线。单击“开始”→机械设计→ 线框和曲面设计，进入到线框和曲面设计工作台，对螺旋线各参数的设置过程与创建弹簧时完全一样。

起始点坐标（25、0、0）、轴线（选择 Z 轴）、螺距值为 8、高度为 105；方向：顺时针；其余默认。单击“确定”按钮，生成的螺旋线如图 4-122 所示。

③ 绘制轮廓草图并生成螺杆。单击“开始”→机械设计→零件设计，回到零件设计工作台中。

在特征树上选择 zx 平面，单击，利用居中矩形命令绘制矩形。选择矩形中心和起始点，单击，选择相合约束，使两点相合，矩形尺寸如图 4-123 所示。

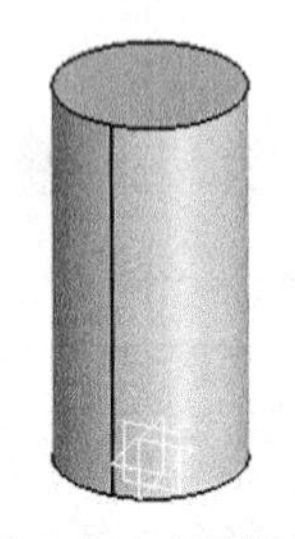
图 4-121　创建圆柱

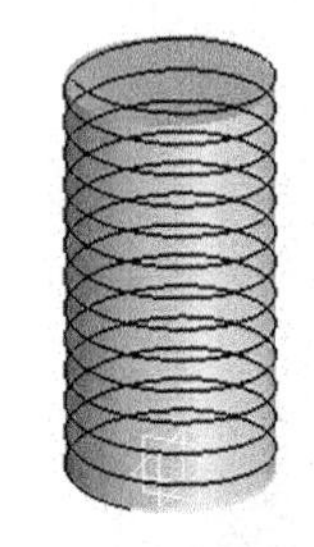
图 4-122　创建螺旋线

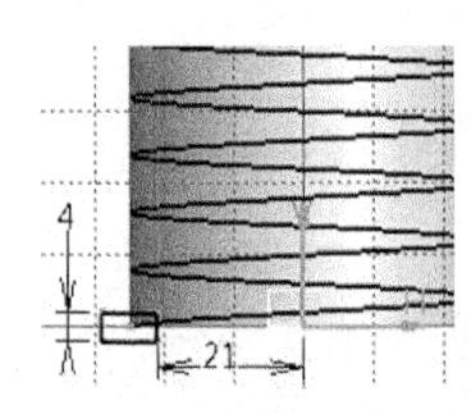

图 4-123　绘制矩形草图

单击，再单击，在定义开槽对话框的控制轮廓区域内选择“拔模方向”和 Z 轴，如图 4-124 所示（也可直接选择圆柱的轴线）。选择后矩形草图就会沿着螺旋线切出螺纹，如图 4-125 所示。单击“确定”按钮后就会创建出螺距 8mm 的矩形螺纹，如图 4-126 所示。

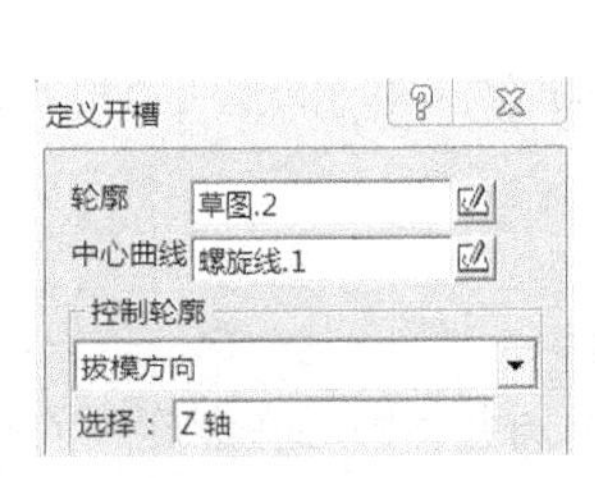

图 4-124　轮廓控制

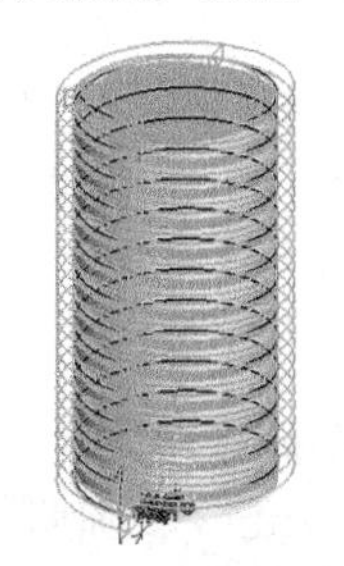
图 4-125　除料扫略

图 4-126　创建螺杆

## 4.2.4　放样构型

放样构型也有两种方式：以添料方式放样成多截面实体和以除料方式移除掉放样形成的多截面实体。两种放样的操作步骤完全相同。放样体也叫做变截面实体，它的构型原理就是在两个或多个截面间沿着脊线或引导线扫略成形。如果没有脊线或导引线，系统会使用一条默认的脊线。截面的草图可以在坐标面、参考平面以及实体上的平面绘制。

### 1. 多截面实体命令

多截面实体放样的四种形式：耦合、引导线、脊线和重新限定，分别在 4 个选项卡中。

（1）耦合放样的操作步骤。

① 利用参考元素工具条中的平面命令，建立两个参考平面，具体步骤如图 4-127 所示。

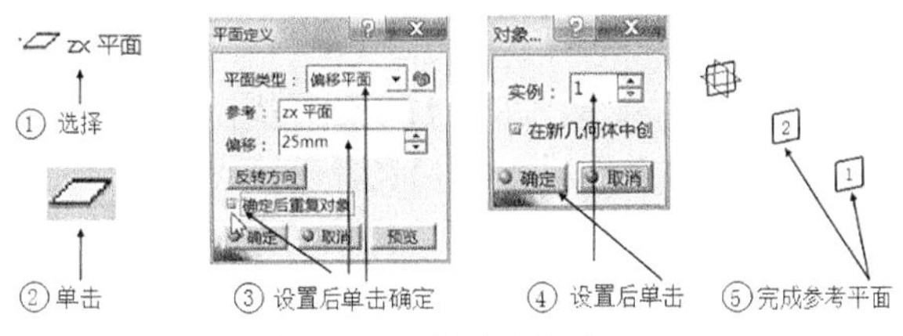


图 4-127 创建参考平面

② 在两个参考平面和 zx 坐标面上绘制截面轮廓并生成放样体，具体步骤如图 4-128 所示。

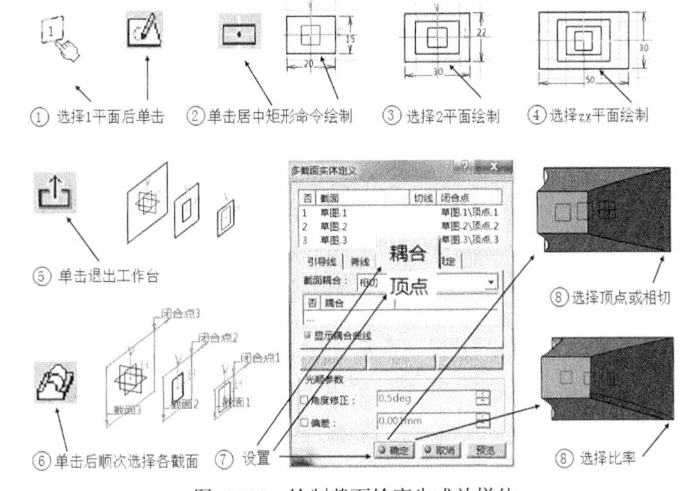


图 4-128 绘制截面轮廓生成放样体

在图 4-128 中没有设置引导线和脊线，所以选择耦合选项卡。其中截面耦合有比率、相切、相切然后曲率、顶点四种形式。在图 4-128 右下图选择的是比率，右上图选择后三项时效果相同，由此可看出选择不同，放样效果不同。

（2）引导线放样。

引导线放样与耦合放样的操作基本相同，只不过要在绘制截面轮廓的基础上再绘制一条或多条引导线，这时截面将沿着引导线生成实体。单击引导线选项卡后，要选择引导线，需要在引导线下面窗口中的三个点处|… ，单击鼠标左键，然后依次选择引导线。图 4-129 中截面形状相同，右上图是四条引导线、右下图是一条引导线，可看出放样后的结果差别很大。

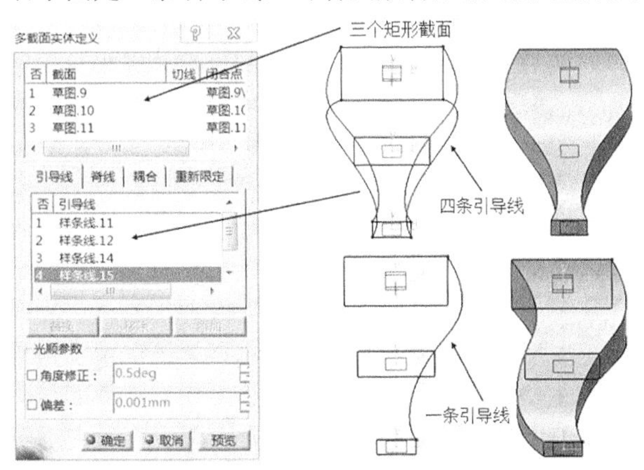


图 4-129 引导线放样

（3）脊线放样。

脊线放样需要在绘制截面轮廓的基础上再绘制一条脊线，这时截面将沿着脊线生成实体。选择脊线选项卡后，单击脊线窗口使其变蓝，即可选择脊线。脊线放样如图 4-130 所示。

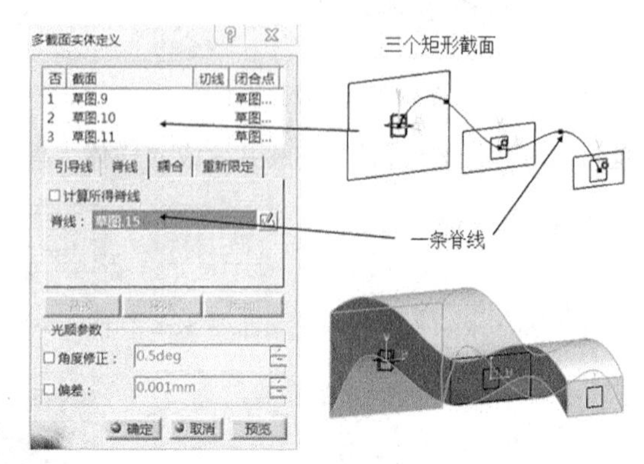


图 4-130　脊线放样

（4）重新限定。

放样时，其默认的扫略的范围是从第一个截面放样到最后一个截面。放样时也可以用引导线或脊线限定放样范围。操作时，只需在多截面实体定义对话框中选择重新限定选项卡后，取消起始截面重新限定或取消最终截面重新限定或两者都取消。取消后的原始截面位置就会沿着脊线扫略到脊线的端点。图 4-131 所示为取消不同选项的放样效果。

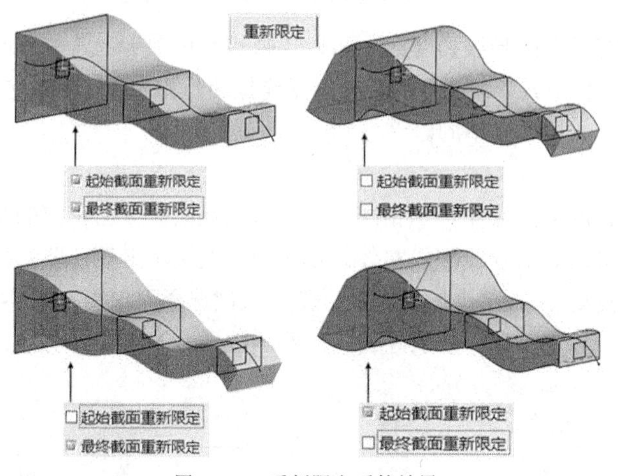


图 4-131　重新限定后的效果

（5）截面轮廓上的闭合点和闭合方向。

不论何种形式放样，应使用闭合的截面轮廓，每个截面都有一个闭合点并在闭合点处有一红色箭头指出闭合点的方向。闭合点和闭合方向应正确对应，否则放样时会发生扭曲变形或无法生成放样体。

图 4-132（a）是一个矩形截面和一个五边形截面进行放样，由于闭合点位置和方向都不对应所以放样后发生扭曲，如图 4-132（b）所示。将光标移至闭合点处的箭头单击左键，可改变其方向，如图 4-132（c）所示。但由于两截面的点数和闭合点位置不对应仍不能放样。

下面重点介绍如何添加或删除截面上的点以及改变闭合点的位置。

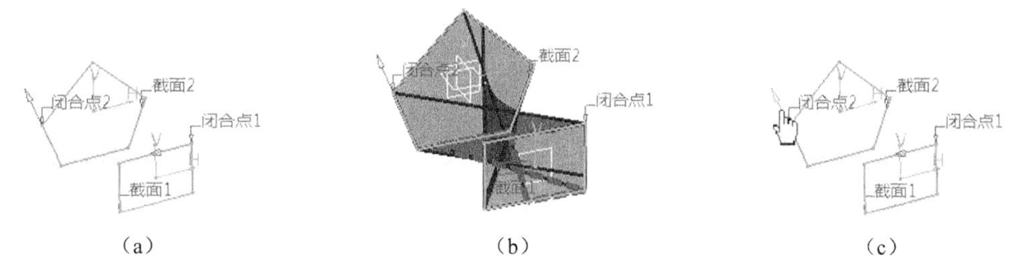


图 4-132 闭合点与闭合方向

矩形截面与五边形截面上闭合点的修改如图 4-133 所示。

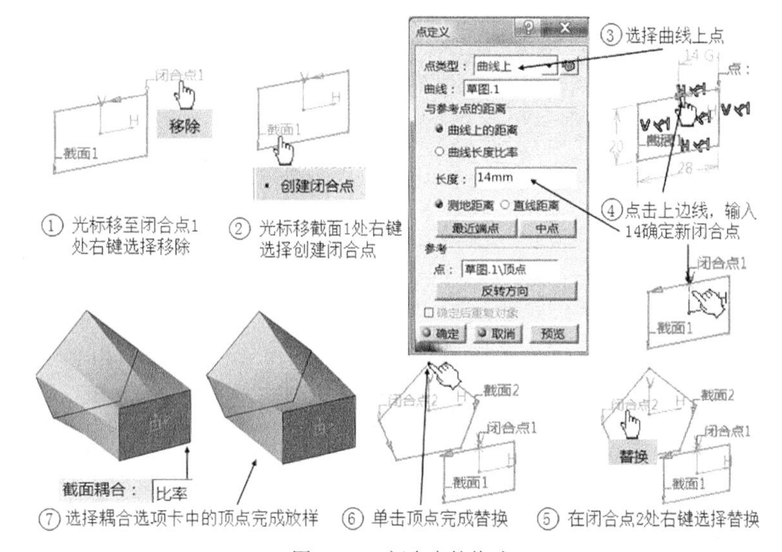


图 4-133 闭合点的修改

（6）光顺参数。

在多截面实体定义对话框的“光顺参数”区内有两个选项。

- 角度修正：沿参考引导曲线光顺放样移动时，如果检测到与脊线相切或参考引导曲线法线存在轻微的不连续，则可能有必要执行此操作。光顺作用于任何角度偏差小于 0.5° 的不连续，因此有助于生成质量更好的多截面实体。
- 偏差：通过偏移引导曲线光顺放样移动时，如果同时使用“角度修正”和“偏差”参数，则不能保证脊线平面保持在给定的公差区域中。可能先在此极限公差范围内大概算出脊线，然后在角度修正公差范围内旋转每个移动平面。此两项仅限应用于高质量的放样构型中。

**2．已移除的多截面实体命令的操作**

该命令的功能是以除料方式进行放样，所以它必须是在已建实体上进行操作，其操作过程与上述添料放样完全相同。具体操作步骤如下：

（1）在长方体前后表面及两个参考面上绘制草图，如图 4-134 所示。

（2）单击“已移除的多截面实体”命令图标，选择截面，调整闭合方向，如图 4-135 所示。

（3）在已移除的多截面实体对话框中选择“耦合”选项卡下的“顶点”，单击“确定”按钮，完成除料放样，如图 4-136 所示。

**3．放样应用实例**

**【例 4-5】** 创建图 4-137 所示吊钩。

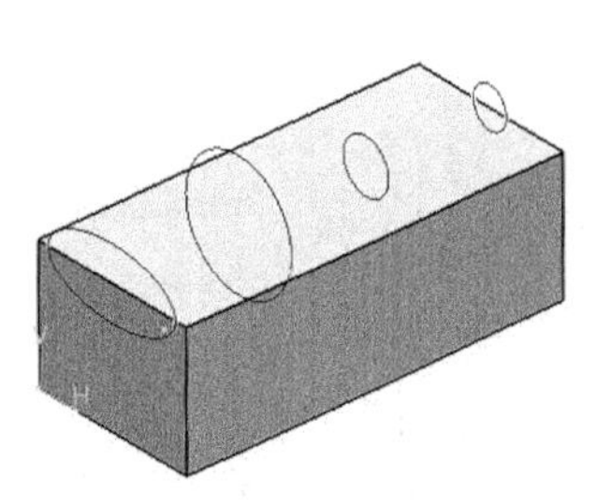
图 4-134　绘制截面轮廓

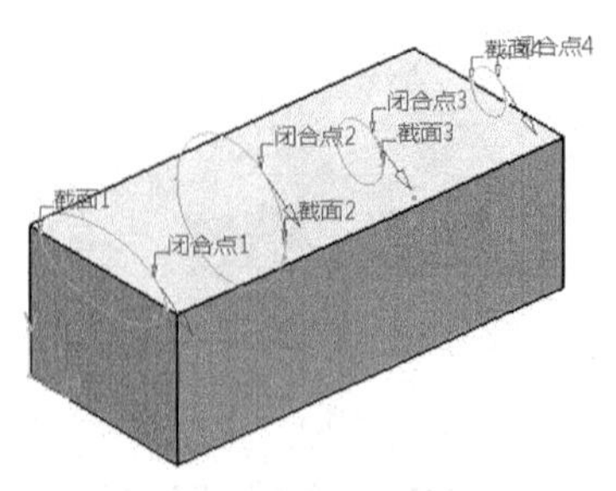

图 4-135　调整闭合方向

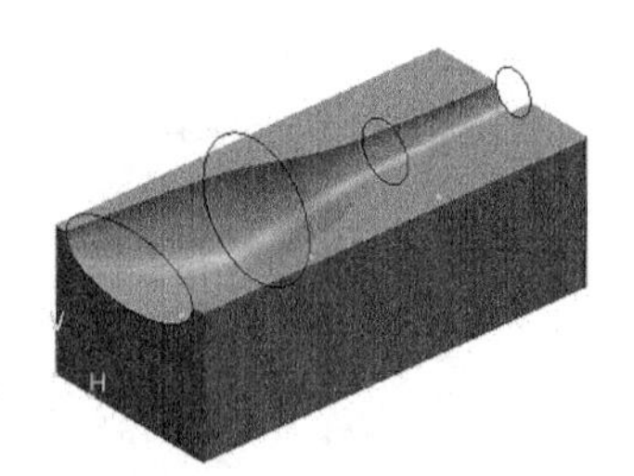
图 4-136　完成除料放样

（1）按给出的尺寸绘制轮廓草图，如图 4-138 所示。

（2）单击退出工作台按钮，单击创建参考点命令。点定义对话框设置，点类型：曲线上；长度：0；选择确定后重复对象复选框，单击“确定”按钮，如图 4-139 所示。

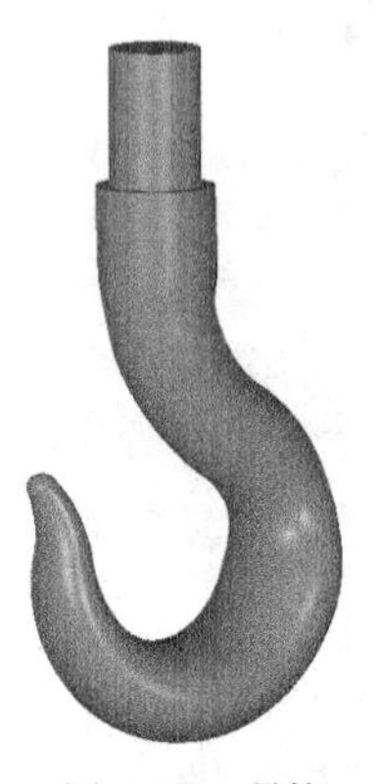
图 4-137　吊钩

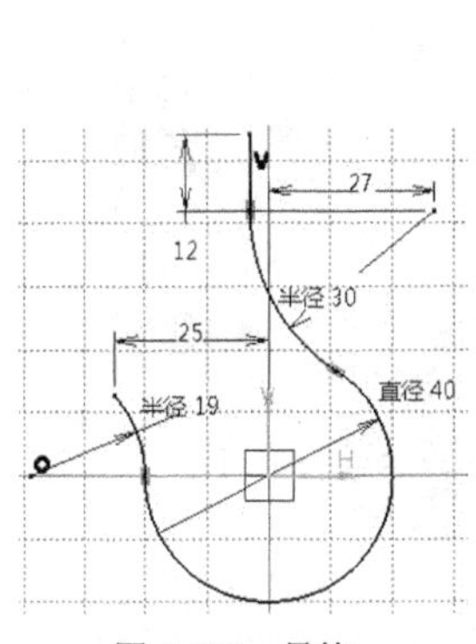

图 4-138　吊钩

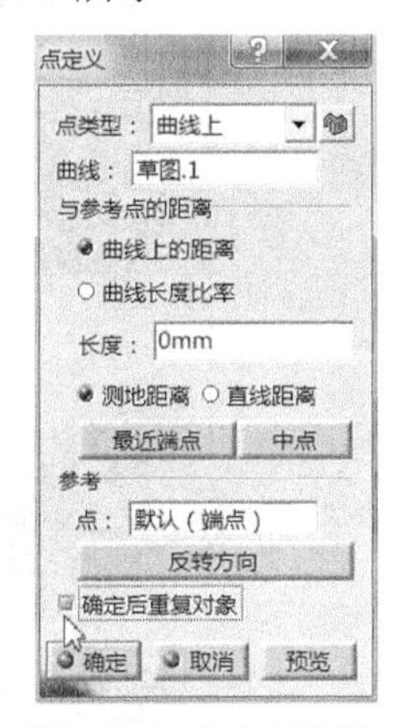

图 4-139　点定义设置

（3）在点面复制对话框中设置。第一点：选择曲线端点如图 4-140 所示；实例：5；选择同时创建法线平面复选框，如图 4-141 所示；单击“确定”按钮，完成 5 个参考面，如图 4-142 所示。

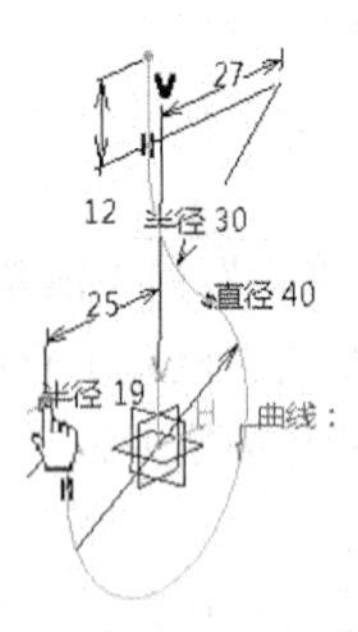

图 4-140　第一点选端点

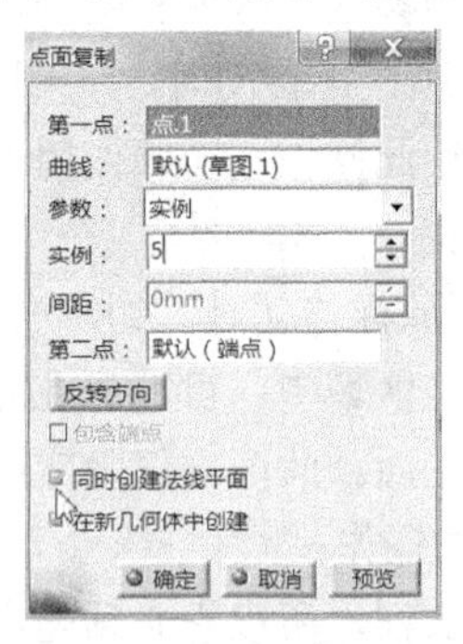

图 4-141　对话框设置

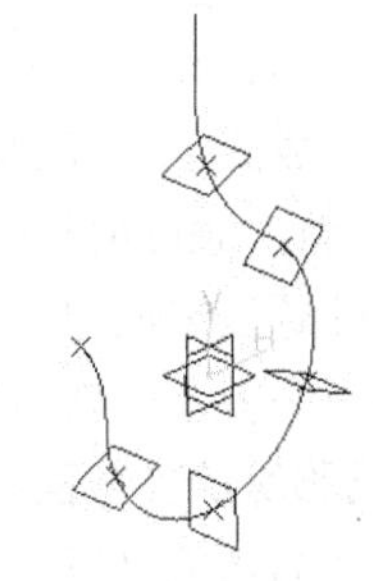
图 4-142　创建 5 个参考面

（4）再创建 3 个参考面。单击参考平面命令，在图 4-143 平面定义对话框中设置。平面类型：曲线的法线；曲线：单击轮廓线点；选择图 4-144 手指处的一个顶点；单击“确定”按钮，完成一个平面的设置。重复此过程，完成 2、8 两点处的参考平面，如图 4-145 所示。

（5）根据给出的各截面的尺寸，如图 4-146 所示。在 8 个平面上绘制截面草图，如图 4-147 所示。单击放样命令，顺次选择各截面，检查闭合点和方向，选择耦合、顶点，单击“确定”按钮，完成的多截面放样实体如图 4-148 所示。

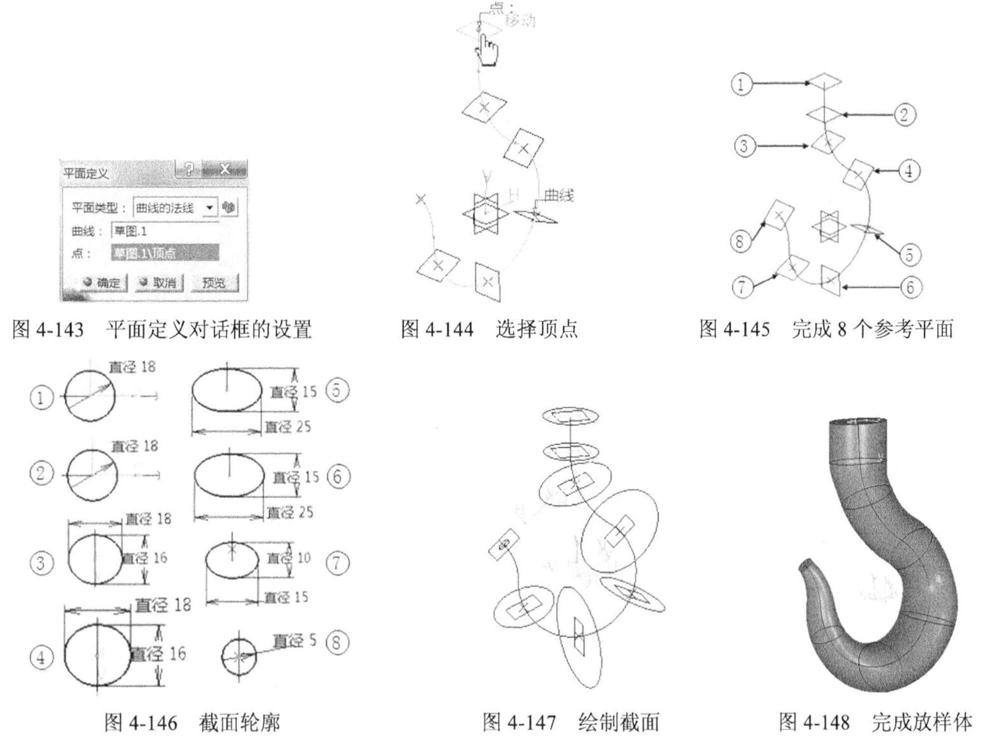


图 4-143 平面定义对话框的设置　图 4-144 选择顶点　图 4-145 完成 8 个参考平面

图 4-146 截面轮廓　图 4-147 绘制截面　图 4-148 完成放样体

（6）选择上顶面画一直径 14mm 的圆，利用凸台命令拉伸高度 20mm，如图 4-149 所示。

（7）吊钩端部直径 5mm 截面处，可利用修饰工具栏中的倒圆角命令使其圆滑过渡。具体操作：单击“倒圆角”命令图标，倒圆角定义对话框中设置。半径：3mm；要圆角化的对象：圆截面轮廓，如图 4-150 手指处；单击“确定”按钮，完成圆角化，如图 4-151 所示。

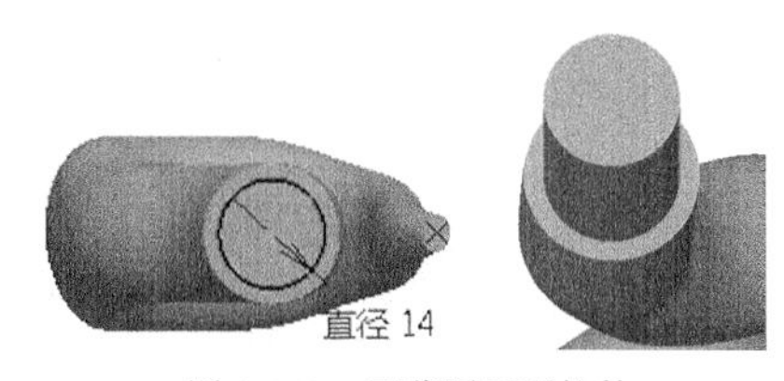


图 4-149 画草图后再拉伸

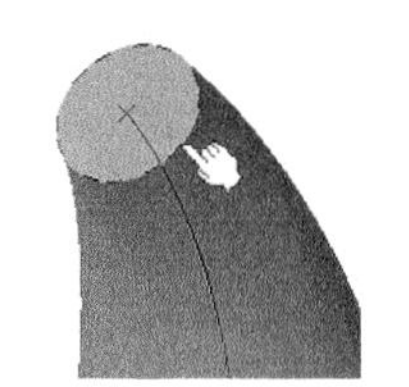

图 4-150 选择圆轮廓

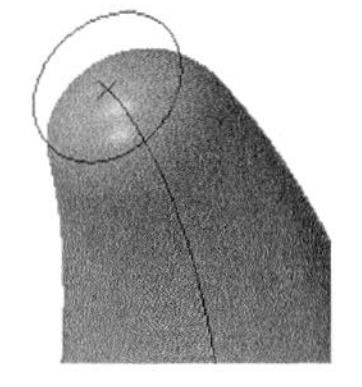

图 4-151 完成圆角

## 4.2.5 在实体上创建孔

孔是机械零件上的常见结构，根据其作用不同加工有：盲孔、通孔、螺纹孔及各种沉孔。孔是用去除材料方法获得的结构特征，所以只有创建实体后，孔命令才能被激活。孔的创建分两步，一个是孔特征参数的设置，另一个是孔在实体上的定位。

### 1. 孔命令的操作

利用孔命令创建孔无需画草图，可在三维实体的平面或曲面上直接打孔。具体操作如下：

先按图 4-152 所示二维视图创建如图 4-153 所示的实体。

【例 4-6】 创建实体上右侧通孔。

① 单击“孔”命令图标，在实体上表面单击左键，如图 4-154 所示，弹出如图 4-155 所示定义孔对话框。其上有三个选项卡：延伸、类型和螺纹定义。在此对话框中选择延伸；展开其下

窗口选择直到下一个；直径窗口输入：10。

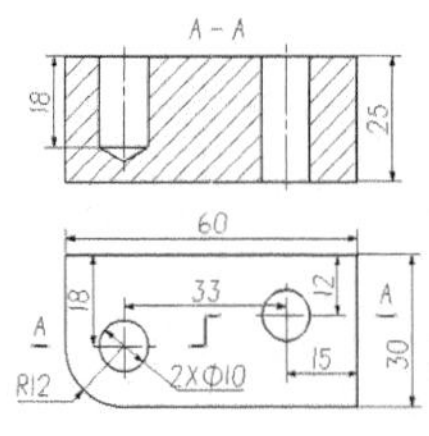

图 4-152　二维视图

图 4-153　创建实体

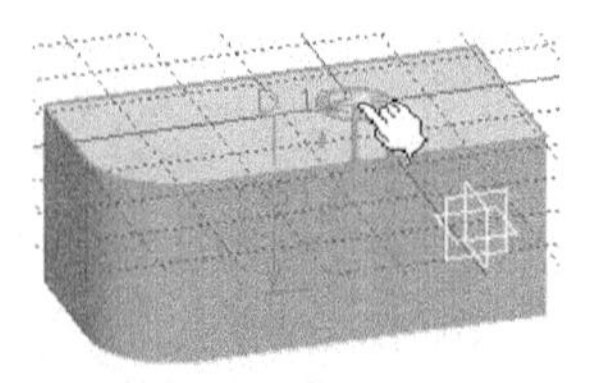
图 4-154　单击上表面

② 圆心定位：单击定义孔对话框中的定位草图图标，回到草图编辑器界面并显示圆心标记 ✳ 如图 4-156 上图所示。利用约束命令标注尺寸，如图 4-156 下图所示。单击退出工作台命令，单击“确定”按钮，完成一个通孔的创建，如图 4-157 所示。

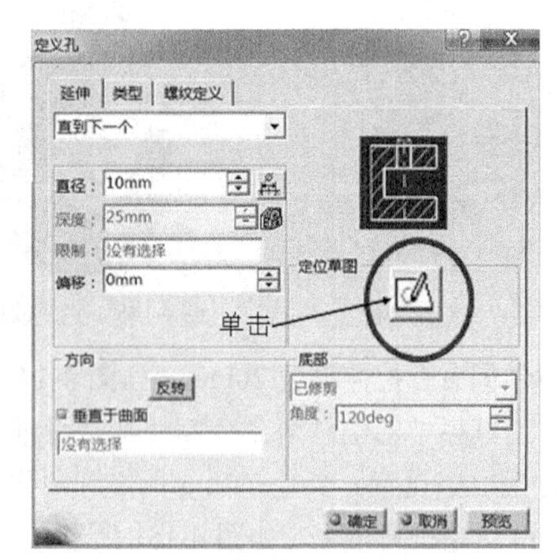

图 4-155　孔定义对话框

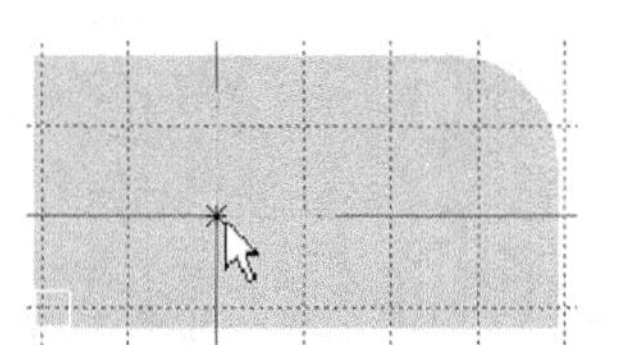

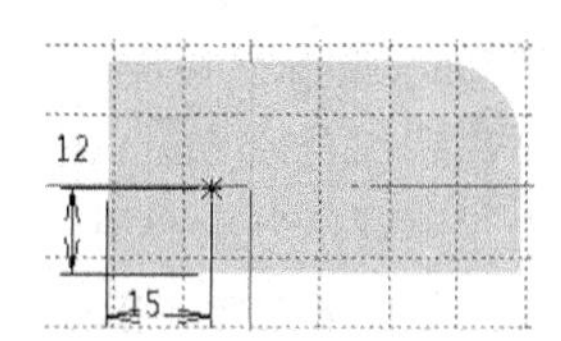

图 4-156　标注圆心定位尺寸

**【例 4-7】**　创建实体上左侧盲孔。

当所创建孔的轴线与实体上的柱面轴线同轴时，可不用草图定位，根据以下操作，可直接定位。由图 4-152 俯视图可看出，左侧盲孔的轴线与 R12 四分之一柱面同轴，可利用下述规则直接确定孔的位置。具体操作如下。

① 选择图 4-158 实体上手指处的圆弧（选中后显示为红色），单击“孔”命令图标，单击实体的上表面，则孔轴线与柱面轴线自动同轴约束，如图 4-159 所示。并同时弹出定义孔对话框，如图 4-160 所示。

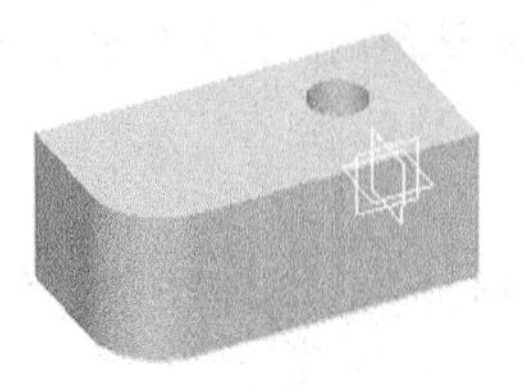
图 4-157　创建的通孔

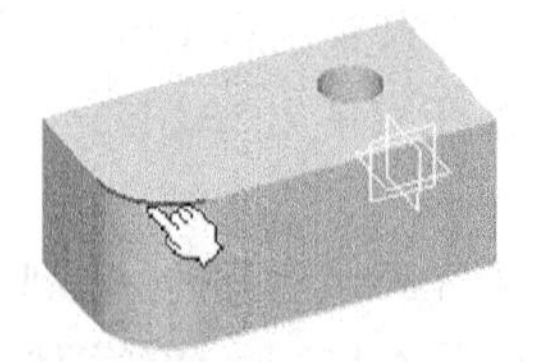
图 4-158　选择圆弧

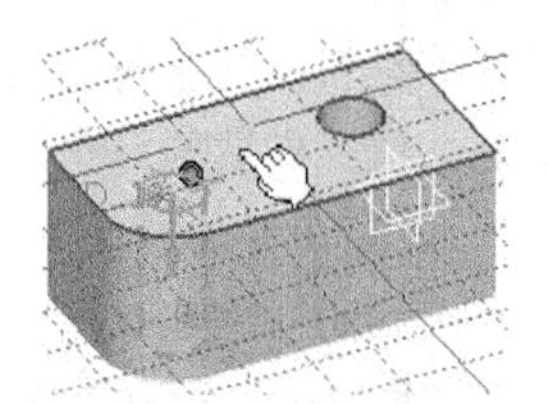
图 4-159　单击上表面

② 在图 4-160 所示对话框中的设置。展开延伸下的窗口，盲孔；直径 10；深度 18。展开底部下的窗口，选择 V 形底。角度默认：120°。单击“确定”按钮，完成实体上盲孔的创建。

## 2. 定义孔对话框中的内容

定义孔对话框中有三个选项卡，分别是延伸、类型和螺纹定义。

（1）延伸选项卡。展开延伸选项卡下的窗口，可看到有 5 种延伸形式，每种形式对应显示于预览窗口，如图 4-161 所示。

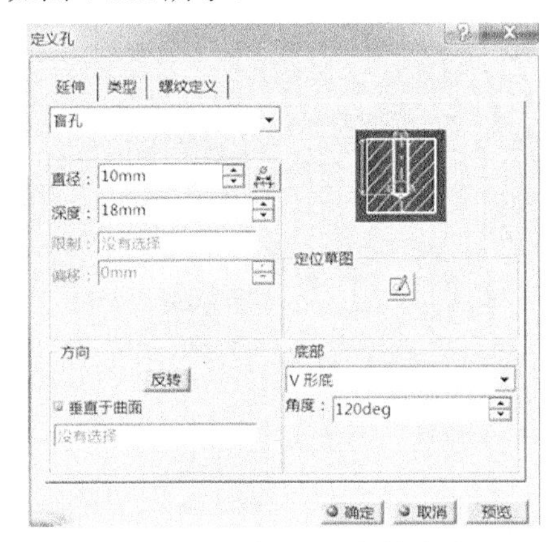


图 4-160 定义孔对话框的设置

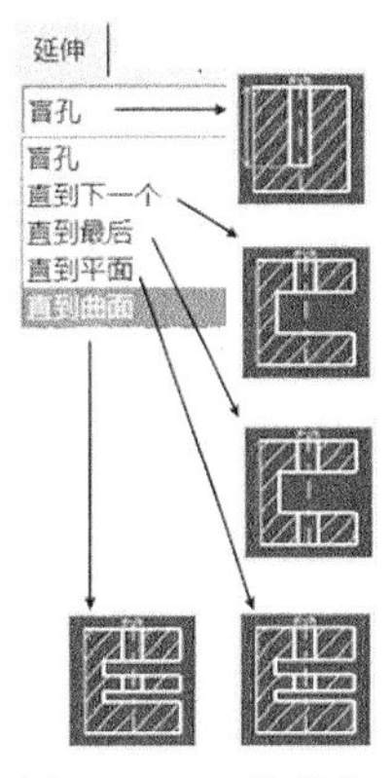


图 4-161 延伸形式

- 在尺寸设置区内：有孔的直径尺寸和深度尺寸输入窗口。只有盲孔需要给出深度尺寸，其他几种延伸深度用鼠标单击目标面即可。单击直径窗口右侧按钮，弹出定义尺寸限制对话框，在此对话框中可设置定义孔直径的公差尺寸。
- 在方向选择区有一个反转按钮和一个垂直于曲面的复选框。单击反转按钮，钻孔反向生成。垂直于曲面复选框处于被选中状态，所有孔的轴线方向始终是孔所在平面或曲面的法线方向。此种状态下创建孔时，只要光标单击在曲面上，例如圆柱面上，则孔的轴线必垂直于圆柱的轴线。
- 在定位草图区内单击按钮，即可进入草图编辑器工作台界面，在此界面可对孔的轴线位置进行尺寸约束。完成约束后单击退出工作台按钮可返回定义孔对话框界面。
- 在底部区内有平底和 V 形底可供选择。此两种底部形状通常用于盲孔时选择。对于零件上的盲孔其底部应选择 V 形底、角度应为默认的 120°，它与钻头钻孔的工艺过程是一致的。

（2）类型选项卡。

类型选项卡中提供有用于不同场合的 5 种类型的孔，其中埋头孔的上部结构有 3 种尺寸模式，如图 4-162 右侧所示。简单孔直径和深度尺寸参数在“延伸”选项卡中进行设置。锥形孔的小端直径尺寸以及沉头孔、埋头孔、倒钻孔下部分孔的直径尺寸和深度尺寸及延伸形式也都在“延伸”选项卡中进行设置。锥形孔的角度尺寸、沉头孔、埋头孔、倒钻孔上部结构有关尺寸的大小均在类型选项卡中进行设置，输入的有关参数的位置见图 4-162 中数值窗口中的数值。

当延伸选项卡中选择钻孔的延伸形式不同，则 5 种类型钻孔下部形状的预览效果也不同。图 4-162 中左侧 4 个预览图，是在延伸选项卡中选择盲孔、平底时的预览效果。而右侧 3 个图分别是在延伸选项卡中选择直到下一个、直到平面和直到最后的预览效果。

（3）螺纹定义选项卡。

螺纹有内螺纹和外螺纹，它是连接机器零件最常见的结构。螺纹孔的加工过程通常是先在钻床上钻孔，再用丝锥攻丝。如果是在盲孔内攻螺纹，则螺纹孔深度要小于钻孔深度。如果是在通孔内攻螺纹，则螺纹孔的深度可以等于或小于通孔尺寸。

单击螺纹定义选项卡，再选择对话框左上角的螺纹孔复选框，有关螺纹的牙形、公称直径、螺距、旋向等要素均被激活，如图 4-163 所示螺纹定义选项卡。如果是在盲孔中生成螺纹应在延伸选项卡中选择 V 形底。在内螺纹定义区内，展开类型窗口有 3 种螺纹：公制细牙螺纹、公制粗牙螺纹和无标准螺纹。选择标准螺纹后，即可展开内螺纹描述窗口选择不同规格的螺纹，例如选择 M18（螺纹大径）则孔直径（小径）和螺距自动与之对应，螺纹深度和钻孔深度根据需要在窗口中输入。螺距有左旋和右旋，默认为右旋螺纹。

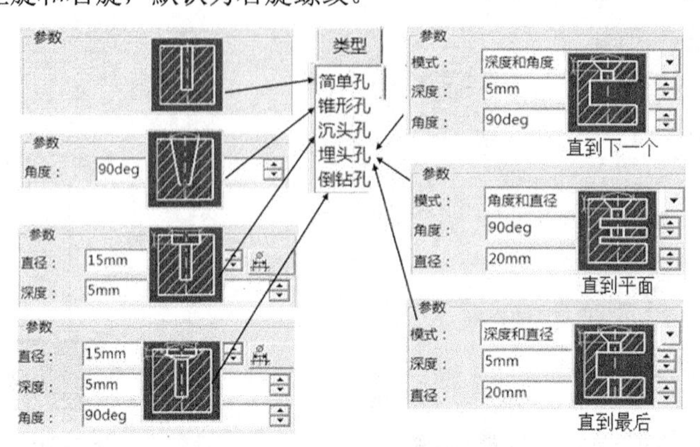


图 4-162 类型选项卡中参数设置

在实体上创建螺纹孔后并不显示螺纹的牙形，只是在特征树上添加有内螺纹的图标。当三维实体转成二维视图时，通过相应设置能显示用规定画法表达的内螺纹，如图 4-163 右图所示。

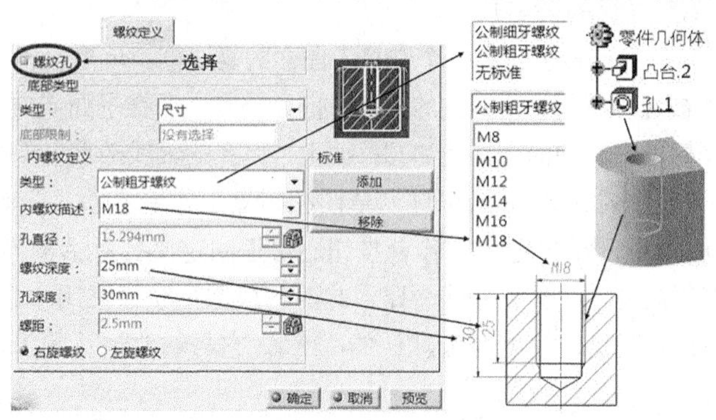


图 4-163 螺纹定义选项卡中参数设置

### 3. 孔命令的综合应用

根据图 4-164 圆菱台和图 4-165 螺母的二维视图创建其三维实体。

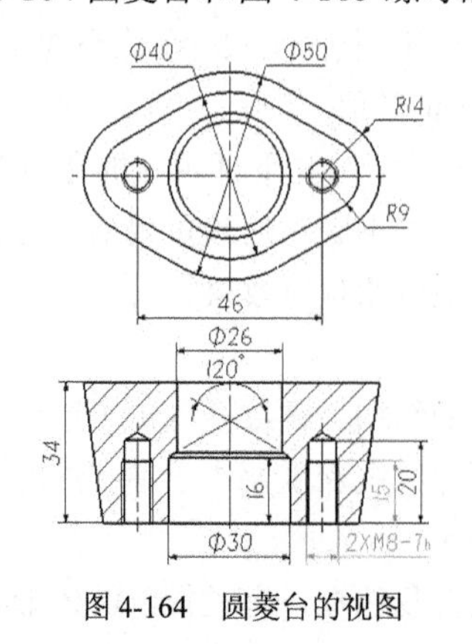


图 4-164 圆菱台的视图

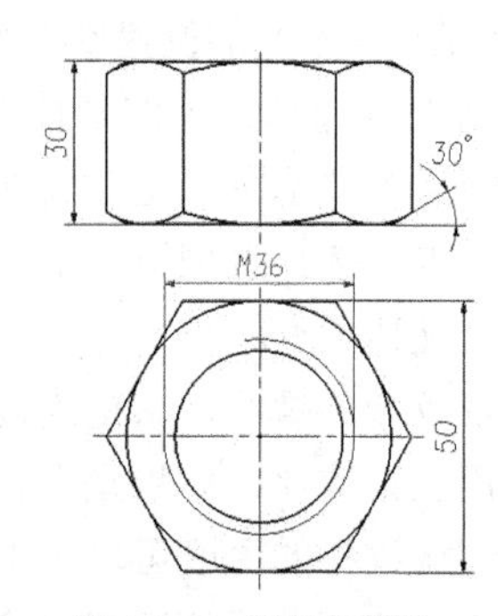


图 4-165 螺母的视图

【例 4-8】 创建圆菱台三维实体。

根据给出的视图，以 zx 坐标面为参考面创建一个与其平行且相距 34mm 的平行平面，将主视图的内外轮廓作为草图绘制在 zx 坐标面和平行平面上，利用放样命令生成实体，在此基础上利用孔命令创建两个 M8 的螺纹孔和倒钻孔，具体步骤如图 4-166 和图 4-167 所示。

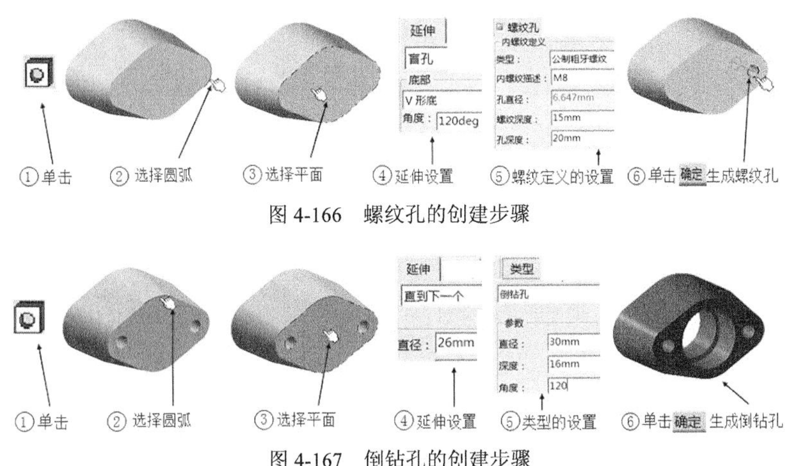


图 4-166 螺纹孔的创建步骤

图 4-167 倒钻孔的创建步骤

【例 4-9】 创建螺母三维实体。

根据给出的视图，利用六边形命令在 xy 坐标面上绘制草图。利用凸台命令，对称拉伸成六棱柱；在此基础上选择 zx 坐标面绘制六棱柱下部旋转槽的草图。上部草图利用 H 轴镜像复制；利用旋转槽命令切出倒角后再生成螺纹孔，具体步骤如图 4-168 所示。

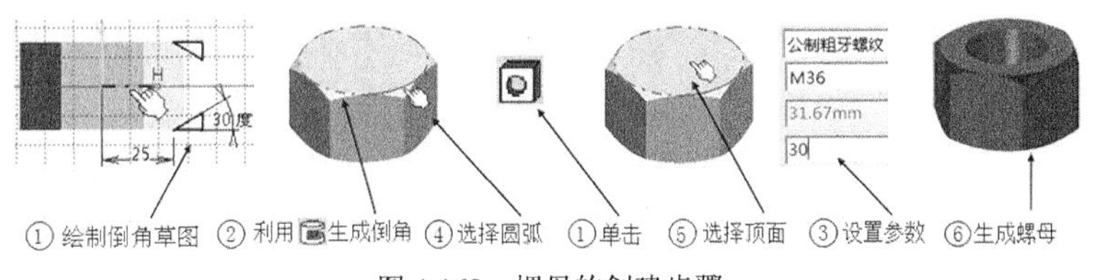


图 4-168 螺母的创建步骤

## 4.2.6 在实体上创建加强肋

加强肋可以提高零件局部结构的刚度和强度，是叉架类、箱体类零件上的常见结构。CATIA 中定义的加强肋特征，只能在已有实体的基础上创建，并只能使用开放轮廓。开放轮廓的两端延长时必须与已创建的实体相交，否则无法生成加强肋。在绘制加强肋的草图轮廓后，单击“基于草图的特征”工具栏中的“实体混合”按钮下的三角按钮，展开“实体混合”子工具栏单击其中的“加强肋”命令图标，在弹出的“定义加强肋”对话框中进行相应设置后，单击“确定”按钮，即可创建加强肋。

### 1．加强肋命令的操作

【例 4-10】 加强肋的操作。

（1）选择创建加强肋的平面如图 4-169（a）所示。

（2）绘制加强肋的开放草图轮廓，图 4-169（b）是错误草图，因为轮廓线上端延长后不与实体相交，图 4-169（c）、（d）是正确草图，其中图 4-169（d）中线段两端点与实体上两点相合。

（3）退出工作台后如图 4-169（e）所示。单击“加强肋”命令图标，在弹出的“定义加强肋”对话框的“厚度 1”数值框输入厚度值 8，单击“确定”按钮，完成的加强肋如图 4-170 左下图所示。

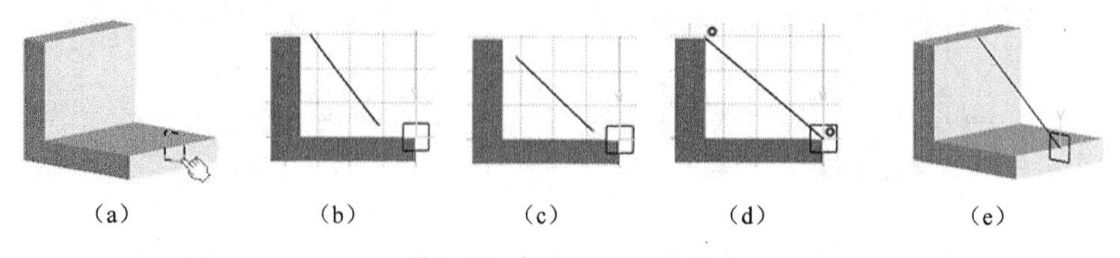


图 4-169 加强肋的创建步骤

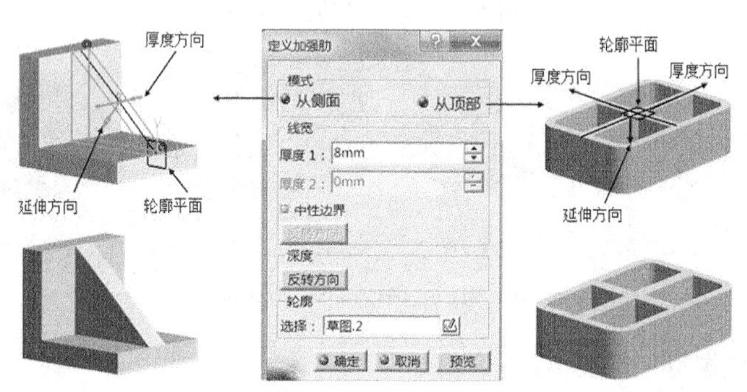


图 4-170 定义加强肋对话框

**2．定义加强肋对话框中各选项的含义**

（1）“模式”区有两种延伸模式：“从侧面”和“从顶部”。

- 从侧面：加强肋的厚度是沿着轮廓平面的法线方向增厚，沿着轮廓平面延伸交于原实体得到加强肋的实体，延伸方向与厚度方向如图 4-170 左上图所示。
- 从顶面：加强肋的厚度是沿着轮廓平面的方向增厚，沿着轮廓平面法线方向延伸交于原实体得到加强肋的实体，如图 4-170 右上图中由十字形开放轮廓线生成十字肋时的延伸方向和厚度方向，生成后的十字形加强肋如图 4-170 右下图所示。

（2）“线宽”区有“厚度 1”和“厚度 2”两个数值框以及“中性边界”复选框和“反转方向”按钮。

- 数值框：在数值框中输入数值以确定加强肋的厚度。
- “中性边界”复选框默认是选择状态，加强肋的厚度是以轮廓线为对称线向两侧等距加厚；取消“中性边界”复选框，则向一侧加厚。

（3）单击“深度”区的“反转方向”按钮可改变轮廓的延伸方向，但同样要保证加强肋的轮廓与原实体相交，否则无法执行此操作。

（4）“轮廓”区用于定义创建加强肋的轮廓线，通常是在图形区内直接选取，也可以在选择文本框中右击，在弹出的快捷菜单选择相应命令进行轮廓线的定义。单击文本框右侧图标，可对已有轮廓进行编辑。

选择“从顶部”模式：取消“中性边界”复选框，“数值 2”框才能被激活，1、2 数值框中输入不同数值则加强肋两侧厚度不同。

选择“从侧面”模式：取消“中性边界”复选框，“线宽”区内的“反转方向”按钮才能被激活，单击此按钮可改变加强肋单侧加厚的方向。当加强肋的轮廓线绘制在实体端面时，可利用这种组合方式创建单方向加强肋，具体步骤如图4-171所示。

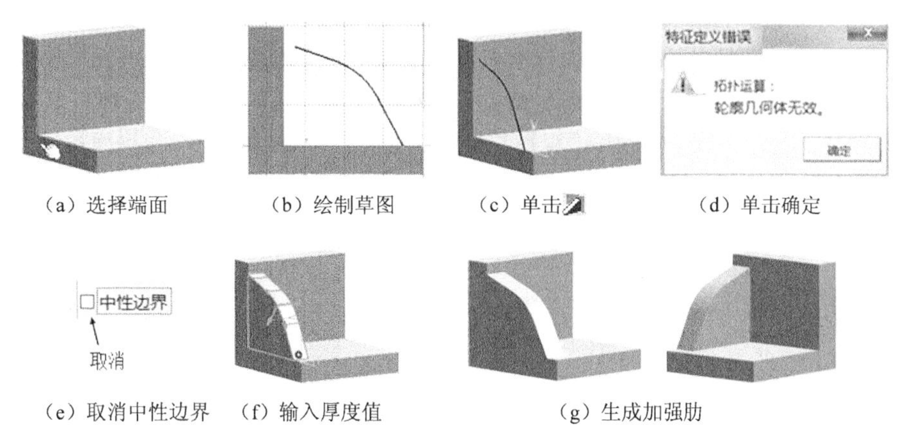

（a）选择端面　（b）绘制草图　（c）单击　（d）单击确定

（e）取消中性边界　（f）输入厚度值　（g）生成加强肋

图4-171 单方向创建加强肋的操作

## 4.2.7 利用实体混合命令创建实体

实体混合通常是指在互相垂直的两个平面上分别绘制出所要创建实体的两个方向的特征轮廓，然后将两个草图分别沿着草图平面的法线方向拉伸，得到它们相交部分而形成的实体特征。这个命令实际上是由凸台命令和凹槽命令复合而成。

【例4-11】 根据图4-172中右侧的三维视图，利用实体混合命令创建三维立体。

（1）选择xy平面绘制一直径60mm的圆后退出草图编辑器工作台，如图4-172（a）所示。

（2）选择zx平面绘制如图4-172（b）所示草图轮廓后退出草图编辑器工作台。

（3）单击实体混合命令图标，选择1、2两个草图轮廓，如图4-172（c）所示。

（4）在弹出的图4-172（d）“定义混合”对话框中显示的默认拉伸方向为轮廓的法线方向（如取消复选框，需定义拉伸方向），两个草图轮廓拉伸的预览效果如图4-172（e）所示。

（5）单击对话框中“确定”按钮，创建的混合实体如图4-172（f）所示。

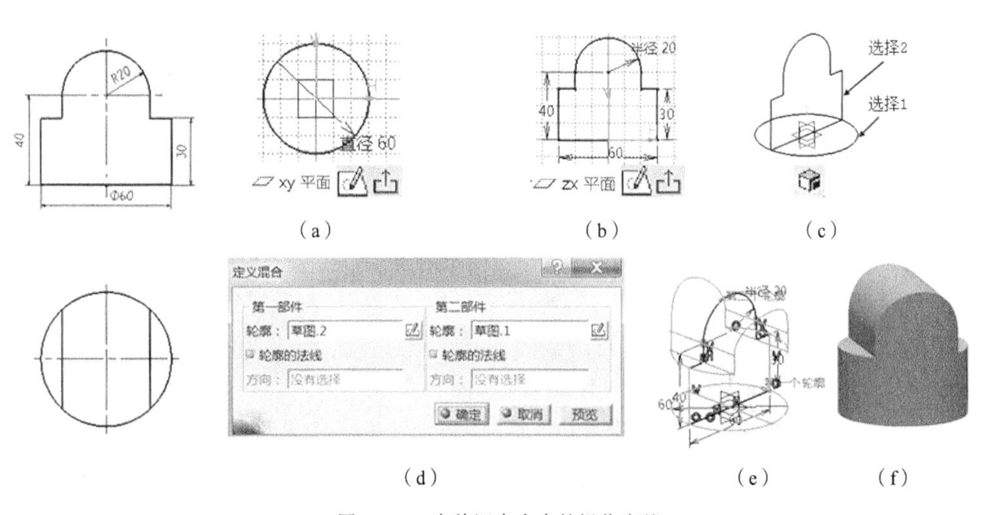

（a）　（b）　（c）

（d）　（e）　（f）

图4-172 实体混合命令的操作步骤

【例 4-12】　实体混合命令与加强肋命令的综合应用。

根据如图 4-173 所示实体的二维视图创建其三维实体。

分析：由图 4-173 二维视图可知，主视图左右两三角形对应到俯视图为两矩形，由此可知其空间形状为厚度 8mm 的三角形肋板，该肋板可用加强肋命令创建。其余部分在主、俯视图的投影轮廓具有拉伸和切割特征，如图 4-174 所示，利用实体混合命令可创建混合体。

（1）混合体的创建步骤：根据二维视图与坐标面的对应关系，选择 zx 坐标面按尺寸绘制草图 1。选择 xy 坐标面按尺寸绘制草图 2，如图 4-175 所示。然后按图 4-172 实体混合操作步骤创建混合体，如图 4-176 所示。

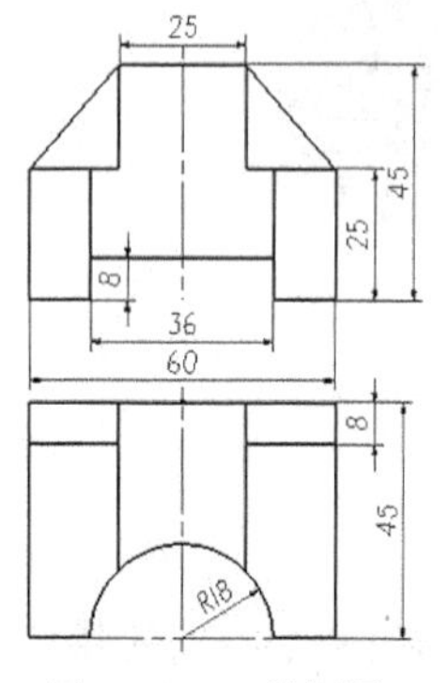

图 4-173　二维视图

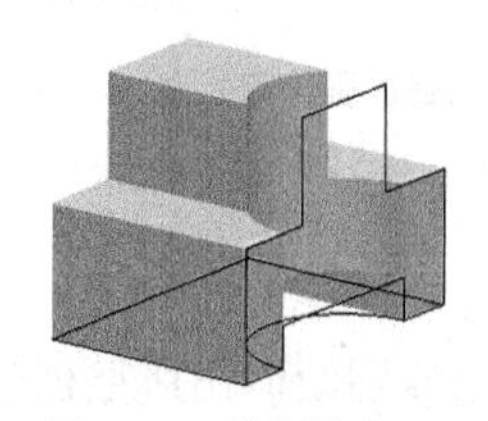

图 4-174　特征轮廓

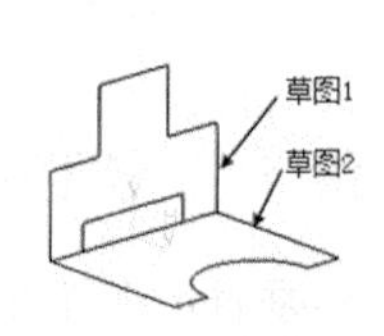


图 4-175　绘制草图

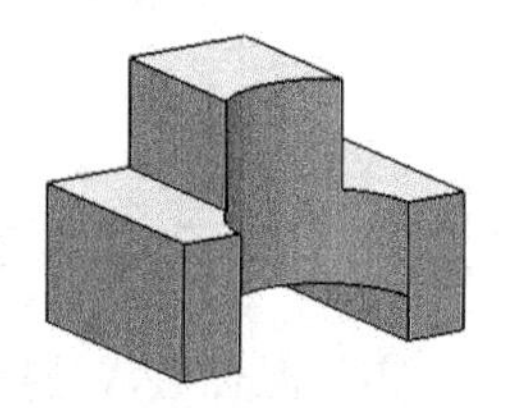

图 4-176　创建混合体

（2）肋板的创建步骤：选择混合体后表面，如图 4-177 所示。绘制一条开放轮廓线，如图 4-178 所示，按下 Ctrl 键，选择直线端点和混合体表面上的顶点，如图 4-179 所示，单击“对话框中定义的约束”命令图标，选择“相合”如图 4-180 所示。用相同方法约束直线另一端点，如图 4-181 所示，退出草图编辑器工作台后单击加强肋命令图标，单击“特征定义错误”信息框中的“确定”按钮，取消“定义加强肋”对话框中的□中性边界选项，在厚度 1：数值框中输入 8，单击“确定”按钮，完成一侧肋板的创建，如图 4-182 所示。

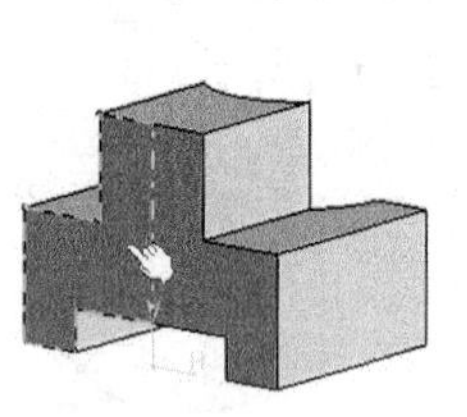

图 4-177　选择工作面

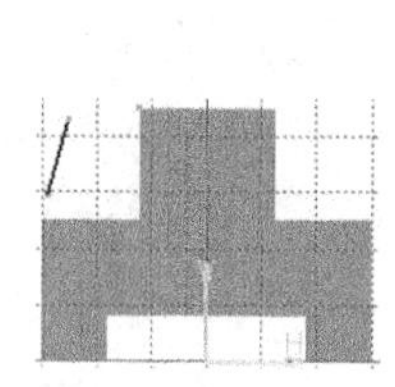

图 4-178　绘制直线

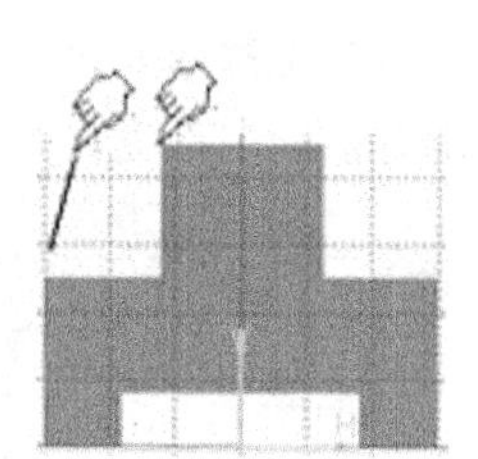

图 4-179　选择两点

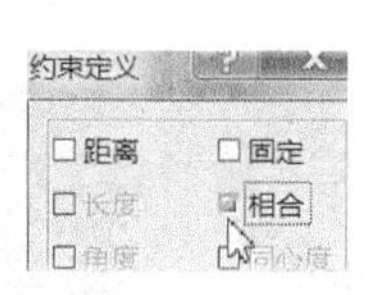


图 4-180　选择相合

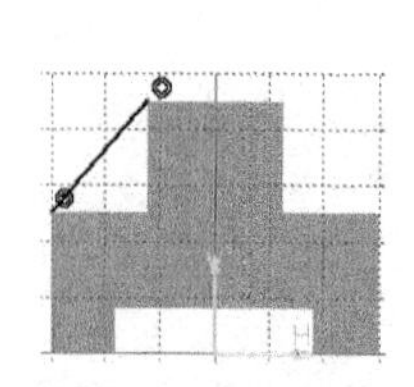

图 4-181　约束直线

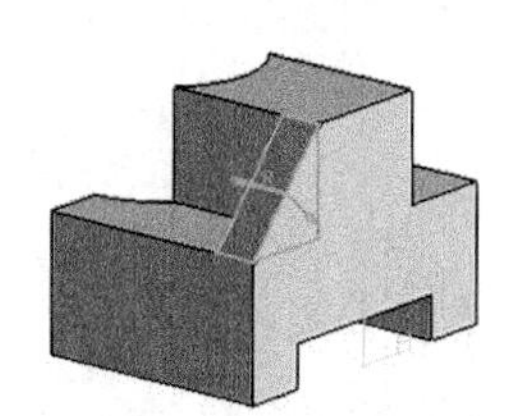

图 4-182　创建肋板

用同样方法创建另一侧肋板。或者在特征树上选择加强肋.1后，单击镜像命令图标，在弹出的“定义镜像”对话框中选择 yz 平面，如图 4-183 所示。再单击对话框中的“确定”按钮，完成肋板的镜像复制，如图 4-184 所示。与图 4-173 主视图对应方向的三维实体如图 4-185 所示。

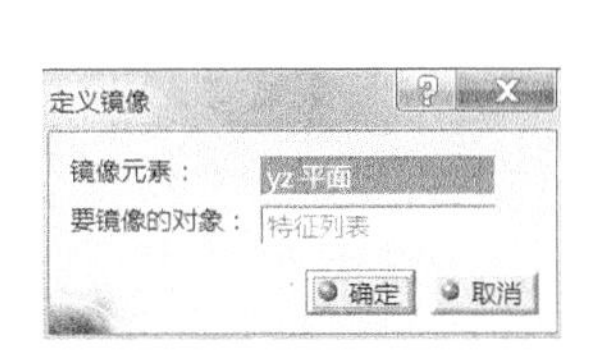


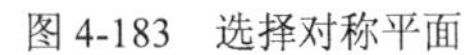
图 4-183 选择对称平面

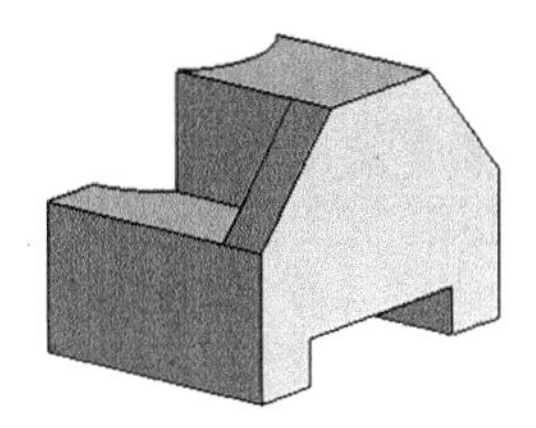
图 4-184 完成镜像复制

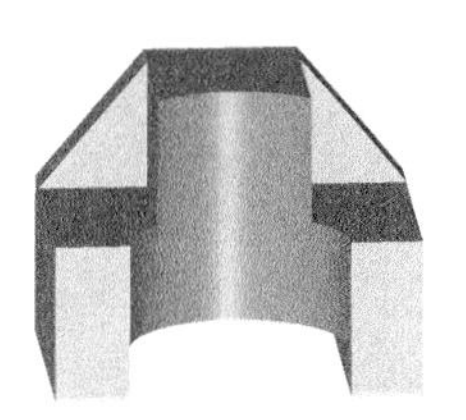
图 4-185 完成实体创建

## 4.2.8 三维实体创建的过程分析

利用 CATIA V5 软件创建三维实体的过程都记录在设计特征树上，例如图 4-186 所示的设计特征树记录的就是图 4-187 所示实体创建过程。因此通过分析特征树，就可以了解实体的创建过程，并可对实体进行编辑修改。具体操作步骤如下：

（1）单击凸台.1前面的图标，显示“凸台 1”创建过程及相关信息，如图 4-188 所示。

（2）左键双击图 4-188 特征树上的草图图标即可显示“凸台 1”的草图，如图 4-189 所示。双击草图尺寸可对其形状进行编辑修改，修改后的实体形状也随之改变。

（3）左键双击特征树上三维图标，例如凸台.1，就会显示凸台 1 的拉伸尺寸，如图 4-190 所示。在弹出的“凸台定义”对话框中输入新值，即可修改凸台的拉伸尺寸。

其他节点的操作与上述步骤相同。在特征树各节点处单击鼠标右键会弹出多项选择的快捷菜单，在此菜单中可选择需要的选项，如对草图的隐藏和显示。

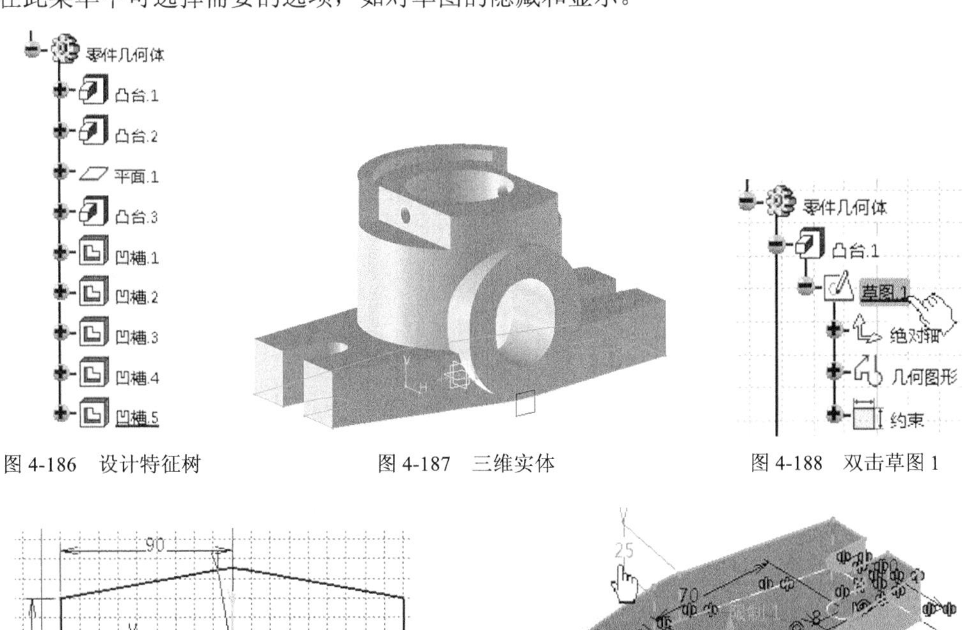

图 4-186 设计特征树　　图 4-187 三维实体　　图 4-188 双击草图 1

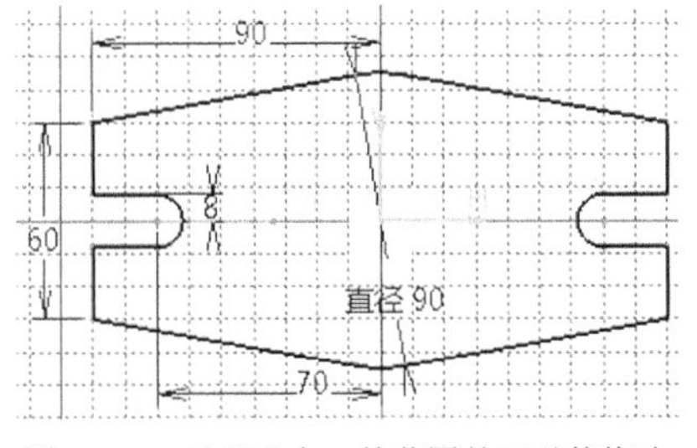

图 4-189 显示凸台 1 的草图并可对其修改

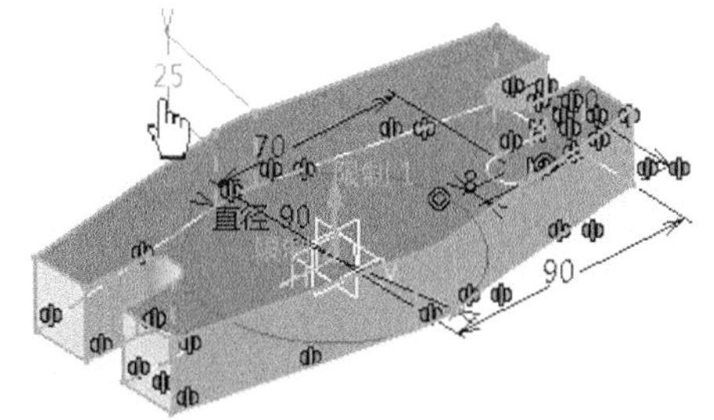

图 4-190 双击凸台 1 显示拉伸尺寸

# 第5章 二维视图与三维立体转换

## 5.1 三维立体的二维表达

根据二维草图，利用“基于草图特征”工具栏中的拉伸命令可以生成单一柱体（单一轮廓拉伸）、复合柱体（重合轮廓拉伸）如图 5-1 和图 5-2 所示。利用旋转命令可以生成单一回转体（单一回转面）、复合回转体（多种回转面）如图 5-3 和图 5-4 所示。利用扫略命令可以生成扫略体，如图 5-5 所示。利用实体混合命令可以生成混合体，如图 5-6 所示。利用多截面实体（放样）命令可以生成放样体，如图 5-7 所示。几种命令的组合应用可以生成相贯体、切割体、组合体等如图 5-8、图 5-9 和图 5-10 所示。

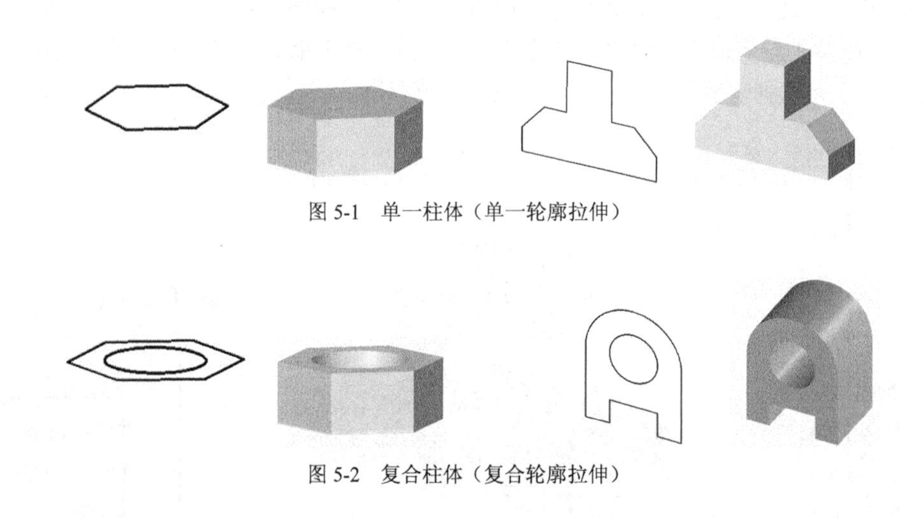

图 5-1　单一柱体（单一轮廓拉伸）

图 5-2　复合柱体（复合轮廓拉伸）

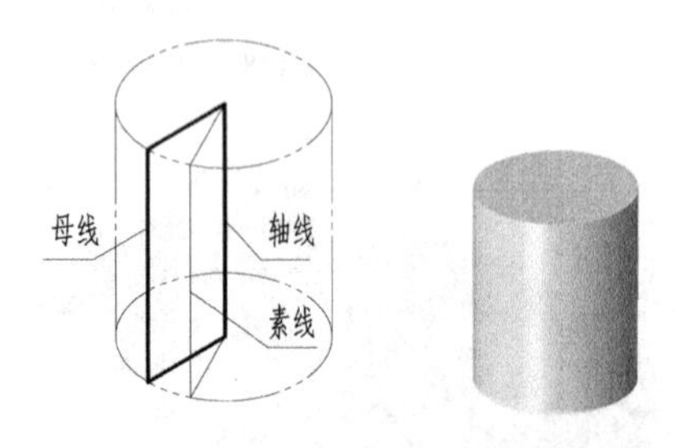


（a）圆柱体的形成（也可以圆为草图拉伸而成）

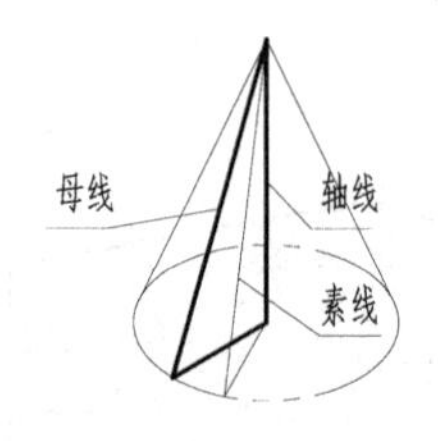


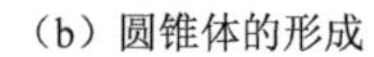

（b）圆锥体的形成

图 5-3　单一回转体

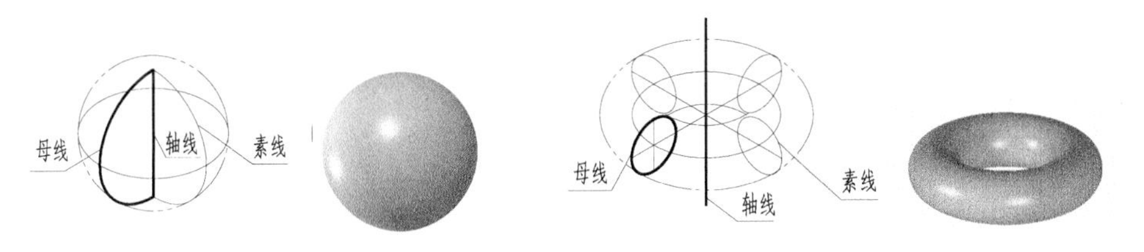


（c）圆球体的形成　　（d）圆环体的形成

图 5-3　单一回转体（续）

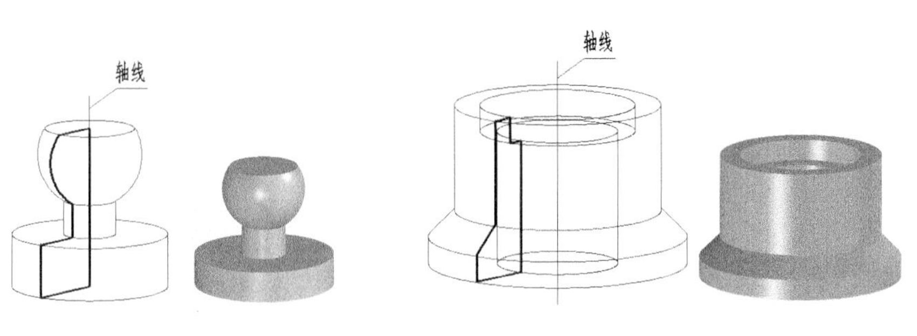


（a）绕自身边旋转　　（b）绕非自身边旋转

图 5-4　复合回转体

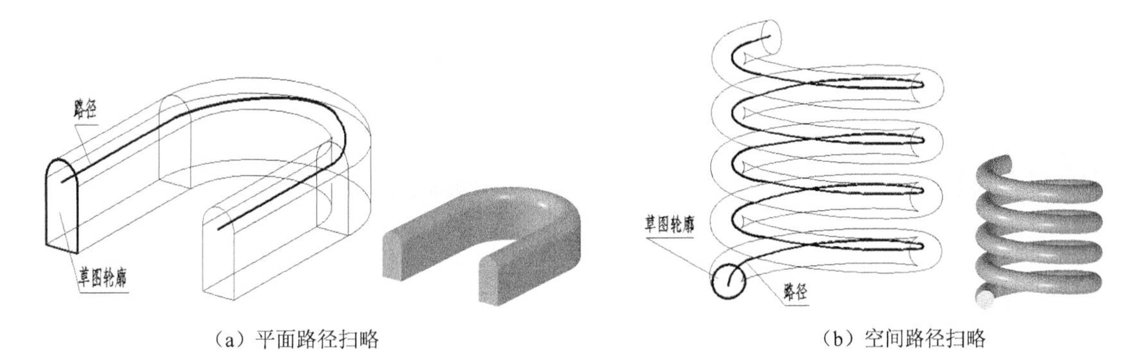


（a）平面路径扫略　　（b）空间路径扫略

图 5-5　扫略体

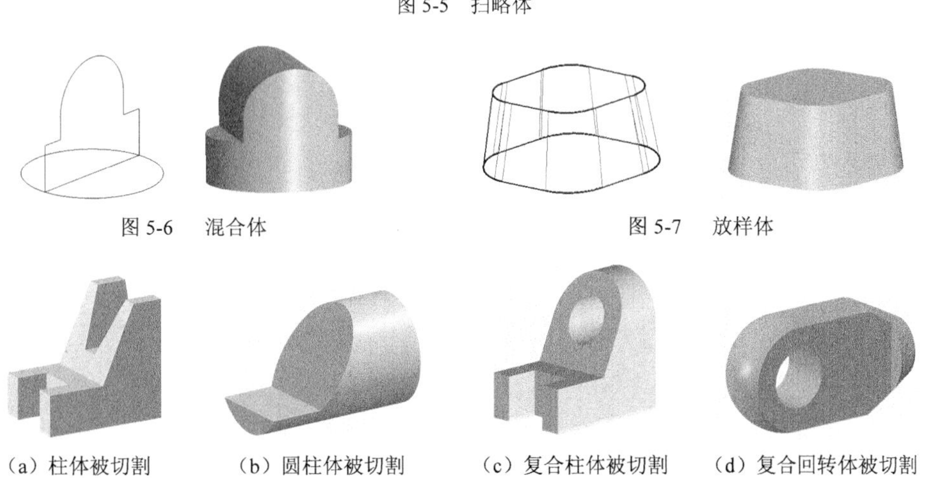

图 5-6　混合体　　图 5-7　放样体

（a）柱体被切割　（b）圆柱体被切割　（c）复合柱体被切割　（d）复合回转体被切割

图 5-8　切割式立体

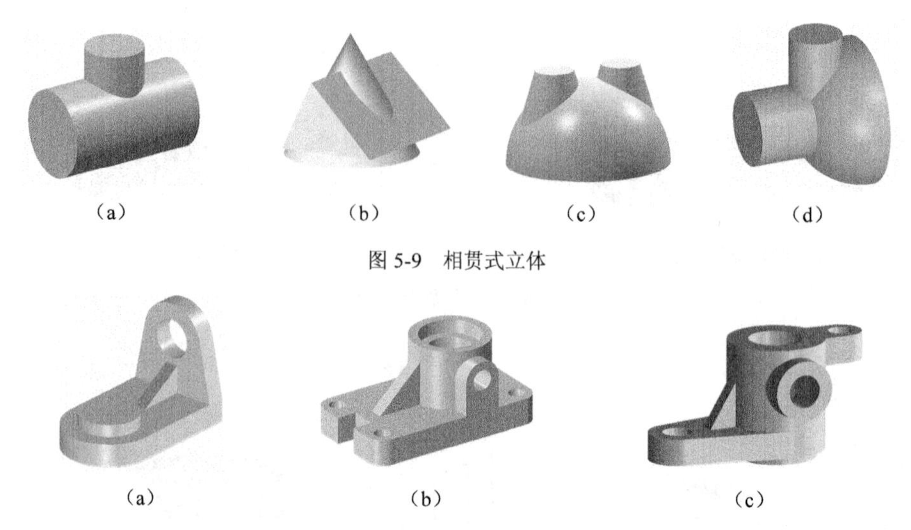


图 5-9 相贯式立体

图 5-10 组合式立体

在工程图学中，立体可以利用多面正投影法绘制的二维视图表达其空间形状。图 5-11～图 5-20 就是图 5-1～图 5-10 中各种三维立体的二维视图。

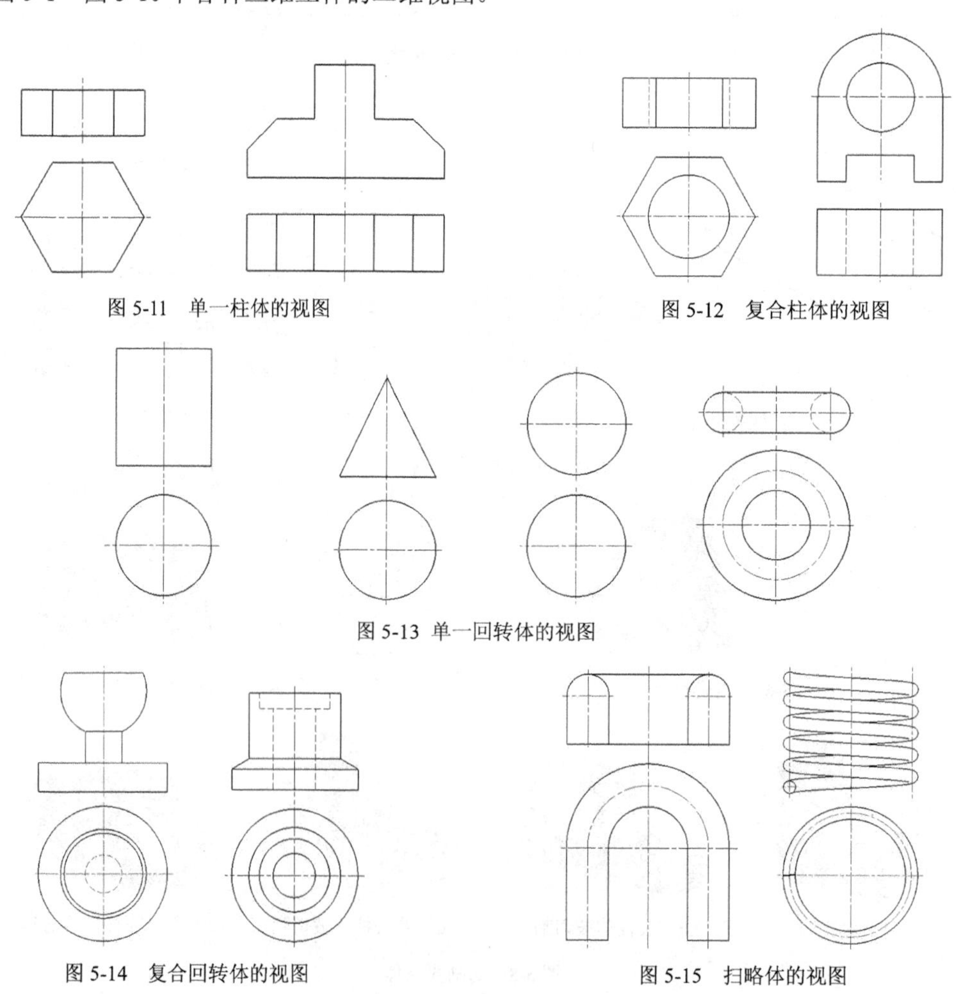

图 5-11 单一柱体的视图

图 5-12 复合柱体的视图

图 5-13 单一回转体的视图

图 5-14 复合回转体的视图

图 5-15 扫略体的视图

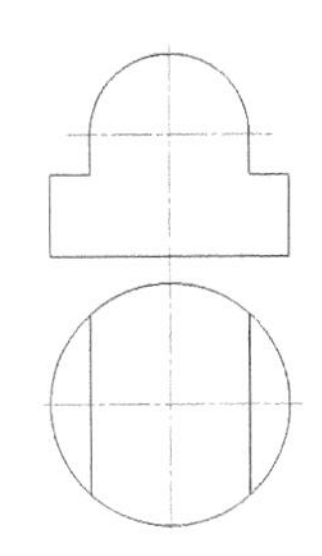

图 5-16 混合体的视图

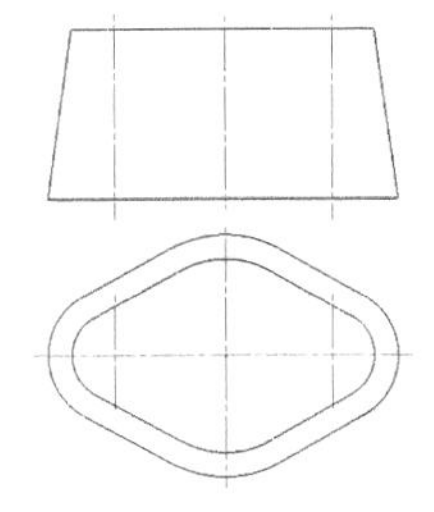

图 5-17 放样体的视图

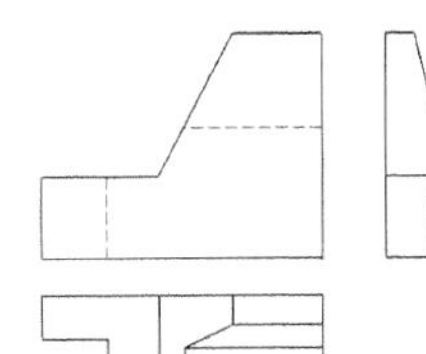

（a）棱柱体被切割的视图

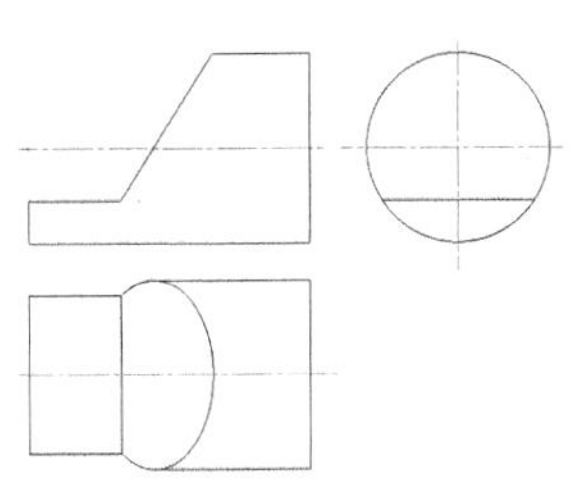

（b）圆柱体被切割的视图

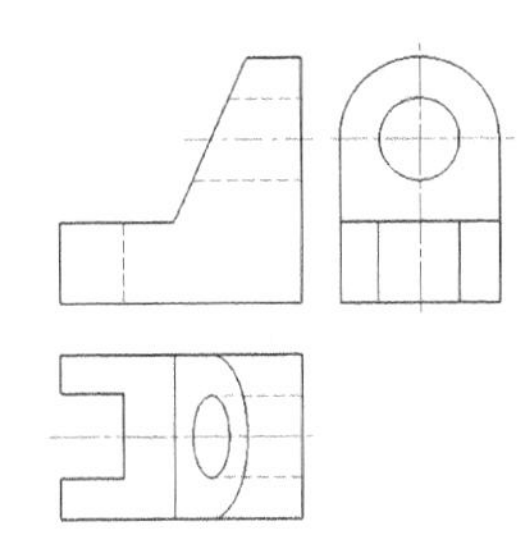

（c）复合柱体被切割的视图

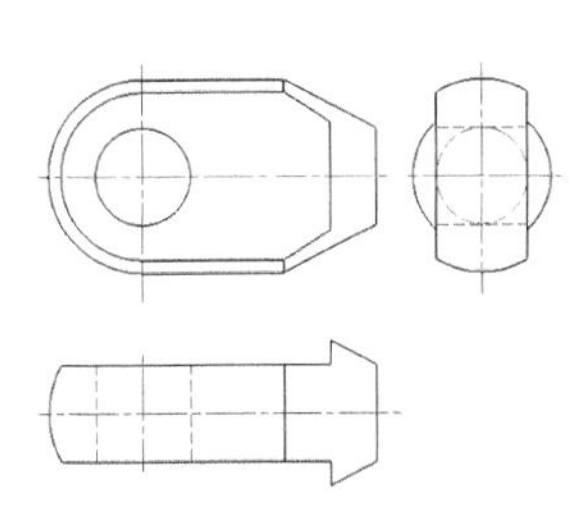

（d）复合回转体被切割的视图

图 5-18 切割体的视图

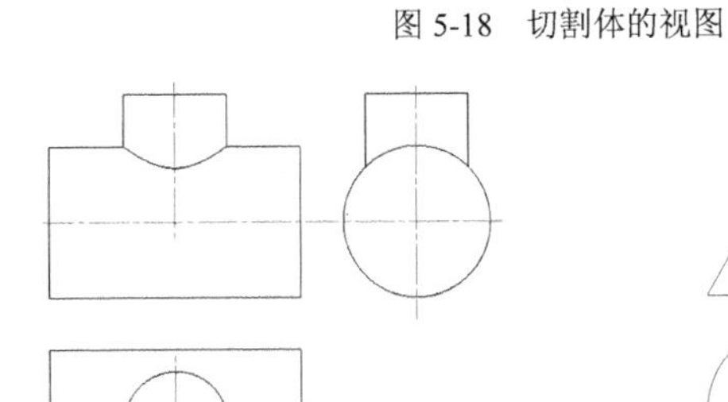

（a）圆柱与圆柱相贯的视图

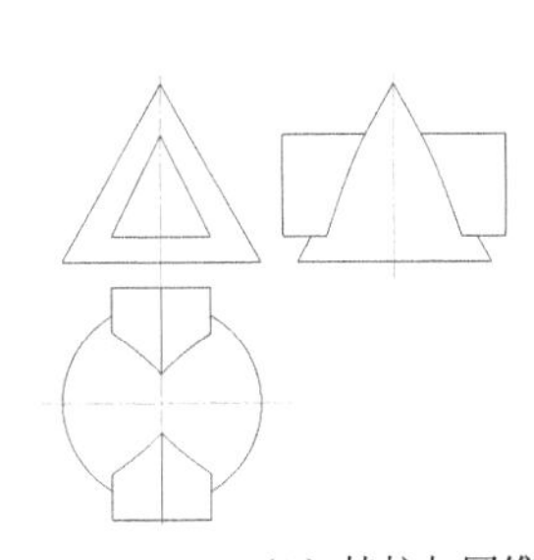

（b）棱柱与圆锥相贯的视图

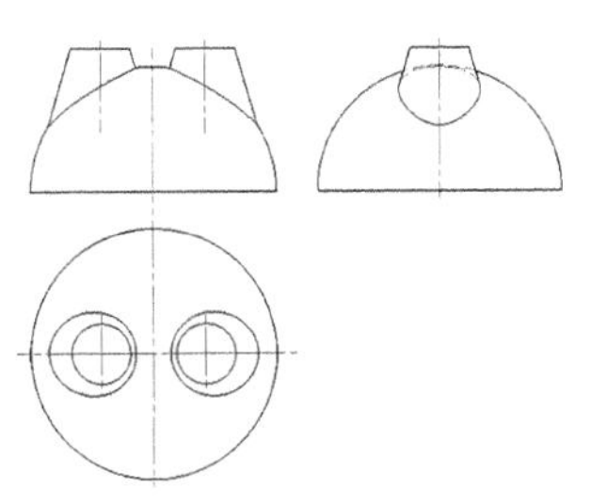

（c）圆台与半圆球相贯的视图

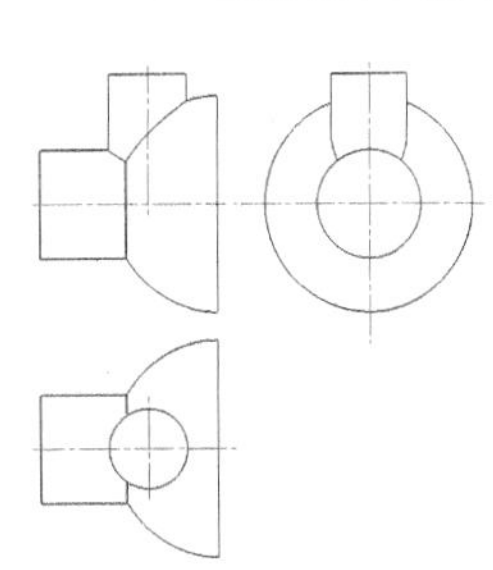

（c）圆柱与半圆球相贯的视图

图 5-19 相贯体的视图

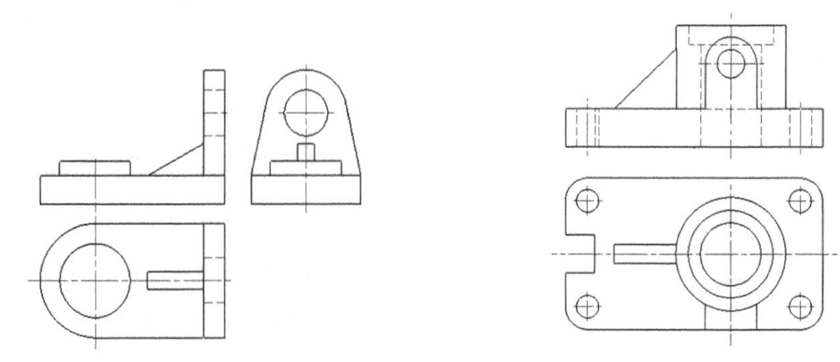

图 5-20 组合体的视图

由图 5-1～图 5-10 可知，基于二维草图可以生成三维立体。由图 5-11～图 5-20 可知，三维立体的空间形状可以用二维视图进行表达。因此视图中相应的投影轮廓可作为生成立体的草图。

## 5.2 特征视图与二维草图

当空间物体向单一投影面做直角投射时，其单一投影只能反映物体两个方向的大小，因此不能准确地反映其空间形状，如图 5-21（a）所示。利用正投影法将空间物体向两个以上互相垂直的投影面分别做直角投射，如图 5-21（b）所示。然后将物体的投影连同所在的投影面按一定规则展开，摊平在一个平面，便得到物体的多面正投影图：三视图（主视图、俯视图、左视图），如图 5-21（c）所示。

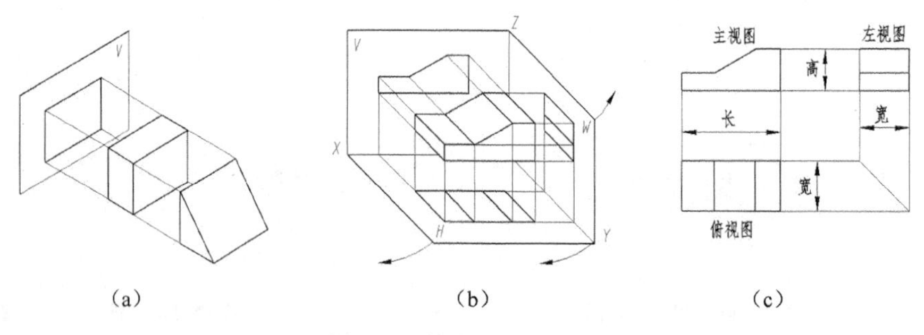


（a）（b）（c）

图 5-21 多面正投影图概念

在三个视图中，主视图反映物体的长（X）和高（Z）;俯视图反映物体的长（X）和宽（Y）;左视图反映物体的高（Z）和宽（Y）。三个视图联系起来即可确定物体的空间形状。

在物体的多个视图中，反映物体形状特点的视图叫做特征视图。例如图 5-21（c）所示物体的三视图中，俯视图和左视图的外轮廓均为矩形，而主视图的外轮廓是由 6 条线围成的多边形，三个视图联系起来可知，该物体的特征视图是主视图，它的空间形状是以主视图投影轮廓作为草图沿着宽度（Y）方向经拉伸形成的棱柱体。由此得出：特征视图的投影轮廓可作为物体成形的二维草图。

# 读物体的二维视图

## 5.3.1 几个视图联系起来看，找出特征视图

立体一般都需要两个或两个以上的视图才能表达清楚，因此看图时应将几个视图联系起来看，找出特征视图，才能准确识别立体或立体上各个部分的几何形状和成型过程。在图 5-22 所示立体的视图中，俯视图均为相同的两个同心圆，不反映形状特征。而它们的主视图形状各异，将主、俯视图联系起来看，它们所表达的是三个不同的回转体。

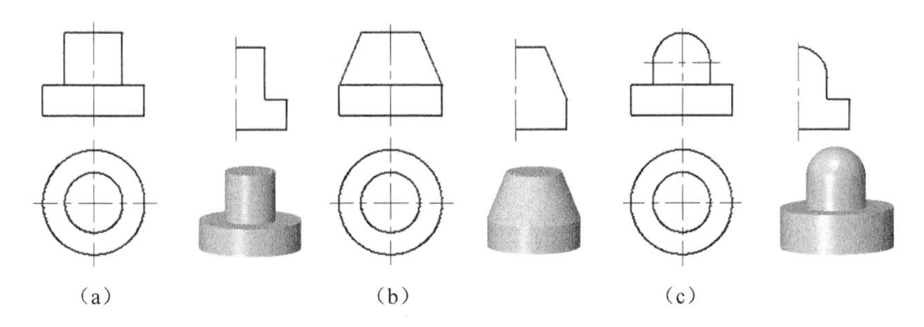


图 5-22 主视图是特征视图

对所有回转体，当轴线垂直于投影面投射时，其非圆视图是特征视图。特征视图的作用是：它的外轮廓可作为立体形成的草图轮廓。例如图 5-22 所示立体的主视图是特征视图，三个回转体都是以主视图的 1/2 外轮廓作为草图饶对称中心线（轴线）旋转而成。

在图 5-23 中，三个立体的主视图均相同，俯视图形状各异，两个视图联系起来可知俯视图是特征视图。因此图 5-23 所示立体的成形过程是以俯视图的外轮廓作为草图沿着高度方向经拉伸形成的柱体。

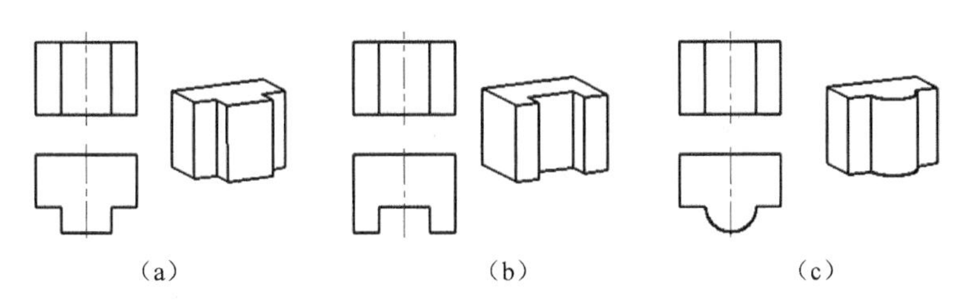


图 5-23 俯视图是特征视图

当给出的视图都不是特征视图，则不能确定立体的空间形状。如图 5-24 中只看主、俯视图则不能确定其空间形状，通过观察与其对应的四个左视图，可知所表达的是四个不同形状的立体，它们均以特征视图即左视图作为草图，沿着长度方向拉伸成柱体。如果给出柱体的两个视图中有一个是特征视图，则根据两个视图即可确定其空间形状，此时不应画出第三视图。例如图 5-24 中四个柱体可只画主、左视图，而不应再画出俯视图。

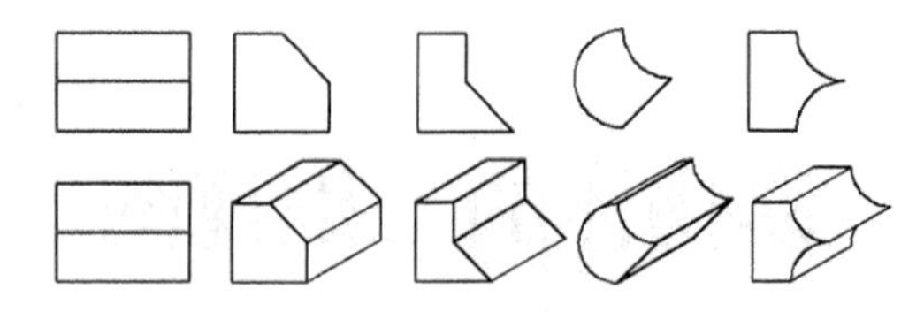

图 5-24 左视图是特征视图

## 5.3.2 分析特征视图中线框与线框之间的逻辑关系

特征视图中线框内套线框以及线框与线框重叠时的逻辑关系是：视图中最外轮廓形成的大线框都可作为草图用相应方法生成实体。而大线框中的小线框以及与大线框部分重叠形成的小线框则是在大线框生成实体的基础上或者凸起或者凹下。图 5-25 俯视图为线框内套线框的凸凹关系；图 5-26 俯视图为部分重叠线框的凸凹关系。

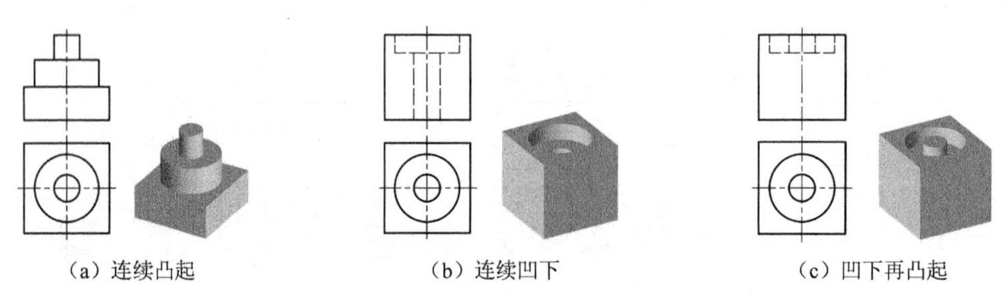

（a）连续凸起　（b）连续凹下　（c）凹下再凸起

图 5-25 线框内套线框的逻辑关系

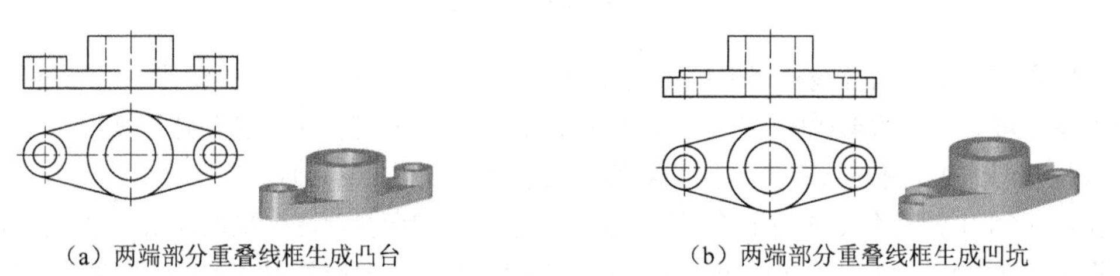

（a）两端部分重叠线框生成凸台　（b）两端部分重叠线框生成凹坑

图 5-26 部分重叠线框的逻辑关系

**【例 5-1】** 根据图 5-27 中物体的二维视图，构建其三维数字模型。

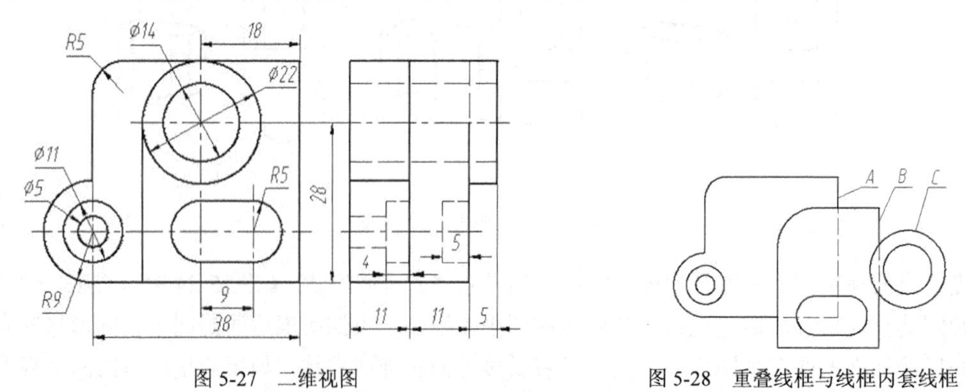


图 5-27 二维视图　图 5-28 重叠线框与线框内套线框

（1）分析。由图 5-27 中的主、左两个视图可知：主视图是特征视图，在特征视图中有 A、B、C，3 个重叠线框，4 个独立线框即线框内套线框，如图 5-28 所示。每个线框都可作为草图生成一个三维特征。其中A、B、C三个线框作为草图可用“凸台” 命令拉伸成柱体，其他线框可用“凹槽”命令进行挖切。拉伸厚度及挖切深度可在左视图中看出。

（2）构建步骤如图5-29所示。

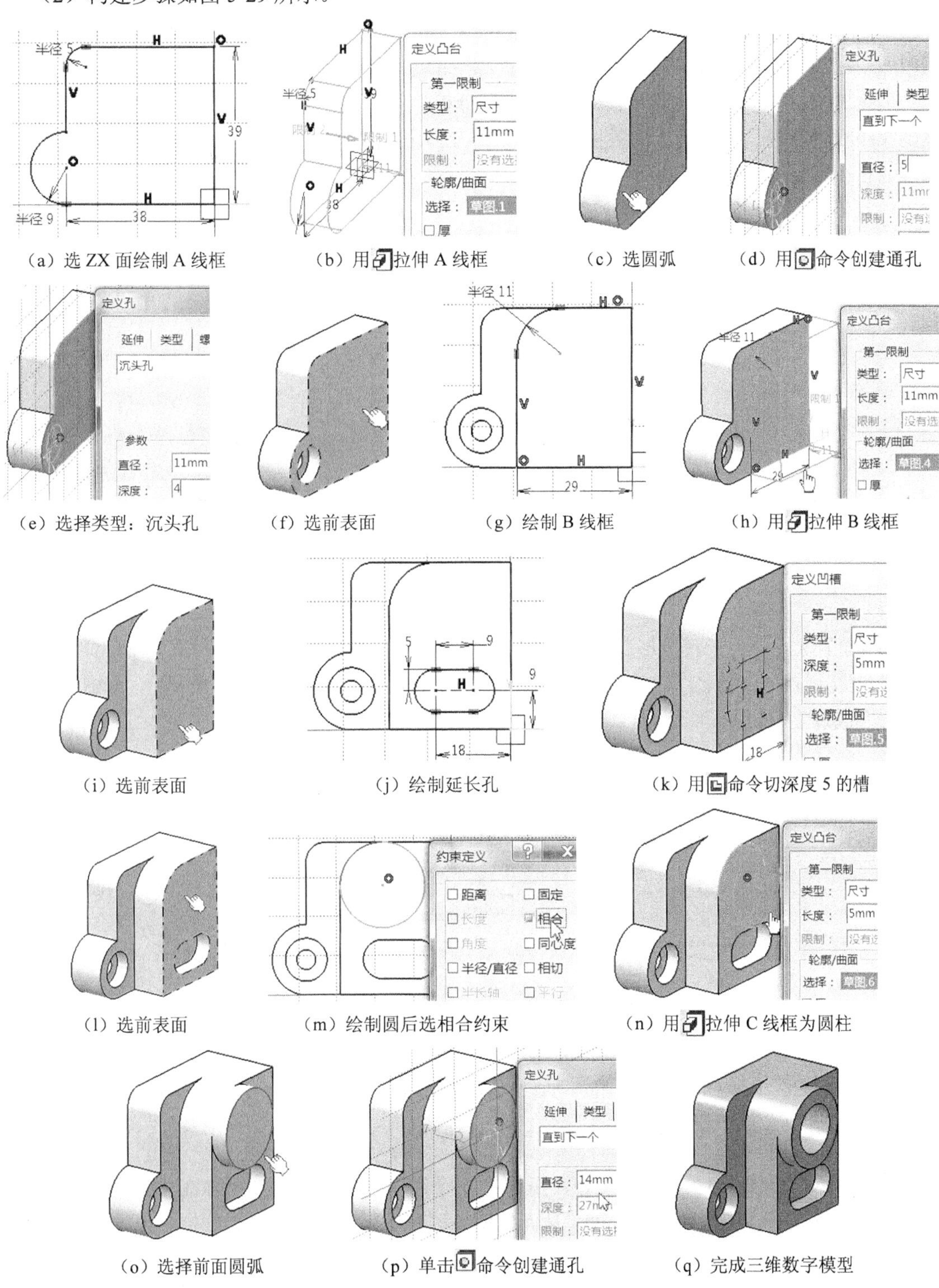


（a）选ZX面绘制A线框　（b）用拉伸A线框　（c）选圆弧　（d）用命令创建通孔

（e）选择类型：沉头孔　（f）选前表面　（g）绘制B线框　（h）用拉伸B线框

（i）选前表面　（j）绘制延长孔　（k）用命令切深度5的槽

（l）选前表面　（m）绘制圆后选相合约束　（n）用拉伸C线框为圆柱

（o）选择前面圆弧　（p）单击命令创建通孔　（q）完成三维数字模型

图5-29　重叠线框与线框内套线框的构型步骤

### 5.3.3 读组合体的视图，构建三维模型

读组合体视图的步骤是：分线框、对投影、找特征、识形体、综合起来定整体。即按投影关系找出各个组成部分的特征视图并想出空间形状及各部分之间的位置关系，进而确定绘制各部分草图所对应的坐标面，再根据形状特点，选择相应的成形方法构建其三维模型。

例如对图 5-30（a）所示组合体的视图进行分析，可在主视图中分出 3 个线框，按投影关系找到 3 个线框在俯、左视图上的投影，可知该组合体由底板、拱形体和肋板三部分组成。按投影关系分析：底板的特征视图是俯视图，应在 *xy* 坐标面上绘制俯视图的投影轮廓作为草图，沿着高度方向拉伸成柱体。拱形体的特征视图是主视图，应在 *xz* 坐标面上绘制主视图的投影轮廓作草图，沿着宽度方向拉伸成拱形体。肋板的特征视图是左视图，应在 *yz* 坐标面上绘制左视图的投影轮廓作为草图，沿着长度方向拉伸成三棱柱，如图 5-30（b）所示。

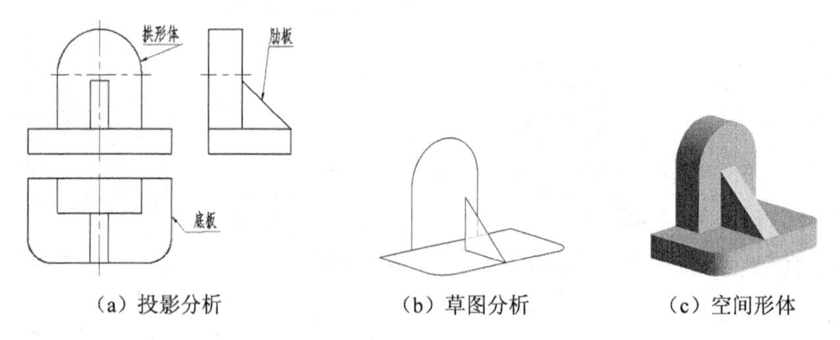


（a）投影分析　（b）草图分析　（c）空间形体

图 5-30　组合体中各部分形体的特征视图及相互位置关系

相互位置关系是：三部分形体在长度方向对称放置；在宽度方向，底板和拱形体后表面相合，拱形体与肋板前后表面相合；在高度方向，拱形体和肋板的下表面与底板上表面相合，如图 5-30（c）所示。完成以上分析，即可根据二维视图构建三维模型。

**【例 5-2】** 根据图 5-31（a）中组合体的二维视图，构建其三维数字模型。

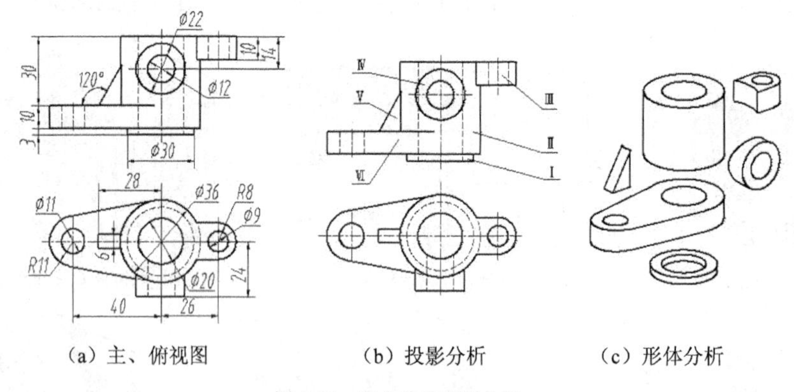


（a）主、俯视图　（b）投影分析　（c）形体分析

图 5-31　组合体的构型分析

（1）分析。将图 5-31（b）中主视图所分的 6 个线框看作是 6 部分形体在主视图的投影，再分别找出 6 个线框在俯视图中的投影。从而确定线框Ⅰ为底部圆形凸台、线框Ⅱ为大圆筒、线框Ⅲ为与大圆筒相交的拱形体、线框Ⅳ为与大圆筒相交的小圆筒、线框Ⅴ为三角形肋板、线框Ⅵ为与大圆筒相切的复合柱体。其中三角形肋板和小圆筒的特征视图是主视图；其余 4 部分的特征视

图是俯视图，6部分形体都是以各自特征视图作为草图利用拉伸的方法形成。

（2）构建步骤如图5-32所示。该组合体主体部分应为Ⅵ（复合柱体），选择XY坐标面按尺寸绘制俯视图的投影轮廓，如图5-32（a）所示，其余各步骤如图5-32（b）～（u）所示。

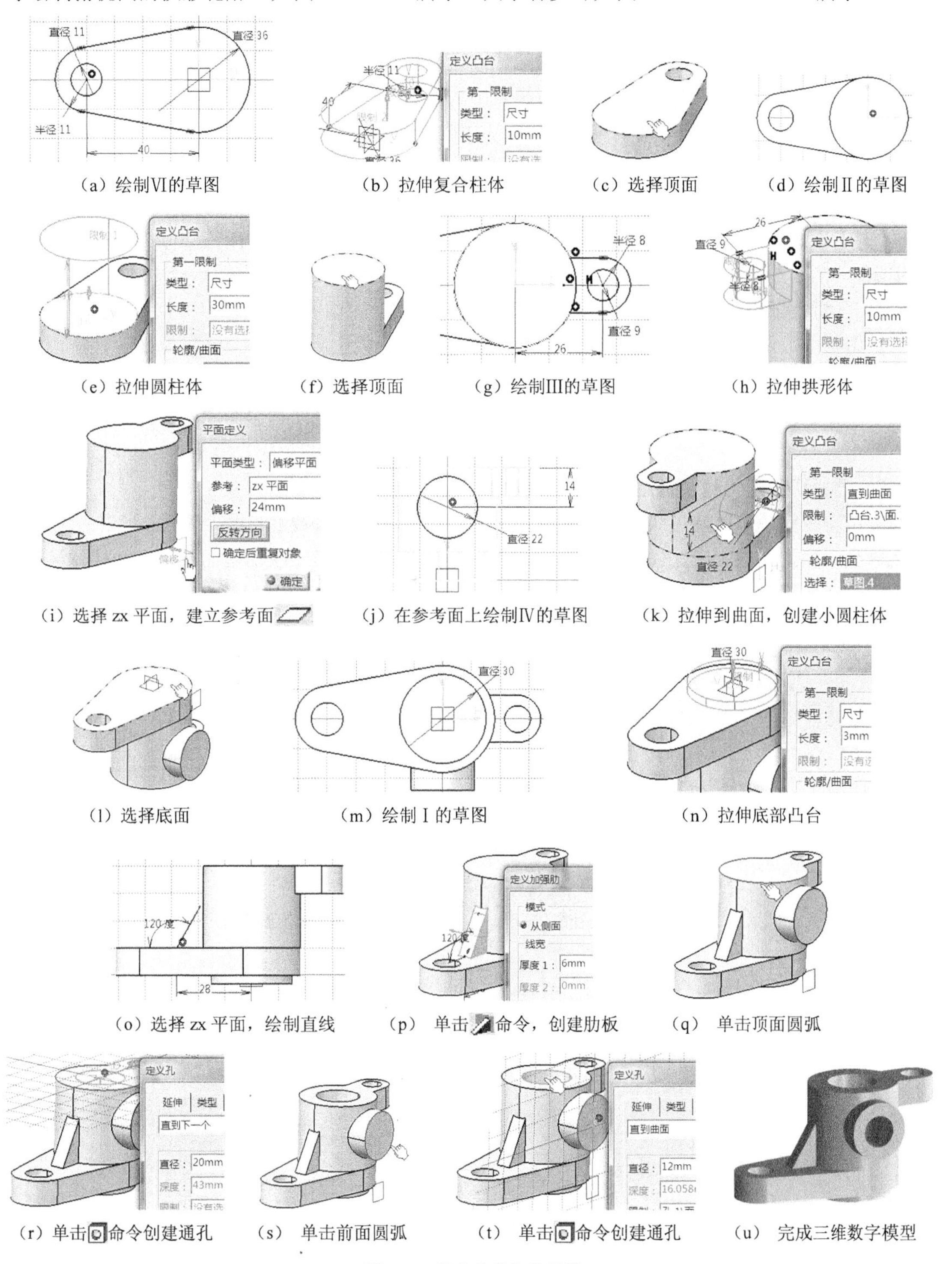


（a）绘制Ⅵ的草图　（b）拉伸复合柱体　（c）选择顶面　（d）绘制Ⅱ的草图

（e）拉伸圆柱体　（f）选择顶面　（g）绘制Ⅲ的草图　（h）拉伸拱形体

（i）选择zx平面，建立参考面　（j）在参考面上绘制Ⅳ的草图　（k）拉伸到曲面，创建小圆柱体

（l）选择底面　（m）绘制Ⅰ的草图　（n）拉伸底部凸台

（o）选择zx平面，绘制直线　（p）单击命令，创建肋板　（q）单击顶面圆弧

（r）单击命令创建通孔　（s）单击前面圆弧　（t）单击命令创建通孔　（u）完成三维数字模型

图5-32　组合体的构建步骤

## 5.3.4 读切割体的视图，构建三维模型

用拉伸、旋转等方法生成立体后，再经若干平面截切所形成的立体称为切割体。围成切割体的各个表面经投影后，有的表面投影成直线，有的表面投影成线框。读切割体视图的方法称为线面分析法。用这种方法读图的思路和步骤是：比较已知几个视图的外轮廓线的复杂程度和结构特点，确定一个成型特征视图，利用该视图想象出切割前的原始形状。再利用其他视图分析切割特征以及成型的过程。最后利用直线和平面的投影特性分析切割体各个表面在不同投影面上的投影，进而想象出视图中各个线框所表示的平面或曲面的实际形状和位置关系，最后综合起来想象出切割体的整体形状。

**【例 5-3】** 下面以如图 5-33（a）所示切割体的三视图为例，说明用线面分析法读图的方法和步骤。

**1．分析特征想原形（确定特征视图想出原始形状）**

由图 5-33（a）中可看出，三个视图的外轮廓均由直线围成，可知该立体为平面立体。主、俯、左三个视图的外轮廓分别由五、六、八条线段围成。由于左视图的外轮廓相对复杂，其原始形状可看作是以特征视图左视图的外轮廓作为草图，沿着长度方向拉伸而成的柱体。该柱体由上下 4 个水平面、前后 4 个正平面和左右 2 个侧平面围成，如图 5-33（b）所示。

**2．分析切割定过程（确定立体被切割次数和新平面的位置）**

利用左视图确定原始形状后，通过观察分析俯视图可知柱体被前后两个铅垂面（P 平面）切掉两部分，如图 5-33（c）、（d）所示。观察分析主视图可知在第一次切割的基础上，柱体又被一个正垂面（Q 平面）切掉左上角，如图 5-33（e）、（f）所示。

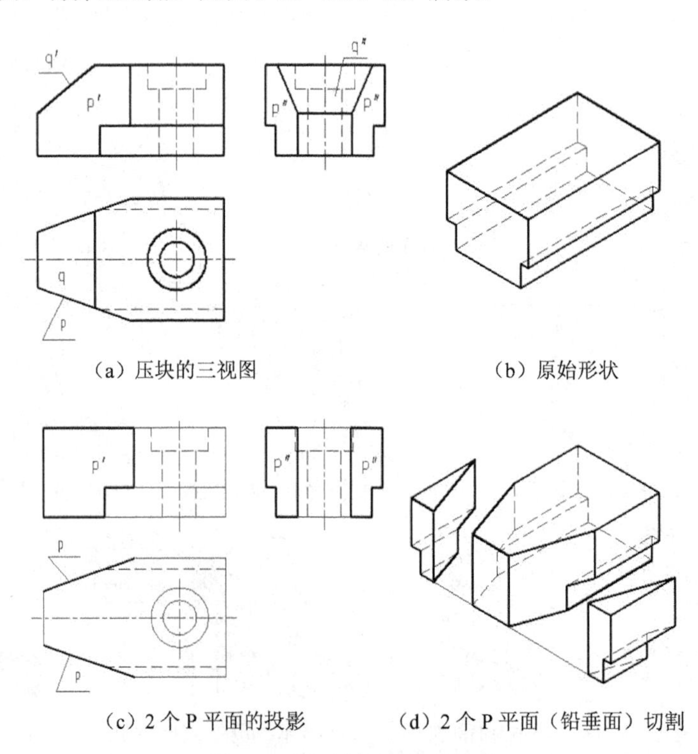


（a）压块的三视图　（b）原始形状

（c）2 个 P 平面的投影　（d）2 个 P 平面（铅垂面）切割

图 5-33　线面分析法读图的步骤

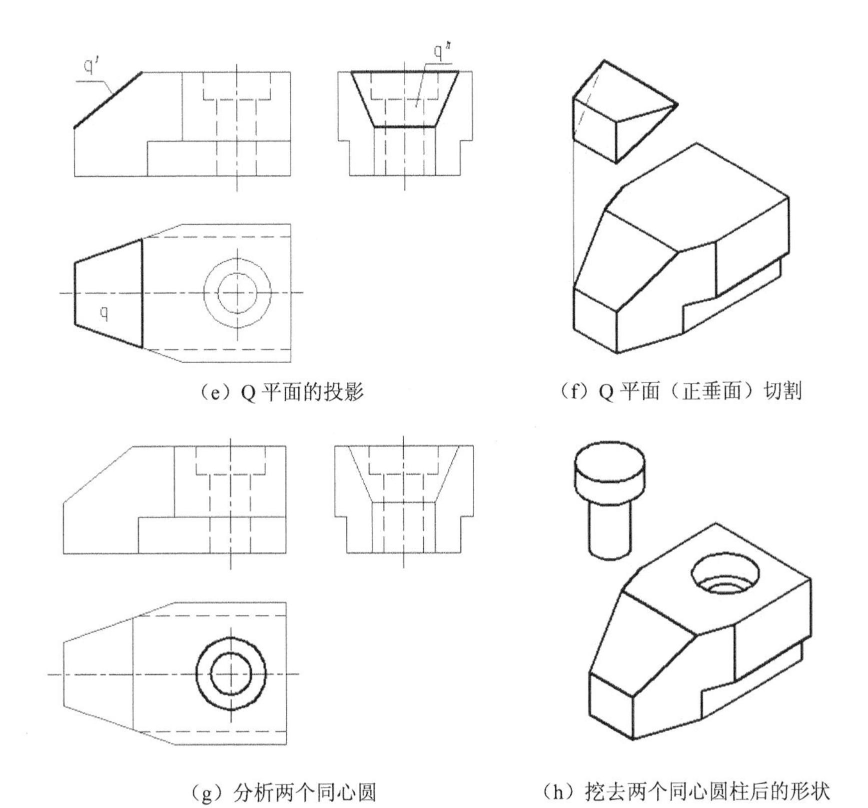


（e）Q 平面的投影　　（f）Q 平面（正垂面）切割

（g）分析两个同心圆　　（h）挖去两个同心圆柱后的形状

图 5-33　线面分析法读图的步骤（续）

### 3．分析线面定形状（分析截切后立体各表面形状）

（1）由以上对切割过程的分析，可知俯视图中的直线 p 为铅垂面，按投影关系对到主、左视图时可知前后两个平面是七边形，如图 5-33（a）所示。

（2）主视图中的直线 q′ 为正垂面，按投影关系对到俯、左视图时，可知该正垂面是梯形平面，如图 5-33（a）所示。

（3）俯视图中的两个同心圆，按投影关系对到主、左视图时，是相同的两个图形，如图 5-33（g）由此可知是在切割体上顶面挖去两个同心圆柱而形成的阶梯孔。

将截切后形成的各个新表面的形状和位置确定后（1 个正垂面，2 个铅垂面），再对被截切的原表面形状进行分析，（如顶面截切前是矩形，截切后变为六边形）。通过综合分析，最后想象确定的切割体空间形状如图 5-33（h）所示。

利用“基于草图特征”构型步骤如图 5-34 所示。

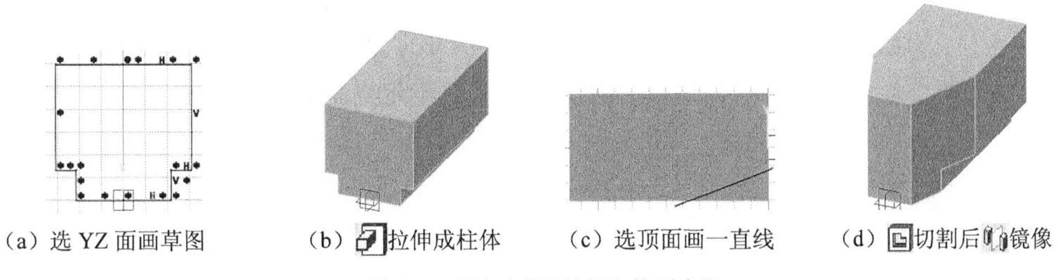

（a）选 YZ 面画草图　　（b）拉伸成柱体　　（c）选顶面画一直线　　（d）切割后镜像

图 5-34　“基于草图特征”构型步骤

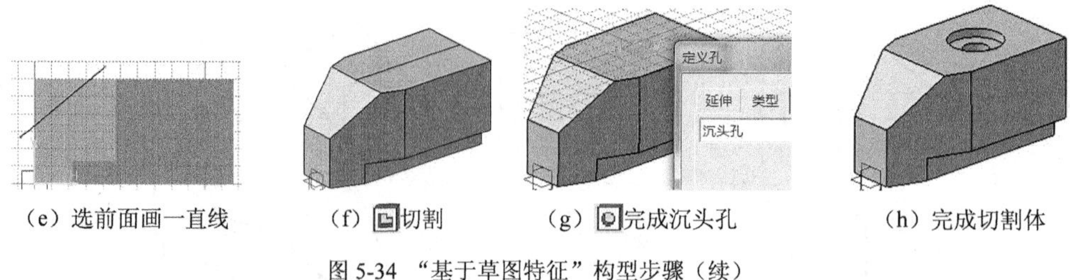

（e）选前面画一直线　（f）切割　（g）完成沉头孔　（h）完成切割体

图 5-34 “基于草图特征”构型步骤（续）

**【例 5-4】** 根据图 5-35（a）中切割体的二维视图，构建其三维模型。

（1）分析。由图 5-35（a）可看出左视图的外轮廓是成型特征视图，即在 YZ 坐标面上绘制左视图的外轮廓作为草图沿着 X 轴方向拉伸成复合柱体。由主视图可看出：在复合柱体的基础上，用一个水平面和一个正垂面沿着前后方向切割。由俯视图可看出：在前后切割的基础上，再用两个正平面和一个侧平面沿着上下方向切割。

（2）具体构建过程如图 5-35 所示。

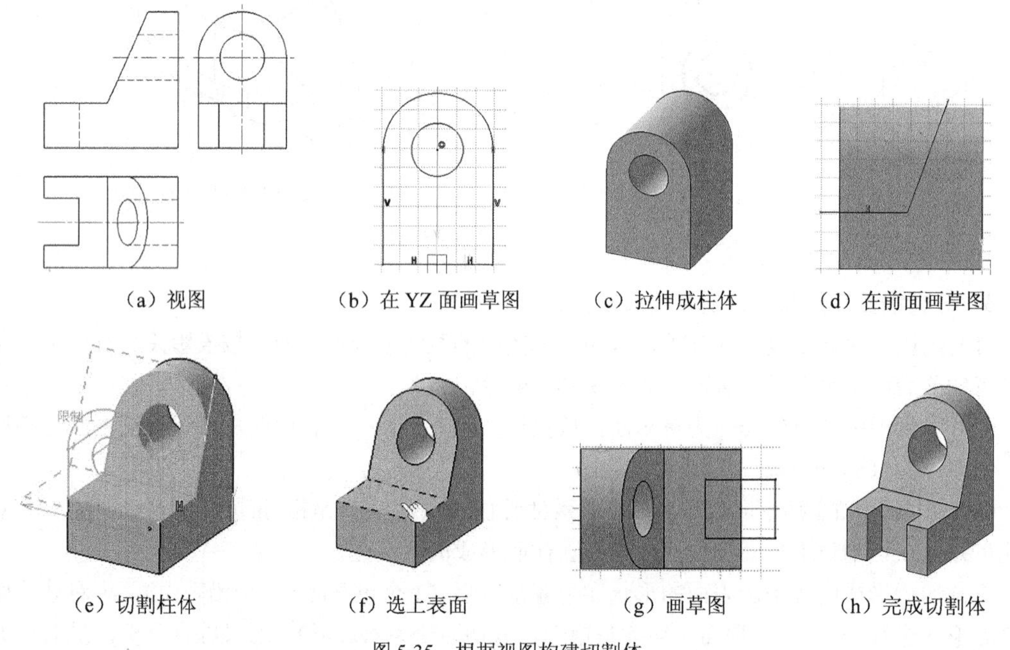

（a）视图　（b）在 YZ 面画草图　（c）拉伸成柱体　（d）在前面画草图

（e）切割柱体　（f）选上表面　（g）画草图　（h）完成切割体

图 5-35 根据视图构建切割体

## 5.3.5 物体构型的综合分析

对于同一个物体，在构型设计过程中的分析方法不同，其操作方法和构型步骤也不同。因此在构型设计前，应对物体的结构特点进行仔细分析，确定构型设计的最佳步骤，以提高工作效率。

**综合分析 1**

例如对图 5-36（a）中的三视图进行分析，主视图是特征视图，可以看成为原始形状是半圆柱，如图 5-36（b）所示。在此基础上经 4 次切割形成的切割体，如图 5-36（c）所示。

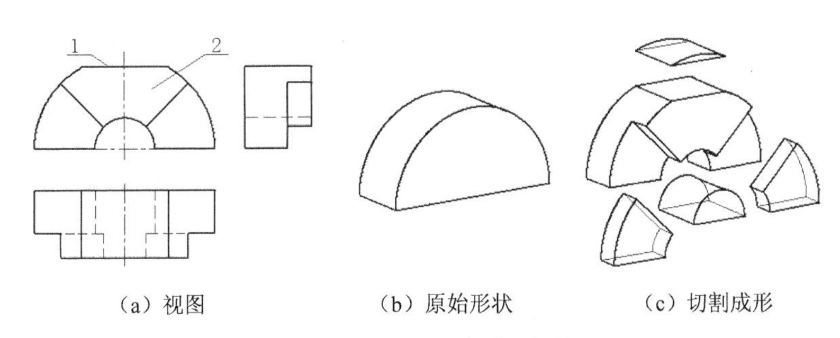


（a）视图　　（b）原始形状　　（c）切割成形

图 5-36　根据视图构建切割体

另一种分析方法是，主视图中具有线框与线框重叠的特点，按投影关系将主视图分解为 1 和 2 个线框，通过俯、左视图可看出每个线框所对应的宽度，因此可将 2 个线框作为 2 个草图顺次沿着宽度方向两次拉伸形成叠加式物体，如图 5-37 所示。

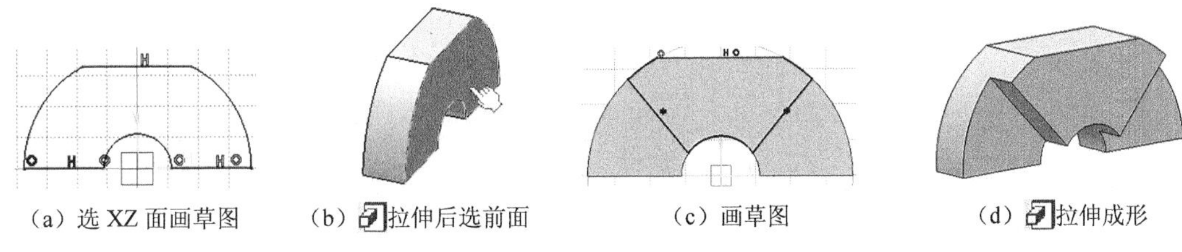

（a）选 XZ 面画草图　　（b）拉伸后选前面　　（c）画草图　　（d）拉伸成形

图 5-37　根据视图拉伸成形

从图 5-36 和图 5-37 中可看出，同一物体可以有不同的构型方法，方法不同，物体的分类就不同。用图 5-36（b）所示的构型方法创建的物体叫做切割体，而用图 5-37 所示的构型方法创建的物体是由两部分柱体叠加而成的组合体。

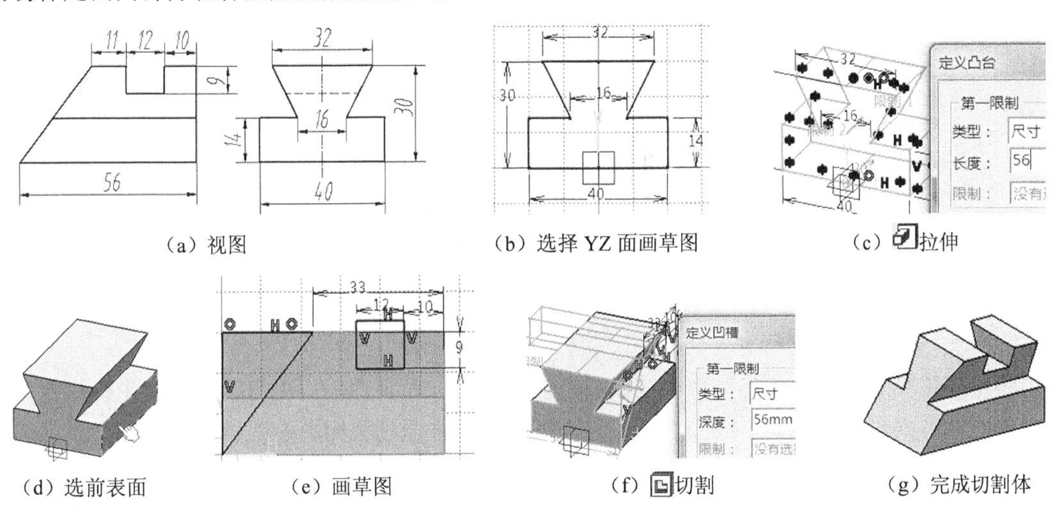


（a）视图　　（b）选择 YZ 面画草图　　（c）拉伸

（d）选前表面　　（e）画草图　　（f）切割　　（g）完成切割体

图 5-38　切割过程

现代构型方法丰富多样，因此物体的分类并不重要，重要的是快速确定构型设计的最佳步骤。例如根据图 5-38（a）中物体的二维视图，可以用两种方法构建其三维模型。

**综合分析 2**

将图 5-38（a）中的主、左视图联系起来，可知该立体为切割式立体。原始形状可看作是以左视图外轮廓作为草图沿着长度方向拉伸而成，从主视图中可看出，拉伸后被一个正垂面将其左面切掉一部分，上面被两个侧平面和一个水平面切成一方槽。

具体构建过程如图 5-38（b）～（g）所示。

根据图 5-38（a）所示视图，还可以利用实体混合的方法生成其三维实体。

利用“实体混合”功能生成三维实体的条件是：所给出的两个视图，都具有相应方向拉伸成形或切割成形的特征轮廓。各自的特征轮廓作为草图沿与草图垂直方向，一个拉伸，另一个切割，两者即可混合成型。这个组合过程的原理是两个拉伸实体的布尔交集，如图 5-39（a）所示。具体构建过程如图 5-39（b）～（e）所示。

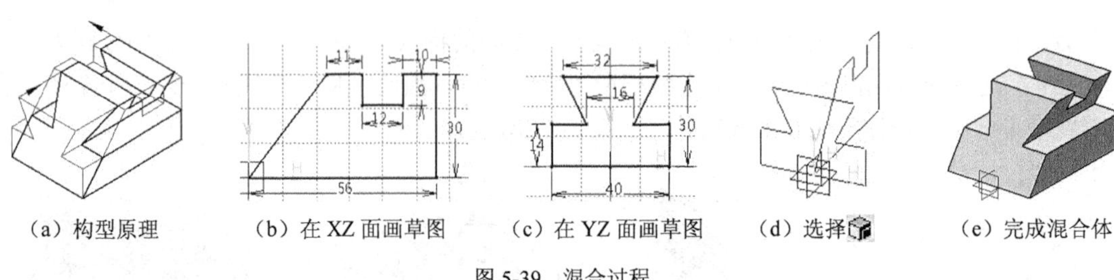


（a）构型原理　（b）在 XZ 面画草图　（c）在 YZ 面画草图　（d）选择　（e）完成混合体

图 5-39　混合过程

**综合分析 3**

根据图 5-40（a）中物体的三个视图，用 4 种方法构建其三维模型。

方法 1：切割构型

将三个视图联系起来，其俯视图是特征视图，可分析成在原始形状“拱形体”的基础上切去 5 部分形成的切割式立体，如图 5-40（b）、（c）所示。

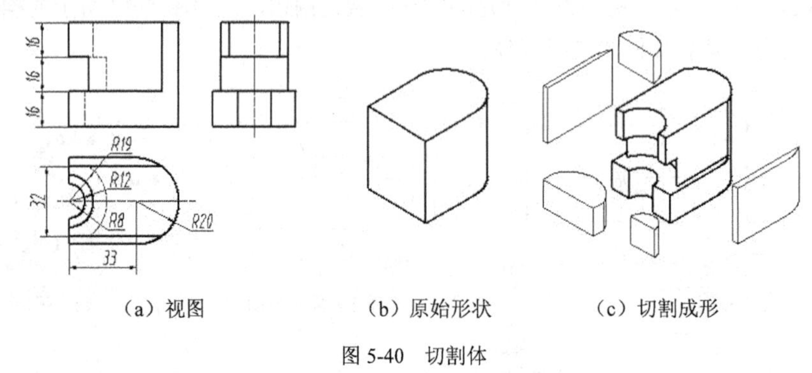


（a）视图　（b）原始形状　（c）切割成形

图 5-40　切割体

方法 2：拉伸构型

将特征视图俯视图中的三个重合线框分别对应到主、左视图后，可分析成以三个线框作为草图沿着高度方向经三次拉伸形成的叠加式组合体，具体构建过程如图 5-41 所示。

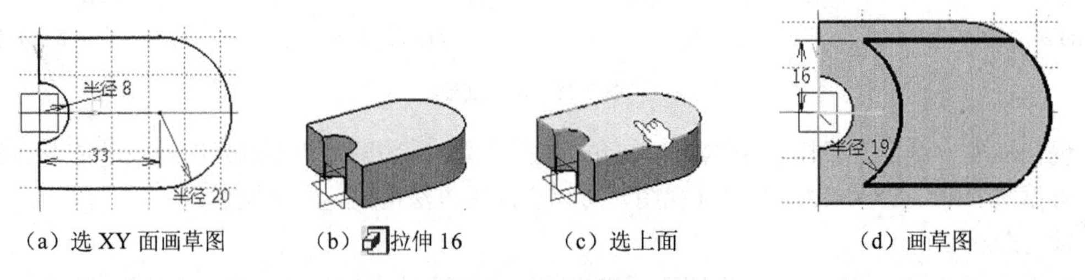


（a）选 XY 面画草图　（b）拉伸 16　（c）选上面　（d）画草图

图 5-41　拉伸过程

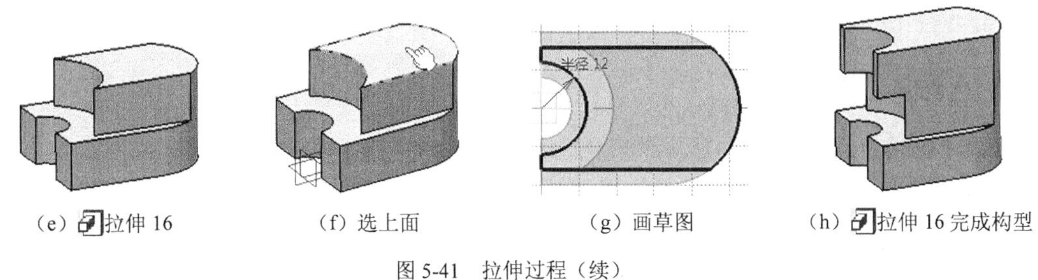


（e）拉伸 16　（f）选上面　（g）画草图　（h）拉伸 16 完成构型

图 5-41　拉伸过程（续）

方法 3：拉伸与旋转切割构型

由俯视图可知：$R8$、$R12$、$R19$ 为同心弧，空间特征为同轴柱面。由于 $R12$、$R19$ 所在形体的原始形状相同，因此可经 2 次拉伸，再利用“旋转槽”命令进行旋转切割。具体构建过程如图 5-42 所示。

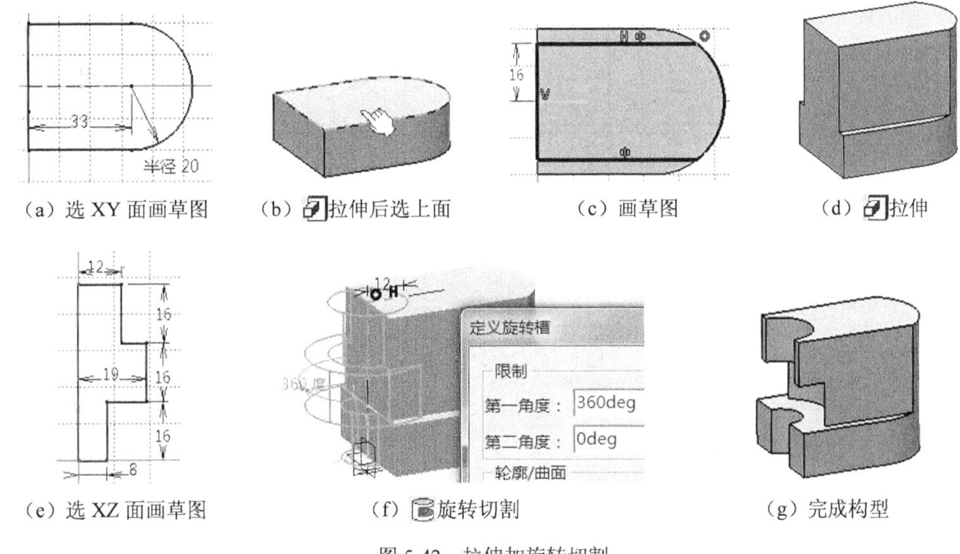


（a）选 XY 面画草图　（b）拉伸后选上面　（c）画草图　（d）拉伸

（e）选 XZ 面画草图　（f）旋转切割　（g）完成构型

图 5-42　拉伸加旋转切割

方法 4：实体混合加旋转切割构型

该物体也可利用俯视图与左视图的投影轮廓作为草图分别绘制在 XY 面和 YZ 面上，然后利用实体混合命令完成混合体构型，如图 5-43（a）～（d）所示。在此基础上再利用“旋转槽”命令进行旋转切割，如图 5-42（e）～（g）所示。

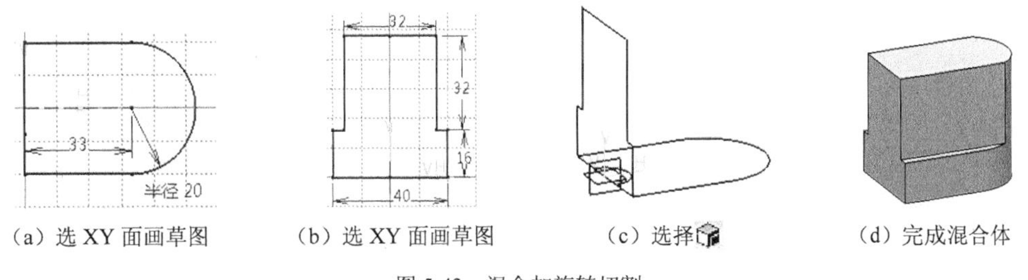


（a）选 XY 面画草图　（b）选 XY 面画草图　（c）选择　（d）完成混合体

图 5-43　混合加旋转切割

由以上综合分析可知，利用 CATIA 软件根据一个物体的二维视图构建其三维模型，其方法多样，因此应熟练掌握各种构型方法，快速确定物体构型设计的最佳方法和步骤。

### 5.3.6 物体构型练习

**【练习 5-5】** 根据图 5-44 所示物体的二维视图，构建其三维模型。

分析：由给出的三视图可知，该物体主要由左右两部分柱体构成，它们的特征视图是左视图。通过主视图和俯视图可以看出其切割特征：左侧柱体拉伸后，被一个正垂面 P、两个铅垂面 R 和两个倾斜面 Q 截切后成为切割体。具体构型步骤如下：

（1）选择 YZ 坐标面绘制左视图外轮廓作为草图如图 5-45（a）所示；利用凸台命令拉伸 10mm，完成右侧柱体，如图 5-45（b）所示。

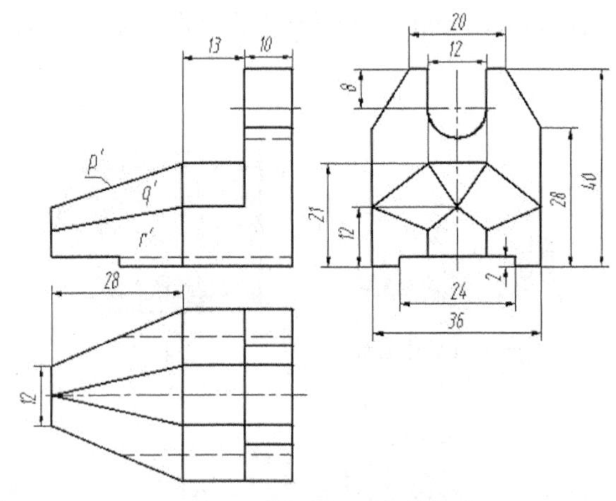


图 5-44 物体的二维视图

（2）选择右侧柱体左面，绘制左侧柱体的草图如图 5-45（c）所示；利用凸台命令拉伸 41mm，完成左侧柱体，如图 5-45（d）所示。

（3）选择前表面，绘制切割草图如图 5-45（e）所示；利用凹槽命令，完成正垂面切割，如图 5-45（f）所示。

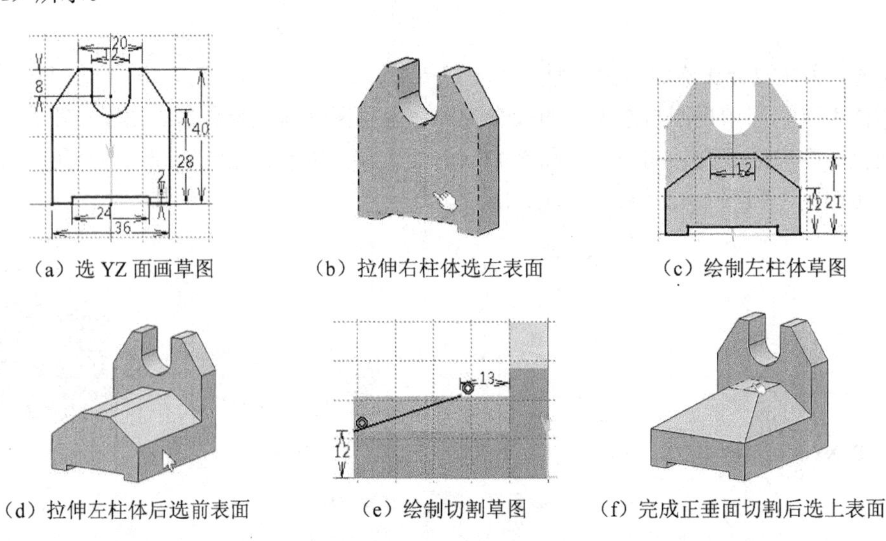


（a）选 YZ 面画草图　（b）拉伸右柱体选左表面　（c）绘制左柱体草图

（d）拉伸左柱体后选前表面　（e）绘制切割草图　（f）完成正垂面切割后选上表面

图 5-45 实体模型的构建

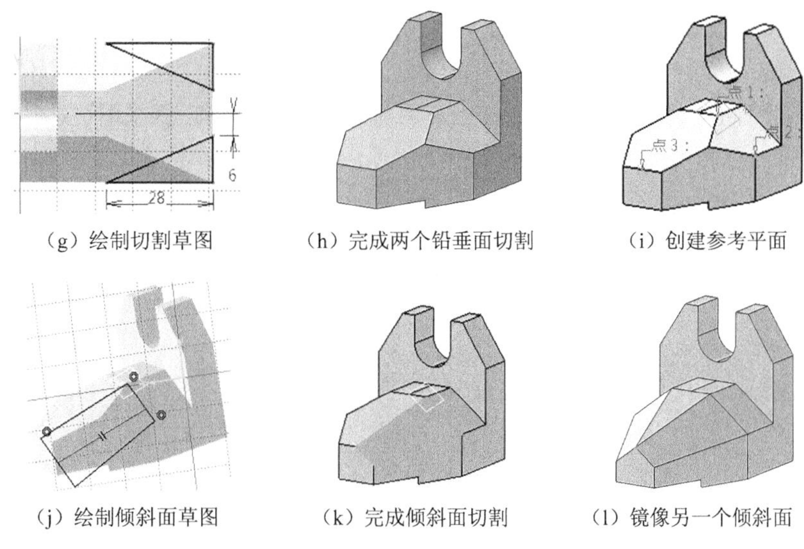


（g）绘制切割草图　（h）完成两个铅垂面切割　（i）创建参考平面

（j）绘制倾斜面草图　（k）完成倾斜面切割　（l）镜像另一个倾斜面

图 5-45　实体模型的构建（续）

（4）选择左柱体上表面，绘制切割草图如图 5-45（g）所示；利用凹槽命令，完成两个铅垂面切割，如图 5-45（h）所示。

（5）先利用参考点命令，在左侧棱线的中点创建一个参考点 3，如图 5-45（i）所示；再利用参考面命令，过点 1、点 2、点 3（点 2、点 3 为立体表面的点）创建一个参考面，如图 5-45（i）中过点 1 的参考面所示。

（6）选择创建的参考面，绘制四边形草图，利用“相合”约束将四边形的三个顶点分别与点 1、点 2、点 3 相合，并使四边形左边线与右边线平行，如图 5-45（j）所示。

（7）利用凹槽命令，完成倾斜面切割，如图 5-45（k）所示，再利用镜像命令完成另一个倾斜面切割。完成的与图 5-44 二维视图对应的实体模型如图 5-45（l）所示。

**【练习 5-6】**根据图 5-46 所示物体的二维视图，构建其三维模型。

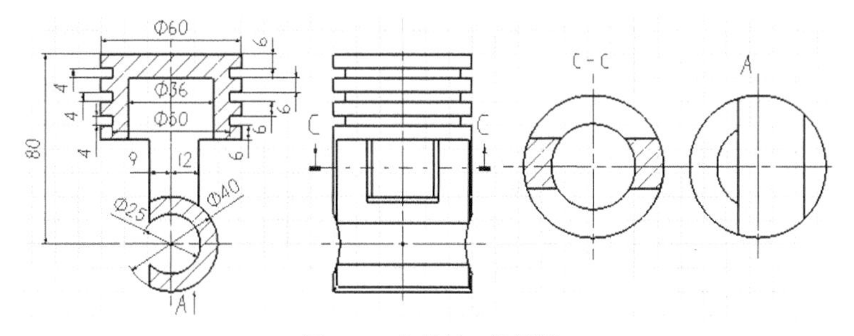


图 5-46　物体的二维视图

分析：由给出的一组视图可看出，该物体由三部分构成。

- 上部分是具有内外表面的复合回转体，它的特征视图是主视图，该部分可利用回转体命令创建；
- 下部分通过主视图和 A 向视图可以看出它的原始形状是一个圆筒，被一个距轴线 9mm 的侧平面截切；

- 圆筒两端又被 $\phi60$ 的圆柱面截切，该部分的特征视图为主视图和 A 向视图，可利用实体混合命令创建；
- 中间部分由主、左视图可看出它将上下两部分连接，由 C-C 剖视图可知其特征轮廓为左右两断面，此部分可利用凸台命令创建。

具体构型步骤如下。

（1）创建物体下部：选择 XY 坐标面绘制直径 60mm 的圆如图 5-47 所示。单击退出工作台按钮，再选择 ZX 坐标面绘制主视图的投影轮廓，如图 5-48 所示，利用实体混合命令创建的实体如图 5-49 所示。

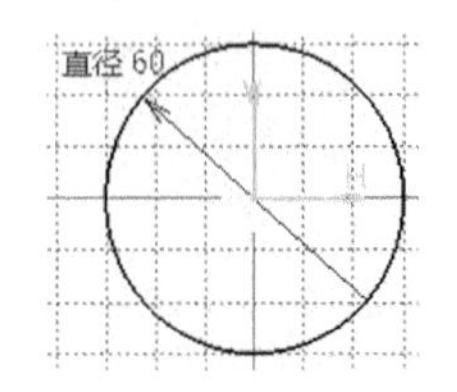


图 5-47　XY 坐标面的草图

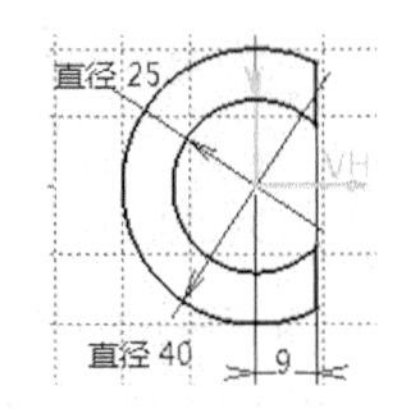


图 5-48　ZX 坐标面的草图

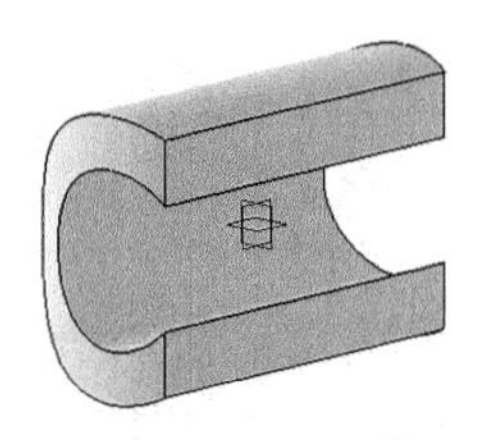

图 5-49　下部实体模型

（2）创建物体上部：选择 ZX 坐标面绘制的草图如图 5-50 所示。利用回转体命令创建的实体如图 5-51 所示。

（3）创建物体中部：选择上部实体底面，如图 5-52 手指处。单击草图按钮，选择底面两个圆后单击投影 3D 元素按钮，选择图 5-53 手指处的平面，再次单击投影 3D 元素按钮，再画一条与 H 轴平行且相距 12mm 的直线，如图 5-53 中 H 轴下方的直线，双击快速修剪按钮，修剪后的草图如图 5-54 所示。利用凸台命令，选择拉伸到曲面，完成中部实体及整体形状如图 5-55 所示。

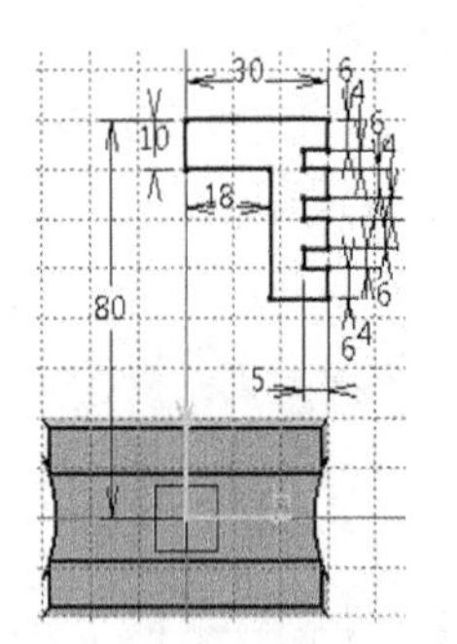


图 5-50　ZX 坐标面的草图

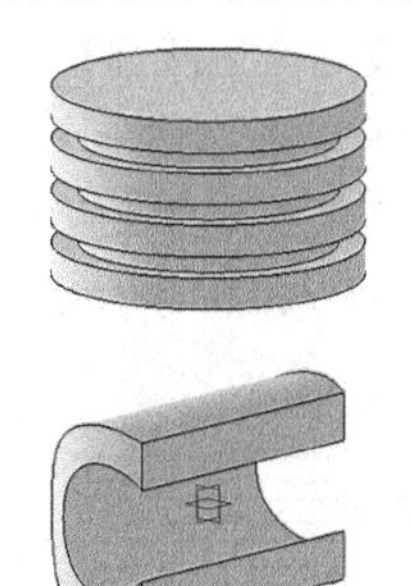

图 5-51　上部实体模型

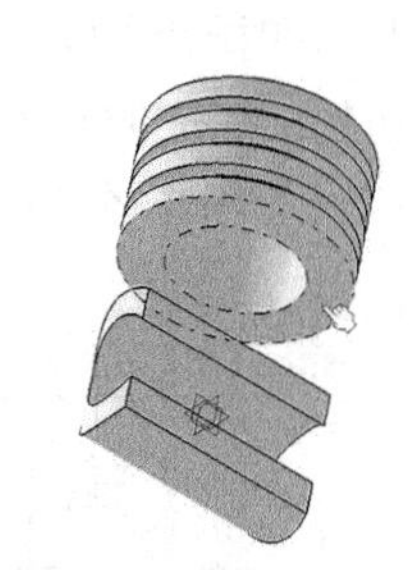

图 5-52　选择上部实体底面

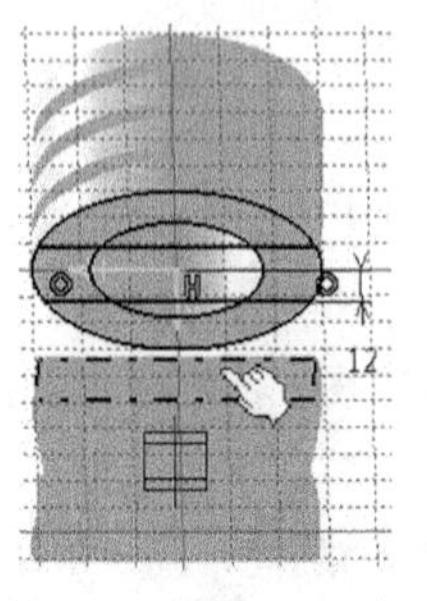


图 5-53　投影 3D 元素

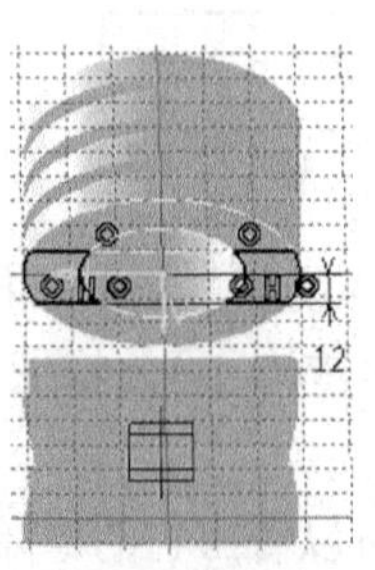


图 5-54　修剪草图

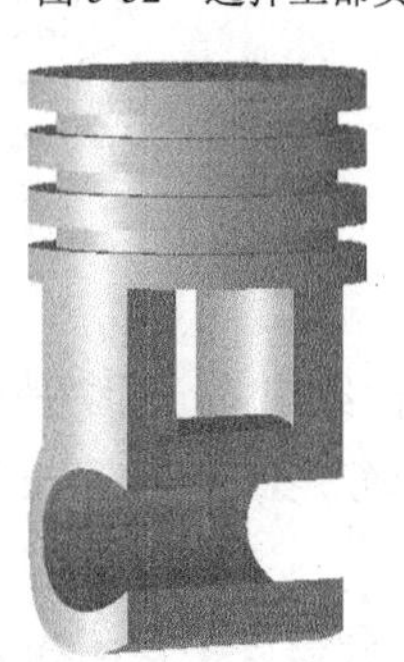

图 5-55　创建的实体

【练习 5-7】 根据图 5-56 所示物体的二维视图，构建其三维模型。

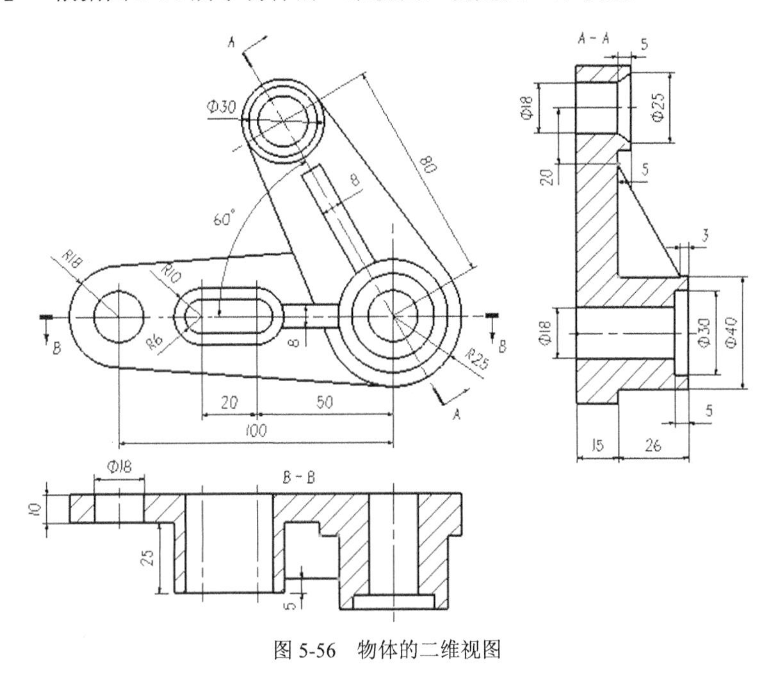


图 5-56 物体的二维视图

分析：由主视图可看出该物体投影轮廓的特点是线框内套线框及重叠线框，由前述读图规律可知，这些线框表示的空间结构之间具有凸起或凹下的关系。三个视图联系起来看，除了 4 种通孔外，其余线框均为凸起的实体（包括 2 块肋板，共有 7 个实体，因此需要绘制 7 个草图）。2 块肋板的特征视图分别在俯视图和左视图上，其他结构的特征视图均在主视图上。俯视图 3 个宽度尺寸，确定了水平放置结构的拉伸大小。左视图中的部分尺寸确定了倾斜放置结构拉伸大小。由以上分析可知：该物体主要用凸台命令、凹槽命令、孔命令及加强肋命令创建。具体构型步骤如下。

（1）创建斜置板：选择 ZX 坐标面绘制如图 5-57 所示草图，利用凸台命令拉伸 15mm。

（2）创建正置板：选择 ZX 坐标面绘制如图 5-58 所示草图，利用凸台命令拉伸 10mm。

（3）创建圆柱：选择斜置板前表面绘制如图 5-59 所示草图，利用凸台命令拉伸 26mm。

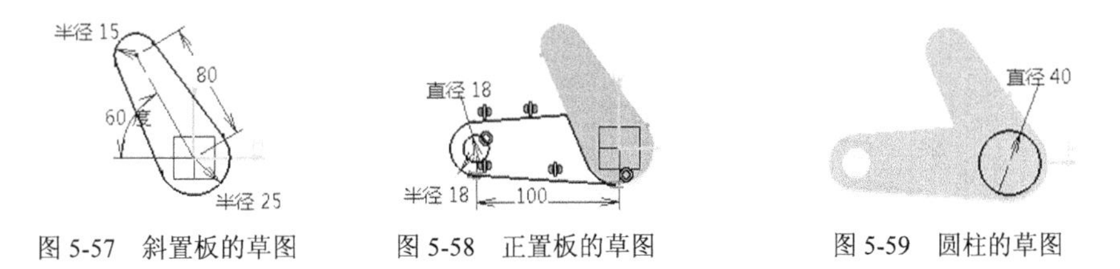


图 5-57 斜置板的草图　　图 5-58 正置板的草图　　图 5-59 圆柱的草图

（4）创建延长柱：选择正置板前表面绘制如图 5-60 所示草图，拉伸 25mm。

（5）创建斜置板上凸台：选择斜置板前表面绘制如图 5-61 所示草图，拉伸 5mm。

（6）创建水平肋板：选择 XY 坐标面绘制如图 5-62 所示直线，约束尺寸 5mm，利用加强肋命令，加厚 8mm。

（7）创建倾斜肋板：选择 YZ 坐标面为基准面，单击“参考元素”工具栏中的平面命令，在“平面定义”对话框中的设置如图 5-63 所示，选择该平面，在其上绘制一条直线，约束的尺寸如图 5-64 所示，利用加强肋命令，加厚 8mm。

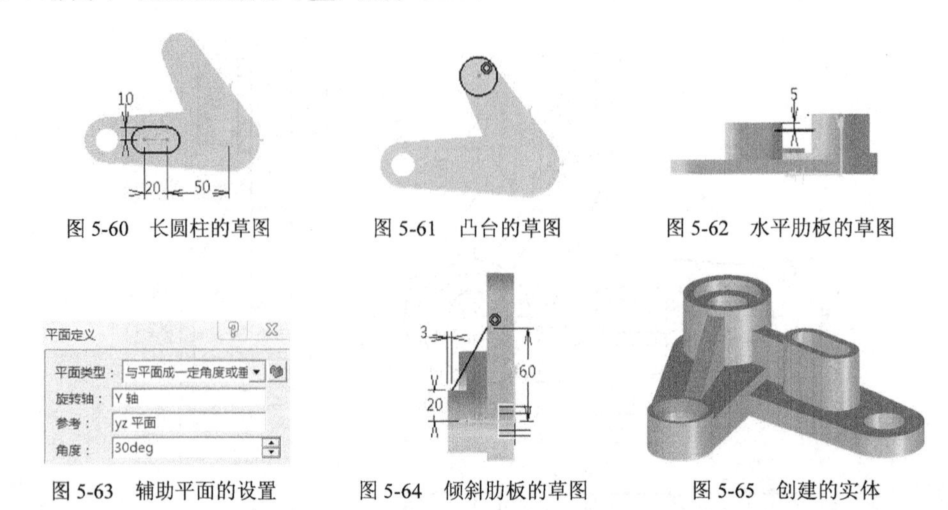


图 5-60　长圆柱的草图　　图 5-61　凸台的草图　　图 5-62　水平肋板的草图

图 5-63　辅助平面的设置　　图 5-64　倾斜肋板的草图　　图 5-65　创建的实体

（8）利用延长孔命令，绘制草图，半径 6mm，与延长柱同心约束，利用凹槽命令创建延长孔。

（9）选择斜置板 $\phi$30 圆弧，单击孔命令，再单击 $\phi$30 凸台顶面，设置“埋头孔”尺寸。“模式：深度和直径；深度：5；直径：25”，完成沉头孔创建。选择 $\phi$40 圆柱顶面的圆弧，用同样方法创建沉头孔，设置“沉头孔”尺寸，“直径：30；深度：5”。创建的实体模型如图 5-65 所示。

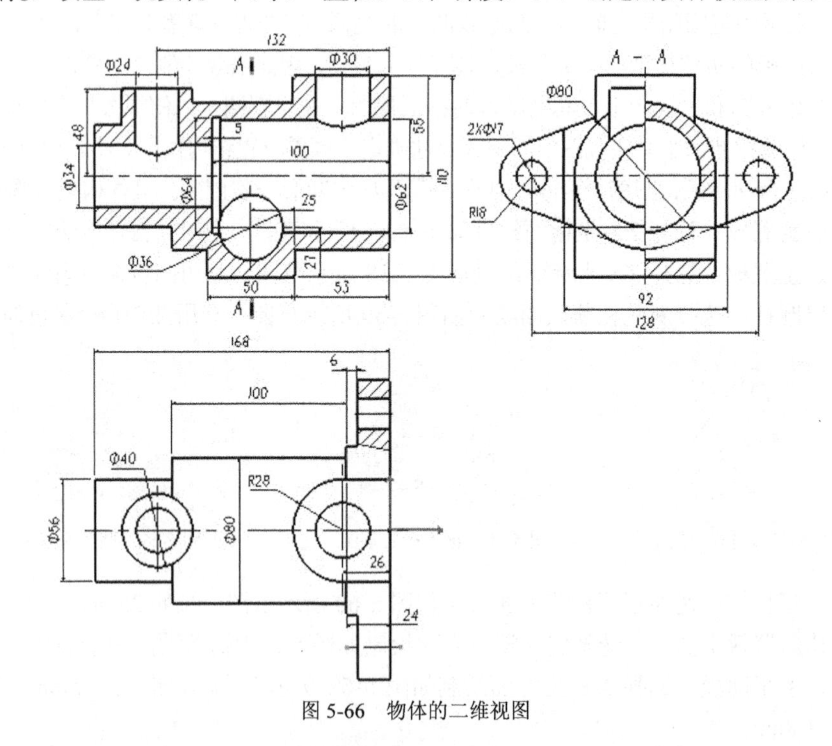


图 5-66　物体的二维视图

**【练习 5-8】**　根据如图 5-66 所示物体的二维视图，构建其三维模型。

分析：由图 5-66 所示的一组视图可看出：该物体外形由左视图显示的圆菱形柱体，俯视图显

示的 $\phi 56$ 和 $\phi 80$ 同轴回转体，主、俯视图确定的竖直放置的 $\phi 40$ 圆柱以及由尺寸 26 和 $R28$ 确定的拱形体以及左视图显示的与 $\phi 80$ 圆柱相切的复合柱体构成。内部形状通过主视图可看出：左右方向有 $\phi 34$、$\phi 64$ 和 $\phi 62$ 确定的同轴通孔，上下方向有 $\phi 24$ 和 $\phi 30$ 确定的与左右通孔相交的孔，主、左视图联系起来可知在复合柱体上沿着前后方向切有 $\phi 36$ 的通孔。由以上分析确定的创建步骤如下。

（1）创建圆菱形柱体：选择 YZ 坐标面绘制如图 5-67 所示草图，利用凸台命令拉伸 24mm；利用投影 3D 元素命令和直线命令，绘制如图 5-68 所示草图，镜像后利用凹槽命令，切掉 6mm，形成一个台阶。

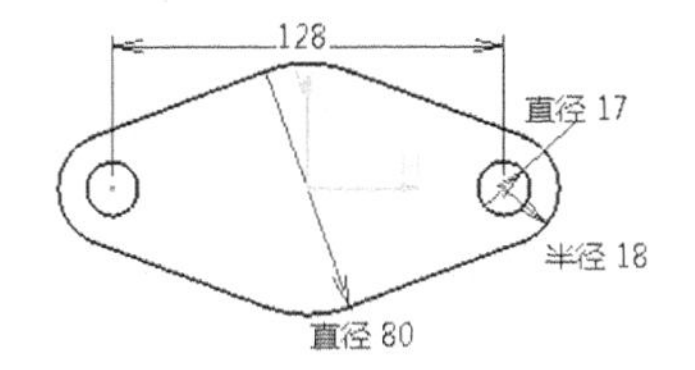


图 5-67　圆菱形柱体的草图

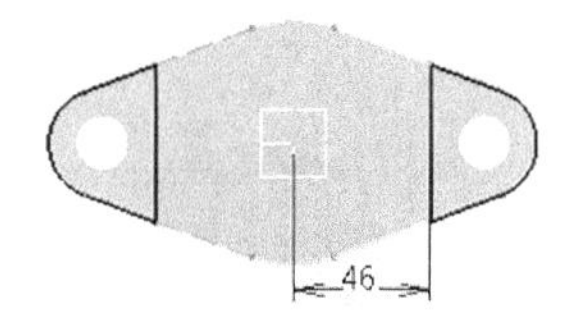


图 5-68　台阶的草图

（2）创建 $\phi 56$ 和 $\phi 80$ 同轴回转体：选择 ZX 坐标面绘制如图 5-69 所示草图，利用回转体命令，创建同轴回转体。

（3）创建 $\phi 34$、 $\phi 64$ 和 $\phi 62$ 确定的同轴通孔：选择 ZX 坐标面绘制如图 5-70 所示草图，利用旋转槽命令，创建同轴通孔。

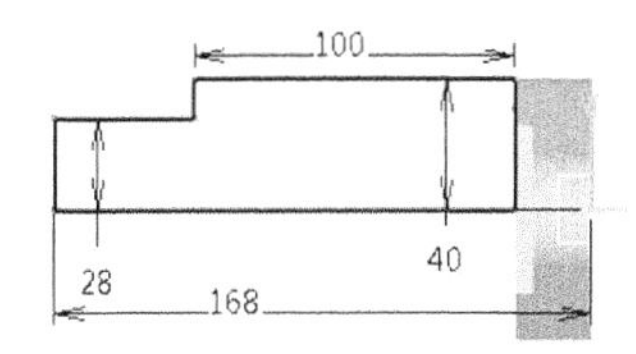


图 5-69　回转体的草图

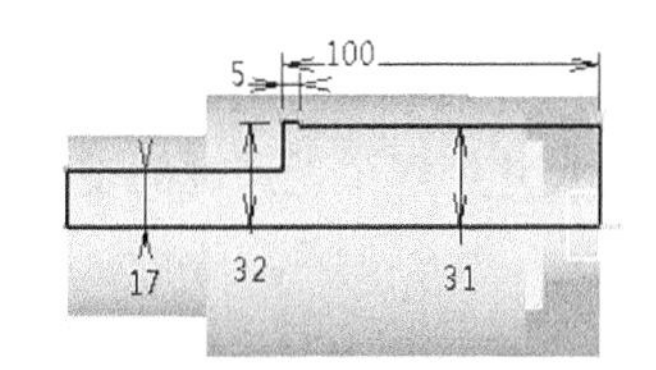


图 5-70　回转槽的草图

（4）创建 $\phi 40$ 圆柱：先生成一个距离 XY 坐标面 48mm 的参考平面，在此平面上绘制的草图如图 5-71 所示，利用凸台命令拉伸到曲面。

（5）创建拱形体：先生成一个距离 XY 坐标面 55mm 的参考平面，在此平面上绘制的草图如图 5-72 所示，利用凸台命令拉伸到曲面。

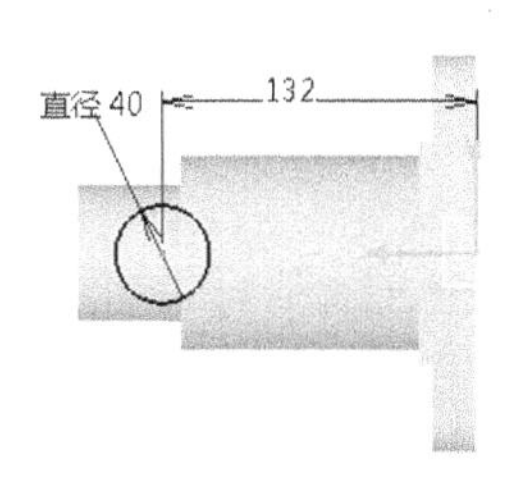


图 5-71　竖直圆柱的草图

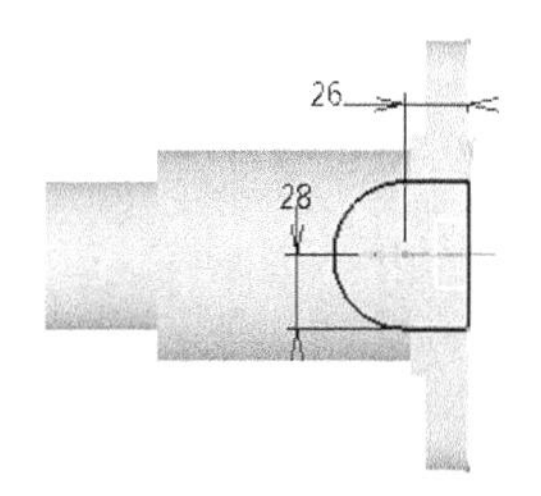


图 5-72　拱形体的草图

（6）创建与 $\phi 80$ 圆柱相切的复合柱体：先生成一个距离 YZ 坐标面 53mm 的参考平面，在此平面上绘制的草图如图 5-73 所示，利用凸台命令向左拉伸 50mm。

（7）选择复合柱体前表面，绘制的草图如图 5-74 所示，利用凹槽命令，挖切到最后。

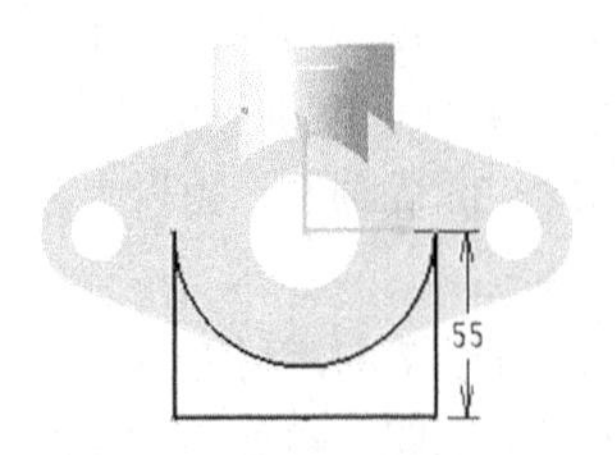


图 5-73　复合柱体的草图

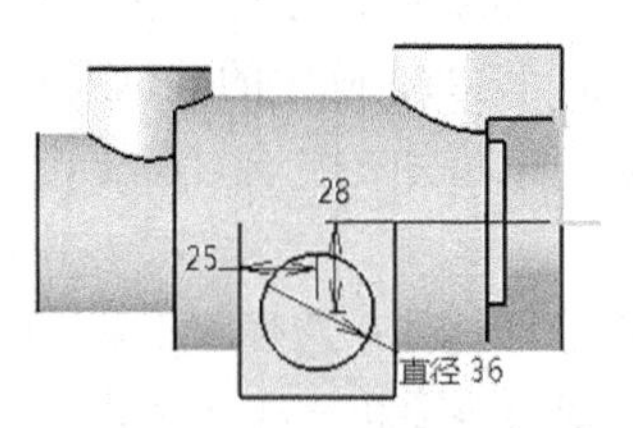


图 5-74　前后通孔的草图

（8）上下两孔可先选择圆弧，再利用孔命令生成。创建的三维实体如图 5-75 所示，其内部结构如图 5-76 所示。

图 5-75　创建的三维实体

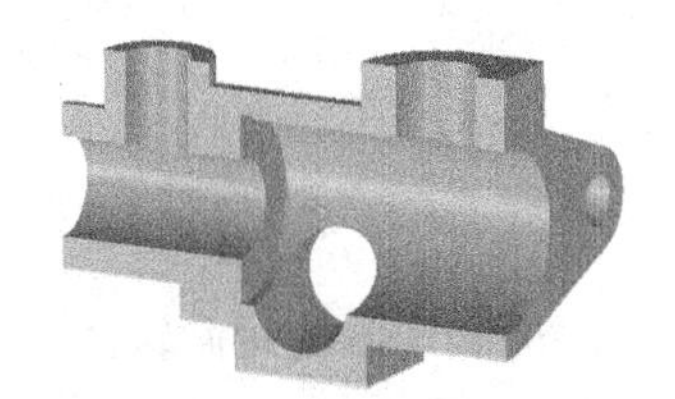

图 5-76　实体的内部结构

## 5.3.7　自测题

打开光盘文件第五章中的自测题文件夹，根据给出的二维视图构建其三维实体模型。有尺寸的视图，按给定的尺寸创建；无尺寸的视图，自己添加尺寸约束进行创建。

# 第6章 修饰特征、变换特征与布尔操作

## 6.1 修饰特征

修饰特征就是在已有实体的基础上，创建满足设计要求和制造工艺要求的功能特征。这些功能特征包括倒圆角、倒角、拔模斜度、抽壳、增厚面、螺纹、移出面和替换面等。执行修饰特征的命令时，可单击“修饰特征”工具栏中的命令图标，也可通过单击下拉菜单“插入”→“修饰特征”下的菜单栏选择命令。“修饰特征”的命令图标及功能如图 6-1 和图 6-2 所示。

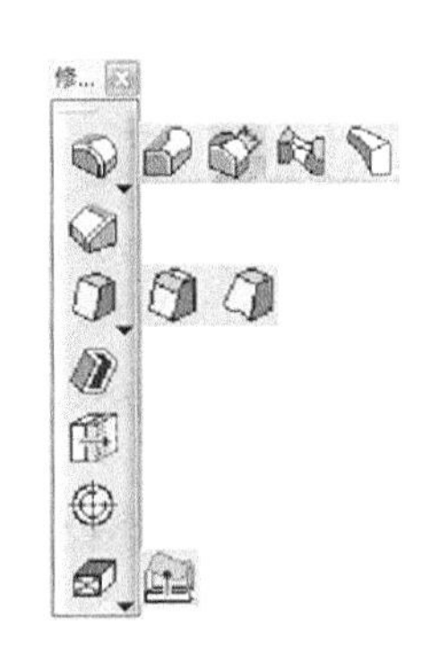

图 6-1　修饰特征工具栏

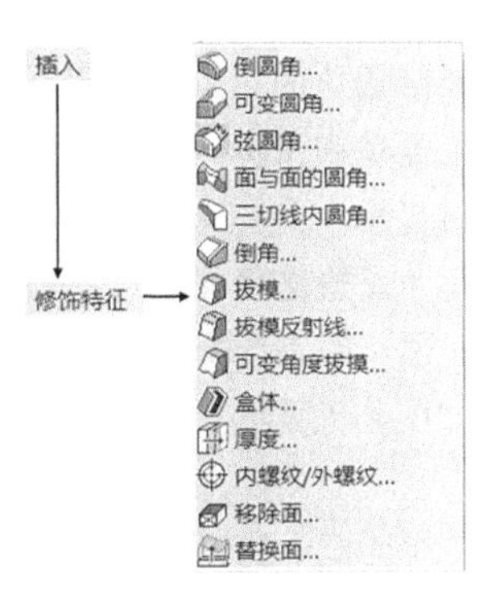


图 6-2　修饰特征菜单栏

### 6.1.1　倒圆角

在 CATIA V5 中，提供有五种倒圆角命令：等半径圆角、可变半径圆角、玄圆角、面与面的圆角和三切线内圆角。

1．等半径圆角

铸、锻造零件表面间的圆角以及轴肩根部的圆角都可以用等半径圆角命令创建。

（1）等半径圆角的操作步骤如下。

① 单击“等半径圆角”命令图标，弹出如图 6-3 所示“倒圆角定义”对话框，在对话框中输入圆角半径数值（默认为 5mm）；

② 选择要圆角化的对象：可以连续选择已建实体上的棱线，如图 6-4 中手指处，选择后单击“确定”按钮，完成的圆角如图 6-5 所示。

也可连续选择平面或曲面，选择后，面上的棱线或交线均被倒成半径相同的圆角，如图 6-6 所示连续选择手指处的两个平面，完成的倒圆角如图 6-7 所示。

将实体上所有表面都选择后，则实体上所有棱线均被倒成等半径圆角，如图 6-8 所示。

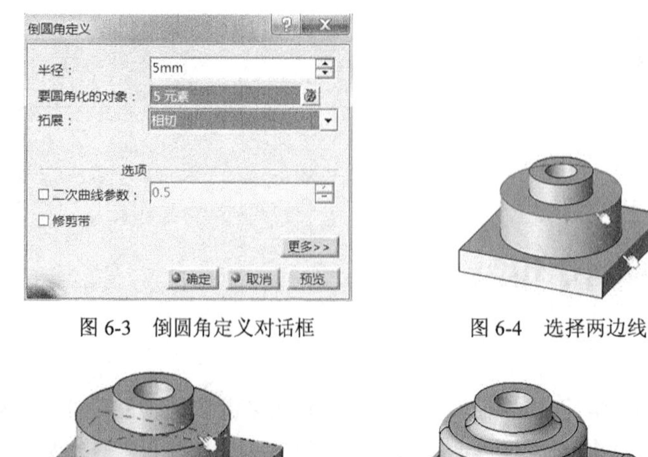


图 6-3 倒圆角定义对话框

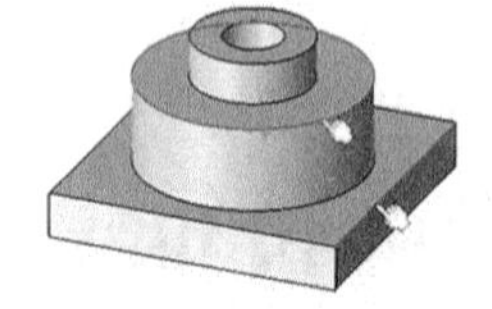

图 6-4 选择两边线

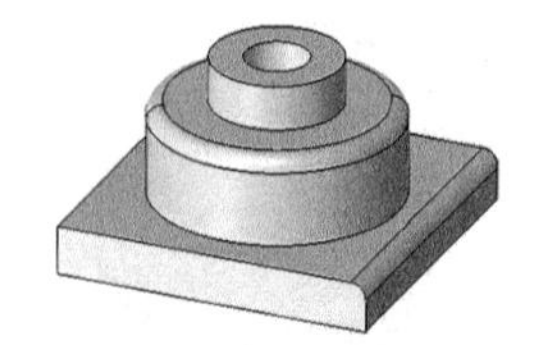

图 6-5 倒出两圆角

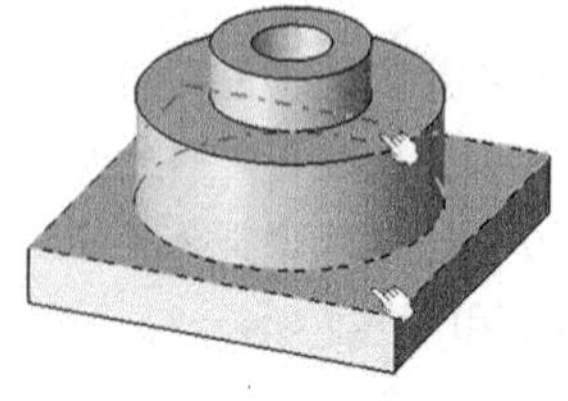

图 6-6 选择两表面

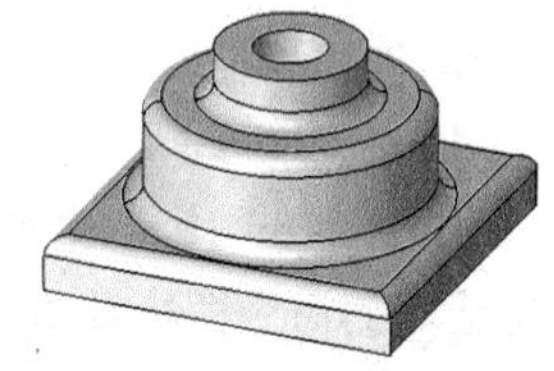

图 6-7 表面的线倒出圆角

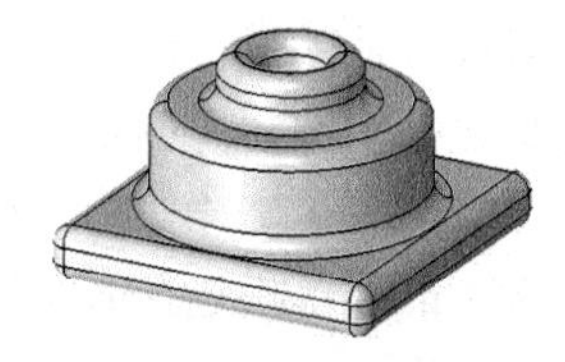

图 6-8 所有棱线倒成圆角

选择实体背面要圆角化的对象通常是转动实体进行选择。如果不想转动实体，可以先按住 Alt 键在要选择的对象附近单击鼠标，即刻弹出一个局部放大镜并同时显示一列预选的对象，在预选对象上移动光标（或按键盘“↑”或“↓”键）预览要选择的对象，确定选择对象后，单击左键完成选择，如图 6-9 所示（此方法适合所有实体上的选择）。

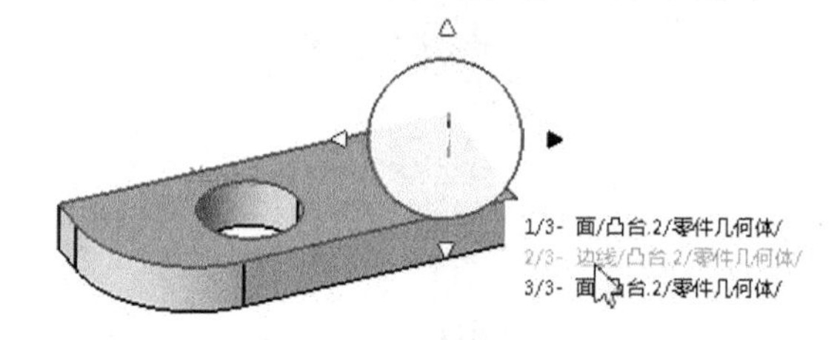


图 6-9 选择实体后部对象

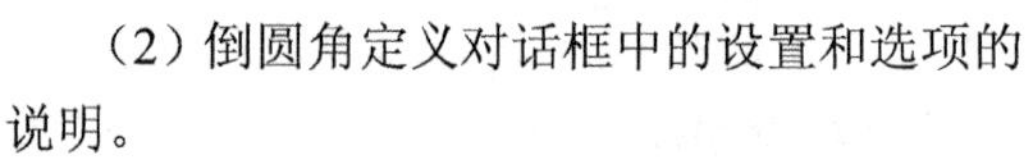

（2）倒圆角定义对话框中的设置和选项的说明。

①“半径”数值框：在该数值框中输入圆角半径，如图 6-10 中输入 3mm。

②“要圆角化的对象”窗口：显示被选中元素的数量。单击该窗口旁的图标，可弹出如图 6-11 所示的编辑所选对象的“圆角对象”对话框，选择一个要编辑的对象，即可激活“移除”和“替换”两个按钮，单击其中一个按钮，即可移除或替换所选对象。

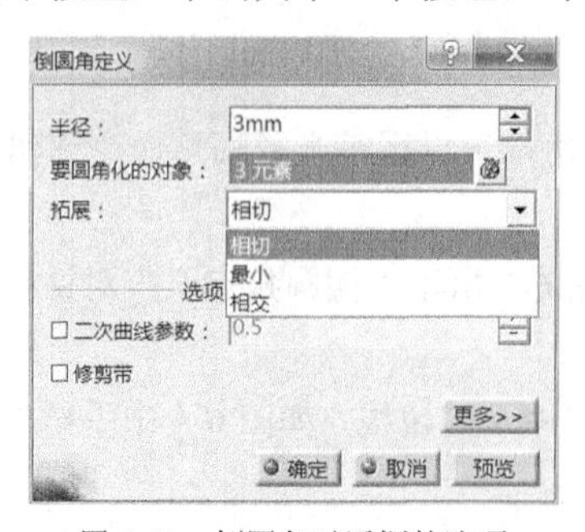


图 6-10 倒圆角对话框的选项

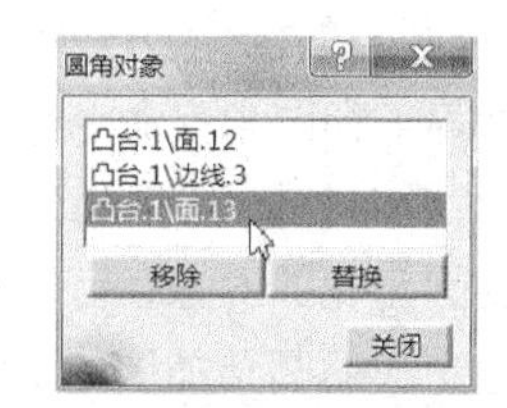


图 6-11 圆角对象对话框

③“拓展”窗口：展开此窗口，有“相切”、“最小”、“相交”3 个选项，如图 6-10 所示。

当选择实体上同一边线，如图 6-11 所示，而对应的拓展方式不同，倒出的圆角也不同。

- 相切：沿所有与倒圆角棱边相切的棱边拓展进行倒圆角，如图 6-12 所示。
- 最小：只对所选中的棱边进行倒圆角，如图 6-13 所示。
- 相交：在两个实体特征的交线处进行倒圆角，如图 6-14 所示。

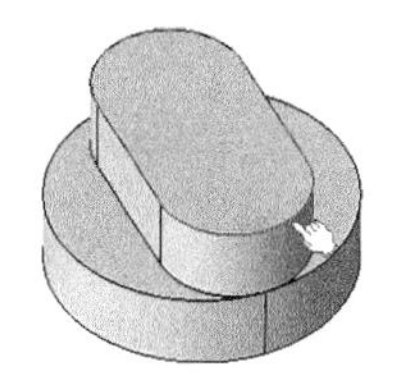

图 6-11 选择棱线

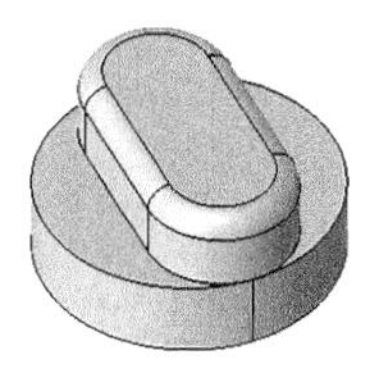

图 6-12 相切

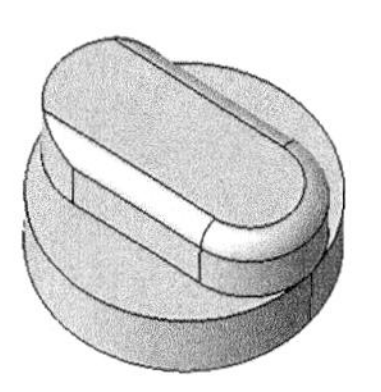

图 6-13 最小

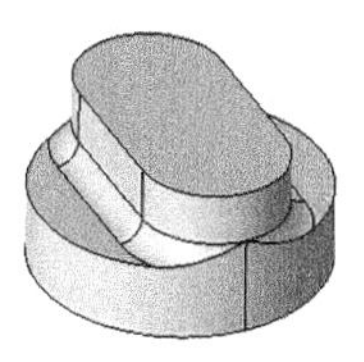

图 6-14 相交

④“二次曲线参数”复选框：默认为取消状态，选中后其右侧数值框被激活（输入数值不得大于 1）。此选项主要用于有曲面相交且交线之间相对位置较复杂时进行倒圆角。

⑤“修剪带”复选框：选中后会自动修剪两相交圆角重叠的部分。

⑥“更多”按钮：单击“更多”按钮会展开“倒圆角定义”的更多选项。有“要保留的边线”、“限制元素”和“桥接曲面圆角”等，如图 6-15 所示。

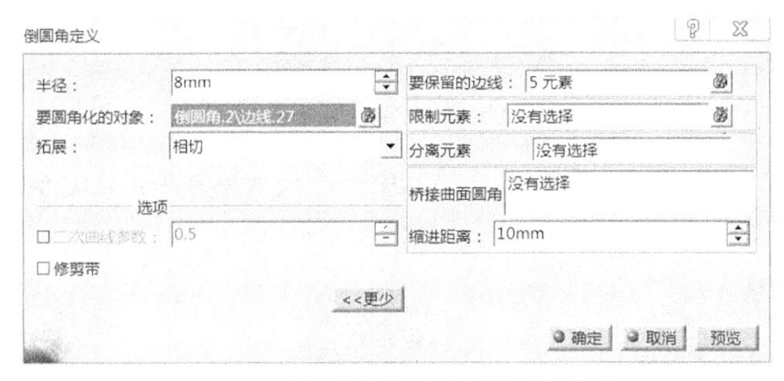


图 6-15 倒圆角定义对话框的更多选项

- 要保留的边线：当棱边倒圆角半径大于棱边一侧或两侧尺寸时，如图 6-16 中手指处棱线倒圆角半径为 8mm，而棱线上方尺寸为 5mm，前方尺寸为 4mm，按上述步骤倒圆角后，单击“确定”按钮时，会弹出一个“更新错误”信息框，再次单击“确定”按钮，在弹出的“特征定义错误”信息框上提示有“要添加保留边线吗？如果不添加，系统将计算一条保留边线。”如果选择“否”，系统将自动添加边线完成倒圆角，如图 6-17 所示。如果选择“是”，则弹出展开的“倒圆角定义”对话框，此时可选择要保留的边线（选择拱形体上表面的边线和长方体上表面的边线），创建的倒圆角如图 6-18 所示。

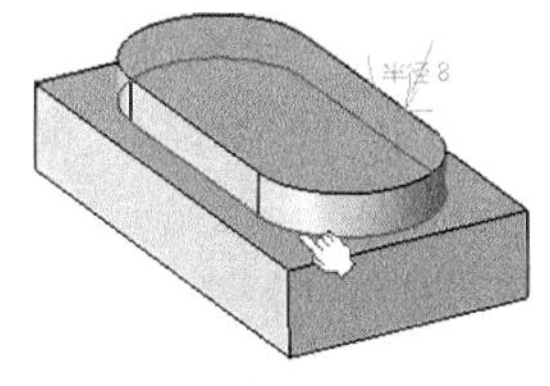


图 6-16 选择倒圆角的棱边

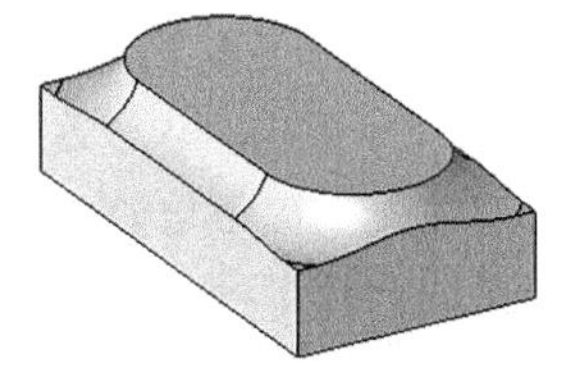

图 6-17 选择“否”

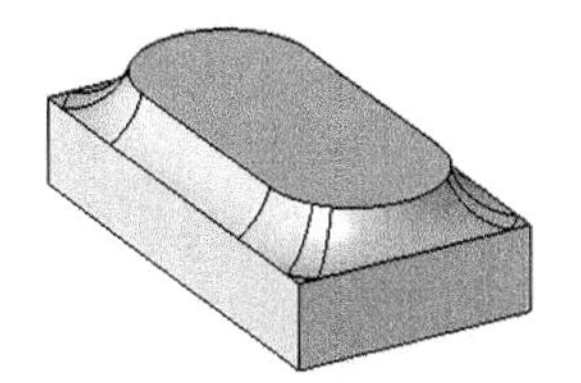

图 6-18 选择“是”

- 限制元素：可以选择实体上的表面、参考平面、参考点（参考点必须建立在圆角的棱边上）

来限制圆角的延伸，使限制面或点的一侧倒圆角而另一侧不倒圆角，如图 6-19 所示中的限制元素为点，而图 6-20 中的限制元素为立体上的面。

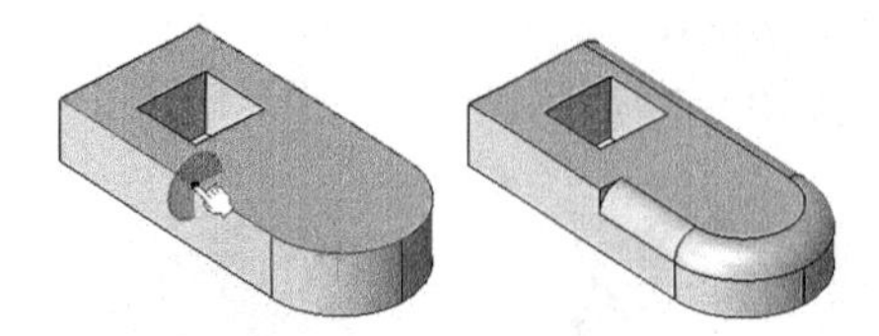
图 6-19　选择点倒圆角

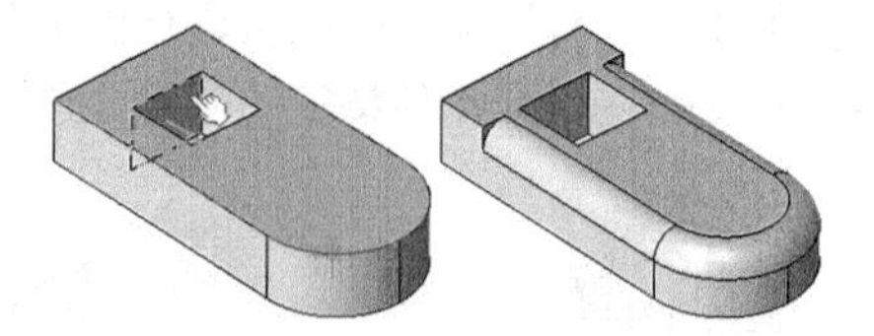
图 6-20　选择平面倒圆角

- 桥接曲面圆角：在三条或三条以上棱线相交倒圆角时，其交点处的圆角不理想时，可用此选项进行调整。例如要改变图 6-21 所示实体上三条棱线相交处的圆角形态，其步骤如下。

左键双击交汇处的圆角，单击更多>>按钮，在“桥接曲面圆角”的窗口中单击右键，选择“按边线创建”如图 6-22 所示。在缩进距离：窗口中单击微调按钮，棱线上的尺寸动态伸缩，如图 6-23 所示（缩进尺寸既不能小于圆角半径，也不能大于棱边长度）。

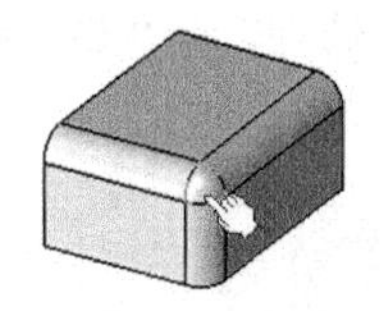
图 6-21　双击圆角

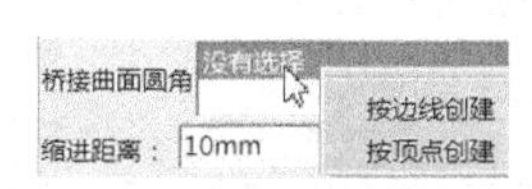

图 6-22　选择按边线创建

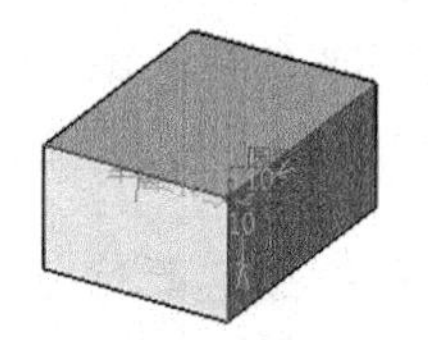
图 6-23　调整尺寸

棱线上的尺寸可以同时缩进，也可以选择其中一个尺寸单独缩进，图 6-24、图 6-25 和图 6-26 给出的是圆角半径不变（5mm），缩进距离不同的圆角形态。

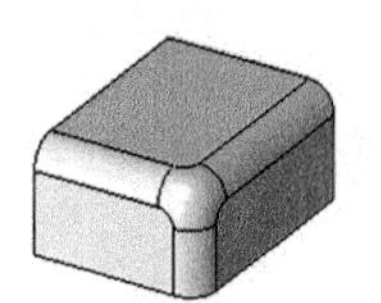
图 6-24　同时缩进 8mm

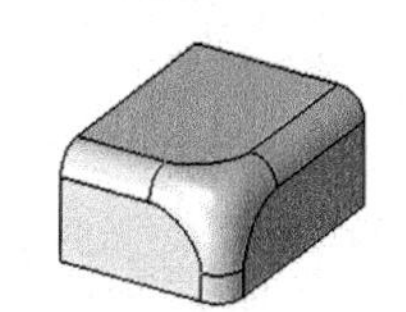
图 6-25　同时缩进 15mm

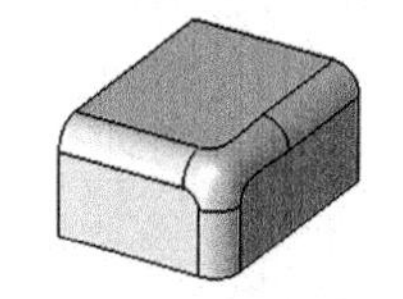
图 6-26　单向缩进 20mm

### 2. 可变半径圆角

可变半径圆角功能和操作与等半径圆角基本相同，只是对棱边倒圆角时，圆角半径是可以变化的。根据需要可在棱边上选择几个控制点，在每个控制点处可以设置不同的圆角半径。

**【实例 6-1】** 可变半径圆角的操作步骤。

① 单击“可变半径圆角”命令图标，弹出如图 6-27 所示“可变半径圆角定义”对话框。

② 选择要圆角化的对象：选择如图 6-28 手指处的棱线，该棱线两端点显示默认的圆角半径 5mm，双击右端点，在弹出的图 6-29 所示的“参数定义”对话框中将半径尺寸改为 10mm，修改后的尺寸如图 6-30 所示，在“变化”选项窗口中有“三次曲线”和“线性”两个选项，根据需要选择其一，单击“确定”按钮，创建的可变半径圆角如图 6-31 和图 6-32 所示。

如果要在圆角边的某一位置设置新的圆角半径，可在选择棱线后，在对话框中“点”选项的窗口中单击右键，在弹出的快捷菜单中选择创建点，例如在棱线创建一个“中点”，则在该点处也显示圆角的半径尺寸，双击这个尺寸对其修改，如图 6-33 所示，创建的“三次曲线”和“线性”可变半径圆角如图 6-34 和图 6-35 所示。

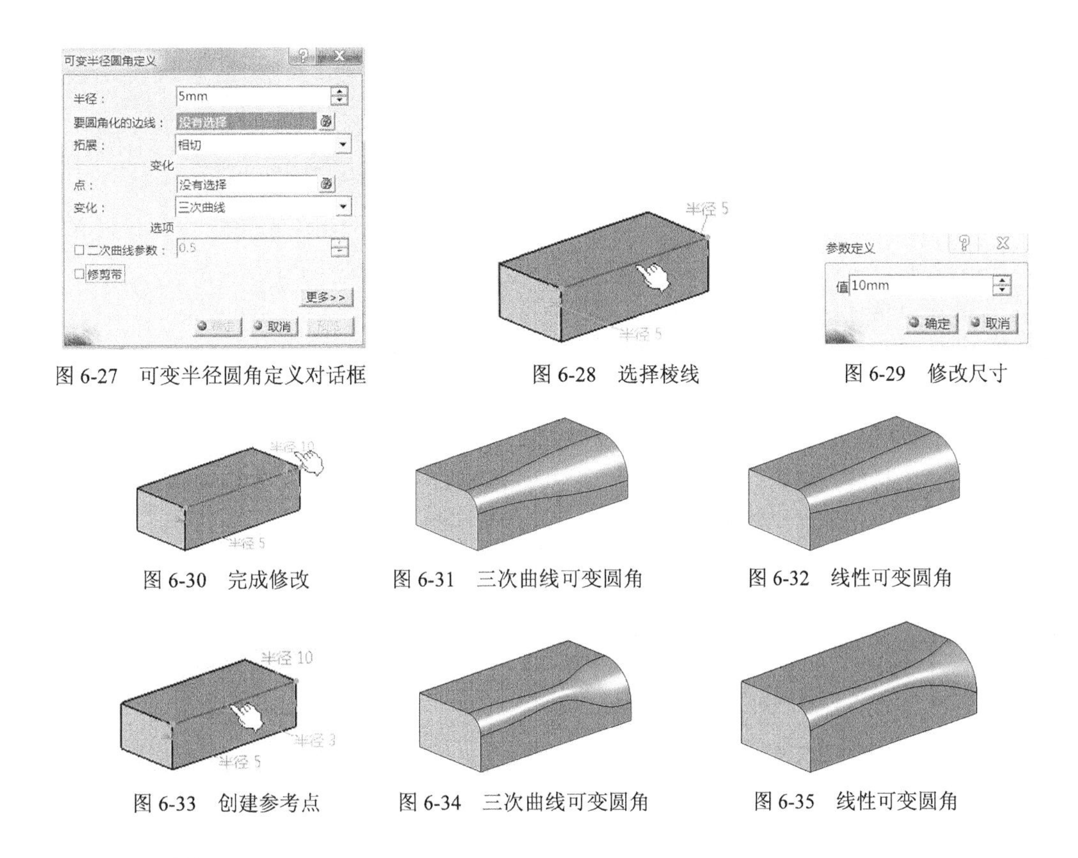


图 6-27 可变半径圆角定义对话框　　图 6-28 选择棱线　　图 6-29 修改尺寸

图 6-30 完成修改　　图 6-31 三次曲线可变圆角　　图 6-32 线性可变圆角

图 6-33 创建参考点　　图 6-34 三次曲线可变圆角　　图 6-35 线性可变圆角

### 3. 玄圆角

玄圆角与可变半径圆角的功能和操作完全相同，也可以在棱边上选择几个控制点，在每个控制点处可以设置不同的圆角玄长，如图 6-36 所示。在“玄圆角定义”对话框的“变化”选项的窗口中也有两个选项：“线性”和“三次曲线”，在同一条件下，选择不同选项，则创建的玄圆角形态也不相同，如图 6-37 和图 6-38 所示。

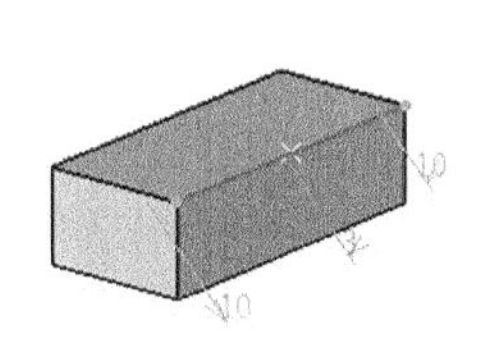

图 6-36 圆角尺寸为玄长

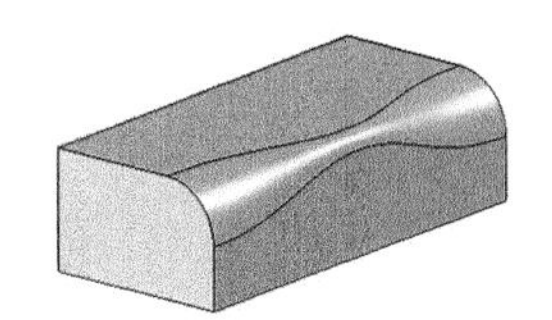

图 6-37 三次曲线玄圆角

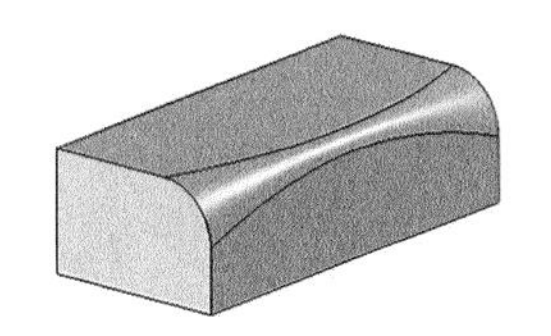

图 6-38 线性玄圆角

### 4. 面与面的圆角

面与面的圆角是在两个曲面之间建立一个过渡曲面圆角。建立面与面的圆角时，圆角半径应小于最小曲面的高度，并大于曲面间最小距离的 1/2，而且第三个特征必须要与建立过渡曲面圆角的两曲面特征相交，如图 6-39 所示。

**【实例 6-2】** 面与面的圆角的操作。

（1）单击“面与面的圆角”命令图标，在弹出的 “定义面与面的圆角”对话框中输入半径尺寸 25mm（见图 6-39 中两球心距 76mm，球的半径 25mm）。

（2）选择要圆角化的面：选择图 6-39 中两个球面，创建的面与面的圆角如图 6-40 所示。

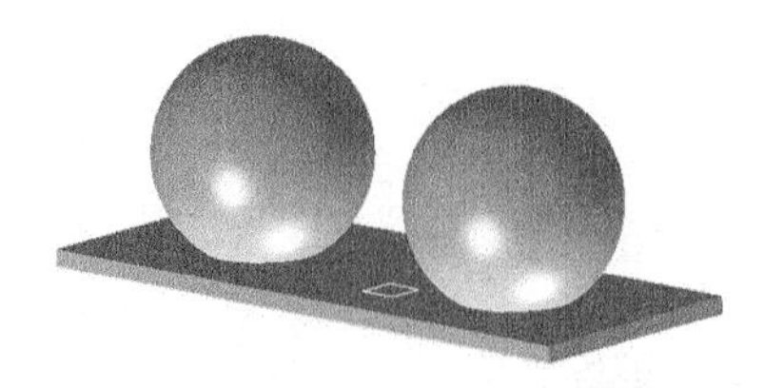

图 6-39 三特征之间的关系

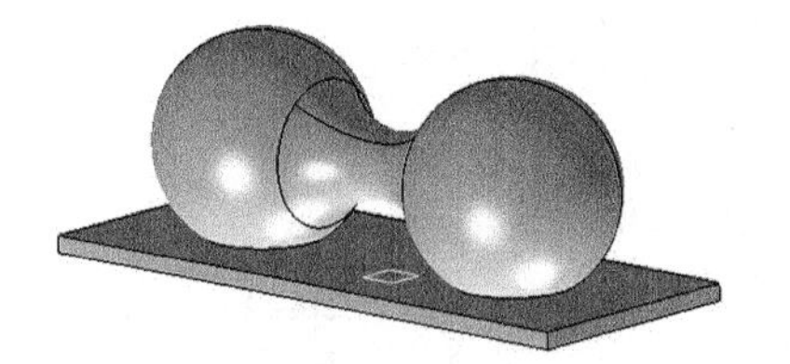

图 6-40 创建的面与面的圆角

5. 三切线内圆角

三切线内圆角是在实体上选择三个相邻的平面，其中去除一个平面，然后用一个与两平面相切的圆弧面来代替去除平面。

（1）三切线内圆角的操作步骤如下。

① 单击“三切线内圆角”命令图标，弹出如图 6-41 所示“定义三切线内圆角”对话框。

② 选择要圆角化的面：选择如图 6-42 实体上的前后表面。

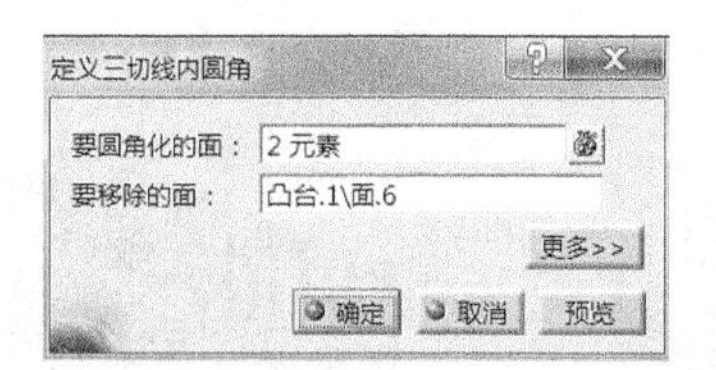


图 6-41 定义三切线内圆角对话框

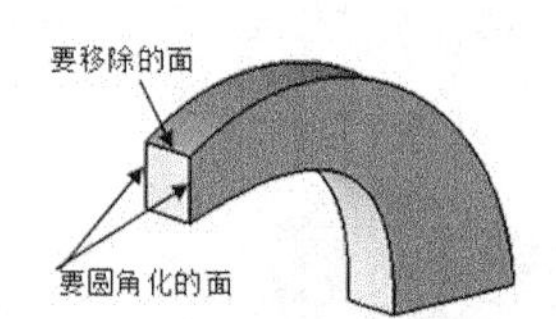


图 6-42 选择三个面

③ 选择要移除的面：选择如图 6-42 实体上的上表面，单击“确定”按钮，创建的三切线内圆角如图 6-43 所示。

（2）三切线内圆角“更多”的操作步骤。

按前述步骤操作后，单击“更多”按钮，在展开的对话框中的“限制元素”选项窗口单击右键，在快捷菜单中选择创建平面，在弹出的“平面定义”对话框中选择“偏移平面”。“参考”面选择实体的左端面，“偏移”窗口中输入适当距离。连续单击“确定”按钮，创建的限制面三切线内圆角如图 6-44 所示。

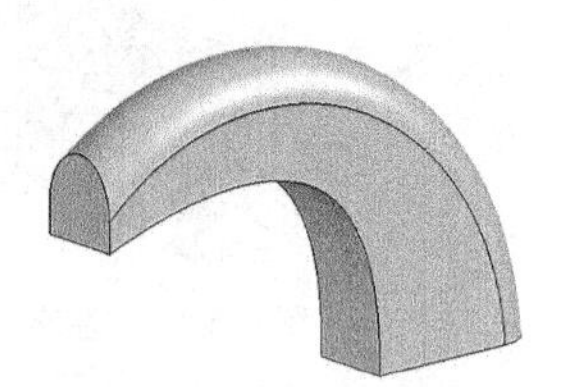

图 6-43 创建三切线内圆角

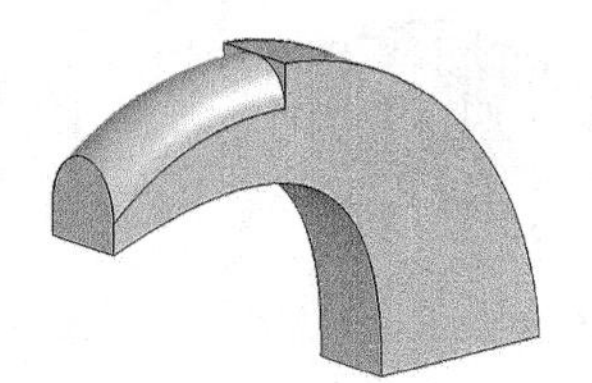

图 6-44 限制面创建三切线内圆角

## 6.1.2 倒角

零件切削加工时，对于公称尺寸相同的轴孔配合面以及零件的锐边都需要进行倒角以保证顺利安全地进行装配。利用 CATIA V5 中的倒角命令，可方便地在实体上创建倒角特征。

**【实例 6-3】** 倒角的操作。

（1）单击“倒角”命令图标，弹出如图 6-45 所示“定义倒角”对话框。

（2）对话框中的设置。“模式”选项有两种，长度 1/角度；长度 1/长度 2，默认为前项。“长度 1”数值框中可输入倒角的轴向尺寸。“角度”数值框中可输入倒角轮廓线与轴线的角度。

（3）选择要倒角的对象：可以连续选择要倒角的棱线，例如选择图 6-46 中实体上的 4 个圆，选择后单击“确定”按钮，完成的孔端及轴端倒角如图 6-47 所示。

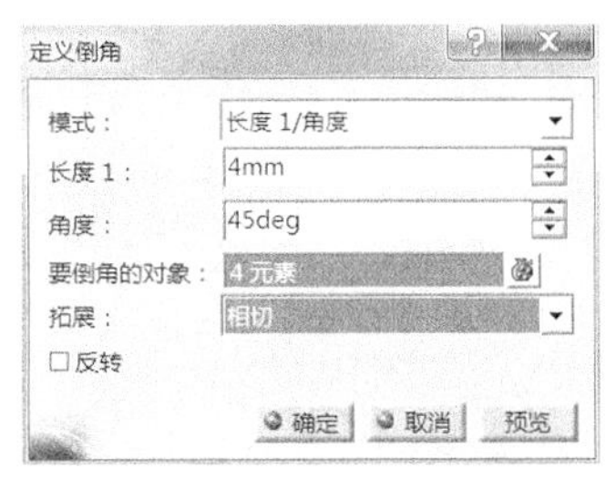


图 6-45 定义倒角对话框

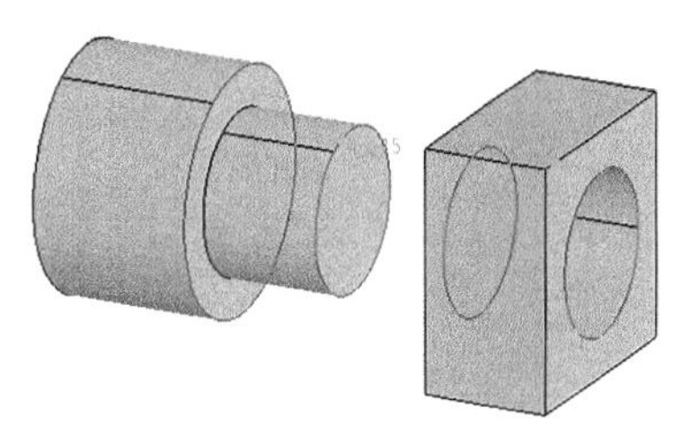

图 6-46 选择要倒角的棱线

可逐条棱线选择，也可单击面进行选择，图 6-48 就是选择顶面后一起倒出 3 个圆角。

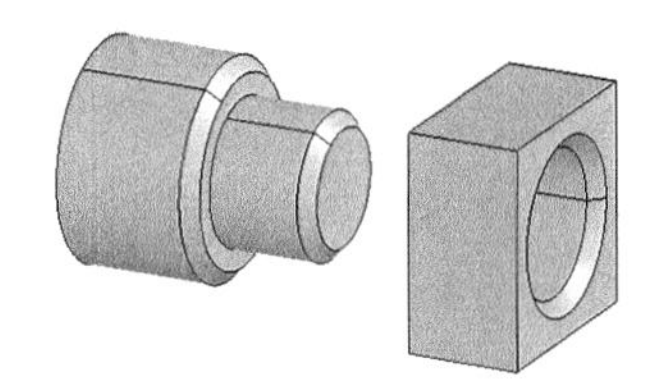

图 6-47 创建的倒角

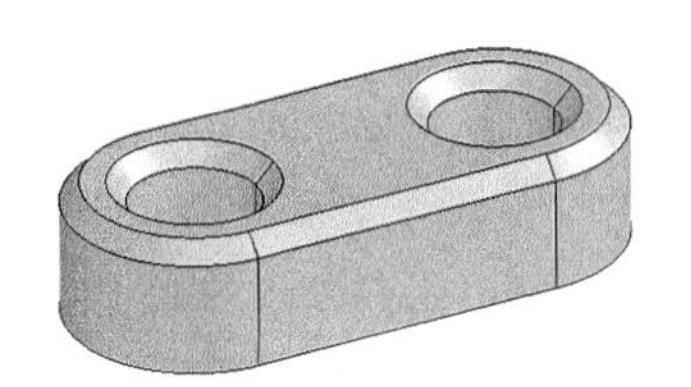

图 6-48 选择顶面的倒角

## 6.1.3 拔模

对于铸造、模锻等零件，为了便于零件与模具分离，需要在零件的拔模面上创建一个斜角，这个角称为拔模角，也叫起模斜度。最简单的拔模应用是将棱柱和圆柱分别变换为棱台和圆台。与拔模相关的术语及其含义如下。

- 拔模方向：零件与模具分离时的方向，图中显示为褐色箭头。
- 拔模角：拔模面与拔模方向间的夹角，其值可为正值或负值，图中显示绿色角度值。
- 中性面：拔模前后大小与形状保持不变的面，图中显示为蓝色。
- 中性线：中性面与拔模面的交线，拔模前后其位置不变，图中显示为粉色。
- 分界面：沿中性线方向限制拔模面范围的平面。
- 分离元素：分割实体成两部分的元素，分离后的实体可各自创建拔模特征。

在 CATIA V5 中有三个拔模命令：斜度拔模、反射线拔模、可变角度拔模。

在“修饰特征”工具栏中，单击“拔模斜度”命令图标右下角的黑三角，即可展开“拔模”工具栏，如图 6-49 所示。

图 6-49 “拔模”工具栏

### 1. 拔模斜度

（1）拔模斜度的操作步骤。

① 单击“拔模斜度”命令图标，弹出如图 6-50 所示“定义拔模”对话框。

② 对话框中的设置：在“角度”窗口中输入拔模角度，在“要拔模的面”窗口中显示在实体上选择的拔模面，在“中性元素”区内的“选择”窗口中显示在实体上选择的中性平面。“拓展”窗口中显示默认“无”（展开后还有一光顺选项），“拔模方向”区内的“选择”窗口中显示拔模方

向的起始面，如图 6-51 所示。

图 6-50　定义拔模对话框

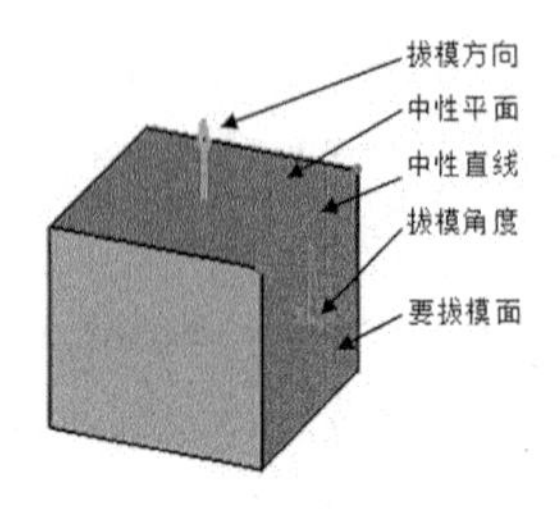


图 6-51　拔模元素

③ 单击“确定”按钮，创建的单选面拔模如图 6-52 所示（也可连续多选要拔模的面）。

（2）选择“通过中性面选择”的复选框。

如果选中“通过中性面选择”的复选框，则不需要再对拔模面进行选择，只需选择一个中性面（见图 6-53 顶面）。系统将会把实体上与中性面相交的面自动选择为拔模面，单击“确定”按钮，创建的具有填料拔模斜度的实体如图 6-54 所示。单击拔模方向的箭头可变为减料拔模的实体。

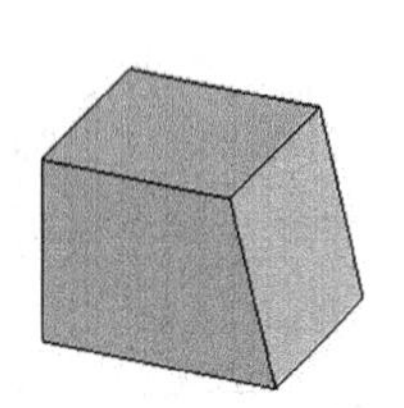

图 6-52　单面拔模

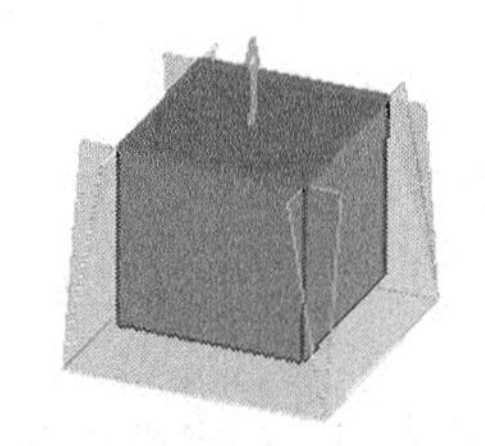

图 6-53　中性面拔模预览

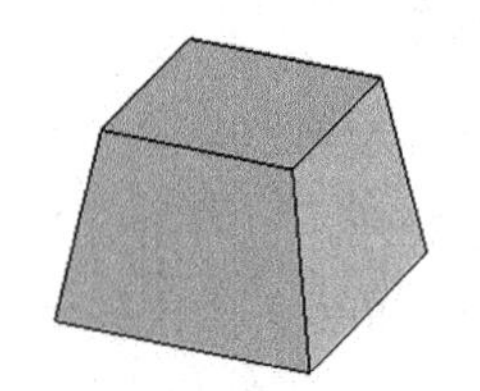

图 6-54　自动选择拔模面

（3）定义拔模的“更多”操作。

单击“定义拔模”对话框中的“更多”按钮，在展开的对话框中有“分离元素”、“限制元素”、“拔模形式”等选项。对于同一实体，选择的选项不同，拔模后的形态也不尽相同。具体差别如图 6-55、图 6-56 和图 6-57 所示。

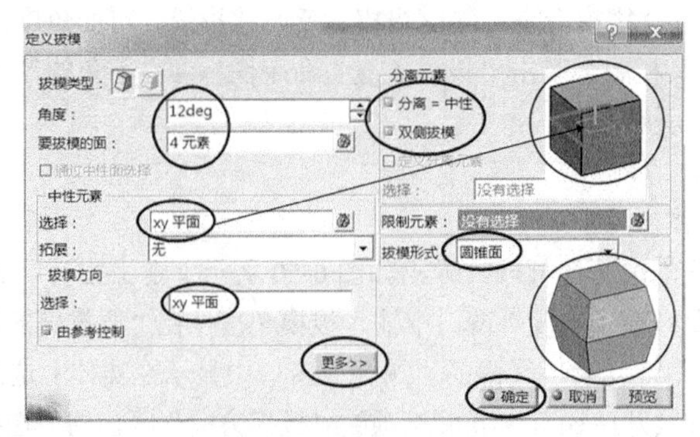


图 6-55　分离、双向拔模

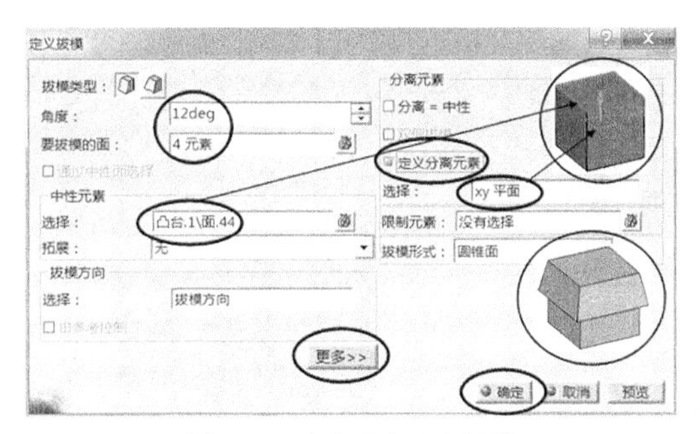

图 6-56 定义分离元素拔模

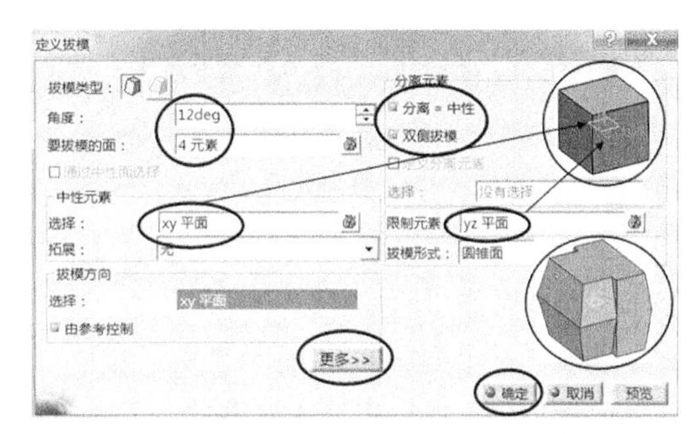

图 6-57 分离、双侧、限制元素拔模

## 2. 反射线拔模

反射线拔模是以一条射线作为拔模特征的中性线来创建拔模角特征。此种拔模可对已经创建倒圆角的实体表面进行拔模角的定义。具体操作步骤如下：

（1）单击“反射线拔模”命令图标，弹出如图 6-58 所示“定义拔模反射线”对话框。

（2）在对话框中的 “角度”窗口中输入角度值，选择图 6-59 中的圆角作为“要拔模的面”，单击“确定”按钮，创建的拔模面如图 6-60 所示（“更多”操作略）。

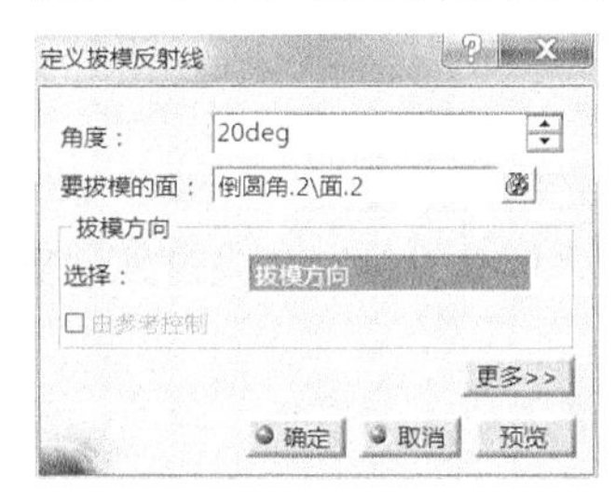

图 6-58 定义拔模反射线对话框

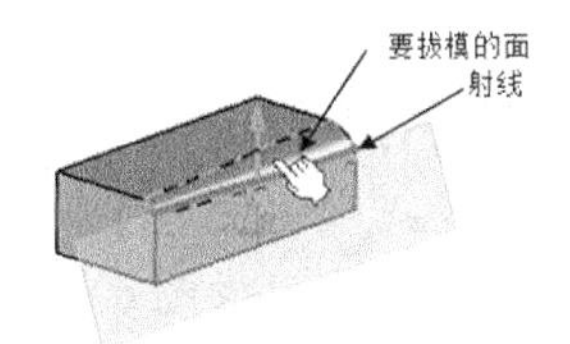


图 6-59 选择要拔模的面

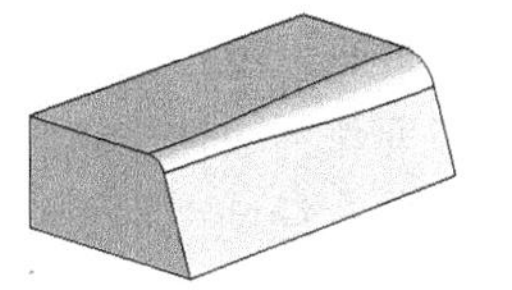

图 6-60 创建拔模面

## 3. 可变角度拔模

此种拔模是沿着中性线的拔模角是可以变化的，控制拔模角变化范围的元素是中性线上若干点。这些点可以是中性线上端点，也可以在中性线上创建需要的控制点。具体操作步骤如下。

（1）单击“可变角度拔模”命令图标，弹出如图 6-61 所示“定义拔模”对话框。

（2）在对话框中的“角度”窗口中输入角度值，选择图 6-62 中实体的顶面作为“要拔模的面”，右键单击“点”的窗口，在弹出的快捷菜单中选择“创建点”，在“点定义”对话框中选择“曲线上”。在图 6-62 中直线与圆弧相切处创建两个点，双击这些角度尺寸输入需要的角度值，单击“确定”按钮，创建的拔模面如图 6-63 所示（“更多”操作略）。

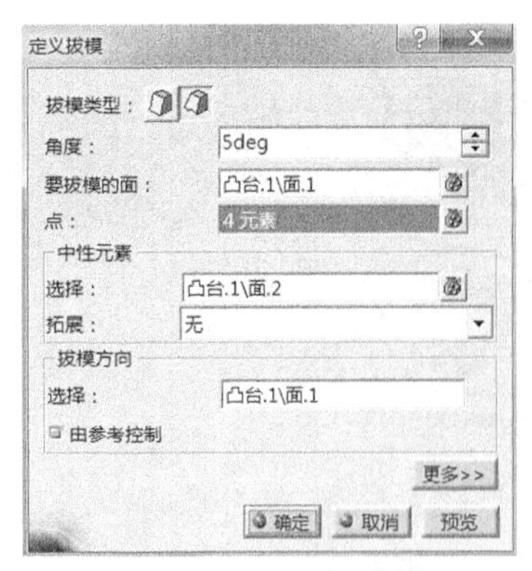


图 6-61　定义拔模对话框

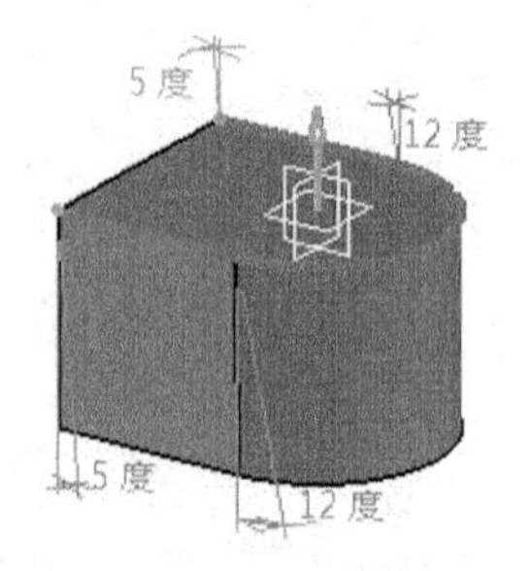

图 6-62　修改尺寸

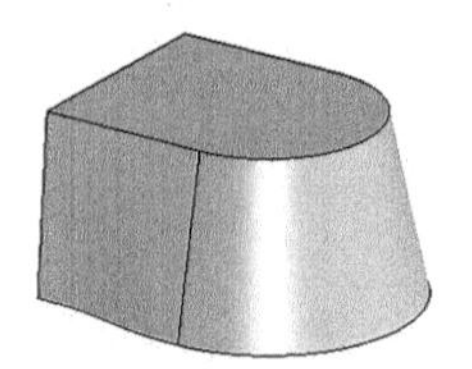

图 6-63　创建拔模面

## 6.1.4　盒体

盒体也叫抽壳。利用此命令可方便地将各种形状的实心物体上的某些表面移除，形成具有一定厚度的薄壁盒体。盒体命令的具体操作步骤如下。

（1）单击“盒体”命令图标，弹出如图 6-64 所示“定义盒体”对话框。

（2）在对话框中的 “默认内侧厚度”窗口中输入厚度值，选择图 6-65 中实体的顶面作为“要移除的面”。单击“确定”按钮，创建的盒体如图 6-66 所示。

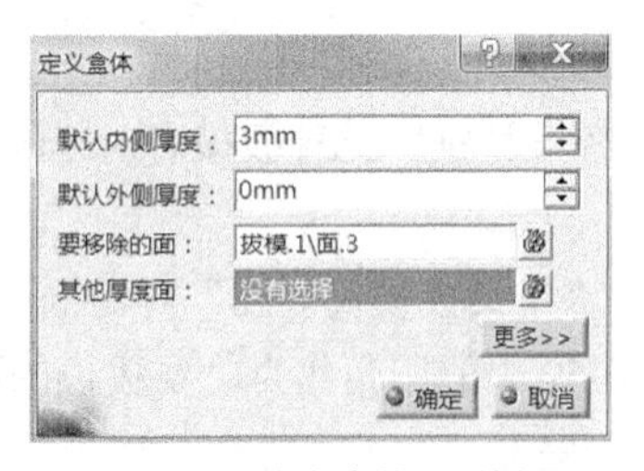


图 6-64　定义盒体对话框

图 6-65　选择移除面

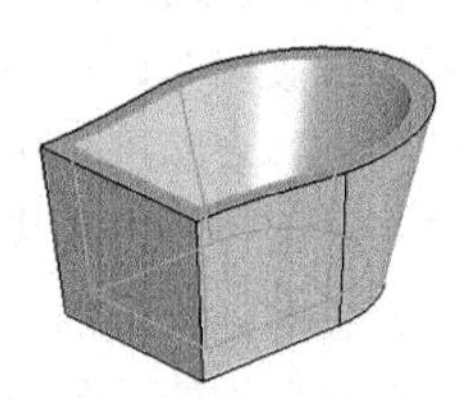

图 6-66　创建盒体

定义盒体对话框中各选项的说明：

（1）内侧厚度：抽壳后实体原来的表面为外表面到内表面之间的厚度。

（2）外侧厚度：抽壳后实体原来的表面为内表面到外表面之间的厚度。如果内外侧都赋值，则以原表面作为中性面向内外侧加厚。

（3）要移除的面：可单选一个移除面，如图 6-65 所示。可连续选择多个移除面，例如选择图 6-67 左图中实体上顶面后，又选择了左端面，创建的盒体如图 6-67 右图所示。

（4）其他厚度面：如果没有选择，抽壳后各处内外表面的厚度相同。如果选择某处，例如选择图 6-68 左图所示实体的曲面后，就会在此处显示一个厚度尺寸，双击这个尺寸即可更改此处的厚度，如图 6-68 右图所示（“更多” 操作略）。

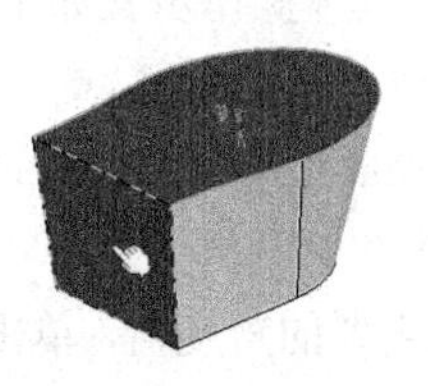

图 6-67　选择两移除面

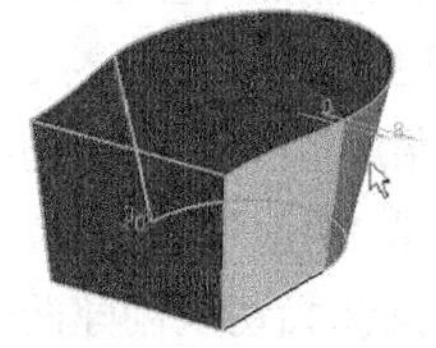

图 6-68　选择曲面，增加厚度

## 6.1.5 增厚

增厚命令用于增加或减少实体上某处的厚度。当厚度值为正值时，增加实体表面厚度，当厚度值为负值时，减少实体表面厚度。增厚命令的具体操作步骤如下。

（1）单击“增厚”命令图标，弹出如图 6-69 所示“定义厚度”对话框。

（2）在对话框中的 “默认厚度”窗口中输入厚度值。选择图 6-70 中手指处的实体表面作为“默认厚度面”（也可继续选择其他面），单击“确定”按钮，增厚表面如图 6-71 所示。

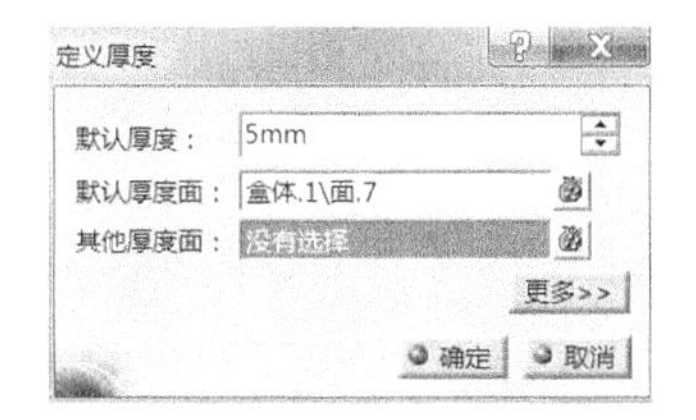


图 6-69　定义厚度对话框

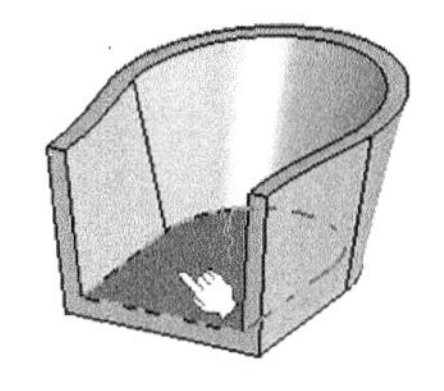

图 6-70　选择增厚面

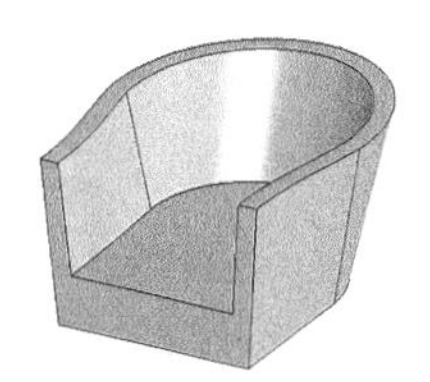

图 6-71　创建增厚面

## 6.1.6 外螺纹/内螺纹

利用内螺纹/外螺纹命令可方便地在圆柱面上创建螺纹特征。在圆柱外表面上创建的螺纹叫作外螺纹，在圆柱孔内创建的螺纹叫做内螺纹。用螺纹命令创建的螺纹特征只在特征树上显示有内外螺纹的图标和参数，如图 6-72 所示。在三维实体上不显示螺纹，如图 6-73 所示。但在生成工程图时，系统会识别螺纹并用内外螺纹的规定画法表示螺纹。

创建内外螺纹的方法相同，具体步骤如下：

（1）单击“螺纹”命令图标，弹出如图 6-74 所示“定义外螺纹/内螺纹”对话框。

（2）在对话框中顺次选择“侧面”：内外螺纹的圆柱面；“限制面”：创建螺纹的起始面。点选外螺纹或内螺纹，展开“底部类型”窗口有“尺寸”“支持面深度”“直到平面”三个选项，可根据具体结构进行选择。如图 6-73 中的螺母可选择“支持面深度”，螺杆可选择“尺寸”。“数值定义”区内的“类型”窗口有“公制粗牙螺纹”、“公制细牙螺纹”和“非标准螺纹”三个选项，可根据需要选择。展开“外螺纹描述”窗口，有与公制螺纹对应的一系列不同规格的螺纹可供选择（需要说明的是：如果要创建公制粗牙 M20 的外螺纹，则螺杆的支持面直径应该设为 20mm；如果要创建公制粗牙 M20 的内螺纹，则螺孔的支持面直径即原孔直径应该设为比 20mm 小，如果过大或过小，会弹出“特征定义错误”信息框告知支持面的直径。例如 M20 时，对应的支持面直径即螺纹小径应为 17.294）。在“外螺纹深度”窗口中可设置螺纹的深度尺寸，选择公制螺纹时，“螺距”窗口中自动显示与其对应的螺距。可根据需要选择“左旋螺纹”或“右旋螺纹”，单击“确定”按钮，完成螺纹的创建。

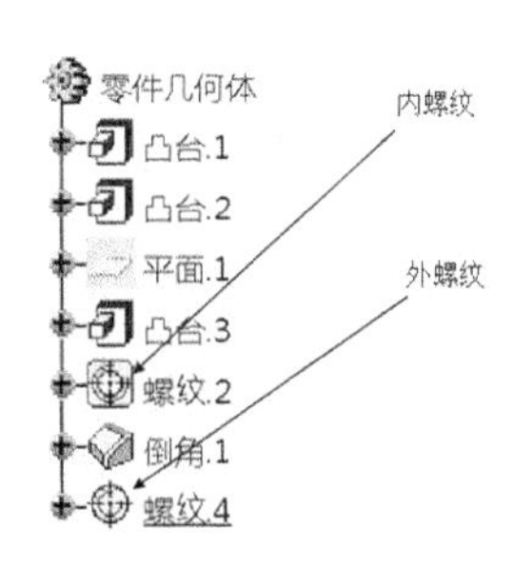


图 6-72　特征树显示螺纹标记

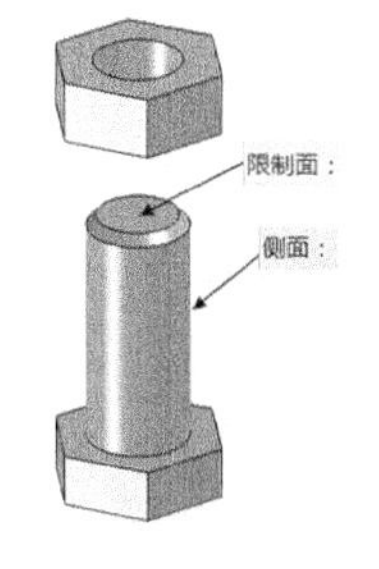


图 6-73　创建内外螺纹

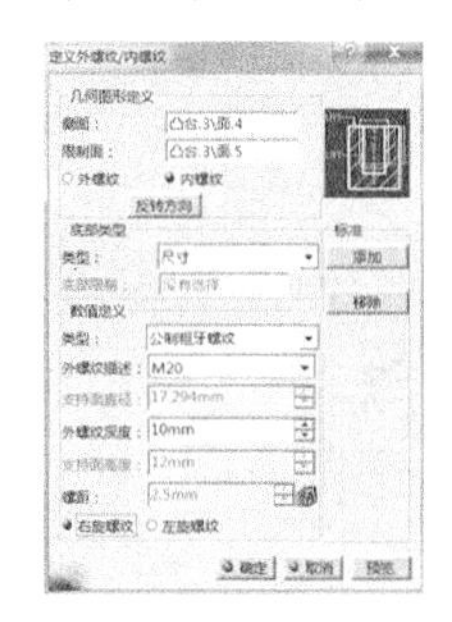

图 6-74　定义内螺纹/外螺纹对话框

## 6.1.7 移除面和替换面

### 1. 移除面

移除面命令主要用于将复杂零件的模型变换成有利于进行有限元分析的简化模型。如果要恢复零件的原形状，只需删除移出面特征即可。例如利用移除面命令将图 6-75 所示实体变换成图 6-78 所示实体，其操作步骤如下。

（1）单击“移除面”命令图标，弹出如图 6-76 所示“移除面定义”对话框，连续选择图 6-77 中实体左侧槽上的四个面（界面中显示为紫色）。

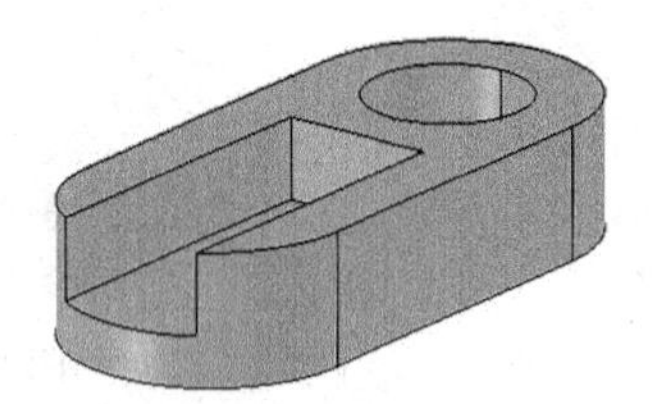

图 6-75 原实体

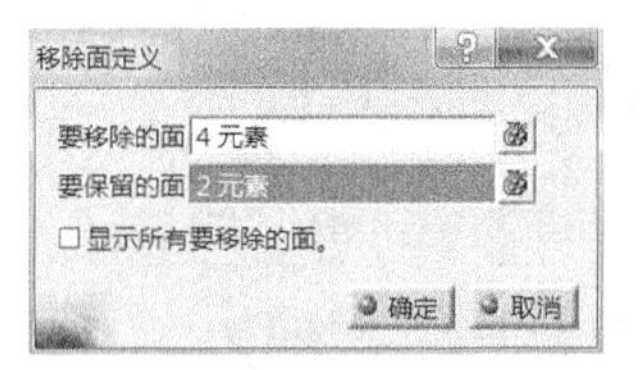


图 6-76 移除面定义对话框

（2）单击“要保留的面”的窗口，连续选择如图 6-77 中实体的上端面和柱面（界面中显示为绿色）。单击“确定”按钮，移除后的实体如图 6-78 所示。

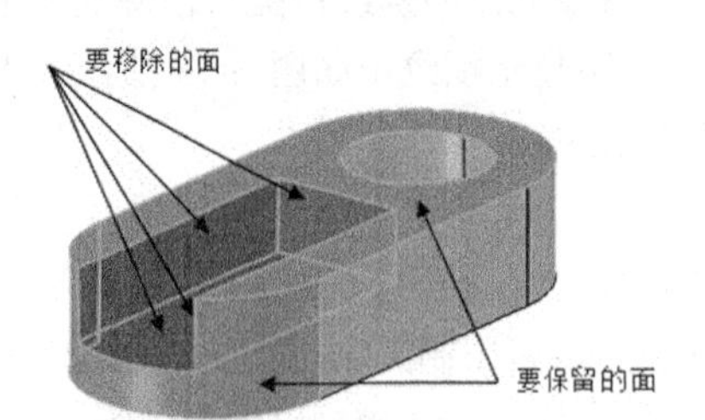


图 6-77 选择有关面

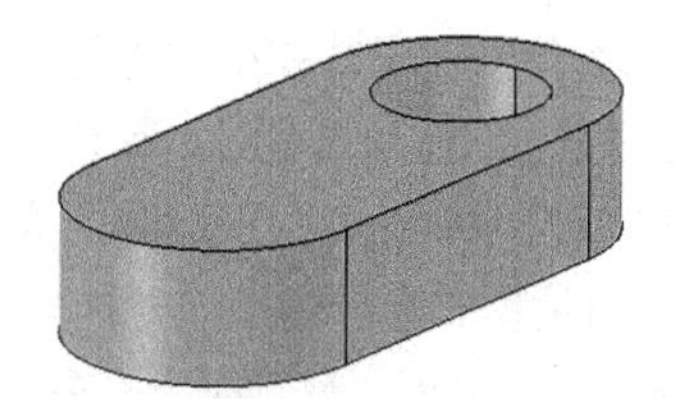

图 6-78 移除面的实体

### 2. 替换面

替换面命令主要用于根据已有的外部曲面形状对实体的表面形状进行修改以获得特殊形状的实体。例如利用替换面命令将图 6-79 所示实体变换成图 6-84 所示实体，其操作步骤如下。

（1）选择圆柱体顶面，单击“样条曲线”命令图标，绘制如图 6-80 所示的曲线。

（2）单击 开始 → 机械设计→ 线框和曲面设计→“曲面”工具栏→“曲面”命令图标，拉伸曲面如图 6-81 所示。

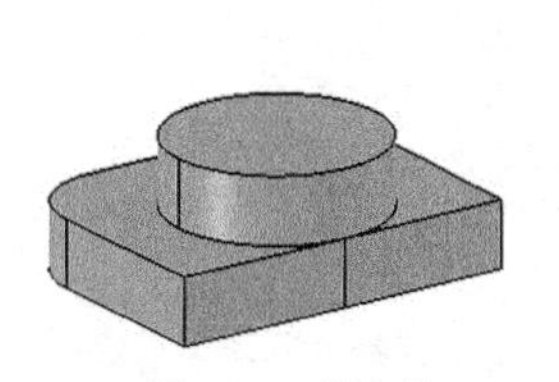

图 6-79 原实体

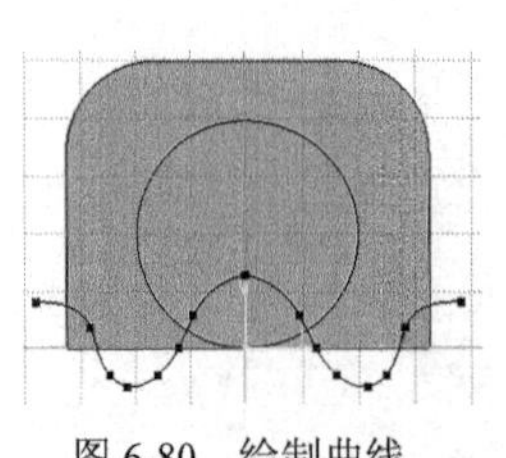

图 6-80 绘制曲线

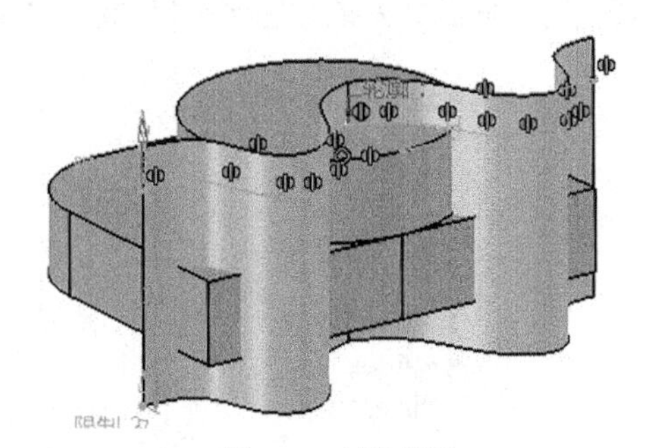

图 6-81 创建曲面

（3）再单击 开始 → 机械设计 → 零件设计，回到零件设计工作台，单击“替换面”命令图标，弹出如图 6-82 所示的“定义替换面”对话框。

（4）选择替换曲面，再选择要移除的面，如图 6-83 所示，单击“确定”按钮，替换后的实体如图 6-84 所示。

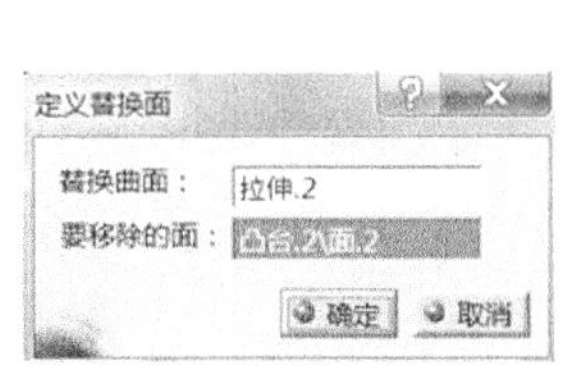

图 6-82　定义替换面对话框

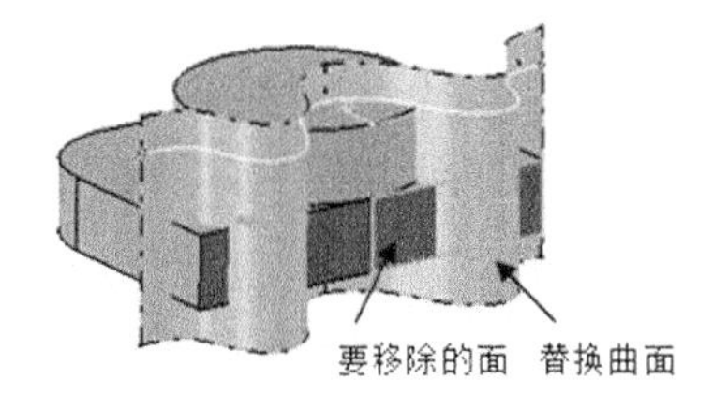

图 6-83　选择替换和移除面

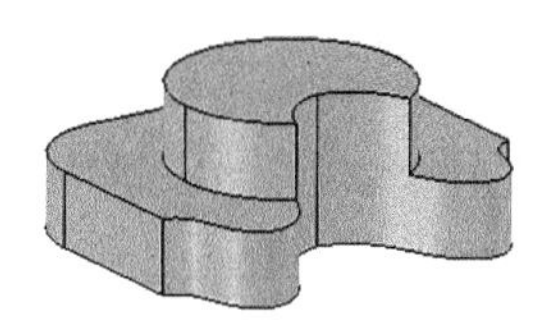
图 6-84 替换后的实体

## 6.2 变换特征

变换特征可以将利用“基于草图的特征”工具栏中的命令创建的各种实体，进行位置变换、镜像复制、阵列复制、比例缩放等各种操作。这些命令的使用，可以避免实体建模过程中的重复工作，提高工作效率。

执行变换特征的命令时，可单击“变换特征”工具栏中的命令图标，如图 6-85 所示。也可通过单击下拉菜单“插入”→“变换特征”下的菜单栏选择命令，如图 6-86 所示。

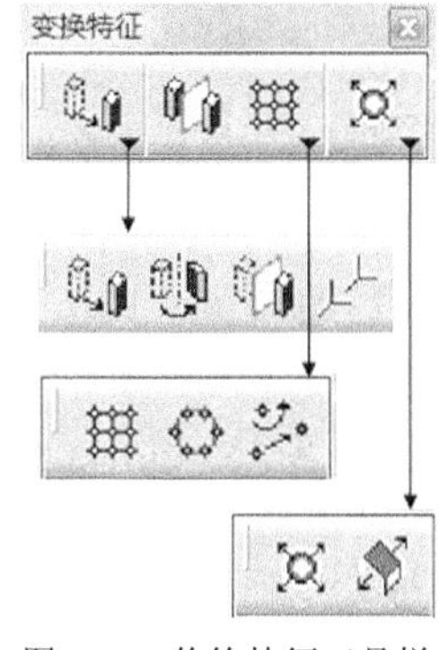

图 6-85　修饰特征工具栏

图 6-86　变换特征菜单栏

### 6.2.1　变换

在 CATIA V5 中，提供有四种变换命令：平移、旋转、对称和定位变换，它们放置于“变换特征”的子工具栏“变换”工具栏中，如图 6-85 所示。

**1．平移变换**

平移命令可以把当前实体在零件设计工作台中沿给定的方向或位置移动，平移的方向和距离在“平移定义”对话框中给定。定义移动距离和方向有以下三种方式。

- “方向、距离”：选择一个方向（可以是一条直线的方向或一个平面的法线方向），并输入移动距离。
- “点到点”：从一点到另一点来定义移动的方向和距离。
- “坐标”：用坐标值来定义沿 x、y、z 坐标方向移动的距离。

平移变换的操作步骤如下。

（1）单击“平移”命令图标，弹出一个“问题”信息框，如图 6-87 所示，提示是否用这个命令来移动实体，如果不用这个命令，也可以用指南针或 3D 约束来移动实体，单击“是”按钮，并显示图 6-88 所示“平移定义”对话框。

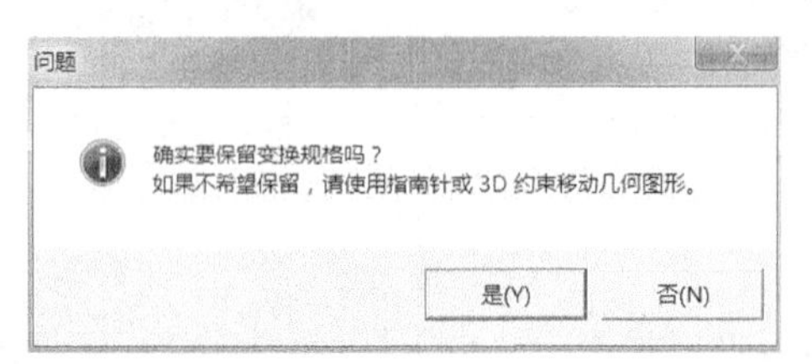


图 6-87　“问题”信息框

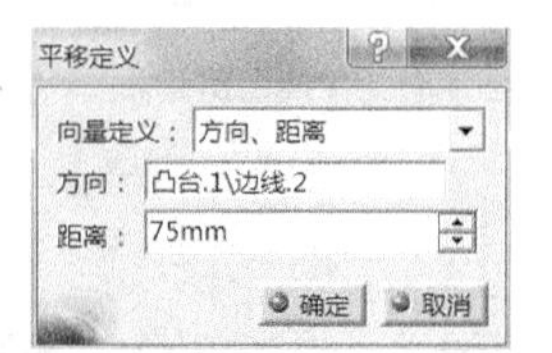


图 6-88　平移定义对话框

（2）选择如图 6-89 中手指处的棱线作为移动方向，在“距离”窗口输入 75，显示平移位置预览如图 6-90 所示。单击“确定”按钮，实体平移后与坐标系的位置如图 6-91 所示。

“点到点”及“坐标”平移方式与上述操作相同，此处从略。

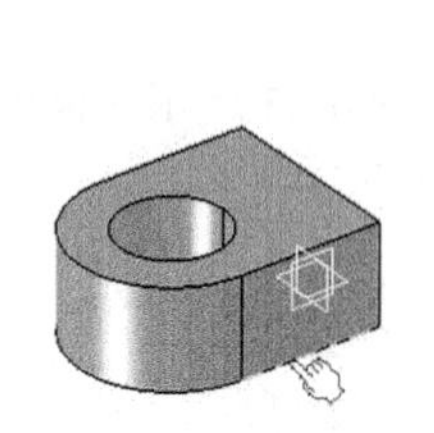

图 6-89　选择方向线

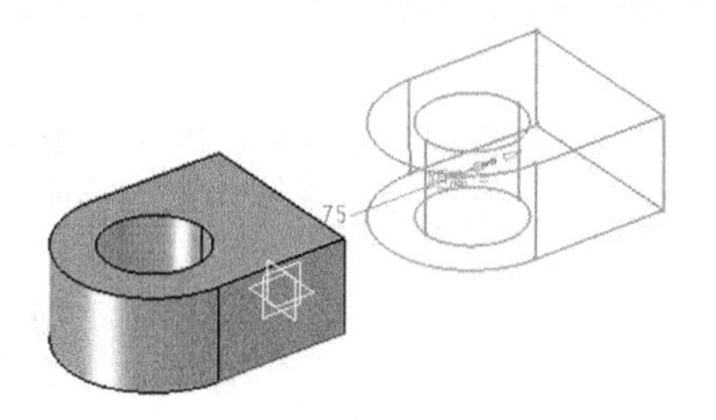


图 6-90　显示平移距离

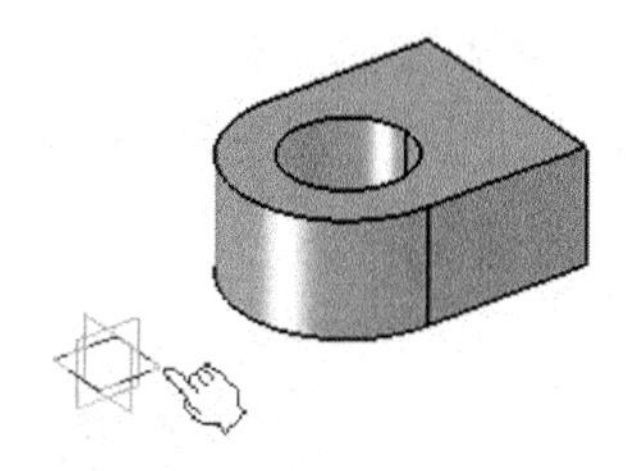

图 6-91　平移后的位置

## 2. 旋转变换

旋转命令可以把当前实体在零件设计工作台中绕指定轴线旋转到一个新位置。旋转定义模式有三种：“轴线-角度”、“轴线-两个元素”和“三点”。此处只介绍“轴线-角度”。

旋转变换的操作步骤如下：

（1）单击“旋转”命令图标，弹出与执行平移命令时相同的“问题”信息框，单击“是”按钮，并显示图 6-92 所示“旋转定义”对话框。

（2）选择图 6-93 中手指处的棱线作为旋转轴，在“角度”窗口输入 170，显示旋转位置的预览如图 6-94 所示。单击“确定”按钮，完成实体的旋转变换。

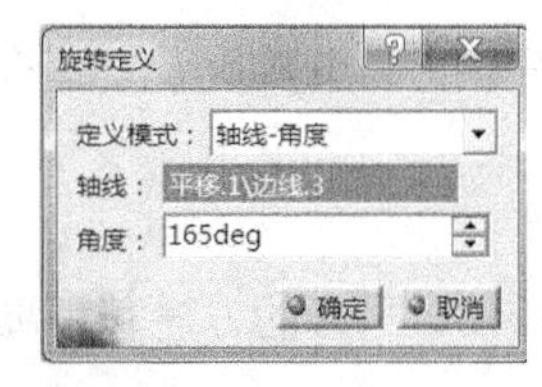


图 6-92　旋转定义对话框

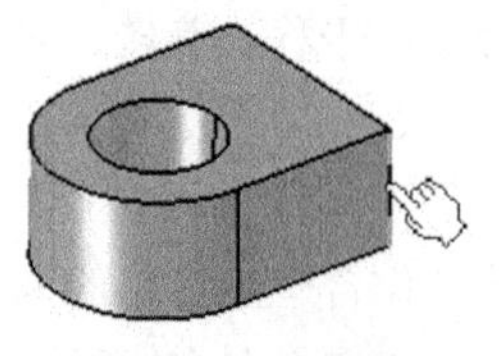

图 6-93　选择轴线

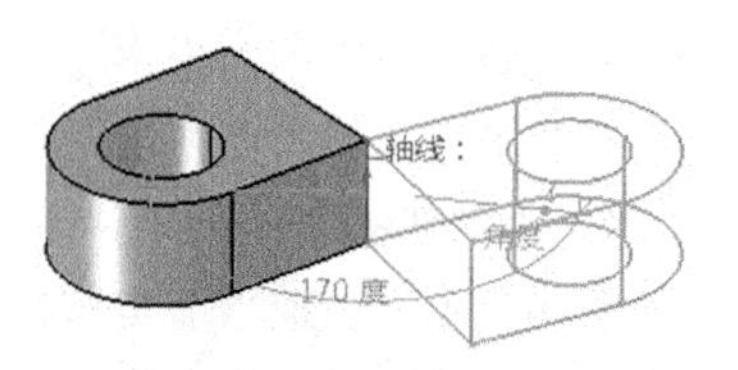


图 6-94　执行旋转

### 3．对称变换

对称命令可以把当前实体在零件设计工作台中对称移动到相对参考元素对称的位置。

参考元素可以是点、直线或平面。

对称变换的操作步骤如下：

（1）单击“对称”命令图标，单击“问题”信息框中的“是”按钮，显示如图 6-95 所示“对称定义”对话框。

（2）选择图 6-96 中手指处的顶点作为对称元素，显示对称位置的预览，如图 6-97 所示，单击“确定”按钮，完成实体的对称变换。

图 6-95 对称定义对话框

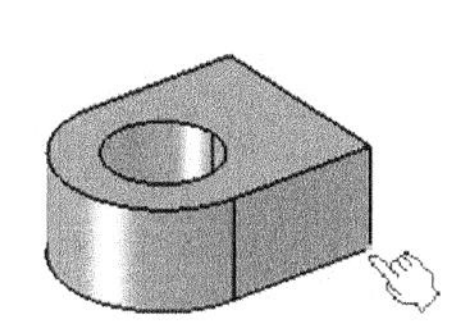
图 6-96 选择对称点

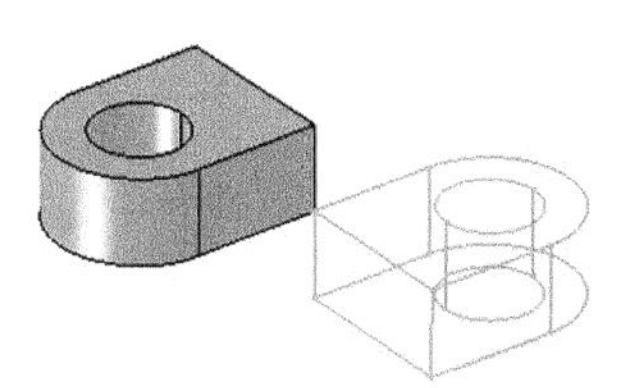
图 6-97 执行对称

### 4．定位变换

定位变换命令可以把当前坐标系下的实体变换到新坐标系下进行定位。

定位变换的操作步骤如下：

（1）单击“定位变换”命令图标，单击“问题”信息框中的“是”按钮，显示图 6-98 所示“定位变换定义”对话框。在该对话框中的“参考”选项窗口选择当前坐标系，在“目标”窗口中创建新坐标系。

（2）选择当前坐标系。在“定位变换定义”对话框中的“参考”窗口单击右键→单击“创建轴系→单击“轴系定义”对话框中的“确定”按钮，完成当前坐标系“轴系.1”的选择。

（3）在图 6-99 中的“目标”窗口中单击右键→单击“创建轴系”→选择图 6-100 中手指处的顶点→单击图 6-101“轴系定义”对话框中的“确定”按钮→单击图 6-102 “定位变换定义”对话框中的“确定”按钮，完成新坐标系“轴系.2”的创建。此时实体离开当前坐标系，通过新坐标系定位，如图 6-103 所示。同时也可以利用新坐标系作为基准创建新的特征。

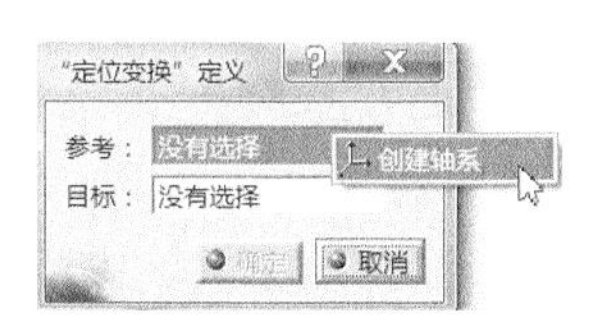

图 6-98 定位变换定义对话框

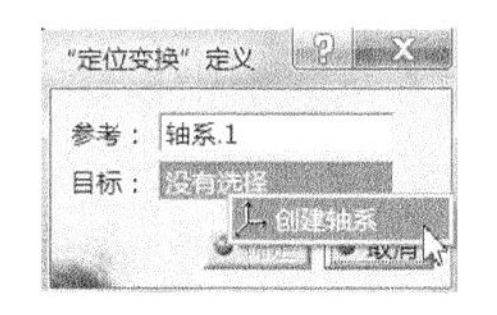

图 6-99 单击目标窗口

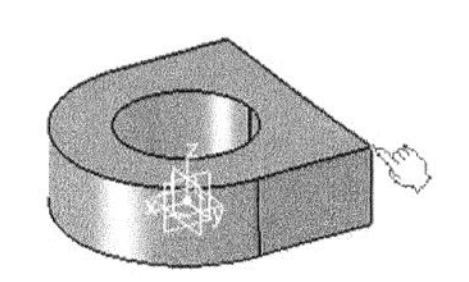
图 6-100 选择原点

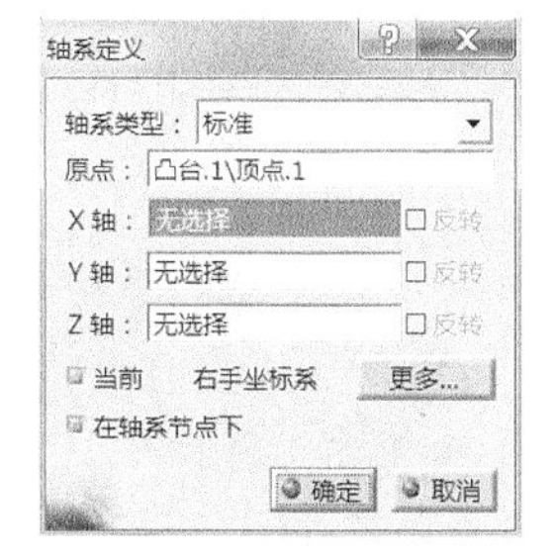

图 6-101 定位变换定义对话框

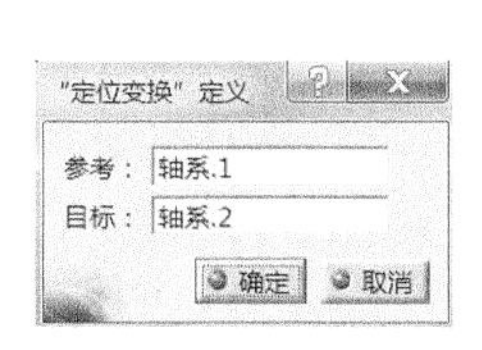

图 6-102 单击目标窗口

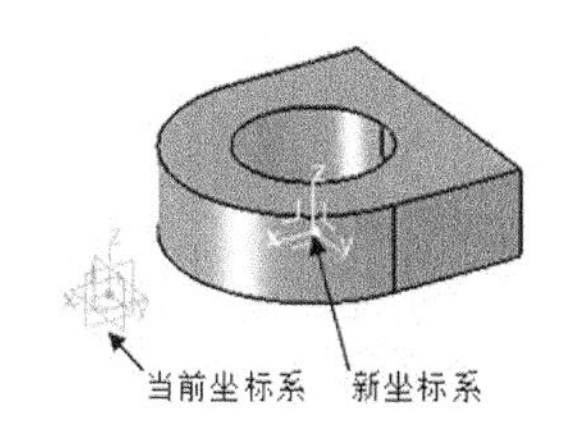

图 6-103 选择原点

## 6.2.2 镜像

镜像命令与对称命令的区别在于，镜像命令可将实体模型上的一个或几个局部特征进行镜像复制，也可将整体实体模型进行对称复制。而对称只能将实体模型进行整体对称移动。下面以图 6-104 实体模型为例演示镜像复制的操作步骤。

（1）在特征树上选择要镜像的特征，如图 6-105 中选择“凸台 2”、“加强肋 1”、“凹槽 1”、“倒圆角 1”。

（2）单击“镜像”命令图标，弹出图 6-106 所示“定义镜像”对话框，选择“镜像元素”：YZ 平面。单击“确定”按钮，完成镜像后的实体模型如图 6-107 所示。

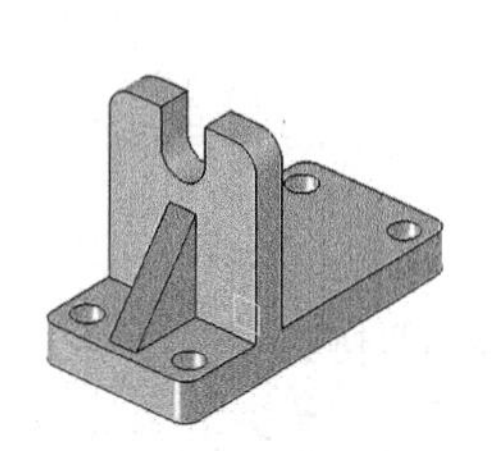

图 6-104　原实体模型

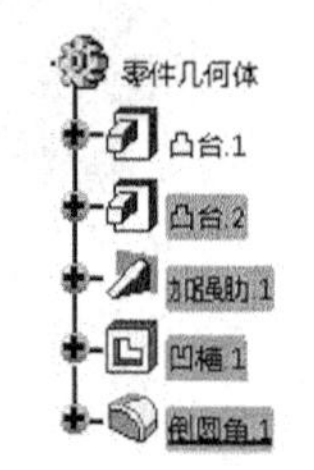


图 6-105　选择特征

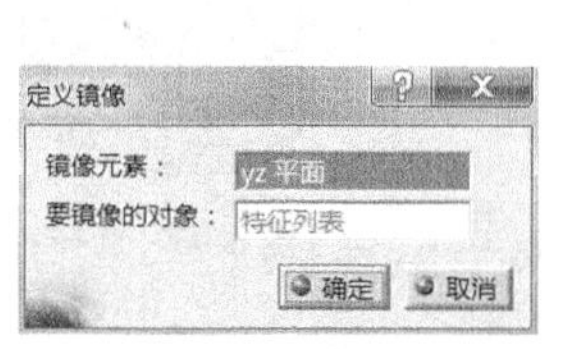


图 6-106　定义镜像对话框

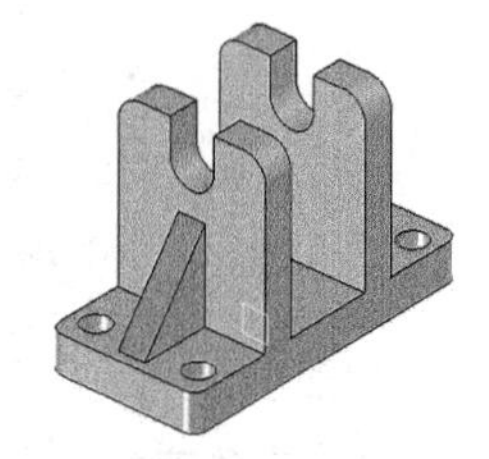

图 6-107　完成镜像复制

## 6.2.3 阵列

在零件设计过程中经常会遇到同一零件上的不同位置设计有若干相同的特征，在这种情况下，只需创建一个特征，然后利用零件设计工作台提供的阵列命令复制这些相同特征。

阵列复制有三种方式：矩形阵列、圆形阵列、用户阵列。它们放置于“变换特征”的子工具栏“阵列”工具栏中，如图 6-85 所示。

### 1．矩形阵列

矩形阵列命令可以创建按矩形排列的一系列相同的特征。矩形阵列的操作步骤如下。

（1）在特征树上选择图 6-108 所示实体上要阵列的沉孔，如图 6-109 所示。

（2）单击“矩形阵列”命令图标，弹出“定义矩形阵列”对话框，该对话框有两个选项卡：“第一方向”和“第二方向”。它们分别用于定义阵列矩形两个边长方向上的参数，两个方向上参数的定义方法相同。对话框中“参数”列表框中提供有四种参数定义方式。

- 实例和间距：定义阵列时复制特征的个数和各个重复特征之间的间距。
- 实例和长度：定义阵列时复制特征的个数和重复特征分布区间的总长度。
- 间距和长度：定义阵列时复制特征之间的间距和重复特征分布区间的总长度。
- 实例和不等间距：定义阵列时复制特征的个数和重复特征之间的不等间距。

选择“实例和间距”，第一方向的“实例”：3，“间距”：30。第二方向的“实例”：2，“间距”：26，如图 6-111 和图 112 所示。

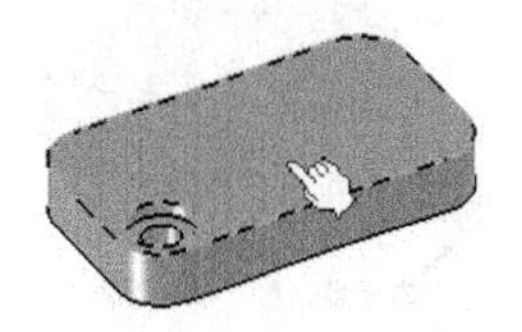

图 6-108　原实体上沉孔特征

图 6-109　选择沉孔特征

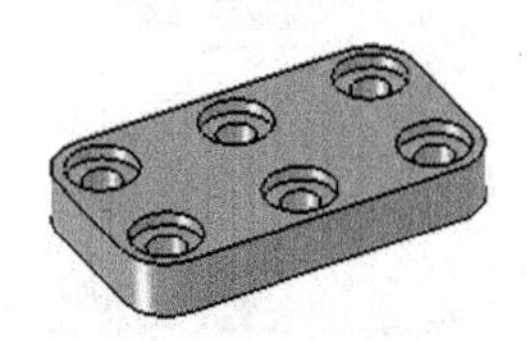

图 6-110　阵列后的实体

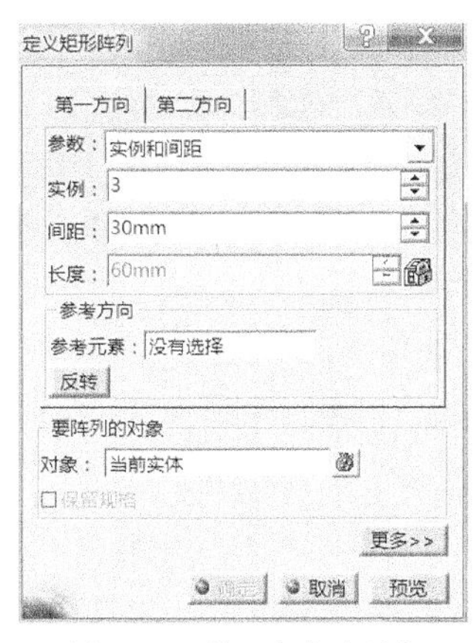


图 6-111 第一方向选项卡

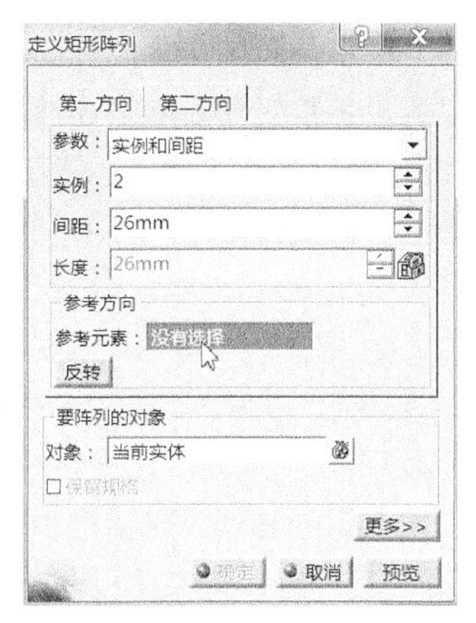


图 6-112 第二方向选项卡

（3）单击图 6-112 对话框中的“参考元素”窗口，再选择图 6-108 中手指处的实体上表面作为阵列的参考方向。如果阵列方向不对，可通过单击反转方向按钮或单击实体上的箭头，改变阵列方向，单击“确定”按钮，阵列复制后的实体如图 6-110 所示。

（4）“定义矩形阵列”对话框中的□保留规格复选框的说明：阵列对象在阵列后是否保留原对象的长度限制（如“拉伸到下一个”、“拉伸到平面”“拉伸到曲面”等），取决于是否选择“保留规格”复选框。如图 6-113 中的圆柱在拉伸时用“拉伸到曲面”限制其长度。阵列时如果取默认即不选择□保留规格复选框时，阵列的结果如图 6-114 所示；若选择□保留规格复选框时，阵列的结果如图 6-115 所示。

（5）“定义矩形阵列”对话框中的更多>>按钮的说明：矩形阵列时，默认原对象作为第一行和第一列对象，如果不想这样，可以单击更多>>按钮来展开对话框，设置原对象作为“方向 1 的行”和“方向 2 的行”，也可以对行或列旋转一定的角度。

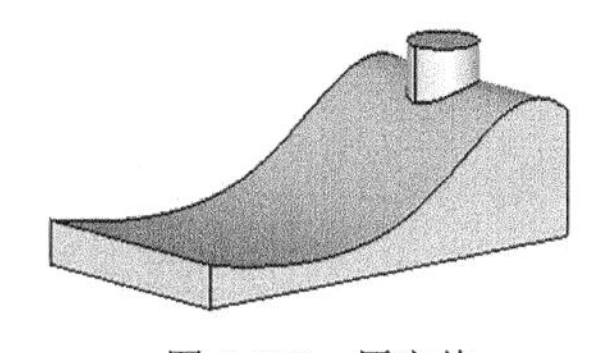

图 6-113 原实体

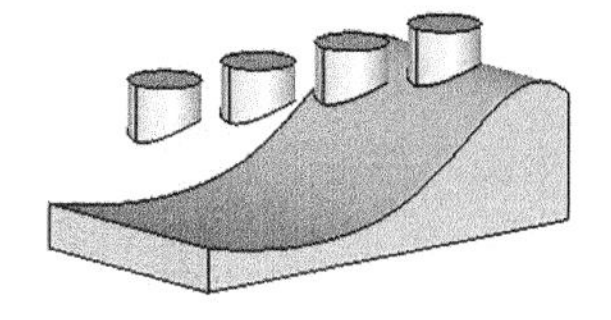

图 6-114 不选择保留规格

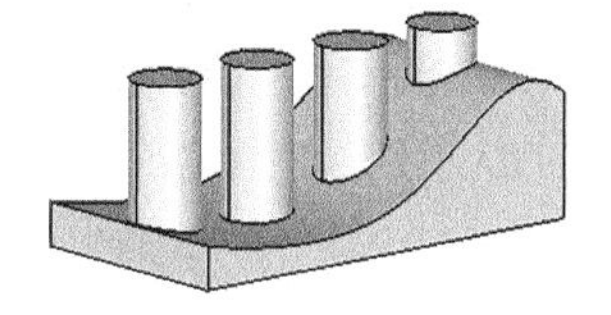

图 6-115 选择保留规格

## 2．圆形阵列

圆形阵列命令可以创建按圆周排列的一系列相同的特征。圆形阵列的操作步骤如下。

（1）在特征树上选择图 6-116 左上图所示小圆柱。

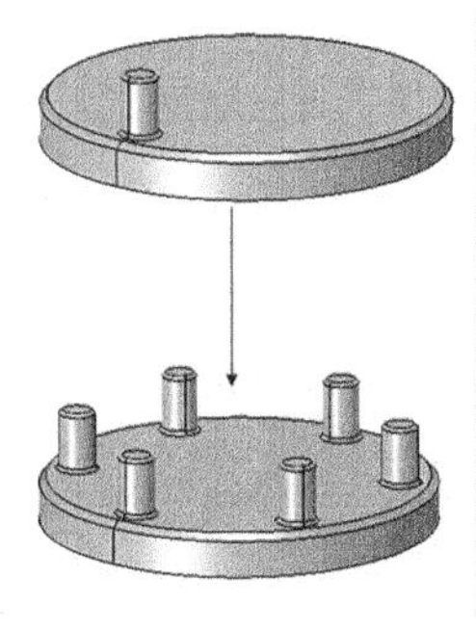

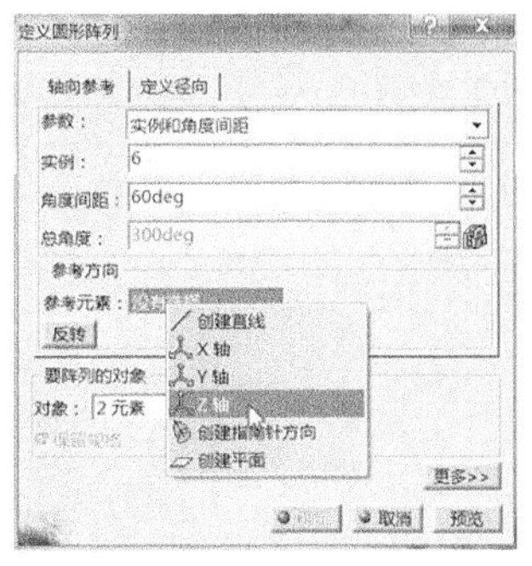


图 6-116 圆形阵列的操作

（2）单击“圆形阵列”命令图标，弹出“定义圆形阵列”对话框。在该对话框的“轴向参考”选项卡中的“参数”列表框中选择“实例和角度间距”，在“实例”窗口中输入 6，在“角度间距”窗口中输入 60，在“参考元素”窗口中单击右键选择“Z 轴”（或单击大圆盘的上顶面）如图 6-116 中的“定义圆形阵列”对话框，单击“确定”按钮，完成的圆形阵列如图 6-116 中左下图所示。

（3）单击“定义圆形阵列”对话框中的“定义径向”选项卡，在该选项卡中的“参数”列表框中选择“圆和间距”，在“圆”窗口中输入 2，在“圆间距”窗口中输入-30（负值向内阵列，正值向外阵列）。单击“确定”按钮，完成两圈的圆形阵列如图 6-116 中右下图所示。

当展开“定义圆形阵列”对话框中的“参数”列表框时，显示有五种参数定义方式。

- 实例和角度间距：定义阵列时复制特征的个数和特征之间的角度。
- 实例和总角度：定义阵列时复制特征的个数和特征分布空间的总角度。
- 角度间距和总角度：定义阵列时复制特征之间的角度间距和特征分布空间的总角度。
- 实例和不等角度间距：定义阵列时复制特征的个数和特征之间的不等角度间距。
- 完整径向：在一个闭合的圆周上创建等间隔排列环形特征。

当选择“完整径向”方式，只需在“实例”窗口中输入阵列特征的个数即可，系统根据特征数目等分圆周计算各重复特征的间隔角度。选择其他四种参数定义方式后，只需在相应窗口中输入相应参数，系统都会自动计算出阵列结果。

### 3．用户阵列（自定义阵列）

用户阵列命令可以将要阵列的特征复制到用户指定的任意位置上。用户阵列的操作步骤如下。

（1）利用“草图编辑器”中的 “轮廓”工具栏中的“点”命令在实体的表面上创建若干点，如图 6-117 所示实体的表面上创建了四个点。

（2）在特征树上选择要阵列的特征：选择图 6-117 中的回转体。

（3）单击用户阵列图标，弹出图 6-118 所示“定义用户阵列”对话框。在特征树上选择图 6-119 中创建四个点的“草图.3”，单击“确定”按钮，完成的用户阵列如图 6-120 所示。

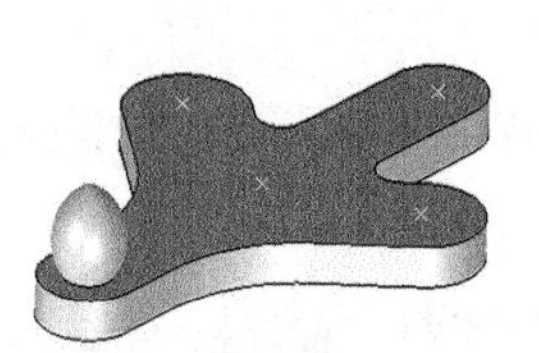

图 6-117　创建阵列点

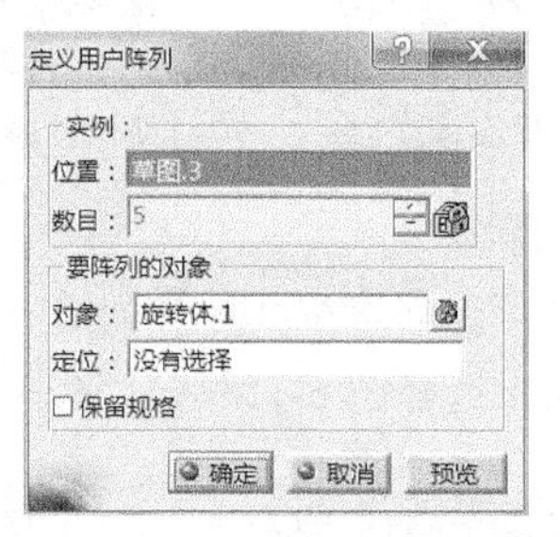


图 6-118　定义用户阵列对话框

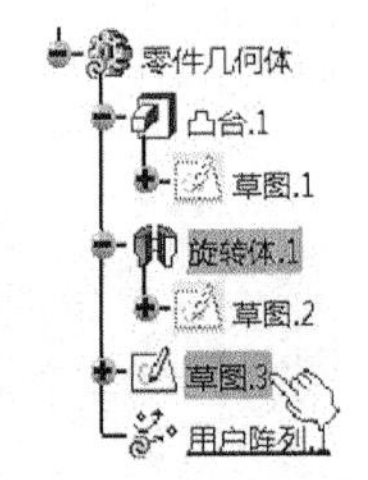


图 6-119　选择创建点的草图

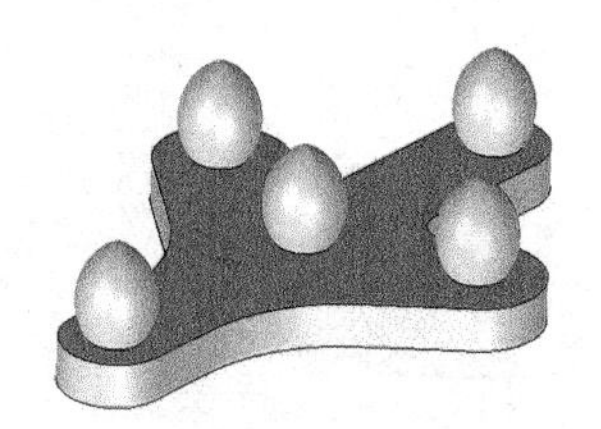

图 6-120　完成用户阵列

4．分解阵列

用上述三种阵列命令复制的多个相同特征是一个整体，而在实际建模过程中有时需要对阵列中的某一个重复特征进行单独操作，此时就需要利用“分解”命令将一个阵列特征分解成若干独立特征以便对它们进行单独的编辑。

“分解”命令的操作步骤：在特征树上右键单击阵列图标（单击如图 6-119 所示特征树上的用户阵列图标）。在快捷菜单上选择“用户阵列.1 对象”，在下级菜单上选择“分解”，单击“更新”命令图标，完成阵列特征的分解。此时图 6-120 中阵列完成的特征便被分解成四个独立的回转体，而在特征树上阵列特征的图标也会消失，取而代之的是四个旋转体图标。

## 6.2.4 缩放与仿射

缩放与仿射命令可按指定的比例对选中的实体特征尺寸在 X、Y、Z 三个方向上进行等比例或不等比例缩放。缩放与仿射命令放置于“变换特征”的子工具栏“Scale”工具栏中。

1．缩放命令

缩放命令的操作步骤如下。

（1）在特征树上或界面中选择要缩放的实体。

（2）单击“缩放”命令图标，弹出如图 6-121 所示的“缩放定义”对话框，在“比率”窗口中输入：0.6（大于 1 放大，小于 1 缩小）。

（3）选择实体上的一个点作为缩放的参考基准点，如图 6-122 所示。选择后的参考元素显示在对话框的“参考”窗口中，单击“确定”按钮，缩小后的实体如图 6-123 所示。

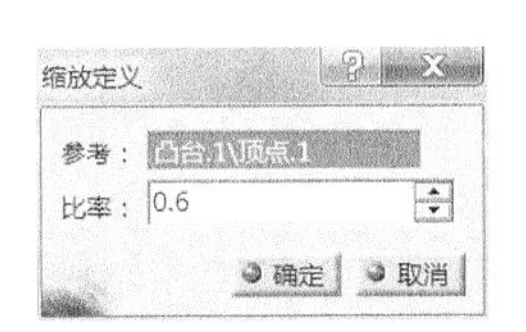


图 6-121 缩放定义对话框

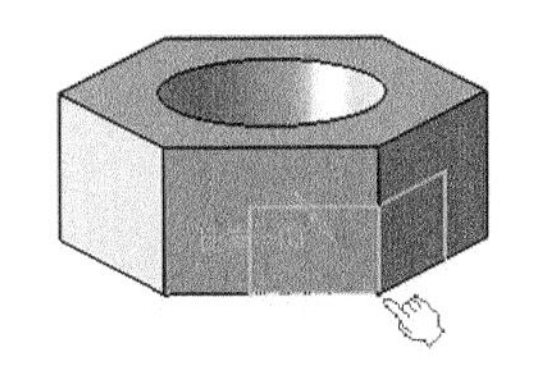

图 6-122 选择参考点

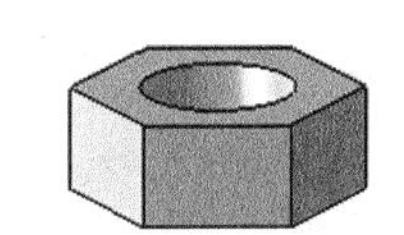

图 6-123 缩小后的实体

“缩放定义”对话框中“参考”元素的说明：缩放的参考基准元素可以是实体表面上的点、线或平面，也可以在“参考”窗口中单击右键，在快捷菜单上选择坐标面或创建点、线、面作为参考元素。当点作为参考元素缩放时，原实体沿三个坐标轴等比缩放。选择其他参考元素缩放时则沿三个坐标轴缩放大小不尽相同。选择不同参考元素的缩放效果如图 6-124 所示。

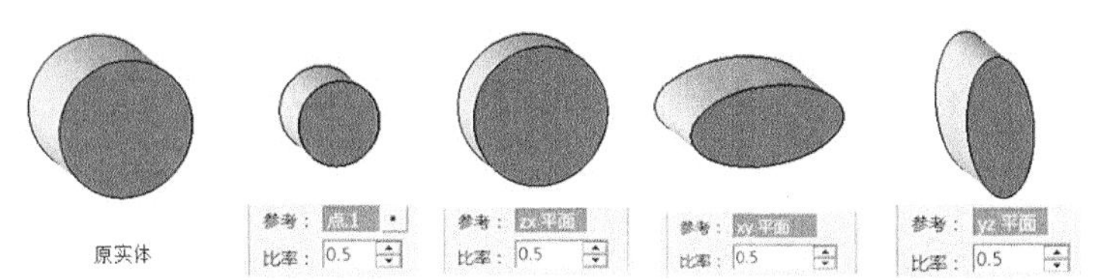


图 6-124 不同参考元素下的缩放效果

2．仿射命令

仿射命令的操作步骤如下。

（1）在特征树上或界面中选择要仿射的实体，如图 6-125 所示的原实体。

（2）单击“仿射”命令图标，弹出如图 6-126 所示的“仿射定义”对话框，在对话框的“原点”窗口单击右键，在快捷菜单中选择“创建点”，在“点定义”对话框中选择“点类型：坐标”，默认 X、Y、Z 坐标值均为 0，单击“确定”按钮，回到“仿射定义”对话框。右键单击“XY 平面”窗口：选择 XY 平面，右键单击“X 轴”窗口：选择 X 轴，比率值分别输入：X=1.5、Y=1、Z=1，单击“确定”按钮，完成的仿射缩放如图 6-127 所示。

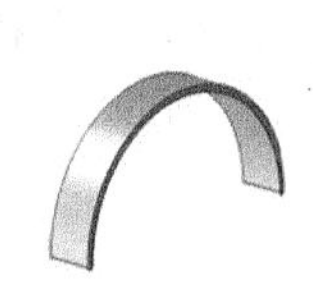

图 6-125　原实体

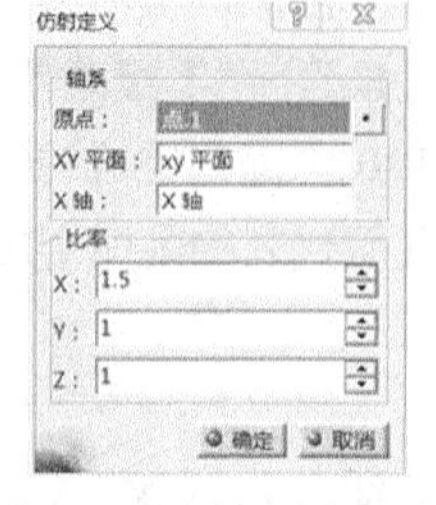


图 6-126　仿射定义对话框

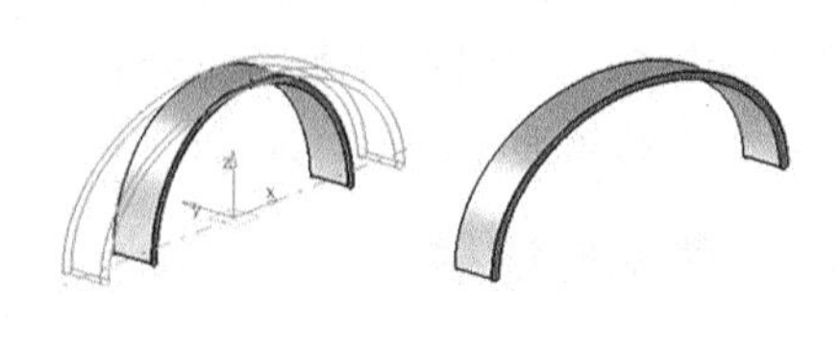

图 6-127　X=1.5 Y=1 Z=1 的仿射缩放

图 6-128 与图 6-129 表示轴系设置不变，比率值不同的仿射缩放的效果。

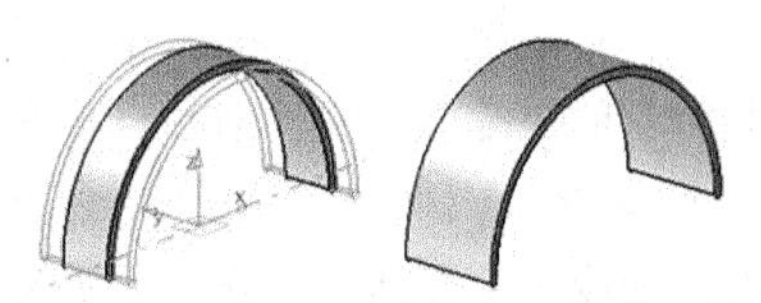

图 6-128　X=1 Y=2 Z=1 的仿射缩放

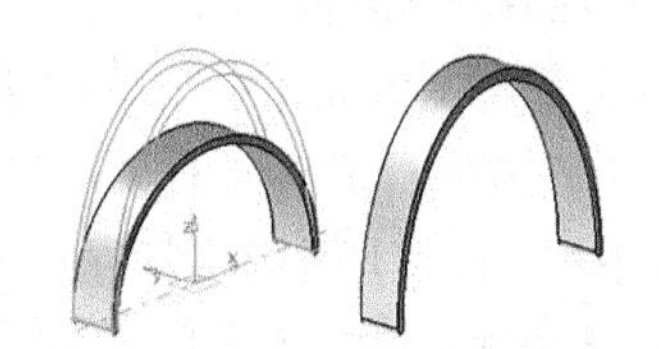

图 6-129　X=1 Y=1 Z=1.5 的仿射缩放

# 6.3 布尔操作

利用“布尔操作”的各种命令可方便创建一些复杂的具有特殊特征的零件。执行布尔操作的命令时，可单击“布尔操作”工具栏中的命令图标，也可单击下拉菜单“插入”→“布尔操作”下的菜单栏选择命令，还可以在特征树上右键单击插入的“几何体.2”图标，在快捷菜单上选择相应的命令。布尔操作的命令图标及功能如图 6-130 所示。

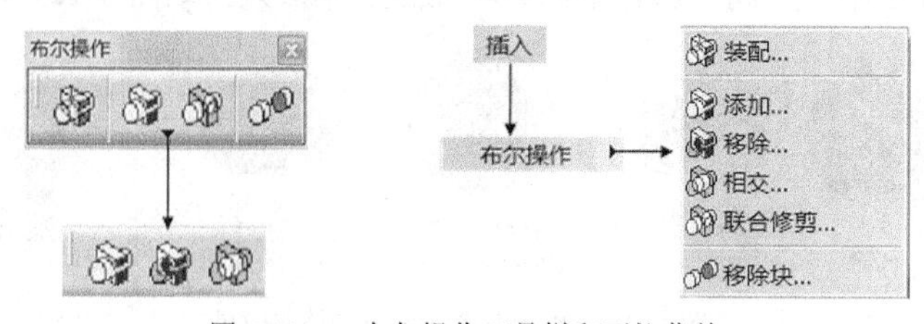


图 6-130　布尔操作工具栏和下拉菜单

## 6.3.1 插入新实体

在零件设计工作台中，默认的实体模型只有一个，它位于特征树的根节点处，默认名叫“零件几何体”，如图 6-131 所示的特征树。这个零件几何体可由若干个特征构成，如图 6-131 所示的零件几何体从特征树上可看出是由两个基于草图特征的“凸台 1”、“凸台 2”以及一个修饰特征“倒角 1” 构成。

若要实现实体之间的布尔运算必须在当前“零件几何体”下插入一个新实体。插入的新实体其默认名为“几何体 2”、“几何体 3”……插入的几何体被作为当前实体，新创建的若干特征都在新插入的几何体中，简称新几何体。此时默认的零件几何体与新几何体之间便可进行布尔操作。插入新实体有两种操作方式，具体步骤：单击“插入”工具栏中的“几何体”命令图标或单击下拉菜单 插入 → 几何体，都会在特征树上添加一个带有下划线“几何体.2”节点，如图 6-132 所示。此时若创建特征都会排序在下划线特征之后，如图 6-133 所示的“凹槽.1”特征。

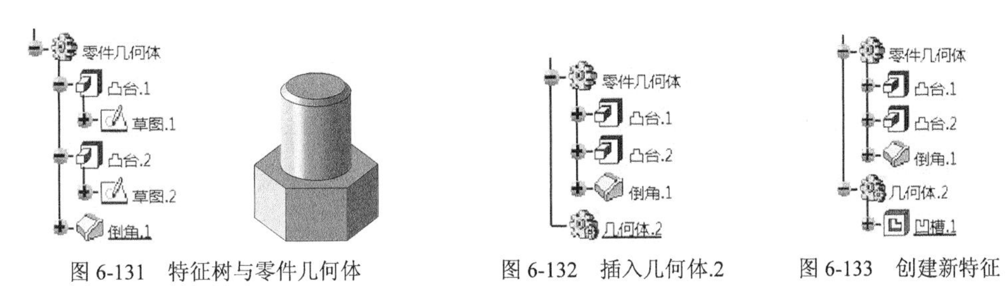


图 6-131 特征树与零件几何体 图 6-132 插入几何体.2 图 6-133 创建新特征

若要回到“零件几何体”节点下创建新特征，只需在特征树上右键单击“零件几何体”或单击要作为当前工作对象的特征，在弹出的快捷菜单中选择 定义工作对象，此时被单击的特征下添加一条下划线（见图 6-131 中的“倒角.1”），新创建的特征将按此向下排序。

## 6.3.2 零件几何体与几何体之间的布尔运算

完成插入几何体的实体模型创建之后就可以和创建的零件几何体之间进行布尔操作。需要说明的是，在“零件几何体”节点下创建的第一个特征必须是添料特征，而不能是除料特征。但在新插入的“几何体.x”节点下创建的第一个特征可以是切槽、挖孔等除料特征。并且这个除料特征在布尔操作前，在空间显示的是原形且可见，只是它的材料是负的。

**1．装配（组合）命令**

利用装配命令可以将两个实体组合成一个实体。组合时，如果两个实体都是增料特征，就把两个实体合并生成一个实体模型；如果其中的一个实体是除料特征，则在组合时去掉除料特征。这个功能类似于两个实体的代数和，增料特征的材料为正，去除材料的特征为负。

装配（组合）操作步骤如下。

（1）在零件几何体下，选择 XY 平面绘制正六边形草图，退出草绘器，利用凸台命令创建一个添料特征：六棱柱（凸台.1）。

（2）单击下拉菜单 插入 → 几何体，完成几何体.2 的插入，如图 6-134 所示，再选择 xy 平面绘制一个圆草图，退出草绘器，利用凹槽命令创建一个除料特征：显示为实体圆柱（凹槽.1），创建的两实体如图 6-135 所示。

（3）在特征树的“几何体.2”上单击右键，在快捷菜单中选择 几何体.2 对象 → 装配... 命令，完成在零件几何体下创建的具有布尔特征即组合特征的实体模型，由于“几何体.2”是一个除料特征，因此中间是一个孔，如图 6-136 所示。此时特征树上显示的“几何体.2”已经并入到“零件几何体”根目录下。

以上操作也可以单击“装配”命令图标，在弹出的“装配”对话框中选择“几何体.2”，单击“确定”按钮，也可完成组合特征的布尔操作。

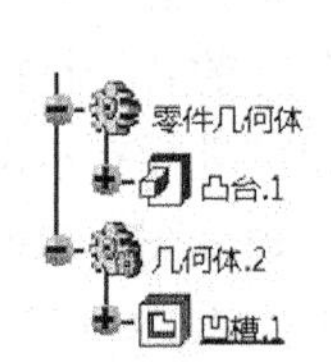


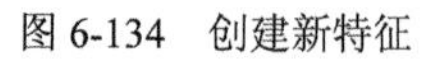
图 6-134 创建新特征

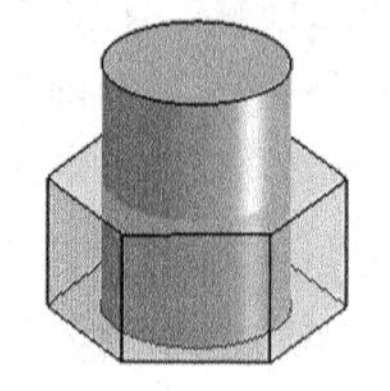
图 6-135 创建两实体

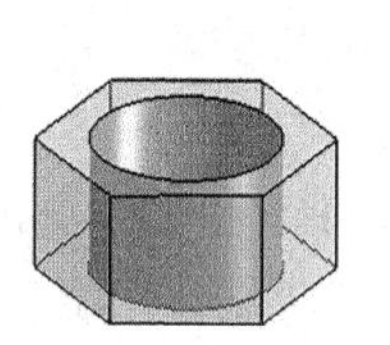
图 6-136 组合实体

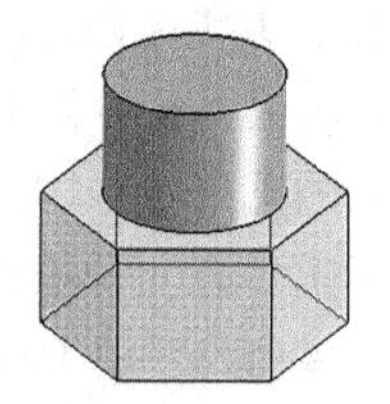
图 6-137 添加实体

**2．添加（求和）命令**

添加（求和）命令的功能与组合命令相似，不同的是无论实体中是增料特征还是除料特征，都把他们的特征加起来，形成一个求和特征，添加命令功能类似于把两个实体的绝对值加起来。添加命令的操作与装配命令的操作步骤完全相同。上例中若选择添加命令，执行后的结果如图 6-137 所示。

**3．移除（求差）命令**

移除（求差）命令的功能就是从一个实体减去另一个实体，移除（求差）操作步骤如下。

（1）在零件几何体下，选择 xy 平面绘制居中矩形草图，退出草绘器，利用凸台命令创建一个长方体（凸台.1）。

（2）单击下拉菜单 插入 → 几何体，完成几何体.2 的插入。再选择 yz 平面绘制一个椭圆草图，退出草绘器，利用凸台命令创建一个椭圆柱（凸台.2）。单击“旋转”命令图标，选择 Y 轴为旋转轴，将椭圆柱旋转一定角度，创建的两实体如图 6-138 所示。

（3）在特征树的“几何体.2”上单击右键，在快捷菜单中选择 几何体.2 对象 → 移除... 命令，完成移除的布尔操作如图 6-139 所示。

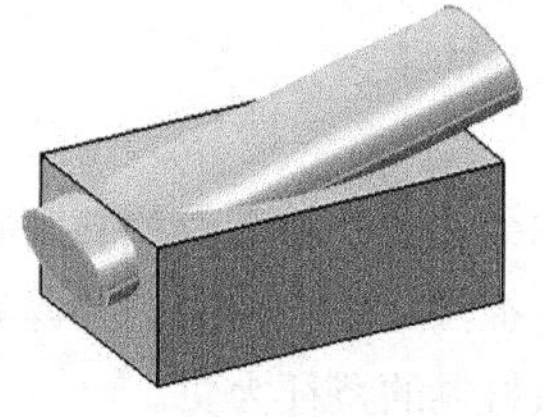
图 6-138 创建两实体

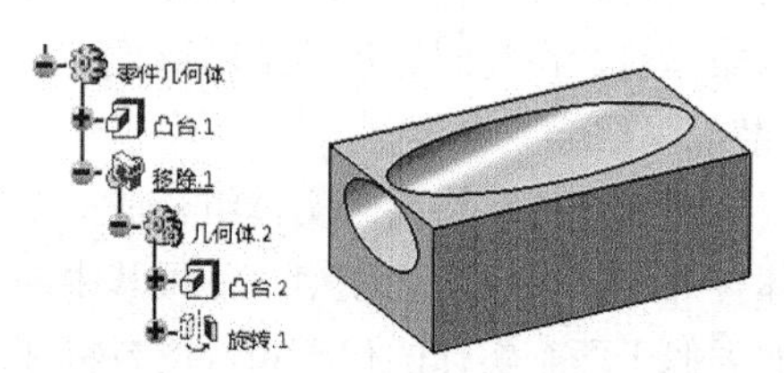

图 6-139 移除后的实体模型

**4．相交（求交）命令**

相交（求交）命令的功能就是将两个实体中相交（交集）的部分保留，其余部分删除。相交命令与移除命令的操作步骤相同。例如在零件几何体和插入的几何体下创建的两个实体如图 6-140 所示，然后在特征树的“几何体.2”上单击右键，在快捷菜单中选择 几何体.2 对象 → 相交... 命令，完成相交的布尔操作，如图 6-141 所示。

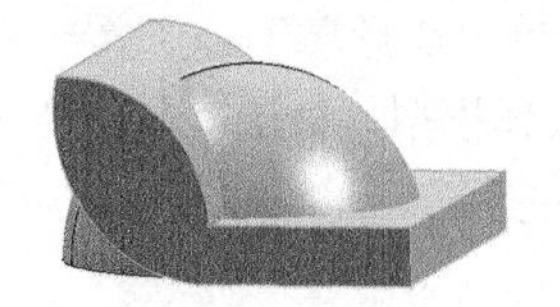
图 6-140 创建两实体

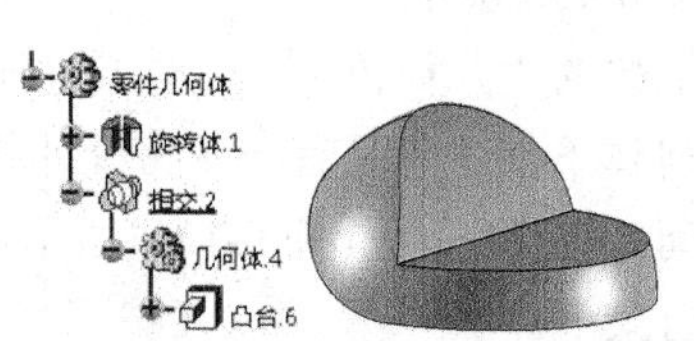

图 6-141 相交后的实体模型

### 5. 联合修剪命令

联合修剪命令的功能是将两个实体在求和前或求和后，把其中某些部分修剪掉，形成新的实体模型。下面以图 6-142 为例演示两实体在求和前的联合修剪的操作过程。

(1) 在零件几何体下，选择 xy 平面利用“延长孔”命令绘制草图，退出草绘器，利用凸台命令创建“凸台.1”。

(2) 单击下拉菜单 插入 → 几何体，完成几何体.2 的插入后，再选择 xy 平面利用“圆柱形延长孔”命令绘制草图，退出草绘器，利用凸台命令创建“凸台.2”。创建的两实体如图 6-142 所示。

(3) 在特征树的“几何体.2”上单击右键，在快捷菜单中选择几何体.2 对象 → 联合修剪...命令，在弹出的如图 6-143 所示的“定义修剪”对话框中单击“要移除的面”的窗口，激活窗口后选择“凸台.2”上要移除的面，如图 6-142 手指处的面，单击“确定”按钮，完成修剪的实体模型如图 6-144 所示。

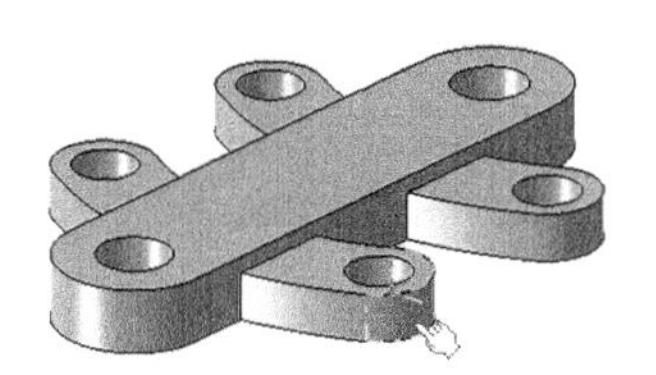

图 6-142 创建两实体

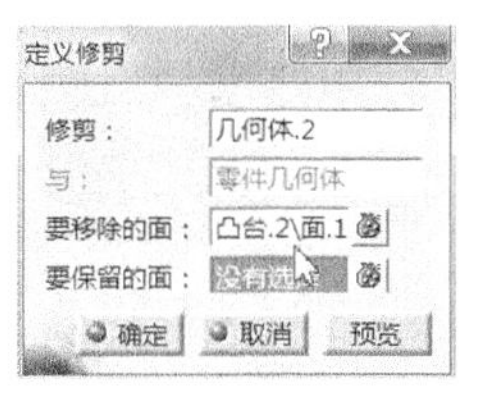


图 6-143 定义修剪对话框

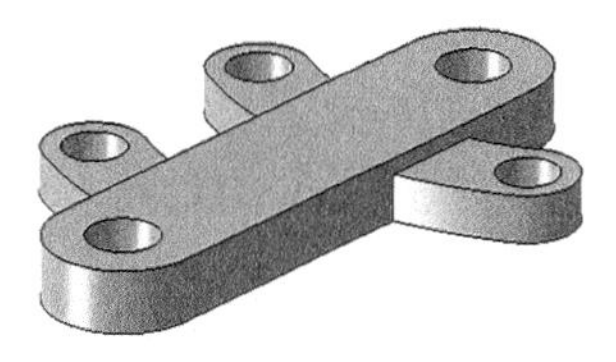

图 6-144 修剪后的实体模型

在“定义修剪”操作中选择移除面和保留面时可按以下规则进行操作。

(1) 在对话框中激活“要移除的面”的窗口时，只需在实体上选择要移除的面（可以连续选择多个要移除的面），而不需要选择要保留的面，直接单击“确定”按钮即完成移除操作，如图 6-144 的操作。

(2) 若在对话框中激活“要保留的面”的窗口时，只需在实体上选择要保留的面（可以连续选择多个要保留的面），而不需要再选择要移除的面，直接单击“确定”按钮即完成移除操作。

例如激活如图 6-145 所示对话框中的“要保留的面”的窗口，仍然选择图 6-142 中手指处的面，则完成修剪后的实体模型如图 6-146 所示。

(3) 若如图 6-142 所示两实体在完成“添加”操作后再执行“联合修剪”命令时，应在特征树的“添加”节点处（见图 6-147）单击右键，选择更改为联合修剪，再进行联合修剪的操作。

图 6-145 激活要保留的面窗口

图 6-146 修剪后的实体模型

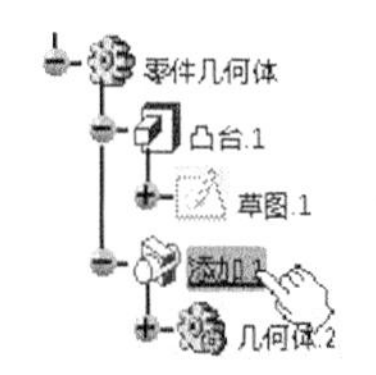


图 6-147 在添加处单击右键

### 6. 移除块命令

移除块命令的功能是实体间完成布尔操作后，在实体模型中可能会有残留实体或空腔存在，用该命令可以把这些残留实体去除。“移除块”命令的操作步骤如下。

（1）在零件几何体下，选择 xy 平面利用“六边形”命令绘制草图，退出草绘器，利用凸台命令创建六棱柱“凸台.1”。

（2）单击下拉菜单插入→几何体，完成几何体.2 的插入后，再选择 zx 平面利用“轮廓”命令绘制如图 6-148 所示草图，退出草绘器，利用“旋转”命令创建“凸台.2”。创建的两实体如图 6-149 所示。

（3）在特征树的“几何体.2”上单击右键，在快捷菜单中选择几何体.2 对象→移除... 命令，完成移除的实体模型如图 6-150 所示，其上残留六块实体。

（4）在特征树的根节点“零件几何体”单击右键如图 6-151 所示，在快捷菜单中选择零件几何体 对象→移除块...命令，在弹出的 6-152 所示的“定义移除块（修剪）”对话框中单击“要保留的面”的窗口，激活窗口后选择要保留的六棱柱表面，如图 6-150 所示手指处的面，单击“确定”按钮，去除残留块的实体模型如图 6-153 所示。

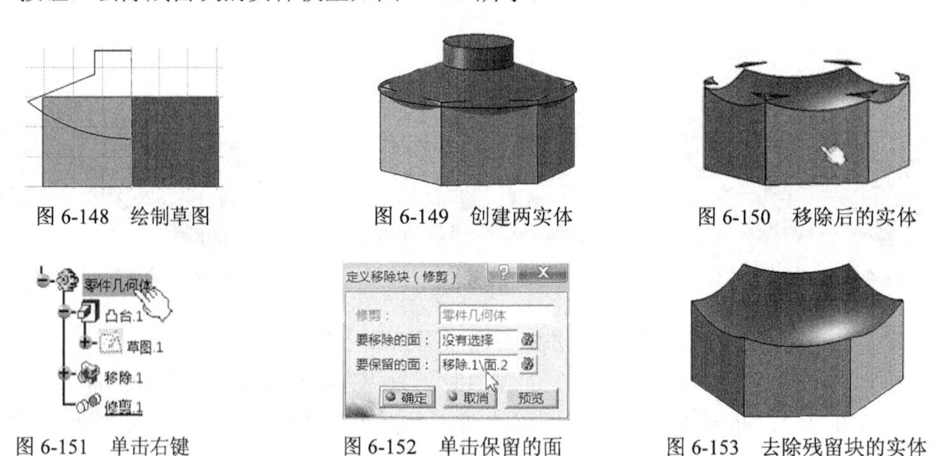

图 6-148 绘制草图　图 6-149 创建两实体　图 6-150 移除后的实体

图 6-151 单击右键　图 6-152 单击保留的面　图 6-153 去除残留块的实体

## 6.3.3 布尔操作的综合应用

根据图 6-154 所示零件的二维视图，创建其三维实体模型。

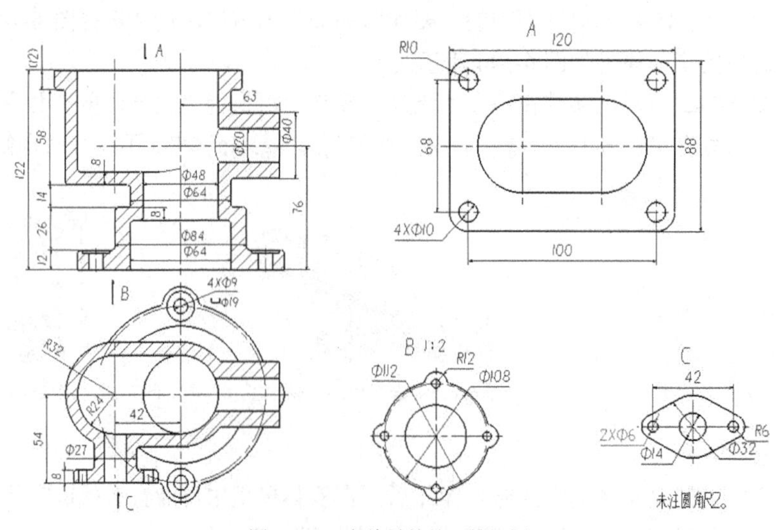

图 6-154 座体零件的二维视图

### 1. 分析

根据给出的二维视图可知，该零件属于具有内腔的壳体类零件，这类零件的实际加工过程一般是先铸造，再按各表面的功能进行机械加工。据此分析，按视图中的尺寸先构建外形模样,再构建内腔模样，然后利用布尔操作的移除（求差）命令，完成其实体模型的创建。

### 2. 创建外形模样

分析视图可知，该零件的外形模样在上下方向上除 $\phi$9 和 $\phi$10 八个小孔外共有五个特征：前后方向有两个特征、左右方向有一个特征，它们均可用拉伸命令生成，具体创建步骤如下。

（1）选择 XY 平面按尺寸绘制图 6-154 中的 B 向局部视图作为草图（4 个 $R$12 圆弧利用旋转复制命令完成），拉伸 12mm 后顺次选择各草图拉伸后的顶面绘制草图进行拉伸操作：绘制 $\phi$84 的圆拉伸 26mm，绘制 $\phi$64 的圆拉伸 14mm，利用“延长孔”命令绘制俯视图的外轮廓作为草图拉伸 58mm，利用“居中矩形”命令绘制 A 向局部视图的外轮廓作为草图拉伸 12mm。

（2）以 ZX 平面为基准创建一个相距 54mm 的参考面，在其上绘制“C”向局部视图的外轮廓作为草图拉伸 8mm，在其后面绘制 $\phi$27 的圆拉伸到曲面。

（3）以 ZY 平面为基准创建一个相距 63mm 的参考面。在其上绘制 $\phi$40 的圆拉伸到曲面，创建的外形模样如图 6-155 所示。在特征树的根节点“零件几何体单击右键，选择隐藏/显示，将外形模样隐藏。

### 3. 创建内腔模样

该零件的内腔模样在上下方向上共有三个特征、前后和左右方向各有一个特征，它们均可用拉伸命令生成，具体创建步骤如下。

（1）单击下拉菜单 插入 → 几何体，完成几何体.2 的插入。选择 xy 平面绘制 $\phi$64 的圆作为草图拉伸 30mm，绘制 $\phi$48 的圆作为草图拉伸 30mm，利用“延长孔”命令绘制草图拉伸 62mm。

（2）在特征树上选择已创建的相距 ZX 平面 54mm 的参考面（或者在特征树的根节点“零件几何体单击右键，选择隐藏/显示，将外形模样显示后，选择圆棱形的前表面），在其上绘制 $\phi$14 的圆拉伸到曲面。

（3）在特征树上选择已创建的相距 ZY 平面 63mm 的参考面，在其上绘制 $\phi$20 的圆拉伸到曲面，创建的内腔模样如图 6-156 所示。

### 4. 布尔操作

在“零件几何体上单击右键，显示该零件的外形模样和内腔模样，如图 6-157 所示。在特征树的“几何体.2”上单击右键，在快捷菜单中选择几何体.2 对象 → 移除... 命令，利用移除的布尔操作创建的实体模型如图 6-158 所示（剖切表达，以观内腔）。

利用倒圆角命令，按给定的圆角半径 $R$2 完成内外表面的铸造圆角，利用孔命令和圆形阵列命令完成 4× $\phi$9 锪平 $\phi$19 的沉孔（沉孔深度 2mm），利用孔命令和矩形阵命令列完成 4× $\phi$10 的圆孔和 2× $\phi$6 的圆孔，完成全部特征的实体模型如图 6-159 所示。

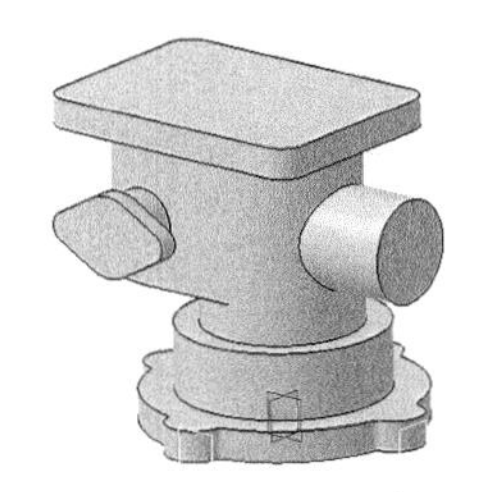
图 6-155 零件的外形模样

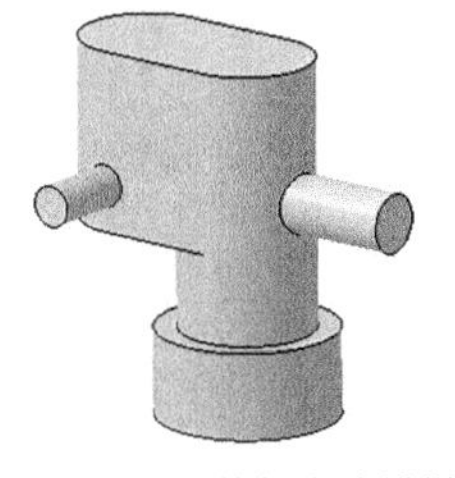
图 6-156 零件的内腔模样

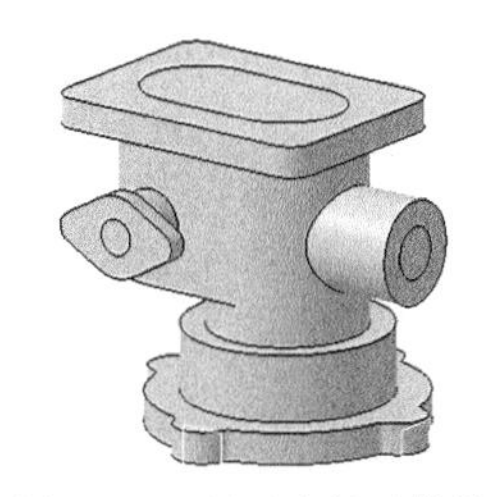
图 6-157 显示内外形模样

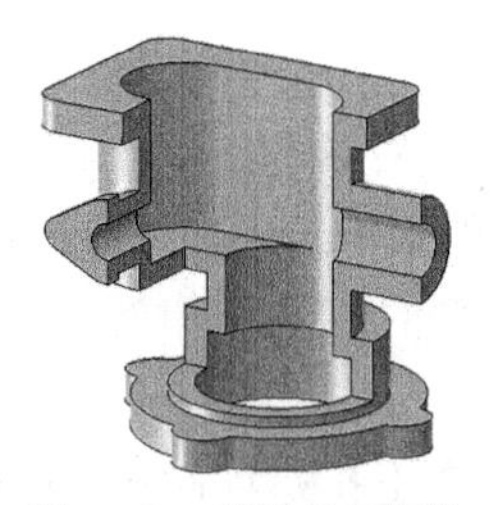

图 6-158 移除后的模样

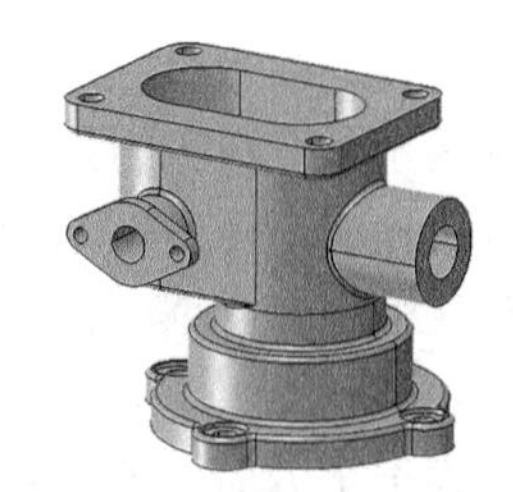

图 6-159 倒圆角、创建孔

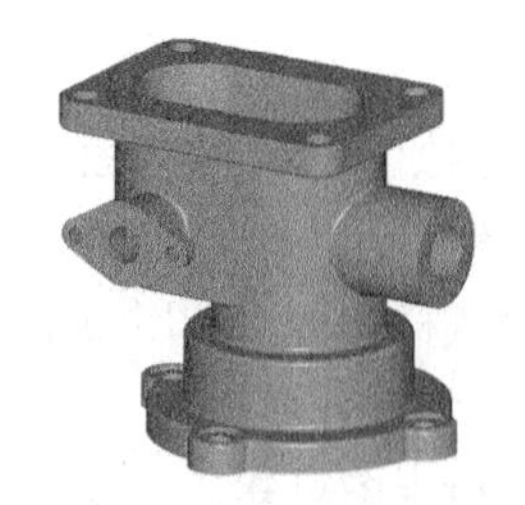

图 6-160 赋予材料的零件

## 6.4 应用材料

CATIA V5 可以为创建的零件模型赋予材料，以增加其质感。赋予材料的操作步骤如下：

（1）在特征树上单击根目录零件几何体，单击“应用材料”命令图标，在弹出的“打开”信息框中单击“确定”按钮，在弹出的图 6-161“库（只读）”对话框中显示有各种材料的选项卡。

（2）单击对话框中 Metal（金属）选项卡，选择一种材料的图标（例如选择 Steel），即可激活 确定 和 应用材料 两个按钮，单击 确定 按钮，完成应用材料的赋予。

（3）单击“视图”工具栏中的“视图模式”子工具栏中的“带材料着色”命令图标，如图 6-162 所示即可显示赋予材料的实体模型，如图 6-160 所示。

如显示效果不佳，可通过单击“视图”下拉菜单中的 照明... 命令，在弹出的“光源”对话框中选择“双光源”选项卡。左键按住蓝色球上的两个杠杆进行转动来调节实体模型上的明暗度和高光位置（也可移动“散射”“漫射”“反射”三个滑块进行调节），获得最佳质感效果后，单击对话框中的“确定”按钮即可。

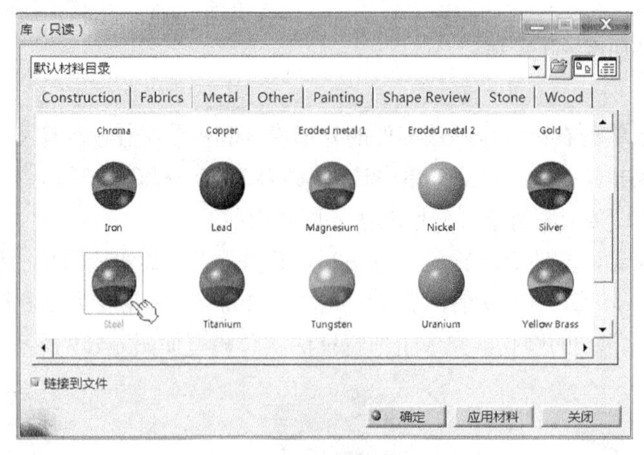


图 6-161 材料库对话框

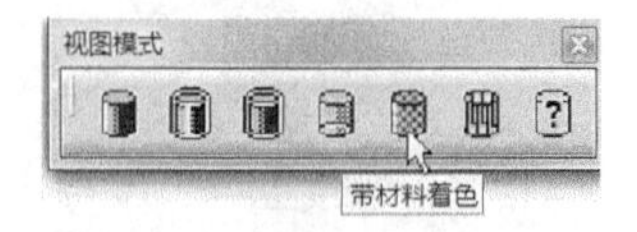


图 6-162 视图模式工具栏

# 第7章 一般零件的构型设计

任何机器都是由部件构成，部件又是由若干零件组成。零件是组成机器或部件的最基本单元。根据零件在机器或部件上的功用及应用频率，一般可分为标准件、常用件和一般零件。

- 标准件：由于在机器中应用频率高、范围广，因此其结构、尺寸和加工要求、画法等均标准化、系列化了的零件，如螺栓、螺母、垫圈、键、销、滚动轴承等。这类零件通常由设计人员根据机器的设计要求进行选用。
- 常用件：其部分结构、尺寸和参数标准化、系列化的零件，如齿轮、带轮和弹簧等。这类零件上的标准结构需要按标准参数进行设计。
- 一般零件：这类零件需按其在机器上的功能由设计人员设计、绘制出零件图以供加工制造零件。一般零件通常可分为：轴套类、轮盘类、叉架类和箱壳类等。

## 7.1 轴套类零件的构型设计

### 7.1.1 轴类零件的构型设计

1．轴类零件结构分析与二维表达

这类零件的各组成部分多为同轴线的回转体，轴向尺寸长，径向尺寸短。从总体上看为细长的复合回转体。根据功能和工艺要求，这类零件常带有键槽、倒角、退刀槽、轴肩、螺纹和中心孔等结构。轴类零件加工工序少，大部分结构可在车床上完成。轴与各种轮类零件用键连接传递动力和扭矩。根据主视图按工作位置和加工位置摆放的原则，轴类零件的主视图都是轴线水平放置，垂直轴线的方向为投射方向，轴类零件通常不需要其他基本视图，轴上的其他结构通常用断面图、局部剖视图、局部放大图、断裂画法进行表达。轴类零件的二维表达如图 7-1 所示。

2．轴类零件的三维构型

如图 7-1 所示轴的内外表面均为同轴回转面，其特征视图是主视图，因此选择与主视图对应的 xz 坐标面绘制主视图 1/2 的投影轮廓作为草图，利用旋转体命令生成内外回转面。

**【实例 7-1】** 绘制 7-1 所示轴。

具体步骤如下。

（1）创建内外回转面：选择 xz 坐标面，在画出大概轮廓后，双击尺寸约束命令，先逐一注出径向方向尺寸，双击尺寸数值修改时，应先修改小尺寸再修改大尺寸，以避免绘制的草图轮廓过度变形。绘制的草图及修改后的径向尺寸如图 7-2 所示。标注轴向尺寸后，也应按从小到大的规则修改轴向尺寸，如图 7-3 所示。单击旋转体命令，选择 x 轴，创建轴的实体如图 7-4 所示。

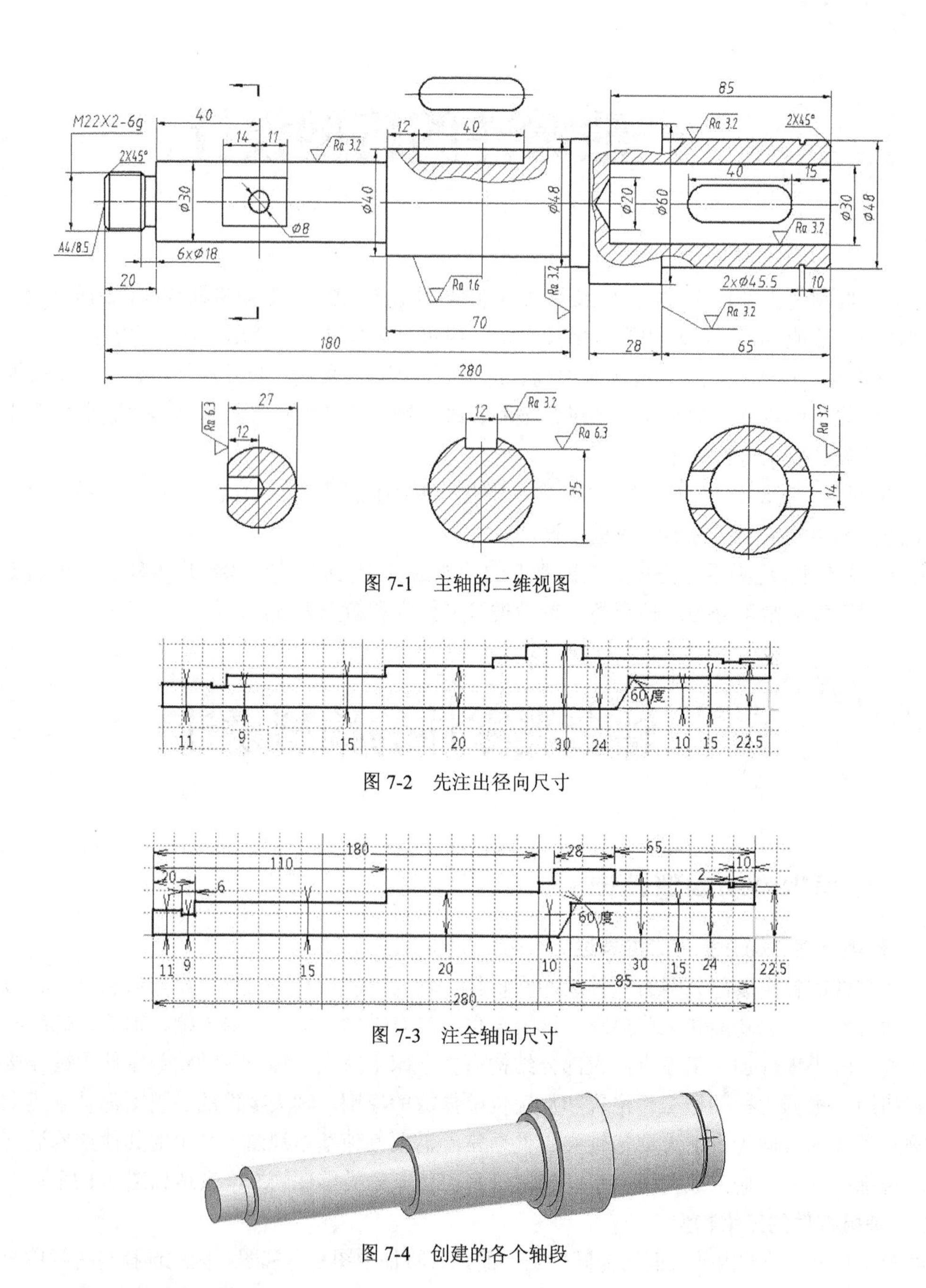


图 7-1　主轴的二维视图

图 7-2　先注出径向尺寸

图 7-3　注全轴向尺寸

图 7-4　创建的各个轴段

（2）创建键槽及中心孔。

创建键槽：创建 $\phi$40 轴段上的键槽，选择 xy 坐标面，单击平面命令创建与 xy 坐标面平行且相距 20mm 的参考面（此面与 $\phi$40 轴段相切），在其上绘制如图 7-5 所示的草图并进行约束。利用凹槽命令创建深度 5mm 的键槽。创建 $\phi$48 轴段上的键槽，选择 zx 坐标面，在其上绘制如图 7-6 所示的草图，利用凹槽命令，镜像切割成通槽。创建中心孔：选择 zx 坐标面，在其上绘制如图 7-7 所示的草图，选择草图上 2mm 处的直线，再单击轴命令将其变换成轴线，利用旋转槽命令，创建中心孔。

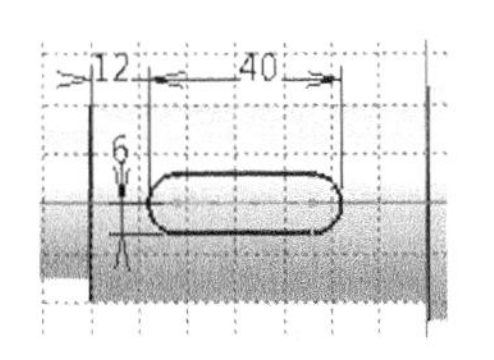

图 7-5 绘制 $\phi$40 轴段的草图

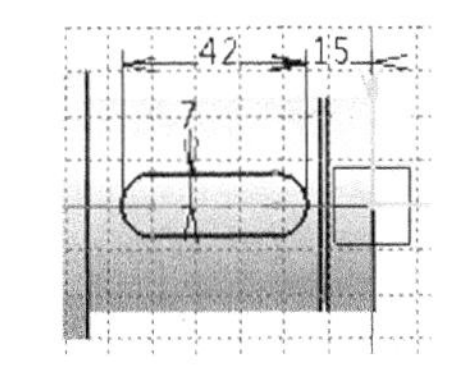

图 7-6 绘制 $\phi$48 轴段的草图

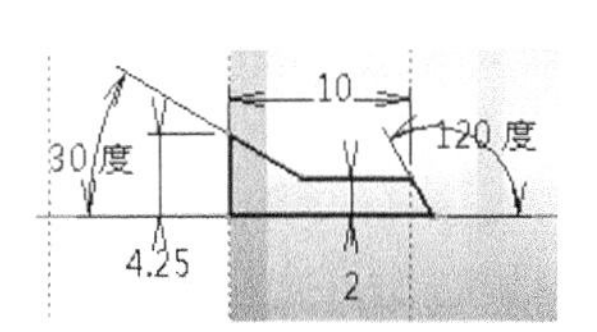

图 7-7 绘制中心孔的草图

（3）创建 $\phi$30 轴段上的平面和钻孔：选择 xy 坐标面，在其上绘制如图 7-8 所示的草图，利用凹槽命令，镜像切割，形成轴上的平面。利用孔命令在其平面上创建孔：选择 V 形底，深度 12mm。选择 xy 坐标面和表示轴线位置的星号将两者相合，约束草图如图 7-9 所示。

（4）创建 M22×2 普通细牙螺纹及轴端倒角：单击螺纹命令，在弹出的对话框中：侧面选择轴左端圆柱面；限制面选择左端面，其余参数按图 7-10 选择。单击“确定”按钮完成外螺纹的创建。单击倒角命令，倒角长度尺寸设为 2mm，角度 45°，单击螺柱左端、右端、$\phi$30 轴段左端、$\phi$40 轴段左端、$\phi$48 轴段右端，单击“确定”按钮，完成倒角的创建。根据轴的二维视图创建的三维实体如图 7-11 所示。

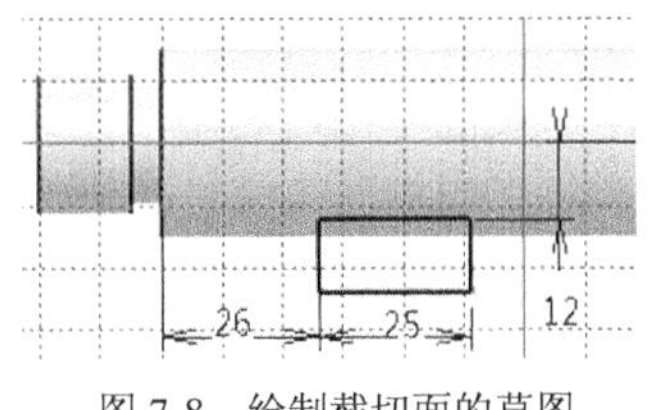

图 7-8 绘制截切面的草图

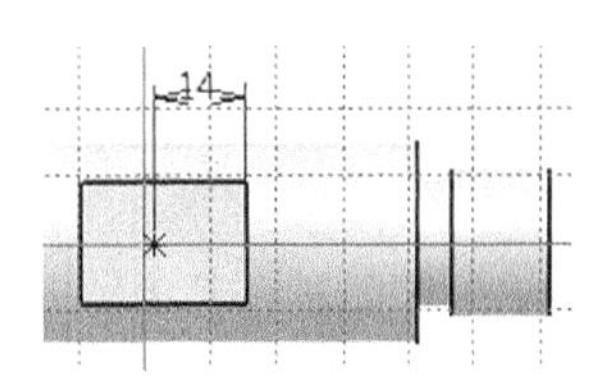

图 7-9 $\phi$8 孔轴线的定位草图

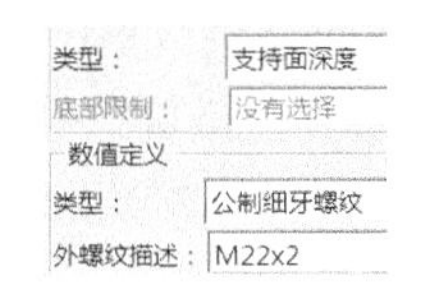

图 7-10 外螺纹参数

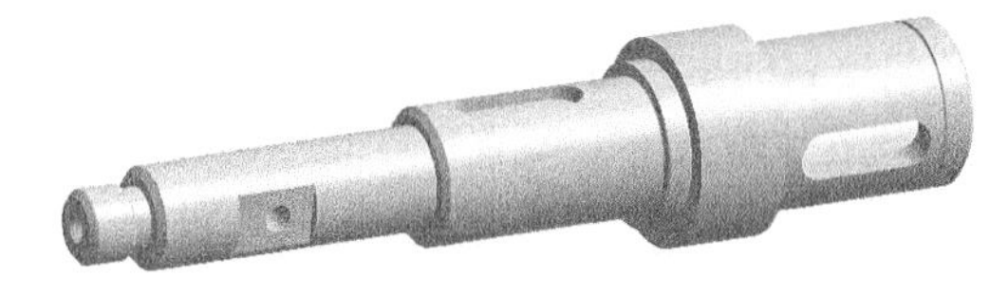
图 7-11 创建的主轴

## 7.1.2 套类零件的构型设计

### 1. 套类零件的结构分析与二维表达

各种套类零件都是空心回转体，套装在轴上，起轴承、隔离其他零件等作用。套类零件的主视图选择与轴类零件相同。

图 7-12 为柱塞套的零件图，它是一个空心的圆柱体，主视图按加工位置轴线水平放置，并采用全剖视表达套的内部结构，其他视图采用 D-D 断面图和一个局部放大图，就可以将该零件表达清楚。

### 2. 套类零件制作思路

套类零件的三维构型图 7-12 所示的套内外表面均为同轴回转面，其特征视图是主视图，可利用旋转体命令创建。套上的圆弧槽其特征视图也是主视图，可利用凹槽命令创建。与圆弧槽相通的 $\phi$3 孔位于前后对称面上，可选择 xy 坐标面绘制草图，利用凹槽命令创建。下部埋头孔，可利用孔命令创建。

**【实例 7-2】** 创建柱塞套。

（1）创建内外回转面：选择 zx 坐标面画草图，添加尺寸约束，如图 7-13 所示。单击旋转体命令，选择 x 轴，完成内外回转面的创建。

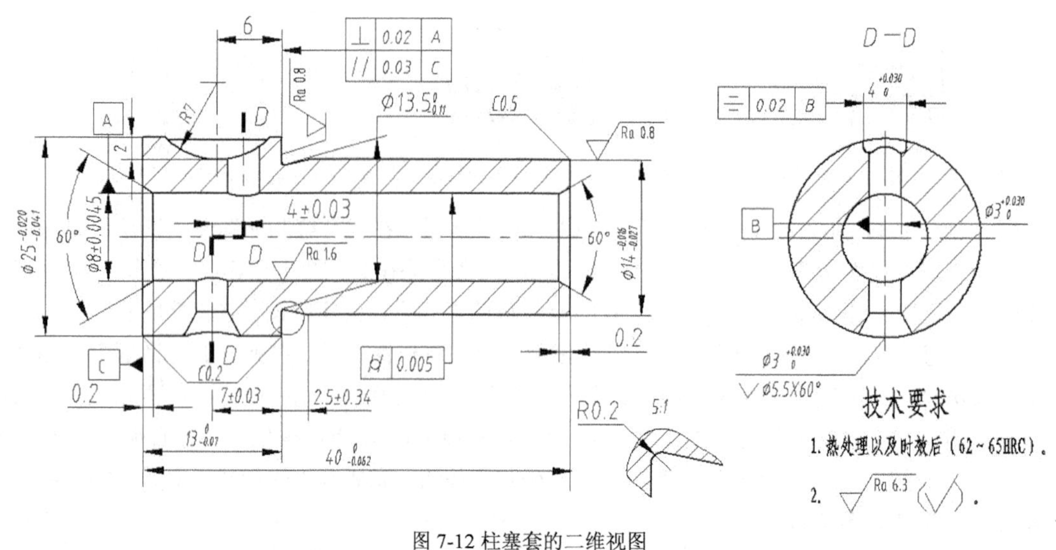

图 7-12 柱塞套的二维视图

（2）创建圆弧槽：选择 zx 坐标面，在其上绘制如图 7-14 所示的草图，利用凹槽命令镜像切割 4mm，生成圆弧槽。

（3）创建 $\phi3$ 圆孔：选择 xy 坐标面，在其上绘制如图 7-15 所示的草图并约束，利用凹槽命令生成 $\phi3$ 圆孔。

（4）创建埋头孔：单击孔命令，选择 $\phi25$ 轴颈下部，单击定位草图按钮，在特征树上选择 zx 坐标面，再选择表示轴线位置的星号将两者相合，埋头孔轴线约束如图 7-16 所示。在孔定义对话框中的“类型”选项卡中选择“埋头孔”，设置参数为：模式选择“角度和直径”，角度“60° ”，直径“5.5mm”。单击“确定”按钮完成埋头孔的创建。

（5）单击倒角命令，完成孔端和轴端处的倒角。根据柱塞套的二维视图创建的三维实体如图 7-17、图 7-18 所示。

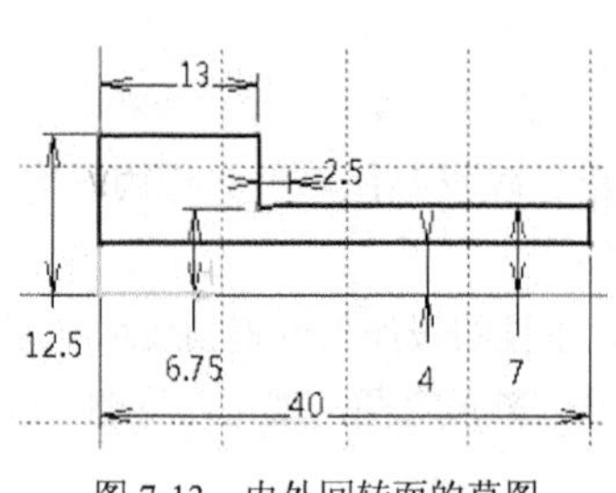

图 7-13　内外回转面的草图

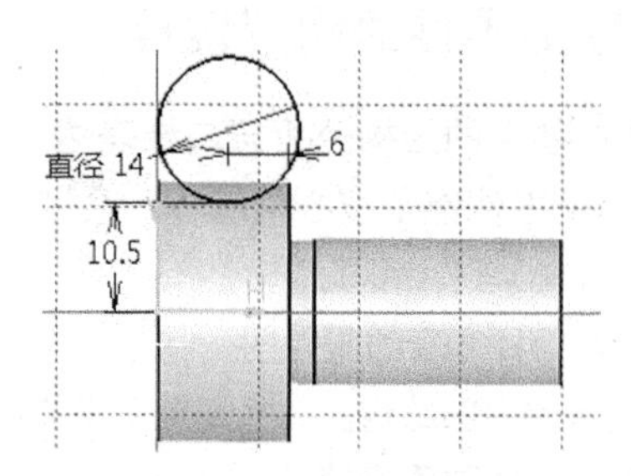

图 7-14　圆弧槽的草图

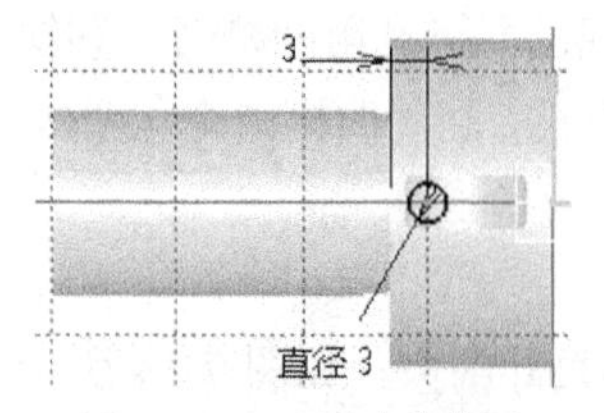

图 7-15　$\phi3$ 圆孔的草图

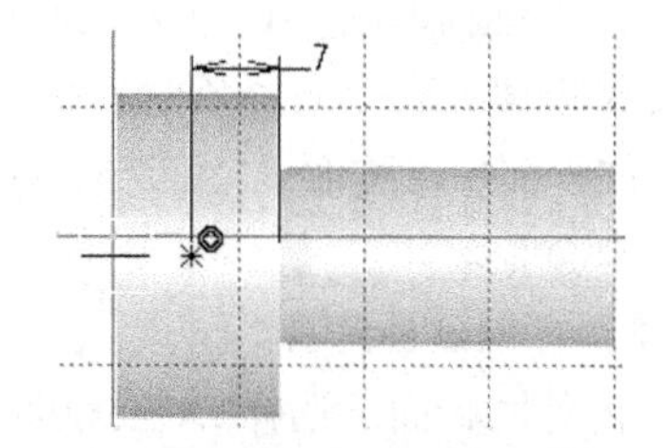

图 7-16　埋头孔轴线定位的草图

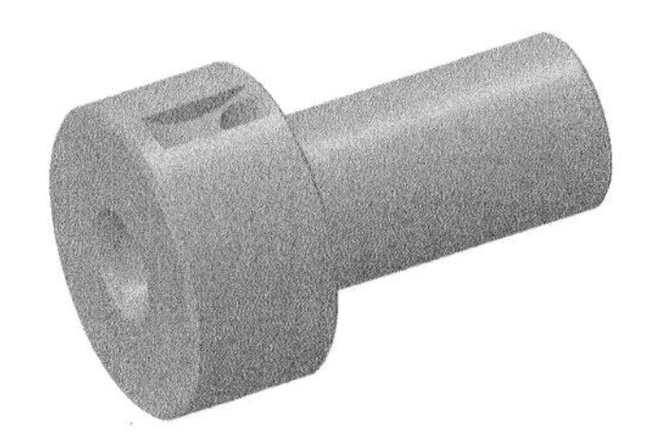

图 7-17 创建的柱塞套

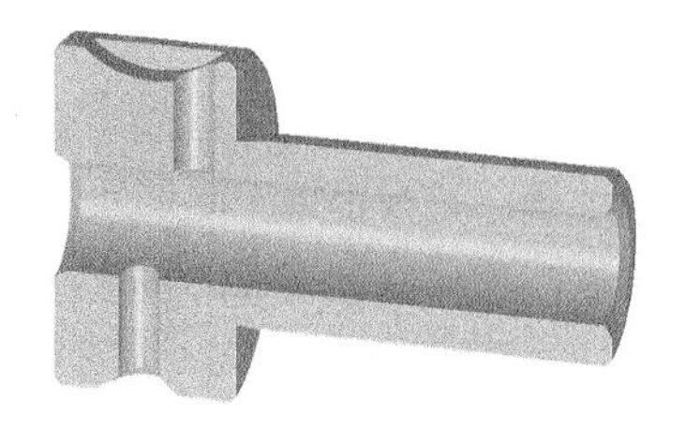

图 7-18 柱塞套内部结构

# 7.2 轮盘类零件的构型设计

## 7.2.1 轮类零件的构型设计

### 1. 轮类零件的结构分析与二维表达

轮类零件的主体部分由同轴回转面构成，轴向尺寸小，径向尺寸大，一般有一个端面是与其他零件联接时的重要定位面。轮类零件是由轮毂、轮缘、轮幅三部分组成。传动方式不同，轮缘上的结构也不同。V 形带传动时，轮缘上加工有 V 形槽，如图 7-19 所示。轮齿传动时，轮缘上加工有轮齿。轮毂内的轴孔上加工有键槽，联接轮缘与轮毂的轮幅可制成辐板式，为减轻质量降低成本，在辐板上常加工有通孔。轮幅也可制成辐条式，辐条的断面形状如图 7-20 所示，有椭圆形、丁字形、十字形和工字形等。轮与轴装配在一起传递扭矩与动力。

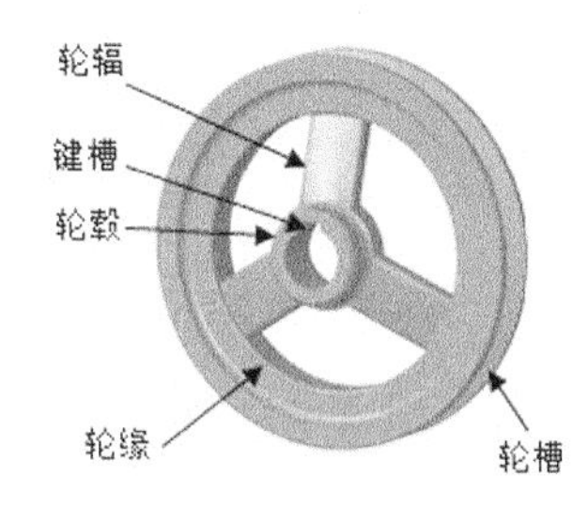


图 7-19 单皮带轮

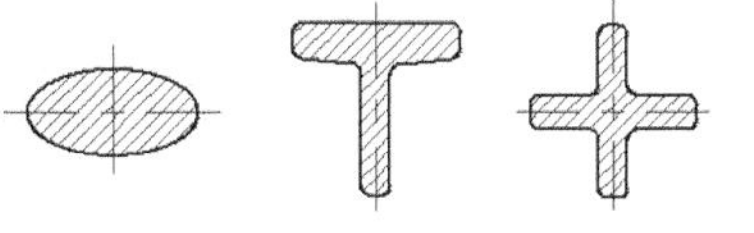

图 7-20 四种轮辐结构

轮类零件的主视图按工作位置摆放，即轴线水平放置，垂直轴线的方向为主视图的投射方向，主视图常用全剖视图或半剖视图表达内外结构。轮类零件需要配置一个左视图表达轮辐的分布情况。如果轮辐为平板结构则不需要左视图，轴孔中的键槽用左视方向的局部视图表达即可，如图 7-21 所示皮带轮的表达方案。

### 2. 轮类零件的三维构型

图 7-21 所示为皮带轮的内外表面均为同轴回转面。其特征视图是主视图，可利用旋转体命令创建，键槽及幅板上的 6 个孔的特征方向均为左视方向，可利用凹槽命令创建。

**【实例 7-3】** 创建图 7-21 所示皮带轮。

（1）创建内外回转面：选择与主视图对应的 zx 坐标面画草图（由于左右对称可画 1/2，见图 7-22），添加约束后镜像完成要旋转的草图，如图 7-23 所示。单击旋转体命令，选择 X 轴，完成内外回转面的创建。

（2）创建键槽和均布的6个孔：选择轮毂左端面，在其上绘制如图7-24所示的草图，利用凹槽命令切割成通槽。选择幅板左端面绘制一个圆并约束，单击旋转命令，再单击皮带轮的圆心，在“旋转定义”对话框中设置的参数，如图7-25所示。单击“确定”按钮，复制出其他5个圆，如图7-26所示。单击凹槽命令生成6个通孔。根据皮带轮的二维视图创建的三维实体，如图7-27所示。

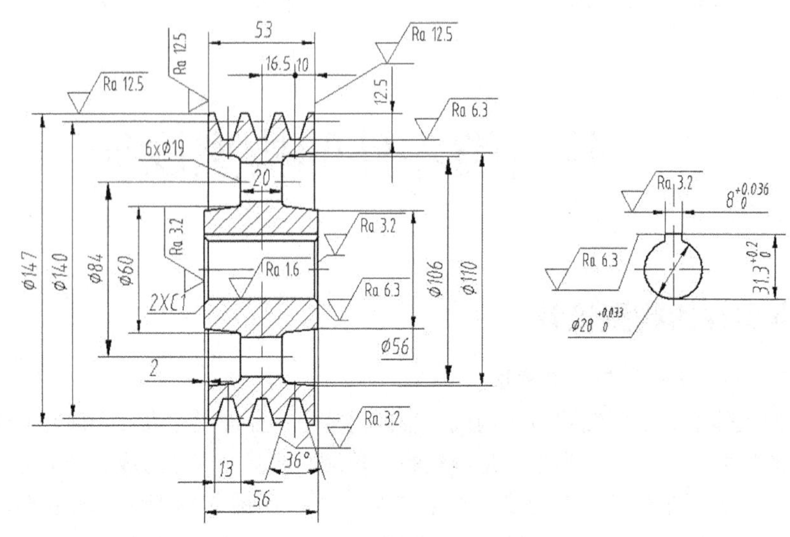


图7-21　皮带轮的二维视图

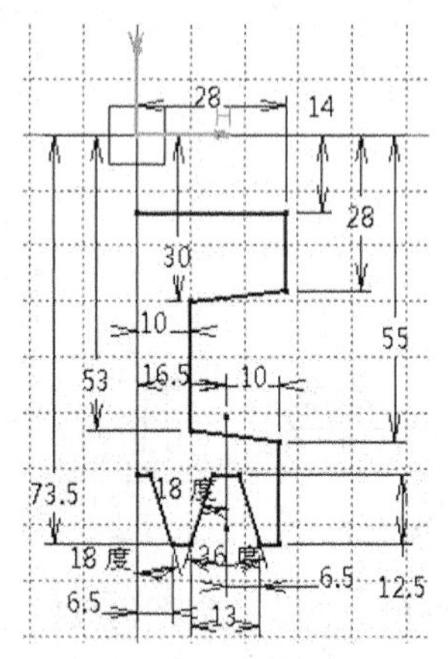


图7-22　绘制一半草图并约束

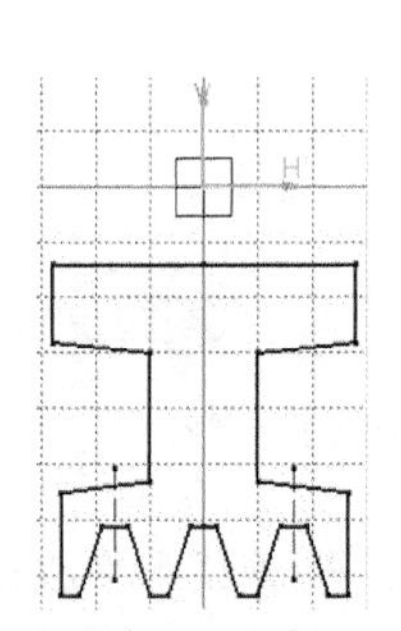

图7-23　镜像后的草图

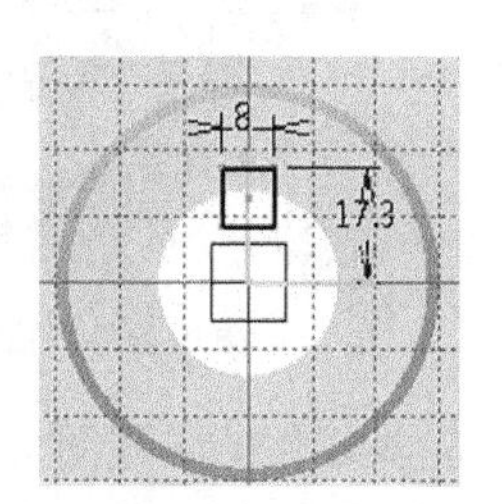


图7-24　键槽的草图

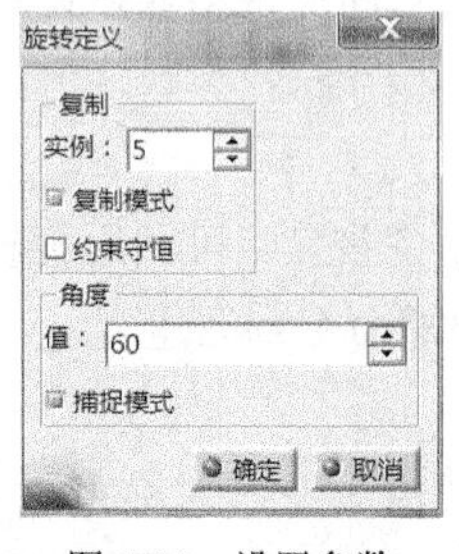


图7-25　设置参数

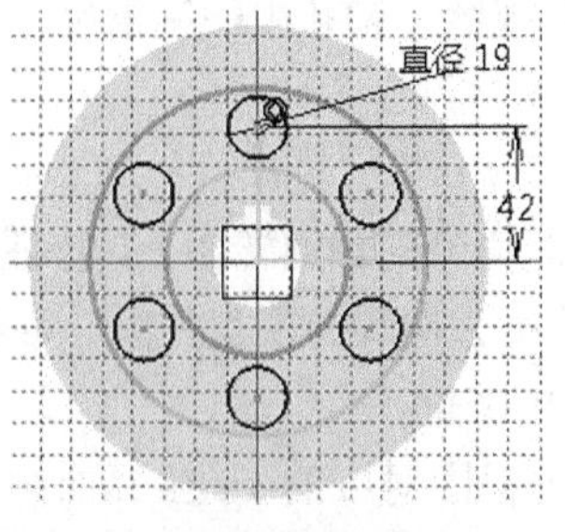


图7-26　旋转复制后的草图

图7-27　创建的三槽带轮

## 7.2.2 盘类零件的构型设计

### 1. 盘类零件的结构分析与二维表达

盘类零件通常是指与机器箱体上轴承孔端面有装配关系的端盖。它的整体结构为复合回转体。由于装配时定位、密封等要求，其上加工有定位止口。有轴穿出端盖时，需要加工轴孔，孔内有装配密封圈的沟槽结构。为保证端盖与箱体的连接，在径向方向加工有均布的沉头孔，如图 7-28 所示。有的端盖在径向方向还有均布肋板以增加其强度，如图 7-29 所示。

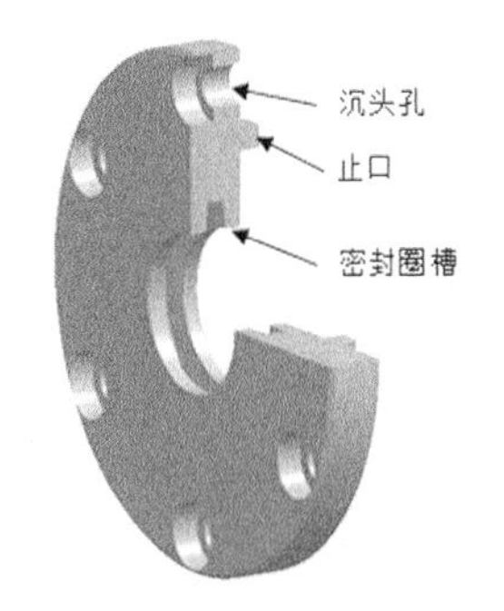


图 7-28 带有 V 形槽的端盖

图 7-29 带有肋板的端盖

盘类零件的主视图按加工位置或工作位置摆放，垂直轴线方向为主视图投射方向，并采用全剖或半剖视图表达内部结构。左视图主要表达螺栓孔的位置和数量。细小结构及局部形状可用局部放大图和局部视图表达，端盖的视图如图 7-30 所示。

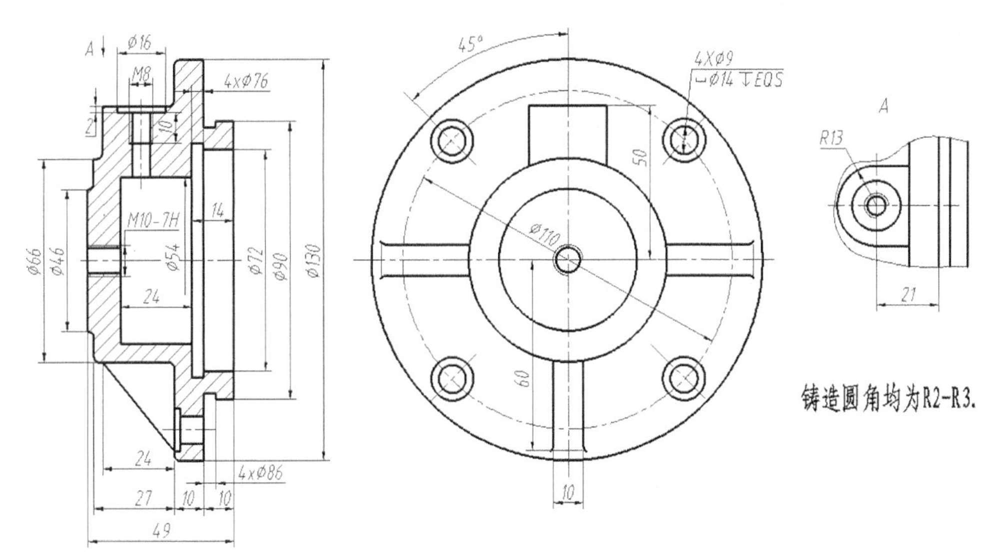


图 7-30 端盖的二维视图

### 2. 盘类零件的三维构型

通过如图 7-30 所示端盖的一组视图可看出其主体结构为具有内外回转面的复合回转体，它的草图轮廓为主视图下半部的断面形状。回转体上的 3 个成辐射状的肋板其草图轮廓在主视图中反映。回转体上加工有螺纹的沉头孔的拱形凸台的草图轮廓在俯视方向的 A 向视图中反映。另有 4

个均布的沉头孔在主视图中反映。该端盖主体可利用旋转体命令创建；肋板可用加强肋命令创建；拱形体用凸台命令创建；沉头孔用孔命令创建；铸造圆角利用倒圆角命令生成。

**【实例 7-4】** 创建端盖。

（1）创建复合回转体：选择与主视图对应的 zx 坐标面绘制如图 7-31 所示的草图，单击旋转体命令，选择 X 轴，完成复合回转体的创建。

（2）创建肋板：选择 xy 坐标面绘制如图 7-32 所示的草图，单击加强肋命令，输入肋板厚度值：10，完成肋板的创建。选择创建的肋板，单击圆形阵列命令。在定义圆形阵列对话框中→选择轴向参考→参数："实例和总角度"→实例：3→总角度：180→激活参考元素窗口，单击与肋板相交的圆柱面或圆形平面，单击"确定"按钮，完成另外两个肋板的复制。

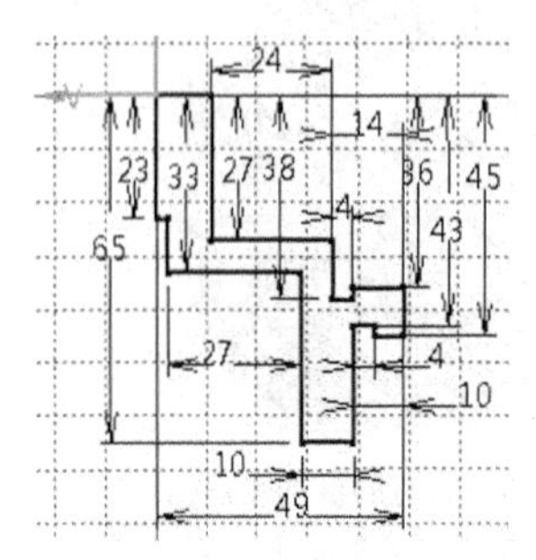


图 7-31 形状 zx 面回转体画草图

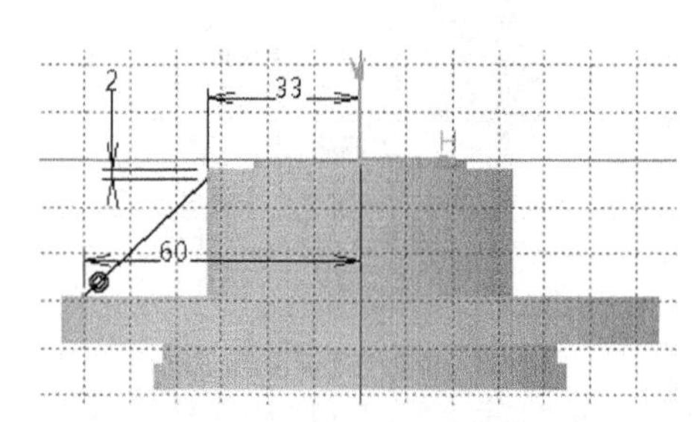


图 7-32 选择 xy 面画肋板草图

（3）创建拱形体：选择 xy 坐标面，单击平面命令，创建与 xy 坐标面平行且相距 50mm 的参考面，在其上绘制如图 7-33 所示草图，单击凸台命令，拉伸到曲面，完成拱形体的创建。

（4）创建沉头孔：单击孔命令，单击 $\phi$130 圆盘表面，在定义孔的对话框中选择延伸选项卡→直到下一个→直径：9mm，单击定位草图按钮，用构造线绘制 $\phi$110 的圆，将圆心与星号用构造线相连，约束星号位置的草图如图 7-34 所示。单击按钮，选择类型选项卡→沉头孔→直径 16mm→深度 2mm，单击"确定"按钮，完成沉头孔，单击圆形阵列命令，完成其余 3 个沉头孔的复制。

（5）创建 M10 内螺纹：选择 $\phi$46 凸台上的圆弧，单击孔命令，单击凸台表面，在定义孔的对话框中选择 螺纹定义 选项卡，选择 螺纹孔 → 底部类型 → 支持面深度 → 内螺纹定义 → 类型：→ 公制粗牙螺纹 → 内螺纹描述：→ M10，单击"确定"按钮，完成 M10 内螺纹的创建。

（6）创建 M8 内螺纹：选择如图 7-35 所示拱形体上的圆弧，单击孔命令，单击拱形体上表面，在定义孔的对话框中选择延伸选项卡→直到下一个→选择类型选项卡→沉头孔→直径： 14mm → 深度： 2mm，选择 螺纹定义 选项卡，选择 螺纹孔 → 底部类型 → 尺寸 → 内螺纹定义 → 类型：→ 公制粗牙螺纹 → 内螺纹描述：M8 → 螺纹深度： 10mm，单击"确定"按钮，完成 M8 内螺纹的创建。

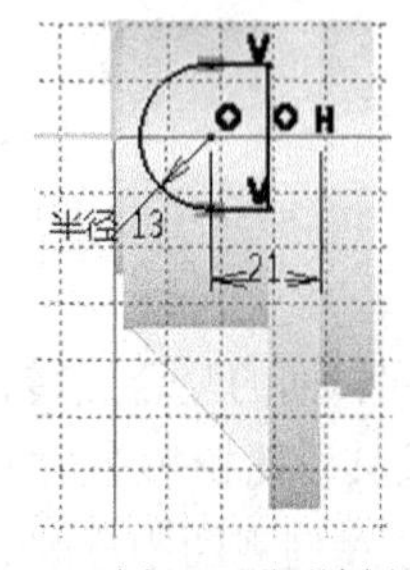


图 7-33 选择 xy 面画肋板草图

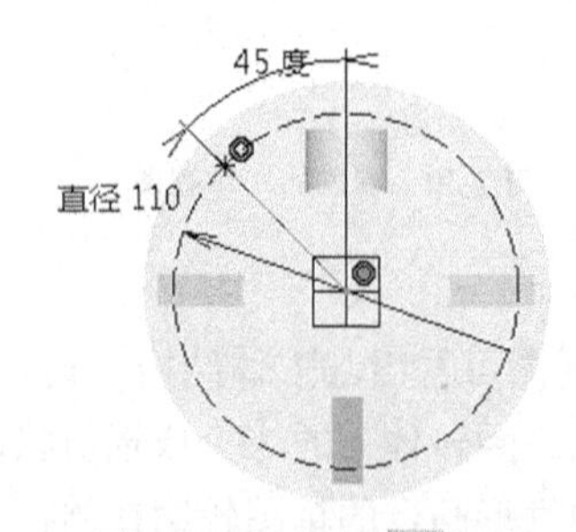


图 7-34 约束星号位置

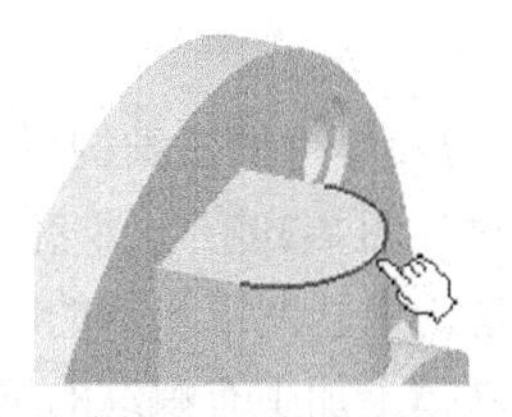

图 7-35 选择图弧

（7）利用倒圆角命令，将圆角半径设为2mm，完成铸造面的圆角。根据端盖的二维视图创建的三维实体，如图7-36所示。

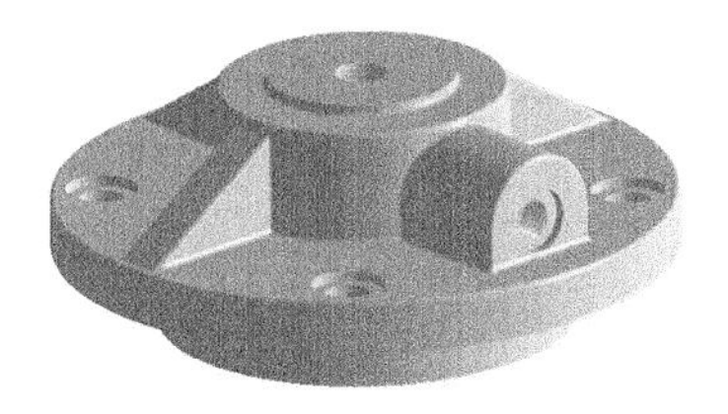
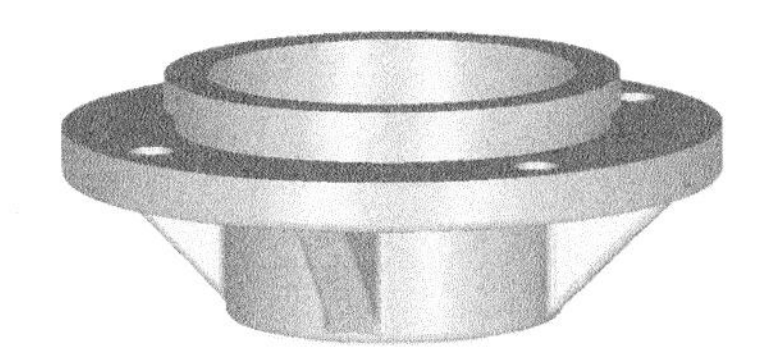

图7-36 创建的端盖

# 7.3 叉架类零件的构型设计

叉架类零件包括用于操纵机构的拨叉、杠杆和起支撑及连接作用的支架等，图7-37所示的三种零件是典型的叉架类零件。这类零件结构形状不规则，且千差万别，但按其功能可分为工作部分、安装固定部分、连接部分三种结构，如图7-37（a）所示。

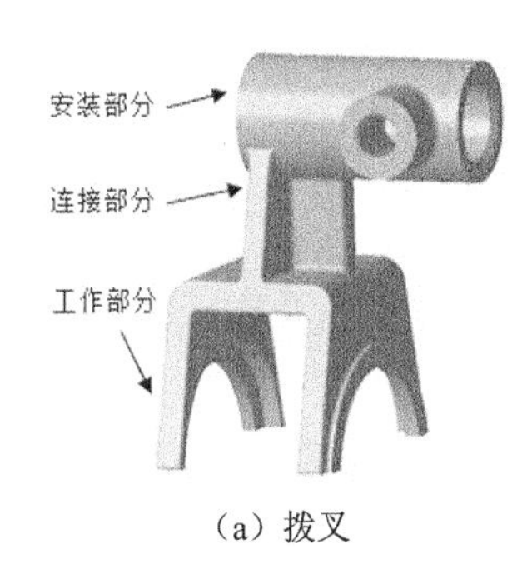


（a）拨叉

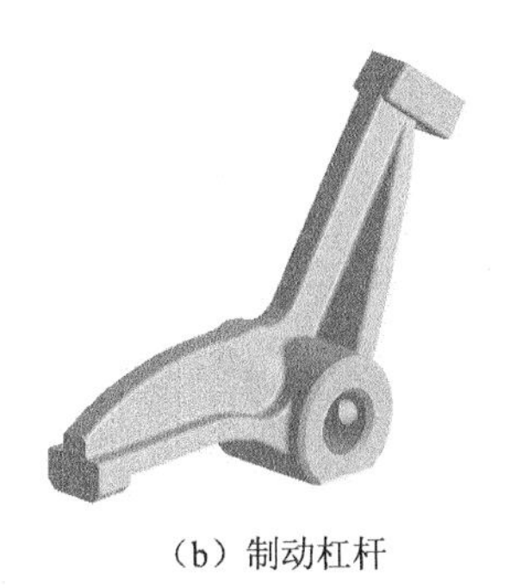

（b）制动杠杆

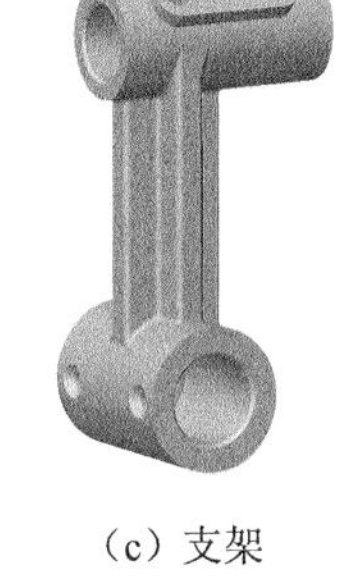

（c）支架

图7-37 叉架类零件

## 7.3.1 叉类零件的构型设计

### 1. 叉类零件的结构分析与二维表达

拨叉、制动杠杆和摇臂等零件都属于叉类零件，这些零件的结构特点是，安装部分均为装配到轴上的套筒，当绕轴线转动或沿轴线移动时其工作部分便可操控其他零件，连接部分为形状各异的肋板。

叉类零件加工时各工序位置不同，所以主视图按工作位置放正，再选择反映形状特征的方向作为主视图的投射方向。叉类零件一个主视图不能将零件表达完整，通常需要增加一个基本视图，表达另一方向的结构形状及位置关系。内外细节部分还应采用局部视图、局部剖视图、斜视图、断面图、局部放大图等方法进一步表达，拨叉零件的表达方案如图7-38所示。

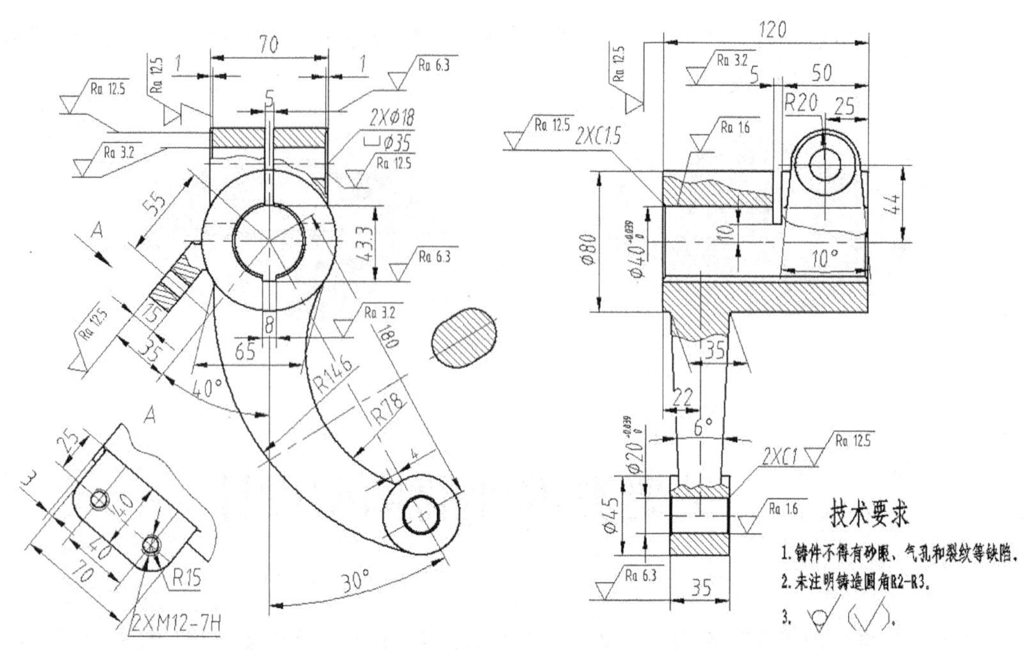


图 7-38　拨叉的二维视图

## 2．叉类零件的三维构型

由图 7-38 所示拨叉的一组视图可看出，安装部分有 3 个特征构成：开槽圆筒、开槽拱形体、斜置安装板；连接部分为弯形肋板；工作部分位于肋板下部的小圆筒。

**【实例 7-5】**　创建拨叉。

（1）创建安装部分。

① 创建圆筒：选择与主视图对应的 zx 坐标面，单击圆命令，将圆心置于原点画 $\phi$80 圆，单击凸台命令，“第一限制”拉伸长度：98mm，单击“更多”按钮，“第二限制”拉伸长度：22mm，完成圆筒的创建。

② 创建拱形体：选择与左视图对应的 yz 坐标面，绘制如图 7-39 所示的草图（图中箭头所指直线为交线，画草图时可适当向下画出），单击凸台命令，镜像拉伸 70mm，完成拱形体的创建，如图 7-40 所示。

③ 创建斜置安装板：选择圆柱后端面，单击平面命令，创建与圆柱后端面平行且相距 3mm 的参考面（参考面在圆柱后端面前方），选择该平面，在其上绘制如图 7-41 所示草图，单击凸台命令，向前拉伸 70mm，完成安装板的创建，如图 7-42 所示。

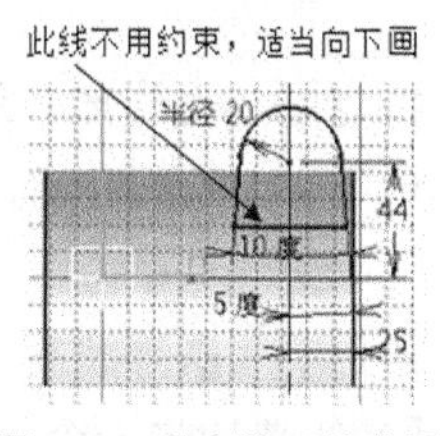


图 7-39　绘制拱形体草图

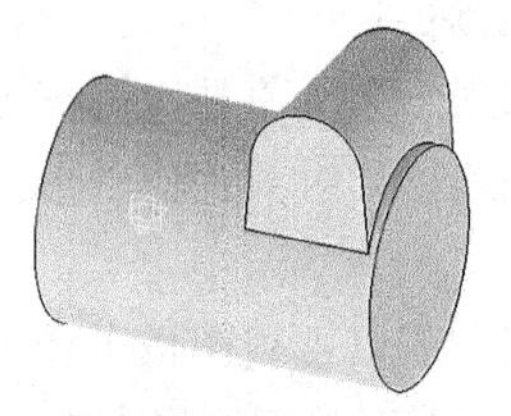

图 7-40　创建拱形体

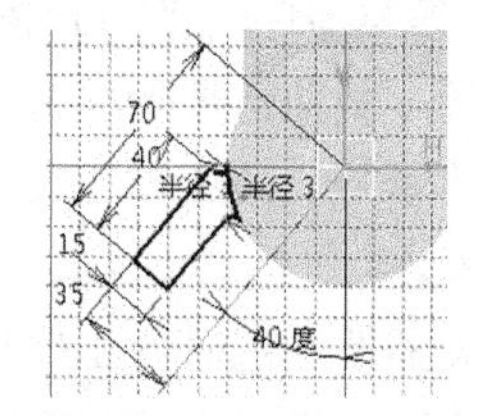


图 7-41　绘制安装板草图

（2）创建连接板。

选择与主视图对应的 zx 坐标面，绘制如图 7-43 所示草图，单击命令，选择与左视图对应的 yz 坐标面，绘制如图 7-44 所示梯形草图（梯形上下边可不用约束，只要略超过主视方向草图高度即可），单击命令，单击实体混合命令，完成连接板的创建，如图 7-45 所示。

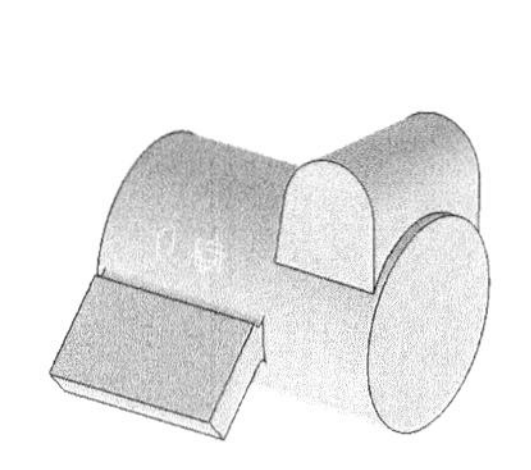

图 7-42 创建安装板

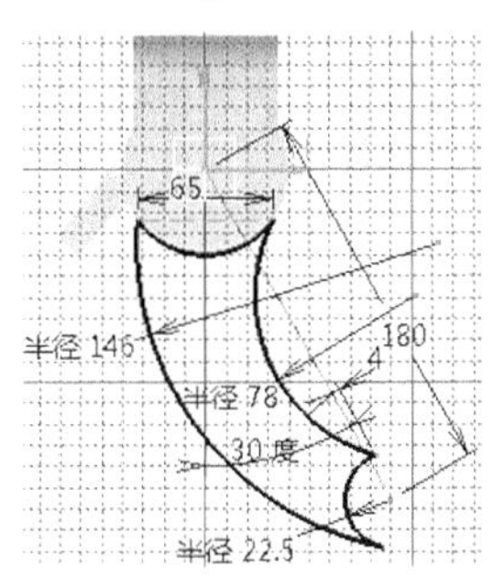


图 7-43 主视方向草图

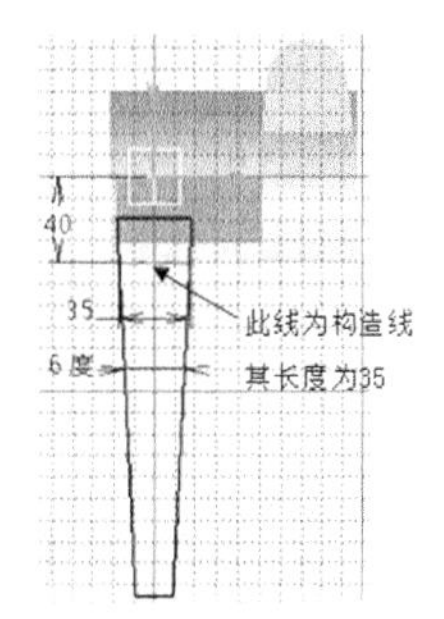


图 7-44 左视方向草图

（3）创建工作部分（小圆筒）。

选择 zx 坐标面，绘制如图 7-46 所示草图，单击凸台命令，镜像拉伸 35mm，完成小圆筒的创建，如图 7-47 所示。

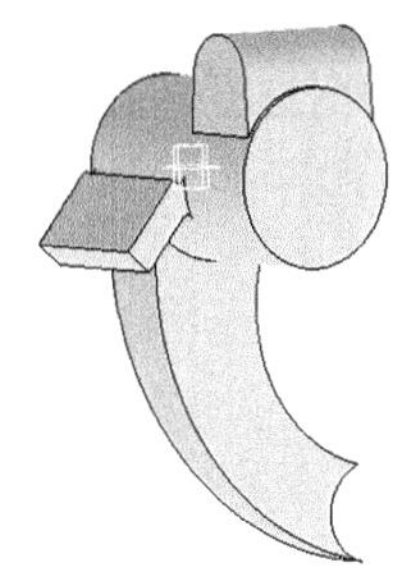

图 7-45 创建连接板

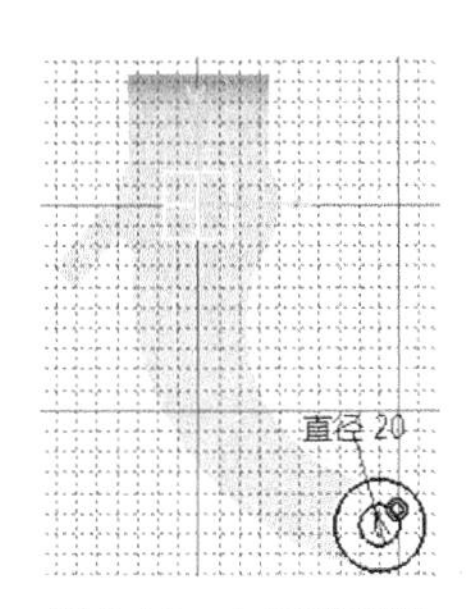


图 7-46 小圆筒草图

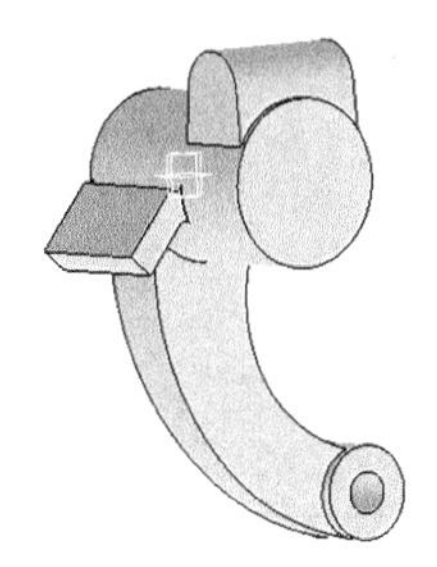

图 7-47 创建小圆筒

（4）内部结构的创建。

选择圆柱前表面，绘制如图 7-48 所示草图，利用凹槽命令切割成通孔和通槽。选择圆柱前表面，绘制如图 7-49 所示草图，利用凹槽命令切割深度 52mm 的夹紧槽。选择 yz 坐标面，绘制如图 7-50 所示草图，利用凹槽命令镜像切割成分割槽。

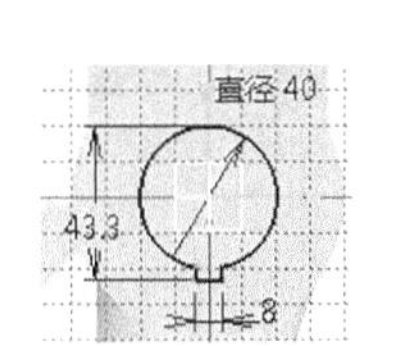


图 7-48 孔与键槽草图

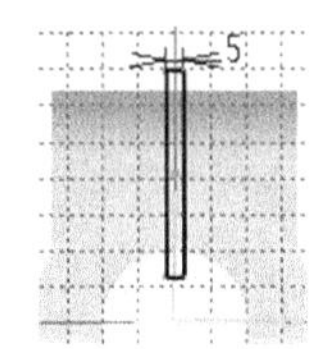


图 7-49 夹紧槽草图

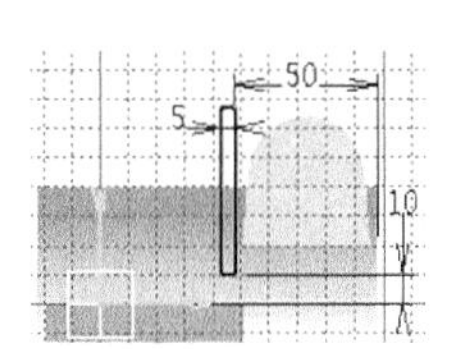


图 7-50 分割槽草图

（5）细部结构的修饰。

连接板断面形状的修饰：选择“三切线内圆角”命令，要圆角化的面：选择连接板前后表面，要移除的面：选择图 7-51 中手指处的圆柱面，单击“确定”按钮，完成一侧的三切线内圆角，重复此过程完成另一侧的三切线内圆角。利用倒圆角命令创建安装板上 *R*15 圆角及 *R*3 的铸造圆角；利用孔命令创建安装板上的 2 个螺纹孔和拱形体上对称的沉头孔，完成细部修饰的拨叉如图 7-52 所示，赋予材料的拨叉，如图 7-53 所示。

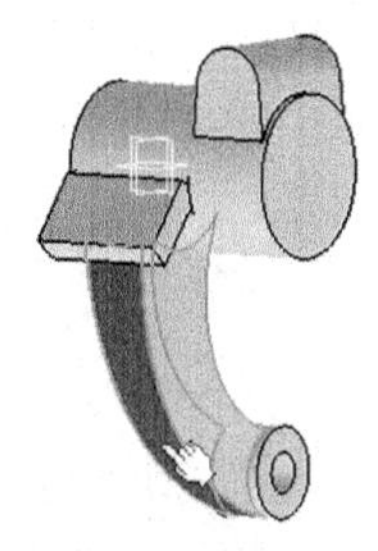
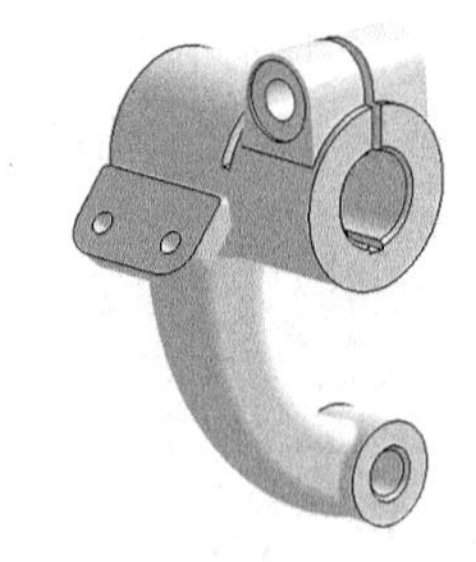

图 7-51　修饰连接板　　图 7-52　添加圆角及创建孔　　图 7-53　创建的拨叉

## 7.3.2　支架类零件的构型设计

### 1．支架类零件的结构分析与二维表达

支架零件的结构特点是，安装部分均为带有螺纹孔或光孔的固定板，工作部分为支撑其他零件的套筒等结构，连接部分为形状各异的肋板。

支架类零件的主视图按工作位置放正，再选择反应形状特征的方向作为主视图的投射方向，主视图通常选用相应剖视图表达内部结构。支架类零件一个主视图不能将零件表达完整，应增加一个基本视图，表达另一方向的结构形状及位置关系。肋板应采用断面图进行表达，支架的表达方案如图 7-54 所示。

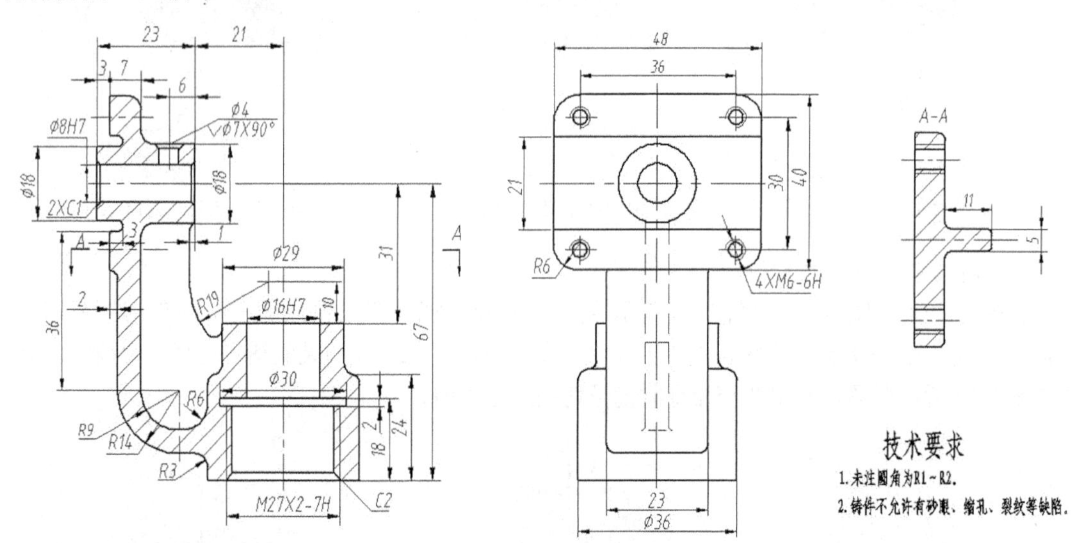

图 7-54　支架的二维视图

### 2．支架类零件的三维构型

如图 7-54 所示支架的一组视图可看出，安装部分有两部分构成：一部分是四周带有圆角的居中矩形板，板上有一凹槽，其上还对称分布有 4 个螺纹孔；另一部分是加工有埋头孔的圆筒，圆筒的孔两端加工有相同的倒角，连接部分为肋板，其断面形状为 T 字形，工作部分的内外表面均由同轴复合回转面构成，其内部有螺纹、退刀槽和与轴配合的孔。

**【实例 7-6】**　创建支架。

（1）创建安装部分。

创建安装板：选择与左视图对应的 yz 坐标面，单击居中矩形命令⊡，将形心置于原点画矩形，约束两个边长尺寸（48、40）后，选择该矩形，单击圆角命令，在半径数值框中输入 6，按 Enter 键，如图 7-55 所示。单击凸台命令，向右拉伸 7mm。绘制图 7-56 所示草图，利用凹槽命令切割 3mm 深的凹槽。单击孔命令，单击定位草图按钮（约束螺纹孔轴线的草图见图 7-57），单击选项卡 螺纹定义，选择 螺纹孔 → 类型：支持面深度 → 类型：公制粗牙螺纹 → 内螺纹描述：M6，单击 确定 按钮，完成一个螺孔的创建。选择该螺孔，单击矩形阵列命令→第一方向“实例：2，间距：36”→第二方向“实例：2，间距：30”，单击参考元素：没有选择 窗口（呈蓝色后），单击螺孔所在平面，单击 确定 按钮，完成 3 个螺孔的阵列复制。

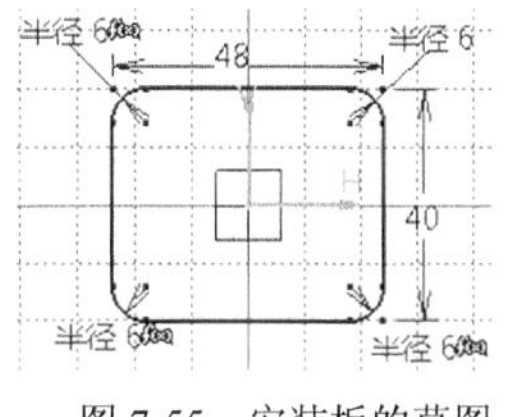

图 7-55　安装板的草图

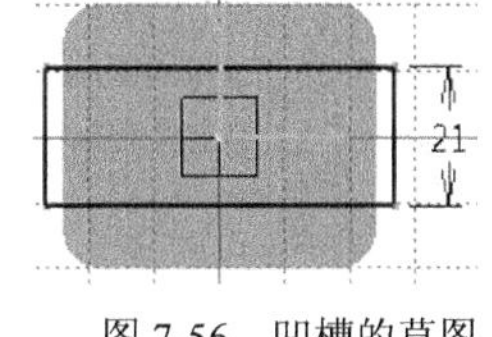

图 7-56　凹槽的草图

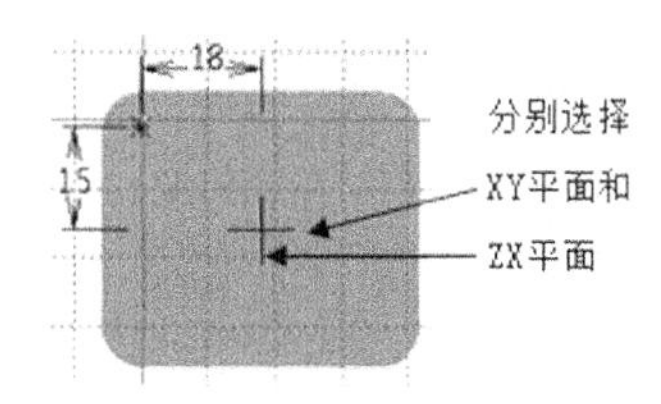

图 7-57　螺纹孔的定位草图

创建安装板上的圆筒：选择安装板的左端面，绘制如图 7-58 所示草图，单击命令，单击凸台命令→第一限制（拉伸长度 3mm），单击更多>>→第二限制（拉伸长度 20mm），单击 确定 按钮，完成圆柱的创建。选择圆柱端面的圆弧，单击孔命令，选择 延伸 选项卡，选择直到下一个 → 直径：8mm，单击 确定 按钮，完成圆孔的创建。

创建圆筒上的埋头孔：单击孔命令，选择圆柱上表面（如图 7-59 所示手指处），选择 延伸 选项卡，选择直到下一个 → 直径：4mm，单击定位草图按钮→在特征树上选择 zx 平面，按下 Ctrl 键选择表示圆心的星号，单击对话框中定义的约束命令，选择 相合，单击约束命令（添加的尺寸约束见图 7-60），单击命令，单击 类型 选项卡，选择 埋头孔 → 模式：角度和直径 → 角度：90deg → 直径：7mm，单击 确定 按钮，创建的埋头孔如图 7-61 所示。

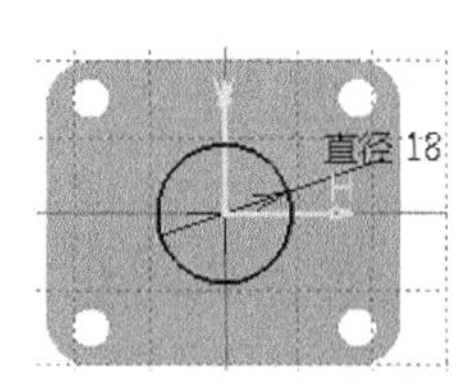

图 7-58　圆筒的草图

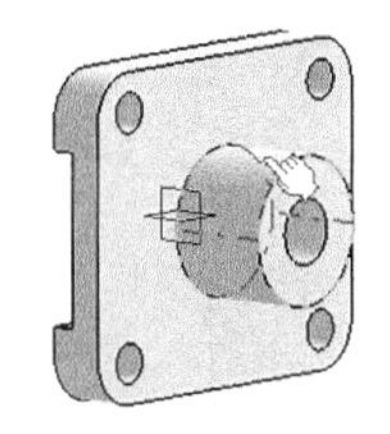
图 7-59　凹槽的草图

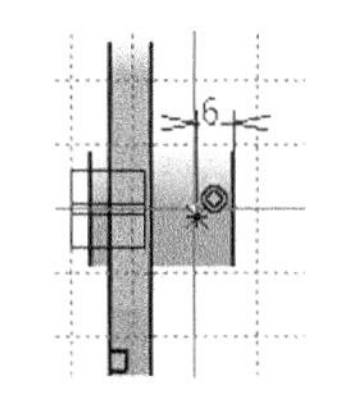

图 7-60　埋头孔的定位草图

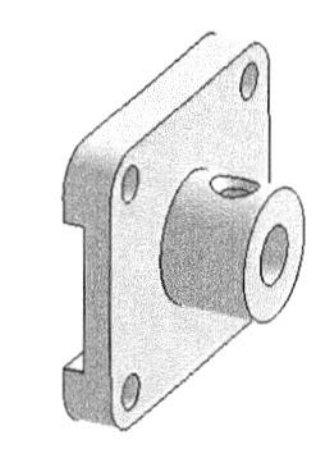
图 7-61　创建的埋头孔

（2）创建工作部分。

选择与主视图对应的 zx 坐标面，单击轴线命令绘制一条轴线，以此线为基准约束复合回转体的草图，如图 7-62 所示。单击旋转体命令，完成复合回转体创建。

选择回转体底面圆弧，单击孔命令 → 螺纹定义 → 螺纹孔 → 类型：支持面深度 → 类型：公制细牙螺纹 → 内螺纹描述：M27x2，单击 确定 按钮，完成螺纹的创建。

（3）创建连接部分。

创建连接板：选择与主视图对应的 zx 坐标面，绘制如图 7-63 所示草图，单击命令，单击凸台命令→输入长度：11.5mm→镜像拉伸 23mm，单击 确定 按钮，选择图 7-64 手指处的端面，单击草图命令，转动草图，再次选择图 7-64 手指处的端面，单击投影 3D 元素命令，单击命令，单击凸台命令，选择类型：直到曲面，单击下部圆柱面，完成连接板的创建。单击圆角命令，输入半径 3mm，选择图 7-65 手指处的交线，单击 确定 按钮。单击圆角命令，输入半径 6mm，选择图 7-66 手指处的交线，单击 确定 按钮，完成肋板与圆柱的圆弧面连接，如图 7-67 所示。

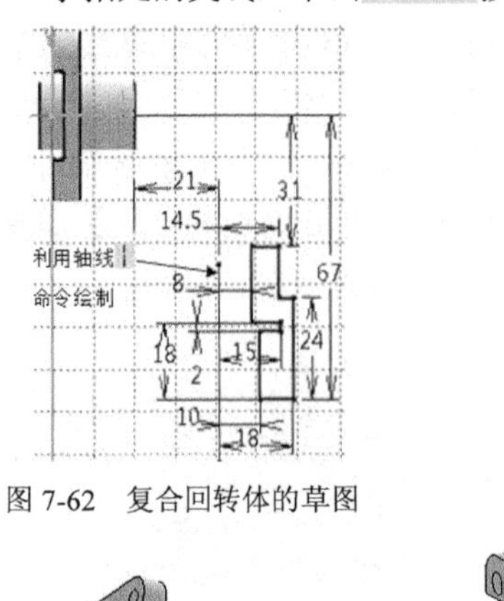

图 7-62　复合回转体的草图

图 7-63　连接板的草图

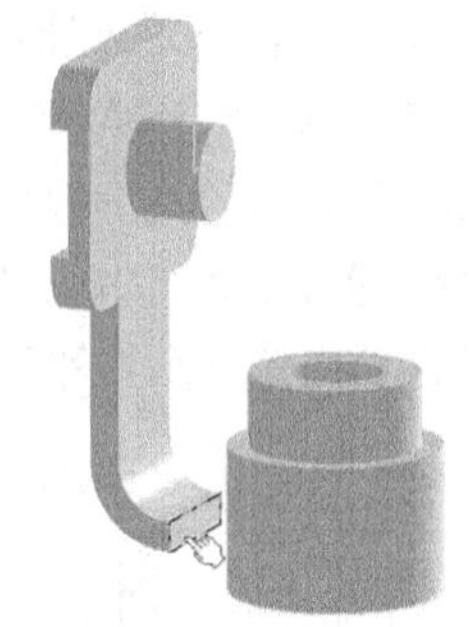
图 7-64　选择连接板端面

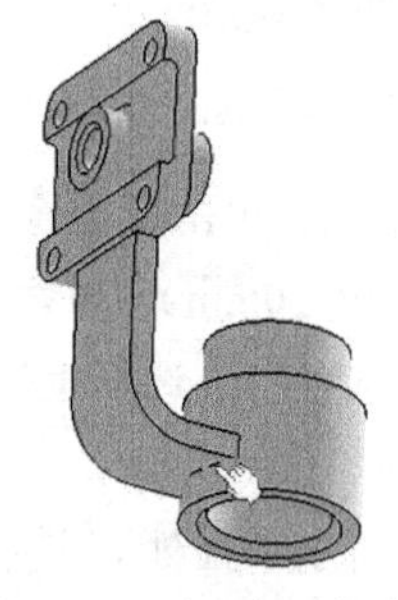
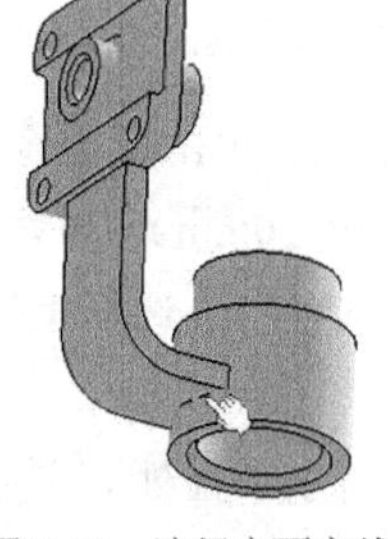
图 7-65　选择底面交线

图 7-66　选择顶面交线

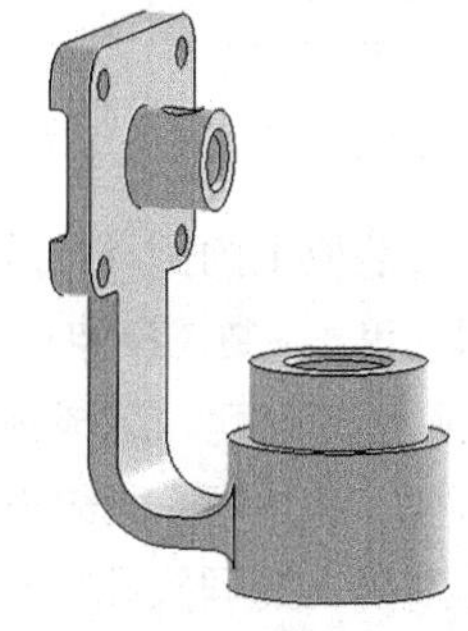
图 7-67　圆弧面连接

创建肋板：选择与主视图对应的 zx 坐标面，绘制如图 7-68 所示肋板的轮廓草图并添加尺寸约束，单击命令，单击加强肋命令，完成肋板的创建，如图 7-69 所示。

添加铸造圆角：单击圆角命令，输入半径 1mm 或 2mm，完成铸造面之间的圆角连接。赋予材料的支架如图 7-70 所示。

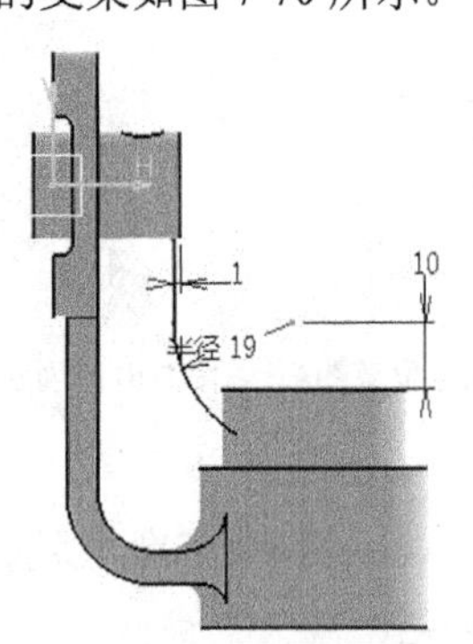

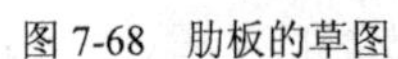
图 7-68　肋板的草图

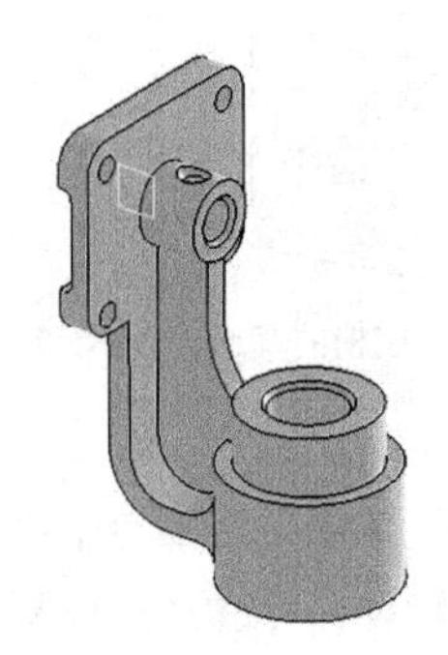
图 7-69　创建的肋板

图 7-70　创建的支架

## 7.3.3　箱体类零件的构型设计

箱体类零件主要指包容、支撑其他零件的箱体零件，例如油泵泵体、减速器箱体、发动机机体等零件。

### 1. 箱体类零件的构型分析

根据箱体类零件的功能，其上应设计有：

• 安装其他零件的内部空腔、支撑轴类零件的轴承孔、孔端有增加强度的凸缘、凸缘上加工有与端盖连接的螺孔；

• 为固定箱体，设计有对外安装的支撑板、板上加工有安装孔；

• 为润滑箱体内运动件，设计有加油和放油螺孔；

• 为增加箱体上各结构之间的强度，设计有形状各异的肋板；

• 为减少加工面还设计有凸台、凹槽等结构。

图7-71和图7-72分别是减速器箱体和左泵体。

图7-71 减速器箱体

图7-72 左泵体

**2. 箱体类零件的二维表达**

主视图。按工作位置放置，选择最能反应形状特征、主要结构与各组成部分相互关系的方向作为主视图投射方向，主视图常采用相应剖视图表达箱体部分的内部结构。

**3. 其他视图**

箱体类零件一般都较为复杂，常需要配有相应数量的基本视图表达其他方向的内外形状和位置关系，箱体零件上的其他结构可以采用局部视图、断面图进行表达。

如图7-73所示的铣刀头中的座体，主视图按工作位置放置，垂直圆筒式箱体轴线方向为主视图投射方向。主视图采用全剖视，主要表达箱体的内部结构以及箱体与底板、支承板的相对位置。

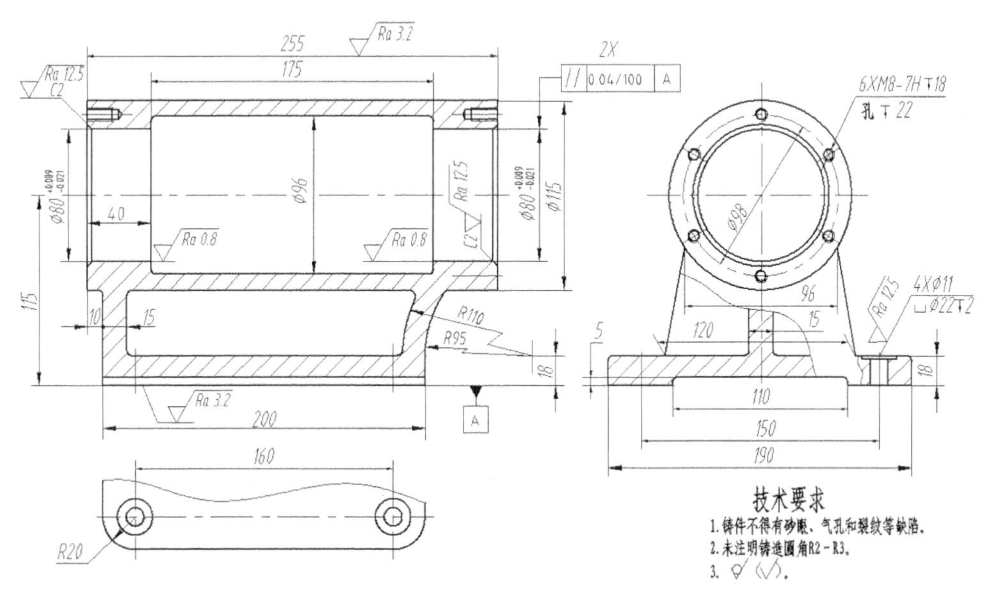


图7-73 铣刀头座体的二维视图

在主视图表达的基础上，利用左视图（作局部剖视）表达螺纹孔的分布情况及左右支承板的形状和中间肋板厚度。俯视方向的局部视图，主要表达安装底板的结构。

## 7.3.4　箱体类零件的三维构型

如图 7-73 所示的铣刀头座体的一组视图可看出，该零件主要有四部分：圆筒式箱体、安装底板、左右 2 块支撑板和 1 块肋板构成。

### 1．创建圆筒式箱体

圆筒式箱体的特征视图是主视图，选择与主视图对应的 zx 坐标面，绘制的草图如图 7-74 所示，单击命令，单击旋转体命令，选择 X 轴，完成箱体的创建。

单击孔命令，单击定位草图按钮（使螺孔轴线的星号与 zx 坐标面相合约束的草图如图 7-75 所示），单击选项卡螺纹定义，生成一个螺孔后，利用圆形阵列命令复制其余 5 个螺孔。按此步骤创建箱体另一端面上的 6 个螺孔。

单击倒角命令，完成 $\phi$80 孔两端 1×45° 的倒角。

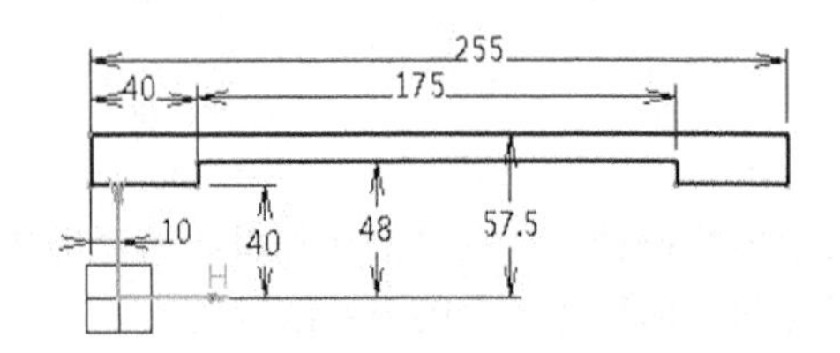

图 7-74　圆筒式箱体的草图

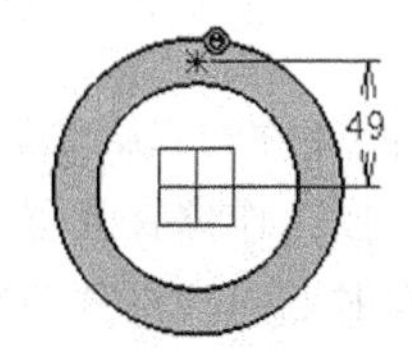

图 7-75　M8 螺孔轴线的定位草图

### 2．创建底板

底板的特征视图是俯视图，选择与俯视图对应的 xy 坐标面，单击平面命令，创建与 xy 坐标面平行且相距 115mm 的平行平面，在其上绘制的草图如图 7-76 所示，单击命令，单击凸台命令，向上拉伸 18mm。

利用凹槽命令切割底板下部的凹槽，利用孔命令和矩形阵列命令完成底板上对称的 4 个沉头孔的创建。

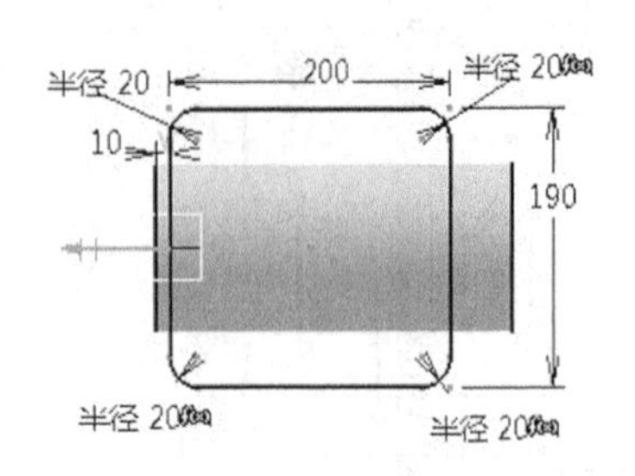

图 7-76　底板的草图

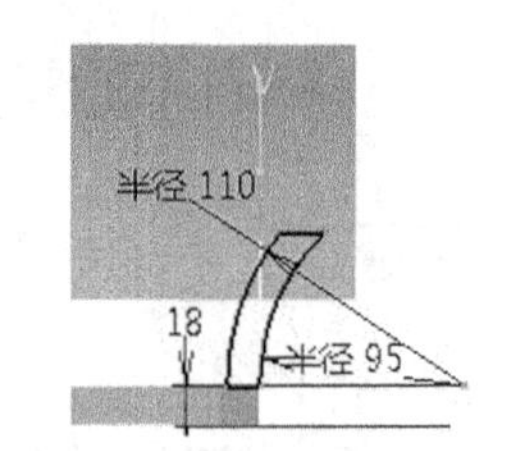

图 7-77　支撑板主视方向的草图

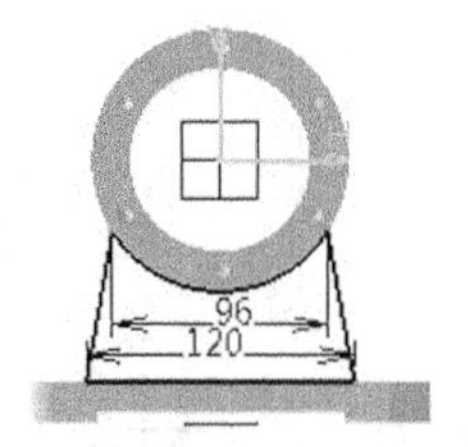

图 7-78　支撑板左视方向的草图

### 3．创建左右支撑板

左右 2 块支撑板的特征视图是左视图，右侧支撑板从主视图看具有弯曲特征，此板需利用实体混合命令创建。选择 zx 坐标面，绘制如图 7-77 所示草图，单击命令，选择底板的右端面，单击命令，绘制如图 7-78 所示草图，单击实体混合命令，完成右侧支撑板的创建，如图

7-79 所示。

创建左侧支撑板：选择底板的左端面，单击命令，选择右侧支撑板的轮廓（见图 7-79 中手指处），单击投影 3D 元素命令，得到左侧支撑板的草图轮廓，如图 7-80 所示，单击命令，单击凸台命令，向右拉伸 15mm 完成左侧支撑板的创建。

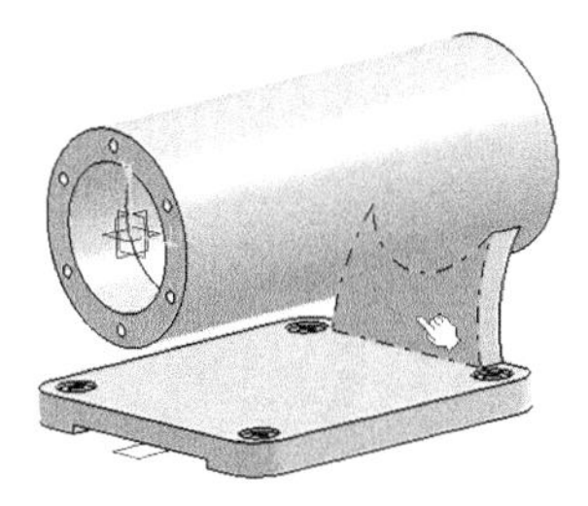
图 7-79 创建的右侧支撑板

图 7-80 投影左侧支撑板的草图轮廓

### 4. 创建前后对称面上的肋板

选择底板上表面→单击命令→单击 按草图平面剪切零件 命令，在两支撑板之间绘制一条与 H 轴相合的直线，如图 7-81 所示。单击命令，单击加强肋命令，单击特征定义错误消息框中的确定按钮，选择 定义加强肋 对话框中的 从顶部 → 厚度 1：15mm，单击 确定 按钮，完成肋板的创建。

利用倒圆角命令创建座体零件上 $R2$-$R3$ 的铸造圆角。赋予材料的底座，如图 7-82 所示。

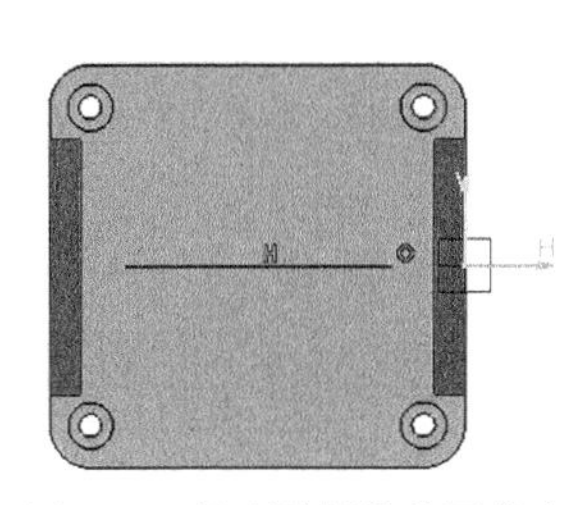

图 7-81 绘制肋板的草图轮廓

图 7-82 创建的座体

减速器箱体，左泵体的三维模型创建见本书的配套资源包中。

# 常用件、标准件设计

本章重点介绍利用知识工程工具栏的有关命令创建直齿圆柱齿轮、螺旋压缩弹簧、蜗杆、深沟球轴承等常用件、标准件的参数化三维数字模型。

## 8.1 知识工程工具简介

机械常用件和标准零件一般拥有相同的几何拓扑结构。只要改变零件结构的几何参数，就可以生成同型号的新规格常用件和标准零件。

CATIA 软件拥有机械设计、外形、分析和模拟、数字化装配、知识工程等功能组群，每个组群中又包含多个功能模块。知识工程功能组群的模块中包括“知识工程”工具条（如图 8-1 所示），其他功能组群模块中也同样包括这一工具，如常用的零件设计，创成式外形设计，装配设计等模块。

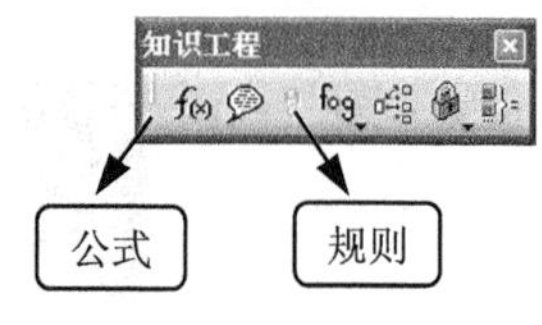


图 8-1 “知识工程”工具条

CATIA“知识工程”工具具备应用变量参数，及由变量参数构成的公式对零件几何元素尺寸约束的直接驱动功能。应用参数方程间接驱动零件几何元素尺寸约束的高级功能。“公式”和“规则”是完成以上功能的重要工具，下面分别介绍其功能。

### 8.1.1 创建参数

CATIA 软件应用“公式”工具时，必须先改变其默认环境设置，否则在特征树上无法显示参数变量和公式。先设定工具→选项→常规→参数和测量→知识工程→参数树型视图选项卡，设置：带值、带公式，如图 8-2 所示。工具→选项→基础结构→零件基础结构→显示选项卡，设置：参数、关系，如图 8-3 所示。

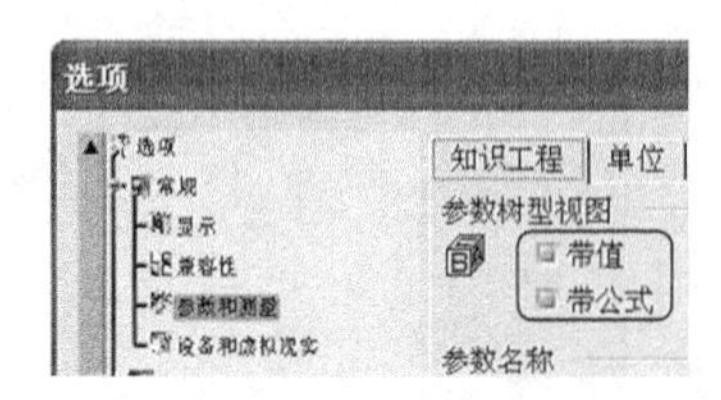


图 8-2 带值和带公式设置

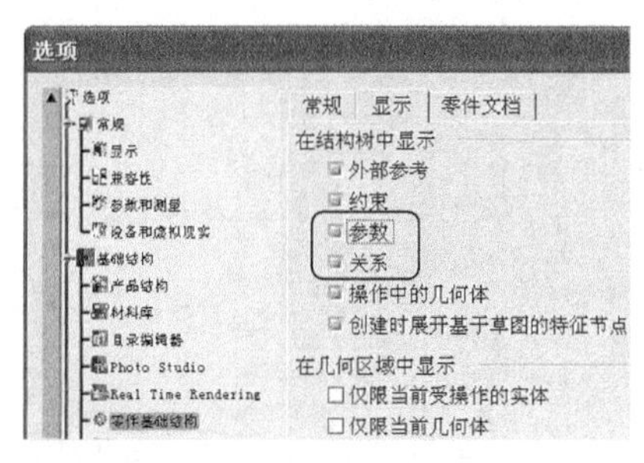


图 8-3 参数和关系设置

（1）单击“知识工程”工具条的图标，即显示“公式：”对话框，如图 8-4 所示。

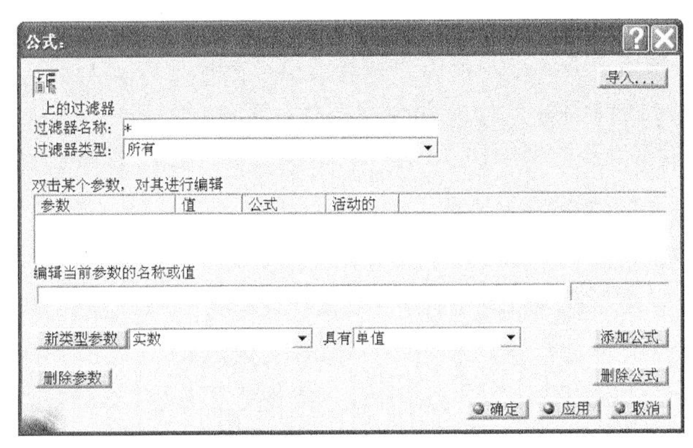


图 8-4 公式 f(x)对话框

（2）选择“新类型参数”列表中的“长度”项和“单值”，然后单击“新类型参数”按钮。新参数即出现在“编辑当前参数的名称或值”字段中，在特征树上显示出变量参数，如图 8-5 所示。

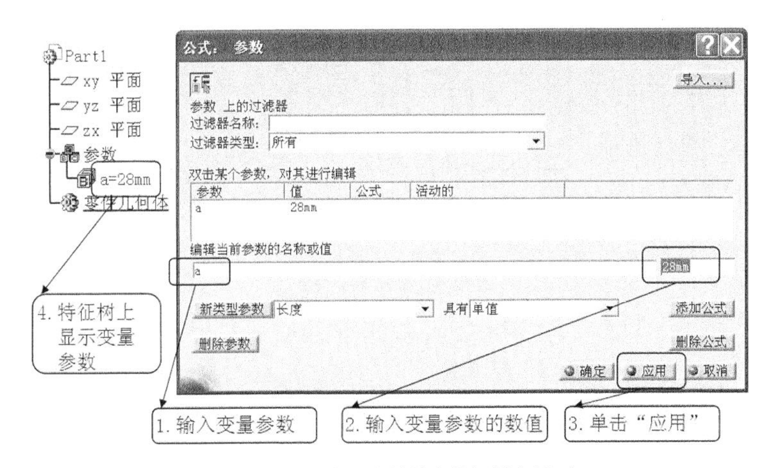


图 8-5 输入变量参数并在特征树上显示

（3）在特征树上选择变量参数 a，右键单击变量参数 a 的上下文级联菜单，单击“复制”，如图 8-6 所示。选择特征树上“参数”，进行连续“粘贴”，出现：“a.1”，“a.2”，逐个双击，出现参数编辑对话框。修改变量参数名称和相应数值，单击“确定”，完成参数特征树上参数列表的快速建立，如图 8-7 所示。

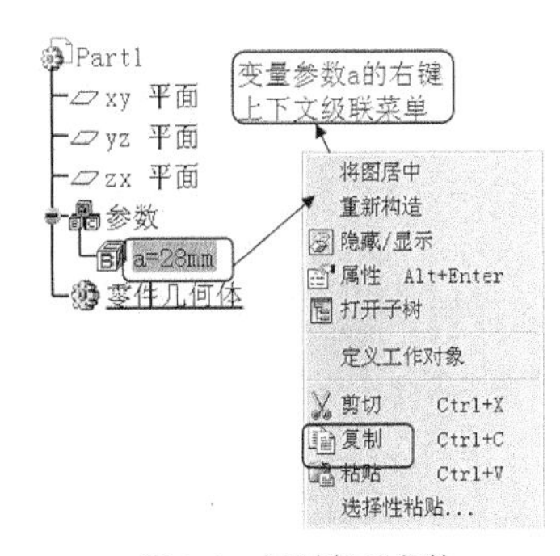


图 8-6 复制变量参数

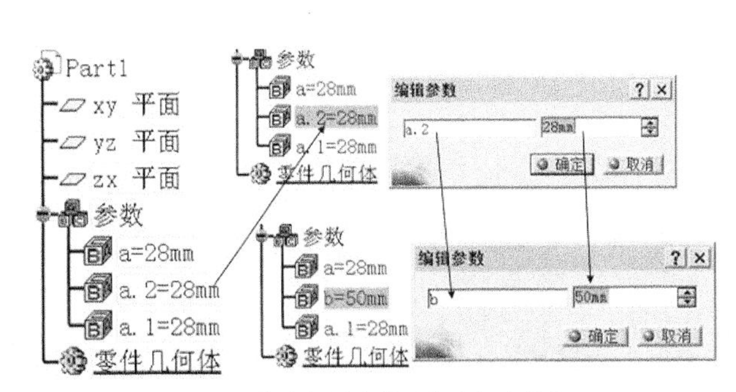


图 8-7 修改变量参数名称和相应数值

（4）单击草图图标，画矩形，约束长和宽的尺寸。先后选择长和宽的尺寸标注，右键单击其上下文级联菜单（如图 8-8 所示），单击“编辑公式”，出现“公式编辑器”对话框，对话框中输入相应参数或公式，单击“确定”按钮，如图 8-9 所示。

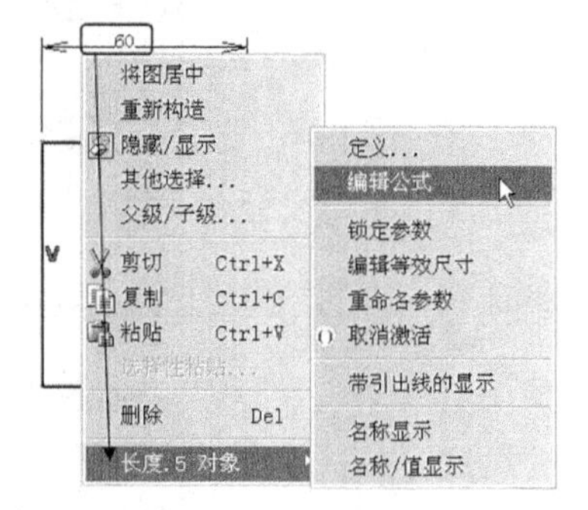


图 8-8 尺寸标注的上下文级联菜单

可以对多个参数连续按以上步骤操作，长（a）和宽（b）的参数控制的连续操作效果，如图 8-10 所示。

（5）通过右击凸台长度数值输入栏的上下文级联菜单，如图 8-11 所示。在编辑公式对话框输入栏中，选择特征树上参数 c 控制凸台的高度参数，如图 8-12 所示。到此，实现矩形凸台的长宽高的三参数控制，如图 8-13 所示。

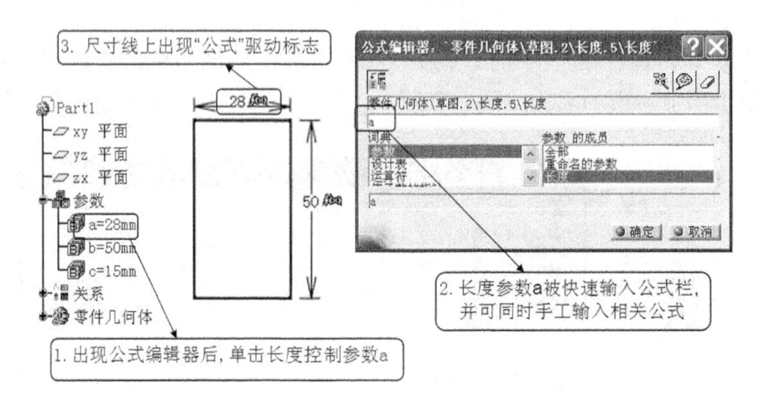


图 8-9 编辑驱动公式

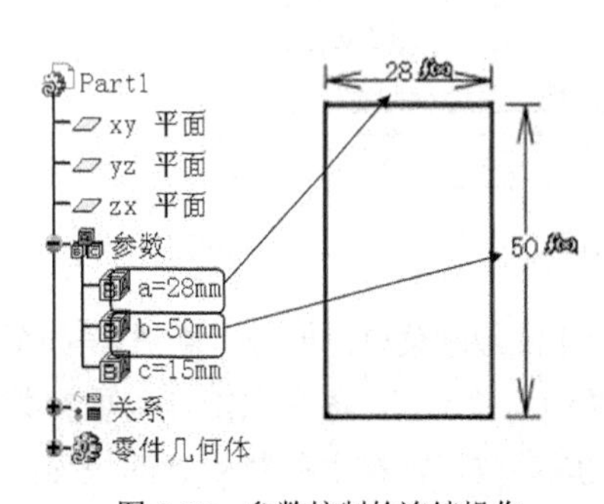


图 8-10 参数控制的连续操作

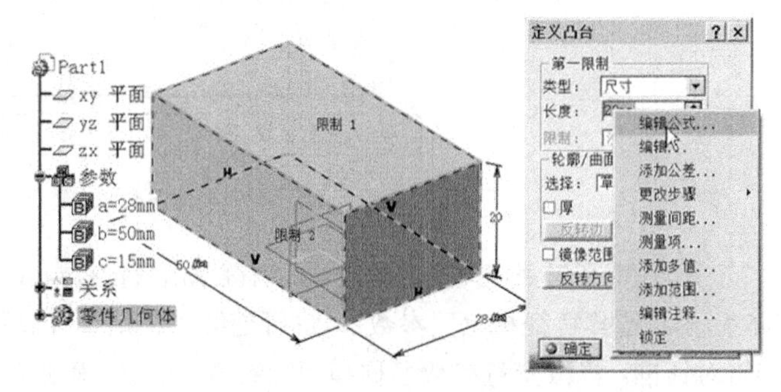


图 8-11 控制凸台的高度参数

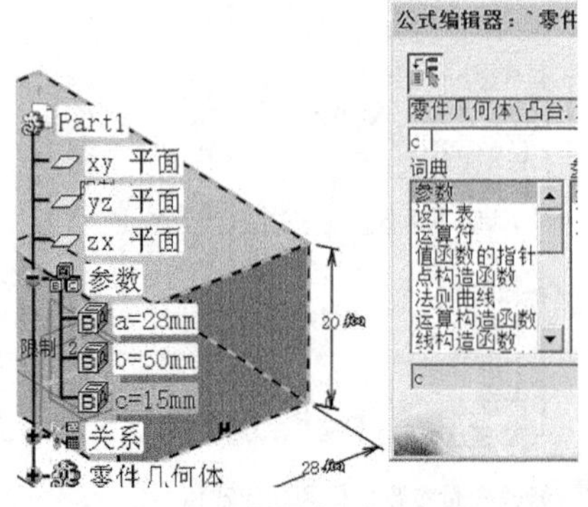


图 8-12 特征树上单击参数 c

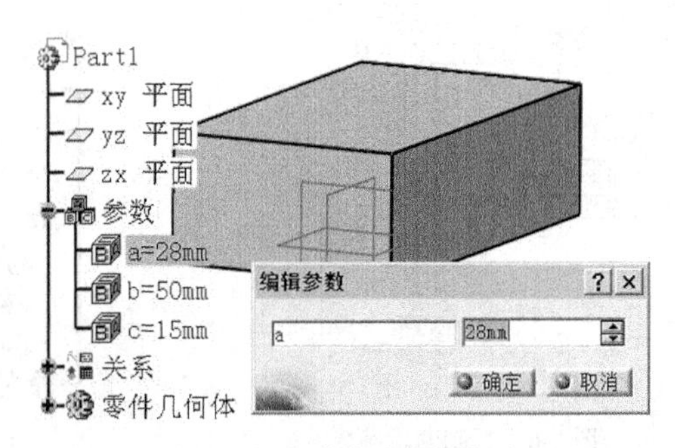


图 8-13 长宽高参数化模型

## 8.1.2 创建公式

**【实例 8-1】** 应用公式f(x)工具，导出公式编辑器，进行公式输入。

（1）单击“知识工程”工具条的公式f(x)图标，显示“公式：参数”对话框，如图 8-14 所示。

（2）选择需要公式化的参数，单击“添加公式”按钮，出现“公式编辑器”对话框，如图 8-15 所示。

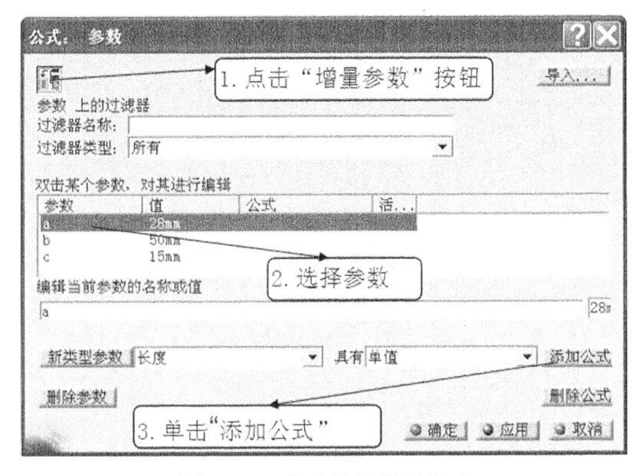


图 8-14 公式编辑器的导出

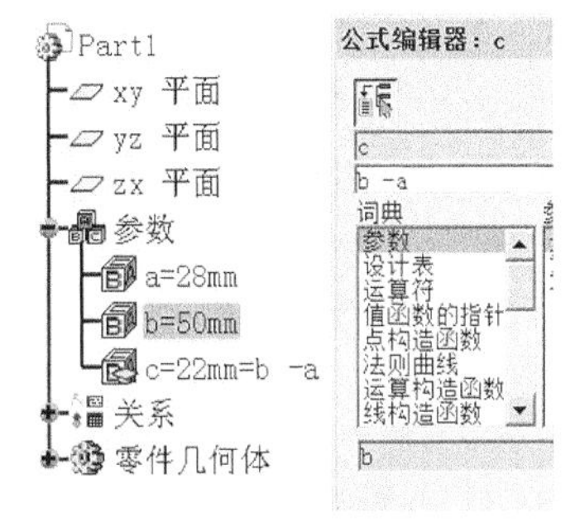


图 8-15 公式编辑器中输入公式

（3）在公式字段输入 c=b−a，单击“确定”按钮，回到“公式 f(x)”对话框，再次单击“确定”按钮。实现高度尺寸的公式控制，实现参数和公式联合约束几何元素的相关参数，如图 8-16 所示。

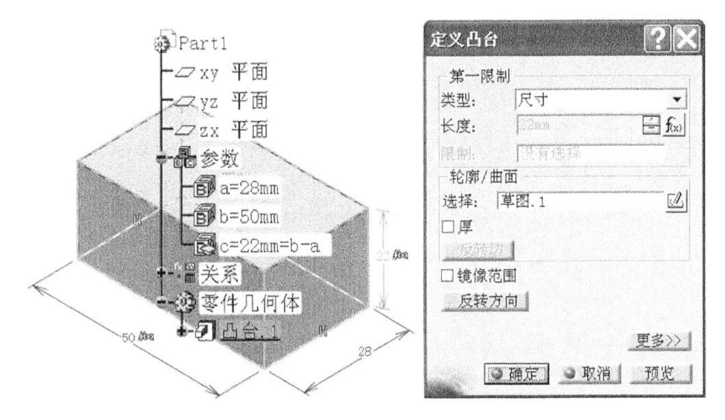


图 8-16 参数和公式联合约束几何元素的相关参数

在 CATIA 特征树上单击变量参数名称，单击右键上下文级联菜单，导出公式编辑器，进行公式输入。

在特征定义对话框的输入栏中，单击右键的上下文级联菜单，导出公式编辑器，进行公式输入。

在草图模块中，单击尺寸约束的右键的上下文级联菜单，导出公式编辑器，进行公式输入。

## 8.1.3 创建法则（规则）

创建法则即创建和使用知识工程顾问法则曲线。知识工程顾问法则是一种关系，此关系中根据一个参数来定义另一参数。法则中所涉及的两个参数被称为形式参数。形式参数和法则专门用于创建外形设计平行曲线。法则是 CATIA 实现参数方程输入并对几何元素进行精确约束的重要工具，经常要在 “创成式外形设计” 工作台中应用。

【实例 8-2】 创建与所选直线平行的曲线。

（1）单击“开始”→“外形”，进入“创成式外形设计”工作台。

（2）单击“点”图标，显示“点定义”对话框。其中“点类型”字段为坐标，已自动填写，如图 8-17 所示。

（3）坐标 X，Y，Z 字段，默认数值均为 0mm，单击“确定”按钮，如图 8-17 所示。

（4）重复此操作，在 X=0mm，Y=0mm，Z=100mm 处，创建另一个点，单击“确定”按钮，如图 8-18 所示。

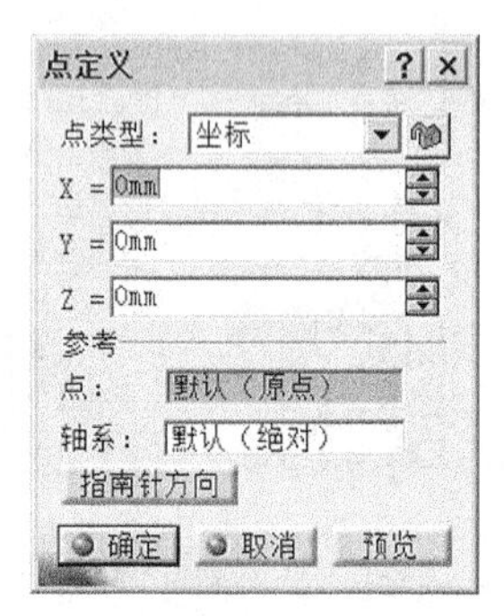

图 8-17 定义点 1

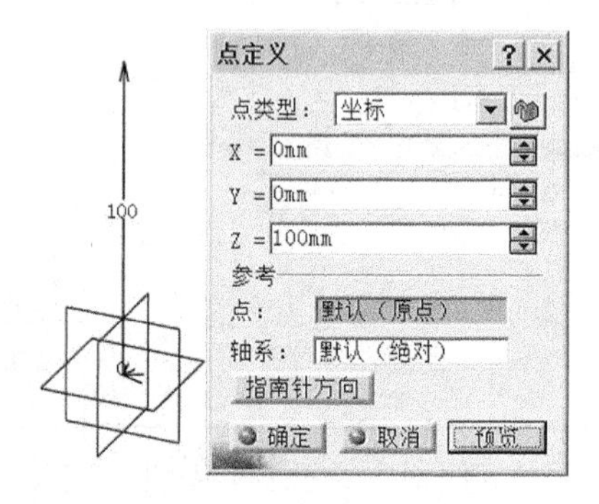

图 8-18 定义点 2

（5）在“直线”对话框，线型选择“点-点”，分别选择点 1 和点 2 后，单击“确定”按钮，创建直线，如图 8-19 所示。

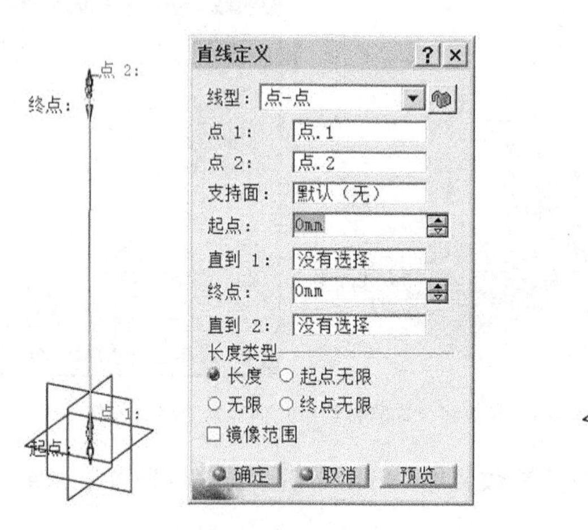

图 8-19 连接点 1 和点 2 为直线

（6）单击“规则”图标，显示“法则曲线编辑器”消息框，单击“确定”按钮，出现“规则编辑器”对话框，可在对话框右上侧，创建法则曲线中要用的参数。左侧部分是法则曲线编辑框。

单击“新参数类型”创建两个实数类型的参数 A 和 B，然后在编辑窗口中输入法则曲线公式 A = 5*sin(5*PI*1rad*B)+ 10，单击“确定”按钮。“法则曲线.1”特征即添加到 CATIA 特征树的“关系”节点正下方，如图 8-20 所示。

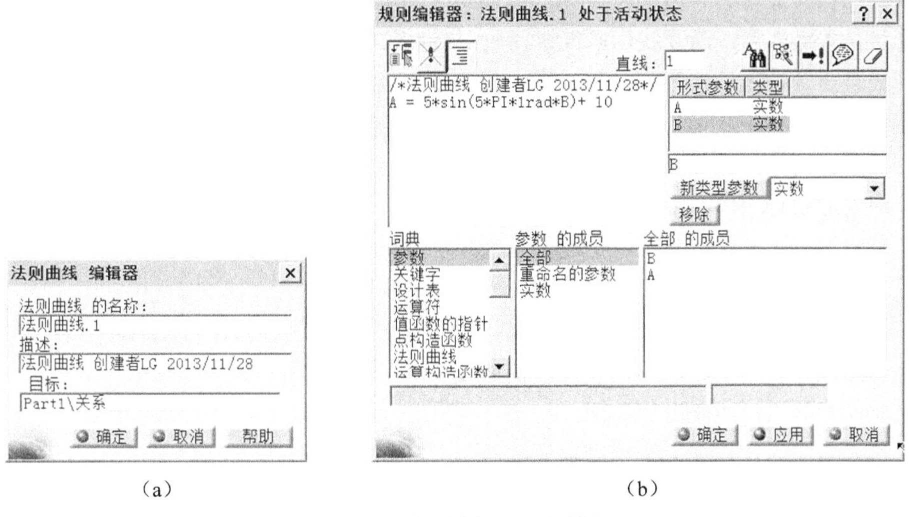


（a） （b）

图 8-20 “规则编辑器”对话框

（7）重新进入“创成式外形设计”工作台，单击“平行曲线”图标，创建与步骤 5 创建的直线相平行的曲线，显示“平行曲线定义”对话框。选择先前创建的直线作为参考“曲线”，如图 8-21 所示。

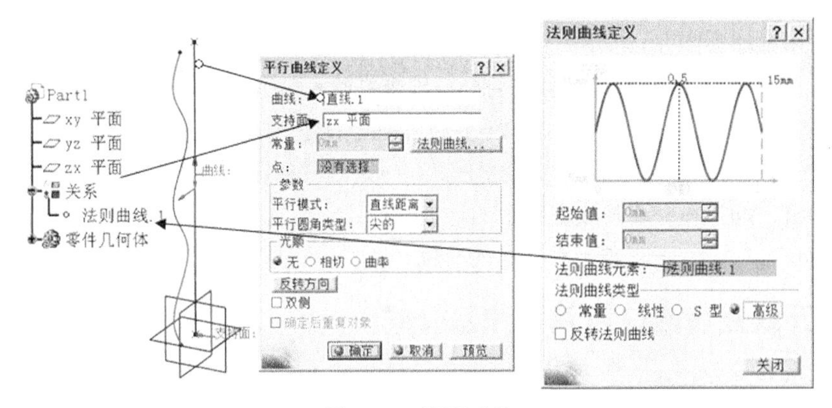


图 8-21 平行的曲线

（8）如图 8-21 所示，单击“高级”法则曲线类型，激活“法则曲线元素”输入栏，单击 CATIA 特征树中的“法则曲线.1”，并单击“关闭”按钮。

回到“平行曲线定义”对话框，单击“确定”按钮。即根据上述法则创建了与所选直线平行的曲线，如图 8-21 所示。

## 8.2 渐开线直齿圆柱齿轮的参数化建模

齿轮传动是机械传动中最重要的，也是应用最为广泛的一种传动形式。齿轮机构靠齿轮的齿廓相互推动，在传递动力和运动时，如何保证瞬时传动比恒定，以减小惯性力，得到平稳传动，其齿廓形状是关键因素。渐开线齿廓能满足瞬时传动比恒定，且制造、安装方便，应用普遍。

渐开线直齿圆柱齿轮的轮齿几何参数：模数 *m*、齿数 *Z*、压力角 *α* 是核心参数，决定着齿轮拓扑形状和尺寸大小。

渐开线直齿圆柱齿轮的 CATIA 建模流程如下。

（1）应用 CATIA 参数方程功能绘制精确渐开线；

（2）编辑精确渐开线、基圆、分度圆、齿顶圆和齿根圆等辅助几何元素，建立半个齿槽和半个轮齿；

（3）通过镜像形成圆周阵列的几何元素单元，再对该元素按齿数进行圆周阵列，形成平面全齿数的齿廓曲线，并用“结合”功能，连接曲线；

（4）法向拉伸，形成全齿廓曲面；

（5）插入新实体，建立齿轮精制毛坯；

（6）用全齿廓曲面切割齿轮精制毛坯，完成齿轮建模。

流程中遵从“从点到线”、“从线到面”、“从面到体”的先后建模次序，尽量将几何元素向底层集结，可减少模型数据量，增强其可靠性。流程中的几何元素，都是应用“知识工程”工具，全程参数化驱动。本流程最大限度的保证了齿轮数模的精度和鲁棒性。

## 8.2.1 渐开线直齿圆柱齿轮齿廓曲面造型数学基础

渐开线直齿圆柱齿轮齿廓是平面上的渐开线沿着平面法向拉伸构成的曲面，应用 CATIA 绘制这样的曲面，首先需要有 CATIA 规范形式的标准渐开线参数方程：

Xd=rbv*（cos（t*PI*1rad）+sin（t*PI*1rad）*t*PI）

Yd=rbv*（sin（t*PI*1rad）−cos（t*PI*1rad）*t*PI）

式中：（Xd，Yd）——渐开线曲线上的动点坐标；

弧度（rad）——三角函数变参的单位。

## 8.2.2 渐开线直齿圆柱齿轮参数及公式

直齿轮参数化数字建模的控制参量（参数）有三类：基本控制参变量、计算参变量、常量。直齿轮由两个基本控制变量控制其主要几何形状和尺寸，它们是模数 *m*、齿数 *z*。压力角 *α*、齿顶高系数 h*、顶隙系数 c*，是常量，按国标选定数值。基圆半径、分度圆半径等是计算参变量，由基本控制变量和常量按机械原理的通用公式计算出数值。三类参量表述，即直齿轮变量参数及 CATIAV5 规范公式表，如表 8-1 所列。

表 8-1　　直齿轮变量参数及 CATIAV5 规范公式

| 序　号 | 变 量 名 称 | 参数和公式 |
|---|---|---|
| 1 | 模数 | mn |
| 2 | 齿数 | z |
| 3 | 压力角 | α |
| 4 | 齿顶高系数 | ha* =1 |
| 5 | 顶隙系数 | c* =0.25 |

续表

| 序　号 | 变 量 名 称 | 参数和公式 |
|---|---|---|
| 6 | 齿顶高 | ha= mn*ha* |
| 7 | 齿根高 | hf= mn*(ha* +cn*) |
| 8 | 分度圆半径 | r=mn*z/2 |
| 9 | 基圆半径 | rb=r*cosα |
| 10 | 齿顶圆半径 | ra=r+ha |
| 11 | 齿根圆半径 | rf=r-hf |
| 12 | 齿根圆角半径 | rc=0.38*mn |

## 8.2.3 变拓扑结构直齿轮的半自动化快速数字建模方法

直齿轮几何拓扑结构的多样性主要表现在精制齿轮毛坯的非齿廓部分，修改精制齿轮毛坯几何拓扑结构造型，应用参数控制全齿廓“包切曲面”对其切割，来完成齿廓部分造型。智能参数化驱动融入高级曲面复合建模过程中，使 3D 曲面可参数化精确控制，实现变拓扑结构直齿轮的半自动化快速数字建模。

## 8.2.4 【实例】渐开线直齿圆柱齿轮参数化建模

（1）启动 CATIA，进入零件混合设计环境，启动“创成式外形设计”工作台，设置特征树参数显示的环境设置。

先设定工具→选项→常规→参数和测量→知识工程→参数树型视图选项卡，设置：带值、带公式。工具→选项→基础结构→零件基础结构→显示选项卡，设置：参数、关系。缺少这里的设置，特征树将不显示参数，如图 8-22 和图 8-23 所示。

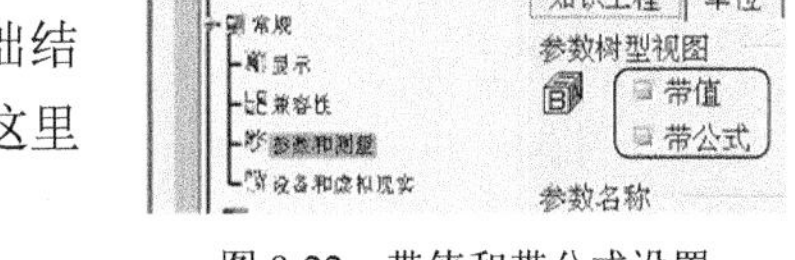


图 8-22　带值和带公式设置

（2）依据 8.1 节的方法，应用公式f(x)，输入表 8-1“直齿轮变量参数及 CATIA V5 规范公式”到 CATIA 特征树中。用规则工具，输入“8.2.1 小节”的渐开线参数方程到 CATIA 的知识驱动系统中，如图 8-24 和图 8-25 所示。在特征树上可显示出所有参数和方程，如图 8-26 和图 8-27 所示。

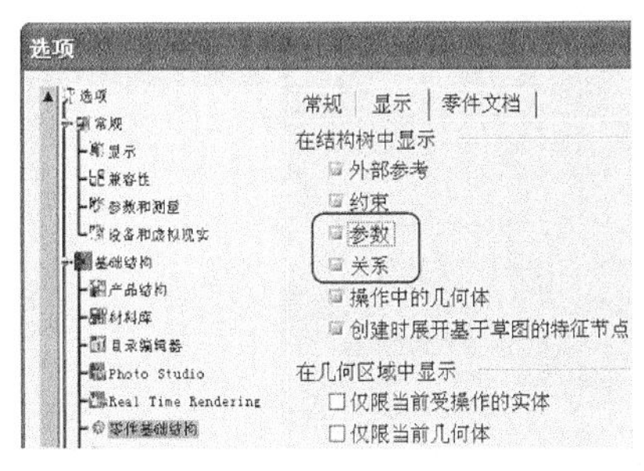


图 8-23　参数和关系设置

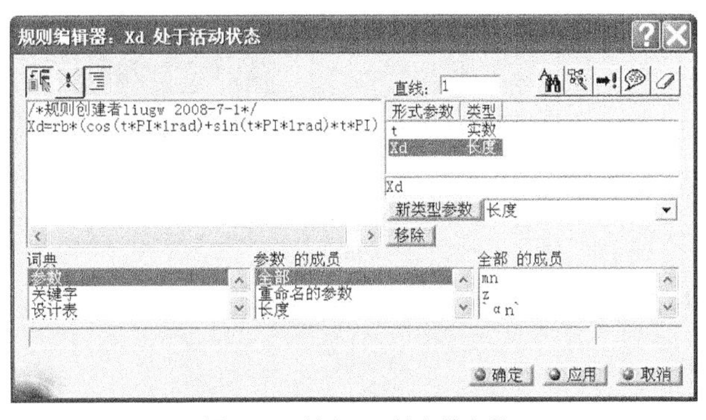


图 8-24　输入 Xd 的参数方程

（3）应用 CATIA“规则编辑器”，依据 CATIA V5 创建高级参数曲线功能的内容，在“创成式外形设计”工作台上绘制精确渐开线。

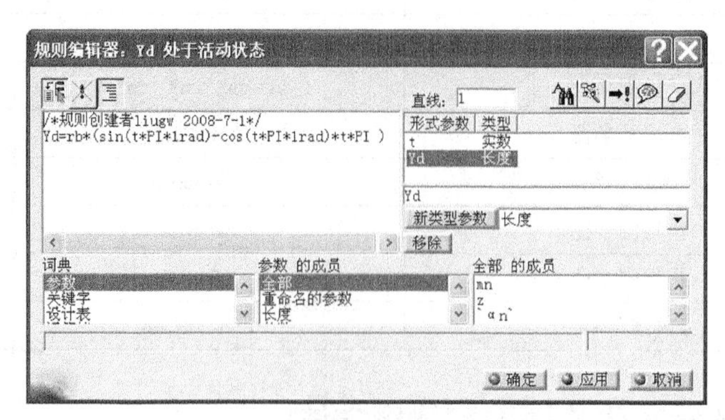


图 8-25 输入 Yd 的参数方程

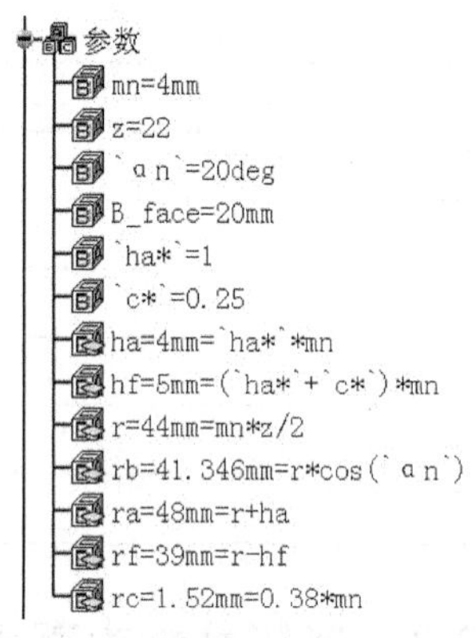


图 8-26 特征树上的参数显示

① 在笛卡儿坐标系中创建两个点：（0，0，0），（0，0，$r_{bv}$），在 Z 坐标轴线上，用直线工具，建立两个点连线，如图 8-28 所示。

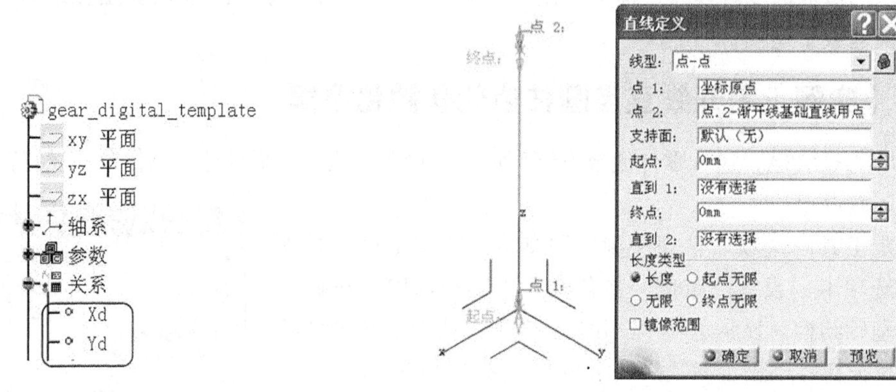


图 8-27 特征树上的参数方程的显示

图 8-28 建立直线

② 应用平行曲线工具，创建偏移曲线，用步骤①中创建的直线作为偏移曲线的发生直线，选取坐标 xz 平面为支持平面，偏移控制规律栏，点选特征树上已输入的参数方程公式 Xd（参数方程①），获得平面内平行曲线 Xd，如图 8-29 所示。

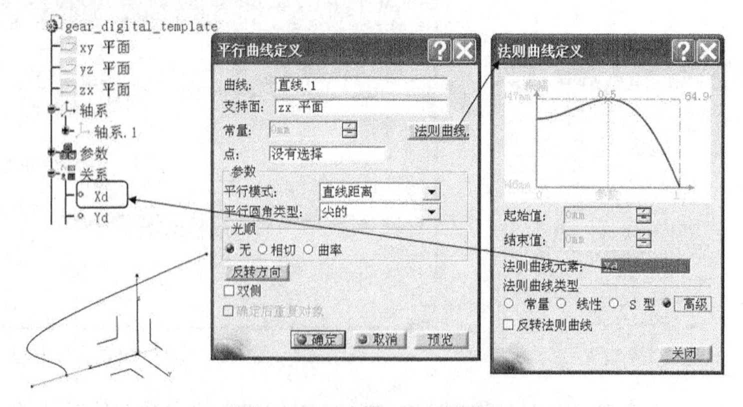


图 8-29 创建第一条平行曲线

③ 同步骤②，创建第二条平行曲线，选取坐标 yz 平面为支持平面，偏移控制规律栏，点选特征树上已输入的参数方程公式 Yd（参数方程②），获得平面内平行曲线 Yd，如图 8-30 所示。

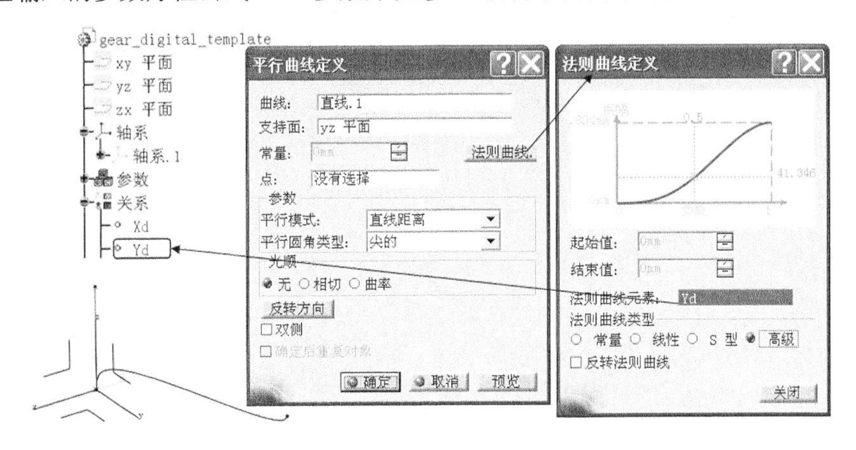


图 8-30 创建第二条平行曲线

④ 应用混合工具，选取步骤②和步骤③创建的两条平行曲线，创建合成的复合曲线，如图 8-31 所示。

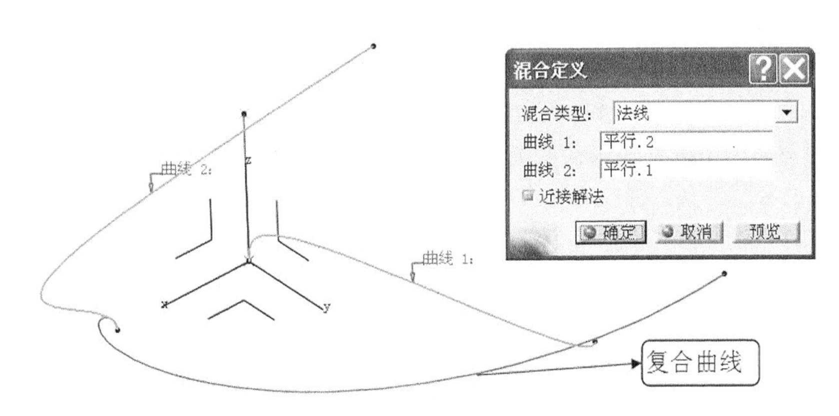


图 8-31 复合曲线

⑤ 应用投影工具，选取复合曲线作为投影元素，投影到 xy 坐标平面上，得到用渐开线数学参数方程驱动的平面上的精确渐开线曲线，如图 8-32 所示。

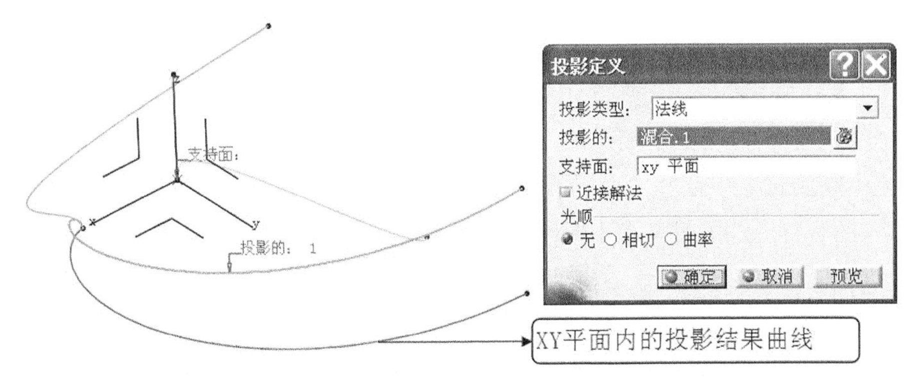


图 8-32 投影出的精确渐开线曲线

（4）在“创成式外形设计”工作台上的 XY 平面内，绘制“半个齿槽和半个轮齿”，需要的各种辅助线，如图 8-33 所示。

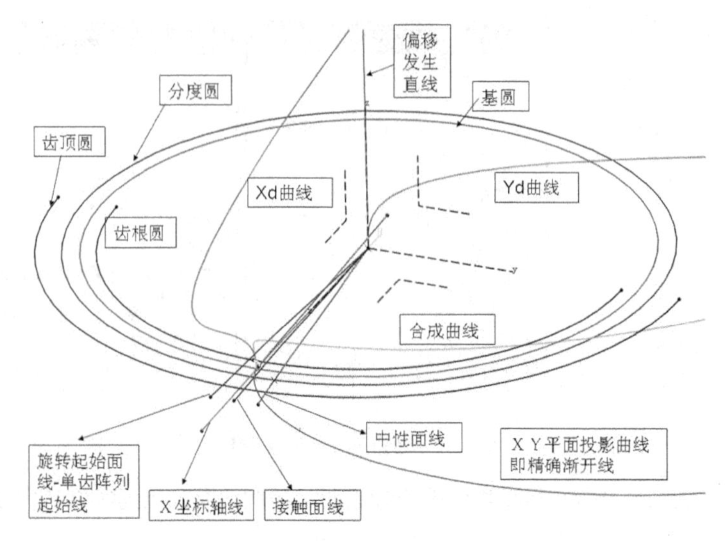


图 8-33 绘制半个齿槽和半个轮齿的各种辅助线

① 齿轮齿数逾越边界值 42 时，齿根圆和基圆的半径发生大小逆转：齿轮的齿数 $z \geq 42$ 时，齿根圆半径大于基圆半径；$z < 42$ 时，齿根圆半径小于基圆半径，这时齿根圆到基圆之间没有渐开线，需要补充一小段直线来构成渐开线的反向延伸线，即在渐开线起点处，做曲线的切直线，然后用结合工具，合成“复合线”（渐开线和切直线），如图 8-34 所示。该“复合线”在 $z \geq 42$ 时，仍不影响满足建立半个齿槽的渐开线辅助线的需求，实现了齿轮 3D 数模的全齿数参数化。

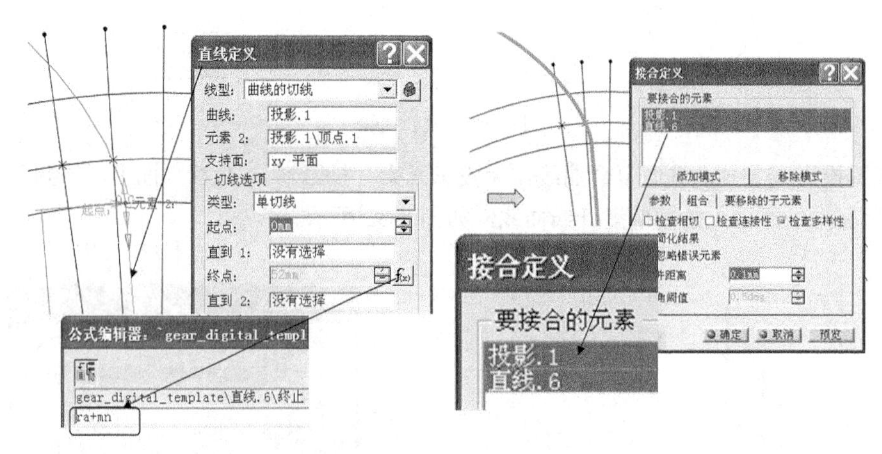


图 8-34 渐开线及渐开线的反向延伸线合成的“复合线”

② 用空间圆定义工具，绘制齿顶圆、分度圆、基圆、齿根圆、齿根圆圆角，半径数值按齿轮参数控制，如图 8-35 所示。

③ 应用线框工具条中的直线工具，绘制“接触面线”（通过渐开线与分度圆交点的径向

直线，其交点绘制要应用线框工具条中的相交工具）。应用操作工具条中的旋转工具，绘制“旋转起始面线”（即单齿阵列起始面线）、“中性面线”（单齿廓镜像对称面发生线）、两条直线与“接触面线”之间的夹角按公式 90/Z 计算，长度按齿轮齿顶圆尺寸驱动控制，如图 8-36 所示。

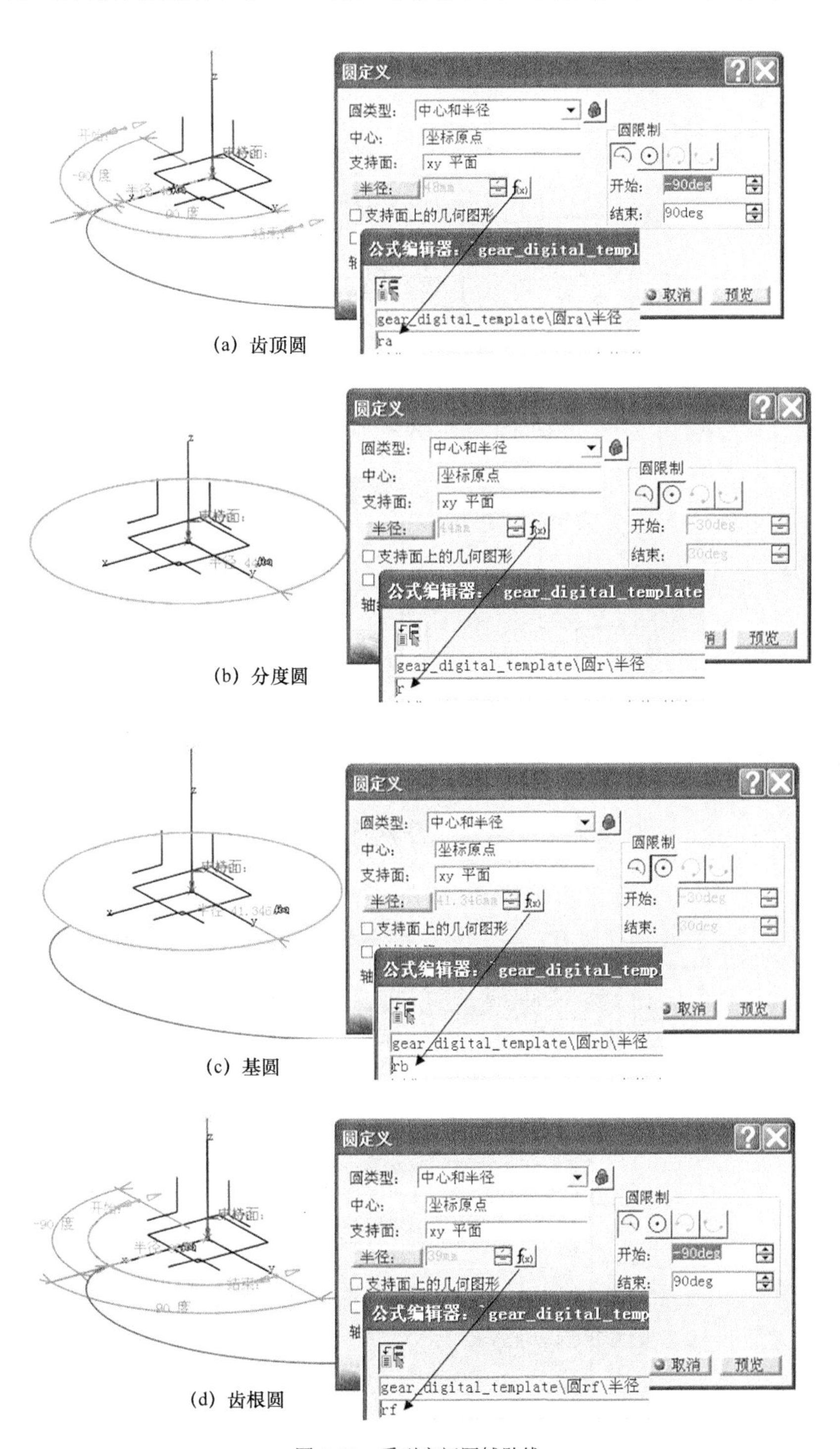

(a) 齿顶圆

(b) 分度圆

(c) 基圆

(d) 齿根圆

图 8-35 系列空间圆辅助线

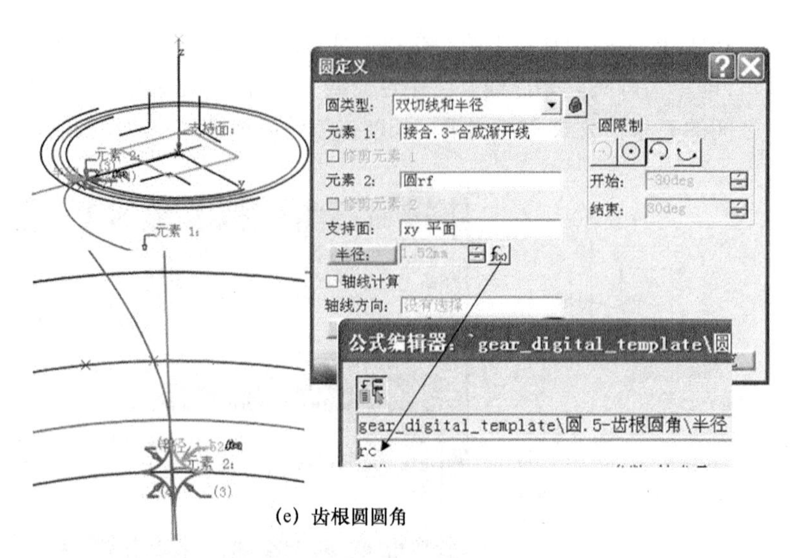

(e) 齿根圆圆角

图 8-35 系列空间圆辅助线（续）

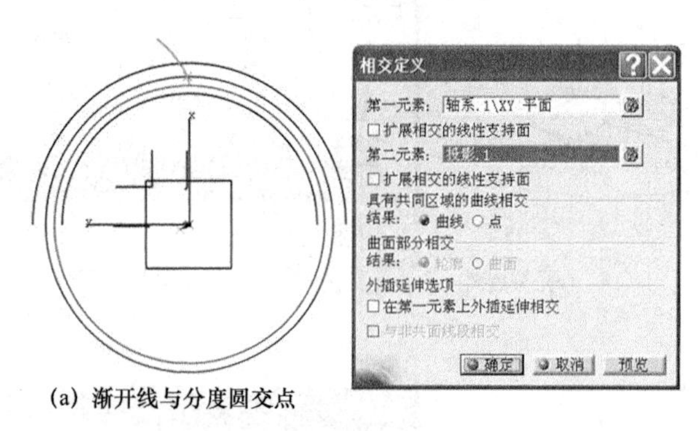

(a) 渐开线与分度圆交点

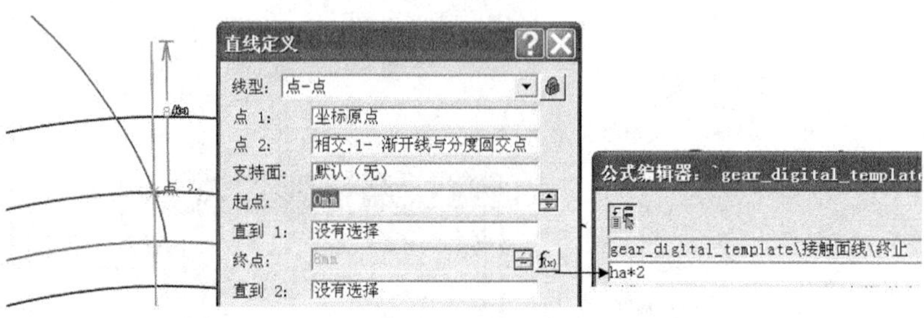

(b) 接触面线

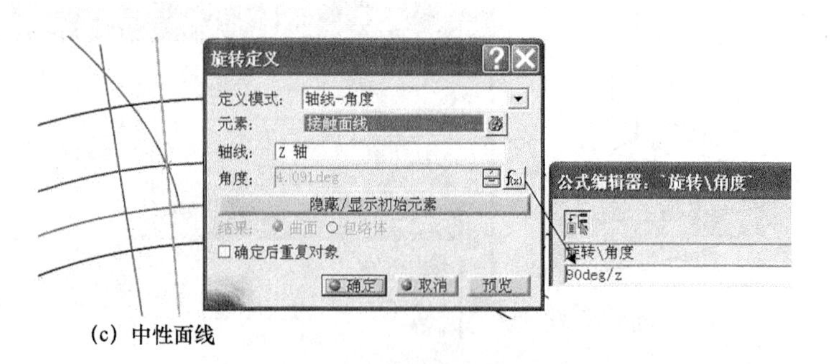

(c) 中性面线

图 8-36 三条重要辅助直线

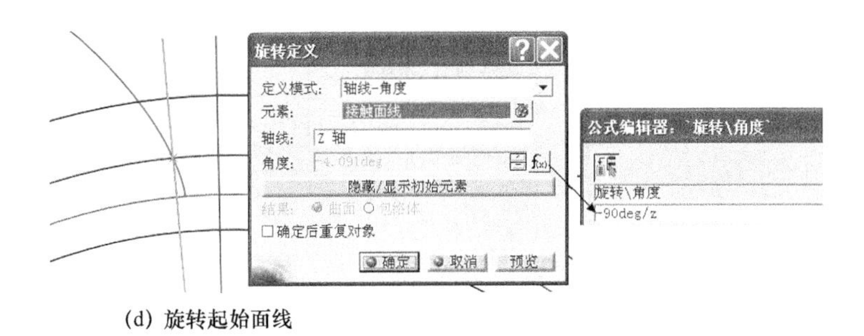


(d) 旋转起始面线

图 8-36 三条重要辅助直线（续）

④ 联合应用修剪（应用一次）和分割（应用四次）工具 ，编辑出“半个齿槽和半个轮齿”的合成线型，如图 8-37 所示。

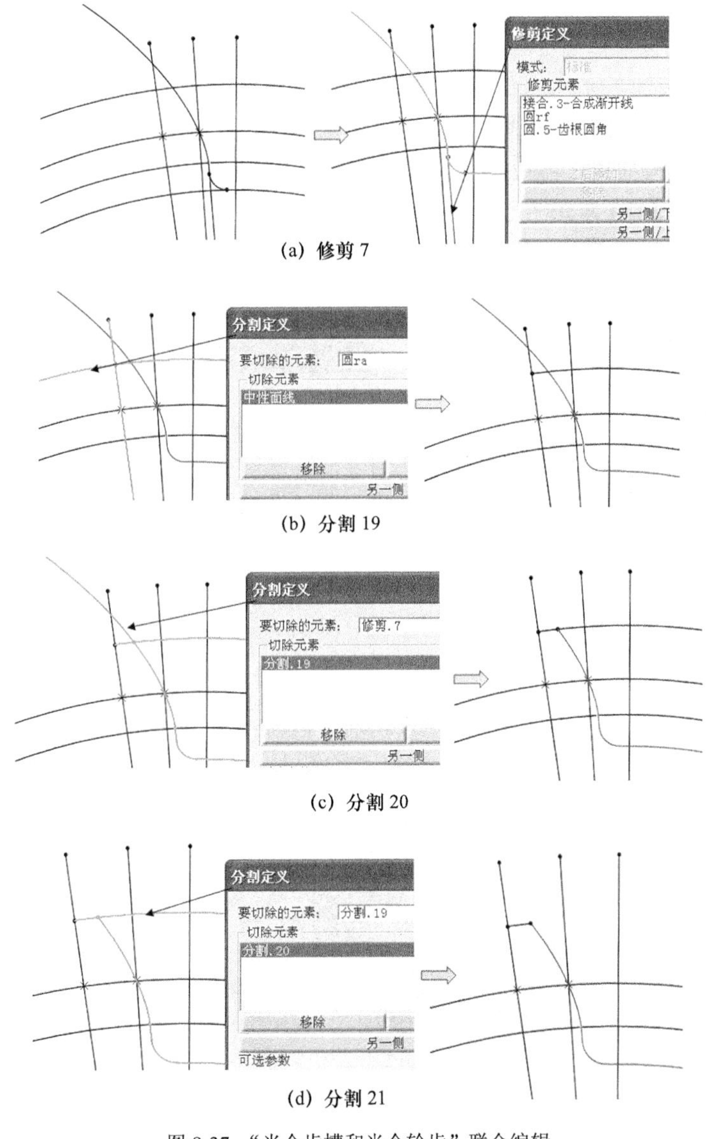


(a) 修剪 7

(b) 分割 19

(c) 分割 20

(d) 分割 21

图 8-37 “半个齿槽和半个轮齿”联合编辑

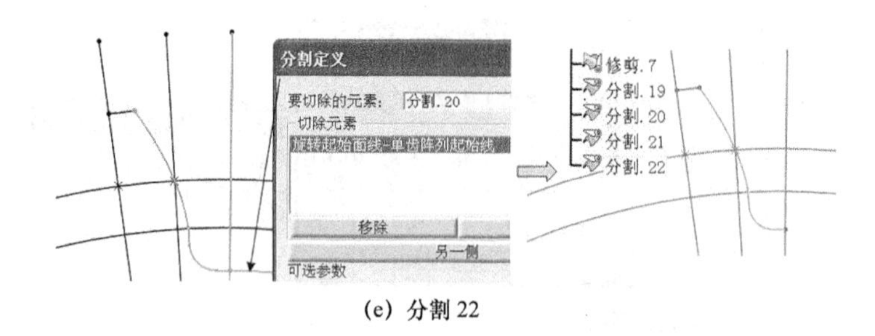


(e) 分割 22

图 8-37 “半个齿槽和半个轮齿”联合编辑（续）

（5）应用接合工具，连接“半个齿槽和半个轮齿”的每个线段；应用镜像工具，生成圆周阵列的几何元素单元；应用接合工具，连接两个镜像曲线段，如图 8-38 所示；按齿数进行圆周阵列（此处必须应用“创成式外形设计”工作台中的圆周阵列工具），生成平面内全齿数的轮齿廓线，如图 8-39 所示。并用“结合”，连接曲线，再拉伸功能，法向拉伸形成全齿廓曲面，如图 8-40 所示，应用修复工具，弥补缝隙，如图 8-41 所示。

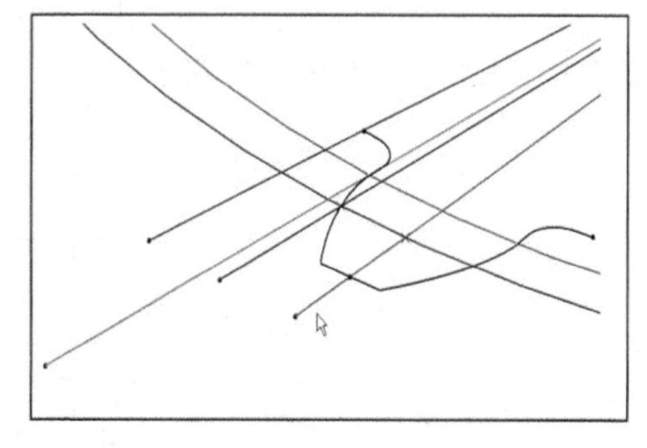

图 8-38 圆周阵列的几何元素单元

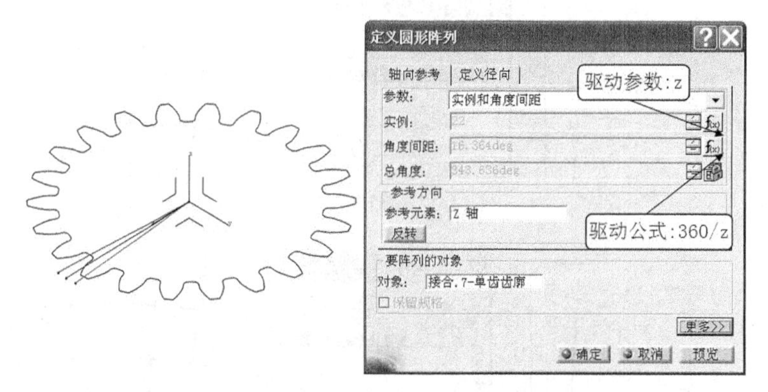


图 8-39 圆周阵列形成的平面全齿数轮齿廓线

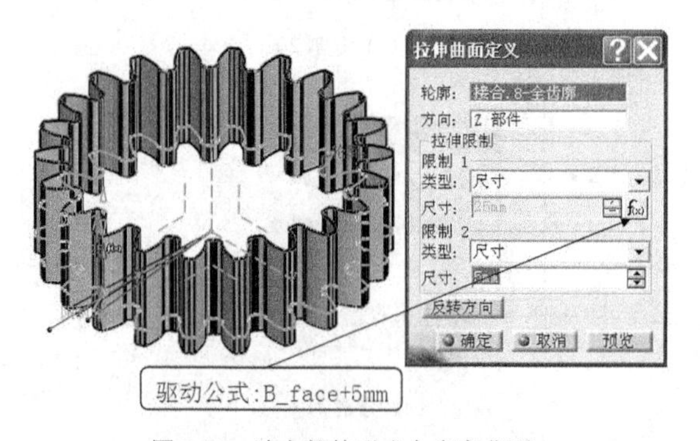


图 8-40 法向拉伸形成全齿廓曲面

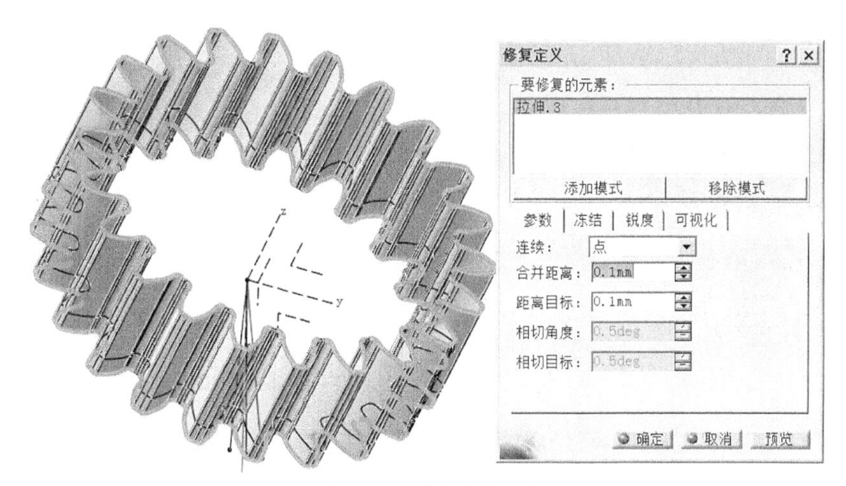


图 8-41 用修复弥补缝隙

（6）建立齿轮精制毛坯，从“创成式外形设计”工作台转入“零件设计”工作台，插入新几何体，特征树上更名为精制毛坯，绘制毛坯图，旋转成型，如图 8-42 和图 8-43 所示。

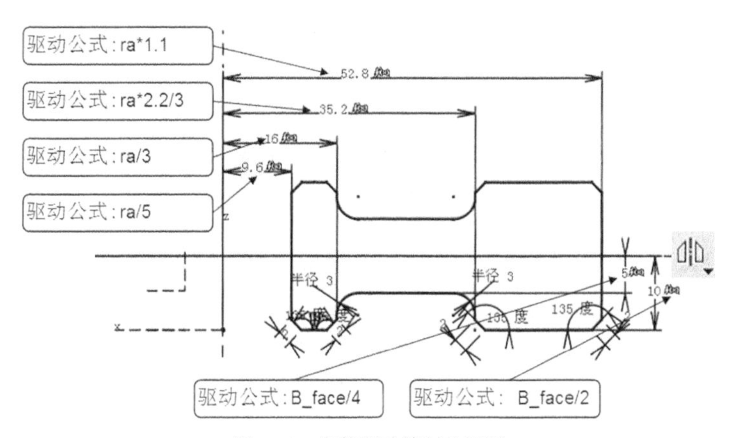


图 8-42 参数驱动精制毛坯图

（7）用“全齿廓曲面”切割齿轮“精制毛坯”，应用“隐藏/显示”工具，隐藏掉点、线、面等辅助元素，完成齿轮建模，见光盘 8-models/chilun 文件夹 spur_gear_digital_template. CATPart 文件，如图 8-44、图 8-45 和图 8-46 所示。

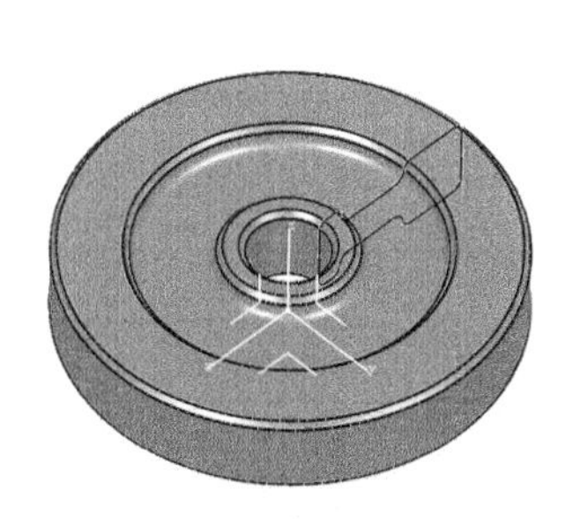

图 8-43 精制毛坯

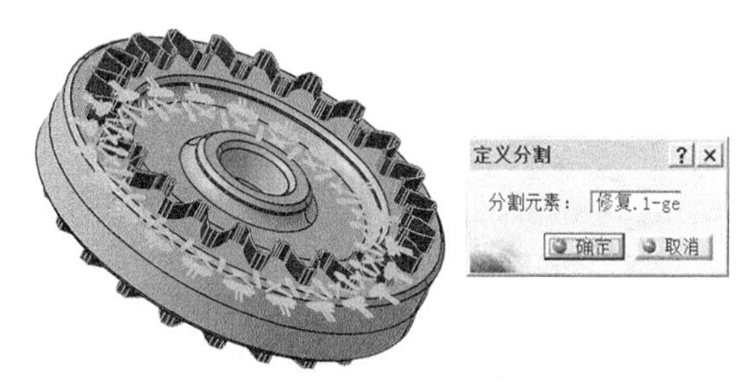


图 8-44 全齿廓曲面切割齿轮精制毛坯

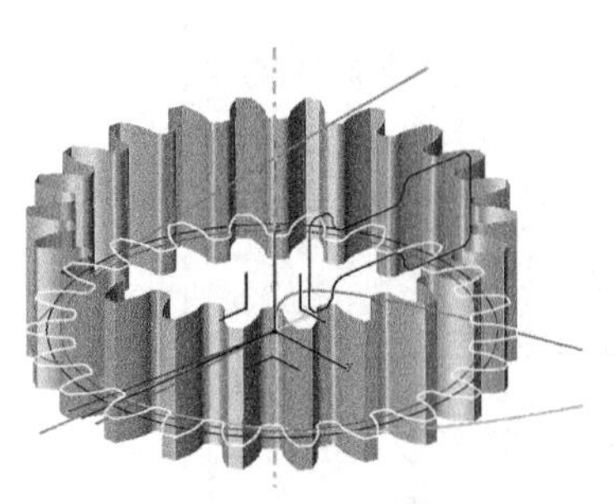

图 8-45 辅助元素

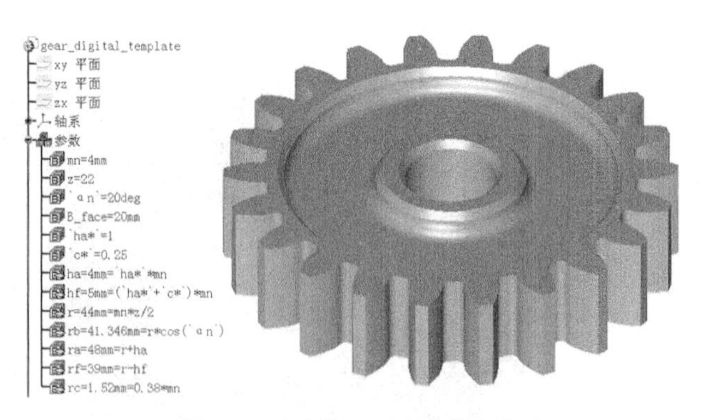

图 8-46 直齿轮 3D 参数化数字模型

建立模型过程中，要注意 CATIA 模块间的协同交互操作，“创成式外形设计”工作台和“零件设计”工作台的相互切换要熟练掌握。

# 8.3 圆柱螺旋弹簧参数化建模

弹簧是一种用途很广泛的弹性元件，它在机械设备、电器、仪表、军工装备、交通运输工具及日常生活器具等方面得到广泛应用。最常用的是圆柱螺旋弹簧。

圆柱螺旋弹簧的主要几何参数有：弹簧丝直径 $d$、弹簧圈中径 $D$mid、外径 $D$max、内径 $D$min、节距 $t$、自由高度 $h$、有效圈数 $z$、弹簧指数（旋绕比）$c$、弹簧的螺旋方向。

圆柱螺旋弹簧的两端并紧、磨平，故取 3 段螺旋线。

弹簧指数（旋绕比）$c$ 值的大小，将影响弹簧的强度、材料利用率、弹簧绕制加工的难易，$c$ 值按弹簧丝直径 $d$ 从数据表中选取。

## 8.3.1 圆柱弹簧参数及公式

圆柱弹簧参数及公式，如表 8-2 所列。

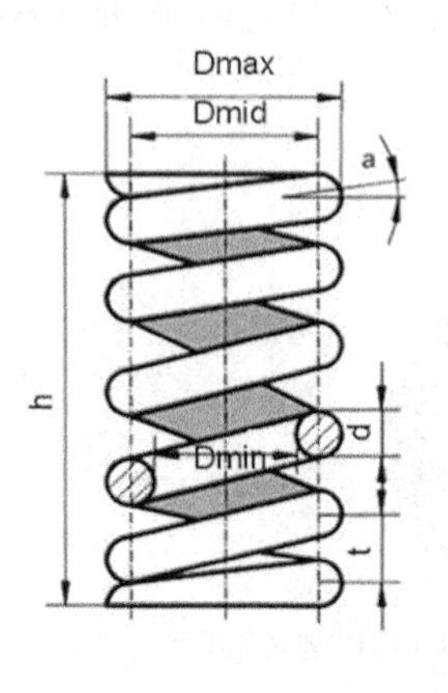


表 8-2 圆柱弹簧参数及公式

| 序 号 | 参 数 名 称 | 参数符号和公式 |
|---|---|---|
| 1 | 弹簧指数 | $c$（查表选取） |
| 2 | 弹簧丝直径 | $d$（由强度计算求得） |
| 3 | 节距 | $t$ |
| 4 | 有效圈数 | $z$ |
| 5 | 自由高度 | $h=t*z$ |
| 6 | 弹簧圈中径 | Dmid=$d$*$c$ |
| 7 | 弹簧圈外径 | Dmax= Dmid+$d$ |
| 8 | 弹簧圈内径 | Dmin= Dmid−$d$ |

## 8.3.2 【实例】圆柱弹簧建模

（1）启动 CATIA，进入零件混合设计环境，启动“创成式外形设计”工作台，设置特征树参数显示环境，见 8.1.1 节。

（2）应用“知识工程”工具，应用公式f(x)工具，依照表 8-2 圆柱弹簧参数表，输入弹簧参数到 CATIA 的特征树中，如图 8-47 所示。

（3）用参考点定义工具，建立点 2，坐标为（D_mid /2，0，0），X 坐标参数化驱动，数值为 D_mid /2，单击螺旋线工具，绘制三段空间螺旋线（后段螺旋线起点为前段螺旋线的顶点），如图 8-48、图 8-49、图 8-50 和图 8-51 所示。

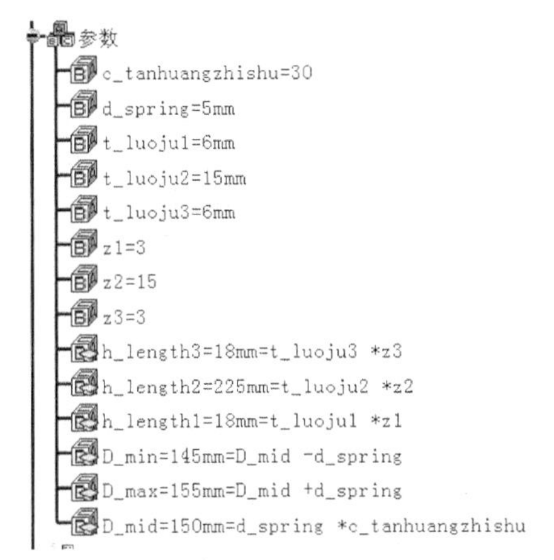


图 8-47 输入弹簧参数到 CATIA 的特征树中

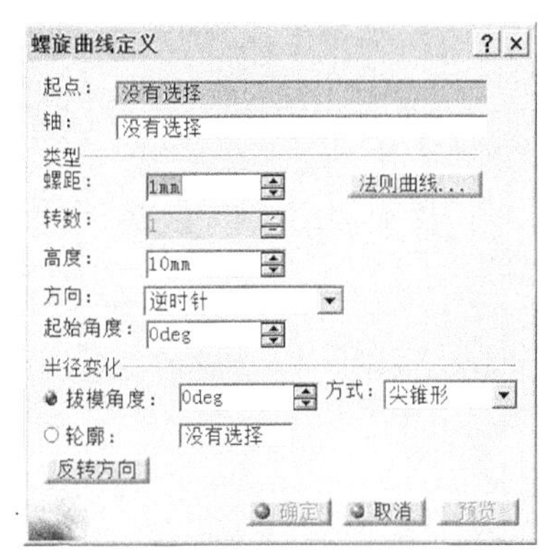


图 8-48 螺旋曲线定义对话框

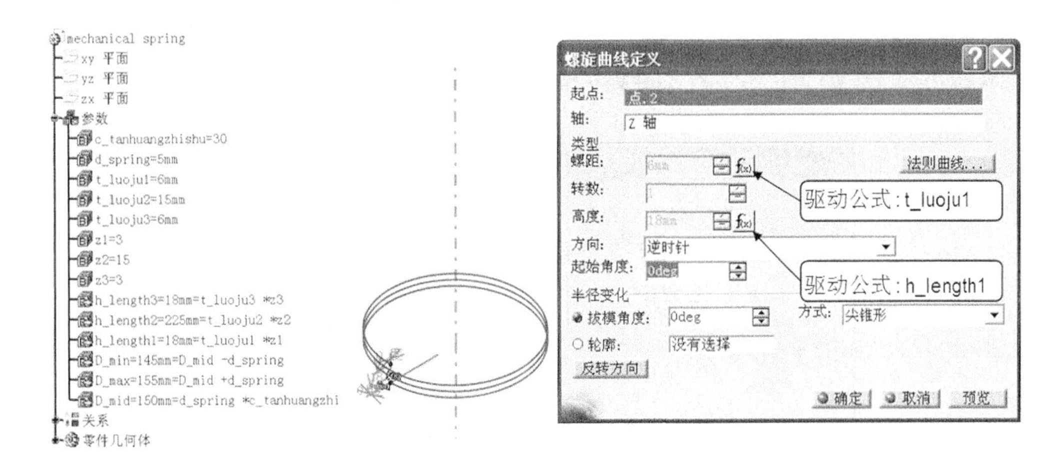


图 8-49 第一段空间螺旋线

（4）单击接合工具，连接三段螺旋线为一条螺旋线，如图 8-52 所示。

（5）从“创成式外形设计”工作台切换到“零件设计”工作台，应用肋工具，中心曲线选择“结合.1”的空间螺旋曲线，控制轮廓选“拔模方向”选项，在方向选择栏用右键上下文级联菜单选择 Z 轴。预览弹簧，如图 8-53 所示。

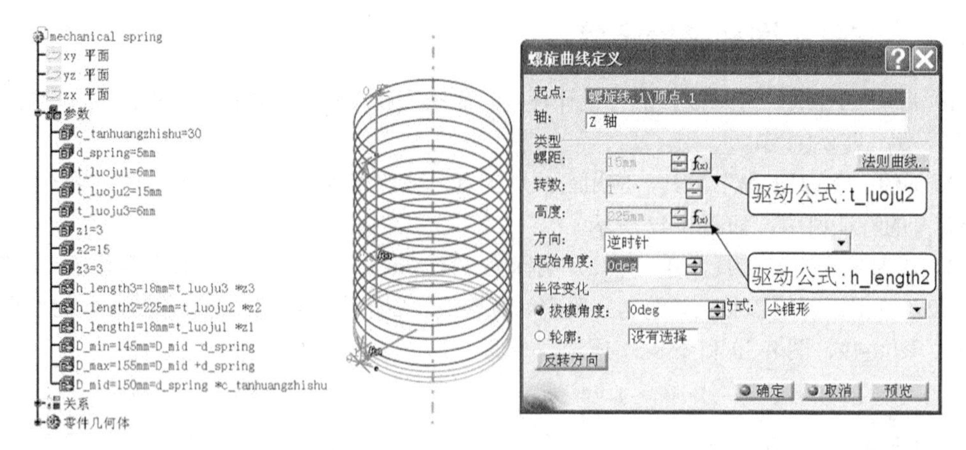


图 8-50　第二段空间螺旋线

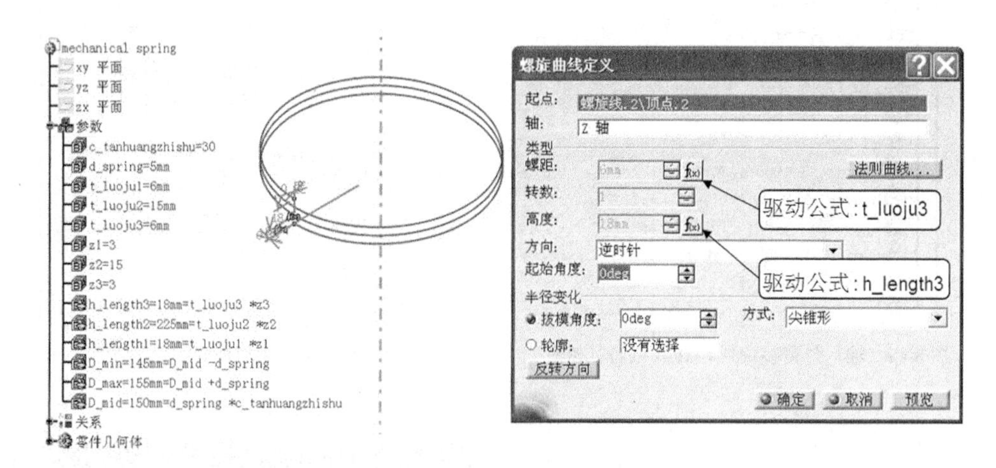


图 8-51　第三段空间螺旋线

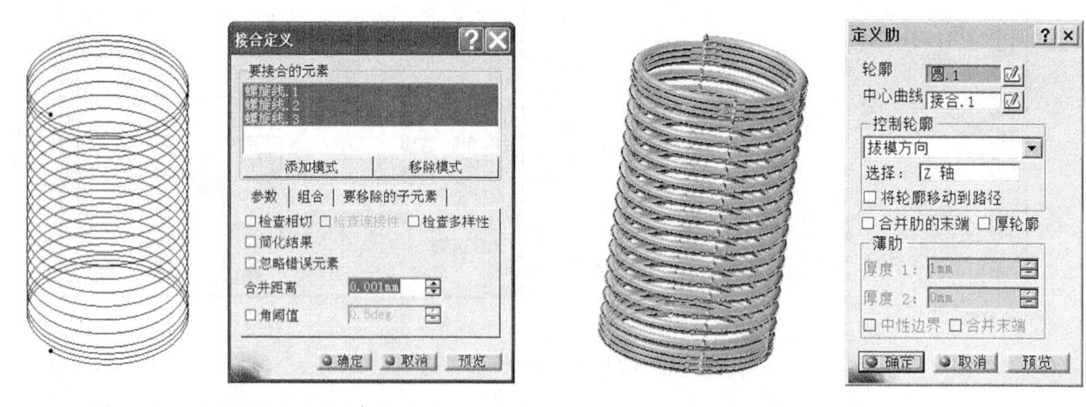


图 8-52　三段螺旋线合成为一条螺旋线

图 8-53　预览弹簧

（6）用参考平面，建立两个偏移平面。下平面偏移距离公式：d_spring /1.5，上平面偏移距离公式：h_length1 +h_length2 +h_length3 -d_spring/1.5，如图 8-54、图 8-55 所示。

（7）用分割工具，选用上、下偏移平面，切平弹簧端面，如图 8-56 所示。

图 8-54 建立下偏移平面

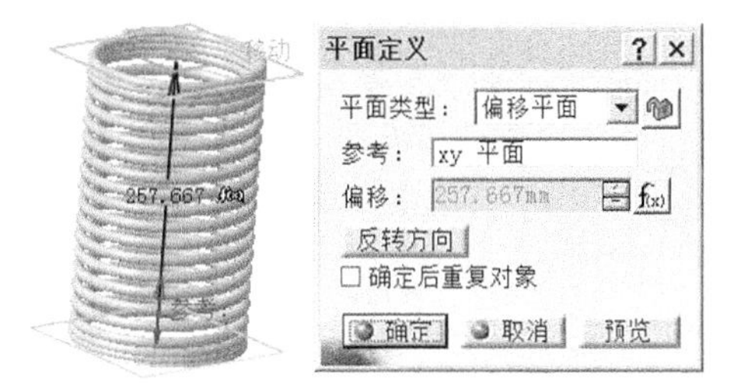

图 8-55 建立上偏移平面

（8）完成圆柱螺旋弹簧参数化建模，见光盘 8-models/spring 文件夹，mechanical spring. CATPart 文件，如图 8-57 所示。

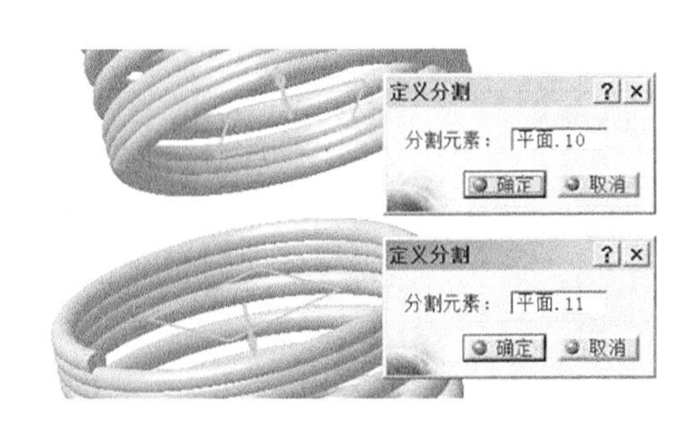

图 8-56 切平弹簧两端磨平面

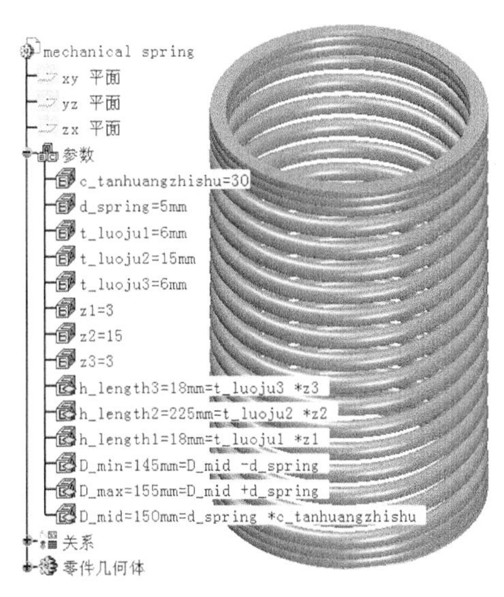

图 8-57 参数化圆柱螺旋弹簧

建立模型过程中，要注意 CATIA 模块间的协同互操作，“创成式外形设计”工作台和“零件设计”工作台的相互切换要熟练掌握。

## 8.4 圆柱蜗杆参数化建模

蜗杆传动是在空间交错的两轴间传递运动和动力的一种传动机构，两轴线交错的夹角一般为 90°。普通圆柱蜗杆一般是在车床上用直线刀刃的车刀车制的。根据车刀安装的位置不同，所加工的蜗杆齿面在不同截面中的齿廓曲线也不同。

普通圆柱蜗杆中的阿基米德圆柱蜗杆（ZA 蜗杆），应用最为广泛。切制这种蜗杆时，梯形车刀切削刃的顶面通过蜗杆轴线，在轴向截面 I-I 上具有直线齿廓（齿形角 20°），法向截面 N-N 上齿廓为外凸曲线，端面齿廓为阿基米德螺线，如图 8-58 所示。

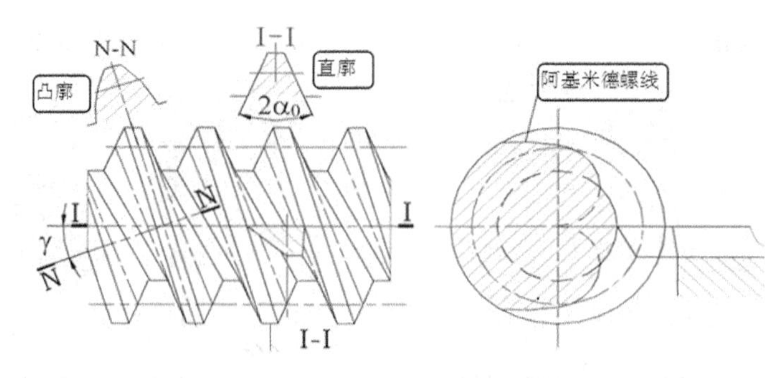


图 8-58 阿基米德圆柱蜗杆

## 8.4.1 阿基米德蜗杆参数及公式

阿基米德蜗杆参数及公式，如表 8-3 所列。

表 8-3 阿基米德蜗杆参数及公式

| 序 号 | 参 数 名 称 | 参数符号和公式 |
|---|---|---|
| 1 | 轴面模数 | ma1 |
| 2 | 蜗杆直径系数 | q |
| 3 | 齿形角 | alfa=20deg |
| 4 | 蜗杆头数 | z1 |
| 5 | 蜗杆齿顶高系数 | ha*=1 |
| 6 | 蜗杆齿根高系数 | c*=0.2 |
| 7 | 蜗杆齿顶高 | ha=`ha*`* ma1 |
| 8 | 蜗杆齿根高 | hf=(`ha*`+`c*`)*ma1 |
| 9 | 蜗杆分度圆半径 | r1=ma1*q/2 |
| 10 | 蜗杆齿顶圆半径 | ra= r1+ha |
| 11 | 蜗杆齿顶根圆半径 | rf= r1-hf |
| 12 | 导程 | I_daocheng=luoju* Z1 |
| 13 | 螺距 | Luoju= ma1*PI |
| 14 | 虚拟刀具参数 | tools_length= (ma1*PI/2-2*(r-rf) |
| 15 | 螺旋升角 | Lamta1=atan(z1/q ) |

## 8.4.2 【实例】阿基米德蜗杆参数化建模

（1）启动 CATIA，进入零件混合设计环境，启动“创成式外形设计”工作台，设置特征树参数显示环境，见 8.1.1 小节。在菜单中选择“插入”→“几何图形集”，特征树中命名为 tools-surface。

（2）应用“知识工程”中的公式 f(x) 工具，输入表 8-3 的阿基米德蜗杆参数到 CATIA 的特征树中，如图 8-59 所示。

（3）阿基米德蜗杆工作曲面的建立。

① 先应用参考点工具，建立YZ平面的点2，Y的距离输入$r_1$，如图8-60所示。再应用螺旋线，以YZ平面的点2为起点，建立螺旋线，螺距栏中用右键上下文级联菜单关联特征树上螺距参数luoju，如图8-61所示。

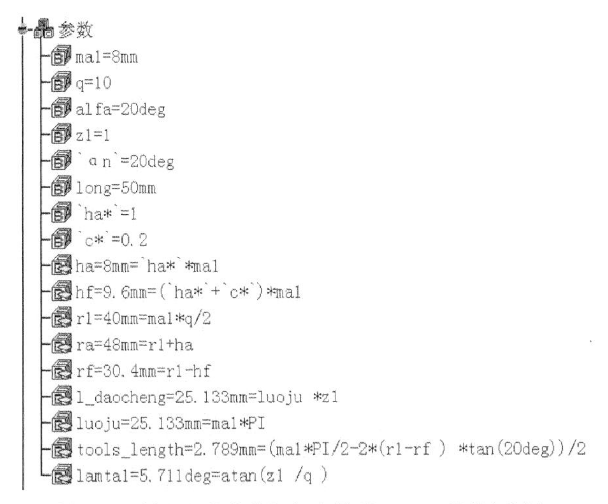


图8-59 输入阿基米德蜗杆参数到CATIA的特征树中

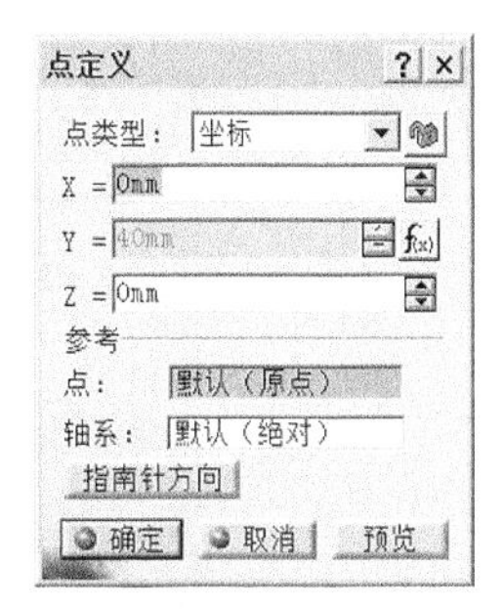


图8-60 建立YZ平面的点

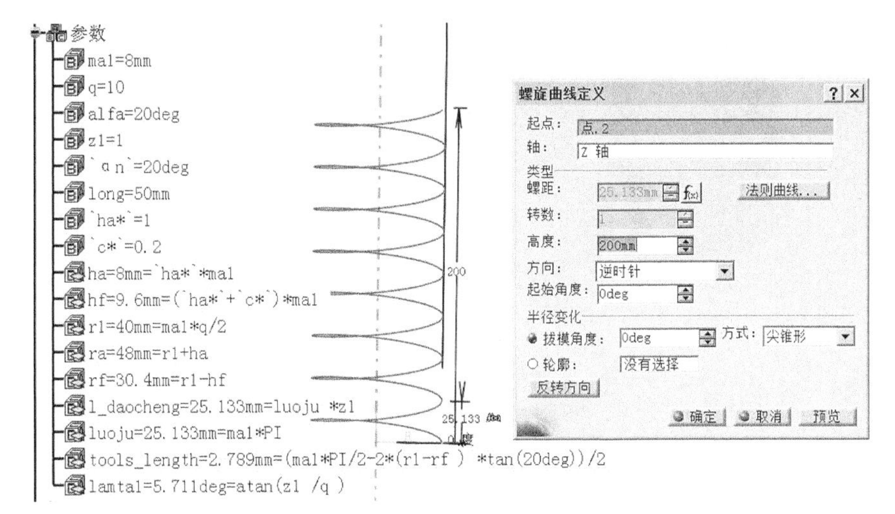


图8-61 建立参数化驱动的螺旋线

② 在YZ平面内，以Y轴（通过点2）为对称线，建立参数化虚拟刀具轮廓线，用于后面的扫略，如图8-62所示。

③ 应用扫略工具，以参数化虚拟刀具轮廓线为轮廓，以螺旋线为引导曲线，Z轴为拔模方向，建立扫略曲面，即阿基米德蜗杆工作曲面，如图8-63所示。

（4）建立阿基米德蜗杆精制毛坯，从“创成式外形设计”工作台切换到“零件设计工作台”，插入新“几何体”，命名为精制毛坯。

① 选择yz平面，单击（草图绘制）工具，进入草图绘制模块。在轮廓工具栏中，单击（中心线）工具，画水平中心线，作为形成蜗杆本体的旋转轴线。单击（折线）工具，画折线，绘

制草图。单击约束工具栏中的（约束）工具，自动标注尺寸，再双击尺寸线修改尺寸，结果如图 8-64 所示。

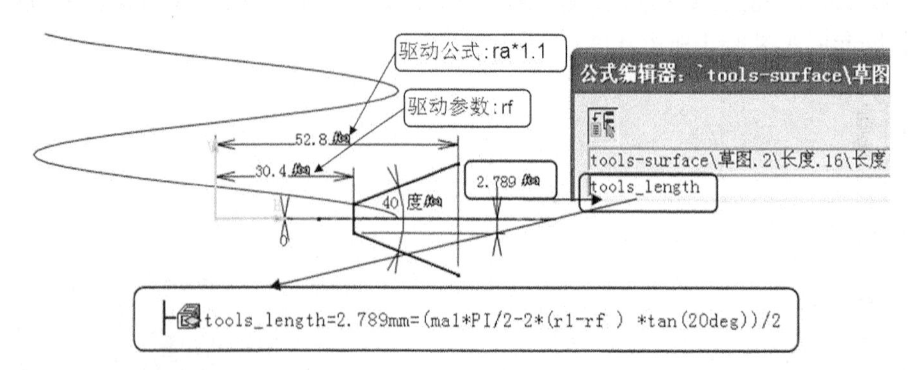


图 8-62　建立参数化虚拟刀具轮廓线

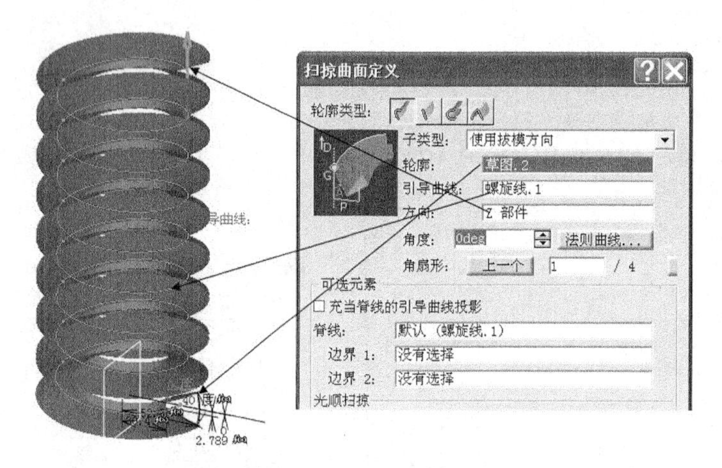


图 8-63　阿基米德蜗杆工作曲面

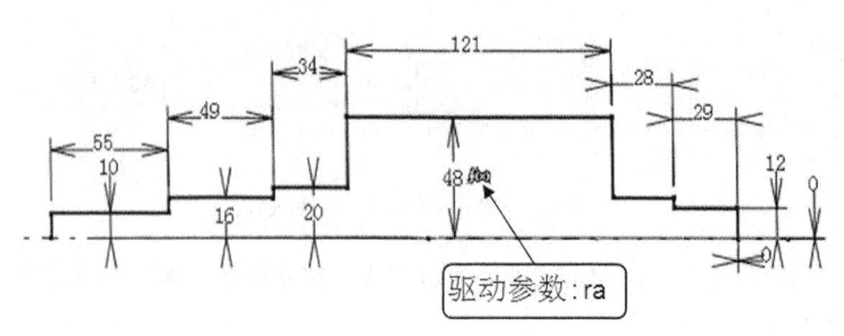


图 8-64　绘制精制毛坯草图

② 草图绘制完成后，单击退出工具，退出草图绘制模块。单击特征工具栏中的旋转体工具，在绘图区窗口中，显示旋转成形预览画面，并显示对话框。在对话框中设置“旋转角度”为 360°，单击“确定”按钮，完成旋转成形操作，结果如图 8-65 所示。

（5）用阿基米德蜗杆“工作曲面”切割“精制毛坯”，获得阿基米德蜗杆参数化数模，见光盘 8-models/endless_screw 文件夹，endless_screw.CATPart 文件。效果如图 8-66 和图 8-67 所示。

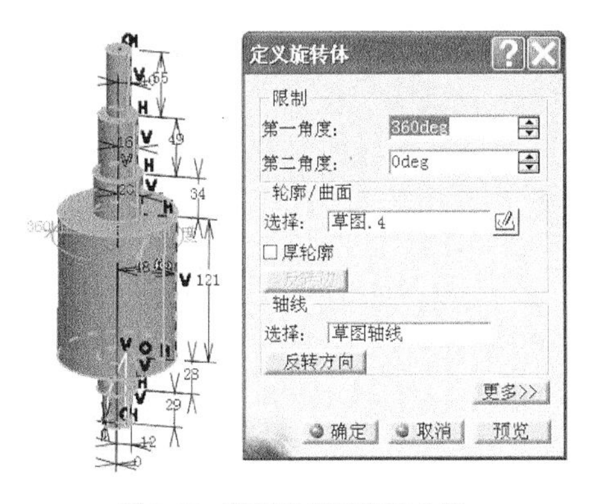


图 8-65 精制毛坯的旋转成形

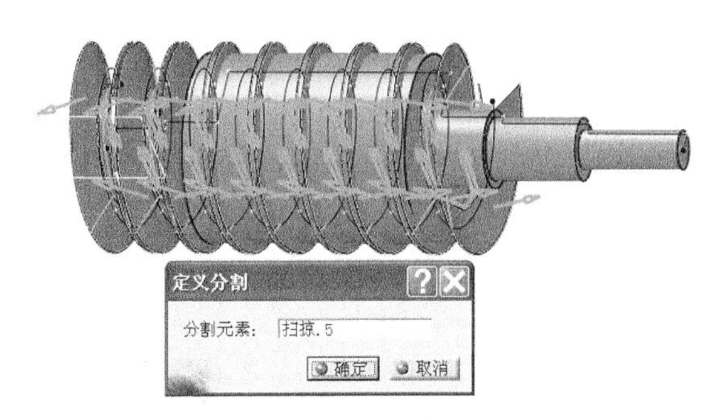


图 8-66 切割精制毛坯

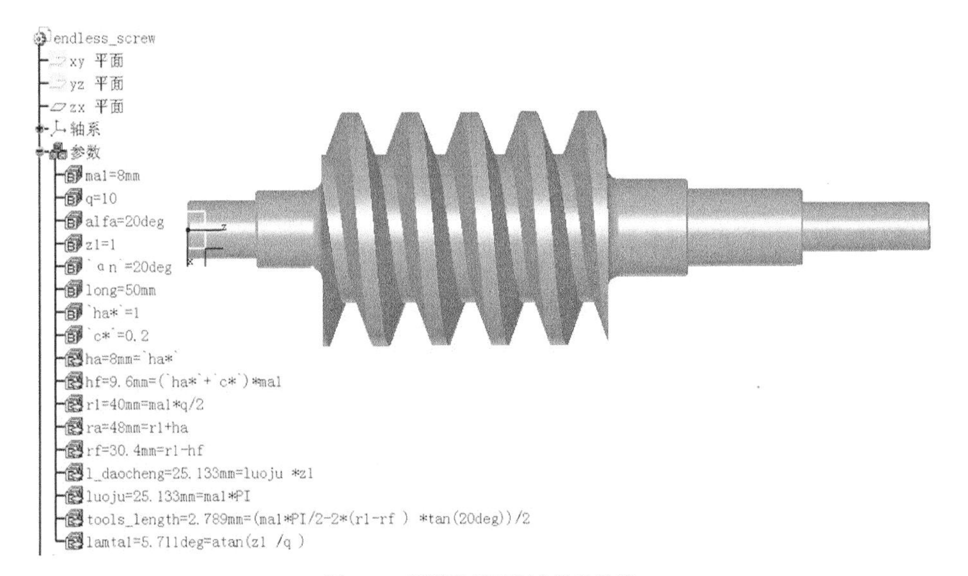


图 8-67 阿基米德蜗杆参数化数模

# 8.5 深沟球轴承参数化建模

滚动轴承是现代机械设备中广泛应用的“部件”之一，用以支撑轴及轴上零件，保持轴的旋转精度，减少转动副之间的摩擦和磨损。

滚动轴承类型繁多，深沟球轴承是滚动轴承中最为普通、最常用的一种类型。深沟球轴承由一个外圈、一个内圈、一组钢球和一组保持架构成。CATIA 中，以装配体形式建立的轴承数字模型，更能精确刻画轴承作为“部件”的特征，方便后期的高级分析。

本例通过“自上向下”的装配体设计方法，控制“参数规划零件”的参数，控制轴承的各个相关零件尺寸，对控制参数的一次驱动，轴承全部零件尺寸得到快速更新，应用快捷。

## 8.5.1 深沟球轴承参数及公式

深沟球轴承参数及公式，如表 8-4 所示。

表 8-4　　深沟球轴承参数及公式

| 序　号 | 参数名称 | 参数符号和公式 |
|---|---|---|
| 1 | 内径 | $d$ |
| 2 | 外径 | $D$ |
| 3 | 宽 | $B$ |
| 4 | 钢球个数 | $n$ |
| 5 | 保持架材料厚度 | $t$ |
| 6 | 钢球半径 | r_qiu=($D$−$d$)/8 |
| 7 | 钢球组分布半径 | r0= $D$/2−($D$−$d$)/4 |
| 8 | 外圈内孔半径 | r1= $D$/2−($D$−$d$)/6 |
| 9 | 内圈外孔半径 | r2= $D$/2−($D$−$d$)/3 |

## 8.5.2 深沟球轴承装配体文件

进入“机械设计”→“装配设计”工作台，设置特征树参数显示环境，见 8.1.1 小节，建立深沟球轴承装配体文件，命名为“rolling bearing assembly”，应用零件工具，建立 CATIA 深沟球轴承装配体的特征树，如图 8-68 所示，建立命名规范的零部件存储目录，如图 8-69 所示。

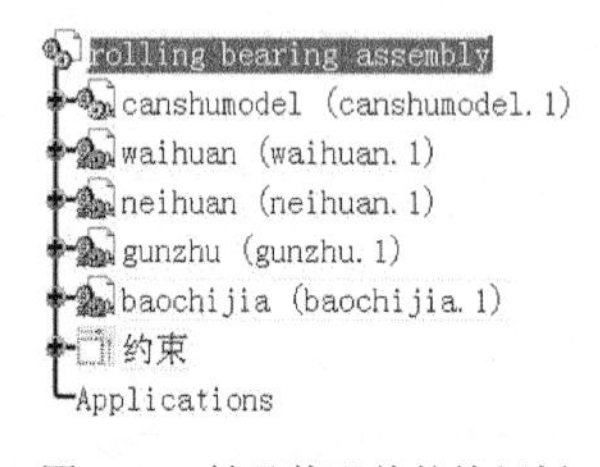


图 8-68　轴承装配体的特征树

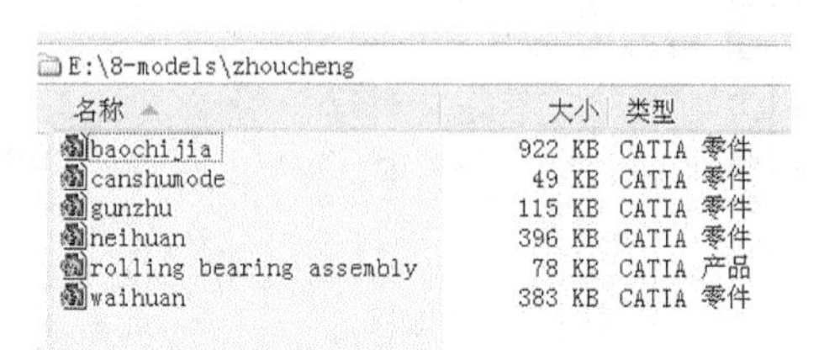


图 8-69　轴承部件存储目录

## 8.5.3 【实例】建立控制参数（模块）零件

（1）“机械设计”→“装配设计”工作台，通过双击特征树上零件名称 canshumodel，从“装配设计”工作台快速转入“零件设计”工作台，绘制控制参数零件，文件保存名称为 canshumodel.CATPart。

（2）应用“知识工程”的公式 f(x) 工具，输入表 8-4 深沟球轴承参数公式的参数到 CATIA 的特征树中，如图 8-70 所示。

（3）选择“工具”→“发布”，选择特征树中的所有参数，执行发布命令，使该零件的参数由“私有参数”转换为“全局参数”。在装配中，其他零件的尺寸约束方可引用，并受其控制。发布后，在特征树上显示发布的参数名称（发布的环境设置参考 9.2.1 小节），如图 8-71 所示。

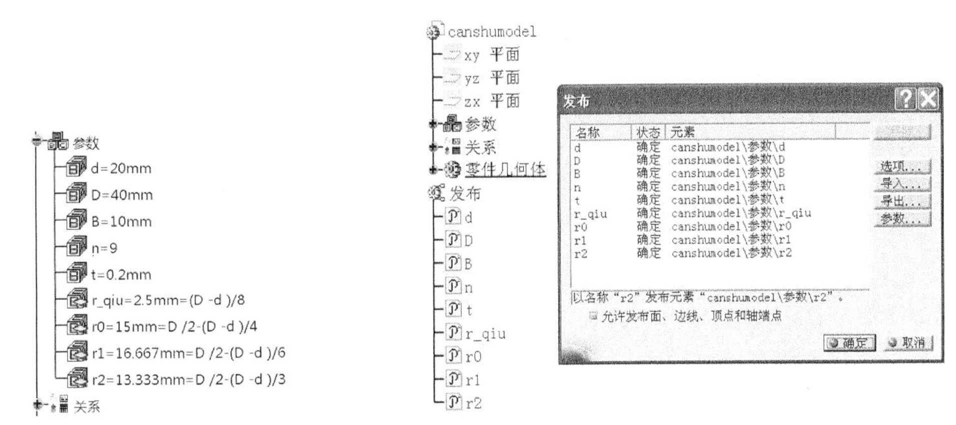


图 8-70 轴承输入参数 CATIA 特征树　　　图 8-71 "发布"全局参数

## 8.5.4 【实例】建立外圈、内圈，一组钢球和保持架

### 1．建立外圈零件

（1）双击 rolling bearing assembly 特征树上零件名称 waihuan，选择 xy 平面，单击（草图绘制）工具，进入草图绘制模块。在轮廓工具栏中，单击（折线）工具画折线，绘制完成的外圈草图。单击约束工具栏中的（约束）工具，标注尺寸。

（2）选择 waihuan 相应尺寸，右键单击鼠标，应用右键上下文级联菜单，选择"公式编辑"，在公式编辑器公式输入栏单击激活，再点选发布的参数 D，添加适当参数或公式，这里 D/2，接受发布参数的跨零件驱动，如图 8-72 所示。

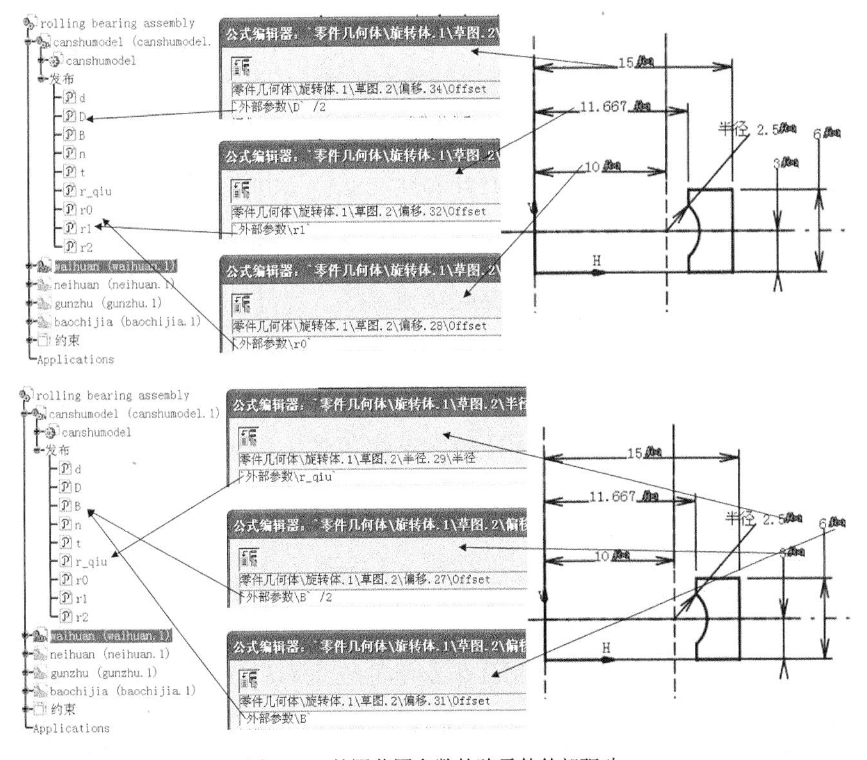


图 8-72 外圈草图参数的跨零件外部驱动

（3）草图绘制完成后，单击（退出）工具，退出草图绘制模块。单击特征工具栏中的（旋转成形）工具，在绘图区中，预览旋转体，设置“旋转角度”为360°，单击“确定”按钮，完成旋转成形操作。如图8-73所示，应用“隐藏/显示”工具，隐藏掉该零件。

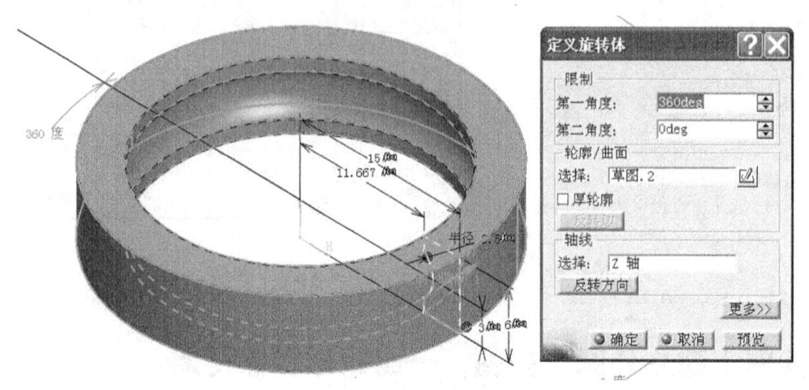


图8-73 外圈旋转成形

## 2．建立内圈零件

（1）双击rolling bearing assembly特征树上零件名称neihuan，选择xy平面，单击草图绘制工具，进入草图绘制模块。在轮廓工具栏中，单击折线工具，画折线，绘制完成的内圈草图。单击约束工具栏中的（约束）工具，标注尺寸。

（2）选择neihuan相应尺寸，右键单击鼠标，应用右键上下文级联菜单，选择“公式编辑”，在公式编辑器公式输入栏单击激活，再点选发布的参数r0，接受发布参数的跨零件外部驱动，所有参数的外部驱动，如图8-74所示。

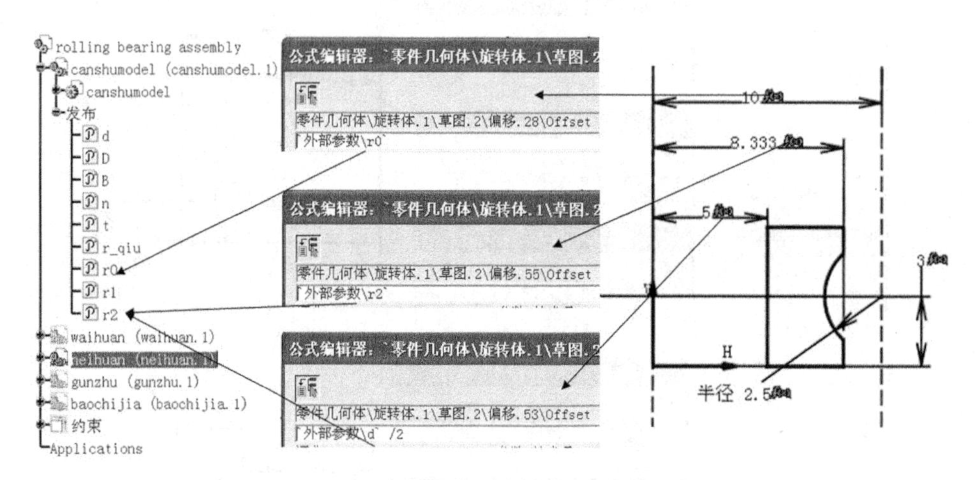


图8-74 内圈草图参数的跨零件外部驱动

（3）草图绘制完成后，单击退出工具，退出草图绘制模块。单击特征工具栏中的旋转体工具，在绘图区中，预览旋转体，在对话框中设置“旋转角度”为360°，单击“确定”按钮，完成旋转成形操作，如图8-75所示，应用“隐藏/显示”工具，隐藏掉该零件。

## 3．建立一组钢球

（1）双击rolling bearing assembly特征树上零件名称gunzhu，切换到“机械设计”→“线框和曲面”工作台，用参考点定义工具，创建球心点，用球面工具，半径采用 canshumodel 的外部参数 r_qiu，建立球面，如图 8-76 和图 8-77 所示。

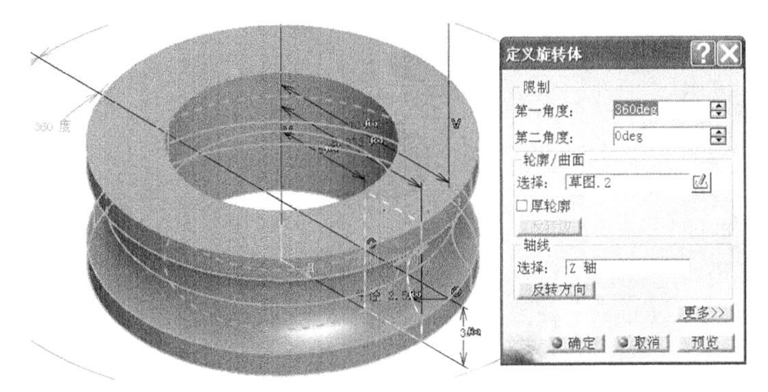


图 8-75 内圈旋转成形

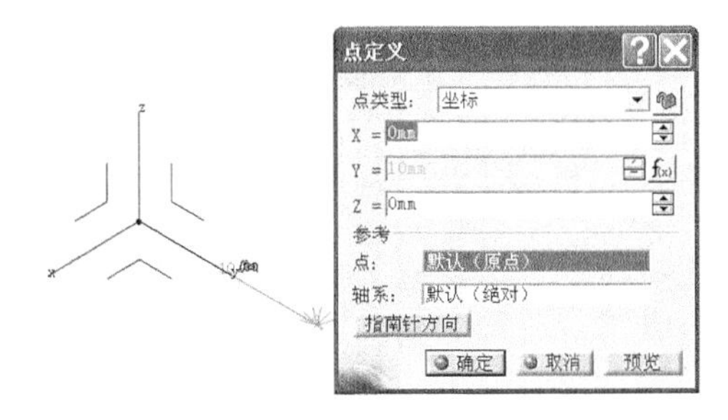


图 8-76 定义点

（2）转换到“零件设计”工作台，用封闭曲面工具，使球面变成实体，然后隐藏球面到隐藏空间，工作空间只留实体球，如图 8-78 所示。

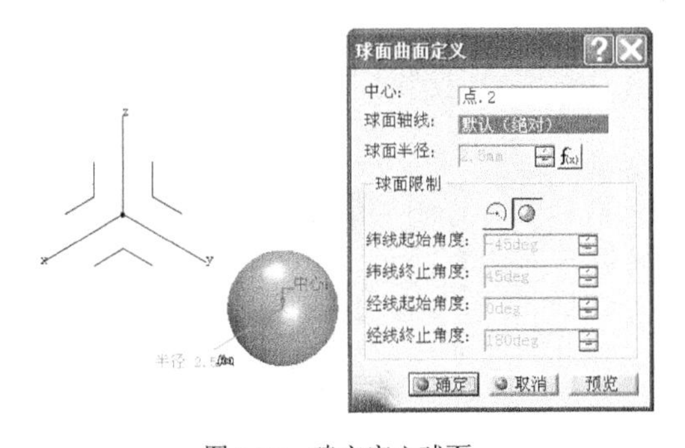


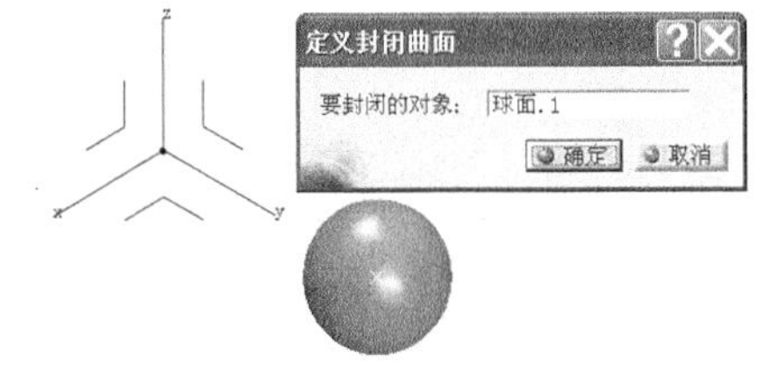


图 8-77 建立空心球面

图 8-78 空心球面变成实体球

（3）应用圆形阵列工具，在“实例”输入栏目，输入 canshumodel 的发布钢球个数外部参数 *n*。在“角度”输入栏输入外部参数 *n* 的公式 360°/*n*，单击“确定”按钮，圆形阵列实体球，即一组钢球。如图 8-79 所示，应用“隐藏/显示”工具，隐藏掉该零件。

#### 4．建立一个保持架

（1）双击 rolling bearing assembly 特征树上零件名称 baochijia，切换到“机械设计”→“线框和曲面”工作台，用参考点定义工具，创建球心点，用球面工具，半径采用 canshumodel 的外部参数 r_qiu，建立球面，如图 8-80 和图 8-81 所示。

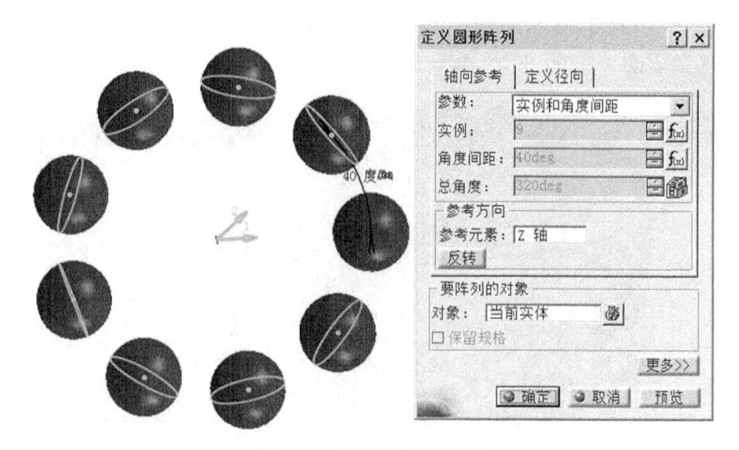


图 8-79　圆形阵列实体球

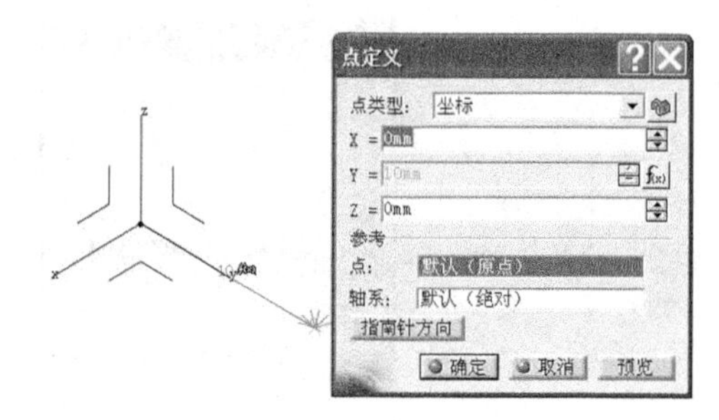


图 8-80　定义点

（2）转换到“零件设计”工作台，用封闭曲面工具，使球面变成实体，然后隐藏球面到隐藏空间，工作空间只留实体球，如图 8-82 所示。

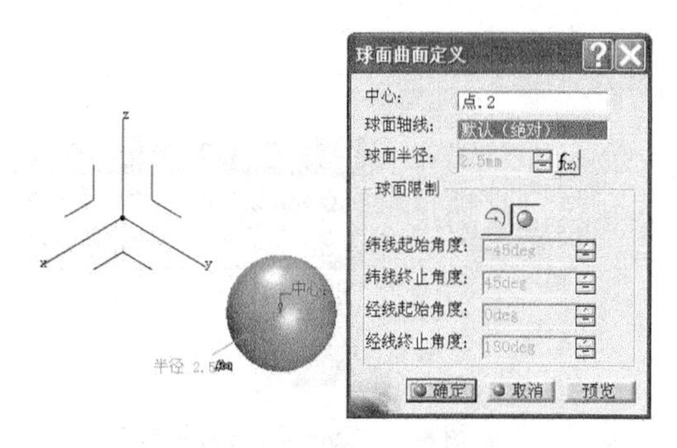


图 8-81　建立空心球面

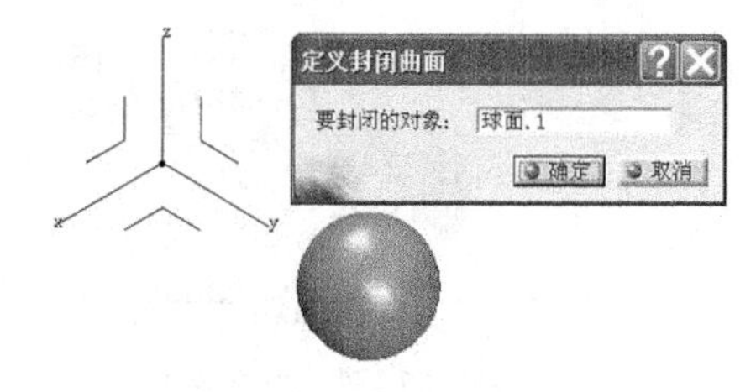


图 8-82　空心球面变成实体球

（3）应用圆形阵列工具，在“实例”输入栏目，输入 canshumodel 的发布钢球个数外部参数 *n*。在“角度”输入栏输入外部参数 *n* 的公式 360°/*n*，单击“确定”按钮，圆形阵列实体球，即一组钢球，如图 8-83 所示。

（4）baochijia 零件中插入新实体，选择 xy 平面，绘制圆草图，直径采用外部参数公式 0.6*D 驱动，应用工具，双向拉伸，第一限制长度 0.2mm，第二限制长 2mm，建立圆盘，再用布尔装配操作，将圆周阵列的实体钢球和圆盘装配成为一体，如图 8-84、图 8-85 和图 8-86 所示。

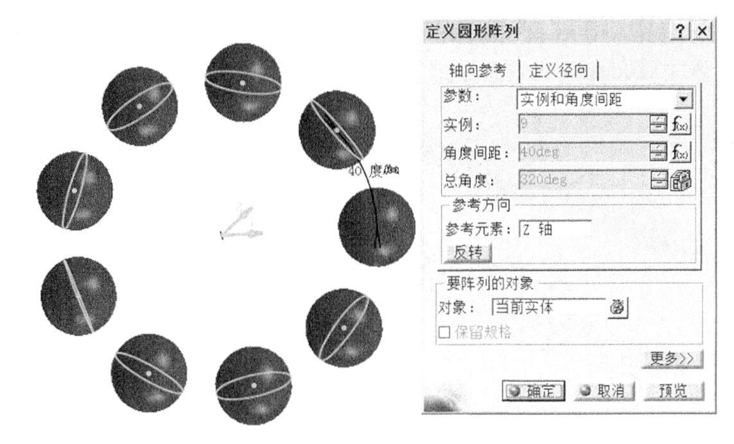


图 8-83 圆形阵列实体球

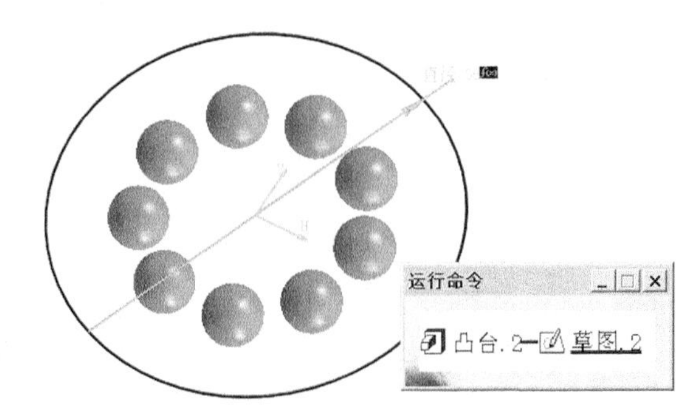


图 8-84 凸台草图

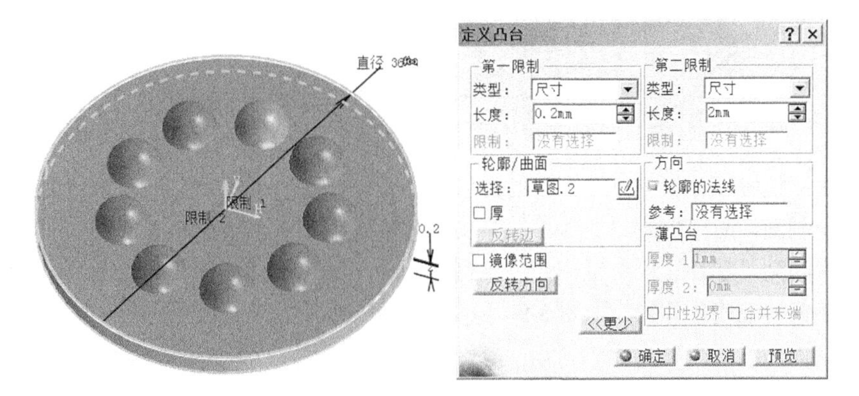


图 8-85 建立圆柱凸台

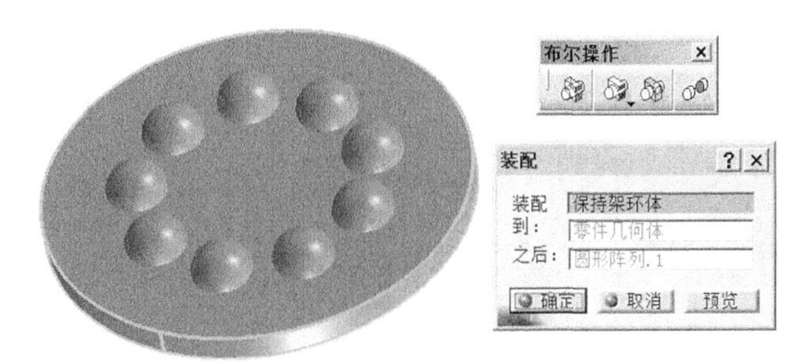


图 8-86 布尔装配钢球和圆盘为一体

（5）单击切割工具，用 xy 平面切割布尔装配体。

（6）单击盒体工具，建立“有多个球状凹坑的复合保持架单体毛坯”，如图 8-87 所示。

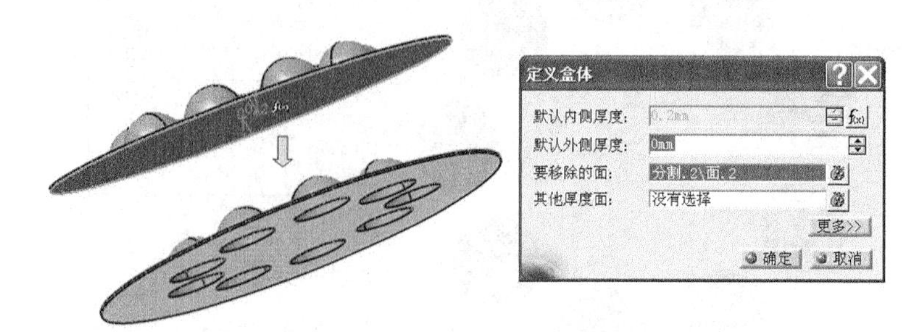


图 8-87　复合保持架单体毛坯

（7）进入“机械设计”→“线框和曲面”工作台，在 XY 草图平面，以 r2 *1.02 的外部参数化公式驱动绘制圆，应用拉伸工具，拉伸长度可以采用 2*B 和 1.5*B 外部公式驱动，建立内侧圆柱面，回到“零件设计”工作台，单击切割工具，用内侧圆柱面切割“有多个球状凹坑的复合保持架单体毛坯” 内侧，如图 8-88 和图 8-89 所示。

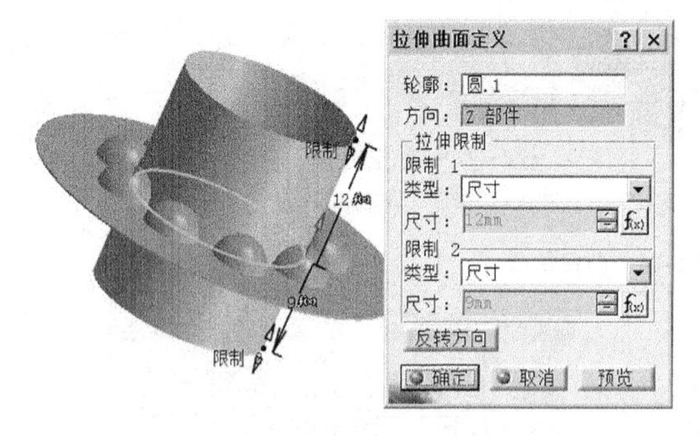


图 8-88　拉伸建立内侧切割圆柱面

图 8-89　内侧切割

（8）再次“机械设计”→“线框和曲面”工作台，在 XY 草图平面，以 r1 *0.98 的外部参数化公式驱动绘制圆，应用拉伸工具，拉伸长度可以采用 2*B 和 1.5*B 外部公式驱动，建立外侧圆柱面，再次回到“零件设计”工作台，单击切割工具，用外侧圆柱面切割“有多个球状凹坑的复合保持架单体毛坯”外侧，如图 8-90 和图 8-91 所示。

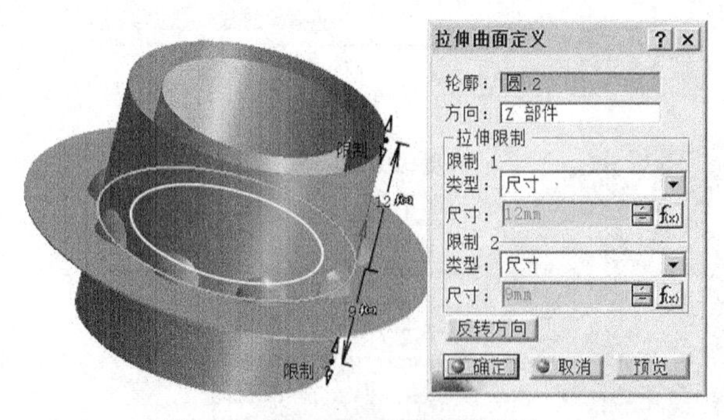


图 8-90　拉伸建立外侧切割圆柱面

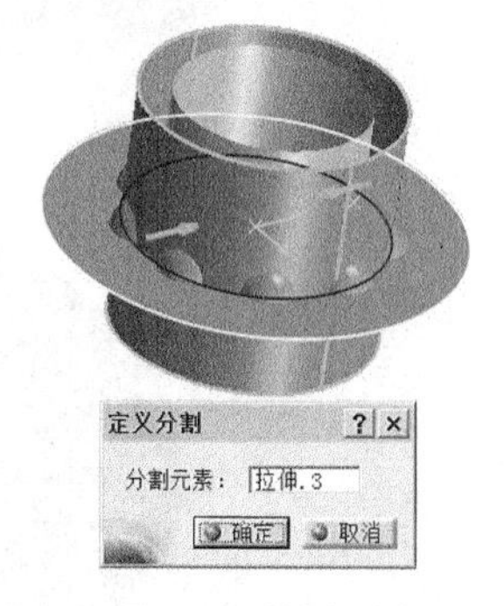


图 8-91　外侧切割

（9）用偏移平面工具，建立 XY 平面的偏移参考平面，偏移距离为：−0.05mm，作为镜像操作的对称平面，再用镜像工具，制作双侧保持架。如图 8-92 和图 8-93 所示，应用“隐藏/显示”工具，隐藏掉该零件。

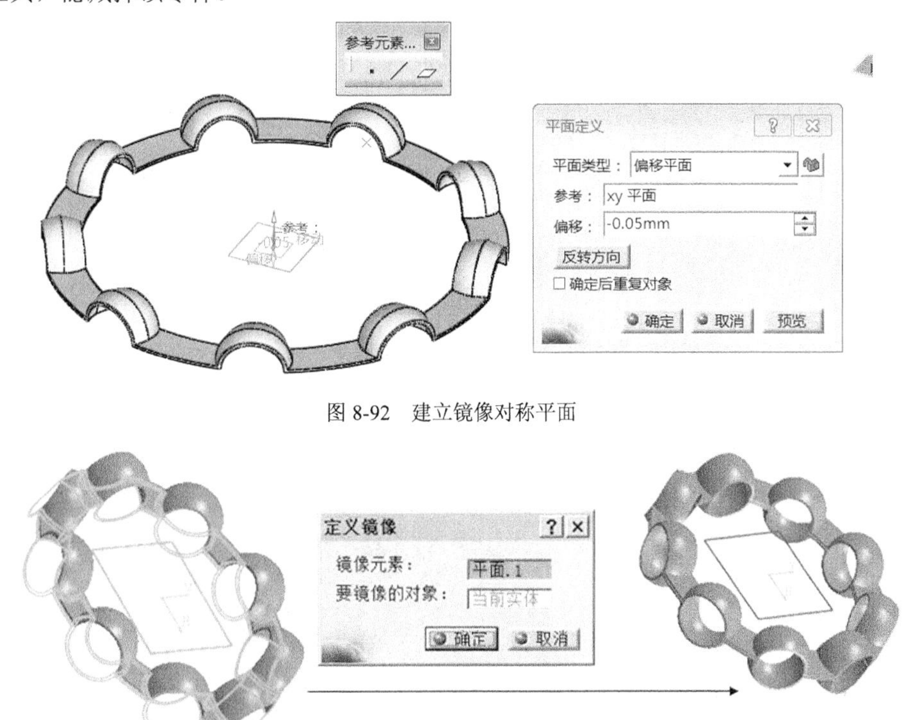


图 8-92　建立镜像对称平面

图 8-93　镜像完成双侧保持架

## 8.5.5　轴承装配约束的施加

一般情况下，“自上向下”的装配体设计方法，各个零件的初始设计就在正确位置上，不需要再施加约束。这里的轴承保持架结构稍复杂一些，各个零件的一次定位，会给零件建模过程增加过多的考虑因素，采用后期的同轴约束和相合约束，反而容易。“自上向下”装配体设计过程中灵活加入“自下向上”的方法，使问题更加容易解决。

（1）进入“装配设计”工作台，选定特征树上所有隐藏掉的各个零件，即一个外圈、一个内圈、一组钢球和一组保持架等零件。应用“隐藏/显示”工具，全部显示到装配可视空间，再应用操作工具，移动零件摆放位置，如图 8-94 所示。

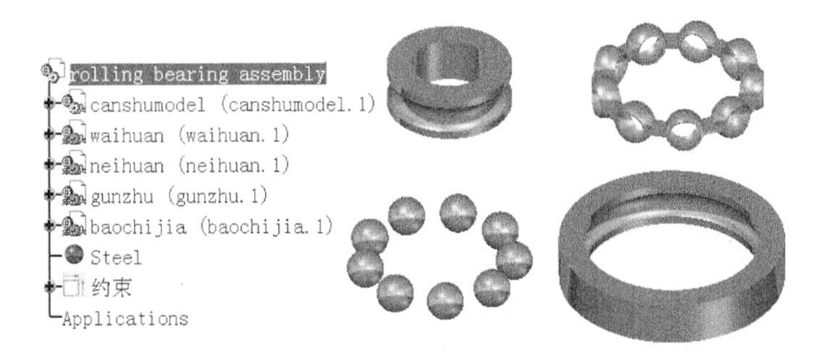


图 8-94　显示并移动所有零件

（2）应用相合约束和偏移约束工具，对轴承零件的相对位置进行约束，如图 8-95 所示。

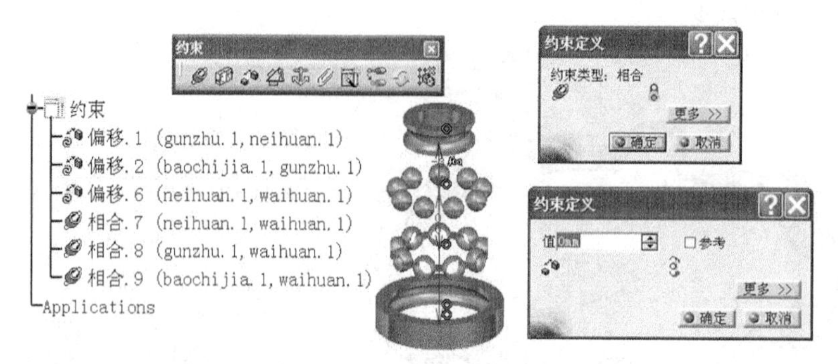


图 8-95 对轴承零件的相对位置进行约束

（3）深沟球轴承参数化数模，见光盘 8-models/zhoucheng/文件夹的 rolling bearing assembly. CATProduct 文件。效果及参数化驱动应用方法，如图 8-96 所示。

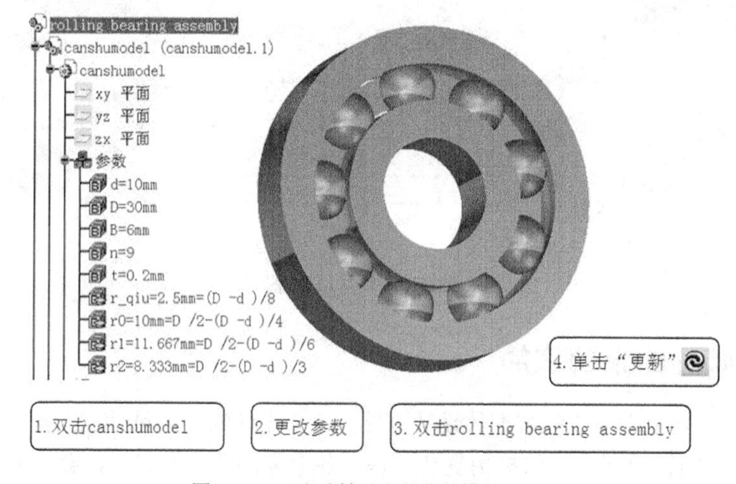


图 8-96 深沟球轴承参数化数模的应用

# 工程制图

机械工程二维图样的创建是通过工程制图（Drafting）工作台实现。在 CATIA V5 中有创成式制图和交互式制图两种创建工程图的方法。创成式制图是利用已创建好的三维零件或装配件自动生成有关联的二维视图，当改变三维实体模型的大小则与其对应的二维视图也随之改变。创成式制图可以生成包括基本视图、向视图、局部视图、斜视图、全剖视图、半剖视图、局部剖视图、断面图、局部放大图以及轴测图等表达方法。它可以对视图进行尺寸、尺寸公差、几何公差的标注；可以添加表面粗糙度、焊接等技术要求符号；还可以添加文本注释、零件编号、标题栏和明细表。交互式制图是利用 CATIA V5 软件的二维绘图功能进行产品的二维工程图样设计，可方便地生成 DXF 和 DWG 等其他格式的图形文件。本章主要介绍创成式制图方法。

## 9.1 工程制图工作台

### 9.1.1 进入工程制图工作台

用创成式制图方法创建工程图，需要先创建零件或装配件的实体模型。

进入工程制图工作台常用如下三种方法。

- 下拉菜单：开始→机械设计→工程制图→创建新工程图对话框，选择某一自动布局形式，并单击“确定”按钮，如图 9-1 所示。

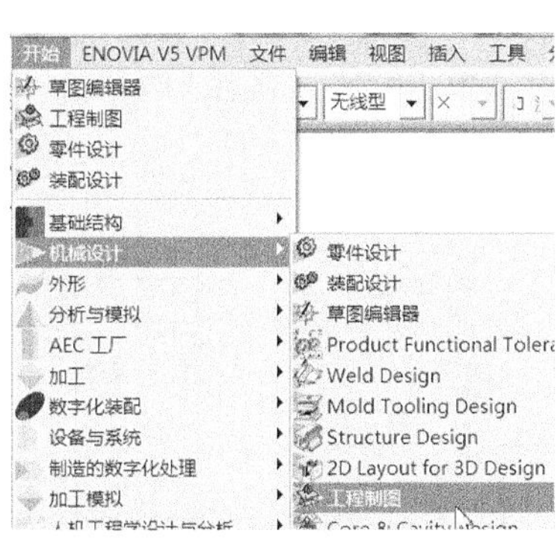


（a）开始级联菜单选择工程制图

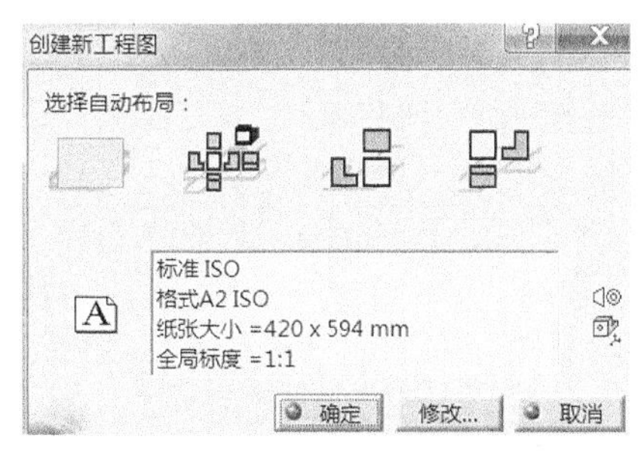


（b）“创建新工程图”对话框

图 9-1　通过开始下拉菜单进入工程图工作台

- 文件下拉菜单→新建→新建对话框，选择 Drawing（工程制图）→新建工程图对话框，选择制图标准和图纸幅面并单击“确定”按钮，如图 9-2 所示，就会打开一张空白图纸。

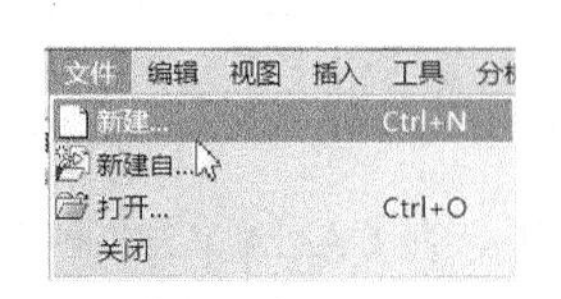

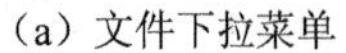


（a）文件下拉菜单

（b）新建对话框

（c）新建工程图对话框

图 9-2　通过文件下拉菜单进入工程图工作台

- 单击工作台图标，在已定制好的“欢迎使用 CATIA V5”对话框中，选择工程制图→创建新工程图对话框，如图 9-3 所示。

（a）单击工作台图标

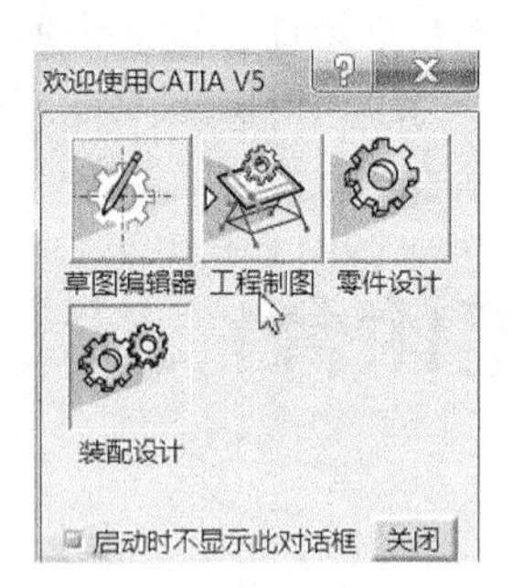


（b）选择工程制图

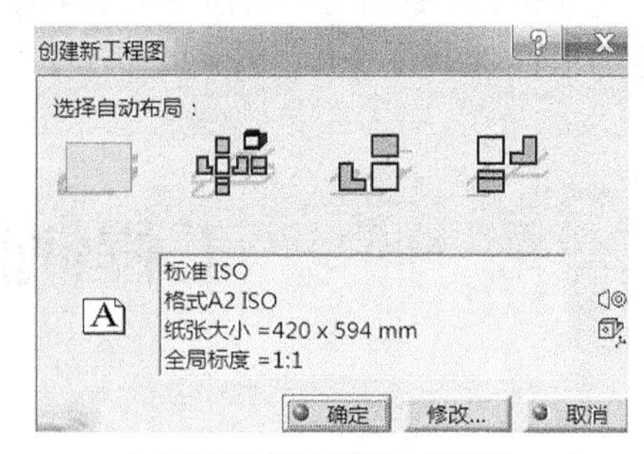


（c）“创建新工程图”对话框

图 9-3　通过单击工作台图标进入工程图工作台

在“创建新工程图”对话框中的“选择自动布局”下有 4 个选项。选项 1：打开一张空白图纸。选项 2：自动生成 6 个基本视图和 1 个轴测图。选项 3：自动生成正视图、仰视图和右视图。选项 4：自动生成正视图、俯视图和左视图。后三个选项的操作过程相同，其步骤为：在已创建好的三维模型上选择一个与主视方向垂直的平面，如图 9-4（a）所示；然后按（1）、（3）所述步骤进入工程图工作台，当出现图 9-3（c）所示对话框时，单击相应选项后，再单击“确定”按钮就会自动生成与其对应的视图，如图 9-4（b）、（c）、（d）所示。

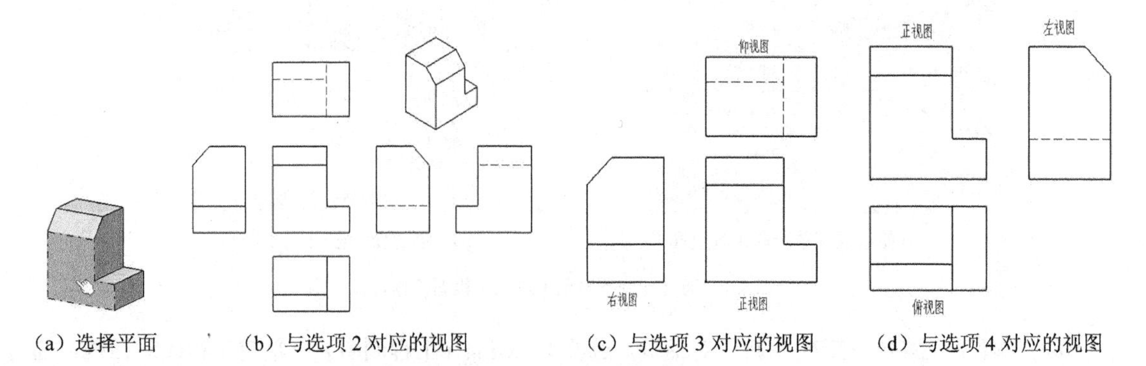


（a）选择平面　（b）与选项 2 对应的视图　（c）与选项 3 对应的视图　（d）与选项 4 对应的视图

图 9-4　与 3 种选项对应的视图

## 9.1.2 选择图纸幅面

用上述任一种方法进入工程制图工作台后，应根据模型大小和画图比例确定图纸样式、幅面大小和放置方向。

在用第一种方法进入工程图工作台时，通过单击“创建新工程图”对话框中的 修改... 按钮（见图 9-3（c）)，在弹出的“新建工程图”对话框（见图 9-2（c））中修改图纸幅面和格式。在该对话框中制图标准应选 ISO（国际标准），图纸样式即幅面大小有 A0、A1、A2、A3 等。如选择 A2ISO 后单击“确定”按钮即可进入显示 A2 幅面的工程制图工作界面，如图 9-5 所示。

在进入工程制图工作台后，也可以随时重新定义图纸幅面和格式，方法如下。

下拉菜单：文件→页面设置...；在页面设置对话框中修改制图标准和图纸幅面后单击“确定”按钮，即可完成图纸页面的修改。

## 9.1.3 工程制图工作台界面

进入工程制图工作台后，系统会建立一个工程图文件，默认文件名是“DrawingX”，同时建立一个图纸页，其默认名称是图纸 1，在该图纸页上可以建立各种视图，以表达物体的形状、结构、尺寸和文字注释等，如图 9-5 所示。

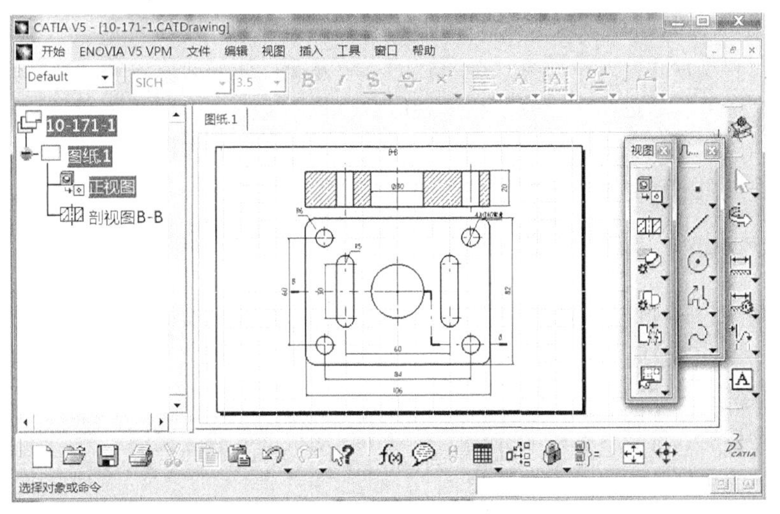


图 9-5 工程制图工作台界面

工程制图工作台显示的是一个二维工作界面，左边窗口显示工程图中图纸及其视图的一个树状图（按 F3 键可以显示或隐藏树状图），根据需要可以创建多张图纸。右边是图纸页面的工作区，在该区可以创建各种视图、剖视图、断面图等，自动或手动标注尺寸，注写文字。窗口周边则是工具栏，在工程制图工作台中有较多的工具栏，如视图工具栏、尺寸标注工具栏、尺寸特性工具栏、绘图工具栏、修改图形工具栏、文字注释工具栏、文字特性工具栏、视图修饰工具栏等，一般只在界面上放置一些常用的工具栏，其他不常用的则可以隐藏起来。

# 9.2 三维物体的二维视图表达

在工程制图工作台界面中可利用“视图”工具栏中的各种命令创建物体的各种视图来表达空间三维物体。“视图”工具栏中的各种命令的功能如图 9-6 所示。

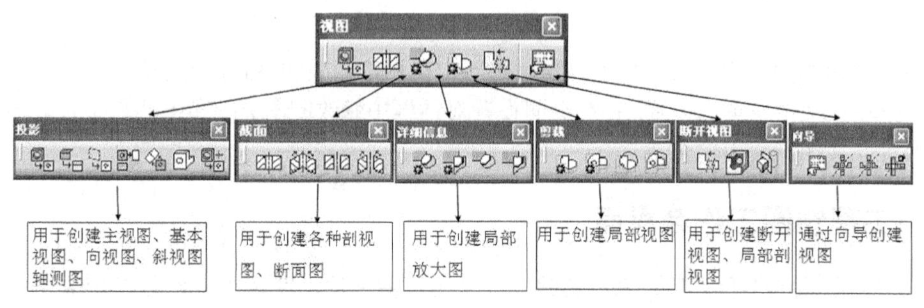


图 9-6 视图工具栏

国家标准《机械制图》中规定了机件图样的各种表达方法，有主要表达机件外形的基本视图、向视图、局部视图和斜视图；有表达机件内部形状和结构的剖视图；有表达机件某些部位断面形状的移出断面图和重合断面图；还有一些特殊的表达方法，如局部放大图、断裂视图等。

这些视图大都可以通过视图工具栏中的相应命令自动创建。有些视图或画法需要通过交互手段进一步修改才能达到国家标准《机械制图》的要求。例如局部视图、斜视图轮廓范围的处理，机件上的肋板在纵向剖切时不填充剖面线等都需要利用二维绘图功能进一步修改。

## 9.2.1 创建视图

创建基本视图、向视图、斜视图、等轴测视图和局部视图。前 4 种视图可根据三维模型利用相应命令自动创建。创建局部视图时需利用“投影视图”命令和裁剪工具栏中的命令共同完成。

### 1. 创建主视图

任何一个物体的二维表达都需要先确定反应物体形状特征的主视图。在此基础上再创建其他各种视图将物体的全部结构形状表达清楚。

**【实例 9-1】** 创建主视图。

（1）打开如图 9-7（a）所示三维模型文件（JIBENSHITU），进入零件设计工作台如图 9-7（b）所示（见随书资源第 9 章模型文件：JIBENSHITU.CATDrawingCATPart）。

（2）再按前述步骤进入工程制图工作台，在此工作台中单击视图工具栏中的正视图（主视图）按钮如图 9-8 所示。

（3）单击下拉菜单“窗口”→选择 JIBENSHITU.CATDrawing.CATPart，如图 9-9 所示，转入零件设计工作台。

（4）光标移至选中的定的物体表面（必须是平面），界面右下角出现预览图形，如图 9-7（b）所示，此时单击鼠标左键进入工程制图工作台并出现带有绿线框的主视图预选轮廓和平面罗盘，如图 9-10 所示。

(a) JIBENSHITU 模型

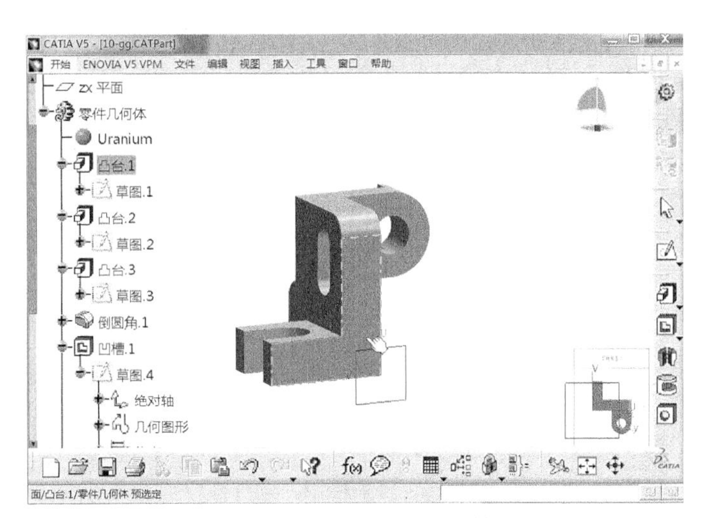

(b) 打开 JIBENSHITU 文件

图 9-7 进入零件设计工作台

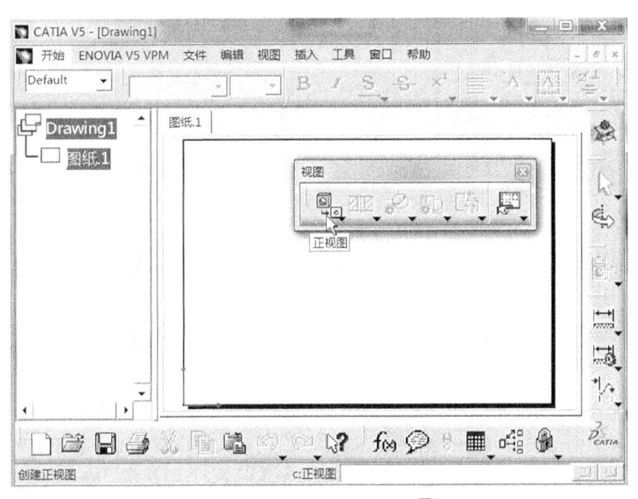

图 9-8 单击正视图按钮

(5) 利用罗盘重新调整主视图的投影方向使其符合预想位置，(单击罗盘内圈的 2 个旋转箭头可旋转视图；单击外圈的 4 个蓝色三角可翻转视图）调整后单击左键，创建的带有橘黄色线框的主视图如图 9-11 所示。

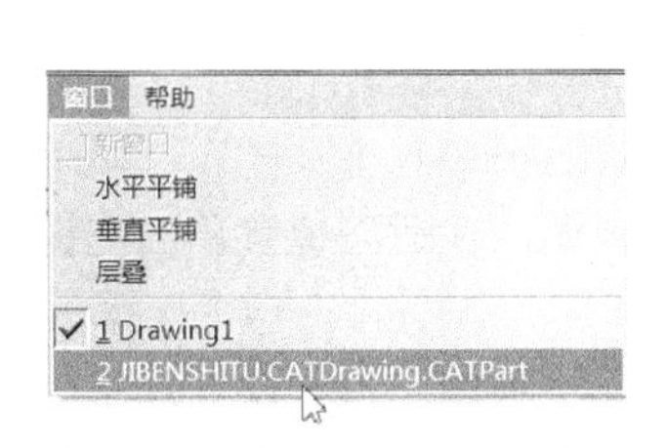

图 9-9 选择 JIBENSHITU 文件

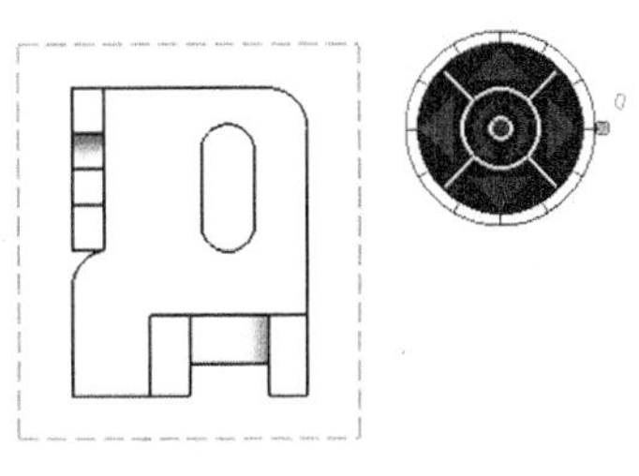

图 9-10 主视图预选轮廓和罗盘

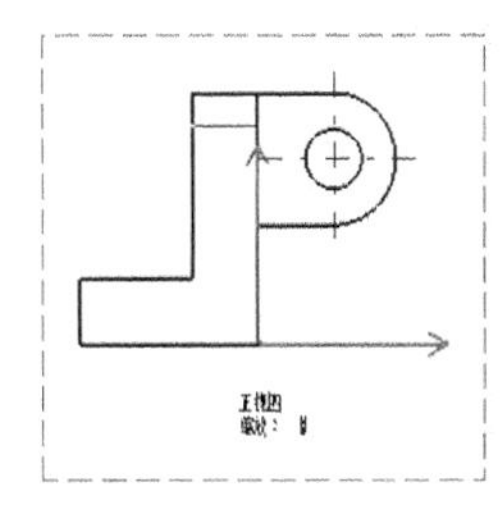

图 9-11 利用罗盘调整主视图

创建完主视图后，在工程制图工作台左侧树状图“图纸 1”下新添加了一个“正视图”。当把鼠标移至主视图外边的虚线图框时，光标变为手形，此时若按住左键不放移动鼠标即可移动主视图到图纸上的任意位置，如图 9-12 所示。

若在线框上单击右键选择快捷菜单中的“属性”，即可弹出属性对话框，可在“视图”选项卡中修改主视图的一些属性，如是否显示视图虚线框、是否显示视图中的虚线、轴线、中心线、内外螺纹画法等修饰特征，如图 9-13 所示。对于所有视图都可以通过以上操作修改视图中的一些属性。

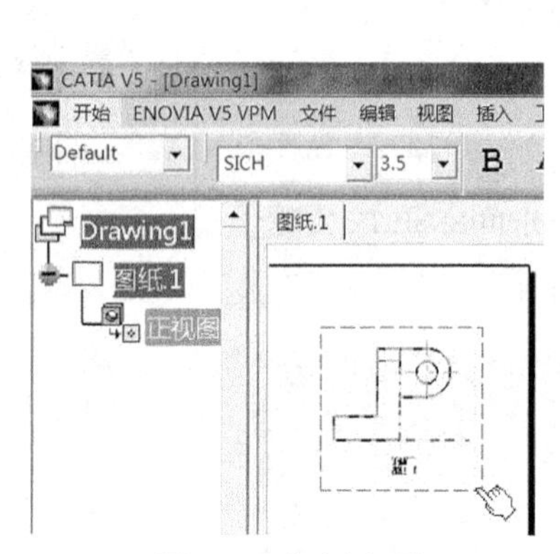


图 9-12　移动主视图

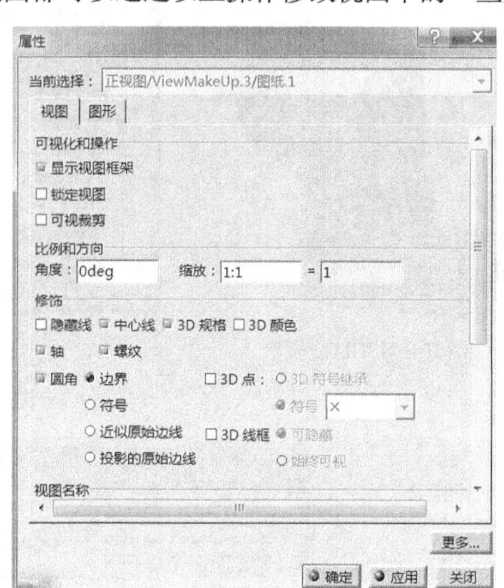


图 9-13　属性对话框

## 2. 创建基本视图

物体向 6 个基本投影面投射所得到的视图称为基本视图，如图 9-14 所示。

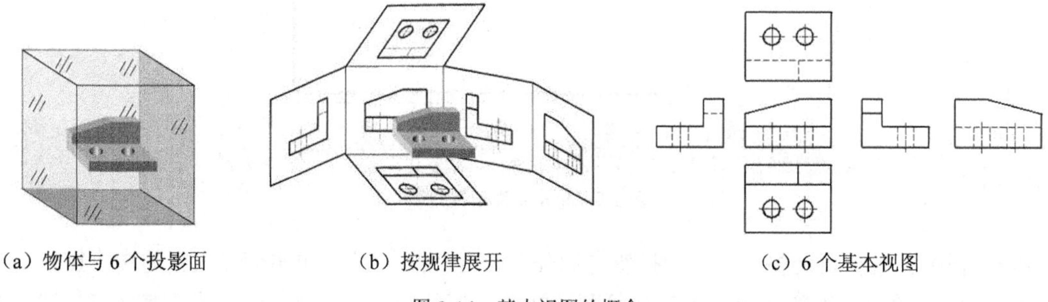

（a）物体与 6 个投影面　（b）按规律展开　（c）6 个基本视图

图 9-14　基本视图的概念

有了图 9-12 的主视图后，就可以在此基础上创建左视图、右视图、俯视图、仰视图和后视图五个基本视图。

**【实例 9-2】**　创建五个基本视图。

（1）单击“视图”工具栏→“投影”子工具栏→“投影视图”按钮。

（2）将光标移动至主视图右侧时，显示带有绿色线框的预览左视图，在适当位置单击左键即可自动创建带有蓝色线框的左视图。

（3）若双击“投影视图”按钮，可连续创建左、右、俯、仰 4 个视图。将光标移动至主视图左方时单击左键，创建右视图；将光标移动至主视图下方时单击左键，创建俯视图；将光标移动至主视图上方时单击左键，创建仰视图。

（4）创建后视图：

以上4个视图都是以工作视图主视图为基准创建的（工作视图的外框为橘黄色，非工作视图的外框为蓝色）。因此创建后视图时，需单击“投影命令”按钮使其处于关闭状态，将光标移动至左视图的蓝色外框上并双击左键，使左视图处于激活状态成为工作视图。单击投影视图按钮，将光标移动至左视图右侧即可完成后视图的创建。机械制图国家标注中规定，6个基本视图随着6个基本投影面按特定规则展开则不需注写视图名称，如图9-14（c）所示。因此应将自动生成的视图名称通过单击右键进行删除，删除视图名称的6个基本视图，如图9-15所示。

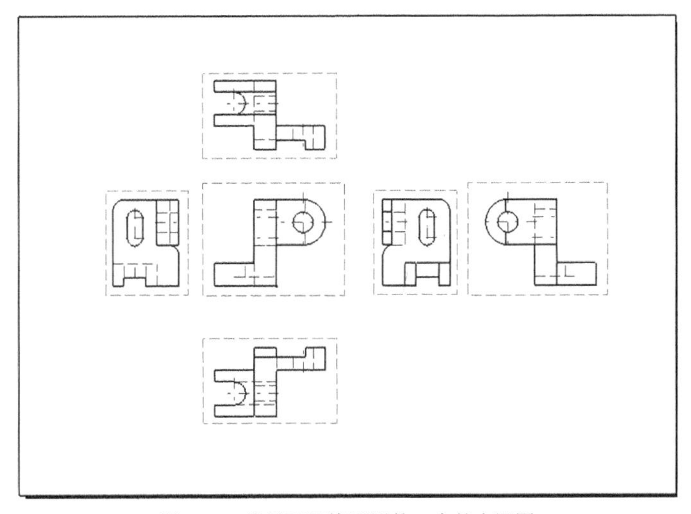

图9-15 按展开规律配置的6个基本视图

### 3. 创建等轴测图视图

轴测图立体感强、直观性好，在三维实体模型的基础上可自动生成不同方向的轴测图。因此用三维设计软件创建的二维工程图样中常在图纸的适当位置添加轴测图作为辅助视图，以便于人们对机件形状和结构的直观理解，如图9-16所示。

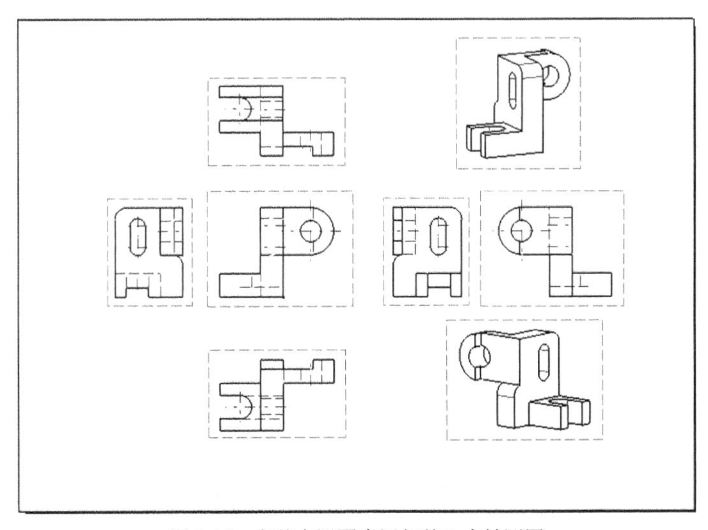

图9-16 在基本视图中添加的2个轴测图

下面以图 9-15 为例说明在基本视图的基础上创建轴测图的方法和步骤。

（1）在工程制图工作台下单击“视图”工具栏→“投影”子工具栏→“轴测图”按钮。

（2）再利用“窗口”下拉菜单切换到对应物体的零件设计工作台中，在模型任意位置上单击鼠标左键，系统将自动切换回工程制图工作台，显示轴测图预览和二维罗盘。

（3）通过罗盘调整观察视角，确定位置后在界面任意位置单击鼠标左键，生成轴测图。鼠标左键按住轴测图外框即可将轴测图移动到图纸中的适当位置，如图 9-16 所示，在图纸右上角和右下角各添加一个轴测图。

此过程也可生成部件或机器的轴测图。

### 4．创建向视图

可自由配置的基本视图称为向视图。采用向视图可以合理布局视图、节省图纸面积。

下面以图 9-15 为例说明在基本视图的基础上创建向视图的方法和步骤：

在创建好的 6 个基本视图中，当鼠标左键按住主视图外框移动时，其余 5 个视图随之整体移动。当鼠标左键按住其他任一个视图外框移动时，则该视图只能沿着上下或左右方向移动并与其余 5 个视图始终保持“长对正、高平齐、宽相等”的对应关系。

若想改变某视图位置，可在该视图外框单击右键，在弹出的快捷菜单中选择“视图定位”下的子菜单中的 4 个选项如图 9-17 所示。

（1）设置相对位置。

如果在主视图的外框单击右键后选择“视图定位”→“设置相对位置”则在主视图中出现一个视图调整杆，如图 9-18 所示。此时将光标移至杆端绿点处变成手形时按下左键转动调整杆可使 6 个视图绕着杆的另一端整体旋转；如果将光标移至杆上其他位置变成手形时按下左键移动鼠标可使调整杆伸缩，6 个视图沿着杆的方向整体位移。旋转与伸缩两个动作组合可使一组视图重新布局在图纸上。

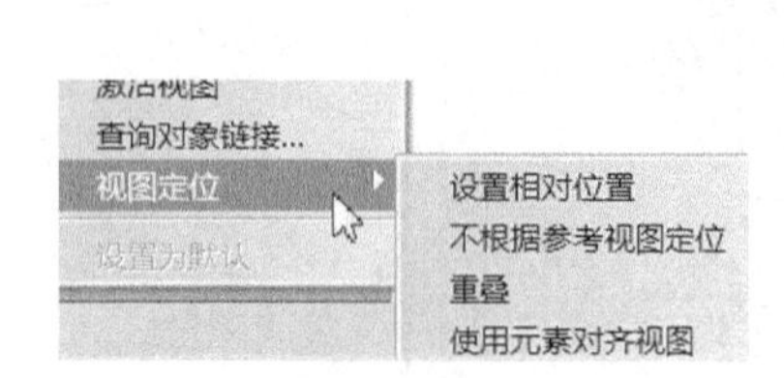


图 9-17　视图定位菜单

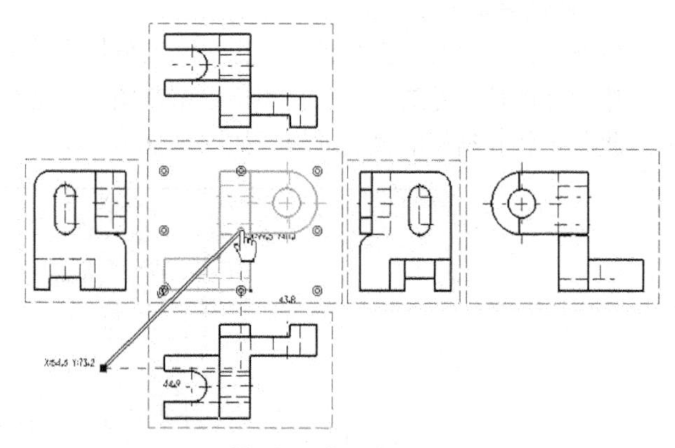

图 9-18　设置相对位置

在其他视图上用同样方法选择“设置相对位置”则被选视图可独立旋转或伸缩。

（2）不根据参考视图定位。

利用该选项可快捷地将基本视图变换为向视图。例如想把图 9-15 中的右视图放在左视图下方，可在右视图外框上单击右键后选择“不根据参考视图定位”，然后将光标移至右视图外框，当光标变成手形时按下左键并移动鼠标即可将右视图拖到左视图下方。用同样方法可将仰视图拖到后视图下方，如图 9-19 所示。

（3）使用元素对齐视图。

**【实例 9-3】** 将图 9-19 中的右视图和仰视图分别与左视图和后视图左右对齐。

① 在移动后的右视图外框单击右键，在快捷菜单中选择“使用元素对齐视图”。

② 选择右视图左边线，如图 9-19 右视图上的手指处，再选择左视图左边线，则两视图自动对齐。

③ 用同样方法可将仰视图与后视图左右对齐，也可将右视图、仰视图与俯视图上下对齐。对齐后的一组视图如图 9-20 所示。由于右视图和仰视图已经改变基本视图位置，因此这两个视图被称为向视图。

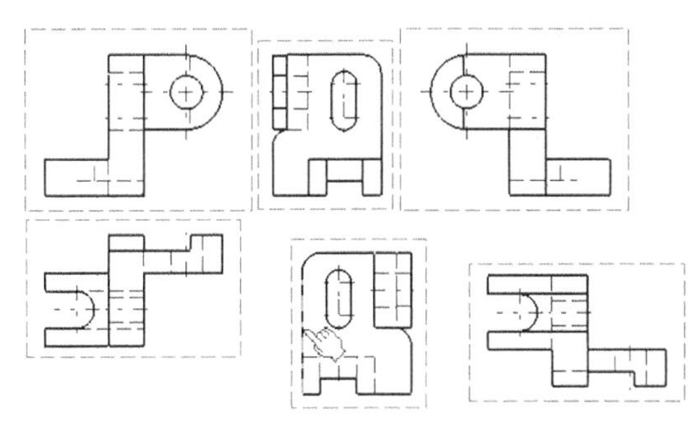

图 9-19 改变右视图和仰视图的位置

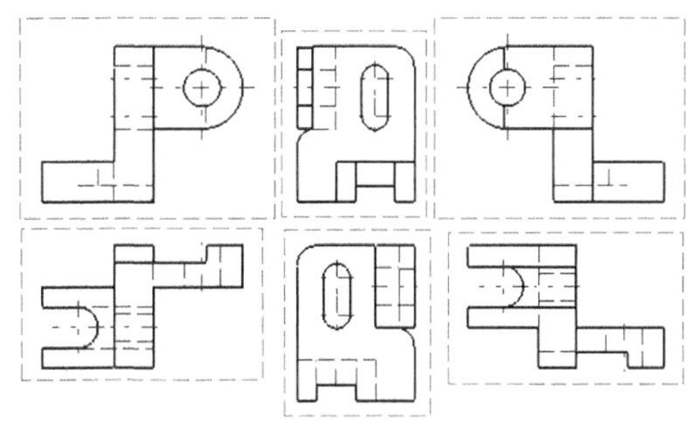

图 9-20 对齐后的右视图和仰视图

（4）重叠视图。

以图 9-21 说明“重叠视图”的操作方法及步骤。

在图 9-21（a）的右图外框单击右键，在快捷菜单中选择“重叠视图”。将光标移至图 9-21（b）左图外框并单击左键，左右两图重叠在一起如图 9-21（c）所示。

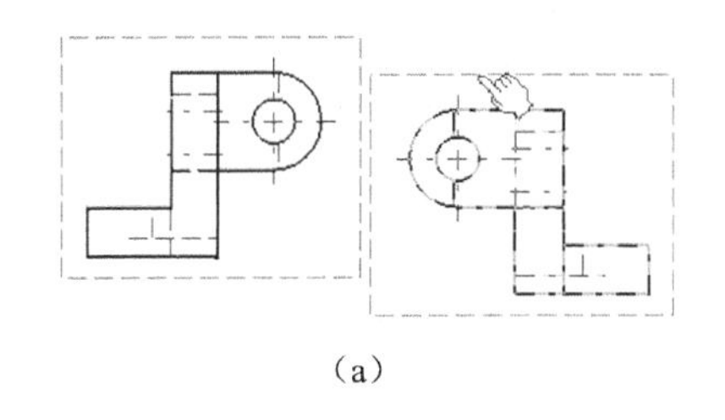

（a）

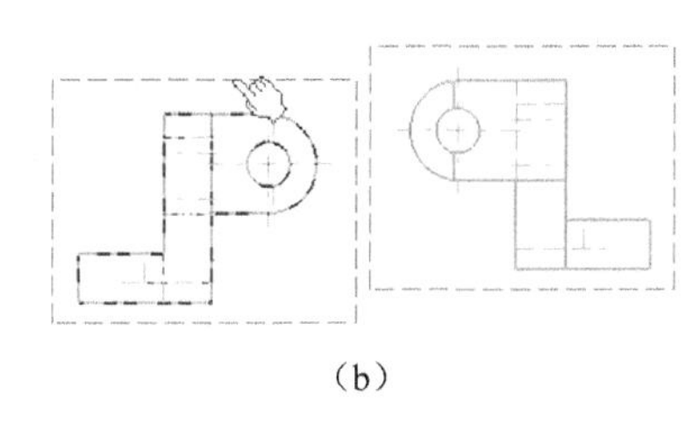

（b）

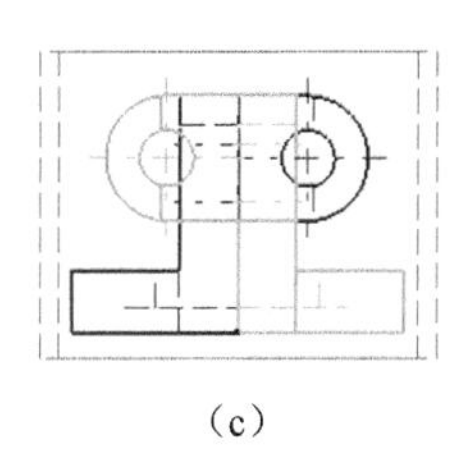

（c）

图 9-21 重叠视图的操作

（5）向视图的标注。

由于向视图可布置在图幅之中任意合适位置，因此应通过标注说明某一向视图与其他视图之间的投影联系以及该向视图的名称以便于读图。

向视图投影方向需要在其他视图上用箭头表示，并在箭头上方注写大写字母，如 A、B、C、D 等。在与投影方向关联的向视图上方写上相应的字母。

添加箭头的方法如下：

选择如图 9-22 所示的“修饰”工具条中“箭头”按钮⇇。在合适位置单击左键作为起点，向左移动鼠标，箭头画在左侧。若要改变箭头形状，可右键单击箭头处黄色方形操作符号，在弹出的快捷菜单中选择“符号形状”中的实心箭头。若要改变箭头方向和位置，在按住“Shift”键的同时，左键按住箭头拖动鼠标可改变方向；按住另一端拖动鼠标可延长线段长度；按住中间拖动鼠标可改变整体位置。

注写字母或文字的方法如下：

选择“标注”工具条中的“文本”按钮**T**，在箭头附近单击左键，在“文本编辑器”对话框中即可注写文本，如图 9-23 所示。字体高度可在界面左上角的“字体大小”窗口中选择，如图 9-24 所示。文本的移动与箭头移动的方法相同。

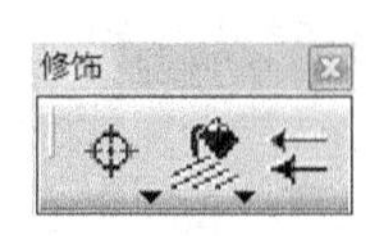


图 9-22　“修饰”工具条

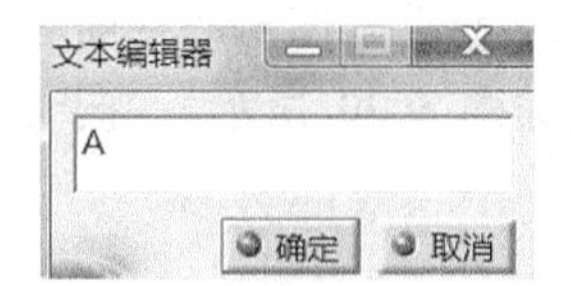


图 9-23　“文本编辑器”对话框

单击“可视化”工具栏中的“显示为每个视图指定的视图框架”按钮，如图 9-25（b）所示，隐藏视图框架，完成标注的向视图如图 9-26 所示。

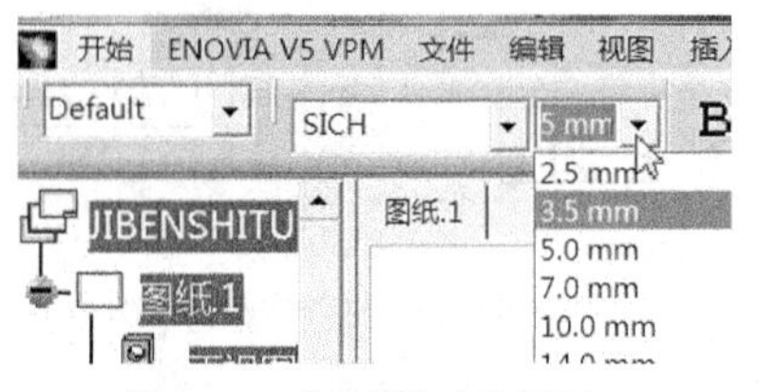


图 9-24　“字体大小”窗口

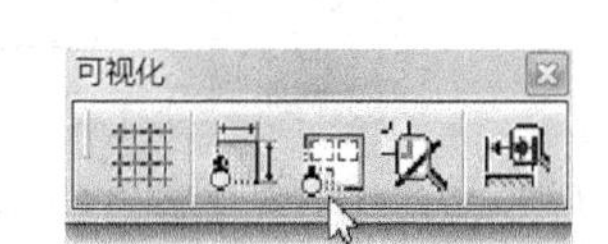


图 9-25　单击“显示为每个视图指定的视图框架”按钮

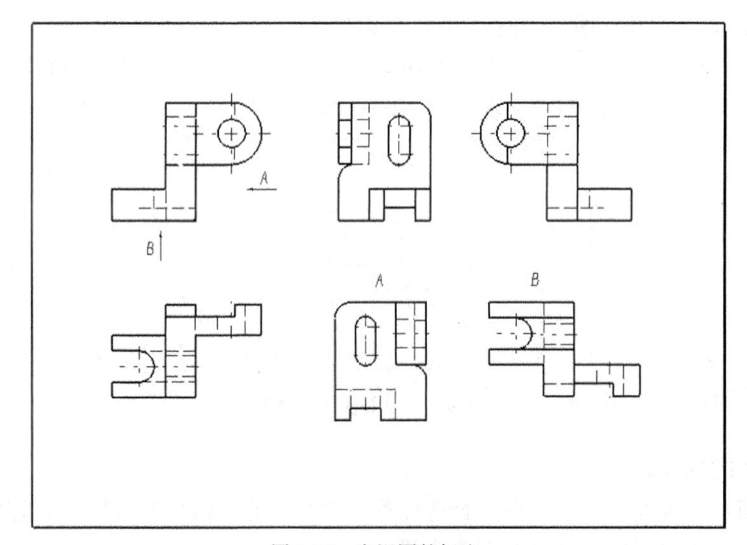


图 9-26　向视图的标注

5．创建局部视图

局部视图是将机件上的某一部分结构向基本投影面投射而得到的视图。局部视图是一个不完整的基本视图，它可以避免重复表达一些已经表达清楚的轮廓，突出表达某一方向尚未表达清楚的局部结构，使表达目的更加明确。

**【实例 9-4】**　以图 9-27 所示模型为例说明在基本视图的基础上创建局部视图的方法和步骤。

（1）打开如图 9-27 所示实体模型文件（见随书资源第 9 章模型文件 jubushitu）。进入工程制图工作台，依次创建主视图、俯视图、左视图和右视图，如图 9-28 所示。从创建的 4 个视图中可看出，图 10-27 所示机件上的 3 个同轴圆柱体通过主、俯视图已经表达清楚，因此这 3 部分的投影轮廓不应在左、右视图上重复表达，需要表达的是机件左右 2 个凸台的端面形状，因此应将左、右视图裁剪成局部视图。

（2）在图 9-28 的基础上创建局部视图时，应使用如图 9-29 所示“裁剪”工具条中的命令进行裁剪。不论用哪种方式裁剪，裁剪线里面图线保留，外面图线被裁剪掉。

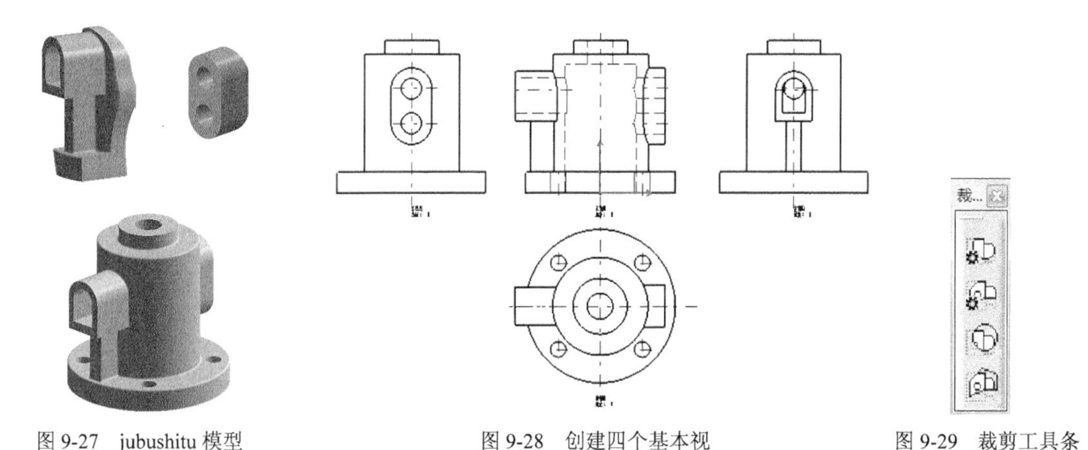

图 9-27 jubushitu 模型　　图 9-28 创建四个基本视　　图 9-29 裁剪工具条

利用”裁剪”命令将左视图改为局部视图的操作方法如下：

① 双击左视图外框，使其变成工作视图（见图 9-30（a））。

② 单击“视图”工具栏→“裁剪”子工具栏→“裁剪视图轮廓”按钮，画出裁剪轮廓（见图 9-30（b））。

③ 按下 Ctrl 键连选裁剪线后（见图 9-30（c）），单击右键，选择“属性”，在“属性”对话框中将“线型”改为 1 号细实线，完成局部视图的创建（见图 9-30（d））。

也可在裁剪线上单击右键后选择“删除”，将原裁剪线删除，再利用“几何图形创建”工具条中的“样条线”命令绘制局部视图外轮廓，然后通过“属性”对话框将粗样条线改为细实线（见图 9-30（e））。

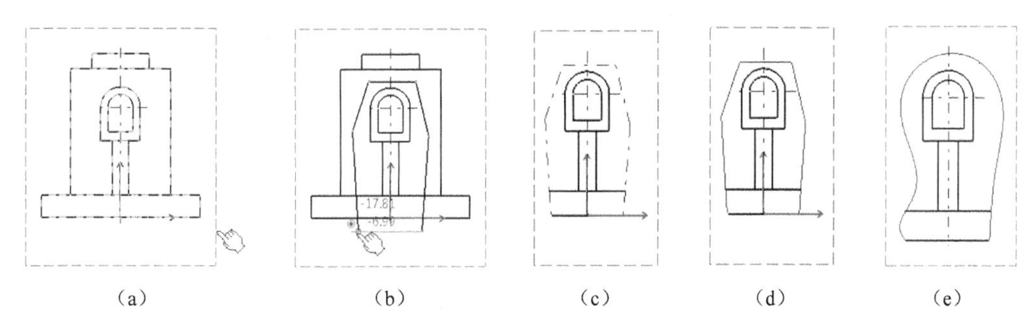

（a）　（b）　（c）　（d）　（e）

图 9-30 左视图改为局部视图的操作过程

利用”裁剪”命令将右视图改为局部视图的操作方法如下：

① 鼠标左键双击右视图外框，使其变成工作视图（见图 9-31（a））。

② 单击“视图”工具栏→“裁剪”子工具栏→“快速裁剪视图”按钮画出圆形裁剪轮廓（见图 9-31（b））后，单击左键完成裁剪（见图 9-31（c））。

③ 鼠标置于裁剪圆上单击右键，在快捷菜单中选择“删除”（见图 9-31（d）），完成的局部视图如图 9-31（e）所示。

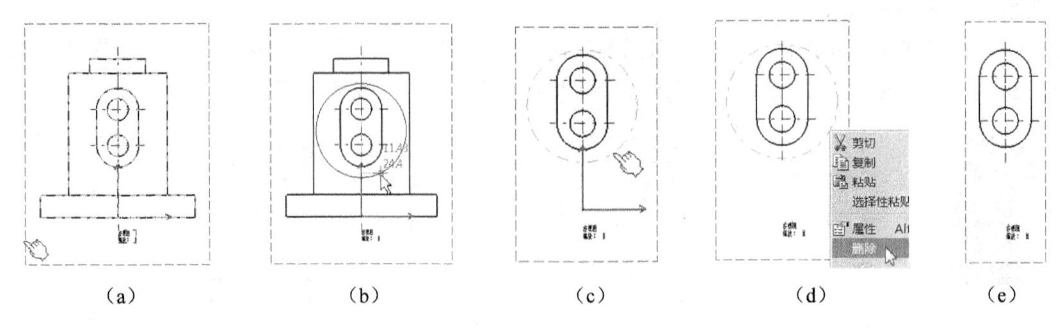


（a）（b）（c）（d）（e）

图 9-31　右视图改为局部视图的操作过程

（3）局部视图的标注。局部视图的标注内容和方法与向视图标注相同，需要画出表示投射方向的箭头以及对应的字母。由于左视方向的局部视图与主视图按投影关系配置，因此可不标注。而右视方向的局部视图没有按投影关系配置则需要标注。图 9-27 所示机件的表达方案如图 9-32 所示。

**6．创建斜视图**

斜视图是将机件向不平行于任何基本投影面的平面投射所得到的视图，如图 9-33 所示。

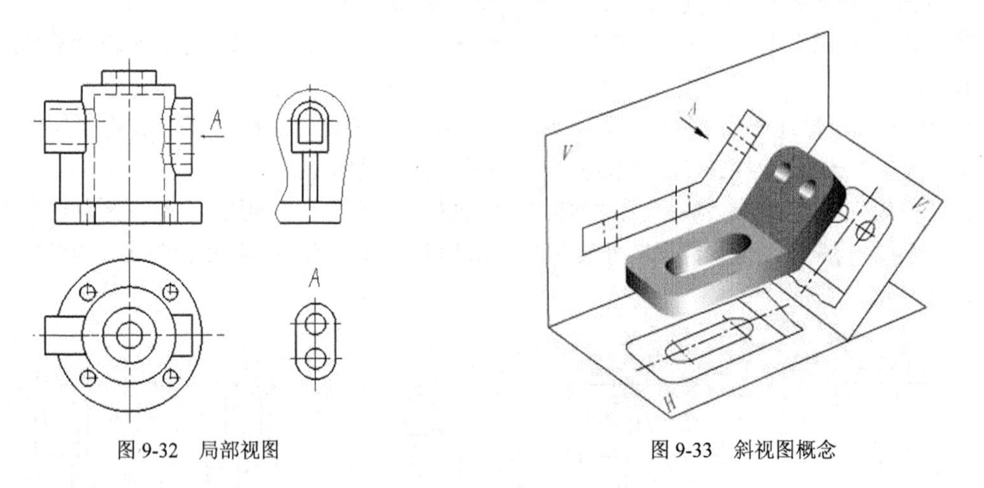


图 9-32　局部视图　　　　图 9-33　斜视图概念

**【实例 9-5】**　以图 9-34 所示模型为例说明斜视图的创建方法和步骤。

（1）打开如图 9-34 所示实体模型文件（见随书资源第 9 章模型文件 xieshitu）。

（2）进入工程制图工作台，按前述步骤依次创建主视图、俯视图。

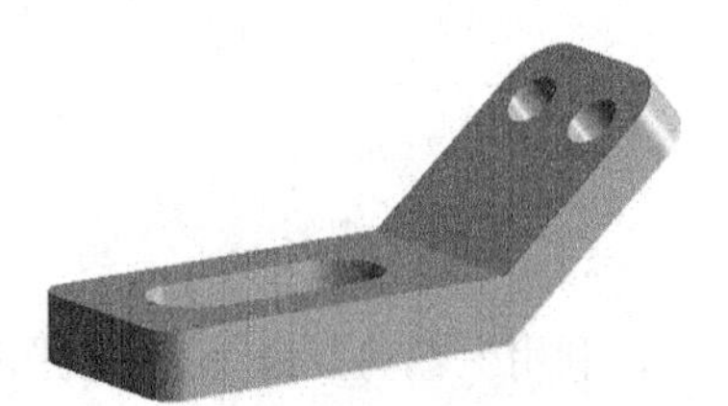

图 9-34　xieshitu 模型

（3）单击“视图”工具栏→“投影”子工具栏→“辅助视图（斜视图）”按钮，在主视图上绘制一条与所表达平面平行的线段即辅助投影面，如图 9-35 所示箭头所指线段。

（4）在线段端点单击左键后向下移动鼠标拖出斜视图的投影轮廓，在适当位置单击左键完成指定方向的斜视图，如图 9-36 所示。

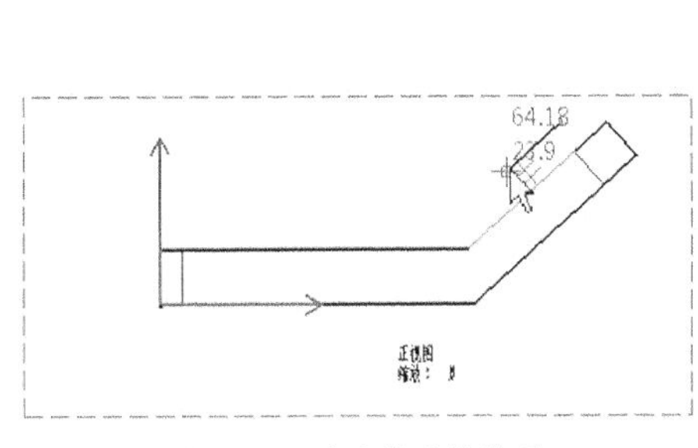


图 9-35 确定辅助投影面

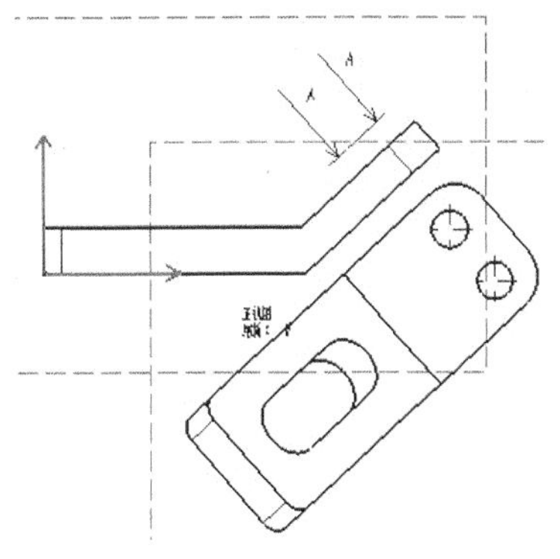


图 9-36 生成斜视图

（5）光标移至剖切线上单击右键，选择“属性”。在对话框中设置剖切符号：选择 ；长度：0；箭头长度：10；头部长度：4 并选择实心；角度：20，如图 9-37 所示。利用裁剪命令对斜视图和俯视图进行裁剪，只保留实形部分的图形。修剪后的俯视图由基本视图变成局部视图，修剪及标注后的表达方案，如图 9-38 所示。

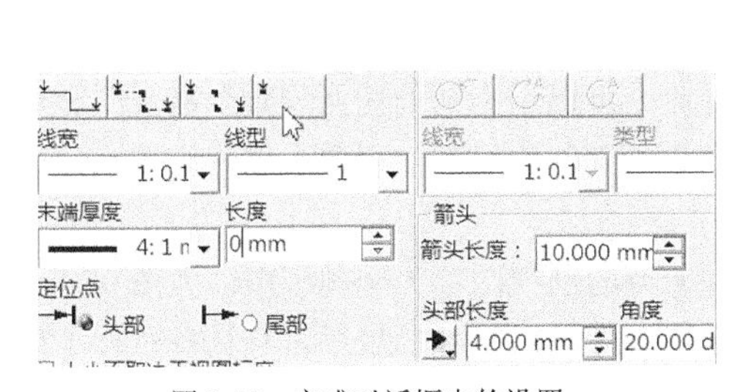


图 9-37 完成对话框中的设置

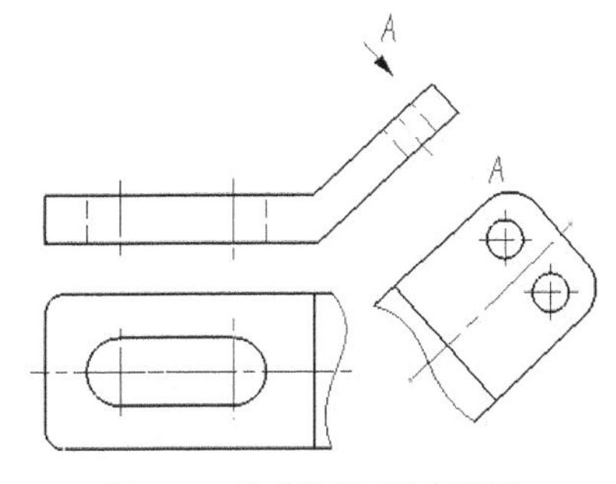


图 9-38 修剪编辑后的斜视图

## 9.2.2 创建剖视图

### 1．剖视图的基本概念

假想用剖切面剖开机件，将处在观察者和剖切面之间的部分移去，而将其余部分向投影面投射所得的图形称为剖视图（简称剖视），如图 9-39 所示。

### 2．剖视图的画法及标注

（1）剖视图的画法。

确定剖切平面位置。剖切平面一般与基本投影面平行，剖切平面的位置一般应通过机件的对称面或回转面轴线，如图 9-40 所示。

画出剖面符号。剖切平面与机件接触的实体部分称为断面，断面上应画出与水平线方向成 45°或 135°平行细实线（剖面线），如图 9-40 中所示的主视图。

（2）剖视图的标注及配置。

画剖视图时，一般应在剖视图上方用大写字母标注剖视图的名称“×—×”，如图 9-40 中主视图的上方 A-A。在相应的视图上用剖切符号（线宽 1b～1.5b，长约 5mm～10mm 的两段粗实线）

表示剖切平面的位置。在剖切符号外端画出与剖切符号相垂直的箭头表示投射方向。在剖切符号与箭头外侧注出同样的字母，字母一律水平书写，如图 9-40 中所示的俯视图。

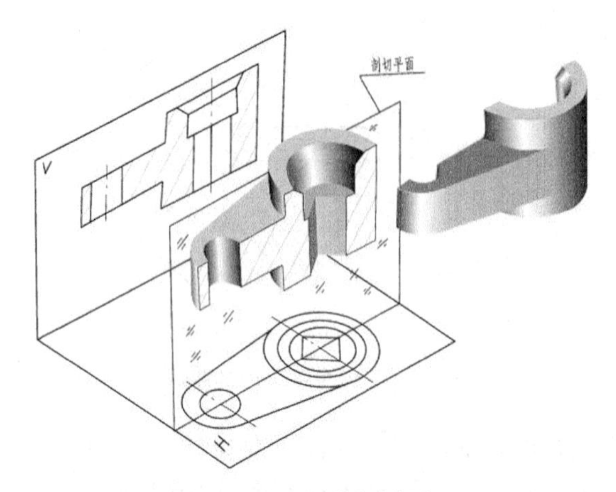

图 9-39 剖视图的基本概念

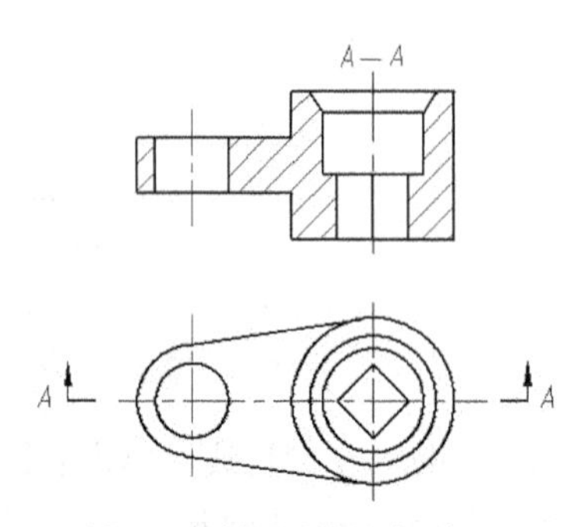

图 9-40 剖视图的画法和标注

当单一剖切平面通过机件的对称平面或基本对称的平面，且按剖视图投影关系配置，而中间又没有其他图形隔开时，可省略标注，如图 9-40 所示剖视图也可不加标注。

**3．剖视图的分类**

根据剖切范围不同，剖视图可分为全剖视图、半剖视图和局部剖视图三种。

利用如图 9-6 所示的“截面”工具栏上的各种命令可以用不同剖切面创建全剖视图和半剖视图。利用“断开视图”工具栏上的“剖面视图”命令可创建局部剖视图。也可用交互的方法绘制简单的局部剖视图。

（1）创建全剖视图。用剖切面完全地剖开机件所得的剖视图称为全剖视图，如图 9-40 所示。

全剖视图用于表达内部形状复杂又无对称平面的机件。对于外形简单，且具有对称平面的机件，也可采用全剖视图。

**【实例 9-6】** 下面以图 9-41 模型为例说明全剖视图的创建方法和步骤。根据机件结构特点确定表达方案如图 9-42 所示，主、左视图均采用全剖视图。

图 9-41 Quanpoushitu 模型

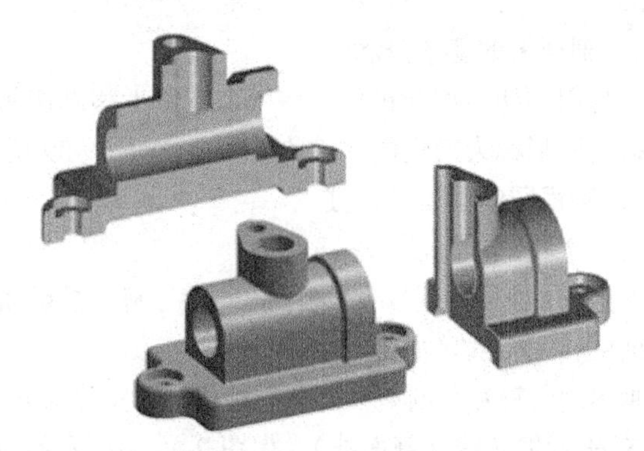
图 9-42 表达方案

① 打开如图 9-41 所示实体模型文件（见随书资源第 9 章模型文件 quanpoushitu）。

② 进入工程制图工作台，按前述步骤利用创建主视图的方法先创建俯视图，如图 9-43 所示。

然后单击“视图”工具栏→“截面”子工具栏→“偏移剖视图”命令图标。

③ 根据提示栏“选择起点、圆弧边或轴线”的提示，在创建的俯视图上，过机件的基本对称面的左侧，单击鼠标确定起点，向右画一条剖切线至箭头处时双击左键确定另一端点，如图 9-43 所示。向上移动鼠标即可显示主视图预览轮廓，如图 9-44 所示。在适当位置单击左键完成全剖的主视图，如图 9-45 所示。

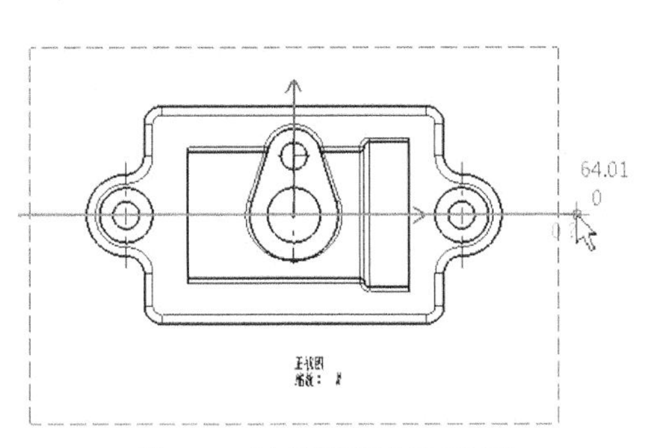

图 9-43 创建俯视图并画剖切线

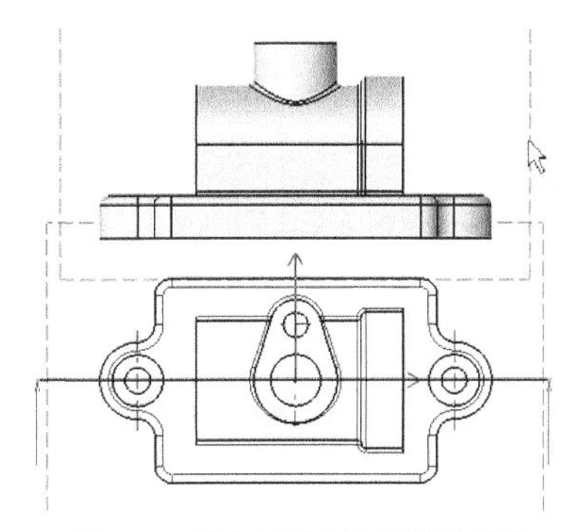
图 9-44 双击左键拉出主视图轮廓

需要注意的是，剖切线可以通过三种方式绘制：a．选择任意两点绘制剖切线；b．先选择圆弧，则剖切线的一端必定通过圆弧的圆心，而另一端点由用户确定；c．选择轴线，则剖切线必定通过选定的轴线，另一端点由用户确定。例如，在图 9-43 中单击左侧圆弧，再水平向右拉出剖切线后双击左键，完成剖切。

④ 创建全剖的左视图的步骤。双击主视图外框使其成为工作视图，过竖直轴线由上向下画出剖切线如图 9-46 所示。双击左键，向右移动鼠标即可显示左视图预览轮廓，如图 9-47 所示。在适当位置单击左键完成全剖的左视图，如图 9-48 所示。

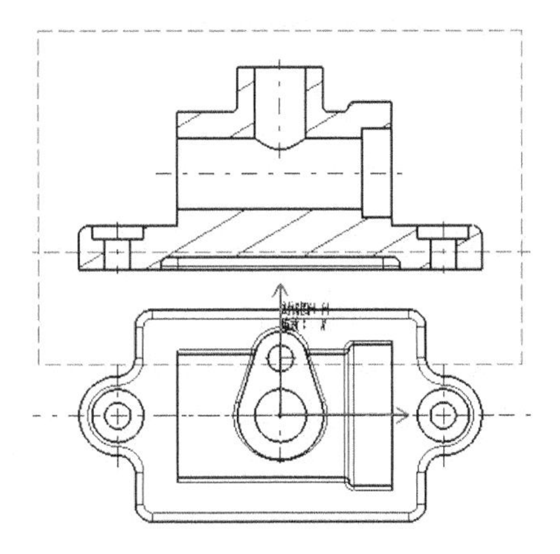
图 9-45 完成全剖的主视图

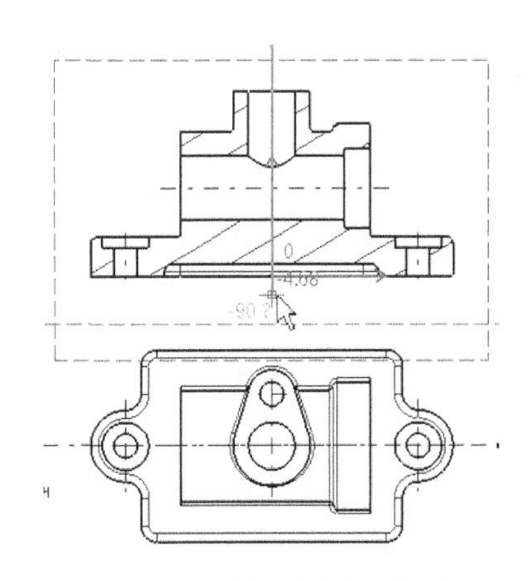
图 9-46 双击主视图后画剖切线

⑤ 将光标移至主视图的剖面线上出现手形时（见图 9-48）双击左键，在弹出的“属性”对话框中将角度改为 45，间距改为 3，单击确定，如图 9-49 所示。

单击“可视化”工具栏中的“显示为每个视图指定的视图框架”按钮，隐藏视图框架，完成的图 9-41 模型的表达方案如图 9-50 所示。

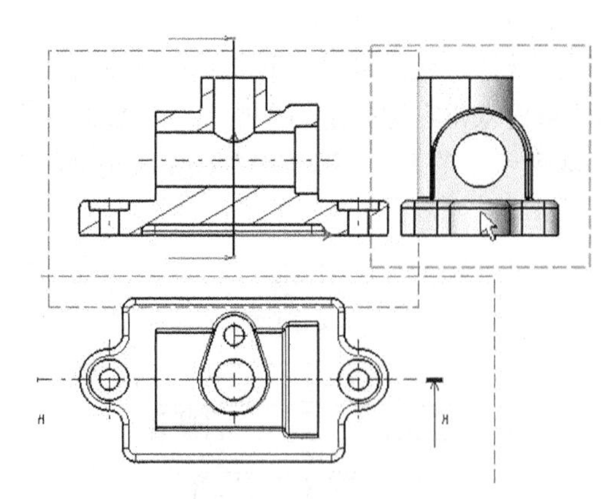

图 9-47 完成全剖的主视图

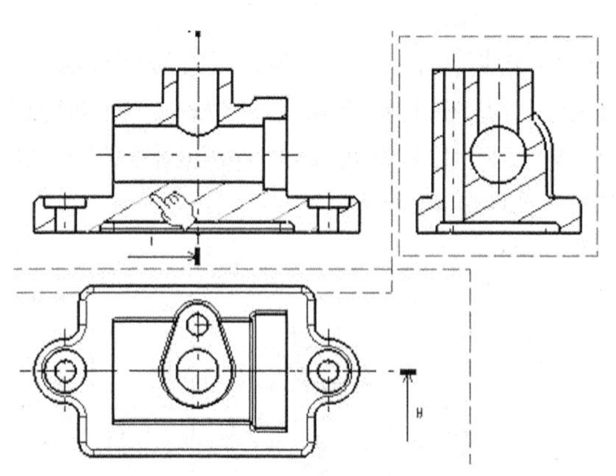

图 9-48 完成全剖的主视图

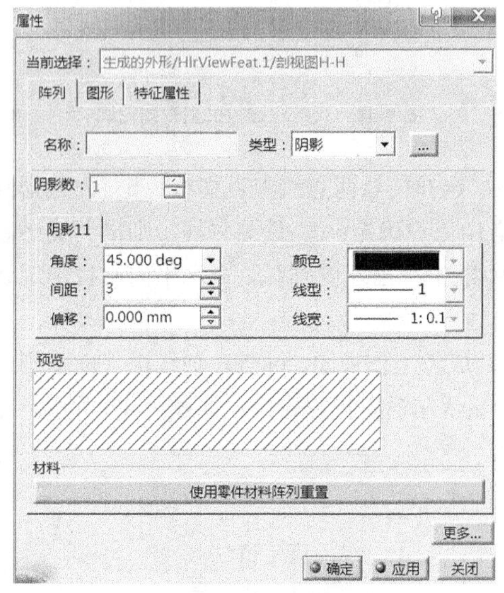


图 9-49 属性对话框

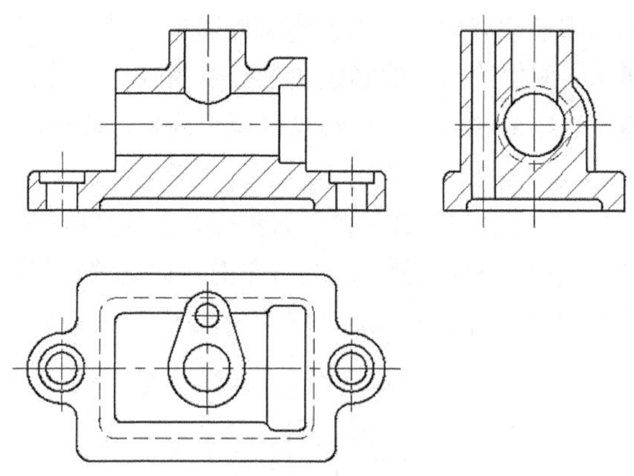

图 9-50 修改后的全剖视图

（2）创建半剖视图。当机件具有对称平面时，在垂直于对称平面的投影面上投射所得的图形，以对称中心线为界，一半画成剖视图，另一半画成视图，这种组合的图形称为半剖视图。

当机件的形状接近于对称，且不对称部分已另有图形表达清楚时，也可以画成半剖视图。

**【实例 9-7】** 以图 9-51 所示模型为例说明半剖视图的创建方法和步骤。

① 根据机件结构特点确定表达方案如图 9-52 所示，主、俯视图均采用半剖视图。

图 9-51 banpoushitu 模型

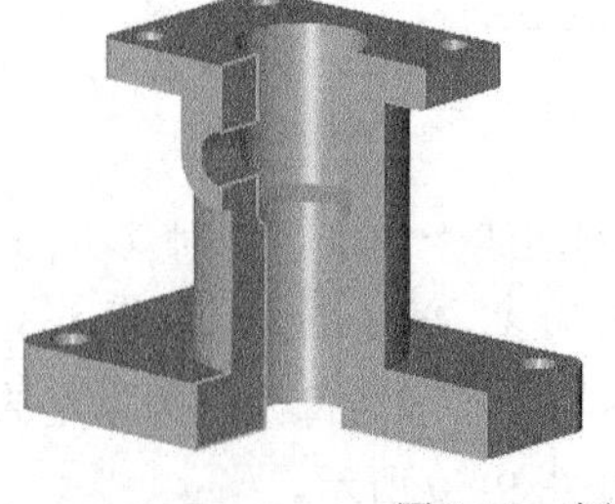

图 9-52 表达方案

② 打开如图 9-51 所示实体模型文件（见随书资源第 9 章模型文件 banpoushitu）。

③ 进入工程制图工作台，按前述步骤利用创建主视图的方法先创建俯视图，如图 9-53 所示。单击“视图”工具栏→“截面”子工具栏→“偏移剖视图”命令图标。

④ 在创建的俯视图上，过机件的前后对称面由右向左画剖切线，画至轴线时单击左键，然后向下移动鼠标拉出一条竖直线至视图轮廓之外时，向左移动鼠标画至箭头处时双击左键，如图 9-54 所示。向上移动鼠标在适当位置单击左键，完成半剖的主视图如图 9-55 所示。

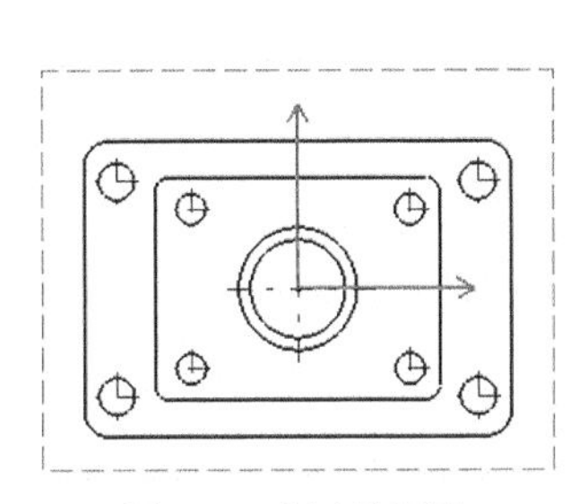

图 9-53 创建俯视图

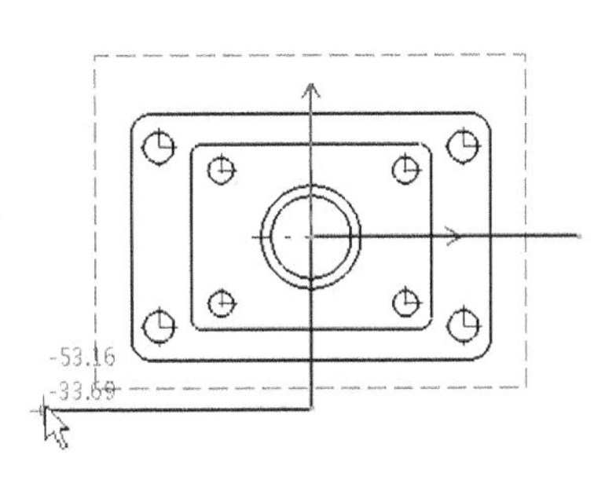


图 9-54 画剖切线

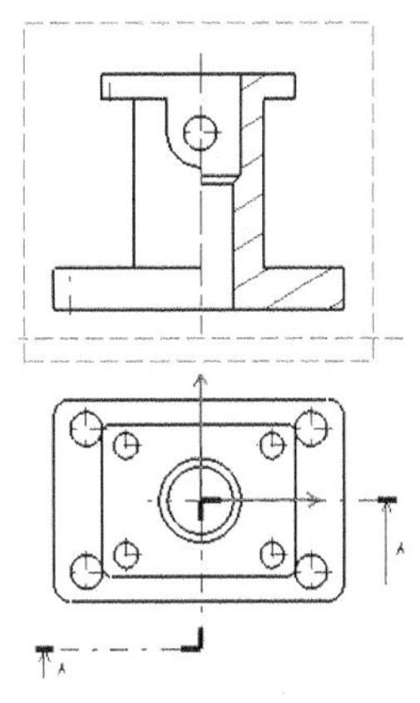


图 9-55 创建半剖主视图

⑤ 创建半剖的俯视图的步骤。双击主视图外框使其成为工作视图，单击投影视图按钮，向右移动鼠标即可创建左视图，如图 9-56 所示。

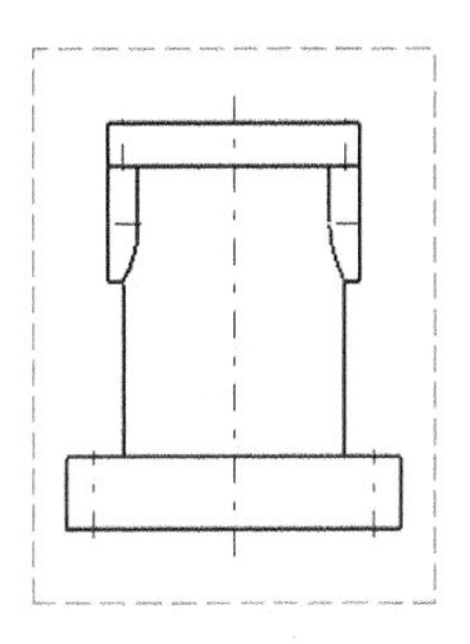

图 9-56 创建左视图

单击“视图”工具栏→“截面”子工具栏→“偏移剖视图”命令图标。在创建的左视图上，在视图轮廓之外由左向右画剖切线，画至轴线时单击左键，然后向下移动鼠标拉出一条竖直线至凸台轴线处时，向右移动鼠标画至箭头处时双击左键，如图 9-57 所示。向下移动鼠标在适当位置单击左键完成与左视图对应的半剖视图，如图 9-58（a）所示。在此图外框单击右键在弹出的属性对话框中将“角度:”改为−90 后单击“确定”按钮，旋转后的半剖视图如图 9-58（b）所示。

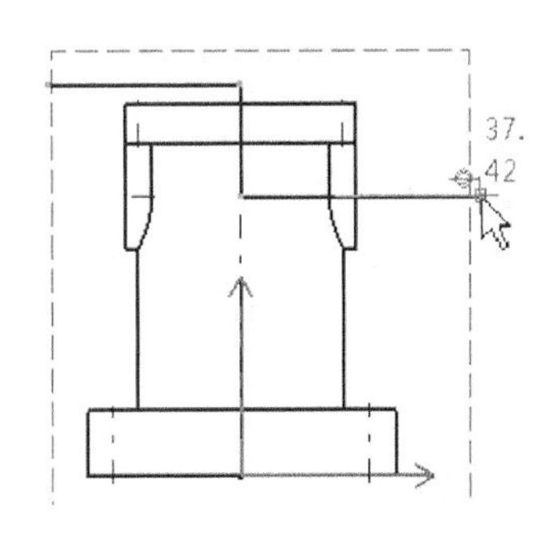


图 9-57 画剖切线

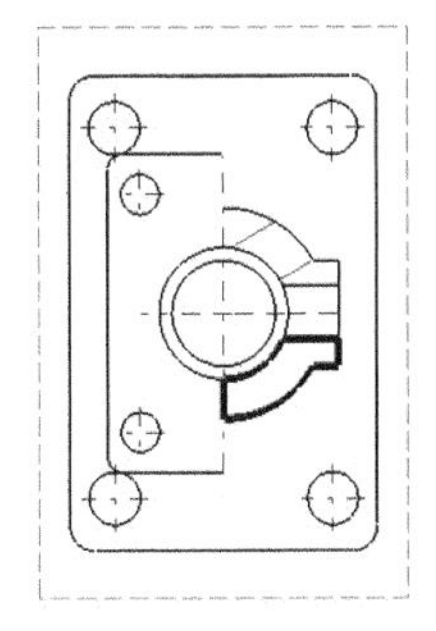

（a）半剖视图

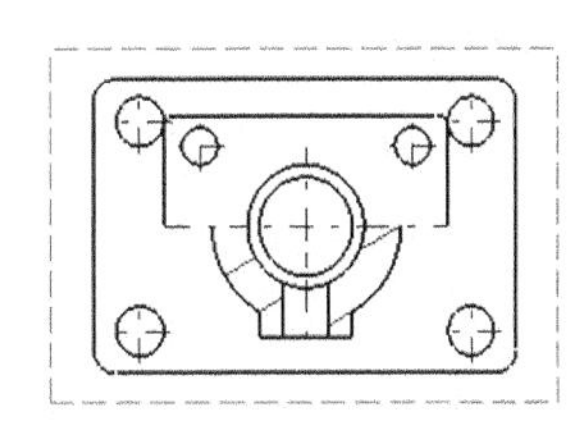

（b）旋转后的半剖视图

图 9-58 旋转半剖视图

删除原来的俯视图（在原来的俯视图外框单击右键选择“删除”）。在旋转后的俯视图外框单击右键选择“不根据参考视图定位”后将俯视图拖至主视图下方并利用“使用元素对齐视图”将主、俯视图长对正，完成的半剖视图如图 9-59 所示。

自动生成的视图上面的中心线的长度有时不符合要求，可通过下述方法进行修改。

- 单击中心线，手指形光标按住端部小矩形框移动鼠标时，中心线两端双向同时拉长或缩短。
- 按下 Ctrl 键时可单向拉长或缩短。
- 若改变中心线线型，可先选择中心线，再利用“图形属性”工具栏改变线型，建议中心线线型改为 7 号线。

（3）创建局部剖视图。用剖切面局部地剖开机件所得的剖视图称为局部剖视图。局部剖视图一般用于机件上有部分内部结构形状需要表示，但又没必要作全剖视或内、外结构形状都需要兼顾时，如图 9-60 所示。

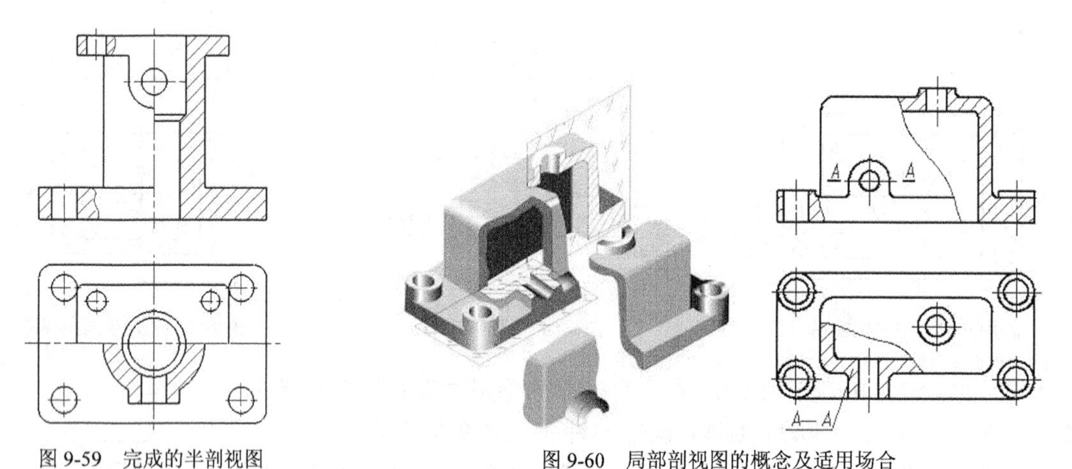


图 9-59　完成的半剖视图　　　图 9-60　局部剖视图的概念及适用场合

**【实例 9-8】** 以图 9-61 所示模型为例说明局部剖视图的创建方法和步骤。

① 根据机件结构特点确定表达方案如图 9-62 所示，主、俯视图均需采用局部剖视图。

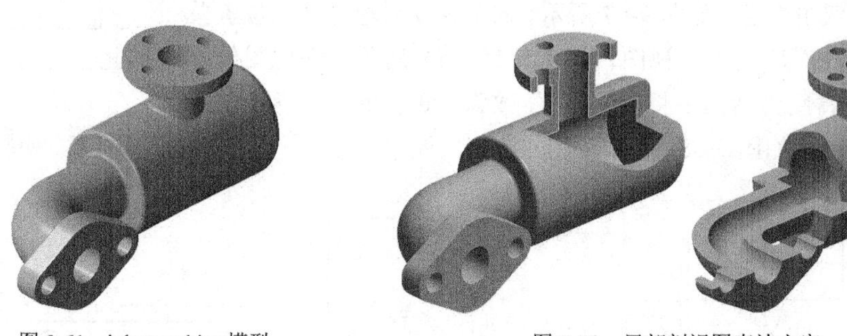

图 9-61　jubupoushitu 模型　　　图 9-62　局部剖视图表达方案

② 打开如图 9-61 所示实体模型文件（见随书资源第 9 章模型文件 jubupoushitu）。

③ 进入工程制图工作台，按前述步骤创建主视图和俯视图，如图 9-63 所示。

④ 单击“视图”工具栏→“断开视图”子工具栏→“剖面视图”命令图标，如图 9-64 所示。

⑤ 在创建的主视图上，画出剖切范围的线框，如图 9-65 所示。当线框的起点和末点重合时，弹出“3D 查看器”窗口，如图 9-66 所示，窗口中手指处的剖切线位置没有与机件竖直轴线重合，可用左键按住剖切线移动与竖直轴线重合，如图 9-67 所示。

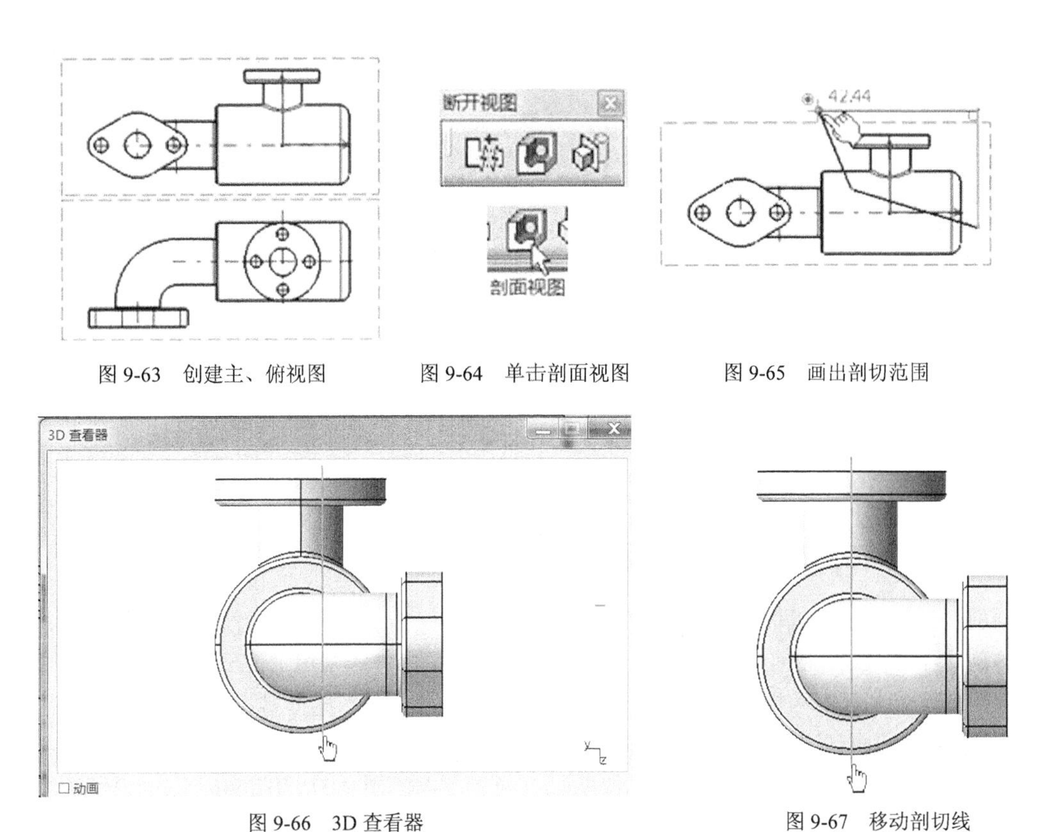


图 9-63 创建主、俯视图　　图 9-64 单击剖面视图　　图 9-65 画出剖切范围

图 9-66 3D 查看器　　图 9-67 移动剖切线

⑥ 单击“确定”按钮，完成机件主视图的局部剖，如图 9-68 所示。用同样方法可在俯视图上创建局部剖，如图 9-69、图 9-70 所示。创建后利用属性对话框对剖面线角度、局部剖的分界线宽度以及中心线线型等进行修改。

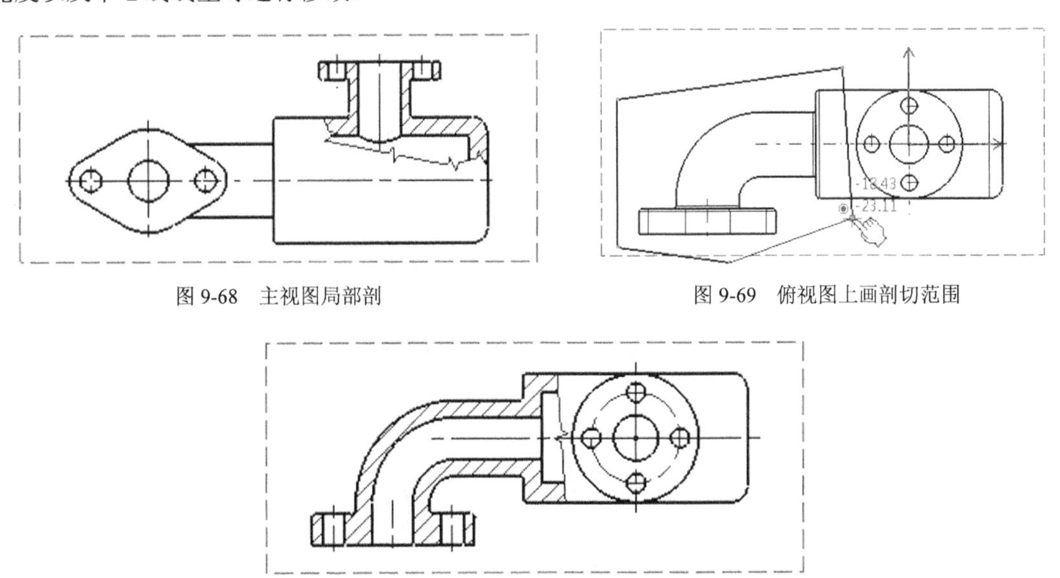


图 9-68 主视图局部剖　　图 9-69 俯视图上画剖切范围

图 9-70 俯视图局部剖

在 3D 查看器中的操作与在“零件设计”工作台中的操作完全相同，可利用鼠标对机件进行

移动、旋转、放大和缩小等操作。当光标移至剖切面上时，按下左键即可确定剖切面的位置，如图 9-71 所示。

图 9-71 3D 查看器的操作

## 9.2.3 剖切面的分类

画剖视图时，按照机件的结构形状特点，可以选择单一剖切面、几个平行的剖切平面、几个相交的剖切面（交线垂直于某一投影面）三种剖切面剖切物体。采用上述三种剖切方法，都可得到全剖视图、半剖视图和局部剖视图。

### 1. 单一剖切面剖切

单一剖切面有平行于基本投影面的剖切面，（见图 9-41、图 9-51 和图 9-61 三个模型所用的剖切面都是平行于基本投影面的剖切面）和垂直于基本投影面的剖切面。

当机件上倾斜部分的内部结构形状需要表达时，与斜视图一样，可以先选择一个与该倾斜部分平行的辅助投影面（不平行于任何基本投影面），然后用一个平行于该投影面的平面剖切机件，这种剖切方法也称为斜剖视图，斜剖视图的概念、画法与标注形式如图 9-72 所示。

**【实例 9-9】** 以图 9-73 所示模型为例说明斜剖视图的创建方法和步骤及二维表达方案的确定。

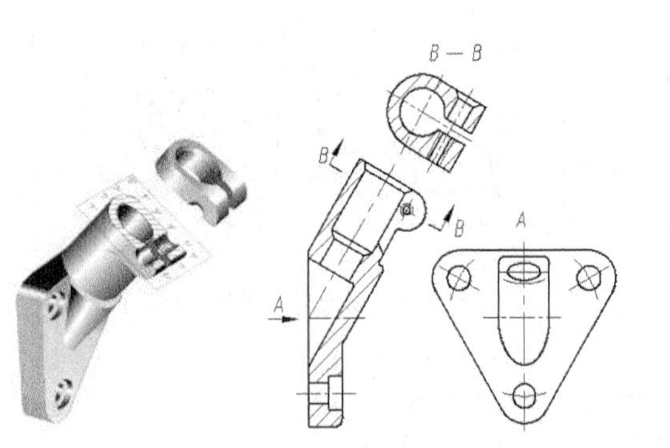


图 9-72 斜剖视图的概念和画法

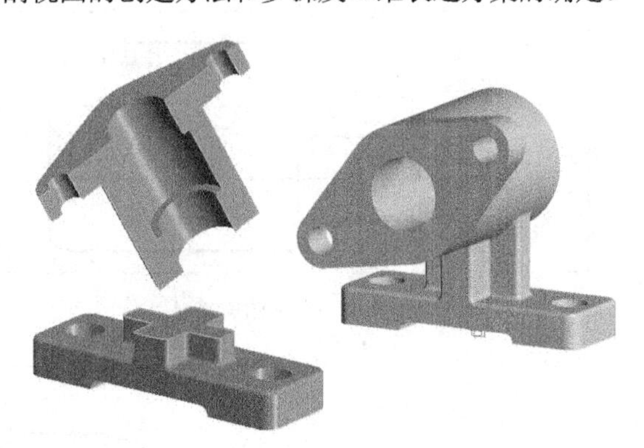

图 9-73 xiepoushitu 模型及表达方案

（1）根据机件结构特点确定三维表达方案如图 9-73 所示。

（2）打开如图 9-73 所示实体模型文件（见随书资源第 9 章模型文件 xiepoushitu）。

（3）进入工程制图工作台，按前述步骤创建主视图，如图 9-74 所示。

（4）单击“视图”工具栏→“截面”子工具栏→“偏移剖视图”按钮，单击视图左下方小圆弧（见图 9-75），将过小圆圆心引出的剖切线拉向右上方小圆圆心上方移动光标，如图 9-76 所示，在适当位置双击左键即可完成指定位置的斜剖视图，如图 9-77 所示。

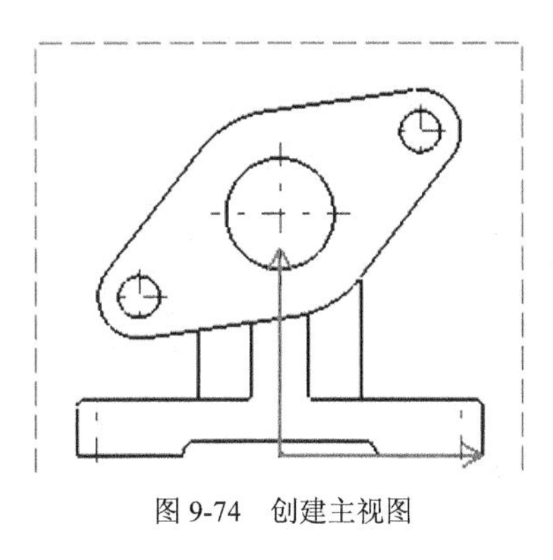

图 9-74 创建主视图

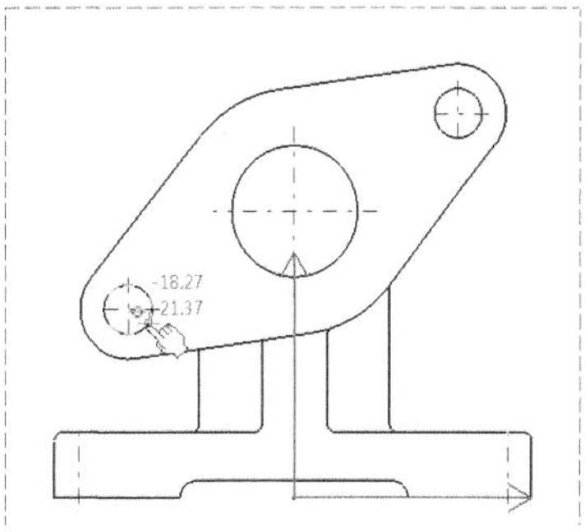

图 9-75 光标置于圆上单击右键

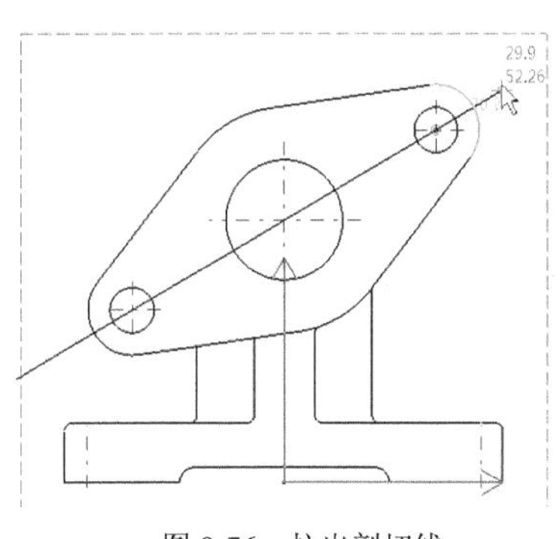


图 9-76 拉出剖切线

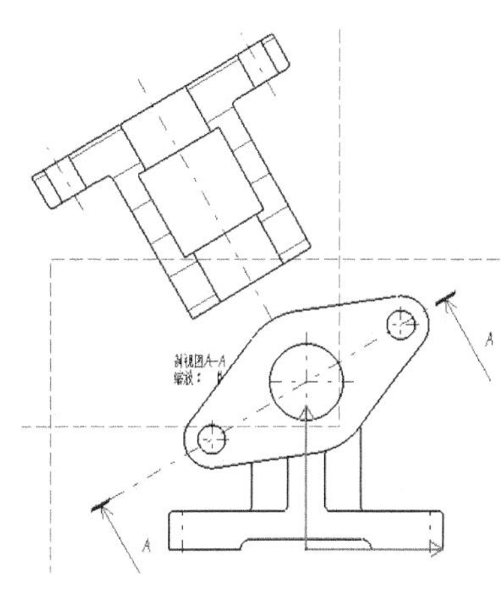


图 9-77 生成斜剖视图

（5）单击“偏移剖视图”按钮，在创建的主视图上，过机件上下两部分之间画一条水平剖切线（见图 9-78），画至箭头处时双击左键，在适当位置单击左键完成全剖的俯视图，如图 9-79 所示。

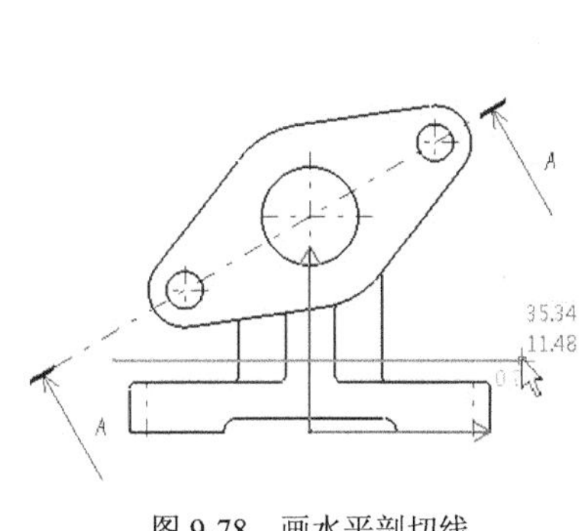


图 9-78 画水平剖切线

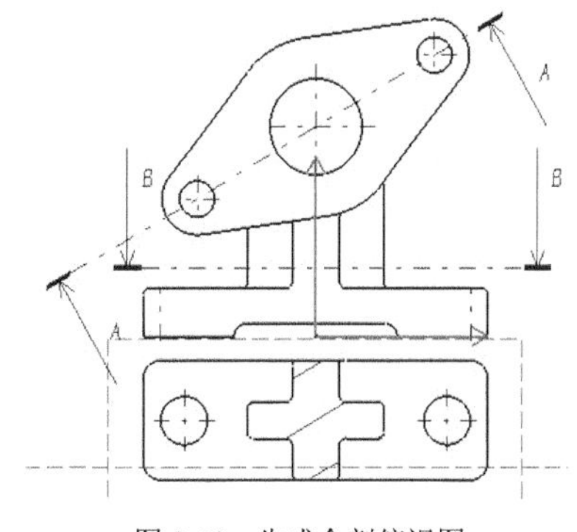


图 9-79 生成全剖俯视图

（6）编辑修改二维表达方案。

① 双击剖面线，在属性对话框中将角度值改为 45、间距改为 3。

② 光标置于剖切符号上单击右键，在属性对话框中将线型改为 7，长度改为 5，定位点选尾

部，箭头长度选为 10，箭头选实心箭头，头部长度选为 3.5，角度选为 30。修改后的选项如图 9-80 所示。

③ 在斜视图外框单击右键，在快捷菜单中选择“定位视图”→“不根据参考视图定位”，将斜视图拖至合适位置并利用文本工具T在斜视图上方填写 A-A。修改后的二维表达方案如图 9-81 所示。

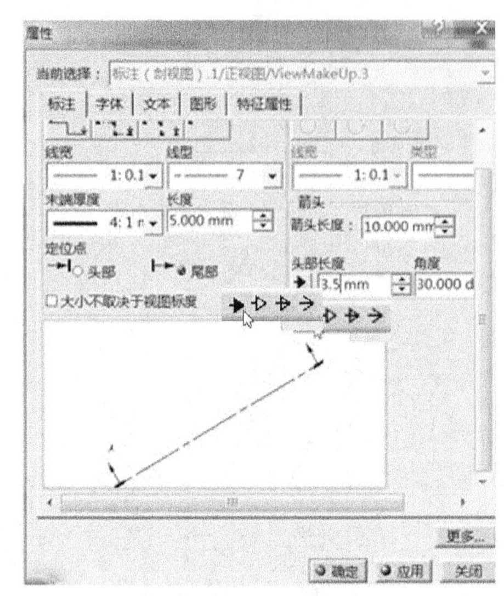


图 9-80 剖切符号的属性对话框

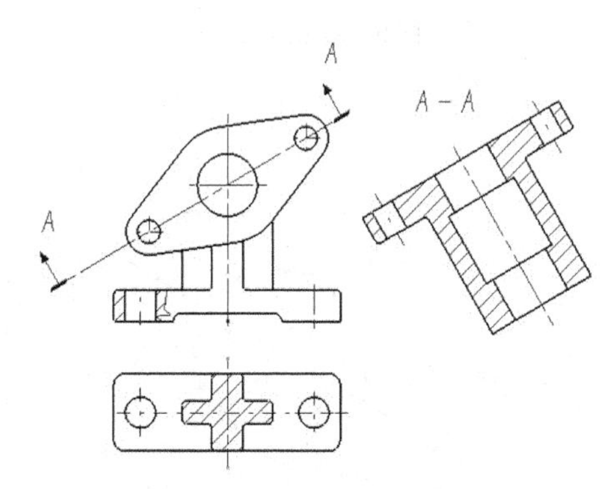


图 9-81 修改后的二维表达方案

2．几个平行的剖切平面剖切

当物体上有较多的内部结构形状，而这些内部结构的层次又不在同一平面内，这时用几个平行于基本投影面的剖切平面剖开物体，这种剖切方法可称为阶梯剖，如图 9-82 所示物体用了三个平行剖切平面剖切。阶梯剖视图的概念、画法与标注形式如图 9-82、图 9-83 所示。

**【实例 9-10】** 以图 9-84 所示模型为例说明阶梯剖视图的创建方法和步骤。

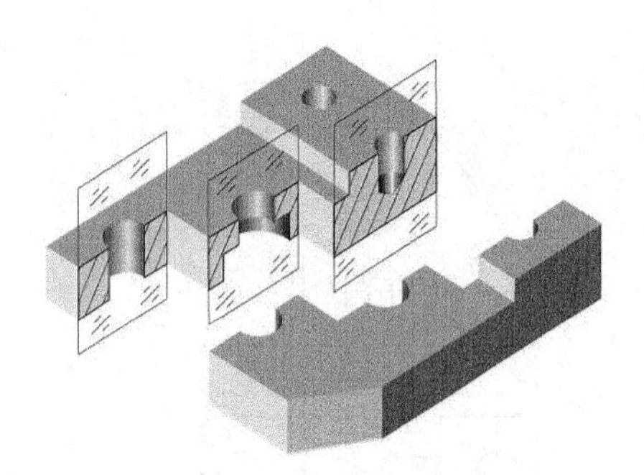

图 9-82 阶梯剖的概念

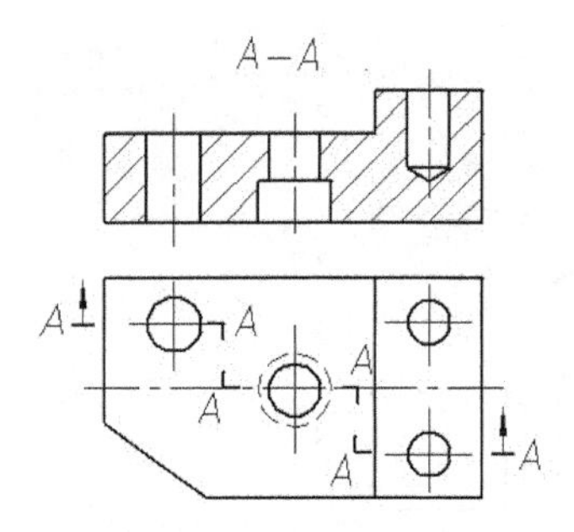


图 9-83 阶梯剖的画法及标注

图 9-84 jietipoushitu 模型

（1）根据机件结构特点确定的二维表达方案为主视图画外形，左视图采用阶梯剖视图。

（2）打开如图 9-84 所示实体模型文件（见随书资源第 9 章模型文件 jietipoushitu）。

（3）进入工程制图工作台，按前述步骤创建主视图，如图 9-85 所示。

（4）单击“偏移剖视图”按钮，单击图 9-85 下方大图，出现过大圆圆心的剖切线时，向上引线至转折点后单击左键，再水平向右、向上引线至小圆上时单击左键（见图 9-86），再向上引至适当位置双击左键即可完成用阶梯剖方法获得的全剖视图，如图 9-88 所示。

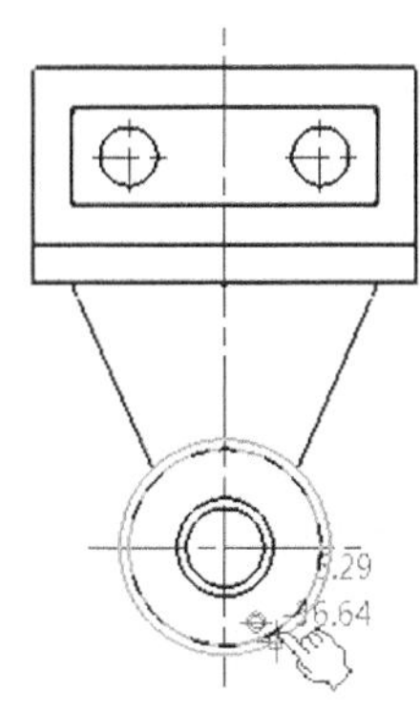

图 9-85　创建主视图

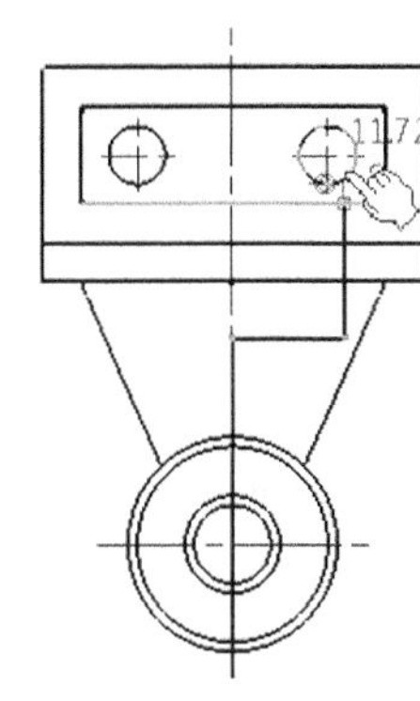
图 9-86　向上画剖切线

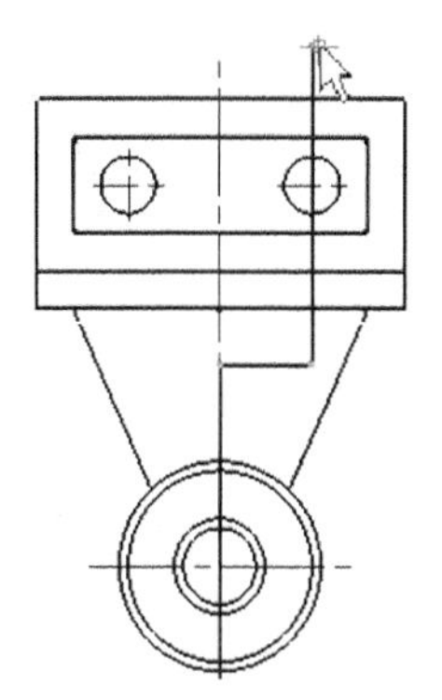
图 9-87　确定剖切线位置

（5）编辑修改二维表达方案。

右键单击图 9-88 手指处的细线，在弹出的快捷菜单中选择“删除”。剖面线、剖切符号的修改及文本的填写参照斜剖视图进行修改。修改后的二维表达方案如图 9-89 所示。

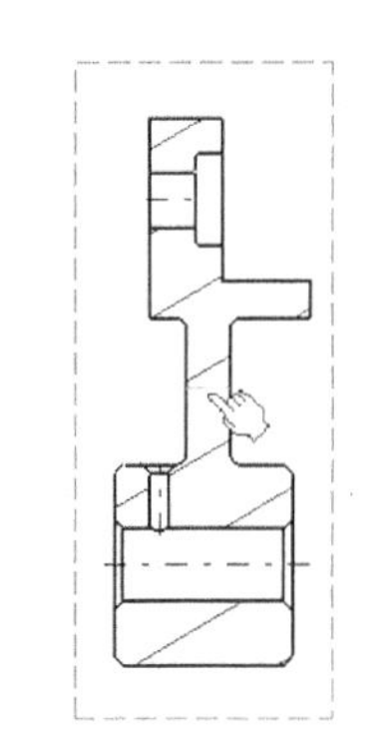
图 9-88　生成全剖视图

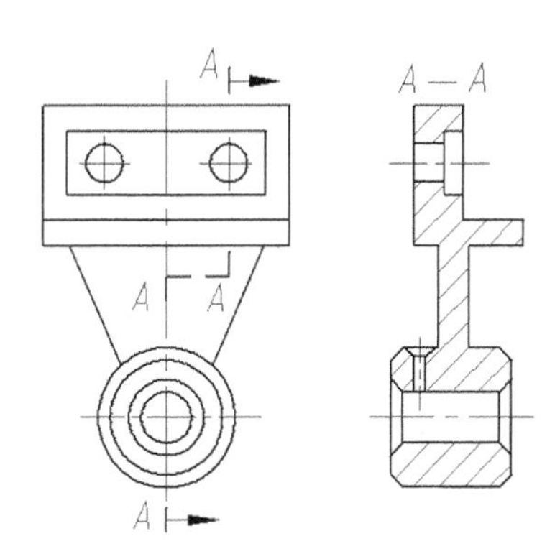

图 9-89　修改后的二维表达方案

### 3．用几个相交的剖切面剖切

当机件的内部结构形状用一个剖切平面剖切不能表达完全，且这个机件在整体上又有回转轴时，可用两个相交的剖切平面（交线垂直于某一基本投影面）剖开机件，这种剖切方法也可称为旋转剖，如图 9-90 所示。旋转剖视图的概念、画法与标注形式如图 9-90、图 9-91 所示。

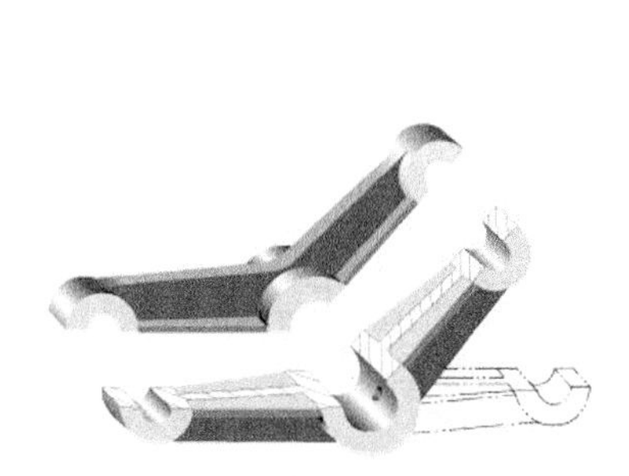
图 9-90　旋转剖的概念

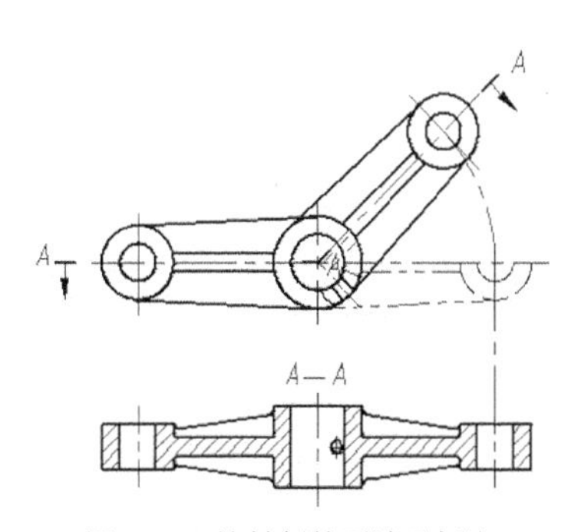

图 9-91　旋转剖的画法及标注

**【实例 9-11】** 以图 9-92 所示模型为例说明旋转剖视图的创建方法和步骤。

（1）根据机件结构特点确定的二维表达方案为：主视图画外形，俯视图采用旋转剖视图。

（2）打开如图 9-92 所示实体模型文件（见随书资源第 9 章模型文件 xuanzhuanpoushitu）。

（3）进入工程制图工作台，按前述步骤创建主视图，如图 9-93 所示。

图 9-92　xuanzhuanpoushitu 模型

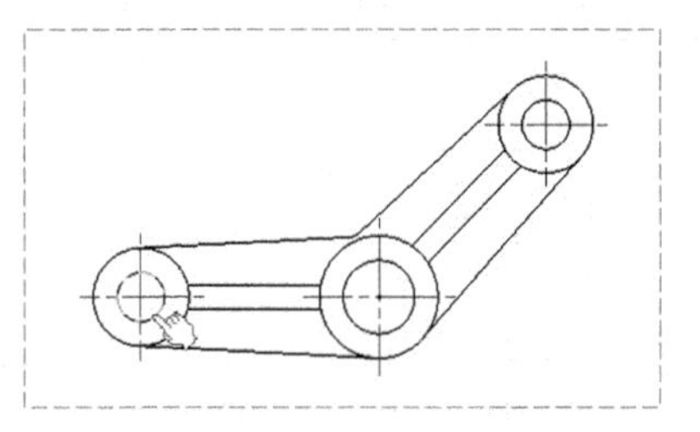

图 9-93　创建主视图

（4）单击“视图”工具栏→“截面”子工具栏→“对齐剖视图”按钮，单击左侧圆弧，再单击中间圆弧（见图 9-94（a））光标再向右上方向移动，过右上圆心时双击左键（见图 9-94（b）），向下侧移动光标，在适当位置单击左键即可完成用旋转剖方法获得的全视图，如图 9-95 所示。

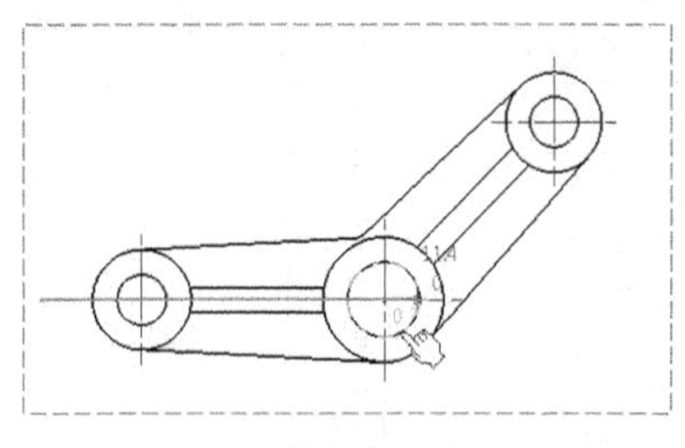

（a）单击中间圆

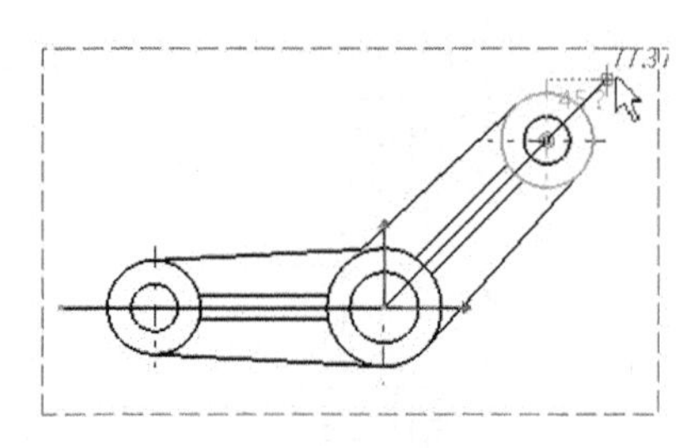

（b）向右上画剖切线并双击左键

图 9-94　画剖切线

（5）编辑修改二维表达方案。

机件上的肋板按机械制图国家标准规定：纵向剖切的肋板上不画剖面线，横向剖切的肋板上需画剖面线，如图 9-95 所示。对于剖切面后面的结构一般仍按原位置投影，如图 9-95 中的圆孔的投影不应随投影面旋转，而应按图 9-97 中位置绘制。因此当自动生成的剖视图中有些结构的画法不符合要求时应利用工程制图工作台中提供的绘图命令进行交互修改。

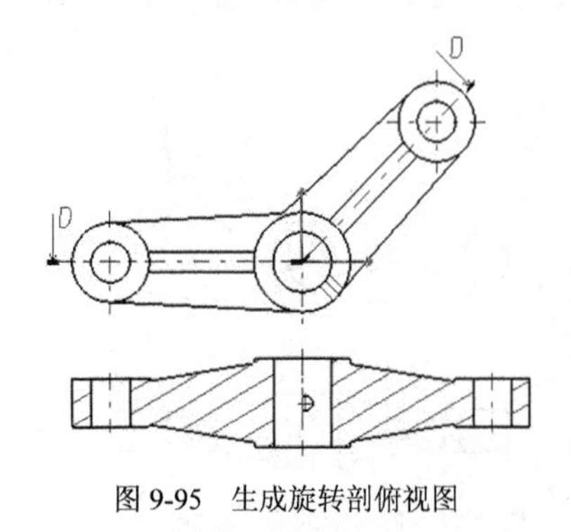


图 9-95　生成旋转剖俯视图



图 9-96　肋板及剖切面下面结构的画法

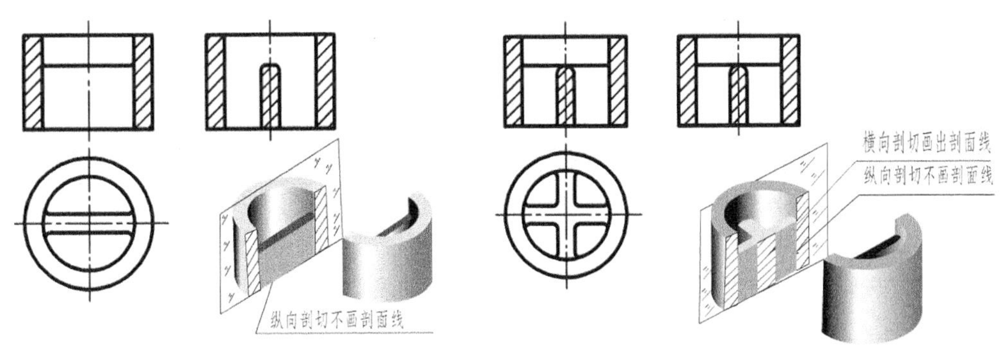


（a）单一肋板的画法　　　　（b）十字肋板的画法

图 9-97　肋板结构的画法

① 按图 9-96 所示尺寸修改肋板。左键双击图 9-95 中俯视图外框激活该视图，在剖面线上单击右键删除剖面线，单击“几何图形创建”工具条中的“轮廓”按钮。将光标移至图 9-98 中手指位置单击左键确定起始点，在工具控制板 L 窗口中输入 5 并按 Enter 键，光标下移，5mm 线段竖直状态时单击左键（见图 9-99）。将光标移向图 9-100 手指位置捕捉对齐点，向正下方移动光标引出对齐线。对齐线与水平线呈直角时单击左键确定水平线长度（见图 9-101），向上画至对齐点并单击左键，完成左后半部纵向肋板的投影轮廓，如图 9-102 所示。

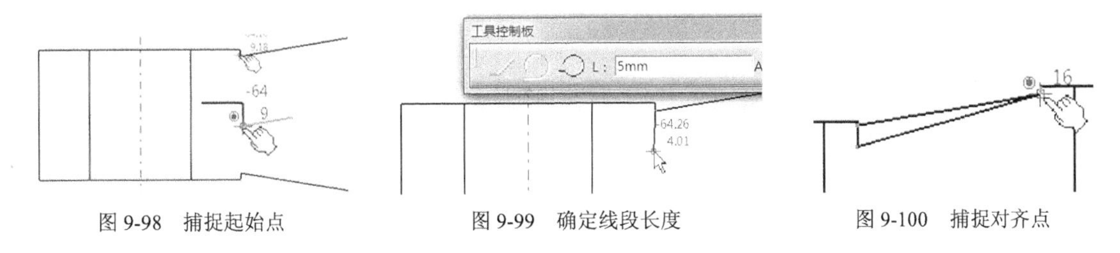


图 9-98　捕捉起始点　　图 9-99　确定线段长度　　图 9-100　捕捉对齐点

利用镜像命令完成纵、横肋板的轮廓。选择后画出 3 段线后，单击“几何图形修改”工具条中的“镜像”按钮。选择 H 轴（见图 9-103），完成左前部纵向肋板的投影轮廓（见图 9-104）。选择左侧前后肋板轮廓，单击“镜像”按钮。选择 V 轴，完成右半部肋板的投影轮廓，如图 9-105 所示。

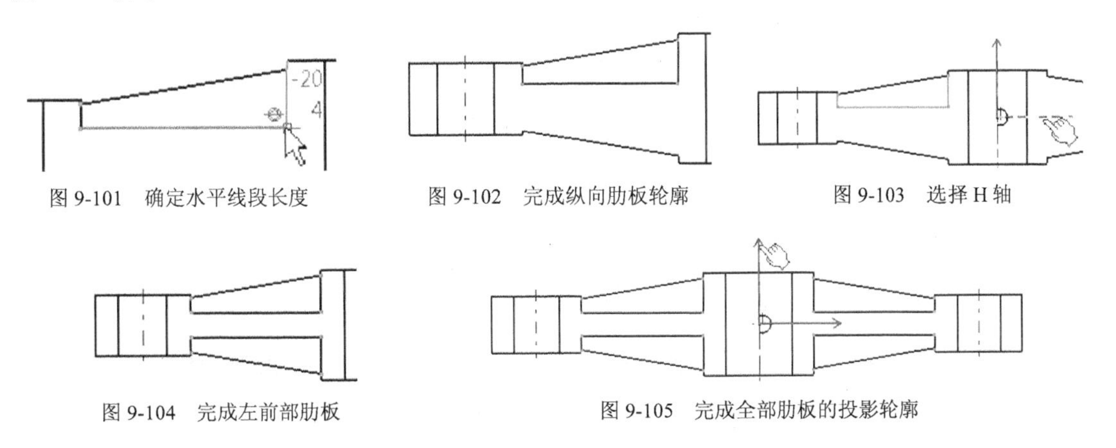


图 9-101　确定水平线段长度　　图 9-102　完成纵向肋板轮廓　　图 9-103　选择 H 轴

图 9-104　完成左前部肋板　　图 9-105　完成全部肋板的投影轮廓

② 剖面线的填充。双击“修饰”工具条中的“创建区域填充”按钮，从左至右顺次单击 4

个断面，完成剖面线的填充如图 9-106 所示。

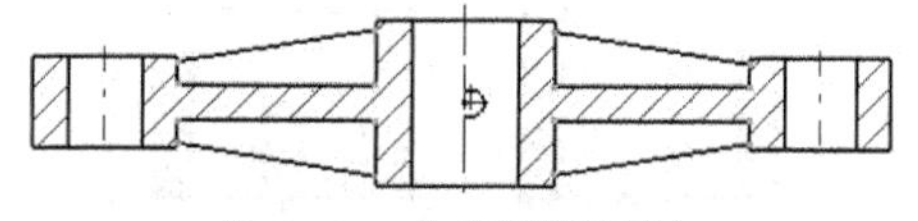
图 9-106 完成剖面线填充

③ 俯视图中圆孔位置的修改。激活主视图，单击“几何图形创建”工具条中的“直线”按钮。按投影关系向下画 2 条直线，再激活俯视图。过圆的上下象限点和圆心向右画 3 条水平线，确定椭圆圆心和长短轴，在同一工具条单击“椭圆”按钮，完成圆孔的水平投影，如图 9-107 所示。

按前述方法修改剖切符号和文本注写，编辑修改后的表达方案如图 9-108 所示。

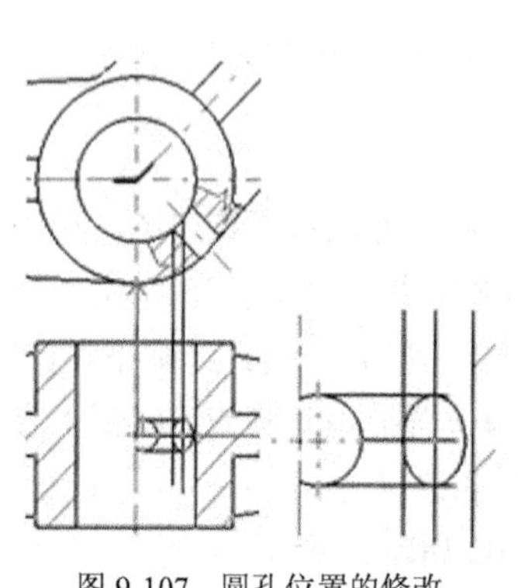
图 9-107 圆孔位置的修改

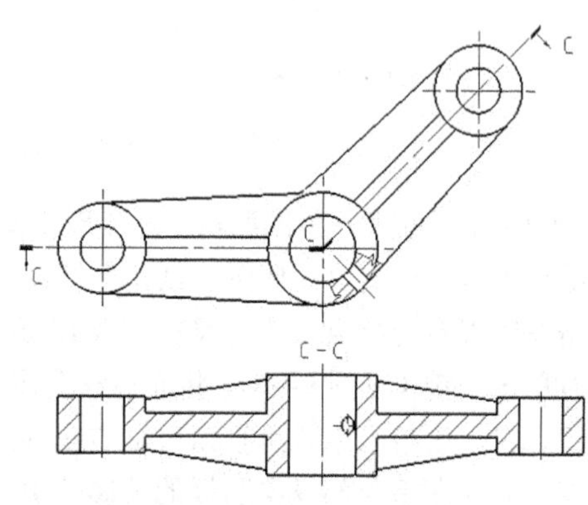

图 9-108 修改后的表达方案

## 9.2.4 创建断面图

### 1．断面图的基本概念

假想用剖切面将机件的某处切断，仅画出该剖切面与机件接触部分的图形，此图形称断面图。断面图主要用来表达机件上某一部分的断面形状，如图 9-109 所示。

### 2．断面图的分类

根据断面图配置的位置不同可分为移出断面图和重合断面图两种。

（1）移出断面图的创建方法和步骤。

① 打开如图 9-110 所示实体模型文件（见随书资源第 9 章模型文件 ycduanmiantu）。

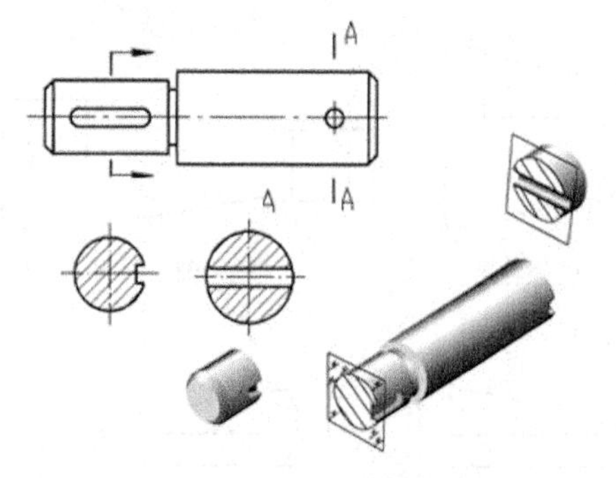

图 9-109 断面图的基本概念

图 9-110 ycduanmiantu 模型

② 进入工程制图工作台，按前述步骤创建轴的主视图，如图 9-111 所示。

③ 单击“视图”工具栏→“截面”子工具栏→“偏移截面分割”命令图标。

④ 在创建的主视图上，垂直于轴线画剖切线至箭头处时双击左键如图 9-112 所示。

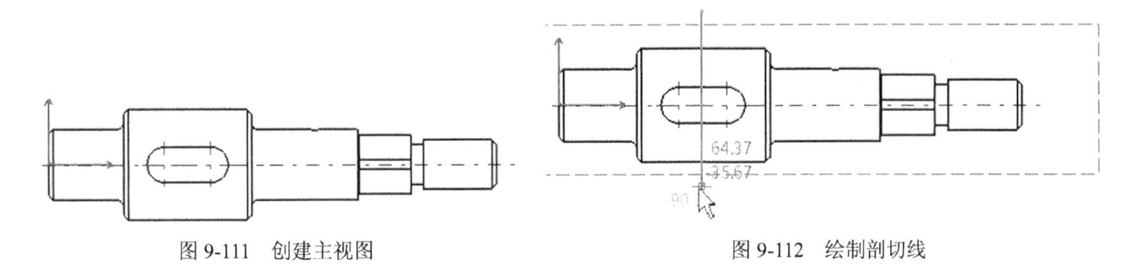


图 9-111　创建主视图　　　　图 9-112　绘制剖切线

⑤ 向下移动鼠标即得到键槽处的断面图，如图 9-113 所示中间的断面图。其他 2 个断面图用同样方法生成。

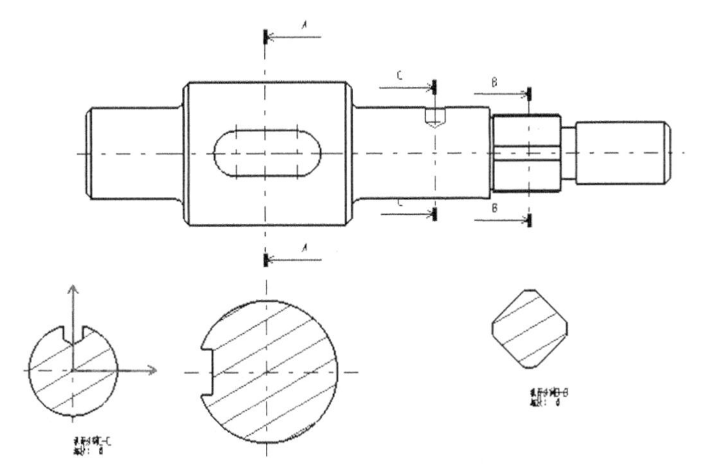


图 9-113　生成移除断面图

⑥ 表达方案的编辑和修改。

a．双击剖面线，在属性对话框中将角度改为 45，间距改为 3。

b．按机械制图国家标准规定：当剖切平面通过回转面形成的孔、凹坑的轴线时，则这些结构应按剖视画出。按此规定应利用画弧命令 补画通过轴上小孔轴线剖切的断面上方的一段圆弧，如图 9-114 所示中的 A-A 断面图。

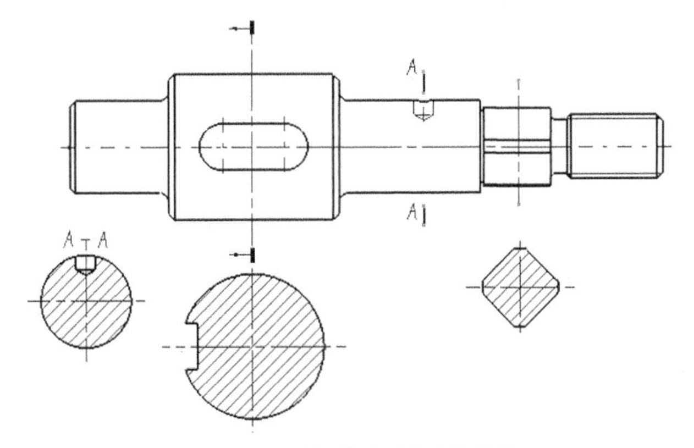


图 9-114　编辑修改后的表达方案

c．利用直线命令⁄补画矩形断面上的中心线（利用属性对话框修改线型和线宽）。

d．移出断面的规定标注。

配置在剖切符号延长线上的断面，可省略字母，如图9-114中矩形断面和中间的断面。

当移出断面不配置在剖切符号延长线上时，应画出剖切符号表示剖切位置，并注上字母，在相应断面图的上方注写同样的字母，如图9-114中的"A-A"所示。

对称的移出断面，可不画表示投影方向的箭头，如图9-114中左右2个断面的剖切位置，不对称的移出断面则必须画出表示投影方向的箭头，如图9-114中间的断面。

e．机件上如有螺纹结构，需在属性对话框中选择"螺纹"选项，则在二维视图上显示螺纹的画法。如图9-114中轴的右端显示出外螺纹的画法。

（2）重合断面图的画法和标注。画在视图内的断面图称为重合断面图，其轮廓线用细实线画出，如图9-117所示。重合断面图一般用于断面形状简单，不影响图形清晰的场合下。当视图中的轮廓线与重合断面图的图形重叠时，视图中的轮廓线仍需连续画出，不可间断。

重合断面是直接画在视图内剖切位置处，因此标注时可省略字母。不对称的重合断面图只需画出剖切符号与箭头，如图9-117所示。对称的重合断面图不必标注。

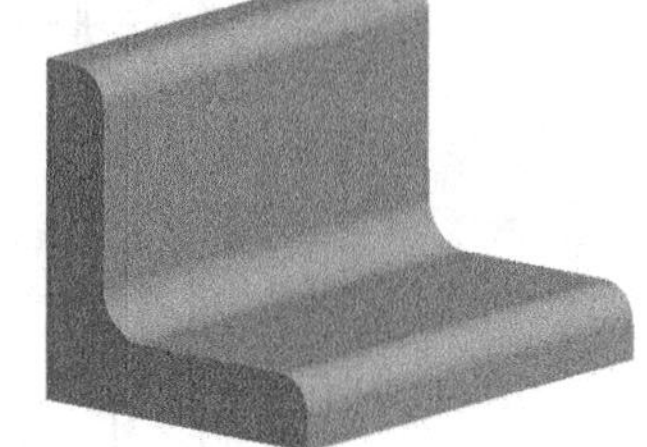
图9-115 chduamiantu模型

重合断面图的创建方法和步骤。

① 打开如图9-115所示实体模型文件（见随书资源第9章模型文件chduamiantu）。

② 进入工程制图工作台，按前述步骤创建主视图。

③ 单击"视图"工具栏→"截面"子工具栏→"偏移截面分割"命令图标。

④ 在创建的主视图上，画竖直的剖切线，双击左键，创建如图9-116所示断面图。

⑤ 修改剖面线，将断面外轮廓利用属性对话框改为细实线后移回剖切位置处，删除字母，完成的重合断面图如图9-117所示。

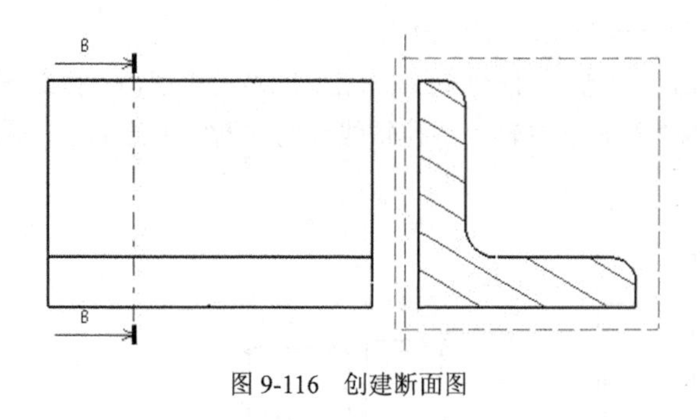

图9-116 创建断面图

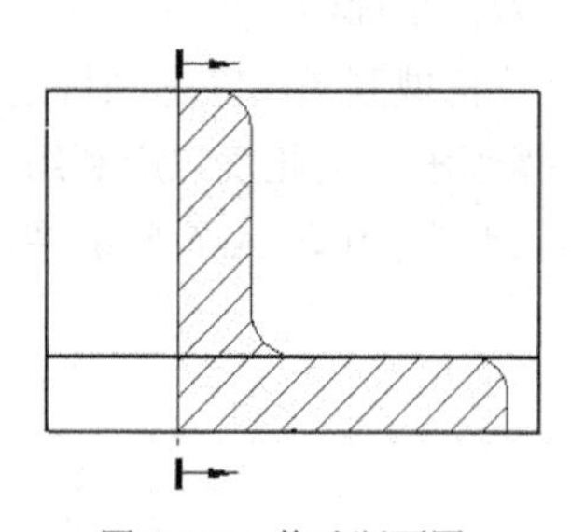
图9-117 修改断面图

## 9.2.5 创建局部放大图和断裂画法

### 1．局部放大图

当机件上某些细小结构在原视图上表达不清或难以标注尺寸时，可将这部分结构用大于原图形所采用的比例画出，这种图形称为局部放大图。

局部放大图可以画成视图、剖视图、断面图。局部放大图应尽量配置在被放大部位的附近便于看图。

画局部放大图时，应用细实线圆或多边形圈出被放大部位。当机件上仅有一处需要放大的部位时，在局部放大图的上方只需注明所采用的比例。当有 2 处需要放大的部位时，应用罗马数字顺序地标记并在局部放大图上方标出相应的罗马数字和采用的比例。

**【实例 9-12】** 局部放大图的创建方法和步骤。

（1）打开如图 9-118 所示实体模型文件（见随书资源第 9 章模型文件 jubufangdatu）。

（2）进入工程制图工作台，按前述步骤创建主视图，如图 9-119 所示。

（3）单击“视图”工具栏→“详细信息”子工具栏→“详细视图”命令图标。

（4）在确认主视图被激活的状态下，在适当位置单击左键，确定圆心，移动鼠标拉出一个圆来圈定放大范围（见图 9-119），再次单击左键并移动鼠标即可移出一个带有缩放比例 2:1 的虚线圆，如图 9-120 所示。

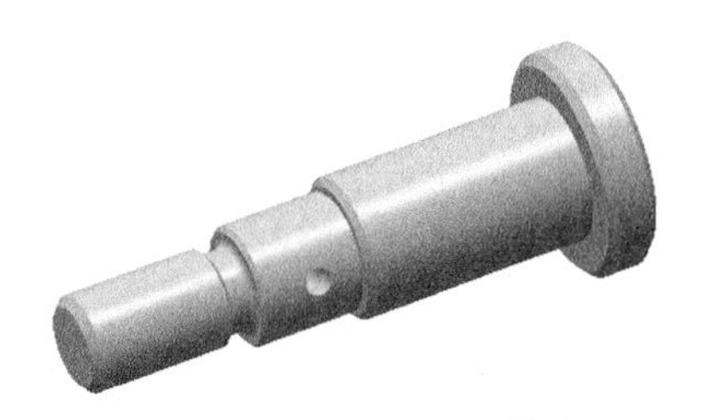

图 9-118 jubufangdatu 模型

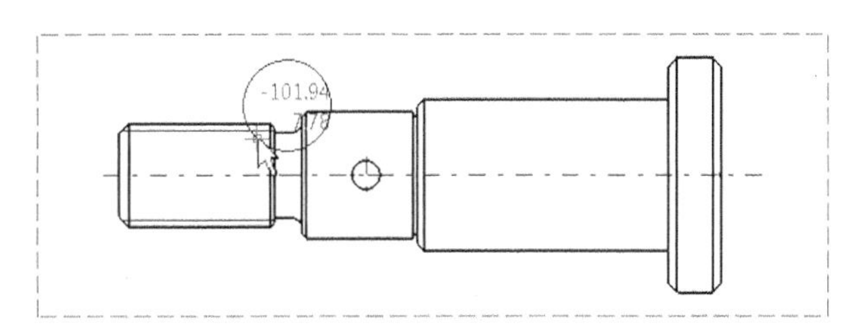


图 9-119 用命令圈定放大范围

（5）在适当位置单击左键即可生成放大 1 倍的局部放大图，如图 9-121 所示。若想改变缩放比例，可在局部放大图的矩形框上单击右键，在属性对话框中设置缩放比例。

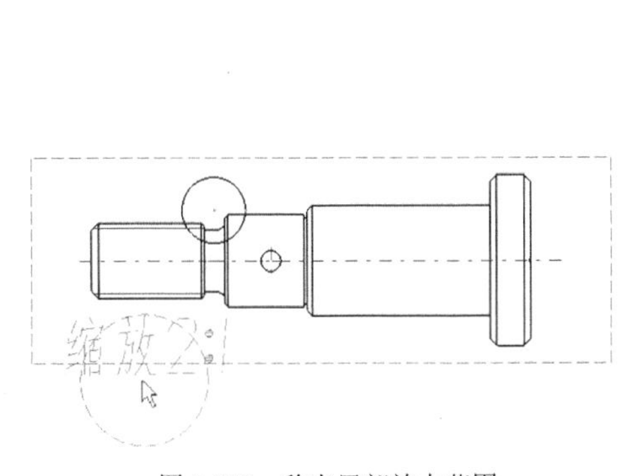


图 9-120 移出局部放大范围

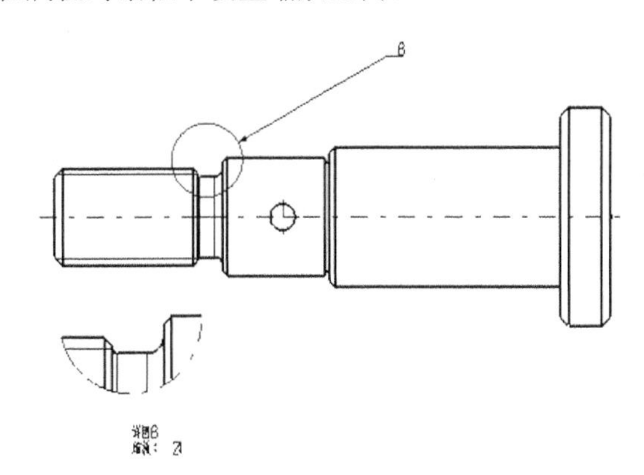


图 9-121 生成局部放大图

2．断裂画法

当较长的机件，如轴、杆、型材、连杆等，沿长度方向的形状一致或按一定规律变化时，可断开后缩短画出，但要标注实际尺寸。

**【实例 9-13】** 在图 9-121 的基础上说明断裂画法的创建方法和步骤。

（1）单击“视图”工具栏→“断开视图”子工具栏→“局部视图”命令图标。

（2）单击视图轮廓线上的一点确定断开第一截面的位置（见图 9-122）手指处。

（3）向下移动光标再单击左键确定该截面的方向（见图 9-123），此时显示第一截面位置的竖直绿色线段。

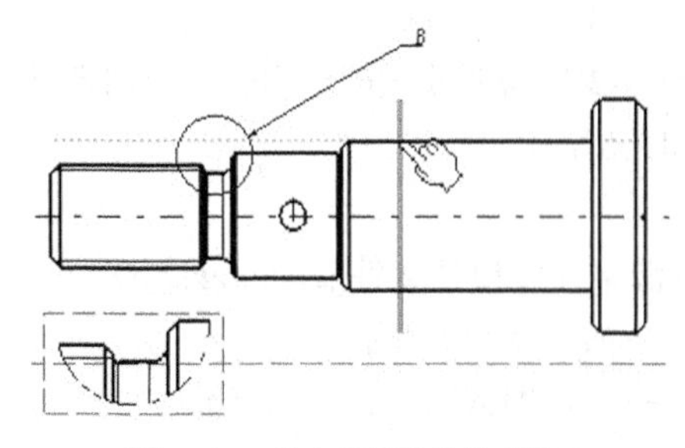

图 9-122 单击手指处的轮廓线

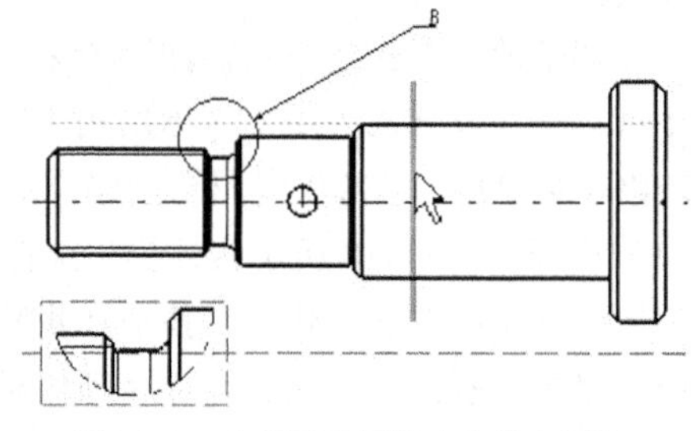

图 9-123 光标下移至箭头处单击左键

（4）接着右移光标至第二截面的位置单击左键，显示第二截面位置的另外一条绿色线段（见图 9-124）。

（5）在图纸的任意位置单击左键，位于两条绿色线之间的视图轮廓线被断掉，生成缩短的断开视图，如图 9-125 所示。

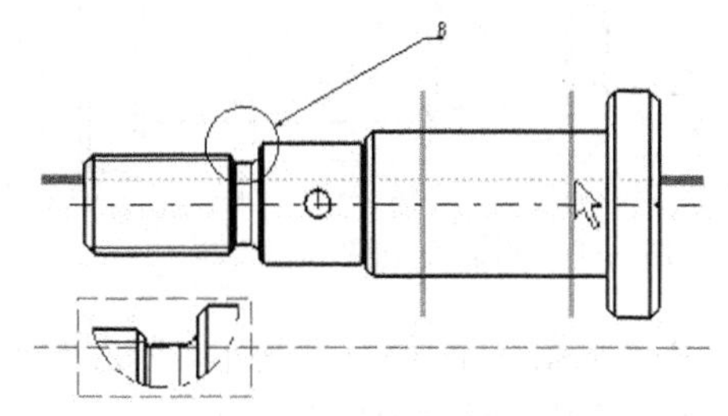

图 9-124 光标右移至箭头处单击左键

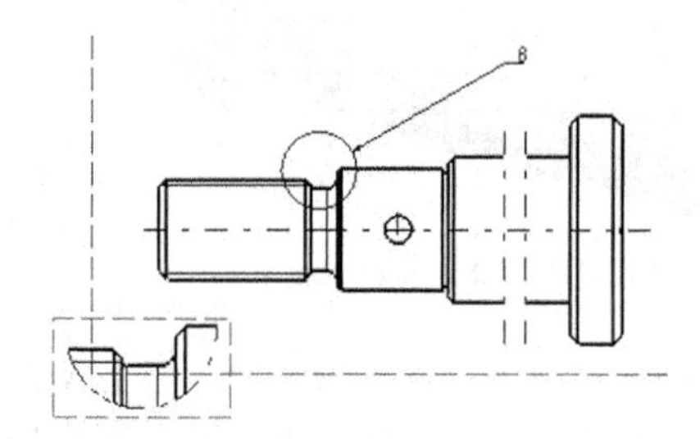

图 9-125 再次单击左键，生成断裂画法

### 3. 编辑修改自动生成的表达方案（见图 9-126）

（1）确定表达方案步骤。在主视图的基础上，应先创建局部放大图，再创建断面图，最后再创建断裂画法。如果先创建断裂画法，“截面”工具条中的命令不能被激活，则不能创建断面图。

（2）修改的部位及方法如图 9-126 所示，修改前、后对应部位的变化见图 9-127，修改后的表达方案如图 9-128 所示。

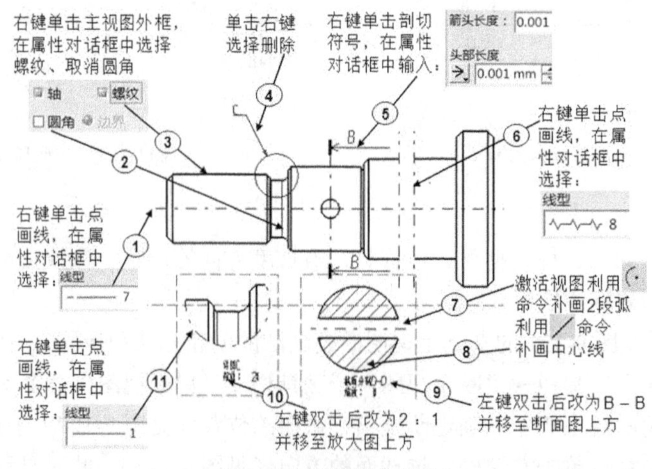


图 9-126 修改表达方案

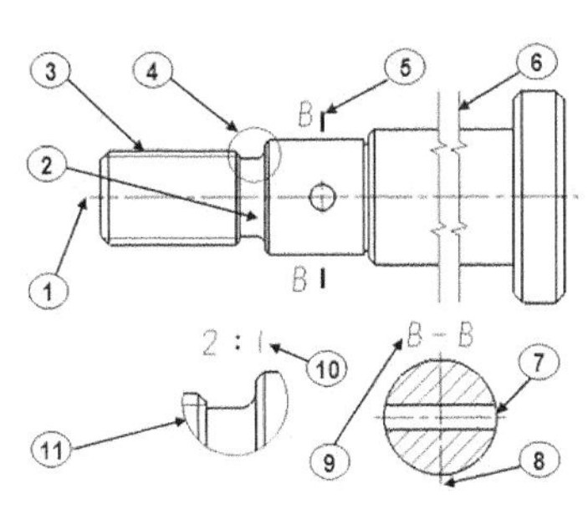

图 9-127 修改部位的比较

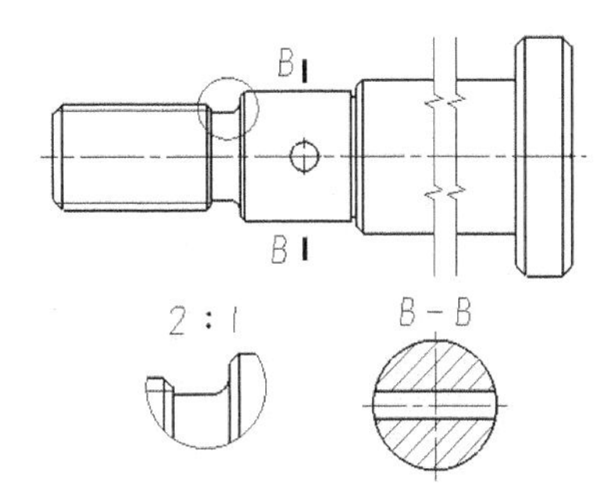

图 9-128 完成的表达方案

## 9.2.6 常用项目的属性说明

由以上根据三维模型创建二维视图的过程可知：自动生成的视图、剖视图、断面图上面有些结构的表达不符合机械制图国家标准的规定，因此需要利用相应的方法和步骤进一步修改，而这些修改大多是通过右击修改对象后在“属性”对话框中进行相应的修改。

通过以上操作了解到：选择的对象不同，相应的属性对话框中的内容也不同。这些内容对创建合格工程图样尤为重要。下面对一些二维工程图中常用项目属性内容作进一步说明。

### 1. 修改图纸与视图的属性

（1）修改图纸的属性。在界面左侧树状图的图纸名称（图纸 1）上单击右键，出现右键快捷菜单，如图 9-129 所示，单击其中的属性菜单项，弹出图纸 1 的属性对话框，如图 9-130 所示。

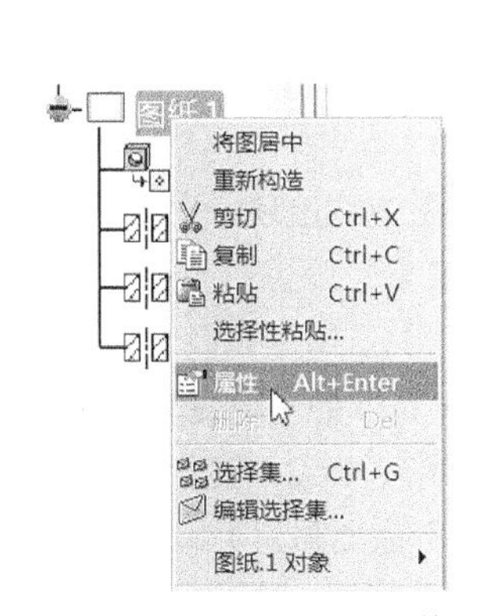

图 9-129 图纸右键快捷菜单

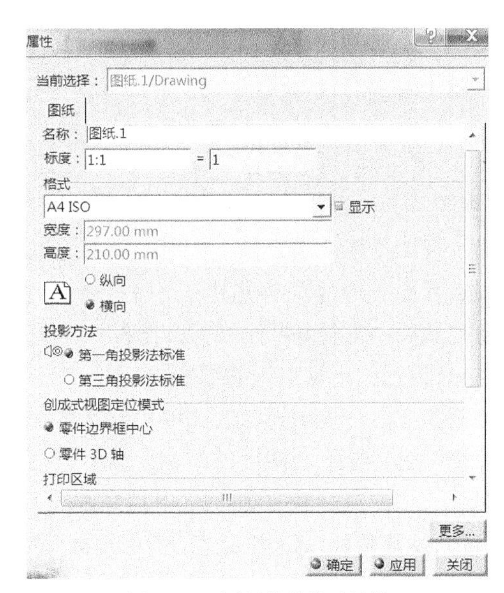

图 9-130 图纸的属性对话框

在图纸属性对话框中可以修改图纸的如下属性。

- 名称：可对当前图纸重新命名。
- 标度：可重新设置绘图比例。
- 格式：可重新设置图纸幅面大小；选择显示复选框，在绘图区会显示幅面的外框；图纸纵、横向布置可在此栏中选择。

- 投影方法：有第一角投影法标准和第三角投影法标准可供选择，我国使用第一角。
- 创成式视图定位模式：视图的放置方式，单选“零件边界框中心”表示按零件边框中心对齐，“零件 3D 轴”表示按零件三维坐标系对齐。
- 打印区域：图纸输出的范围。

（2）修改视图的属性。在欲进行修改的视图外框或者树状图上对应视图名称上单击右键，出现右键快捷菜单如图 9-131 所示。

单击右键快捷菜单中的属性菜单项，弹出正视图属性对话框，如图 9-132 所示。

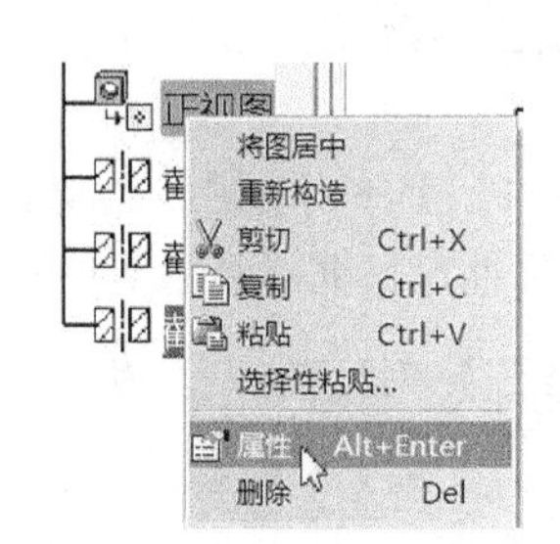


图 9-131　正视图右键快捷菜单

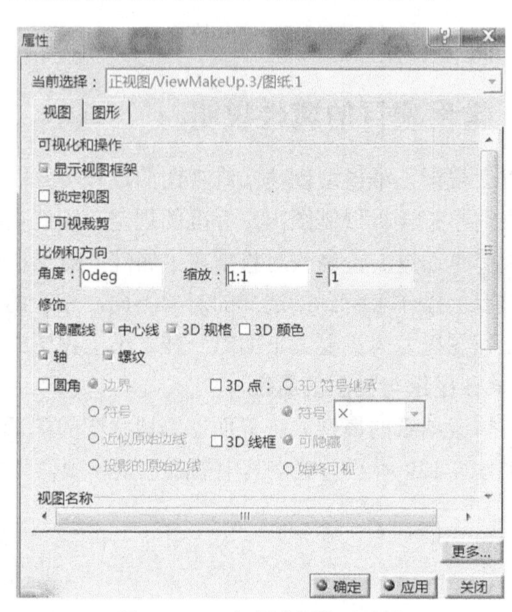


图 9-132　正视图的属性对话框

在正视图及其他视图属性对话框中的“视图”选项卡中可以修改如下属性。

- 显示视图框架：是否显示视图的矩形边框。
- 锁定视图：是否锁定视图。
- 可视裁剪：视图可见性修剪，若选中该复选框，在相应视图中将出现一个可供调整大小的矩形窗口，只显示位于窗口内的图线。
- 比例和方向：显示视图的比例和放置角度。
- 修饰：是否显示视图上的结构元素，包括隐藏线（以虚线显示的不可见轮廓线）、中心线（圆及圆弧圆心上的点画线）、轴线（以点画线显示的回转面的轴线）、螺纹（显示机件上螺纹结构的规定画法）及圆角（以细实线显示的相切面间的分界线，一般不需要显示）。
- 视图名称：定义视图名称的显示内容。
- 生成模式：视图的生成模式，包括精确、CGR（CATIA 图形表现文件）、近似及光栅四种。

**2．修改视图标记的属性**

表示斜视图辅助投影面位置的图线及投射箭头，或者表示剖视图及断面图的剖切平面位置的剖切符号及投射箭头，以及局部放大图上表示被放大部分的圆圈等，在工程制图中均称为标记。当光标移到这些标记的任意位置上单击右键，都会弹出右键快捷菜单，选择其中的“属性”菜单项，就可在弹出属性对话框中对相应的标记进行修改。选择的标记的不同，其对应属性对话框预览窗口中显示的标记符号也不一样。

剖视图及断面图标记属性的修改：光标移到标记符号上单击右键，选择“属性”，如图 9-133 所示，弹出对话框如图 9-134 所示。

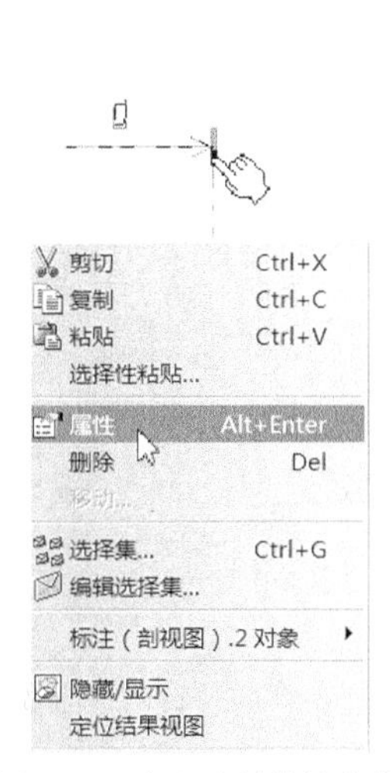


图 9-133 标记右键快捷菜单

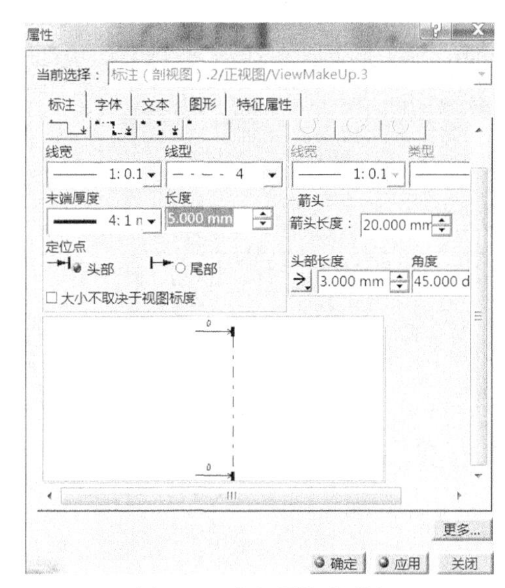


图 9-134 标记属性对话框

在图 9-134 所示标记属性对话框中的“标注”选项卡中包含四个区域的内容。

（1）斜视图/剖视图及断面图的标记符号。

：代表四种不同的剖切符号样式，按机械制图国家标准规定，剖视图及断面图采用第二或第三种样式，而斜视图采用第四种样式。

- 线宽：2 剖切符号连线的宽度，默认值 0.13mm。
- 线型：连线的线型，默认“4 号点画线”，应改为 7 号线。
- 末端厚度：表示剖切位置符号粗短线段的线宽，默认值 1mm。
- 长度：表示剖切位置符号的粗短线段的长度，默认值 5mm。
- 定位点：表示投射方向箭头与剖切位置符号粗短线段的位置关系。默认为头部：，我国制图标注采用尾部。
- 大小不取决于视图标度：表示剖切符号的大小不随视图比例的变化而变化。

（2）局部放大图。

- ：表示局部引出的三种形式。
- 圆圈的线宽。
- 圆圈的线型。

（3）箭头。

- 箭头长度：箭头线的长度，一般取 10mm。
- 箭头形式：展开后显示有四种形式，应取实心箭头。
- 头部长度：箭头部分的长度，一般应取 4mm。

- 箭头角度：一般应取 20deg。

（4）标记符号的预览窗口。

在预览窗口可以直观显示修改后标记符号的变化情况。

例如修改前斜视图的标记属性的预览如图 9-135 所示。对其修改如下：剖切符号选择第四种样式，剖切符号的短粗线段长度取值为 0.001mm（直接输入 0），箭头形式采用实心，箭头长度取值 4mm，箭头角度取值 20°，修改后的预览如图 9-136 所示。

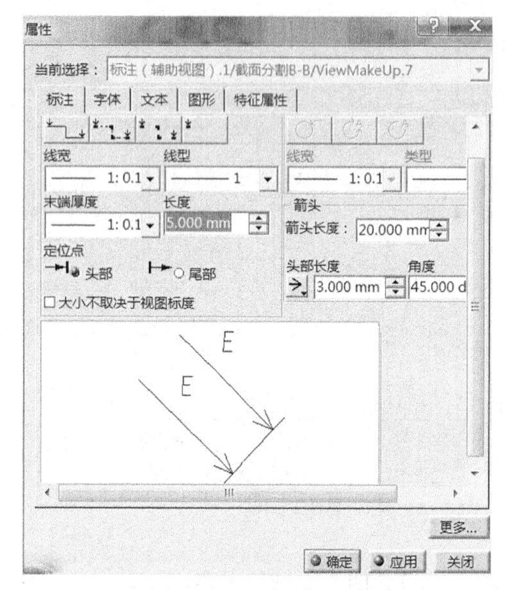

图 9-135　修改属性前的标记预览

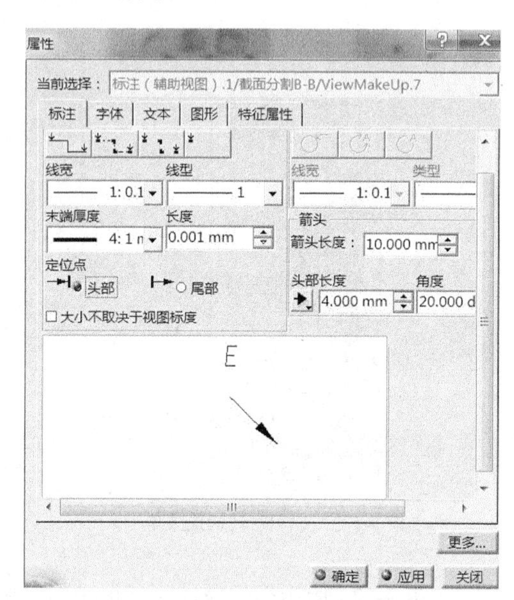

图 9-136　修改属性后的标记预览

斜视图的投影面迹线的起始点应画在适当位置，因起始点位置就是修改后的箭头位置。

## 9.2.7　修改视图的投射方向及剖视图的剖切位置

### 1. 修改主视图的投射方向

当设置的主视图投射方向不理想时，可按图 9-137 所示步骤进行修改。

（1）在主视图的矩形框上单击右键如图 9-137（a）所示。

（2）在快捷菜单中单击“正视图对象”→“修改投影面”，如图 9-137（b）所示。

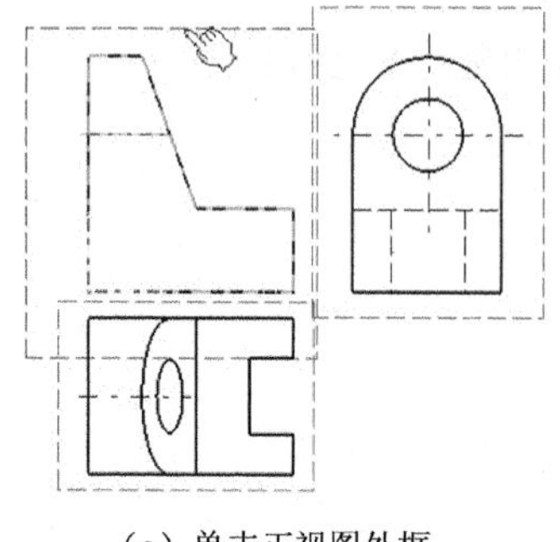

（a）单击正视图外框

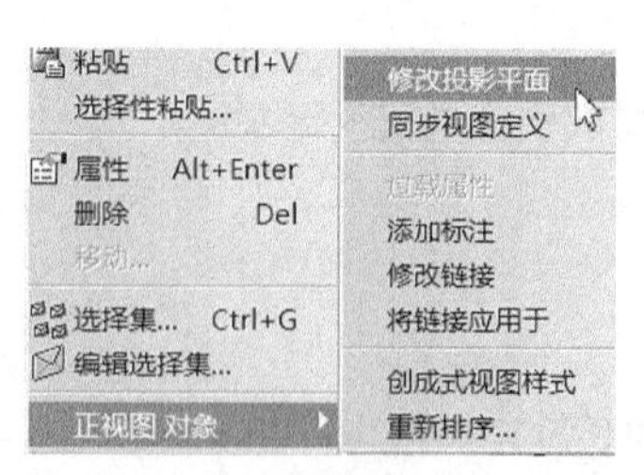

（b）选择修改投影平面

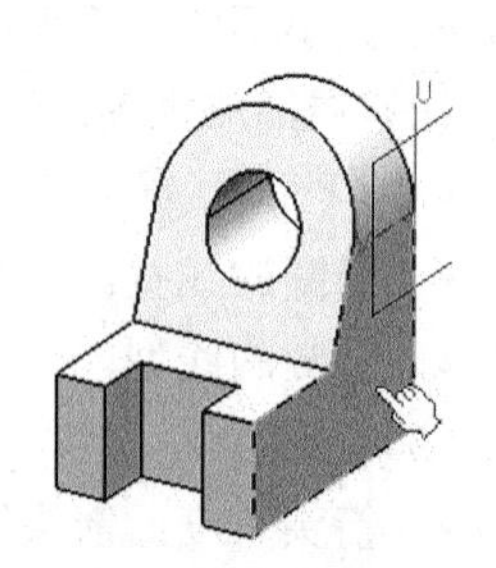

（c）重选投影面

图 9-137　修改主视图的投射方向

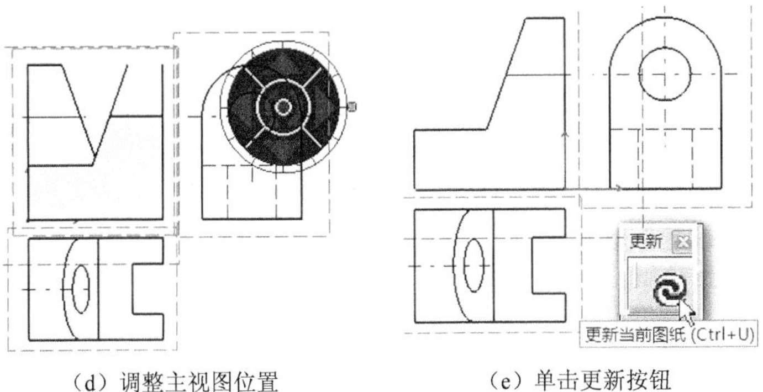


（d）调整主视图位置　　（e）单击更新按钮　　（f）完成主视方向的修改

图 9-137　修改主视图的投射方向（续）

（3）切换至相应的零件设计工作台，重新选择投影面如图 9-137（c）所示。

（4）系统自动返回到工程制图工作台，得到新的主视图预览，通过调整二维罗盘确定主视图的位置，单击鼠标左键，完成主视图投射方向的修改，如图 9-137（d）所示。

（5）单击“更新当前图纸”按钮，如图 9-137（e）所示，其他视图随之得以更新，如图 9-137（f）所示。

### 2. 修改斜视图的投射方向

修改斜视图的投射方向，可按图 9-138 所示步骤进行修改。

（1）双击斜视图标记符号，如图 9-138（a）所示。

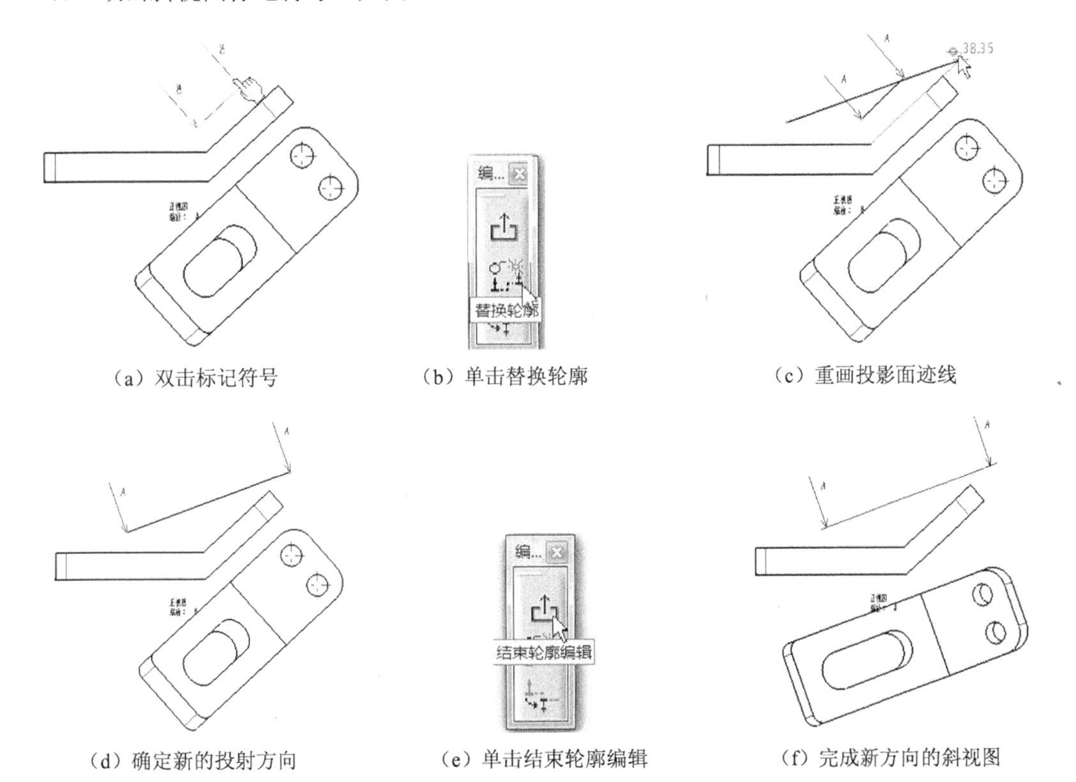


（a）双击标记符号　　（b）单击替换轮廓　　（c）重画投影面迹线

（d）确定新的投射方向　　（e）单击结束轮廓编辑　　（f）完成新方向的斜视图

图 9-138　修改斜视图的投射方向

（2）在轮廓编辑工作台中单击“替换轮廓”按钮，如图 9-138（b）所示。

（3）重新绘制投影面的迹线，如图 9-138（c）所示。

（4）确定新的投射方向，如图 9-138（d）所示。

（5）单击结束轮廓编辑按钮，如图 9-138（e）所示。

（6）系统返回到工程制图工作台，自动完成投射方向的修改，如图 9-138（f）所示。

### 3．修改剖视图及断面图的剖切位置和投射方向

当确定的剖切位置和投射方向不理想时，可重新定义剖切位置及投影方向，其操作方法如图 9-139 所示步骤进行。

（1）双击剖切符号，进入轮廓编辑工作台，如图 9-139（a）所示。

（2）单击替换轮廓按钮，原位置显示为绿线，如图 9-139（b）所示。

（3）重新绘制剖切位置迹线，如图 9-139（c）所示。

（4）单击反转轮廓方向按钮，改变剖切后的投射方向，如图 9-139（d）所示。

（5）单击结束轮廓编辑按钮如图 9-39（e）所示，修改剖切位置和方向的剖视图如图 9-139（f）所示。

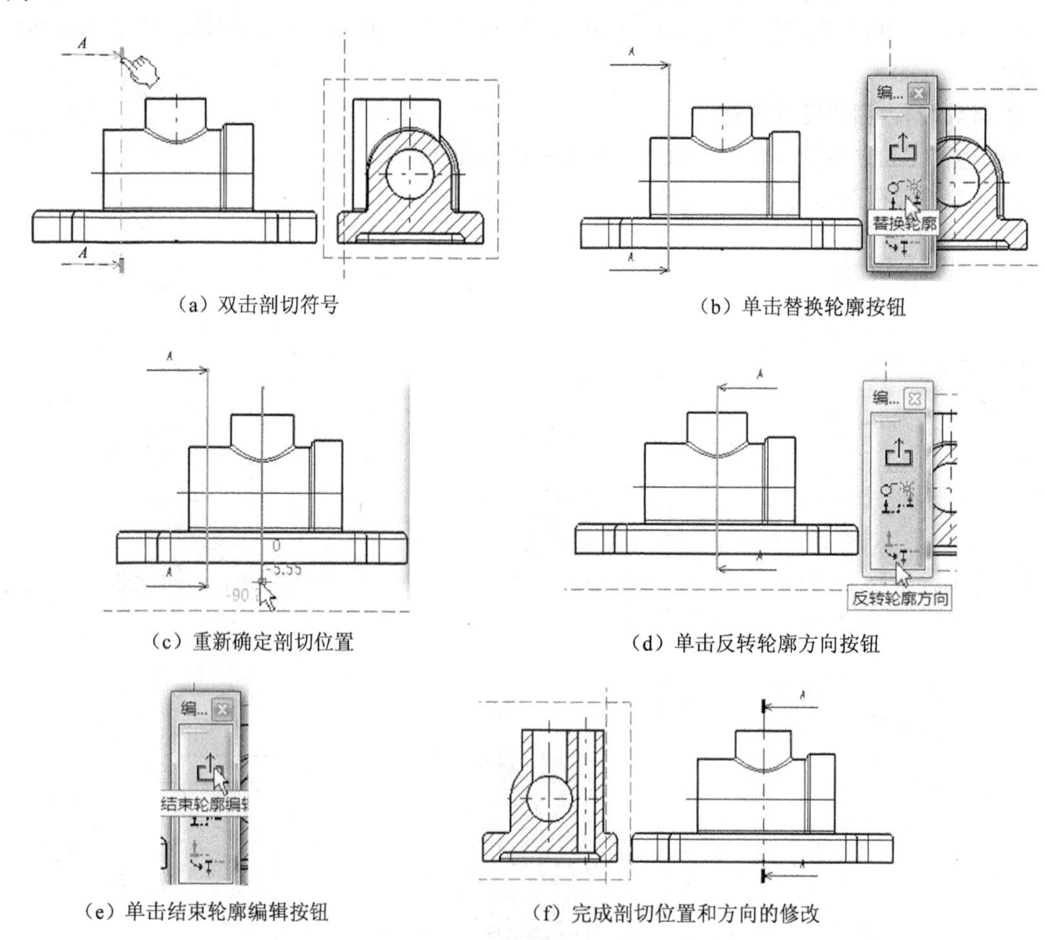


（a）双击剖切符号　（b）单击替换轮廓按钮

（c）重新确定剖切位置　（d）单击反转轮廓方向按钮

（e）单击结束轮廓编辑按钮　（f）完成剖切位置和方向的修改

图 9-139　修改剖视图的剖切位置和投射方向

断面图的剖切位置和投射方向的修改步骤与剖视图的修改步骤相同。

# 9.3 二维视图上的尺寸标注与注释

## 9.3.1　手动标注尺寸

在图样上标注尺寸应满足正确（符合国家标准的规定）、完整（尺寸齐全，不多不少）、清晰（尺寸布置合理，便于看图）、合理（满足设计和制造要求）四项要求。

本节主要介绍如何创建尺寸和修改尺寸的属性以满足上述四项要求。

创成式制图有两种标注尺寸的方法：一种是手动标注，另一种是自动标注。手动标注是利用“尺寸标注”工具栏中的各种命令完成尺寸的创建。创建不同类型尺寸的命令图标位于“尺寸标注”工具栏下的“尺寸”子工具栏中，如图 9-140（a）所示。

当单击“尺寸”工具栏中的按钮时，都会弹出“工具控制板”工具栏，如图 9-140（b）所示，在此工具栏中可选择标注尺寸的方向及填写尺寸数值。

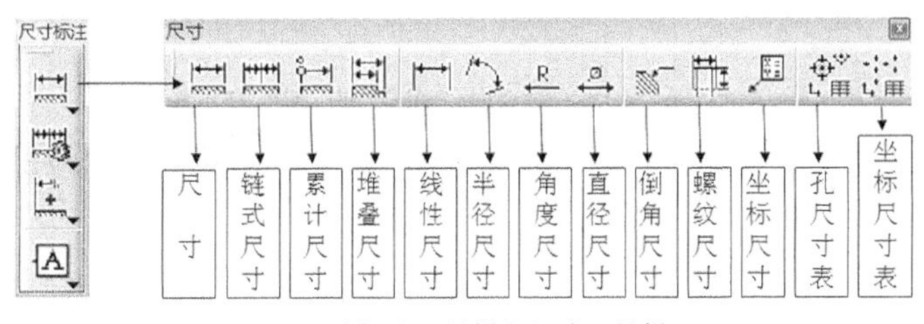


（a）尺寸标注工具栏和尺寸工具栏

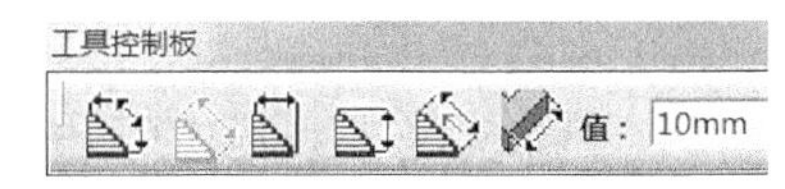


（b）工具控制板工具栏

图 9-140　尺寸标注工具栏、尺寸工具栏和工具控制板工具栏

### 1．尺寸命令的应用

尺寸命令可以满足图样中的大部分标注，它可以标注距离、直径、半径及角度尺寸。

标注尺寸的方法是：单击尺寸子工具栏中所需命令图标，选择视图中标注的对象，移动鼠标使尺寸至合适位置后单击左键，完成一次标注。

标注示例如下：

单击尺寸按钮，单击图 9-141 中的各线段可注出其长度尺寸 40、20 和 10。单击左右两条线可注出距离尺寸 60。单击两条相交线可注出角度尺寸 90°。单击圆或圆弧可注出直径或半径尺寸 $\phi$40、$R$20。单击两个圆可注出图中两个圆心之间的距离 36.06。

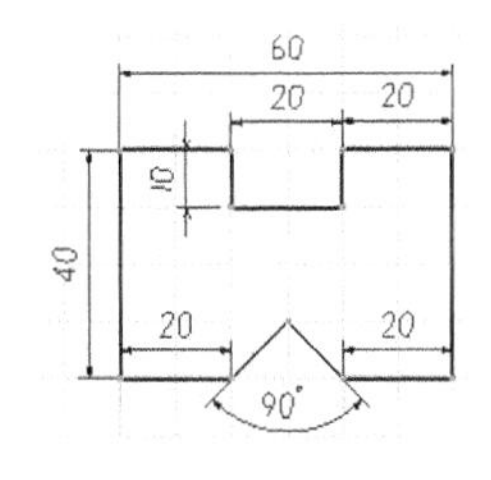


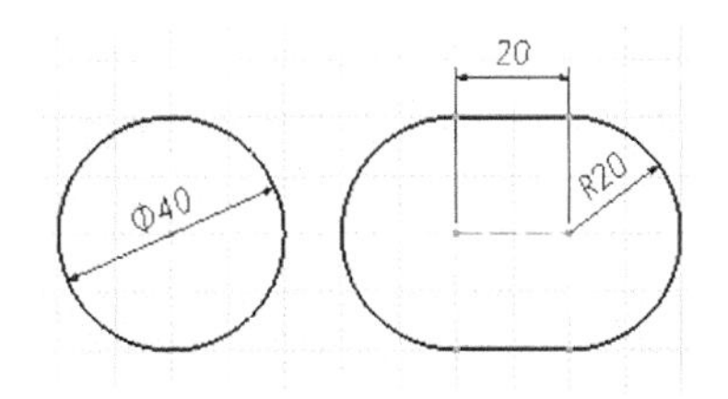


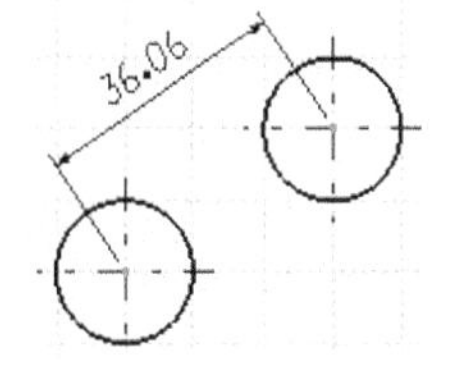


图 9-141　不同元素的尺寸标注

利用尺寸命令标注尺寸时，在出现尺寸数值时单击右键，会弹出相应的尺寸标注样式快捷菜单，在该菜单中选择需要的标注样式。具体操作步骤如图 9-142 所示。

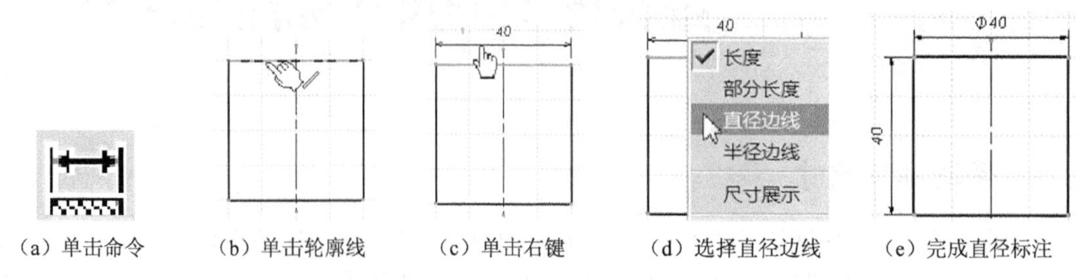


图 9-142　非圆视图上直径的标注

在标注圆柱高度尺寸时可用这种方法在快捷菜单上选择“长度”则标注出的尺寸数值前没有直径符号$\phi$。

若双击尺寸按钮，可连续标注尺寸。

**2．链式尺寸命令的应用**

零件的同一方向尺寸依次首尾相接注写成链状。操作步骤如图 9-143 所示。

单击链式尺寸按钮，从左到右依次选择图 9-143 中 5 条竖直线即可完成链式尺寸标注，这种标注形式比较常用。

**3．累积尺寸命令的应用**

零件的同一方向的尺寸都以一个选定的尺寸基准注起。操作步骤与链式标注相同，其标注形式如图 9-144 所示，这种标注形式在机械工程图样中用的较少。

**4．堆叠式尺寸命令的应用**

堆叠式也称坐标式，同一方向的尺寸都以一个选定的尺寸基准注起。操作步骤与链式标注相同，其标注形式如图 9-145 所示，是一种常用的标注形式。

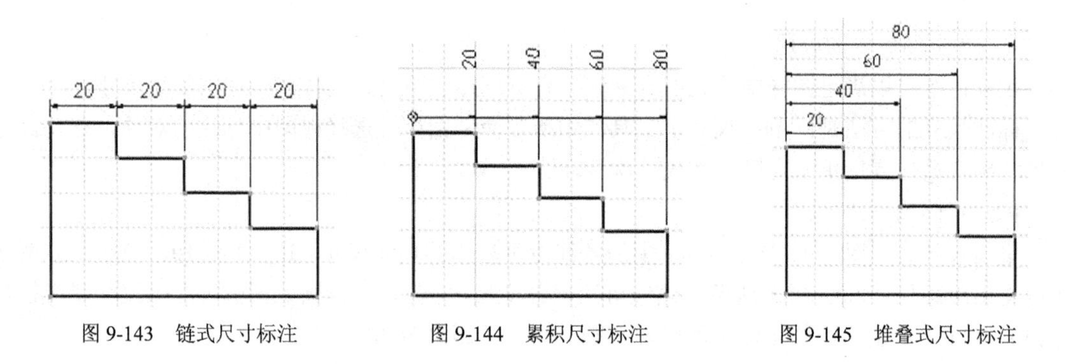


图 9-143　链式尺寸标注　　图 9-144　累积尺寸标注　　图 9-145　堆叠式尺寸标注

**5．长度/距离尺寸命令的应用**

长度/距离尺寸命令可以标注图 9-146 中线段的长度、图形元素间的距离及弧长尺寸。它与尺寸命令的区别是不能标注角度尺寸、圆的直径尺寸和圆弧的半径尺寸。

**6．角度尺寸命令的应用**

该命令专门用于标注两条线段之间的角度，操作与用尺寸命令标注角度尺寸相同。

如果注写的角度数值倾斜时，如图 9-147 所示，可在尺寸上单击右键，在弹出的图 9-149 所示的属性对话框中选择“值”选项卡，将方向窗口切换为固定角度。角度窗口（旋转角度）和偏移窗口（数值与尺寸线间的距离）需根据倾斜方位不同，输入不同的数值才能修改为水平状态。不同方位的倾斜角度值其旋转角度和偏移量可参考图 9-148 进行设置。

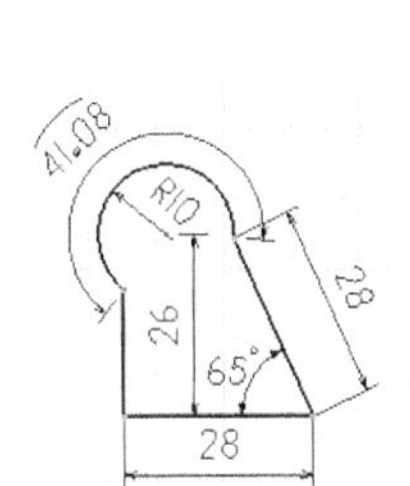

图 9-146 长度/距离/弧长尺寸

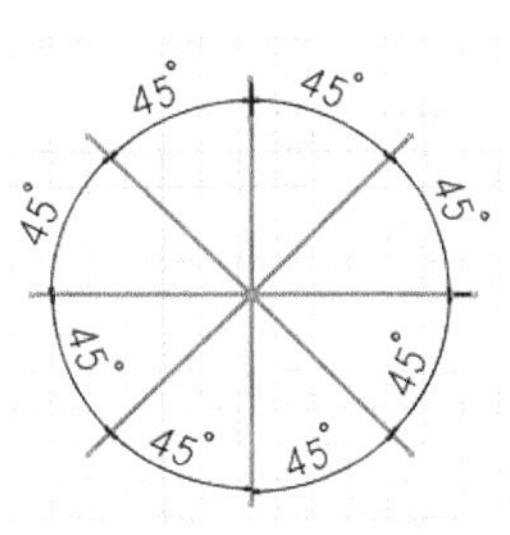
图 9-147 倾斜的角度数值

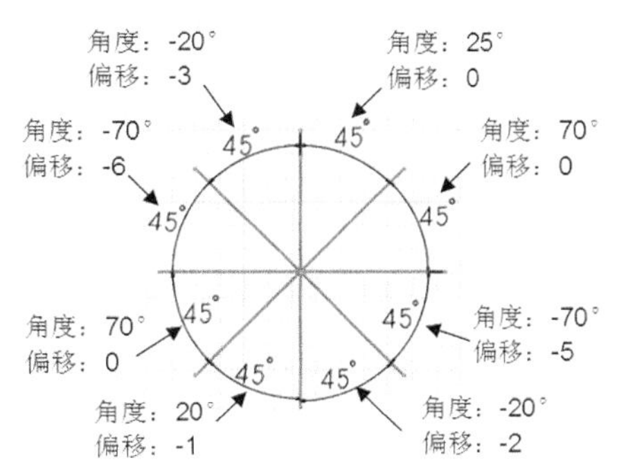

图 9-148 修改后的角度数值

### 7. 半径尺寸及直径尺寸命令的应用

这两种命令可在圆弧、圆及直线段上标注半径尺寸和直径尺寸。操作过程如下：

单击按钮或按钮；分别单击图 9-150 中的圆、圆弧及直线，即可标注出带有半径或直径符号的尺寸。

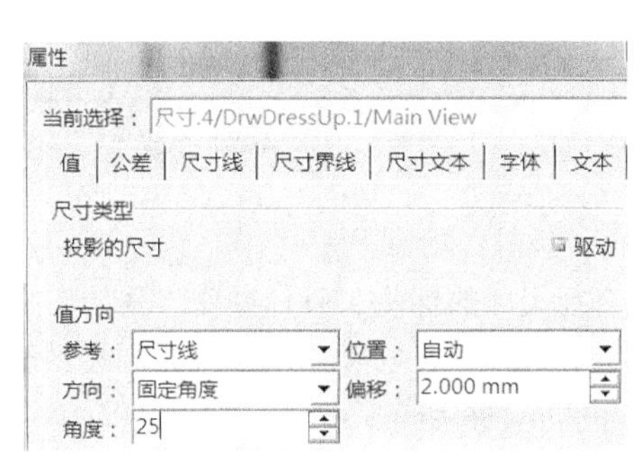

图 9-149 属性对话框中的设置

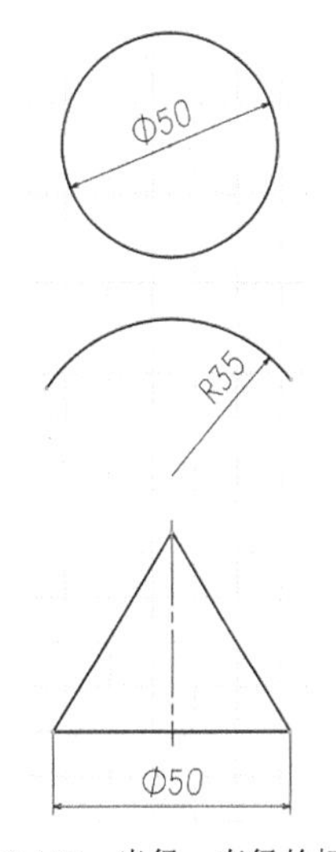

图 9-150 半径、直径的标注

### 8. 倒角尺寸命令的应用

该命令主要用于轴端或孔端倒角的标注。具体操作步骤如下：

单击倒角尺寸按钮；（在弹出的“工具控制板”上有 3 种尺寸形式和单符号、双符号 2 种标注样式可供选择，如图 9-151 所示。45°倒角时一般选择“长度 X 角度”；标注样式可根据具体位置自行确定）光标指向倒角单击左键，即可标注出倒角尺寸。

当光标移至倒角尺寸并按下左键移动鼠标可改变倒角尺寸位置。当光标移至 “单符号”倒角尺寸并单击右键，在属性对话框中选择“尺寸线”选项卡，在展示窗口中选择“两部分”如图 9-152 所示，即可改变倒角的标注样式如图 9-153 所示。

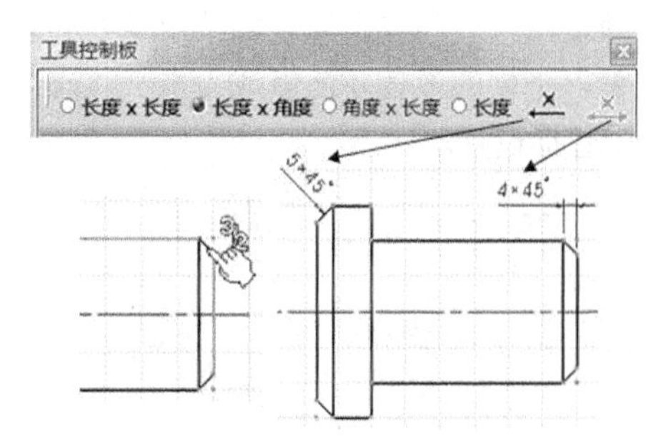


图 9-151 倒角尺寸的标注

图 9-152 选择两部分

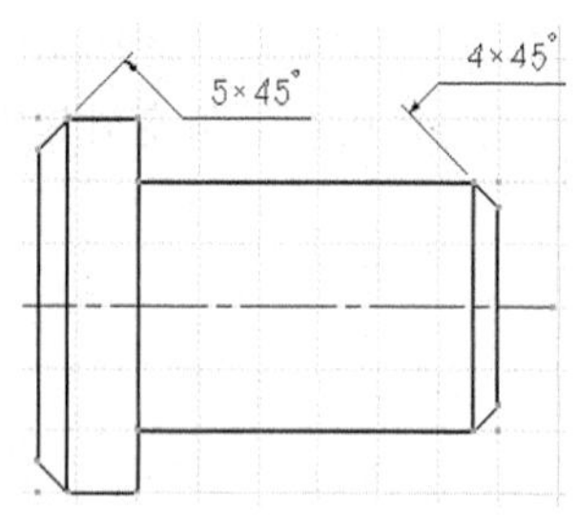


图 9-153 改变标注样式

### 9. 螺纹尺寸命令的应用

该命令用于内外螺纹的标注。具体操作步骤如下：

单击螺纹尺寸按钮，单击轴线两侧的大径线即可自动完成内外螺纹直径和螺纹长度的尺寸标注，如图 9-154 所示。

### 10. 坐标尺寸命令的应用

该命令用于确定单点、圆心及线段交点坐标的标注。具体操作步骤如下：

单击坐标尺寸按钮，单击待标注的点，即可自动完成点坐标尺寸的标注，如图 9-155 所示。

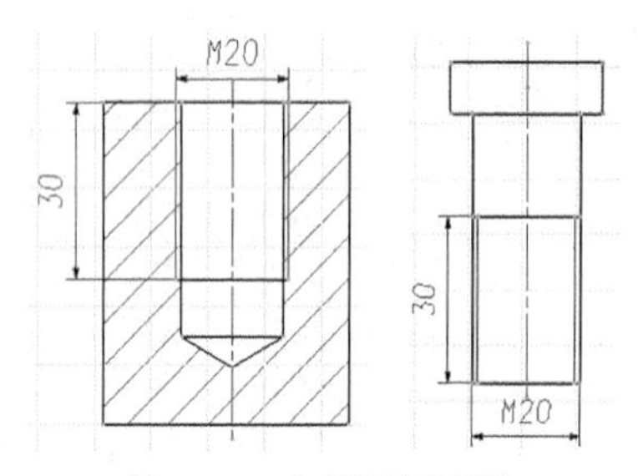


图 9-154 内外螺纹的标注

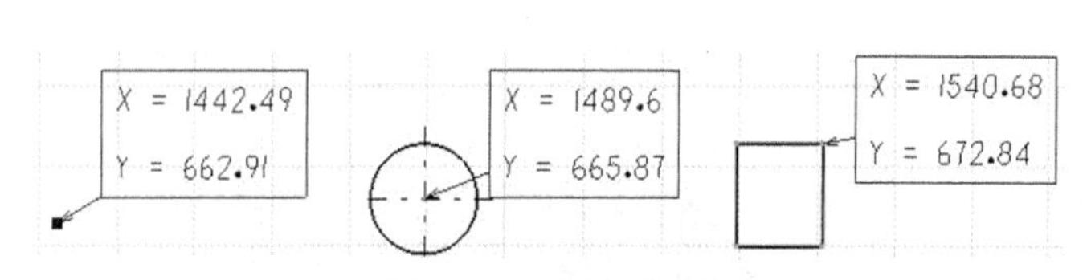


图 9-155 点坐标的标注

### 11. 孔尺寸表命令的应用

该命令用于确定一系列圆的圆心点坐标及直径尺寸的标注。具体操作步骤如下：

按下 Ctrl 键连选需要标注的圆，单击孔尺寸表按钮，在弹出的“轴系和表参数”对话框上单击确定即可自动完成所选各孔的参数列表，如图 9-156 所示。

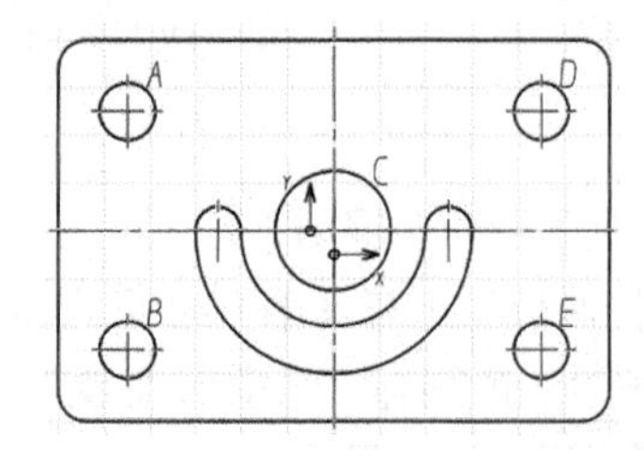


| 参考 | X | Y | 直径 |
|---|---|---|---|
| A | -45 | 25 | 12 |
| B | -45 | -25 | 12 |
| C | 0 | 0 | 25 |
| D | 45 | 25 | 12 |
| E | 45 | -25 | 12 |

图 9-156 所选孔及其参数表

### 12. 坐标尺寸表命令的应用

该命令用于确定视图中各种点（顶点、端点、圆心点）的坐标标注，尤其适合多点的标注，具体操作步骤如下：

按下 Ctrl 键连选需要标注的圆心（如果带有若干圆的视图是由如图 9-157 所示的三维模型自动生成，其圆心点应利用创建点▪的命令添加圆心点），如图 9-158 所示。单击坐标尺寸表按钮，在弹出的“轴系和表参数”对话框的标题窗口中填写标题，如“定位板”，如图 9-159 所示，单击对话框上的确定按钮即可自动生成所选各圆心点的参数列表，如图 9-160 所示。

图 9-157 所选孔及其参数表

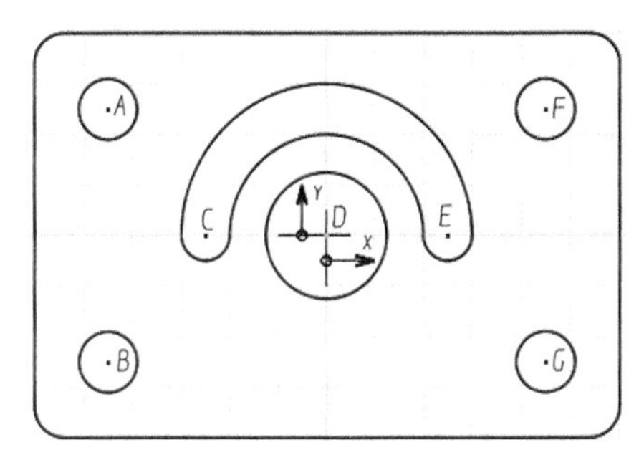


图 9-158 创建圆心点并连选这些点

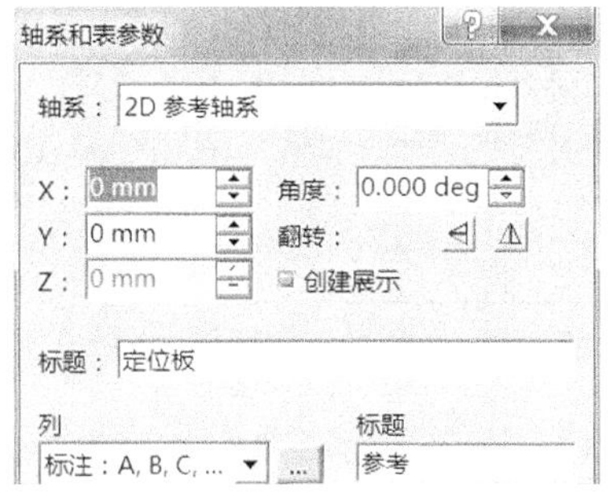


图 9-159 填写标题

| 定位板 | | |
|---|---|---|
| 参考 | X | Y |
| A | -45 | 25 |
| B | -45 | -25 |
| C | -25 | 0 |
| D | 0 | 0 |
| E | 25 | 0 |
| F | 45 | 25 |
| G | 45 | -25 |

图 9-160 生成尺寸表

## 9.3.2 自动生成尺寸

### 1. 一次性生成尺寸

在工程制图工作台中，根据三维数字模型创建二维视图后，可通过执行“生成”工具栏中的“生成尺寸”命令，把在草图中建立的尺寸约束，在创建三维特征时建立的尺寸约束一次性生成在二维视图上。这些尺寸包括长度、角度、直径、半径等定形尺寸。

自动生成尺寸的过程和类型与“生成”选项卡中的设置有关。打开“生成”选项卡对话框的操作如下：单击“工具”下拉菜单→选项；在弹出的选项对话框中选择“机械设计”→“工程制图”→“生成”，如图 9-161 所示。

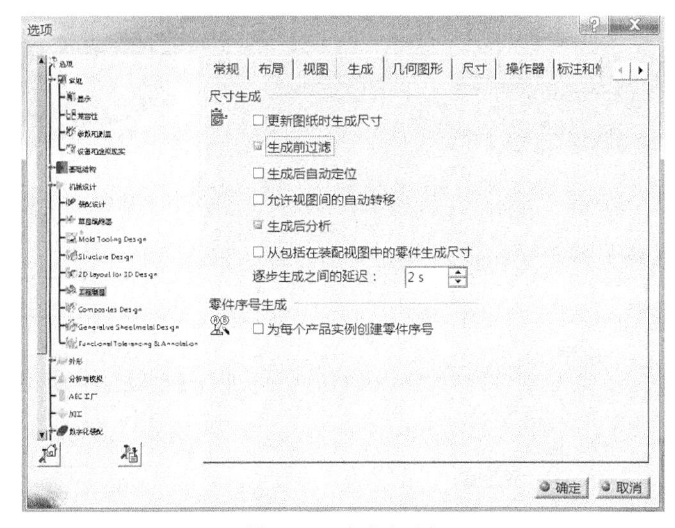


图 9-161 生成选项卡

生成选项卡中的设置说明：

（1）当取消“尺寸生成”区中的所有选项时，单击生成尺寸命令，视图中会自动生成检测到的长度、直径、半径、角度等定形尺寸，如图 9-162 左图所示。

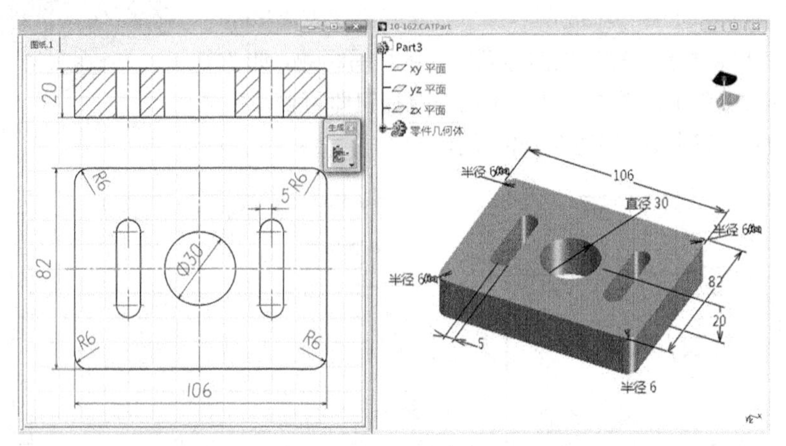


图 9-162　显示两个窗口

（2）当选择“生成后分析”选项后，单击生成尺寸命令，会弹出图 9-163 所示的生成的尺寸分析对话框。在此对话框的窗口中：显示 part3 零件视图上的尺寸约束数是 12 个，注出的尺寸数是 9 个。在 3D 约束分析区中：若选择“已生成的约束”，就会在三维窗口中的物体上显示已经约束的定形尺寸，如图 9-162 右图所示；若选择“其他约束”，就会在三维窗口中的物体上显示已经约束的定位尺寸，如图 9-164 所示；这些尺寸在二维视图上没有自动生成；若选择“排除的约束”，用于显示被排除尺寸约束。在 2D 尺寸分析区中：选择新生成的尺寸，就会高亮显示修改后最新生成尺寸；选择生成的尺寸，就会高亮显示已经生成的尺寸约束，它与 3D 约束分析区中的已生成的约束相对应；选择其他尺寸，就会高亮显示手动标注的其他尺寸，如图 9-165 中手动标注的定位尺寸 60 和 30 和修改的半径尺寸 *R*5。

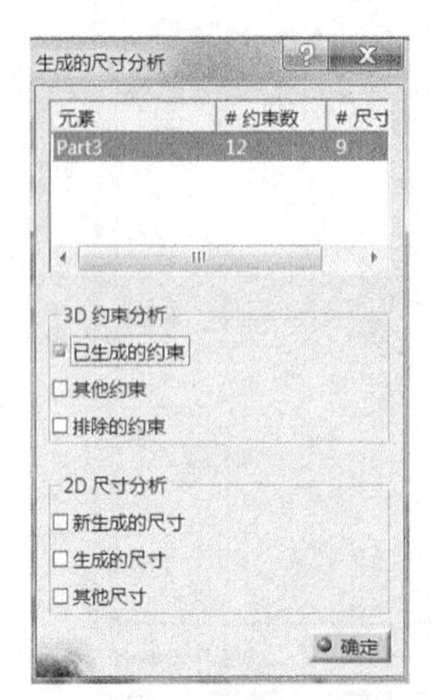


图 9-163　生成的尺寸分析对话框

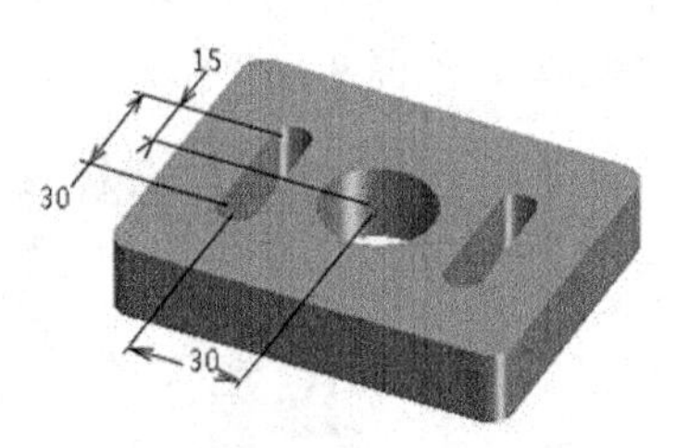


图 9-164　3D 中的其他约束

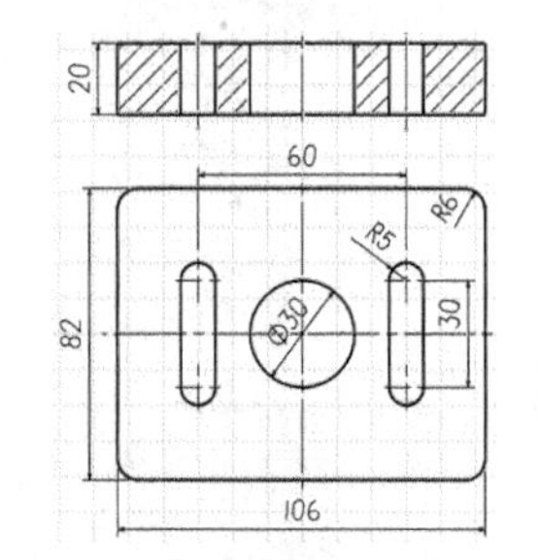


图 9-165　2D 中的其他尺寸

使用图 9-163 所示对话框时，最好能同时看到图 9-162 所示的三维立体和二维视图两个窗口。若同时显示两窗口，单击“窗口”下拉菜单→垂直平铺，即可同时显示两个窗口。

（3）当选择“生成前过滤”选项后，可以在装配图中对零件的视图进行选择性的标注。

单击生成尺寸命令，会弹出图 9-166 所示的尺寸生成过滤器对话框，在此对话框中单击“添加所有零件”按钮，会把装配体中的所有零件添加到对话框的窗口中（见图 9-167 中的轴和带轮），若此时单击“确定”按钮，将生成窗口中所有零件的尺寸。若将选中（选中轴，单击移除）的零件移除后，单击“确定”按钮，则只标注保留零件的尺寸，如图 9-168 所示。

图 9-167 轴与带轮

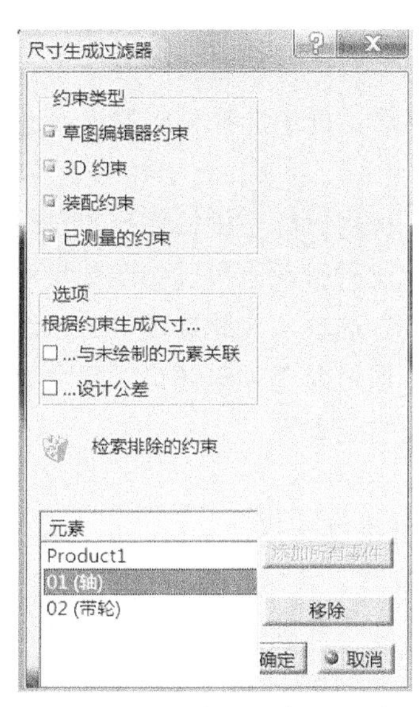

图 9-166 尺寸生成过滤器对话框

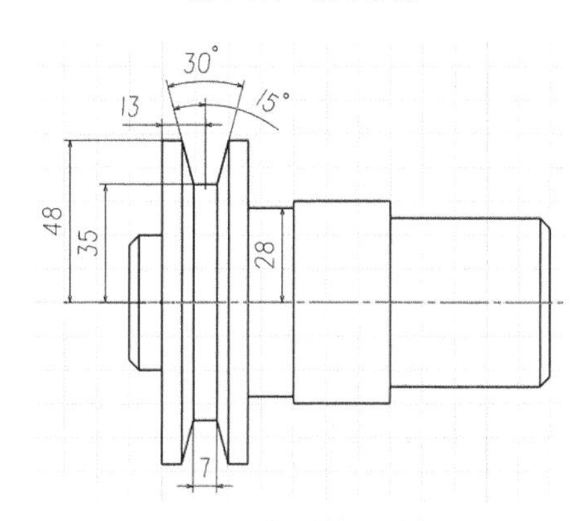

图 9-168 移除轴的尺寸标注

若同时选择“生成后分析”选项，在显示的二、三维两窗口中对尺寸进行分析。

**2．逐步生成尺寸**

逐步生成尺寸与一次性生成尺寸的设置和操作相同，区别在于执行逐步生成尺寸命令后，在弹出的逐步生成尺寸对话框中单击“下一个尺寸生成”按钮▶，将会按设定的时间间隔在视图上逐个生成检测到的全部尺寸。生成全部尺寸后，对话框自动消失。读者可用逐步生成尺寸命令，生成全部尺寸，这里不再赘述。

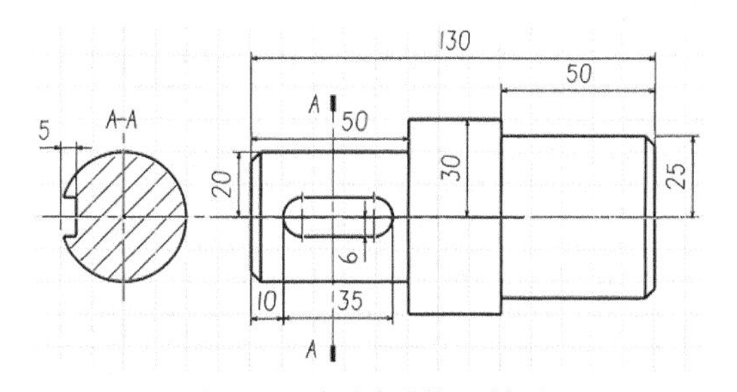

图 9-169 自动生成的尺寸标注

从图 9-169 可看出，不论用哪种方式自动生成的尺寸，都不能完全符合尺寸标注要正确、完整、清晰、合理四项要求。因此自动生成尺寸后，应根据要求对尺寸进行手动修改。图 9-170 是修改后的尺寸标注。

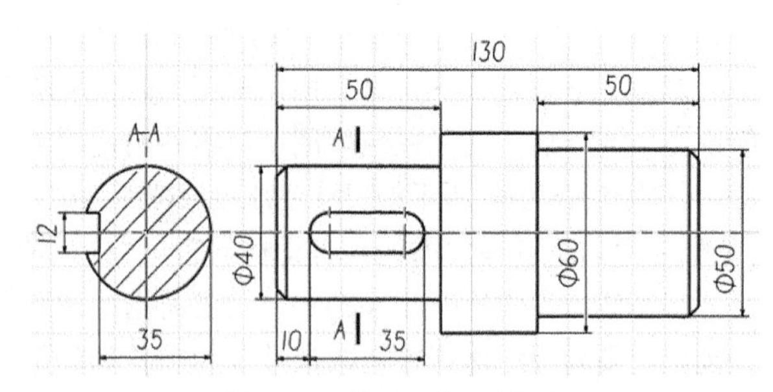


图 9-170 修改后的尺寸标注

## 9.3.3 尺寸要素的修改

一个完整的尺寸标注包括尺寸界线、尺寸线和尺寸数字三个基本要素。无论手动或自动生成的尺寸如果不符合正确、完整、清晰、合理四项要求，都需要进行调整和修改。

修改尺寸要素的步骤：选择尺寸；单击右键；在属性对话框中选择相应的选项进行修改。

**1．尺寸界线的调整和修改**

标注一个尺寸时，尺寸界线与轮廓线之间如有间隙，可用鼠标左键按住尺寸界线端部的小矩形框拖至轮廓线，如图 9-171 中的尺寸 20。如果多处出现这种情况，可选中全部尺寸后，在尺寸界线上单击右键，在弹出的属性对话框中选择“尺寸界线”选项，在此选项下将“消隐”两窗口数值改为“0”则取消全部尺寸界线与轮廓线之间的间隙。通过此选项卡还可对尺寸界线的其他方面进行设置，如是否显示尺寸界线，尺寸界线超出尺寸线的距离等。

**2．尺寸线的调整和修改**

- 尺寸线位置的调整：可用鼠标左键按住尺寸线将其拖至合适位置后再单击左键。
- 尺寸线箭头的修改：如果视图中既有双箭头也有单箭头的尺寸线，一定要先选择所有双箭头的尺寸线，然后单击右键，在属性对话框中选择“尺寸线”选项，在此选项中可将开放箭头改为实心箭头。如果连选图 9-171 中 *R*5、*R*6 和$\phi$10 后，在“尺寸线”选项下将“展示”窗口中的“常规”切换为“两部分”即可在尺寸数字改为水平标注，如图 9-172 所示。单击尺寸箭头可将其改在尺寸界线内侧或外侧，如图 9-171 所示的 84 尺寸的箭头。

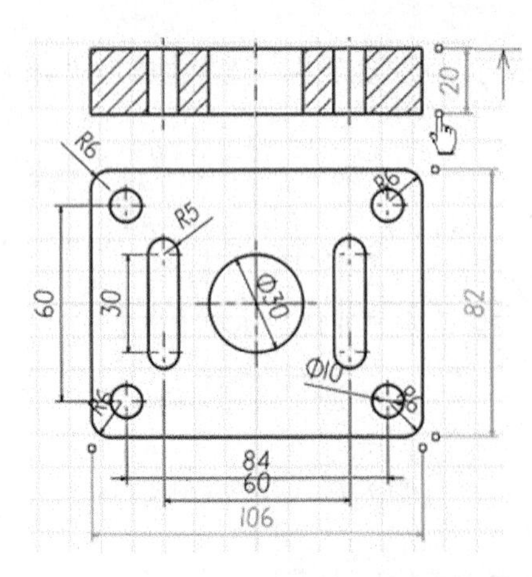


图 9-171 修改前的尺寸标注

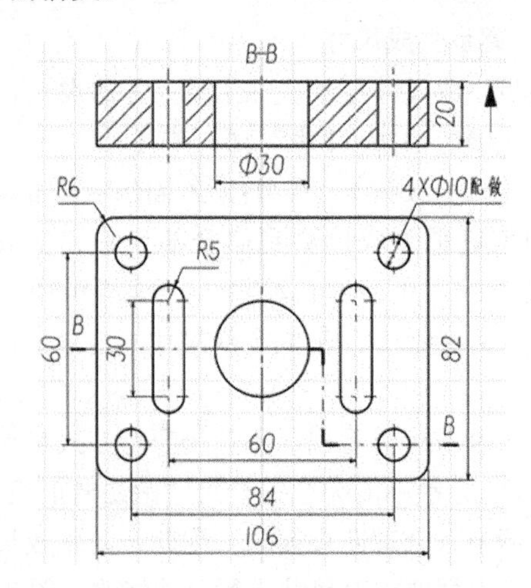


图 9-172 修改后的尺寸标注

3. 尺寸数字的调整和修改

• 尺寸数字位置的调整：按下 shift 键的同时，在尺寸线上按下左键移动鼠标即可将尺寸数字移到合适的位置。

• 尺寸数字字号的调整：全选标注的尺寸后，在界面左上角文本属性窗口中选择合适的字号。也可单击右键在属性对话框中 “字体”选项下进行修改。

• 尺寸数字的编辑：选择需要编辑的尺寸，如选择图 9-171 中的$\phi$10，单击右键，在属性对话框中选择“尺寸文本”选项，在此选项卡中可对文本进行编辑。例如在“主值”左侧的窗口中填写“4×”，右侧的窗口中填写“配做”，单击“确定”按钮，即可为尺寸$\phi$10 添加前后缀，如图 9-172 所示。

## 9.3.4 标注尺寸公差

在 CATIA V5 工程制图工作台中，在已经标注的尺寸上单击左键，界面左上角的“尺寸属性”和“数字属性”工具栏中的五个选项被激活，通过对五个选项的操作，即可标注出符合要求的尺寸公差。

1. 尺寸属性和数字属性工具栏

激活的“尺寸属性”和“数字属性”工具栏都可展开，如图 9-173 所示。从左到右依次如下。

（1）尺寸文字标注形式，有 4 种文字标注形式供选择。

（2）公差格式，系统预定义了 23 种公差格式供选择（图 9-173 只显示 8 项）。

（3）上、下偏差值或公差带代号输入及选择窗口。

（4）偏差值的单位制及格式，通常选择默认格式“NUM.DIMM”。

（5）偏差值的单位精度，一般要求是精确到小数点后三位，即选择 0.00100。

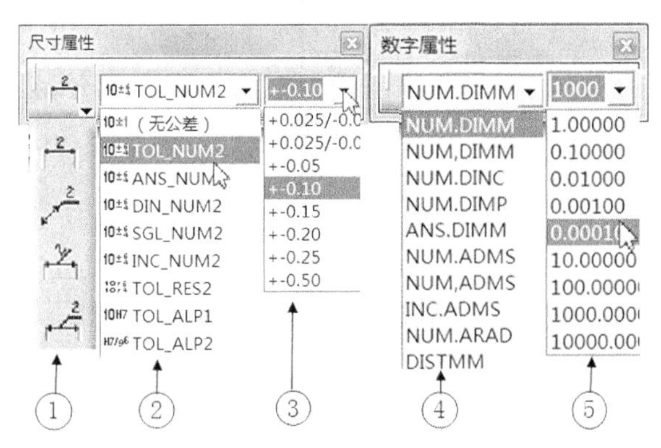


图 9-173 尺寸属性和数字属性工具栏

2. 尺寸公差在零件图和装配图上的标注示例

不论在哪种图上标注，都是先注出公称尺寸（如$\phi$20），然后在其上单击左键，在“公差格式”窗口中选择相应格式，在上、下偏差值或公差带代号窗口中输入及选择相应偏差或公差带代号。图 9-174 给出了在零件图上的公差标注示例。

需要说明的是，当选择一种公差格式，如图 9-174（a）选择“TOL_ALP1”，打开其右侧窗口就会对应一系列优先配合的公差带代号可供选择。如果窗口中没有相应的公差带代号或偏差值选用，则可利用键盘输入。

公差带代号输入格式为：f6、G7 等。偏差值输入格式为：0.033/0、−0.020/−0.041 等，如图 9-174（b）、（e）所示。

图 9-174（c）的标注是根据选项自动生成。如不能自动生成，只需输入 f7（）即可，与 f7 对应的上下偏差在括号内会自动生成，如图 9-174（f）所示。

图 9-175 给出了在装配图上三种公差带代号的标注示例。

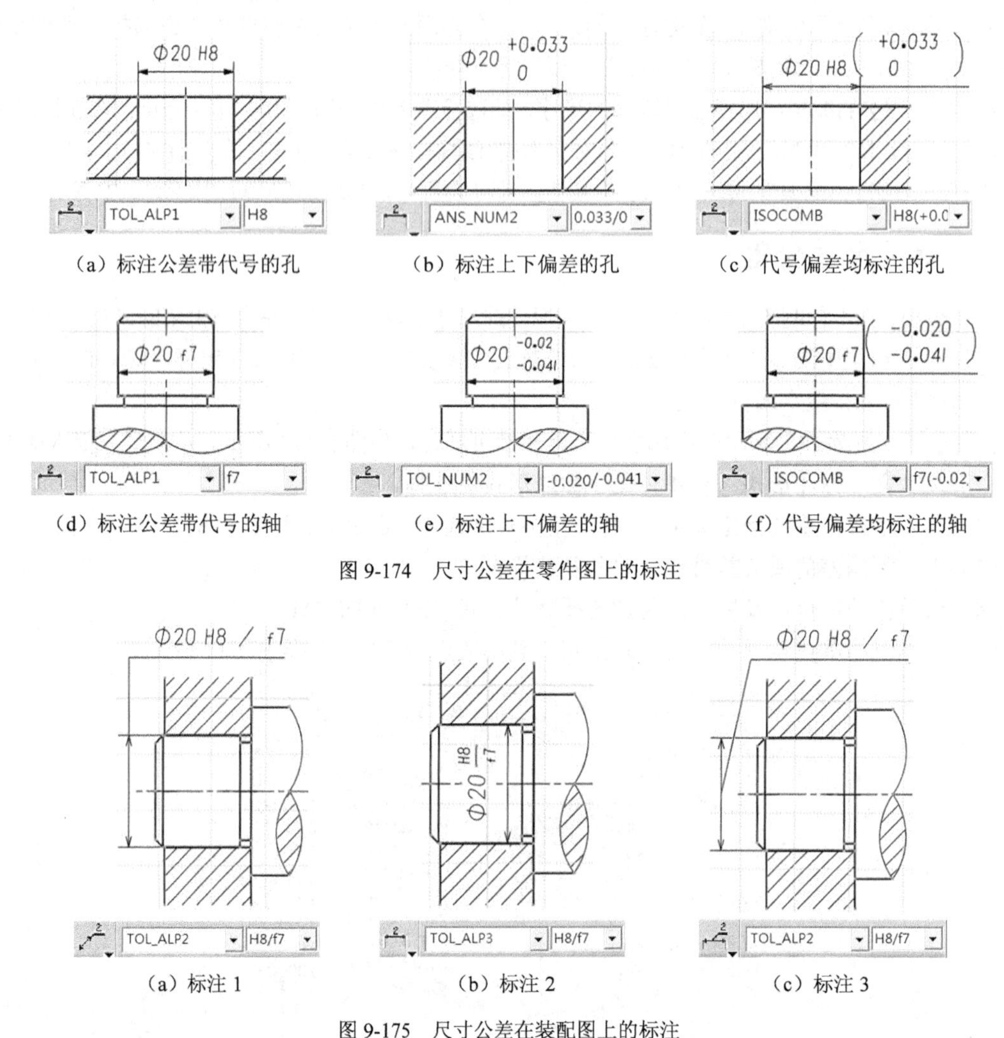


（a）标注公差带代号的孔　（b）标注上下偏差的孔　（c）代号偏差均标注的孔

（d）标注公差带代号的轴　（e）标注上下偏差的轴　（f）代号偏差均标注的轴

图 9-174　尺寸公差在零件图上的标注

（a）标注 1　（b）标注 2　（c）标注 3

图 9-175　尺寸公差在装配图上的标注

## 9.3.5 标注形位公差

标注形位公差和基准特征的两个命令图标、位于“尺寸标注”工具栏中，如图 9-176 所示。

### 1．标注形位公差

标注形位公差的操作方法如下。

（1）单击“形位公差”命令图标。

（2）选择要标注形位公差的一个要素（视图中的图线、尺寸线、尺寸界线等）或在视图中某一区域内单击左键，就会出现一个形位公差项目框格，拖动鼠标时在定位点与框格之间出现一条可伸缩的指引线，如图 9-177 所示。当按下 shift 键时，引线变成水平方向，如图 9-178 所示。移动鼠标即可调整框格的位置和方向，确定位置后单击左键，会弹出如图 9-179 所示的对话框。

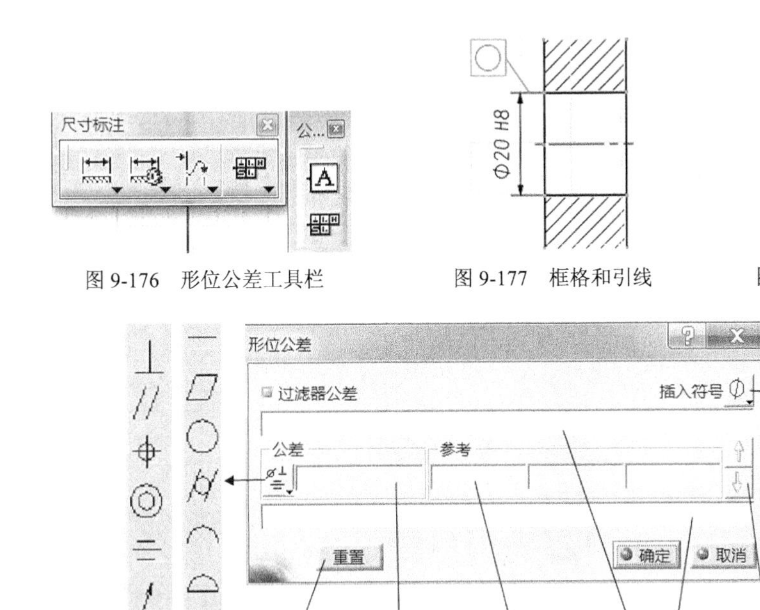


图 9-176　形位公差工具栏

图 9-177　框格和引线

图 9-178　按下 Shift 键

图 9-179　形位公差设置对话框

（3）在对话框中设置选项和输入公差值：单击项目符号按钮≛，选择需要的项目符号。如选择垂直度符号⊥，在激活的公差值输入框内单击左键，单击插入符号按钮，选择直径符号Φ，键盘输入 0.021，单击插入符号按钮，选择符号Ⓜ，在激活的参考窗口内输入 A，在上文本窗口中输入 2×，单击“确定”按钮，形位公差的初始标注如图 9-180 所示。

（4）调整标注：按下 Shift 键，拖动鼠标将引线移至与尺寸线对齐。右击引线端部菱形黄色图标，如图 9-181 所示；在弹出的快捷菜单中选择 符号形状 → 实心箭头（为指引线添加箭头），最终标注效果如图 9-182 所示。

若要改变框格大小，单击框格，在文本属性对话框中选择字号即可。

若要修改形位公差标注，只需在原有标注上双击左键，即可对其进行重新定义。

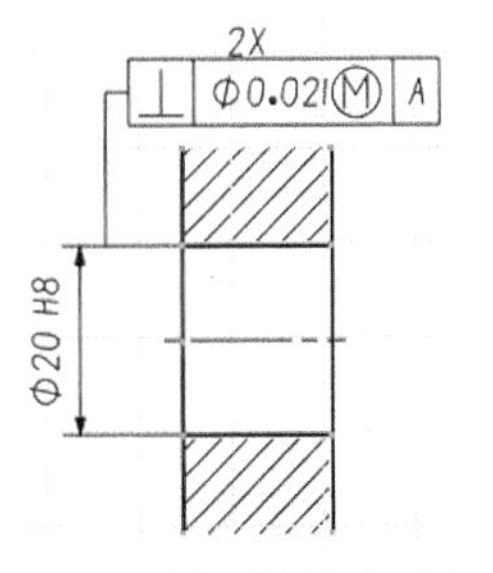


图 9-180　形位公差的初始标注

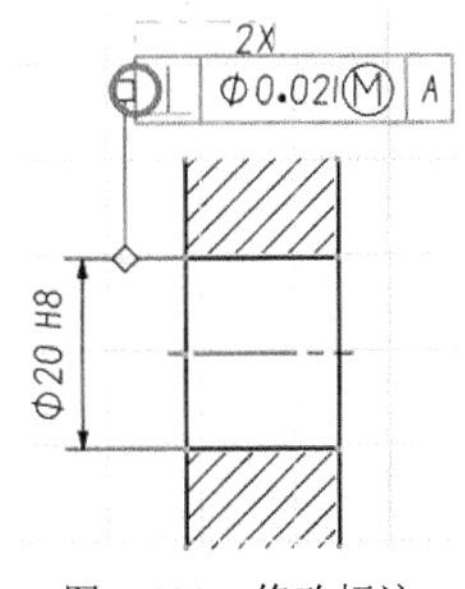


图 9-181　修改标注

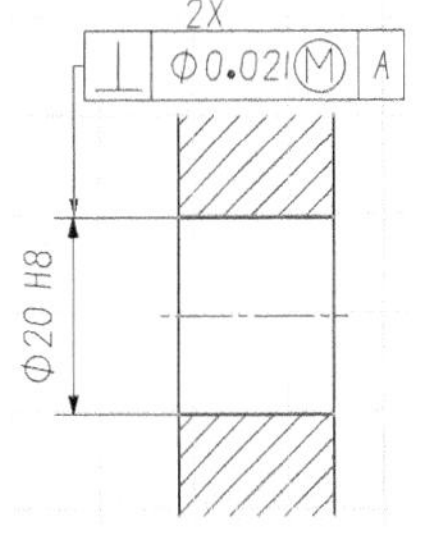


图 9-182　修改后的标注

### 2. 标注基准符号

标注基准符号的操作方法如下。

（1）单击基准符号命令图标。

（2）选择要标注基准的要素（如选择图 9-183 右边线），即刻出现一个基准符号预览，按下 Shift 键，拖动鼠标将其移至合适位置后单击左键。在弹出的“创建基准”对话框中输入与形位公差引用的基准相一致的符号（A）后单击“确定”按钮，如图 9-184 所示。

（3）右键单击基准符号上菱形黄色图标，在弹出的快捷菜单中选择符号形状→实心三角形，最终标注效果如图 9-185 所示。

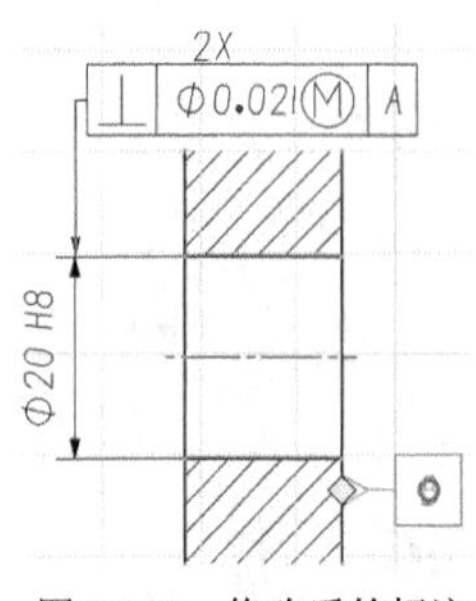

图 9-183 修改后的标注

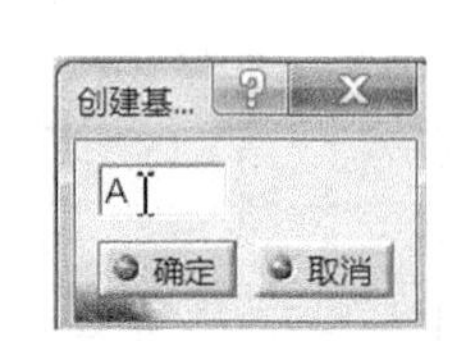

图 9-184 创建基准对话框

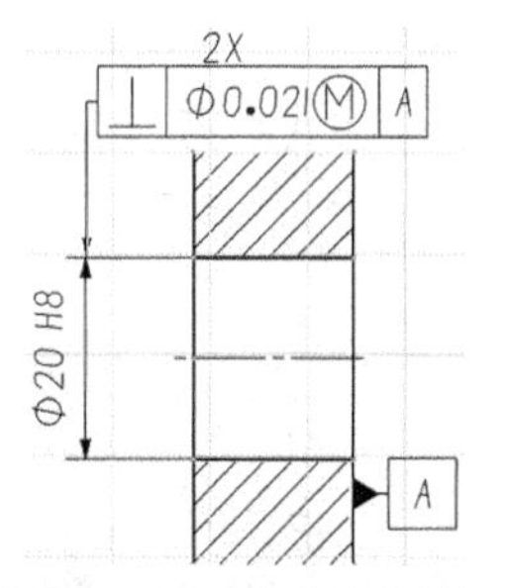

图 9-185 完成的基准符号标注

## 9.3.6 标注表面粗糙度

标注表面粗糙度的命令图标位于“标注”工具栏中。

标注表面粗糙度的操作方法如下：

（1）单击标注工具栏中的表面粗糙度命令图标。

（2）单击欲标注表面的轮廓线时（单击的点即为标注表面粗糙度符号的定位点），即刻出现一个粗糙度符号预览并显示“粗糙度符号”对话框，该对话框内各窗口及各按钮的含义如图 9-186 所示。

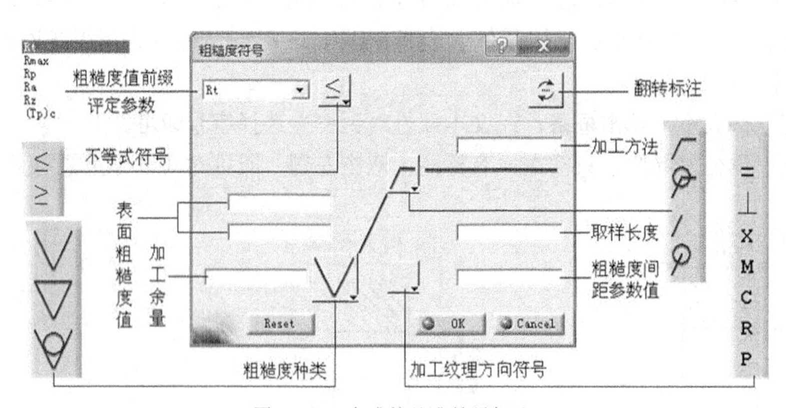

图 9-186 完成的基准符号标注

（3）在该对话框各个窗口中键入值，标注预览同步显示。由于“轮廓算术平均偏差”*Ra*，被广泛用于评定零件表面精度，因此可按图 9-187 进行设置。标注后如方向不对，可单击翻转标注按钮改变符号方向。如位置不理想可按住 Shift 键的同时用鼠标拖至适当位置，常规标注如图 9-188 所示。

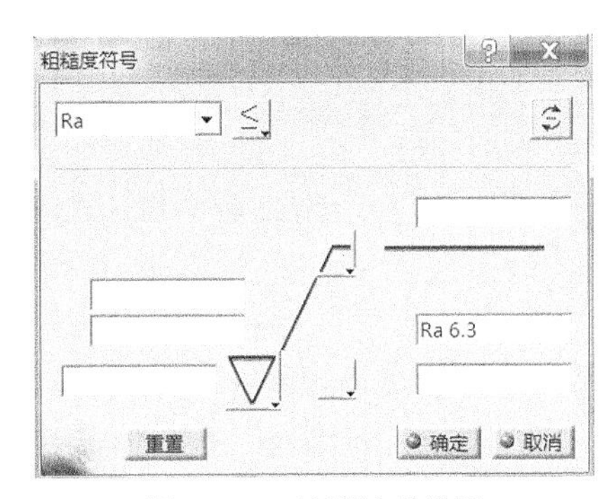


图 9-187 对话框中的设置

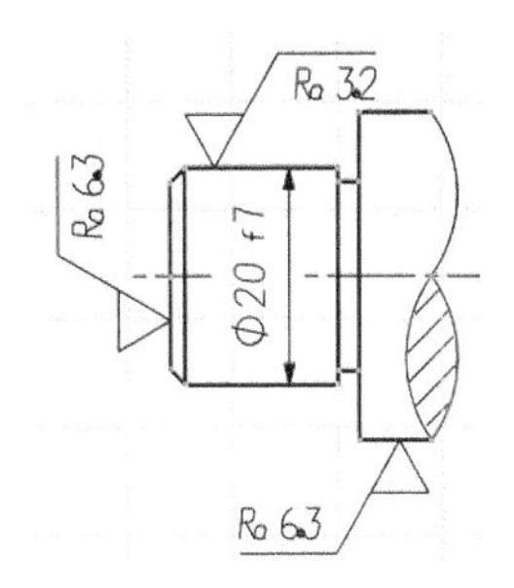


图 9-188 粗糙度符号的标注

## 9.3.7 文字注释

文字注释的命令图标**T**位于标注工具栏中。

标注文字的操作方法如下：

（1）激活欲标注文字的视图。

（2）单击文本命令图标**T**。

（3）在视图中的合适位置单击左键，出现绿色框以及“文本编辑器”对话框，如图 9-189 所示。

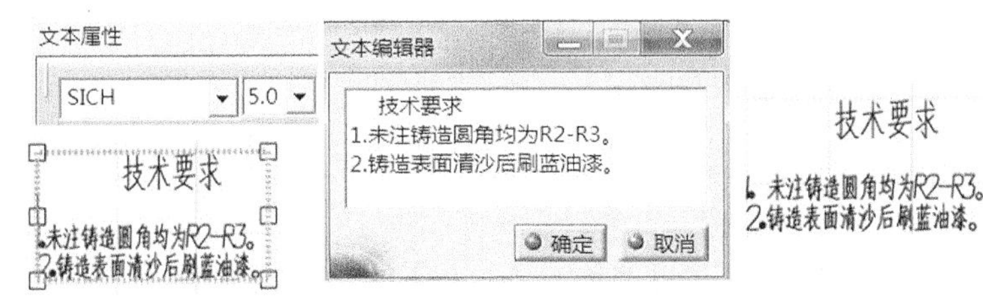


图 9-189 文字的注写与编辑

（4）选择输入法，在文本编辑器中输入文字，换行时需按下 Shift 键的同时按下回车键。

（5）如若改变字体大小，可在文本编辑器中将其刷蓝，在文本属性工具栏中选择字号（技术要求四个字选择的是 5 号字），单击“确定”按钮，完成文字的注写，如图 9-189 右图所示。

（6）如若改变注写后的位置，先将光标置于文字上，出现篮框时，按下 Shift 键，再按下左键，即可将注写的文字，整体移动到合适位置。

在文本编辑器对话框中键入文字时，可在“文本属性”工具栏中设置输入文字的字体、字高、格式、对齐方式和插入的特殊符号等，方法同 Microsoft Word，在此不再赘述。

# 9.4 创建图框和标题栏

一张完整的零件图应包括一组视图、全部尺寸、技术要求、图框和标题栏四项内容。在工程制图工作台中完成一个零件或部件的视图表达、尺寸标注、技术要求（尺寸公差、形位公差、表面粗糙度）等内容后，应利用 CATIAV5 的插入功能为图纸添加图框和标题栏。

## 9.4.1 插入图框和标题栏

CATIA V5 系统提供了几个图框和标题栏的样板文件，可以在工程图设计过程中的任意时段插入使用。

插入图框和标题栏的操作方法如下：

（1）单击“编辑”下拉菜单，选择“图纸背景”，界面显示蓝灰色的图纸背景层。

（2）单击如图 9-190 所示“工程图”工具栏中的“框架和标题块”命令图标□或单击“插入”下拉菜单→工程图→“框架和标题块”，都可弹出如图 9-191 所示的“管理框架和标题块”对话框。

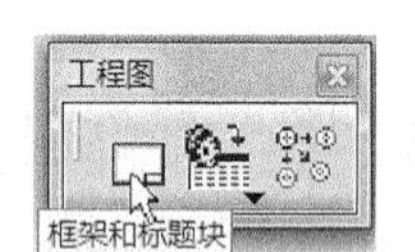


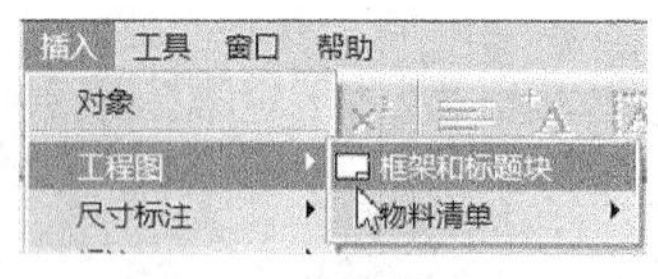


图 9-190 插入图框和标题栏的路径

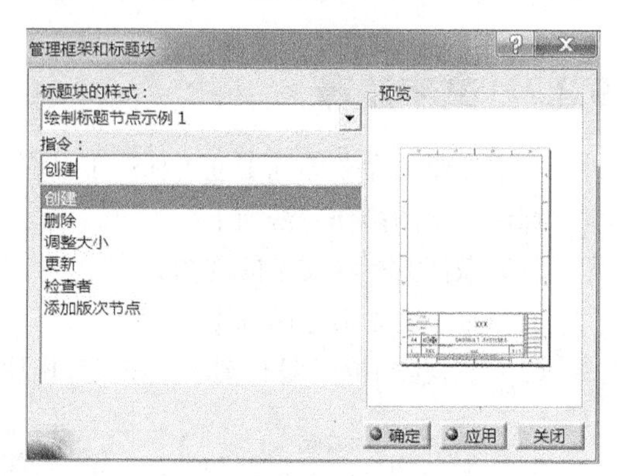


图 9-191 管理框架和标题块对话框

（3）在该对话框中选择已有的样式，如绘制标题节点示例 1，在右侧预览窗口显示该样式的预览，并在“指令”列表中选择要执行的操作。

（4）单击“确定”按钮，即为当前图纸页插入了选择的图框和标题栏，如图 9-192 所示。

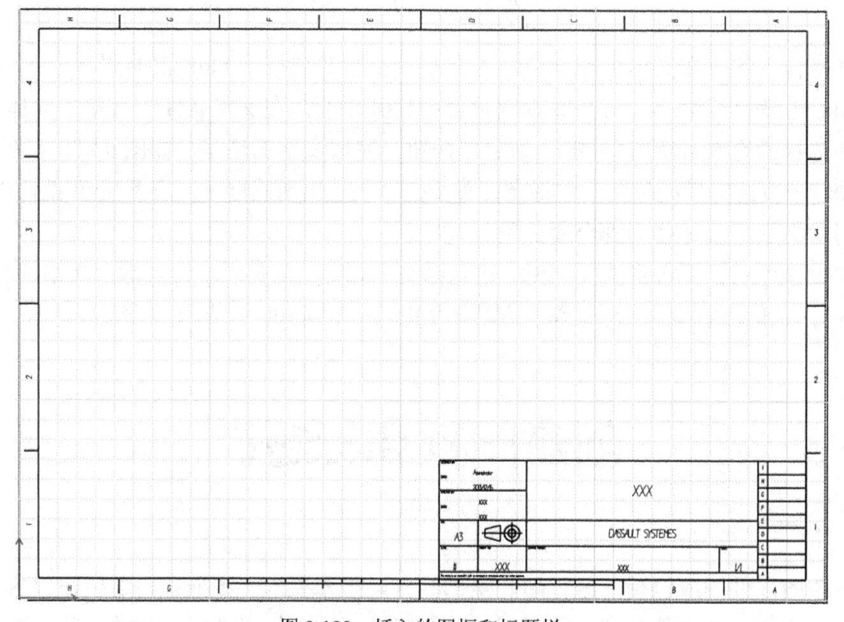


图 9-192 插入的图框和标题栏

由于系统中没有符合我国机械制图国家标准规定的图框和标题栏样式，因此可利用工程制图工作台中提供的二维绘图工具绘制符合我国标准规定的图框和标题栏样式，将其保存在指定位置后，利用相应的操作将其插入到当前图纸页中。

## 9.4.2 绘制图框和标题栏

**【实例 9-14】** 在工程制图工作台中绘制图框和标题栏。

（1）单击“编辑”下拉菜单，选择“图纸背景”，进入显示蓝灰色的图纸背景层。

（2）利用绘图和编辑命令绘制图框和标题栏，图 9-193 是标准的 A3 图幅。

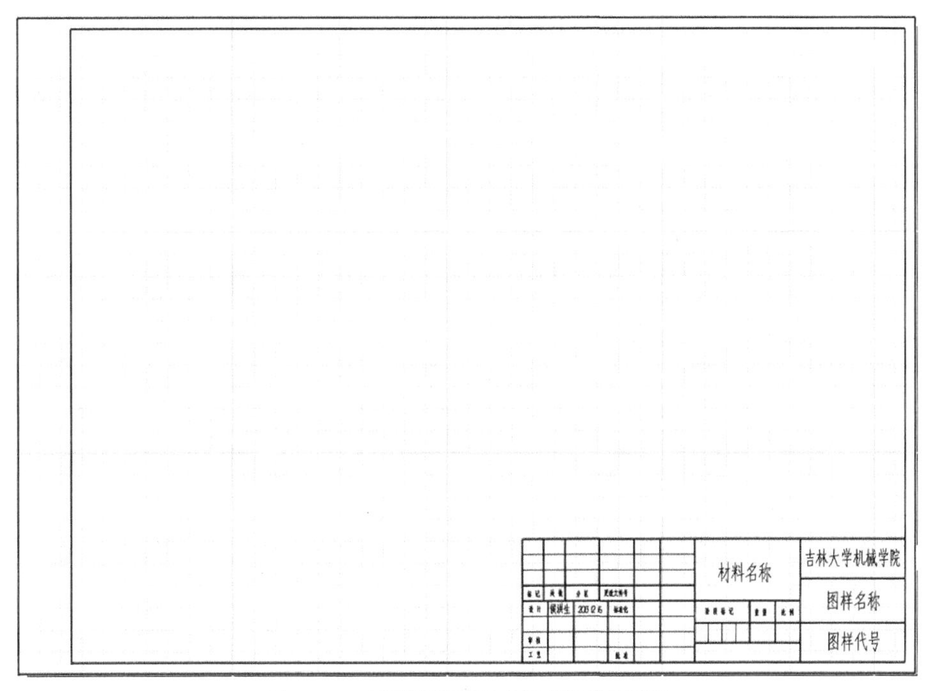


图 9-193 在图纸背景层绘制的图框和标题栏

（3）将绘制完成的 GBA3 图幅取名（GBA3tuzhi）保存在指定位置，以备插入时调用。

**【实例 9-15】** 插入绘制好的 GBA3tuzhi。

（1）单击“编辑”下拉菜单，选择“图纸背景”，进入显示蓝灰色的图纸背景层。

（2）单击“文件”下拉菜单，选择“页面设置”，弹出页面设置对话框，在此对话框中的设置如图 9-194 所示。

（3）单击“页面设置”对话框中的“插入背景视图”按钮，弹出如图 9-195 所示的“将元素插入图纸”对话框，单击该对话框中的“浏览”按钮，弹出如图 9-196 所示的“文件选择”对话框。在此对话框中选择“GBA3tuzhi”文件后，打开，该图纸出现在“将元素插入图纸”对话框的预览窗口中，如图 9-197 所示。

（4）单击“插入”按钮，再单击“页面设置”对话框中的“确定”按钮，具有标准图框和标题栏的“GBA3tuzhi”图纸插入到

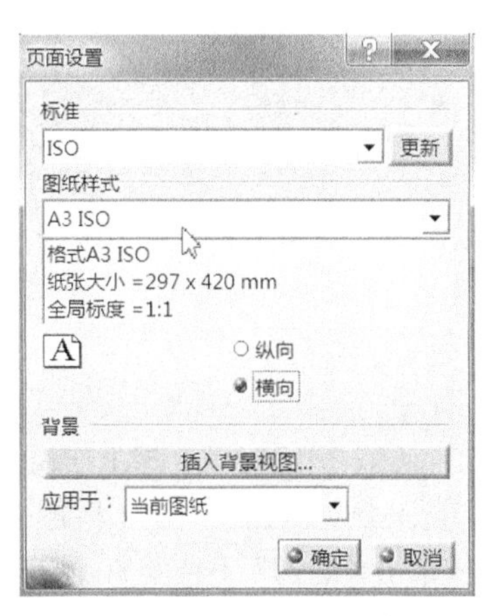


图 9-194 页面设置对话框

当前工作视图页面之上，如图 9-198 所示。

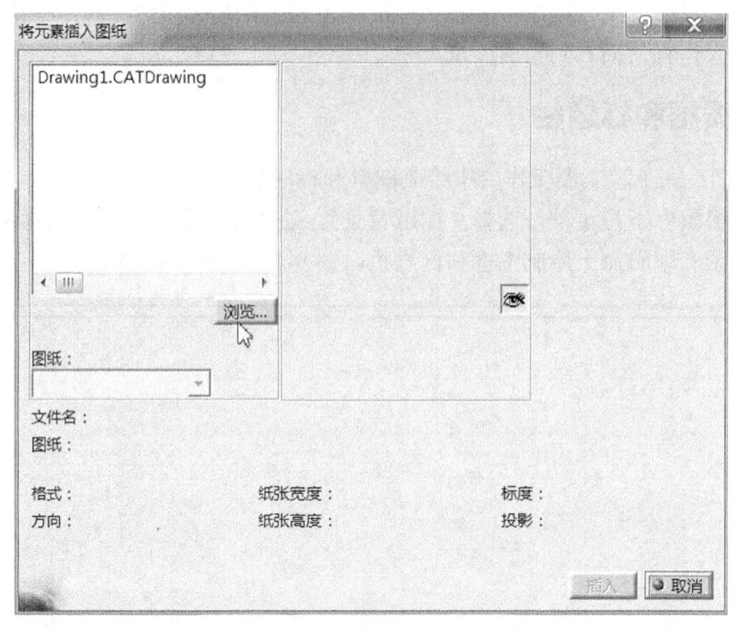


图 9-195　将元素插入图纸对话框

图 9-196　选择要打开的文件

（5）图纸背景页和工作视图页的编辑修改：在图纸背景页上，只能对该页上的信息进行编辑修改，例如双击图 9-193 标题栏上的“图样名称”即可修改为“轴”。若修改工作视图页上的信息，应单击“编辑”下拉菜单，选择“工作视图”，即可切换到工作视图页中，对该页上的信息进行编辑修改。

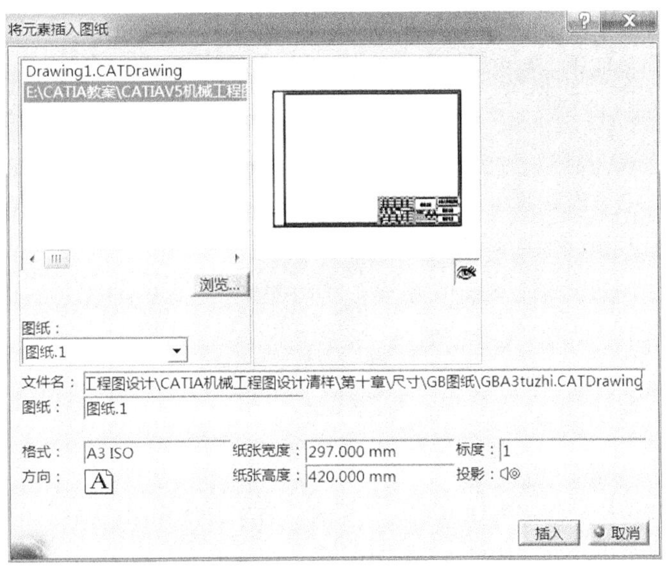


图 9-197 预览 GBA3tuzhi 标准图纸

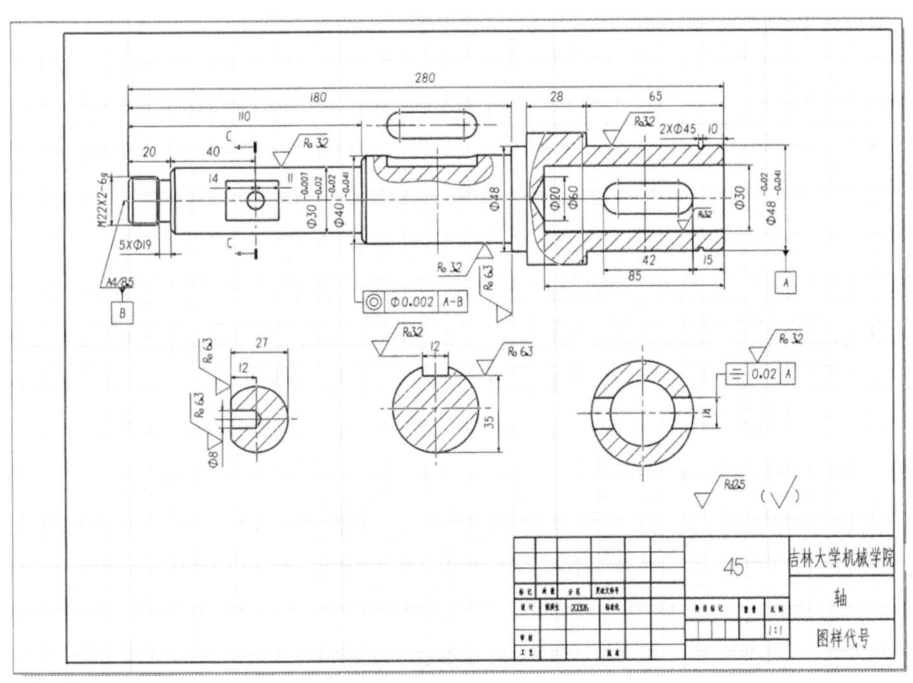


图 9-198 插入 GBA3tuzhi 标准图纸并修改标题栏上的信息

# 9.5 部件装配图的创建

一张完整的装配图包括一组视图、必要尺寸、技术要求和序号明细栏标题栏四项内容。在三维装配体的基础上生成二维装配图的过程与前述由零件生成二维视图的过程相同。下面以千斤顶（见图 9-199）为例，说明由三维装配体创建二维装配图中四项内容的过程。

图 9-199　千斤顶实体模型

（1）根据装配体结构，确定表达方案。根据表达方案，确定图纸幅面。具体操作：打开千斤顶文件，进入工程制图工作台，选择 A3 幅面图纸。

（2）在图 9-200 所示的俯视图中利用偏移剖视图命令，通过装配干线和绞杠轴线剖切得到的全剖视图如图 9-201 所示。

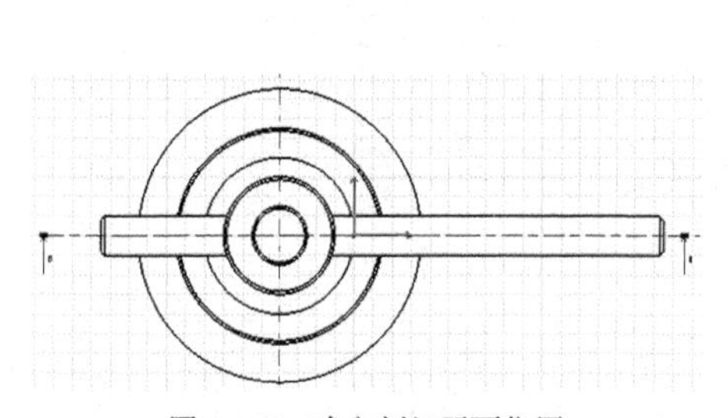

图 9-200　确定剖切平面位置

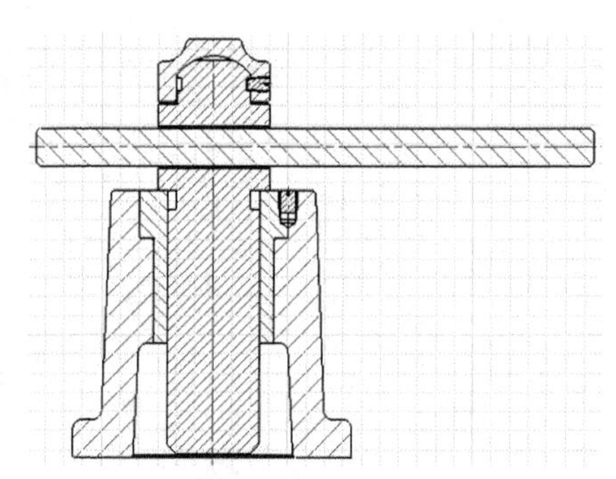

图 9-201　错误的剖视图

（3）根据机械制图国家标准的规定：当剖切平面通过实心杆件的对称面、实心轴及螺纹紧固件的轴线剖切时，这些零件在装配图中均按不剖绘制，显然图 9-201 不符合标准的规定。因此剖切前应确定哪些零件按不剖绘制，然后利用“属性”对话框进行修改，具体步骤如下：

① 切换到装配设计工作台，在特征树上连续选择不剖零件，如选择图 9-202 中的 03、04、06、07 所示零件。单击右键，在属性对话框中选择“工程制图”选项卡，单击“请勿在剖视图中切除”复选框按钮，单击“确定”按钮，如图 9-203 所示。

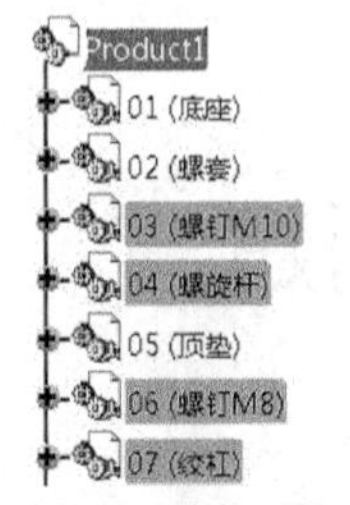


图 9-202　选择不剖的零件

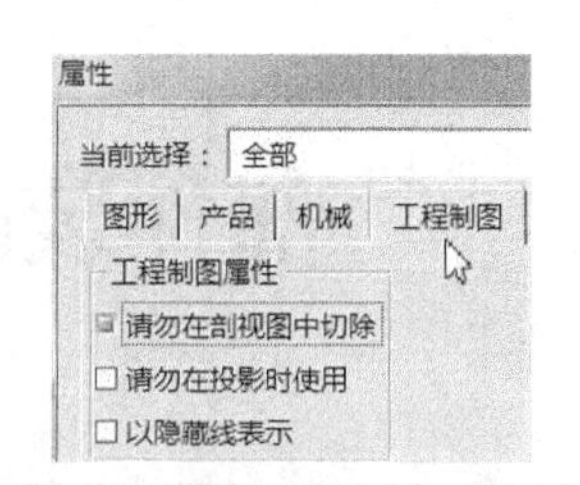


图 9-203　选择请勿在剖视图中切除

② 切换到工程制图工作台，单击“更新”按钮，重新生成的剖视图如图 9-204 所示。

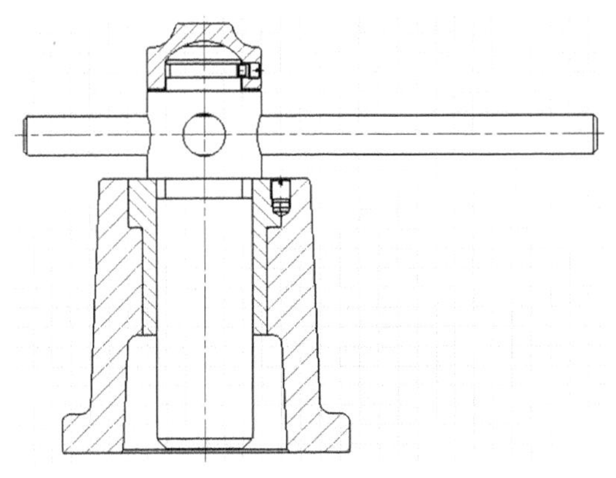

图 9-204 更新后的剖视图

③ 在视图的外框上单击右键，在“属性对话框”中的“视图”选项卡中选择“中心线”、“轴”、“螺纹”复选框按钮，单击“确定”按钮，则会为视图添加中心线及自动显示内外螺纹的画法，如图 9-205 中两处螺钉连接的画法与放大后的画法是一致的。

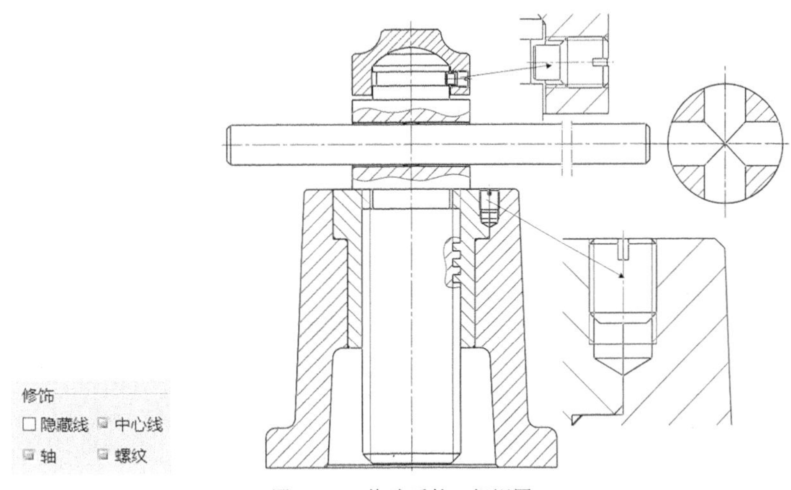


图 9-205 修改后的一组视图

以上过程也可逆向操作，即先在装配设计工作台中选择不剖切的零件，然后在工程制图工作台中进行剖切。此种操作不必更新即可剖出如图 9-204 所示剖视图。

④ 在此基础上，利用绘图等工具添加图线，例如螺旋杆和螺旋套上的螺纹为矩形非标准螺纹，需要画出表示小径的细实线、表示牙形及绞杠穿过螺旋杆的局部剖视图和一个通过绞杠轴线剖切的断面图（具体尺寸见图 9-214）。利用创建区域填充命令，生成剖面线（注意相邻零件的剖面线方向应相反），修改完成的一组视图如图 9-205 所示。

（4）标注必要的尺寸（性能尺寸、装配尺寸、总体尺寸、安装尺寸及其他重要尺寸）。

在千斤顶装配图上标注性能尺寸（同时也是总高尺寸）220、280 时，可在已注出的尺寸上单击右键，在属性对话框中选择“值”选项卡，在其上的设置如图 9-206 所示。其他尺寸按前述方法标注即可，完成的其他尺寸的标注如图 9-214 所示。

（5）装配图上的技术要求一般用文字加以说明，注写在图纸的空白处，如图 9-214 所示。

（6）序号、明细栏、标题栏。

① 装配图中每种零件编写一个序号。具体操作：单击标注工具栏中的文本工具栏中的零件序号命令⑥，单击零件视图的轮廓，出现一圆圈并有引线相连的序号线同时弹出创建零件序号对话框。在其上填写序号数字（序号数字应比图中尺寸数字大一号，展开文本属性对话框中的字体大小窗口，选择 7mm 字）完成后单击“确定”按钮。如位置不理想，可按下 Shift 键拖动圆圈调整序号的位置。重复此过程完成全部序号的编写，如图 9-214 所示。

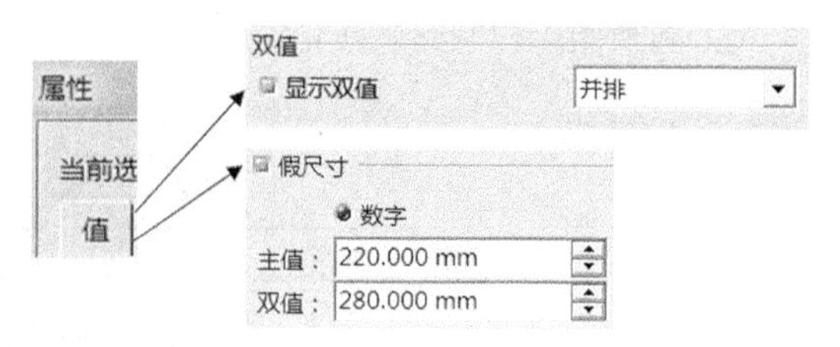

图 9-206　假尺寸数值的标注

② 明细栏的绘制（绘制图 9-214 中的明细栏）。明细栏应在图纸背景下与标准图幅和标题栏一起绘制保存，作为反复调用的图形文件。具体操作：

a．单击标注工具栏中的“表”命令；弹出如图 9-207 所示的表编辑器对话框，在此对话框中输入列数、行数后单击“确定”按钮。在适当位置单击左键确定一个基准点后便显示预设 8 列、9 行的一个表格，如图 9-208 所示。

图 9-207　表编辑器对话框

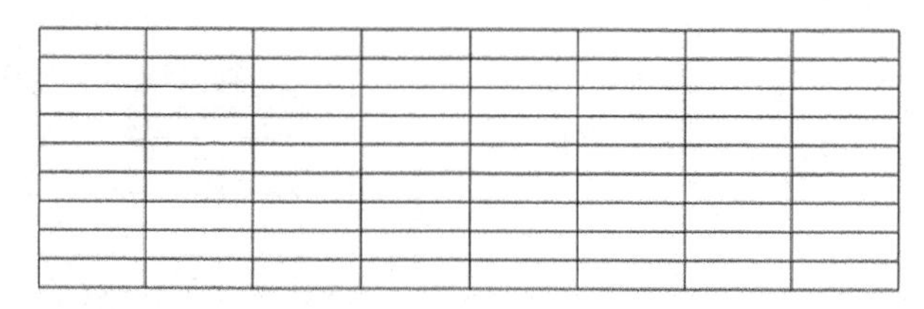
图 9-208　预设的表格

b．单击并拖动表格可将其移到新的位置。

c．双击表格后，在其外框添加了可对预设的表格进行编辑修改的编辑框，如图 9-209 所示。当光标移到编辑框上下边时会出现图标，此时单击左键选择整列。当光标移到编辑框左右边时出现图标时，单击左键会选择整行。将十字光标移至表格上按下左键划动鼠标可同时选择划动区域内的行和列。在表格外任一处单击左键，会取消编辑框。

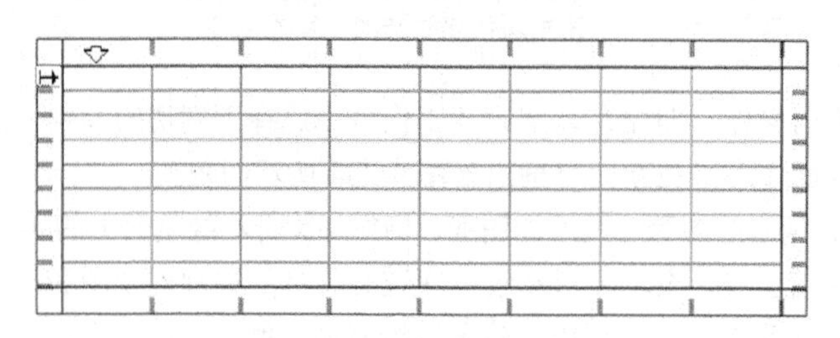
图 9-209　表格编辑框

d．当选择好一列后，单击右键会弹出屏幕菜单进行相应编辑。例如选择第一列后单击右键，在弹出的菜单中选择“设置大小”后，在弹出的对话框中输入“列宽：8”，单击“确定”按钮，完成第一列宽度设置，如图 9-210 所示。重复此过程，确定第二列宽度：40，第三列宽度：44，第四列宽度：8，第五列宽度：38，第六列宽度：10，第七列宽度：12，第八列宽度：20。

e. 设置行高：由于行高均为 7mm，可用↦图标从第一行向上划动鼠标选择至最上一行后单击右键，在行高对话框中输入 7mm，完成全部行高的设置。

f. 合并行或列，用光标选择要合并的两行（见图 9-211），单击右键，在弹出的屏幕菜单中选择“合并”，完成两行合并如图 9-212 所示。重复此过程，完成的明细栏如图 9-213 所示。

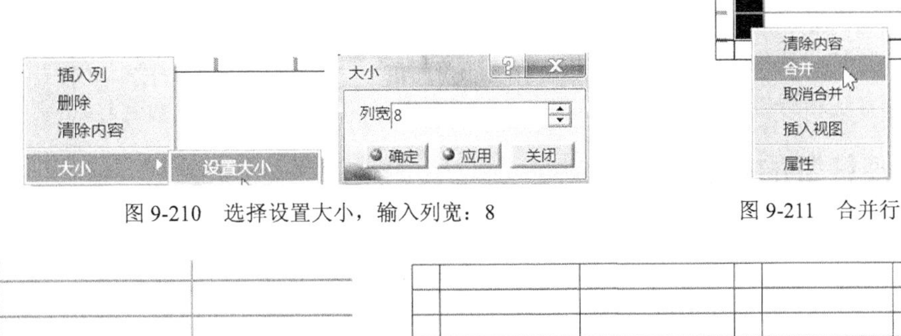


图 9-210 选择设置大小，输入列宽：8

图 9-211 合并行

图 9-212 完成行的合并

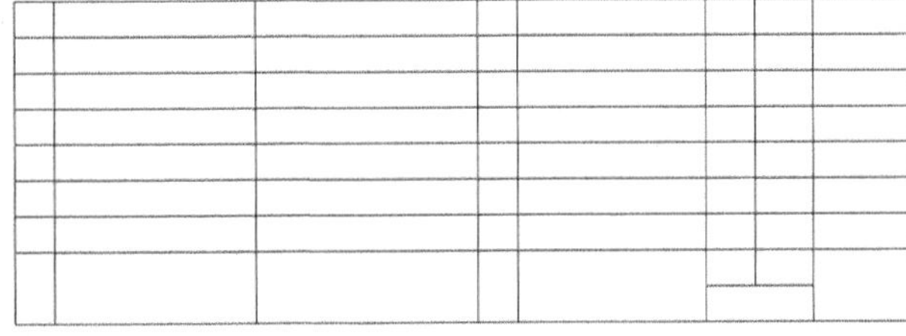

图 9-213 编辑完成的明细栏

g. 利用文本命令**T**，将序号所对应的零件信息填写在明细栏中，完成的明细栏及标题栏的填写如图 9-214 所示。

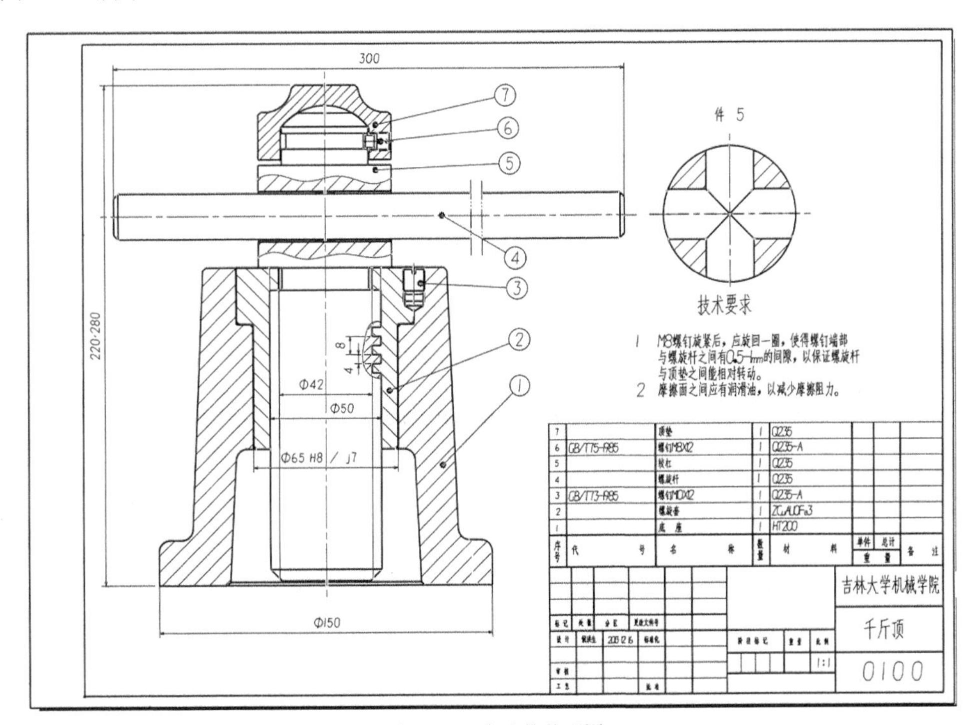


图 9-214 完成的装配图

# 9.6 焊接图中焊缝的标注

焊接图是提供焊接加工的一种图样。它除了把焊接件的结构表达清楚以外，还必须把焊接的有关内容表示清楚，例如焊接接头的形式、焊缝形式、焊缝尺寸、焊接方法等。焊缝的画法、符号、尺寸标注方法和焊接方法应按规定的焊接符号或焊缝断面符号注写在图样上。

## 9.6.1 焊接符号的标注

### 1．创建焊接对话框

在工程制图工作台中，单击标注工具栏中的焊接符号命令图标后，在视图中选择要标注的元素，会出现与引线相连的水平基准线，单击左键就会弹出创建焊接对话框，其上各项内容的含义及相对基准线的位置，如图9-215所示。

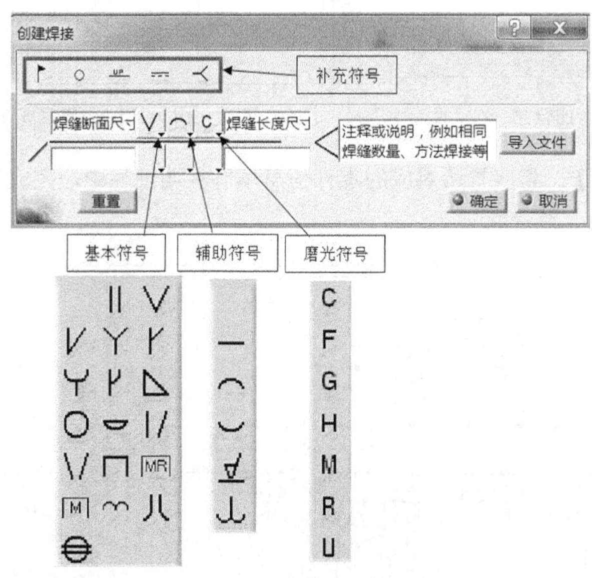


图9-215 创建焊接对话框

### 2．引线相对焊缝的位置及基本符号相对基准线的位置

为了能在图样上确切地表示焊缝的位置，标准中规定了基本符号相对基准线的位置，如图9-216所示。

（1）当焊缝在接头的箭头侧，基本符号应标注在基准线的实线侧，如图9-216（a）所示。

（2）当焊缝在接头的非箭头侧，基本符号应标注在基准线的虚线侧，如图9-216（b）所示。

（3）标注对称焊缝及双面焊缝时，基准线可不加虚线，如图9-216（c）所示。

图9-216（c）中的标注表示双角焊缝、焊缝断面高度4mm、焊缝段数6、焊缝长度和焊缝间隔均为20mm。

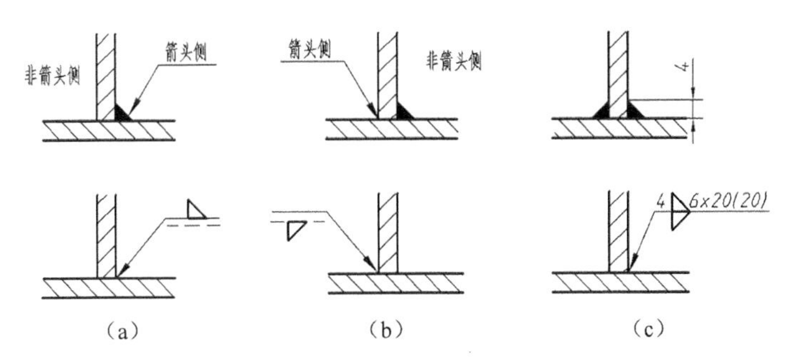


图 9-216 引线、焊缝、基本符号及基准线间位置关系

图 9-217 是焊缝在焊接图中有关标注的具体应用。主视图中焊缝的标注表示对称角焊接，焊缝断面高度 4mm，焊缝不分段，两件相接处全部焊接。左视图中的两处标注，分别为单面角焊接和双面角焊接，焊缝断面高度 4mm，焊缝不分段，两件相接处全部焊接。

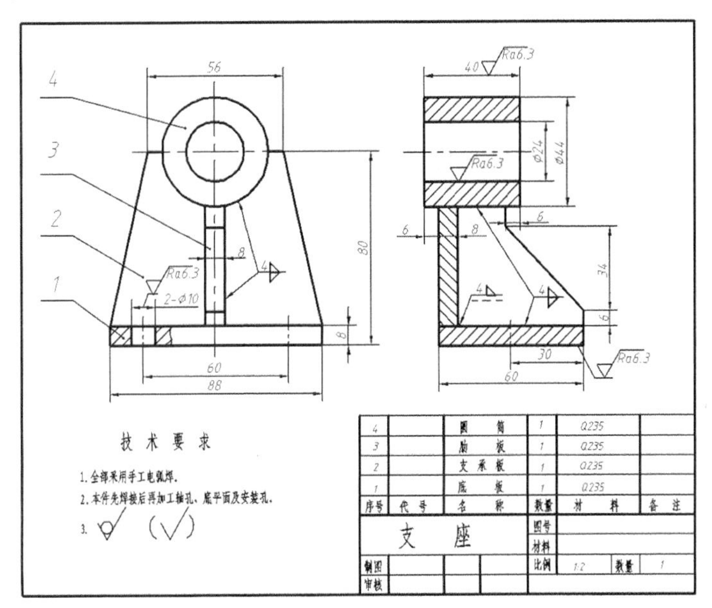


图 9-217 引线、焊缝、基本符号及基准线间位置关系

## 9.6.2 焊缝断面形状的创建

单击标注工具栏中的焊接符号命令图标后，在视图中选择要标注的元素，会出现焊接编辑器对话框，在其上可选择不同的焊缝断面进行标注，如图 9-218 所示。

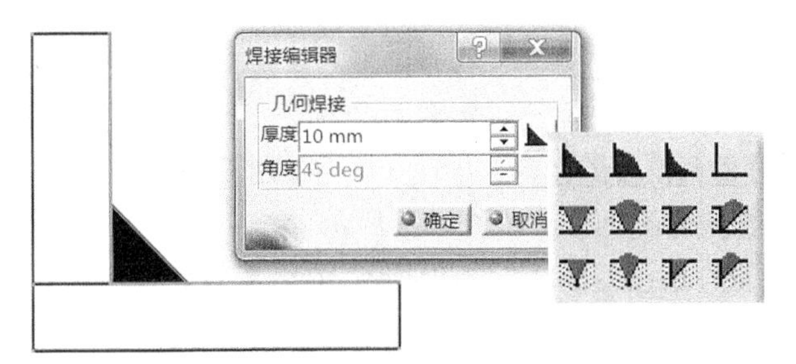


图 9-218 焊缝断面形状的创建

# 第10章 装配设计

CATIA V5 支持“自下而上”和“自上而下”两种装配设计方法：

- 自下而上设计时，先在零件设计工作台中设计完成每个零件后，再进入装配设计工作台，插入已设计好的零件，然后用相应命令将各零件装配成机器（产品）。
- 自上而下设计时，先进入装配设计工作台，再插入需要设计的若干新零件。如果设计的各个零件是在装配位置上进行，则设计完成后就形成了机器（产品）的装配，不需要再重新装配。

在 CATIA V5 中也可以进行两种方式的混合设计。

## 10.1 装配设计工作台

### 10.1.1 进入装配设计工作台

双击启动 CATIA 的快捷键图标，可进入装配设计工作台。

双击已保存的 CATIA 装配设计文件 gaizc CATIA 产品，可进入装配设计工作台。

在其他工作台中切换至装配设计工作台可用以下 3 种方法：

- 单击下拉菜单“开始”→“机械设计”→“装配设计”命令进入装配设计工作台，如图 10-1 所示。

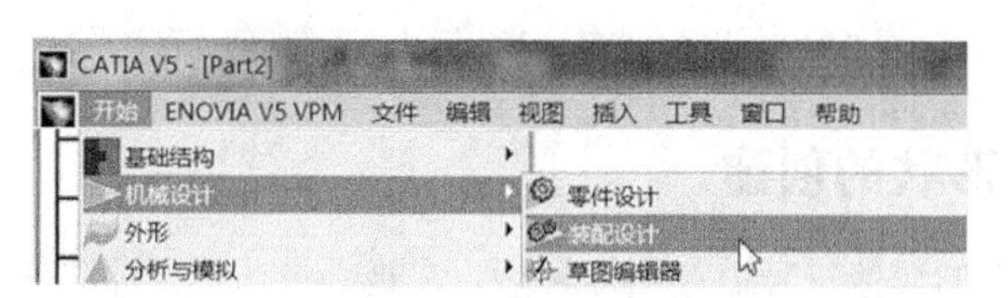


图 10-1 “开始”下拉菜单

- 单击下拉菜单“文件”→“新建”命令，在“新建”对话框中选取“Product”后，单击”“确定”按钮，即可进入装配设计工作台，如图 10-2 所示。
- 单击预先设置好的工作台图标，出现“欢迎使用 CATIA V5”对话框，单击其中的装配设计图标，即可进入装配设计工作台，如图 10-3 所示。

装配设计工作台与零件设计工作台之间的切换：在装配设计工作台中，双击装配特征树上任一处的零件图标（单齿轮）即可切换到零件设计工作台，双击装配特征树上任一处的产品图标（双齿轮）即可切换到装配设计工作台，如图 10-4 所示。

图 10-2 “新建”对话框

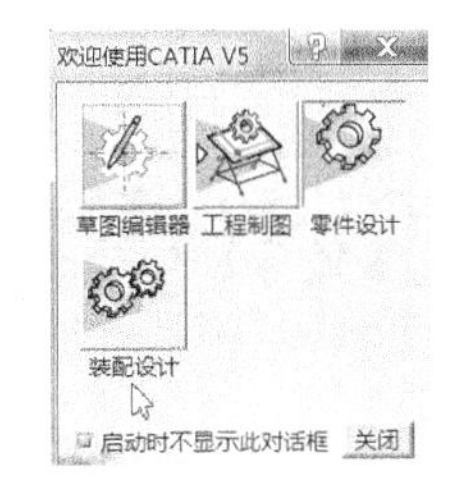


图 10-3 工作台对话框

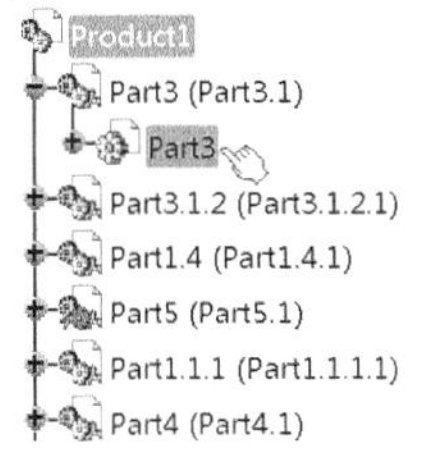


图 10-4 工作台的切换

## 10.1.2 装配设计工作台界面

装配设计工作台界面如图 10-5 所示。左侧装配特征树中显示为“Product1”，除“标准”、“视图”等通用工具栏外，在窗口右侧还有装配设计工作台专有的工具栏，如：“产品结构工具”、“移动”、“约束”和“更新”等用于零部件装配的工具栏。约束、移动等工具栏中的命令图标只有插入实体零件后才能激活。

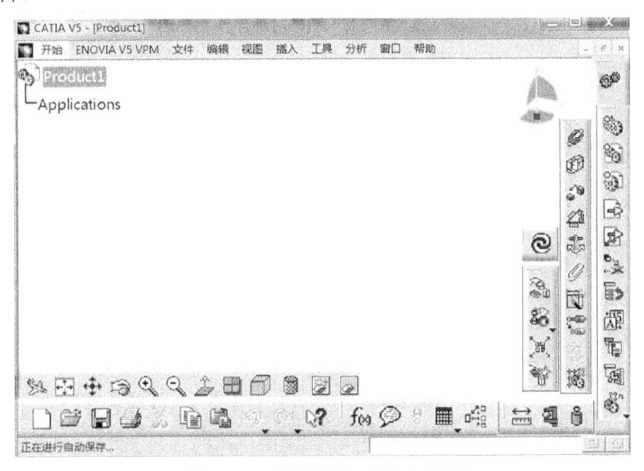


图 10-5 装配设计工作台界面

在装配设计工作台中，可通过单击工具条中的命令图标执行相应操作，也可在下拉菜单中选择相同命令执行相应操作。工具条与下拉菜单相对应的命令如图 10-6 所示。

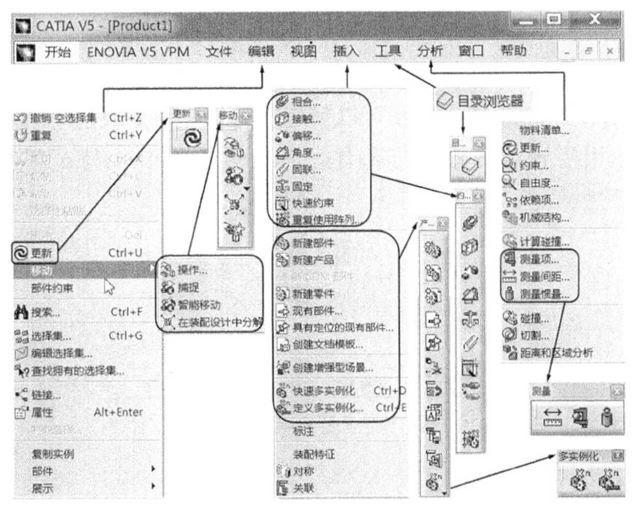


图 10-6 装配设计工作台中的用户接口

# 10.2 装配设计中零部件的添加

## 10.2.1 建立装配文件

进入装配设计工作台，就建立了一个装配文件，这个装配设计文件的默认名称是 Product1，即特征树上根节点的名称。这个装配文件可以保存到磁盘中，其文件类型为 CATProduct1。若改变文件名称，可在根节点处右键单击 Product1，在快捷菜单中选择“属性”，在弹出的属性对话框的零件编号窗口中重新命名，如图 10-7 中的“HQ008”。

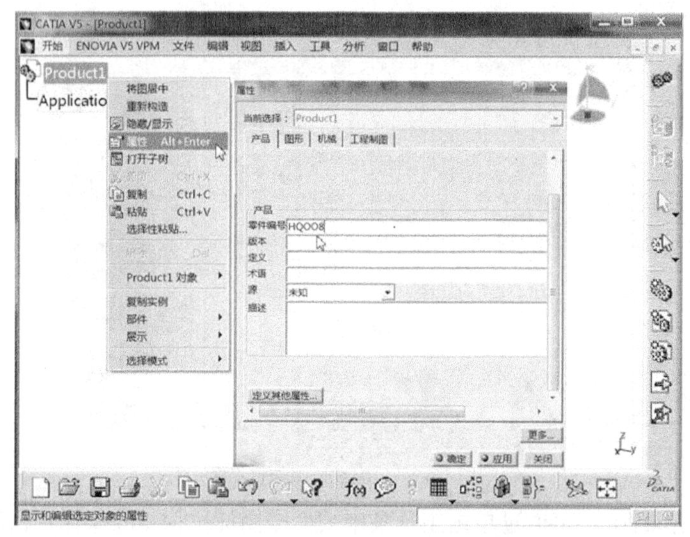


图 10-7 建立装配文件及重新命名

## 10.2.2 添加零部件

在装配中添加零部件，如图 10-8 所示可以使用工具栏中命令或使用“插入”及“工具”下拉菜单中的命令。不论用哪种命令添加零部件，都必须先在装配特征树上单击上一级目录的“Product”，使其呈橘黄色状态。

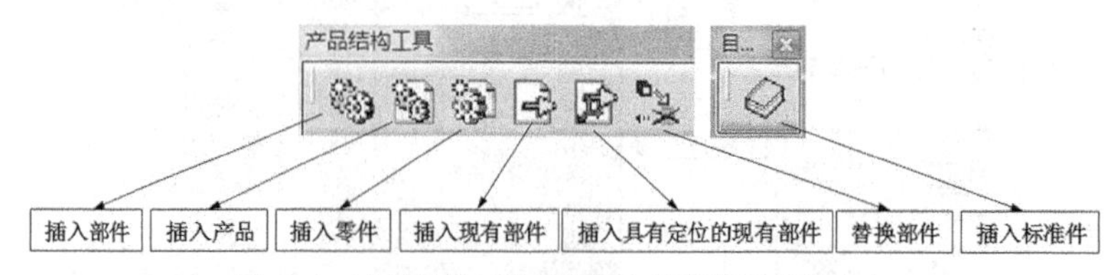


图 10-8 产品结构工具栏中插入及替换零部件命令

### 1. 插入新部件

该命令的功能在于插入一个新部件到当前装配之下，这个新部件本身没有任何数据，因此没有自己单独的磁盘文件，它的数据依靠在它之下插入的产品或零件的数据支撑，一起保存在它的上层装配（父装配）中。“部件”图标的背景没有图纸页，其他 4 种插入命令图标的背景均有图纸页，以此区别其他 4 种插入命令均有自己单独的磁盘文件。插入部件操作如下：

（1）单击装配特征树中最上层的根节点“Product1”。

（2）单击“部件”图标，或单击下拉菜单“插入”→“新建部件”命令，在装配特征树中的“Product1”下插入了一个默认名称为 Product2 的新部件，如图 10-9 所示。

如果按括号内的步骤（在下拉菜单中选择“工具”→“选项”，在弹出的属性对话框中选择“基础结构”→“产品结构”→“手动输入”如图 10-10 所示）设置“手动输入”后，按上述步骤插入部件时会弹出零件编号对话框，在该对话框中可以对新插入的部件重新命名，如图 10-11 所示。重复上述操作，可插入多个部件。图 10-12 为在红旗 HQ008 型汽车根节点下插入的发动机、离合器、变速箱三个部件。

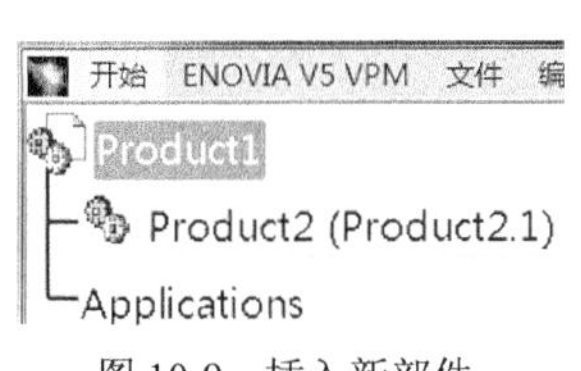


图 10-9 插入新部件

图 10-10 设置手动输入

图 10-11 重新命名

在取消“手动输入”选项的情况下，若对插入的部件、产品、零件重新命名可按图 10-7 中所示的步骤进行。

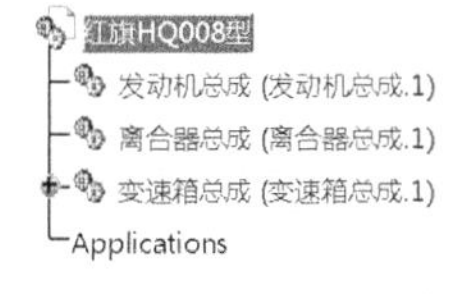


图 10-12 插入多个部件

### 2．插入新产品

插入新产品，也可叫做插入子装配，它可以插入到上一级装配节点之下。例如在变速箱总成节点下插入主动轴系的操作。

（1）单击装配特征树上的“变速箱总成”，如图 10-13 所示。

（2）单击“产品”图标，在弹出的零件编号对话框中重新命名为“主动轴系”，如图 10-14 所示。单击“确定”按钮。完成一个产品（子装配）的插入。重复此过程可完成多个子装配的插入，如图 10-15 中的从动轴系、倒挡轴系。

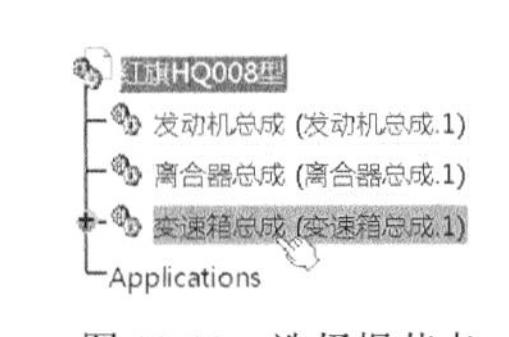


图 10-13 选择根节点

图 10-14 重新命名

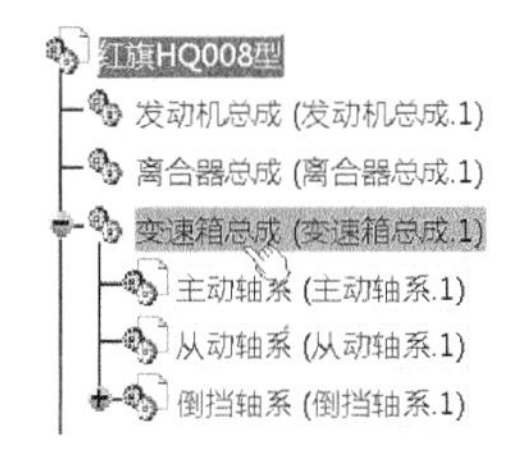


图 10-15 插入多个子装配

### 3．插入新零件

这个命令可以在某一新产品（子装配）节点下插入一个新零件，插入后再按装配关系设计这个零件。例如在倒挡轴系节点下插入倒挡轴的操作。

（1）单击装配特征树上的“倒挡轴系”。

（2）单击“零件”图标，在弹出的零件编号对话框中重新命名为“倒挡轴”，单击“确定”

按钮，完成一个零件的插入，重复此过程可完成多个零件的插入，如图 10-16 中的倒挡轴和倒挡齿轮。

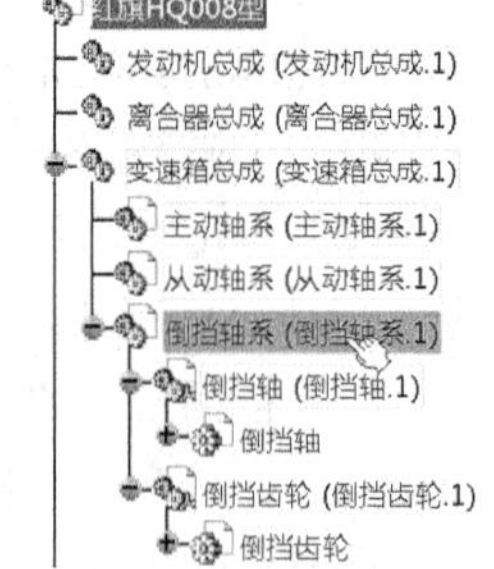


图 10-16　插入零件

## 4．插入现有零部件

这个命令可以在某一节点下插入一个或多个已经设计好的零件或已装配好的部件。要插入的这些零部件必须是保存在磁盘中的有效文件。插入后的零件如不满足装配要求，还可以切换到零件设计工作台中修改这些零件。该命令适用于自下而上的装配设计。

插入现有零部件的操作如下：

（1）单击装配特征树上根节点“Product1”。

（2）单击“现有部件”图标，在弹出的选择文件对话框中找到要插入零件的文件夹，如图 10-17 所示（光盘中的千斤顶文件夹）。可单选文件打开，也可配合使用 Ctrl 或 shift 键一次性打开多个文件插入。选择后单击“打开”按钮，零部件随即添加到装配特征树中，并在工作界面中显示插入的零、部件，如图 10-18 所示。

图 10-17　选择已有零部件

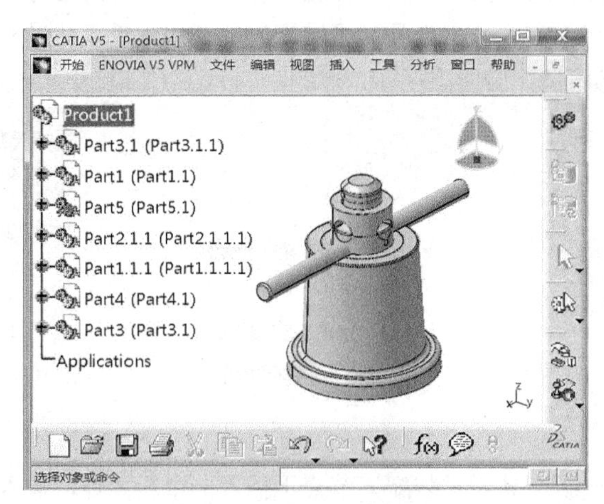


图 10-18　选择已有零部件

当多选零件打开后，零件编号冲突时会弹出“零件编号冲突”对话框，如图 10-19 所示。在此对话框中，可选中“未解决”编号的零件对其重新命名。单击 重命名...，可弹出“零件编号”对话框，如图 10-20 所示，在此对话框中可输入零件的新名称和编号。

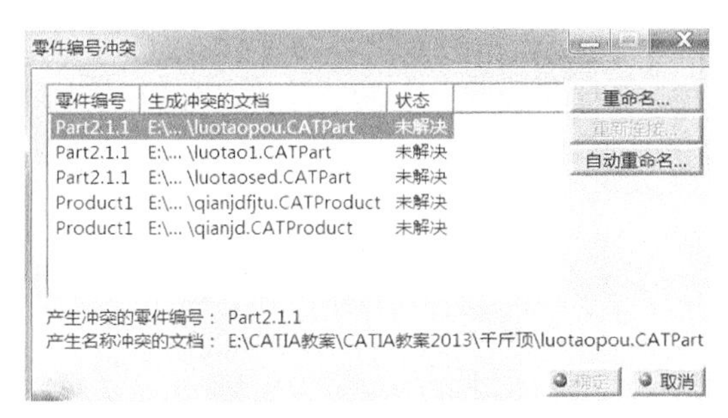


图 10-19 零件编号冲突对话框

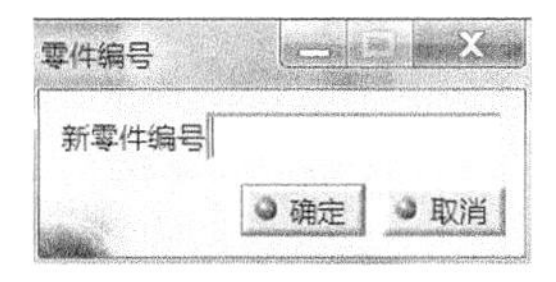


图 10-20 零件编号对话框

建议在“零件编号冲突”对话框中利用“自动重命名”解决零件编号冲突问题。具体操作是：选择“未解决”，单击自动重命名...，重复此操作直至激活“确定”按钮并按下此按钮，则完成冲突零件的重新命名，此时所选零件全部插入到当前装配设计之中。

由于用户在设计各个零件时均以坐标原点为参照点，因此插入这些零件时，也都以坐标原点为参照点使插入的零部件堆叠在一起。如果在创建零件时能够按照零件在装配体中的整体坐标来进行设计就会避免此类现象发生。

**5．插入具有定位的现有零部件**

该命令是“插入现有部件”命令的增强功能。操作中出现的“智能移动”对话框能够实现在装配中插入零部件的同时，对插入的零部件进行简单定位。

**【实例 10-1】** 以千斤顶文件夹中的 luoxg1 和 jiaogang 两个零件为例说明插入具有定位的现有零部件的操作过程。

（1）单击装配特征树上根节点“Product1”。

（2）单击“具有定位的现有部件”图标，在弹出的选择文件对话框中选择图 10-17 中的“luoxg1”后单击打开按钮，界面中出现插入的零件及智能移动对话框，如图 10-21 所示。

（3）将光标移动到圆孔面上，出现轴线时按下左键，单击“确定”按钮，对话框消失。

（4）用相同操作插入 jiaogang，将光标移动到 jiaogang 上单击左键，再将光标移到 luoxg1 圆孔面上，出现轴线时再次按下左键，如图 10-22 所示，单击“确定”按钮，完成两者同轴定位，如图 10-23 所示。

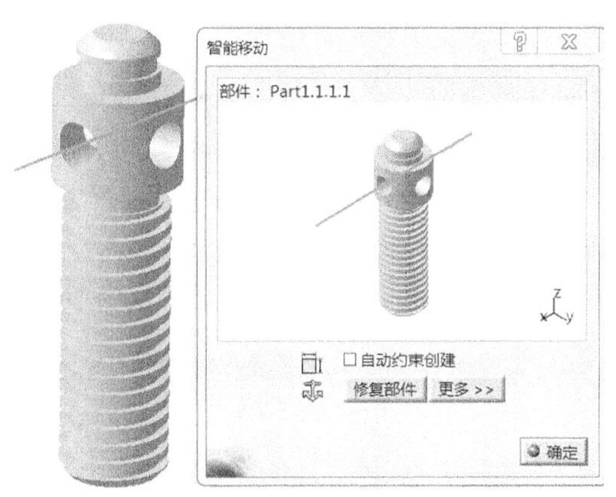


图 10-21 智能移动对话框（1）

**6．替换零部件**

替换零部件的功能是用存储在指定位置的零部件替换掉当前正在装配的零部件。

替换零部件的具体操作步骤如下：

（1）在装配特征树中选择要被替换的零部件。

（2）单击“替换部件”图标，弹出“选择文件”和“浏览”对话框。在“选择文件”对话框中选择替换文件，单击“打开”，则“浏览”对话框消失，出现“对替换的影响”对话框。选择

“是”并单击“确定”按钮，完成零件的替换。

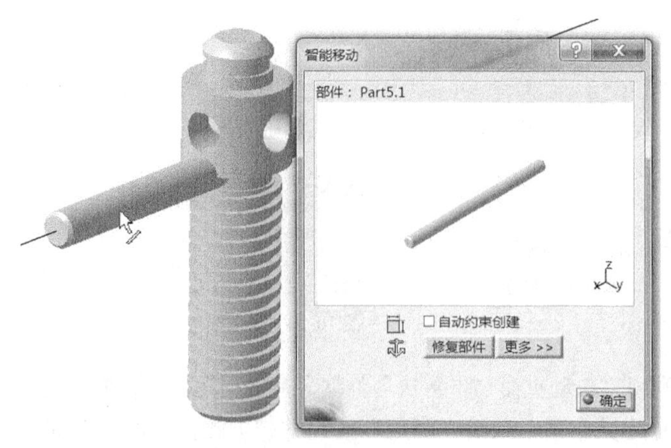


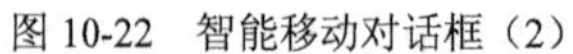
图 10-22　智能移动对话框（2）

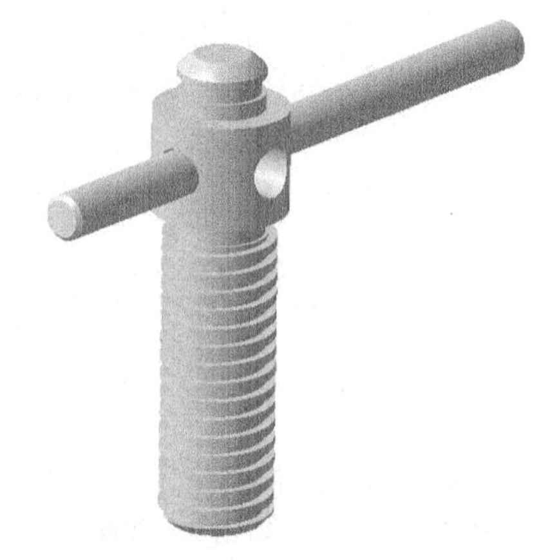
图 10-23　完成同轴定位

**7．插入标准件库中的零部件**

如果在 CATIA V5 中建立了标准零部件库，就可以用库目录浏览器插入库中的零部件。

**【实例 10-2】**　使用库目录浏览器的方法。

（1）单击“目录浏览器”图标，或单击下拉菜单“工具”→“目录浏览器”命令，弹出如图 10-24 所示对话框。

（2）在对话框中的“当前”窗口中选择“ISO Standards”，双击大窗口中的“Bolts”，大窗口显示有不同结构的螺栓，点选时在右侧预览窗口中以放大形式显示，如图 10-25 所示。

（3）在大窗口中双击选中的螺栓，在“Product1”根节点下插入一个 ISO 4014 BOLT M8x50 的螺栓，如图 10-26 所示。单击“目录”窗口下的 确定 按钮，再单击目录浏览器中的 关闭 按钮，完成一个螺栓的插入。

（4）如果将一个标准件插入到“Product2”节点下，可在大窗口中用鼠标左键按住选择的零件将其拖拽至“Product2”节点下，如图 10-27 所示。该节点呈橘黄色时，抬起左键，完成在“Product2”节点下的一个内六角螺钉的插入（单击分解命名，可使重叠零件分开），在特征树上单击右键，利用属性对话框可对其重新命名，如图 10-28 所示。

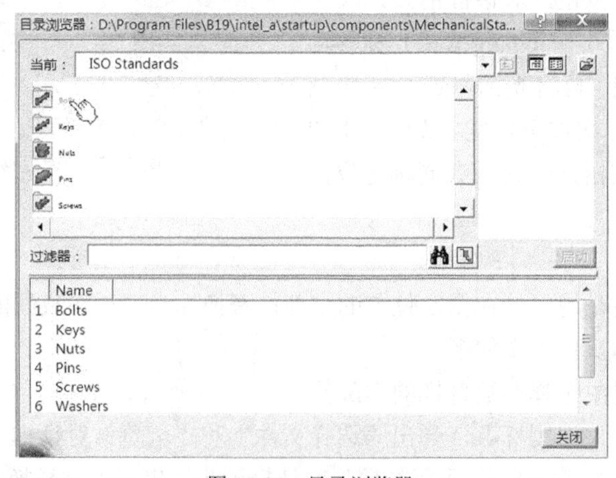


图 10-24　目录浏览器

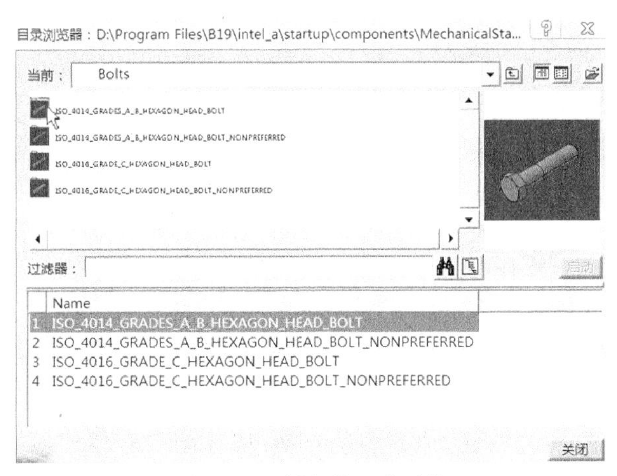


图 10-25 选择要插入的零件

图 10-26 完成零件插入

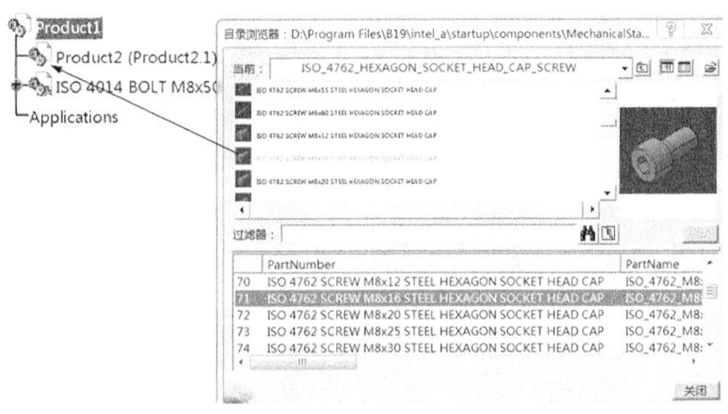


图 10-27 拖拽插入方式

图 10-28 完成拖拽插入

## 10.3 装配设计中零部件的移动

创建零件时其坐标原点不是按装配关系确定，因此这些零件插入到装配设计工作台时都堆叠在一起，有些小零件被包容在大零件之中，如图 10-18 中插入的千斤顶的 7 个零件。为便于装配和约束零部件，需将堆叠在一起的零件进行移动，调整至适当的位置。移动零部件的方法有两种，一种是用三维罗盘移动部件；一种是使用“移动”工具条中的命令移动部件。

## 10.3.1 使用罗盘移动零部件

**【实例 10-3】** 使用罗盘移动零件。

（1）将罗盘拖拽到零件上，操作步骤见图 10-29 中的 1、2、3、4 四个步骤。

（2）拖动罗盘移动零件：将光标置于罗盘的一个轴上按下左键并拖动罗盘，零件可沿轴向移动。转动罗盘上的一个弧，零件将绕对应的轴转动。拖动罗盘上的一个平面，零件将在该平面内移动。摇动罗盘顶端圆点，零件可向任意方向摆动。

千斤顶各零件移动的操作：

移动图 10-29 的中的罗盘，part1 沿着 V 轴移动，如图 10-30 所示。在特征树上单击 part3.1（或直接单击该零件），操作罗盘，完成对 part3.1 的移动，如图 10-31 所示。在特征树上再单击 part5，操作罗盘，完成对 part5 的移动，如图 10-32 所示。按此方法依次完成对所有插入零件的移动，如图 10-33 所示。

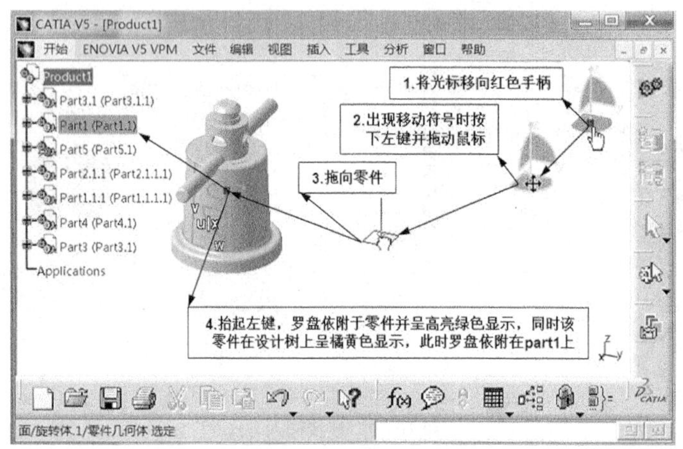


图 10-29 拖曳罗盘到零件上

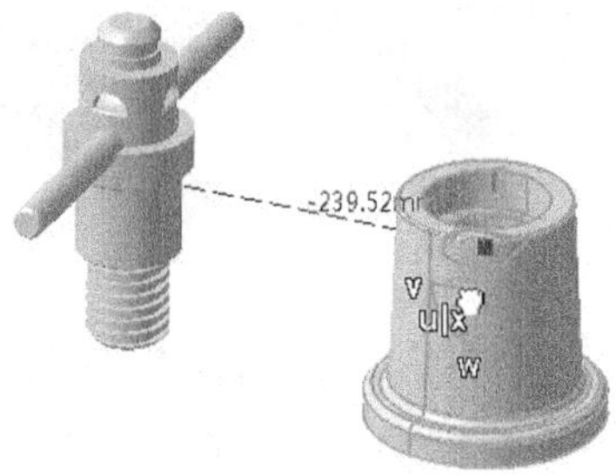

图 10-30 移动 part1

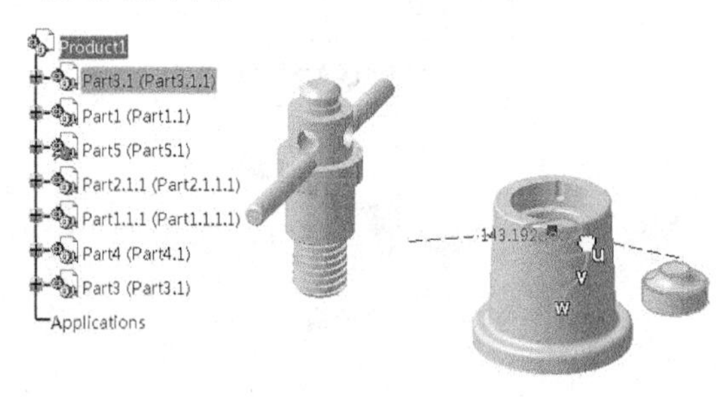


图 10-31 单击 part3.1 操作罗盘

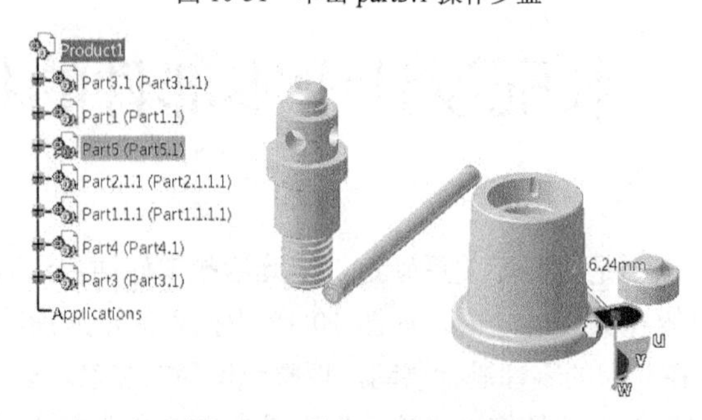


图 10-32 单击 part5 操作罗盘

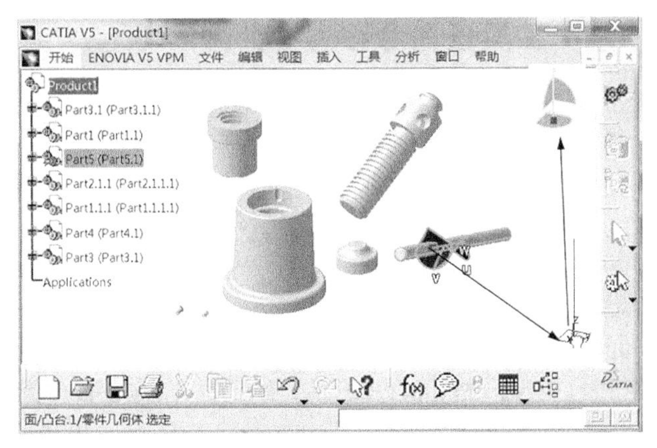


图 10-33　完成全部零件移动

完成对各个零件的移动后，拖动罗盘离开依附零件后松开左键，罗盘自动回到原始位置，但罗盘方向有所改变。若要将罗盘的方向恢复到原始位置，可将罗盘拖到右下角的系统坐标系上并松开左键，罗盘自动回到原始位置并恢复原始方向，拖动轨迹如图 10-33 中箭头所示。

**【实例 10-4】**　利用罗盘实现对零件的精确移动。

（1）将罗盘拖放到对象上，在罗盘上单击右键，如图 10-34 所示。选择“编辑..”选项，弹出“用于指南针操作的参数”对话框，如图 10-35 所示。

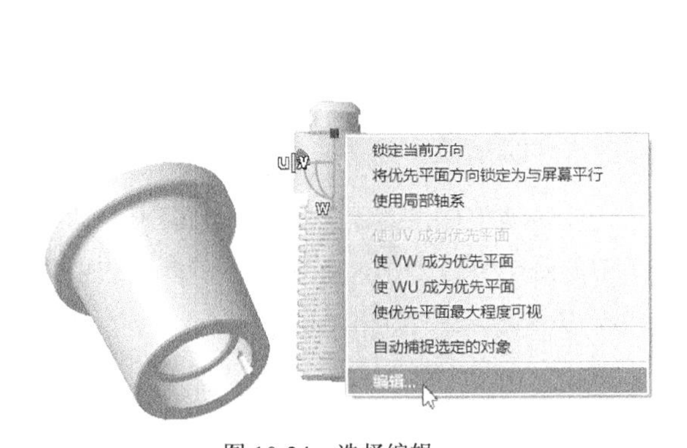


图 10-34　选择编辑

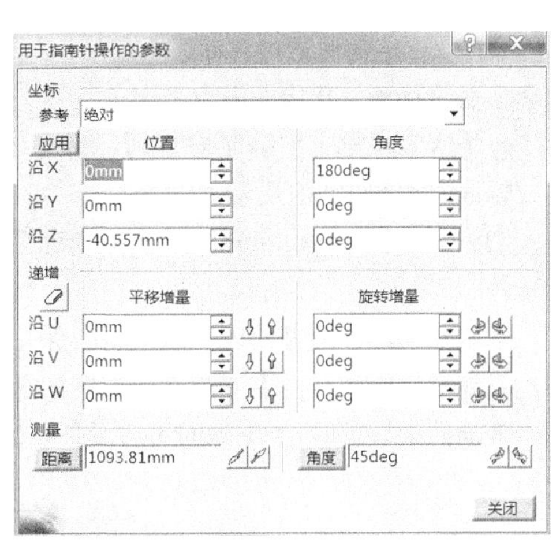


图 10-35　“罗盘操作的参数”对话框

（2）在对话框中，可以在“坐标”窗口中，选择绝对坐标或当前装配的坐标系。在“位置”选项中输入目标位置 X、Y、Z 坐标，单击“应用”按钮，操作对象的原点移动到目标点上。在“角度”选项中输入操作对象绕 X 轴、Y 轴、Z 轴旋转的角度，单击“应用”，操作对象按要求旋转。“增量”选项允许用户按一定的增量沿 U、V、W 轴平移罗盘，或绕 U、V、W 轴旋转罗盘。在“测量”选项中，可以用测量的距离或角度平移或旋转操作对象，单击“距离”按钮，在工作界面选择两个对象（点、线或面），单击按钮或按钮，操作对象按测量出的距离分别反向或正向平移对象。单击按钮或按钮，操作对象按测量出的角度旋转操作对象。可以通过单击按钮来重置输入的增量。单击“关闭”按钮完成操作。

## 10.3.2　使用“移动”工具条命令移动零部件

移动工具条中共有 5 个命令，如图 10-36 所示。

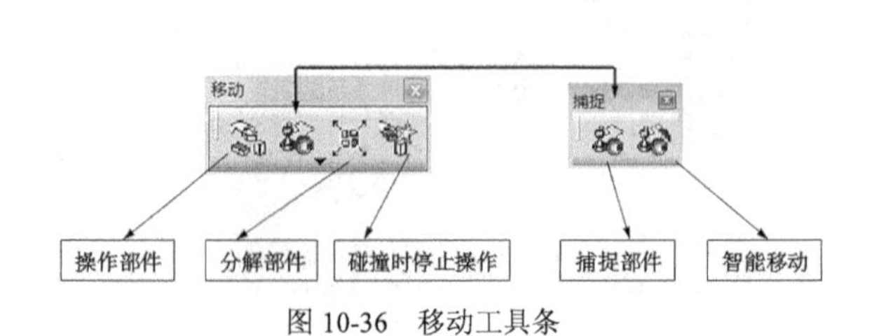


图 10-36　移动工具条

图 10-37　操作参数对话框

### 1．操作命令

该命令的功能是使用鼠标和操作参数对话框，对零部件进行平移和旋转。具体操作方法如下：

（1）单击操作图标，弹出“操作参数”对话框，如图 10-37 所示。

（2）在对话框中选择要移动的方向或旋转的轴线：

沿着 X 轴方向移动、沿着 Y 轴方向移动、沿着 Z 轴方向移动、沿着某一任意选定线的方向移动，选定线可以是部件的棱线或轴线。

在 X、Y 面内方向移动、在 Y、Z 面内方向移动、在 X、Z 面内方向移动、在某一任意选定面内移动，选定面应为平面。

绕 X 轴旋转、绕 Y 轴旋转、绕 Z 轴旋转、绕某一任意选定轴旋转，选定轴可以是棱线或轴线，如图 10-38 所示。

（3）如选择后，将光标置于要移动的零件上按下左键拖动鼠标，即可移动零件，如图 10-38 所示。

选中复选项“遵循约束”后，将会保持约束移动或转动零件，即不会在任选方向上移动或转动，只能沿保留的自由度方向移动。例如图 10-39 中的两个零件之间，如果施加了同轴约束并选择“遵循约束”，则两个零件间不会沿任意方向分开。罗盘移动不受此限制。

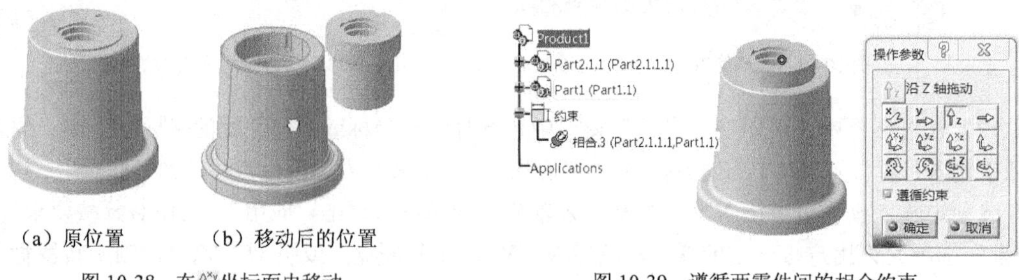


（a）原位置　　（b）移动后的位置

图 10-38　在坐标面内移动　　图 10-39　遵循两零件间的相合约束

### 2．捕捉命令

该命令的功能是将选定的零件移动，并对齐另一零件上所选取的几何元素。操作时，先被捕捉的零件总是移动的零件。选取的几何元素与获得的结果参考表 10-1。

表 10-1 捕捉命令的操作及结果

| 第一个选定的几何元素 | 第二个选定的几何元素 | 捕 捉 结 果 |
| --- | --- | --- |
| 点 | 点 | 共点 |
| 点 | 直线 | 点移动到直线上 |
| 点 | 平面 | 点移动到平面上 |
| 直线 | 点 | 直线通过选择点 |
| 直线 | 直线 | 所选两条直线共线 |
| 直线 | 平面 | 直线移动到平面上 |
| 平面 | 点 | 平面通过点 |
| 平面 | 直线 | 平面通过直线 |
| 平面 | 平面 | 两平面共面 |

捕捉命令的操作步骤如下：

（1）单击捕捉图标。

（2）光标移向螺钉表面出现轴线时单击左键，如图 10-40（a）所示。再选择第二个零件上孔的轴线，如图 10-40（b）所示。两者轴线共线但方向相反，单击绿色箭头，如图 10-40（c）所示。完成螺钉的翻转，如图 10-40（d）所示，在空白处单击鼠标左键完成操作。

（a）选择螺钉轴线

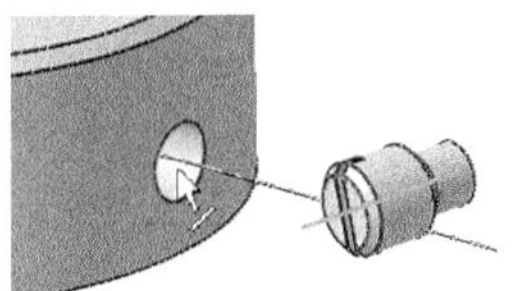

（b）选择孔轴线

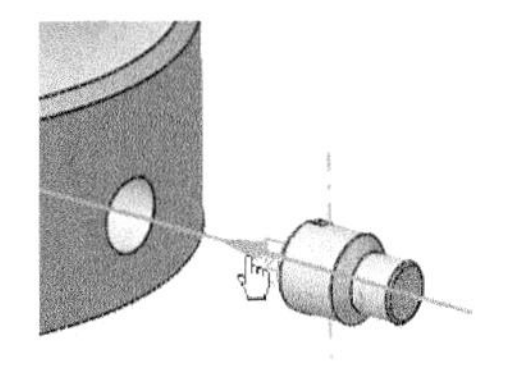

（c）单击绿色箭头

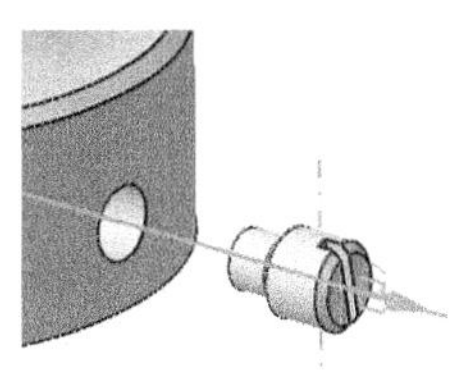

（d）完成螺钉翻转

图 10-40 捕捉操作

### 3. 智能移动命令

智能移动命令与捕捉命令的操作过程相同，但操作结果体现了更高的智能化。操作如下：

（1）单击“智能移动”图标，弹出“智能移动”对话框，如图 10-41（a）所示。单击更多按钮展开“智能移动”对话框，如图 10-41（b）所示。“快速约束”窗口中列有 6 种按优先顺序显示的约束，通过对话框右侧的上下箭头可改变优先约束顺序。

选中“自动约束创建”选项，两零件间将按优先顺序自动创建约束列表中的某一约束。

（2）用图 10-40 所示图例并按图中的顺序进行操作，其结果是螺钉自动旋进螺孔之中，并在特征树上添加了相合约束符号，如图 10-42 所示。

（3）单击“确定”按钮，完成智能移动。

### 4. 分解命令

分解命令的功能在于将一个装配体分解开来，以查看零部件之间的位置关系。操作步骤如下：

（1）选择要分解的产品，如压缩机（见图 10-43）。

（2）单击“分解”图标，弹出“分解”对话框，如图 10-44 所示。对话框中“深度”窗口中有“所有级别”选项（分解所有层级的装配）和“第一级别”选项（分解第一级别的装配）。“类型”窗口中有“3D”、“2D”、“受约束”三个选项供选取。“选择”框内为欲分解的装配，若在分解时固定某一部件的位置而不移动它，将其选入“固定产品”窗口内，但在“所有级别”下无法固定部件的位置。

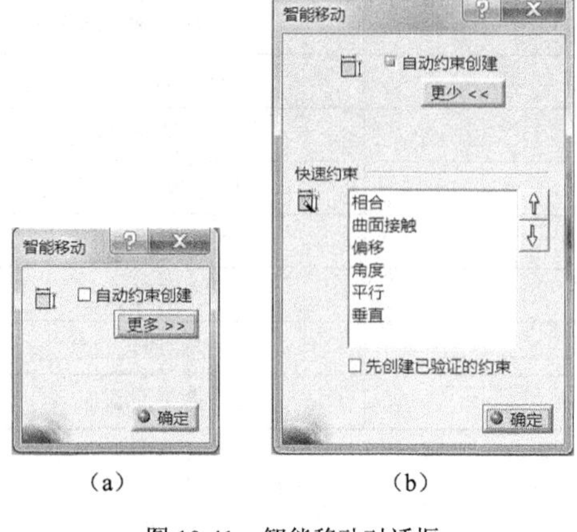


（a） （b）

图 10-41 智能移动对话框

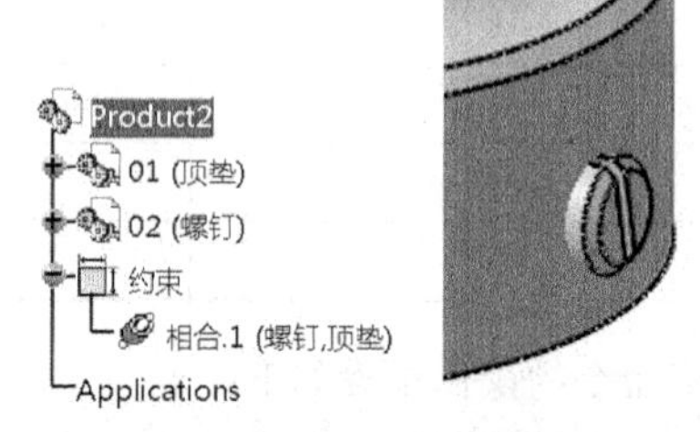


图 10-42 智能移动结果

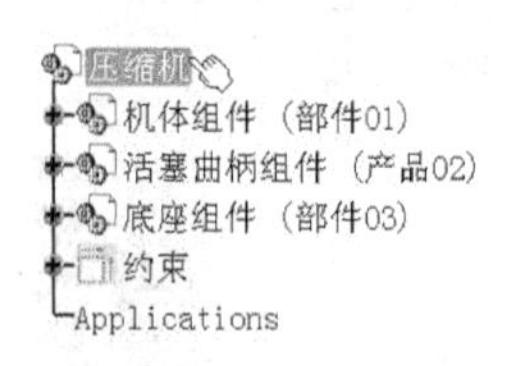


图 10-43 选择压缩机

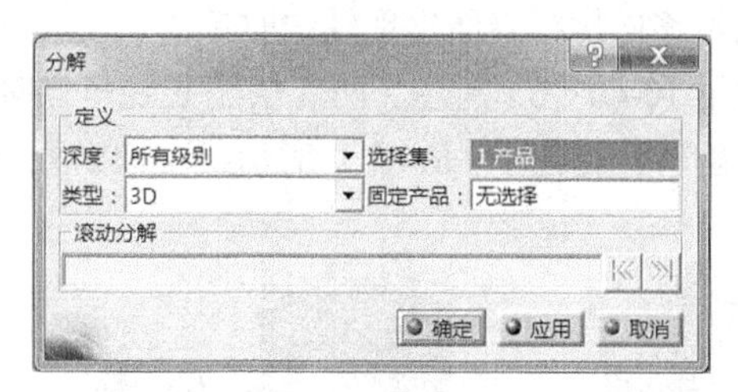


图 10-44 分解对话框

在默认状态单击“应用”按钮，所有零件分开并弹出如图 10-45 所示的“信息框”对话框。单击“确定”按钮后，弹出如图 10-46 所示的“分解”对话框，此时可将罗盘（指南针）拖拽到零件上，逐个移动零件。也可拖动对话框中的滚动分解滑块，动态显示所有零件之间的位置，当滑块拖至最左端时，所有零件恢复至分解前状态。利用罗盘和滑块调整到适当位置后，单击“确定”按钮，在弹出的“警告”对话框中单击 是(Y) ，完成压缩机“所有层”的分解，如图 10-47 所示。

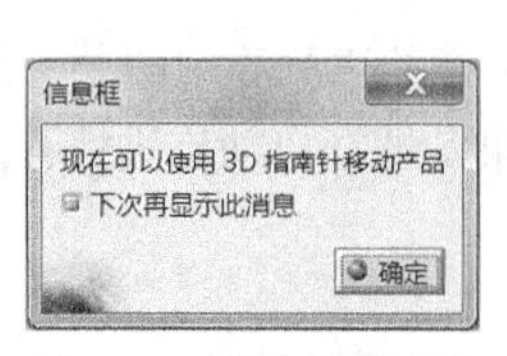


图 10-45 信息框对话框

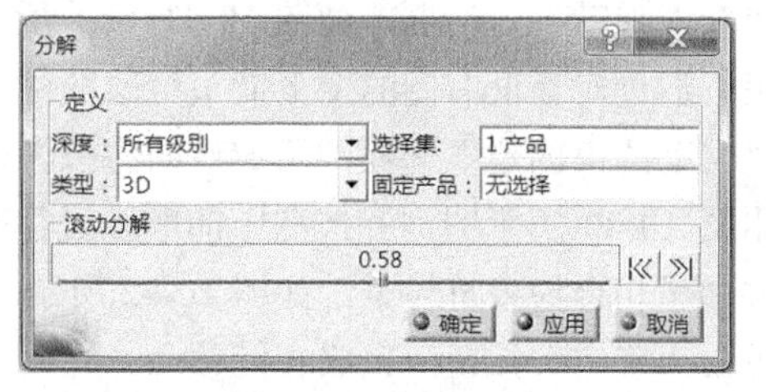


图 10-46 分解对话框

- 如果在特征树上选择“压缩机”，“深度”窗口中选择“第一级别”，其他项取默认，则分解的是“机体组件”、“活塞曲柄组件”和“底座组件”三个部件，如图 10-48 所示。
- 如果特征树上选择“底座组件”，“深度”窗口中选择“所有级别”，其他项取默认，则分解的是“底座组件”，而“机体组件”、“活塞曲柄组件”不被分解，如图 10-49 所示。

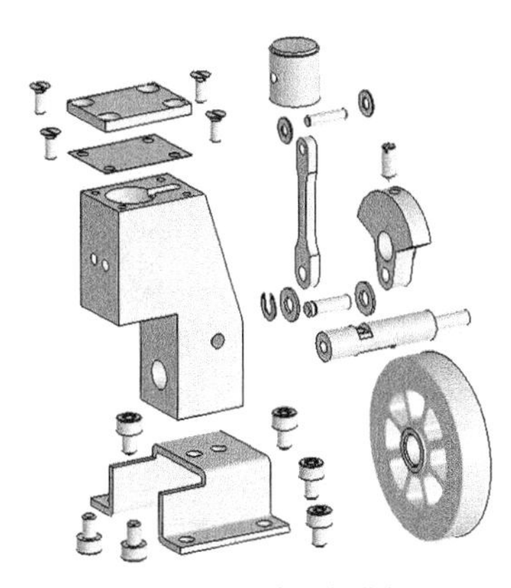

图 10-47 所有层的分解

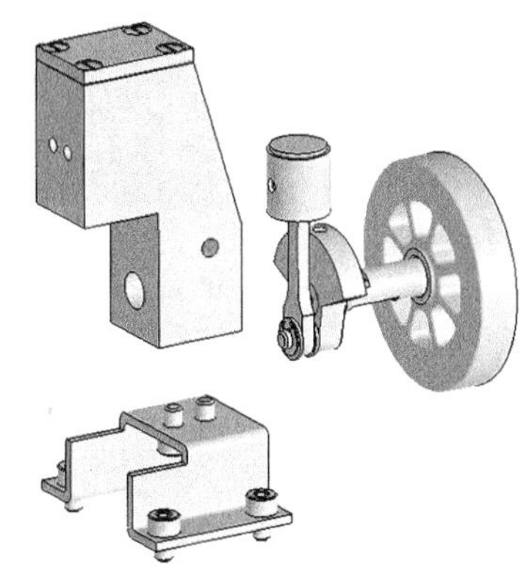

图 10-48 第一层的分解

分解命令主要用来表达零件间的装配关系，但自动生成的分解图只是将各零部件分散开来，零件间的装配关系并不明显。因此，还需利用“操作”命令或罗盘，调整各零部件间的相对位置，使之清楚地表达零件间的装配关系。为增加真实感，可用“应用材料”命令，对其整体赋予材料，如图 10-50 所示。还可以在工程制图工作台中生成表达零部件装配关系的轴测图，如图 10-51 所示。

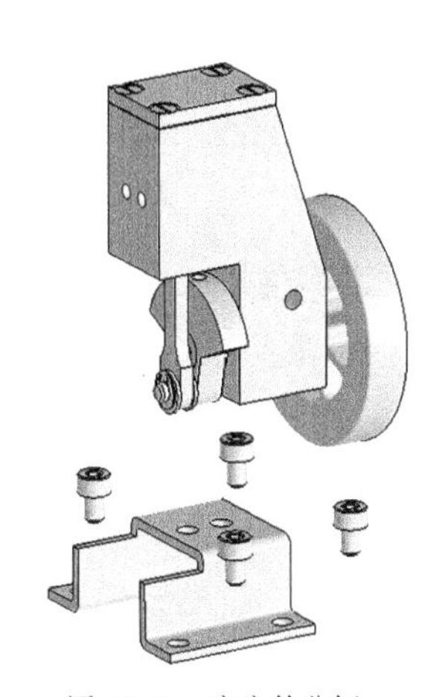

图 10-49 底座的分解

图 10-50 应用材料后的分解图

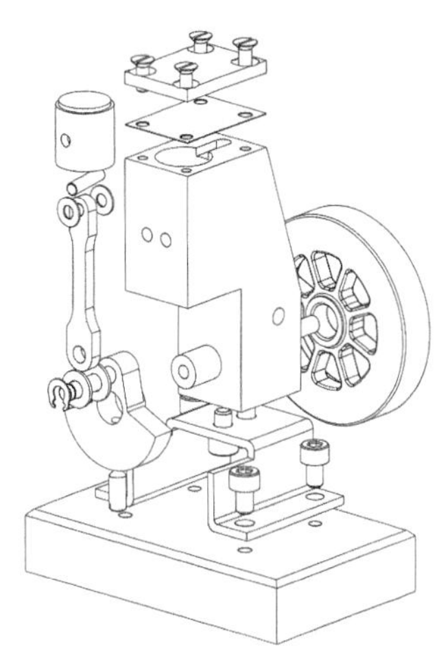

图 10-51 轴测分解图

### 5. 碰撞时停止操作命令

移动装配时，利用此命令可以检查零部件之间是否产生碰撞。以图 10-52 所示图例说明此命令的执行结果。

（1）执行此命令时需先单击“操作”按钮，在“操作参数”对话框中选择“遵循约束”（不要关闭对话框）如图 10-53 所示。

（2）再单击“碰撞时停止操作”按钮，然后按选择的方向移动零件。当移动的零部件与其他零部件发生碰撞时，则在碰撞处停止移动，碰撞时所涉及零部件的边线立即呈橘黄色高亮显示，如图 10-54 所示。如果不选择“遵循约束”，移动时两零件会融合在一起，如图 10-55 所示。

图 10-52　原状态

图 10-53　选择遵循约束

图 10-54　发生碰撞

图 10-55　两零件融合

# 10.4 装配设计中零部件的约束

在装配设计中，需要利用约束工具确定零部件之间的位置关系。其位置确定只需指定两个零部件之间的约束类型，系统将自动按指定的约束方式确定部件位置。各种类型的约束见图 10-56 中的约束工具条。

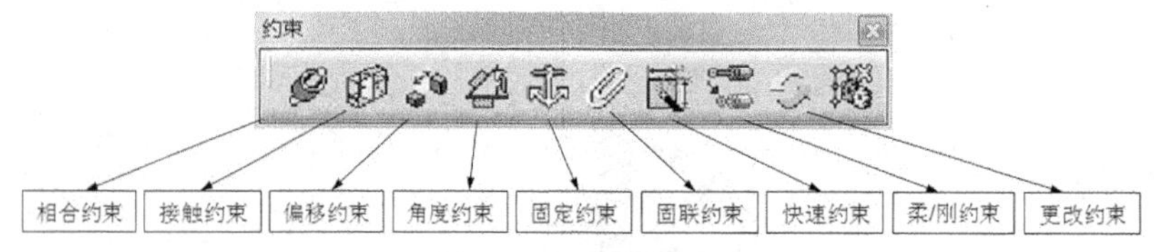


图 10-56　约束工具条

约束的基本操作：单击约束命令，选择两零件的约束元素，单击“更新”按钮，完成两个零件的约束。图 10-57 演示了螺钉装入脚架孔的约束过程。

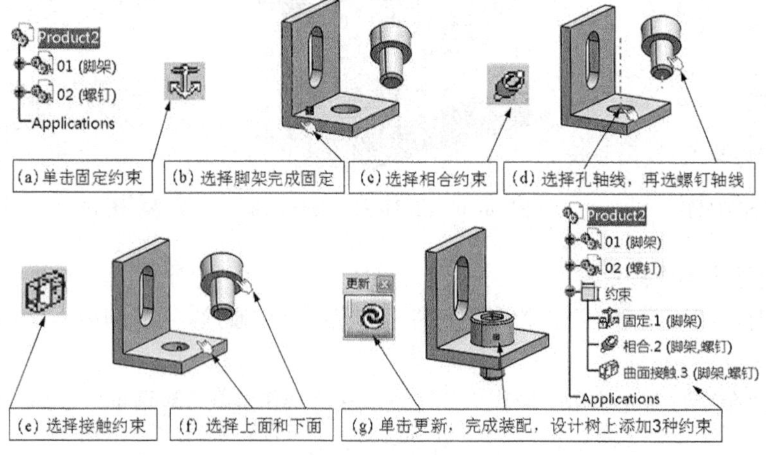


图 10-57　约束的操作

## 10.4.1　相合约束

相合约束命令除常用于两回转体的同轴约束外，还可以使两个零件上的其他元素相重合。比如：两点相合（共点）、两线相合（共棱线或同轴）、两面相合（共面），还可以使点与线相合、点与面相合、线与面相合等。

操作步骤如下：

（1）单击“相合约束”图标。

（2）分别选择要约束的两个元素：如果选择回转体表面，则默认选择为回转体的轴线如图 10-57（d）所示。如果选择两个面相合，如图 10-58 所示，会弹出图 10-59 所示对话框。其上有：约束类型符号、未更新符号、约束名称窗口、被约束元素的名称和约束状态、切换约束方向的窗口。在该窗口中有：“相同”表示几何元素方向相同；“相反”表示几何元素方向相反；“未定义”表示由应用程序计算最佳约束（见图 10-60）。

约束方向可在该窗口选择，还可以单击第二个选定元素上的绿色箭头更改约束方向，如图 10-58 中手指箭头处。如果选择相同，其约束状态如图 10-61 所示。

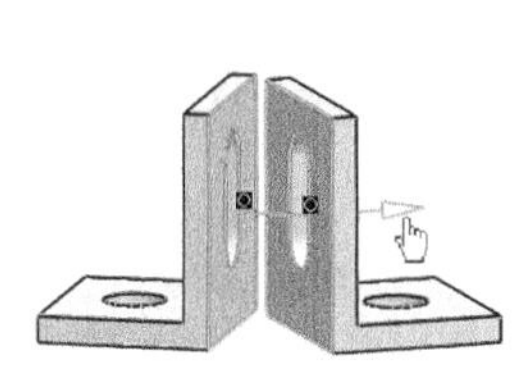

图 10-58 选择平面

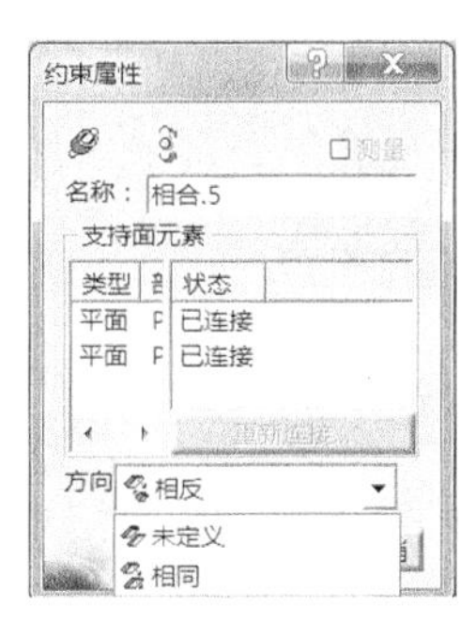


图 10-59 约束属性

图 10-60 反向或未定义

图 10-61 同向

（3）单击“确定”按钮，再单击“更新”按钮。该约束被添加到装配特征树中。

选择其他元素进行相合约束的操作过程与上述过程相同，读者可自行操练。

## 10.4.2 接触约束

接触约束命令可以使点接触（平面与球面接触）、线接触（平面与圆柱面接触、圆孔与球面接触、圆孔与圆锥面接触、球面与圆锥面接触）、面接触（两平面接触），如图 10-62 所示。

如果选择线接触或点接触，会弹出如图 10-63 所示对话框，可在其中选择接触的方向。

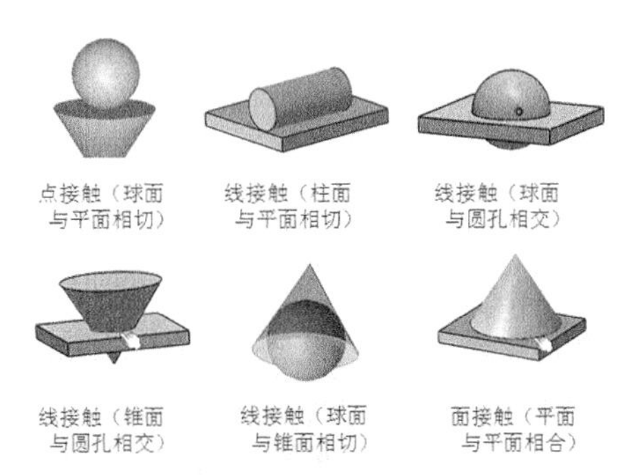


图 10-62 接触约束类型

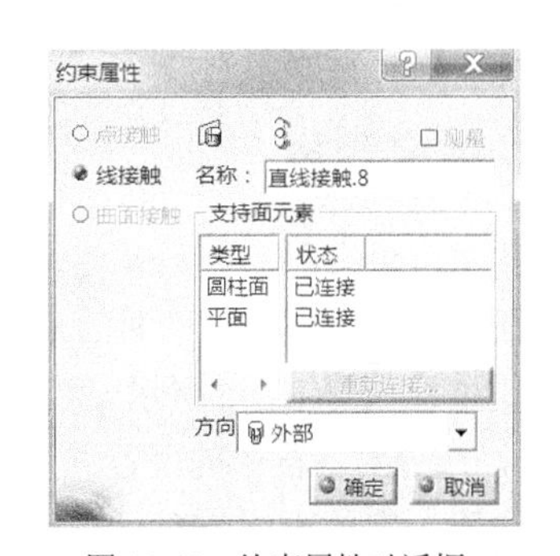


图 10-63 约束属性对话框

接触约束与相合约束的操作步骤相同，不再赘述。

## 10.4.3　偏移约束

偏移约束可以设置两个元素之间的距离。包括点到点的距离、点到直线的距离、点到平面的距离、直线到直线的距离、直线到平面的距离、平面到平面的距离。

建立偏移约束的操作过程：单击偏移约束命令图标，选择两元素，在弹出的“约束属性”对话框中选择偏移方向（相反、相同和未定义三种方向）并输入偏移距离，单击“确定”按钮后进行更新，完成偏移约束，如图 10-64（a）～（e）所示。

**补充说明如下：**

（1）偏移约束完成后，若想改变偏移距离和方向，可双击立体旁边的偏移尺寸或双击特征树上的偏移约束都会弹出约束属性对话框并在两立体上显示绿色箭头。单击第二个选定元素上的绿色箭头可改变约束方向，在对话框中可重新输入偏移的距离，如图 10-64（f）所示。图 10-64 演示了利用相合约束和偏移约束确定圆锥和方板的相对位置。

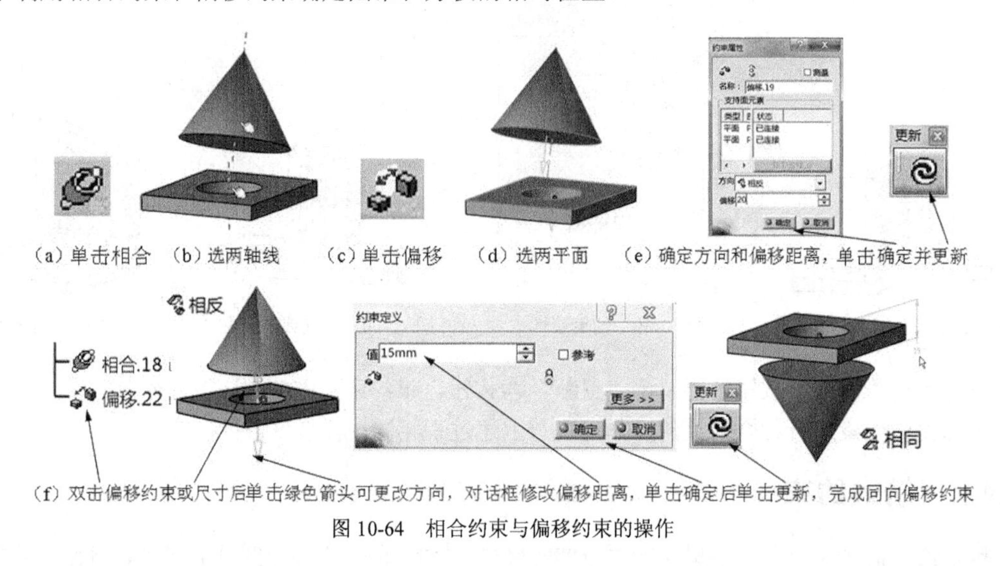


（a）单击相合　（b）选两轴线　（c）单击偏移　（d）选两平面　（e）确定方向和偏移距离，单击确定并更新

（f）双击偏移约束或尺寸后单击绿色箭头可更改方向，对话框修改偏移距离，单击确定后单击更新，完成同向偏移约束

图 10-64　相合约束与偏移约束的操作

（2）如果选中“约束属性”对话框中的“测量”选项时，则偏移约束由所选两零件上的元素的相对位置进行偏移约束。如果满足不了偏移约束的条件，例如所选两平面不平行，单击“确定”按钮后，在偏移距离处显示符号（##），表示不能约束。如果满足约束条件，则偏移距离为当前测量的距离（不能再修改），其偏移数值加括号显示，更新命令不再被激活。

## 10.4.4　角度约束

角度约束可以设置两个元素之间的角度。包括直线（轴线）与直线（轴线）的角度、直线（轴线）与平面的角度、平面与平面的角度。角度约束类型可分为平行、垂直和角度三个类型。角度约束的操作过程如图 10-65 所示。当约束角度是 90°时，选择对话框中的垂直。当约束角度是 0°或 180°时，选择对话框中的平行并单击选定面上出现的绿色箭头确定约束方向。

**补充说明**：在约束属性对话框的“角度”窗口输入约束的角度值。扇形（象限）窗口中有四个选项：扇形 1（直接测量或输入的角度）、扇形 2（测量或输入的角度+180°）、扇形 3（180°-测量或输入的角度）、扇形 4（360°-测量或输入的角度）。图 10-66 是角度为 20°，三种扇形的下的约束状态。

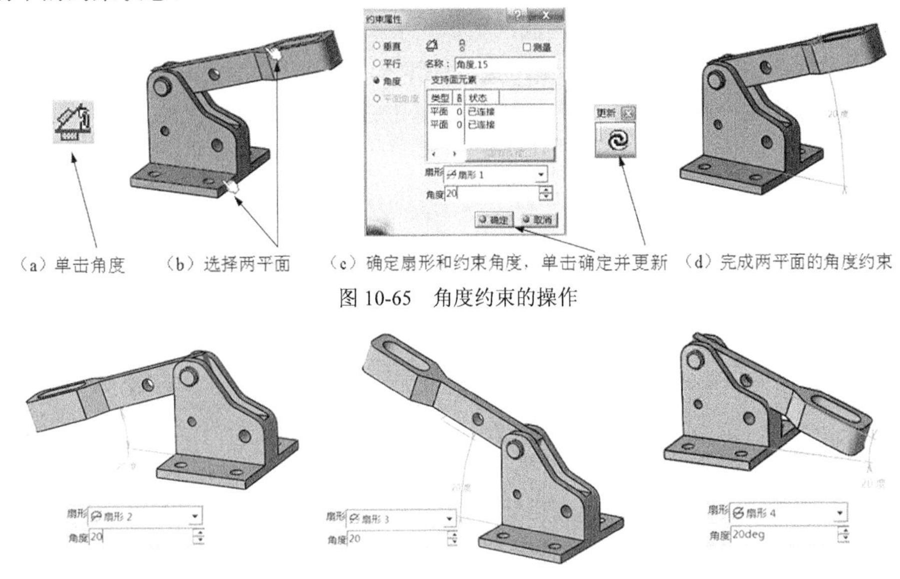


（a）单击角度 （b）选择两平面 （c）确定扇形和约束角度，单击确定并更新 （d）完成两平面的角度约束

图 10-65 角度约束的操作

图 10-66 三种扇形的角度约束

## 10.4.5 固定部件

在一个装配中，至少有一个零件是固定的。通常选择机体、底座等零件作为固定零件。在装配时，首先应固定一个零件，然后再对其他零件进行约束。固定部件的操作步骤如下：

（1）单击“固定约束”命令图标。

（2）选择要固定的部件，例如选择图 10-67 中的支座，该零件即被固定，并在装配特征树的约束下面添加一个固定约束，在支座图形上显示一个绿色的固定约束符号，如图 10-67 所示。

- 固定约束有两种：空间固定约束和相对固定约束。
- 默认的固定约束是空间固定，在此固定状态下，移动这个零件后（旋转如图 10-68 的位置），单击“更新”命令，该部件会返回到原位（如图 10-67 所示的位置）。
- 若要设置为相对固定约束，在图中或在特征树上双击固定约束图标，在弹出的“约束定义”对话框中单击“更多”，在展开的对话框中取消“在空间固定”选项并单击“确定”按钮，完成相对固定的设置，如图 10-69 所示。此时移动零件不会再回原位即不能更新。

在空间固定和相对固定在特征树上的图标各不相同。

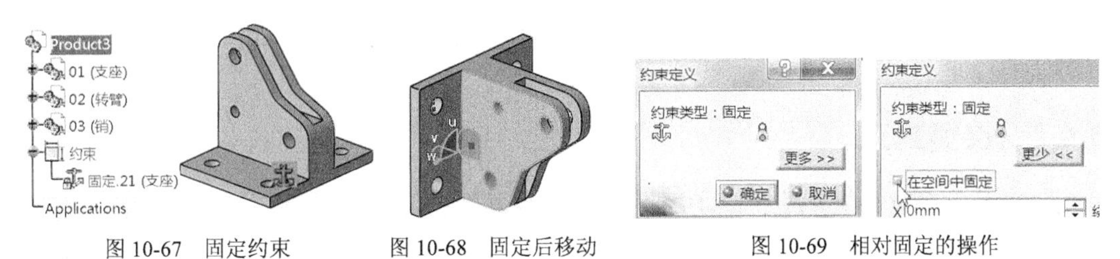


图 10-67 固定约束　　图 10-68 固定后移动　　图 10-69 相对固定的操作

## 10.4.6 固联约束

用这个命令可以将当前装配中的两个或更多的零部件固联在一起，然后将其一起与其他零部

件约束到指定位置。

**【实例 10-5】** 以图 10-70 为例说明固联操作的步骤和意义。

（1）单击“固定约束”图标，再单击支座将其固定。利用相合、接触命令将转臂、短销和连接臂装配约束到一起，如图 10-71 所示。接着进行固联约束。

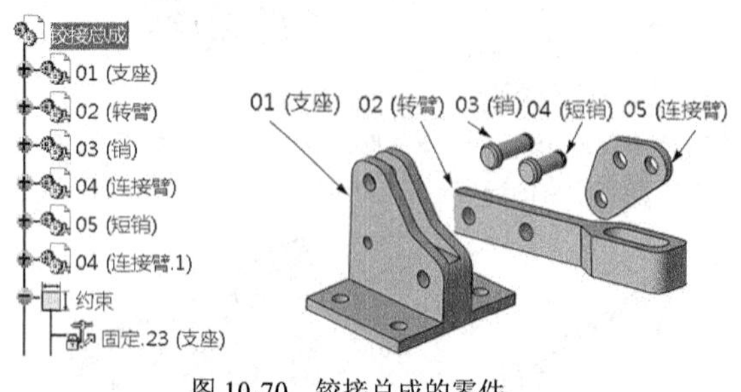

图 10-70 铰接总成的零件

图 10-71 零件约束

（2）单击“固联约束”图标，出现“固联约束”对话框。

（3）在特征树上选择要固联成组的零部件，如转臂、短销、连接臂和连接臂 1，被选中零件依次进入如图 10-72 所示的对话框（要从列表中移除多选零件，只需单击它，在“名称”窗口中，可输入要创建的部件组的新名称）单击“确定”按钮，完成图 10-71 所示状态的固联约束。

（4）在此基础上再利用相合、接触命令将固联好的组件装配到支座上。重复此命令，将销装入支座的孔中，完成的铰接总成装配及全部约束如图 10-73 所示。

**补充说明：** 如果在约束前将转臂、短销、连接臂和连接臂 1 等有关零件固联（如图 10-74 所示的特征树上只有固定和固联，没有其他约束），在执行其他约束操作时，固联在一起的四个零件仍能一起移动。

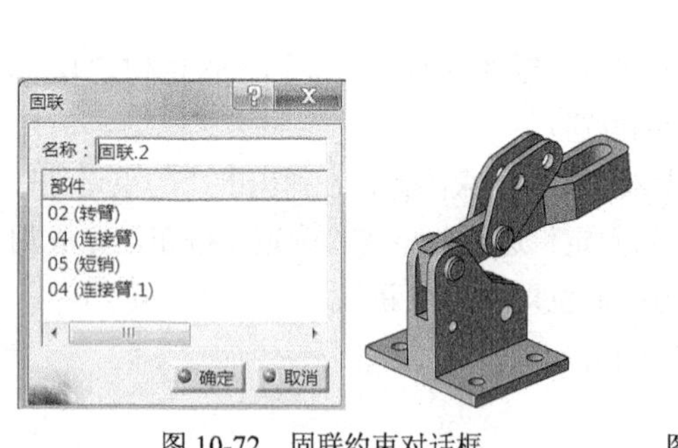

图 10-72 固联约束对话框

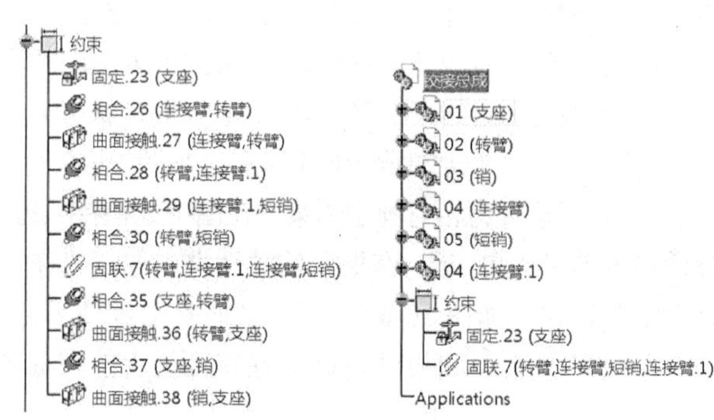

图 10-73 铰接总成装配全部约束　　图 10-74 约束前的固联

## 10.4.7 快速约束

建立快速约束时，选择两个要约束的零件，系统将根据已设置的快速约束顺序和所选几何元素的类型，自动建立一个适当的约束。例如执行“快速约束”后，分别选择图 10-75 中的圆柱和圆锥，会自动建立一个相合（同轴）约束。如果分别选择图 10-75 中的底板顶面和圆锥底面，则会自动建立一个接触约束。

快速约束的优先顺序设置可选择下拉菜“工具”→“选项”→“机械设计”→“装配设计”→“约

束”选项卡中“快速约束”窗口，选中其中的约束，利用上下箭头调整顺序，如图 10-76 所示。快速约束的操作步骤与其他约束相同。

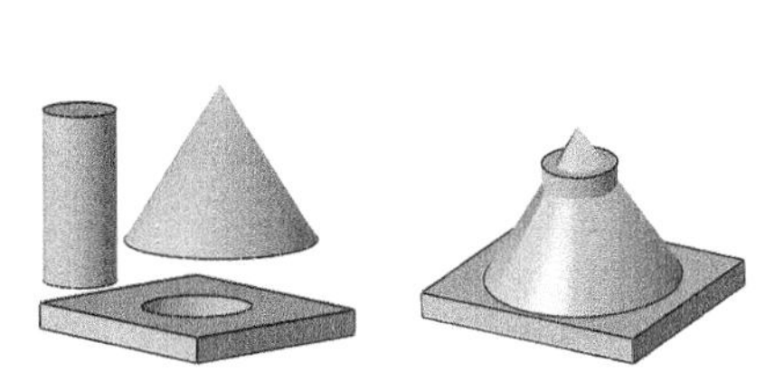

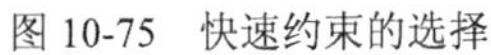

图 10-75　快速约束的选择

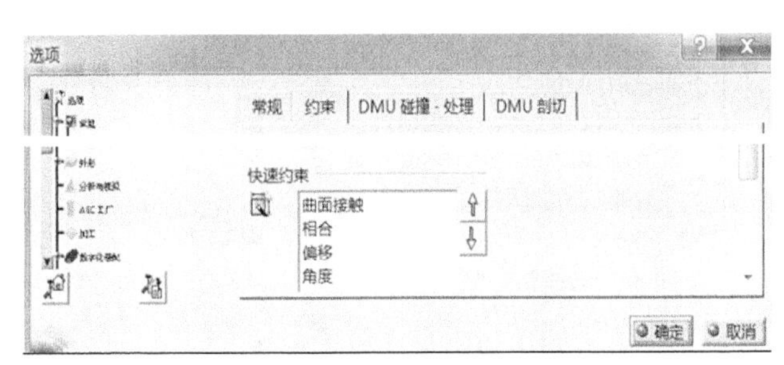


图 10-76　快速约束顺序的设置

## 10.4.8　柔性/刚性子装配

图 10-77 所示父装配（铰接支架总成）由两个子装配（支架组件和铰接组件）组装而成。当移动一个组件时，该组件上的所有零部件一起移动，此状态称之为刚性子装配，如图 10-78 所示。

利用“刚性/柔性子装配”命令将所选刚性子装配改为柔性子装配后，即可对子装配中的零件进行移动、旋转等操作，如图 10-79 所示。

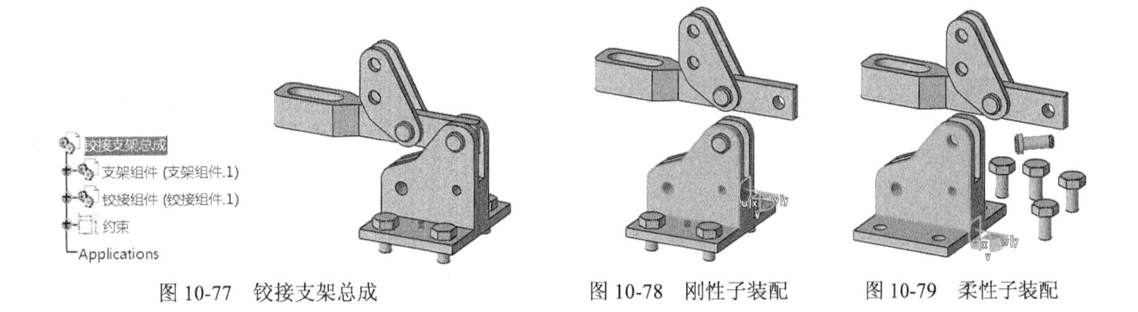


图 10-77　铰接支架总成　　图 10-78　刚性子装配　　图 10-79　柔性子装配

具体操作步骤如下：

（1）单击“刚性/柔性子装配”图标。

（2）选择要设为柔性子装配的组件（例如选择图 10-77 中特征树上的支架组件），在特征树中该组件图标左上角的小轮变为紫色，表示该子装配已经变为柔性子装配。此时可对该组件内的零件进行操作，如图 10-79 所示。

若将该组件变回刚性子装配，只需在特征树选取该部件后，再单击一次“刚性/柔性子装配”图标即可。

## 10.4.9　更改约束

更改约束命令可以将已添加的约束更改为其他约束。操作步骤如下：

（1）在特征树上选择要更改的约束（例如选择图 10-80 中两组件的垂直约束）。

（2）单击“更改约束”图标，弹出显示所有“可能的约束”对话框，如图 10-81 所示。选择角度后单击应用，特征树上添加了角度约束，再单击“确定”按钮，特征树上垂直约束变为角度约束，如图 10-82 所示。同时在图中显示当前角度为 90°，如图 10-83 所示。

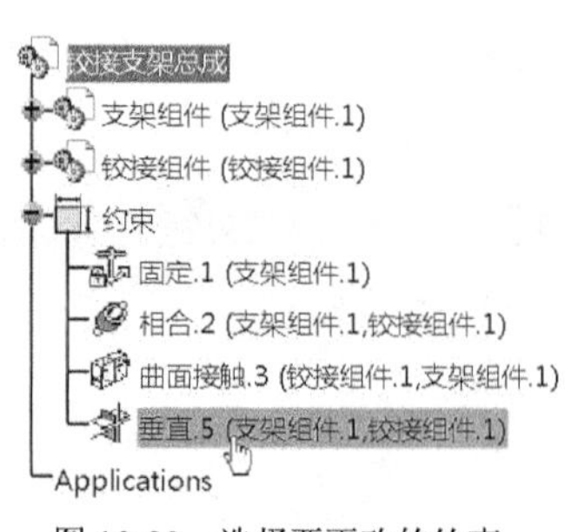


图 10-80 选择要更改的约束

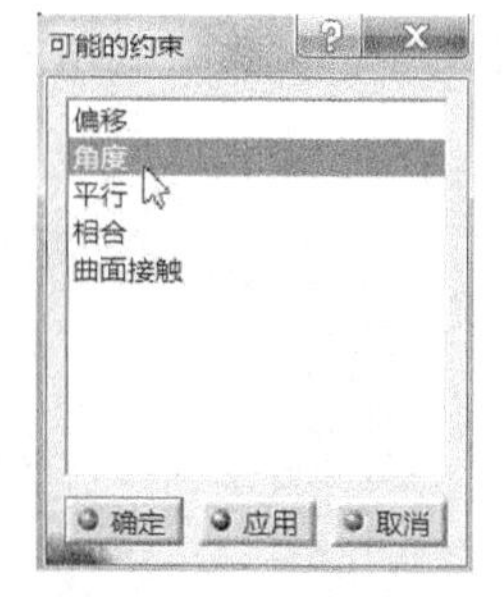


图 10-81 可能的约束对话框

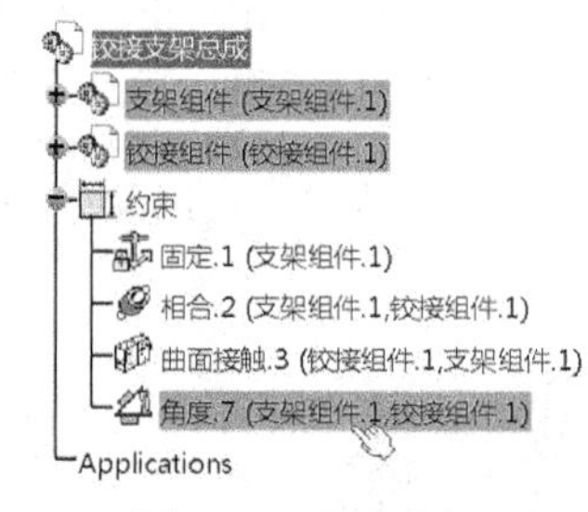


图 10-82 约束改变

（3）在特征树上或图形上双击"角度"，弹出"约束定义"对话框（见图 10-84），输入新值 80°后，单击"确定"按钮，再单击更新按钮，完成的更改约束如图 10-85 所示。

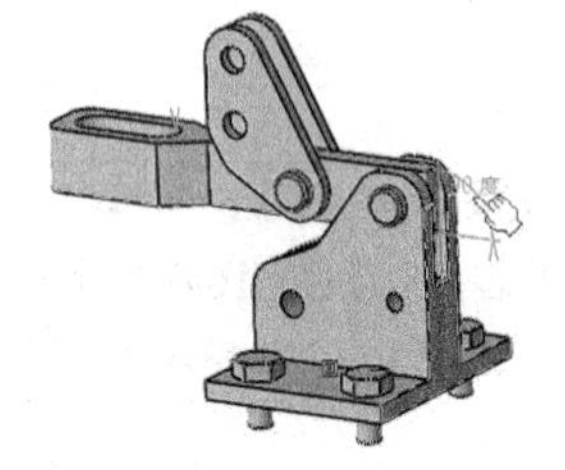

图 10-83 显示当前角度 90°

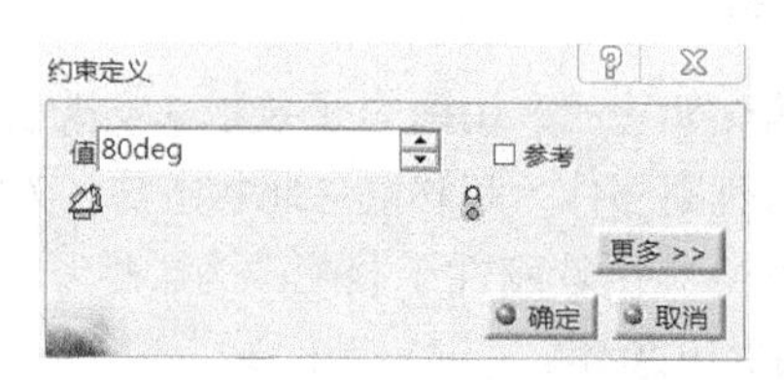


图 10-84 "约束定义"对话框

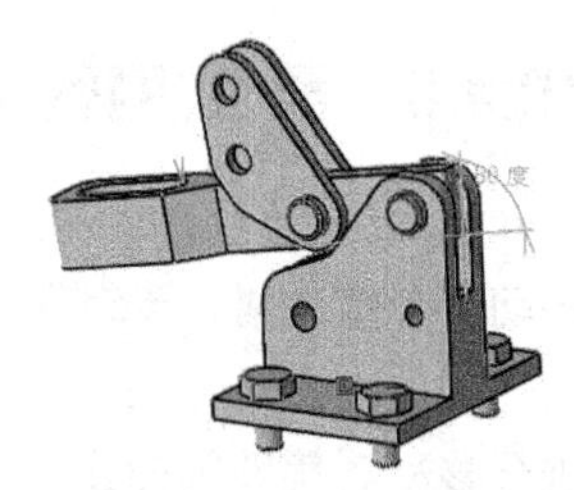

图 10-85 改为 80°的位置

# 10.5 装配约束规则和约束分析

## 10.5.1 装配约束规则

在零部件间施加约束时，必须遵循相应的规则，违反约束规则将无法施加约束。约束规则如图 10-86 所示。

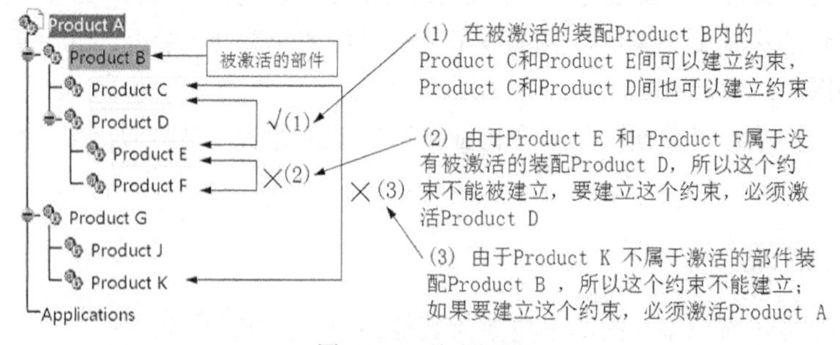


图 10-86 约束规则

## 10.5.2 装配约束分析

在更新装配约束时，如果施加的约束有错误，则会弹出"更新诊断"对话框，如图 10-87 所示。在对话框中会列出更新时出现的错误约束，并将错误约束置为不起作用的无效状态。错误约束大多数是由于过约束造成的。在“更新诊断”对话框中选择错误约束后，单击“编辑”按钮，可以编辑这个约束；单击“取消激活”按钮可以使这个约束无效；单击“删除”按钮可以删除这个约束。

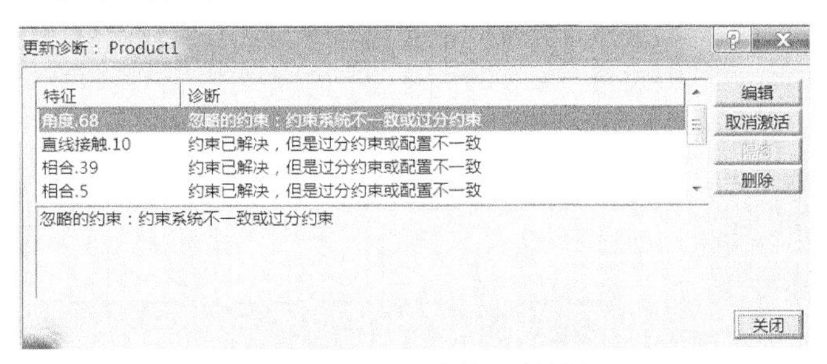


图 10-87 “更新诊断”对话框

在装配特征树上，不同的约束状态其图标也不相同，如图 10-88 所示。

图 10-88 不同的约束状态

- 未更新的约束：由于未执行更新命令或过约束，可以用更新命令更新这个约束，如果更新后图标不变，就是过约束，需要删除这个约束。
- 无效约束：由于置于无效状态，可以单击右键，选择有效命令。
- 错误约束：由于约束定义错误或被约束的部件被删除，可以删除这个约束或双击约束进行修改。

# 10.6 “测量”工具与零部件的复制

## 10.6.1 “测量”工具

“测量”工具条是一个通用工具条，如图 10-89 所示。零件设计工作台中也包含有该工具条。使用测量工具可以测量零件或装配中的尺寸或角度，也可以测量零部件的质量参数。

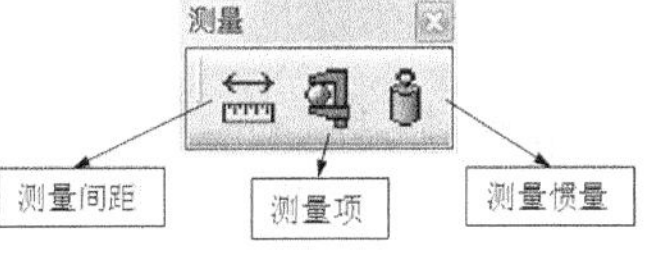


图 10-89 测量工具条

“测量”工具条中有三个测量工具：测量几何元素之间的距离和角度（例如轴线与轴线之间的距离、两平面之间的距离、两平面之间的角度等）；测量单个对象的尺寸（例如圆柱体的直径、板的厚度等）；测量零件的质量参数时，应先为零件指定一种材料。

下面重点介绍和两个命令。

### 1. “测量间距”命令

使用这个命令测量对象时需要选择两个对象上的点、线、面等几何元素，系统将自动测量出这些几何元素之间的距离或角度。当单击“测量距离”图标时，会弹出图 10-90 所示的对话框。该对话框中的测量定义有：独立式测量、连续式测量、基线式测量、转换为单项测量、转换为测量壁厚五个选项。展开选择模式 1 和模式 2 窗口，分别有 13 种测量对象可供选择，默认选择为“任意几何图形”。如果执行独立式测量命令时，在模式 1 窗口中选择“拾取点”，模式 2 窗口中选择“拾取轴”，则测得结果为点到轴线的距离。

13 种选择对象的含义如下。

- 任意几何图形：点、线（轴线）、面、实体边等几何元素；
- 任意几何图形，无限：与任意几何图形类似，不同之处是将线或面看做无限长；
- 拾取点：在几何体表面上选择的一个点，如面上的点、线上的点；
- 仅限点：选择已存在的点，如顶点、交点、端点等；
- 仅限边线：选择几何体上的棱线，包括直线或圆弧；
- 仅限曲面：选择曲面；
- 仅限产品：选择产品；
- 拾取轴：选择一点，系统通过这点作一条垂直于屏幕的直线；
- 相交：选择两条线，系统求出两条线的交点；
- 边线限制：实体棱线上的端点或曲线上的极限点；
- 弧中心：圆或圆弧的圆心点；
- 坐标：输入一个点的坐标值，即可测出该点与其他元素之间的距离；
- 三点弧的中心：选择三点，系统通过这三点作一个圆并求出这个圆的圆心。

一般取默认选择模式（任意几何图形），即可满足大部分几何元素之间的测量要求。

测量对象间的距离或角度，操作步骤如下：

（1）单击“测量间距”图标，显示“测量间距”对话框；

（2）选择如图 10-91 中两螺钉的轴线，在图上和对话框中显示测量结果，如图 10-92 所示。

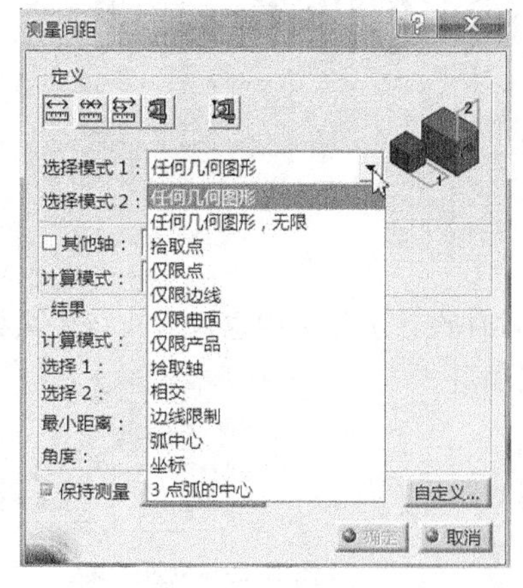


图 10-90 测量间距对话框

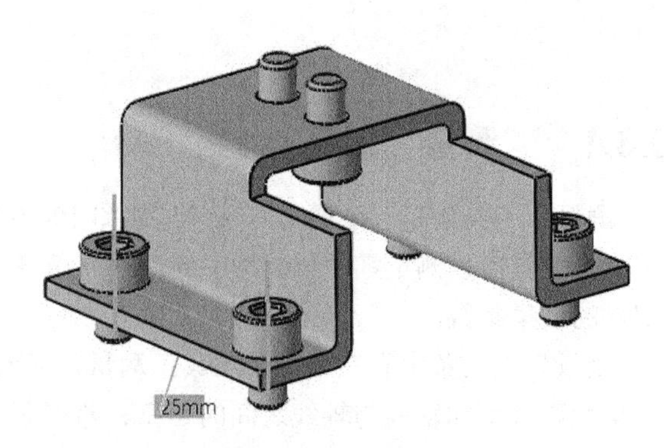


图 10-91 选择两轴线

如果选择对话框中保持测量，则在特征树和图上保留测量的结果，否则将不保留测量结果。

单击“自定义”按钮，显示“测量间距自定义”对话框，如图 10-93 所示，在对话框中可以选择测量的内容和对话框中显示的参数。

图 10-92　测量结果

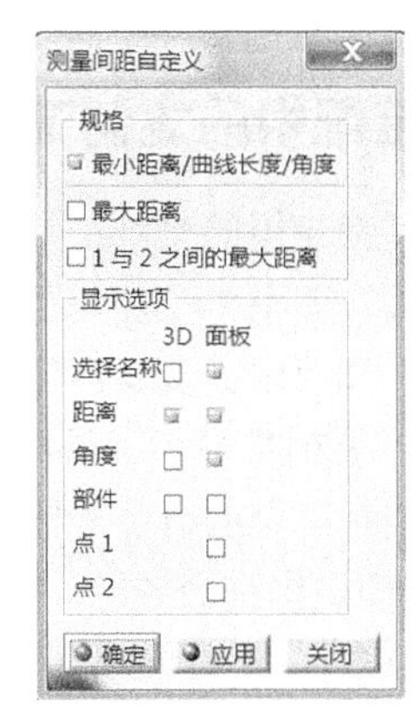


图 10-93　“测量间距自定义”对话框

**2．测量项命令（测量单个对象的尺寸参数）**

使用该命令可以测量一个选择对象有关尺寸，例如点的坐标、线的长度、弧的半径、圆心、弧长、曲面的面积、圆柱面的半径、实体的体积等。

用这个工具测量时，只需选择一个对象，包括以下几种模式。

- 任何几何图形（默认模式）：可以选择任何几何元素，系统判断需要测量的参数；
- 仅限点：只测量点的参数；
- 仅限边线：只测量边的参数；
- 仅限曲面：只测量曲面的参数；
- 仅限产品：用于装配；
- 仅限壁厚:测量零件的壁厚;
- 以三个点确定的角：选择三个点，测量这三点连线的夹角。

测量项命令操作的步骤如下：

（1）单击“单项测量”图标，显示“测量项”对话框，确定选择模式，选择要测量的对象，例如选择图 10-94 中的螺钉头，在几何体和对话框中记录测量的结果，如图 10-95 所示。

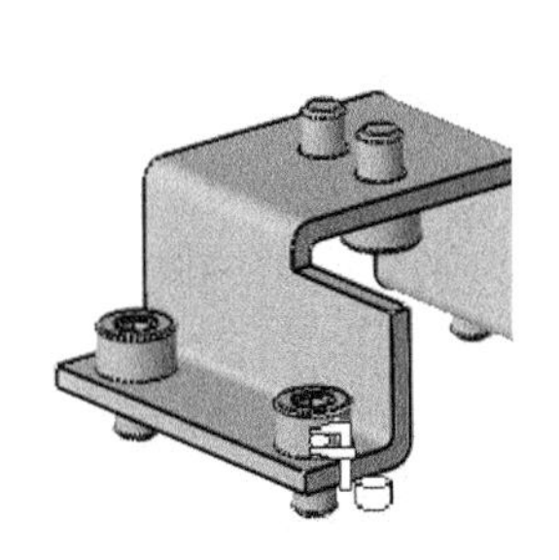

图 10-94　测量螺钉头

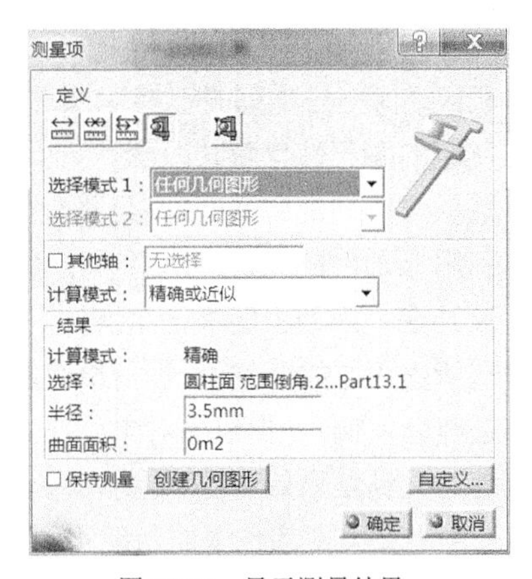


图 10-95　显示测量结果

（2）选择对话框中“保持测量”，单击“确定”按钮，会在树上保留测量的结果，否则将不保留测量的结果。

（3）在单项测量对话框中，也可以转换为对象间测量或壁厚测量功能。

## 10.6.2 装配中的复制工具

装配中经常使用的复制工具有“重复使用阵列”、“快速多实例化”、“定义多实例化”和“对称”四种工具。其中“重复使用阵列”工具在“约束”工具栏中；“快速多实例化”和“定义多实例化”工具在“产品结构工具栏”中；“对称”工具在“装配特征”工具栏中。四种工具也可通过“插入”下拉菜单调出。四种工具的命令图标及下拉菜单如图 10-96 所示。

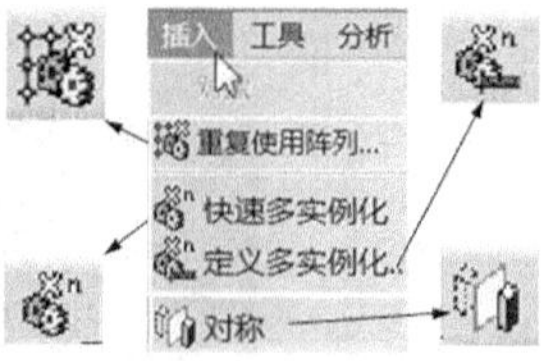

图 10-96 四种复制命令

### 1．重复使用阵列命令

**【实例 10-6】** 在装配设计工作台中利用已有的阵列模式复制装配相同的零件。

（1）先将要装配的底座和一个螺钉按装配要求进行约束，如图 10-97 所示。

（2）在装配特征树中展开具有阵列特征的零件“底座”，如图 10-98 所示。

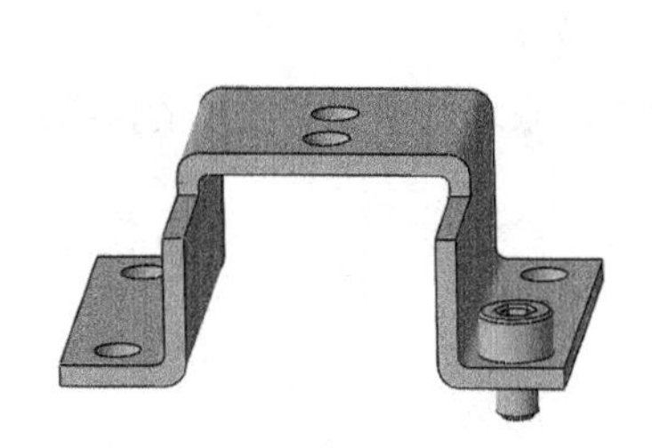

图 10-97 完成底座与螺钉装配

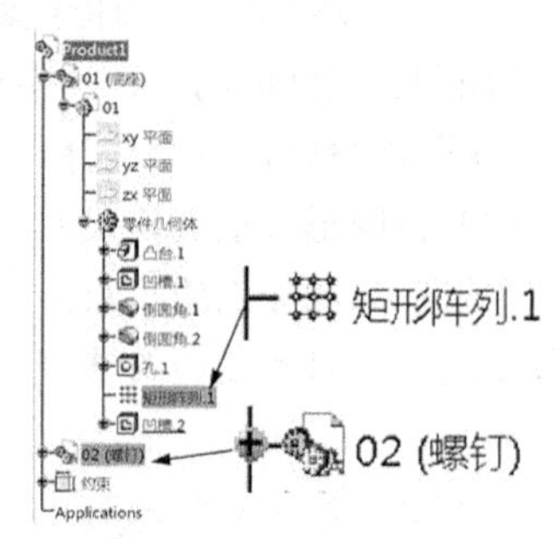


图 10-98 展开特征树

（3）单击“重新使用阵列”图标，弹出如图 10-99 所示的“在阵列上实例化”的对话框。

（4）在特征树上顺次选择“矩形阵列”和螺钉，如图 10-98 所示，则所选对象的有关信息显示在对话框中，如图 10-99 所示。

（5）单击“应用”和“确定”按钮，完成底座与螺钉的矩形阵列，如图 10-100 所示。

“在阵列上实例化”对话框选项的有关说明如下：

（1）默认“保持与阵列的链接”，复制的零部件与被引用的阵列保持链接关系，即阵列的定义修改后，复制的零部件也随之改变。

（2）默认“阵列的定义”，则只复制部件，不引用约束。如果选中“已生成的约束”，则在复制的同时引用原部件的约束，这时可在“重新使用约束”列表框中选择引用哪个约束。

（3）展开在“阵列上的第一个实例”下方的窗口，有三种复制部件的方式：

- “重新使用原始部件”。保留原对象，其余对象在树上依次复制。
- “创建新实例”。保留原对象，在原位置再复制一个新对象。
- “剪切并粘贴原始部件”。剪切原对象，再按阵列定义复制原对象。

（4）选中“在柔性部件中放入新实例”复选框，阵列复制的零部件都会放到一个新部件下面。此项选择与否，其装配结果完全相同（例如图 10-101 中端盖与螺钉的装配）。但在特征树上的显示却各不相同，如图 10-102 为未选择状态（复制的 5 个螺钉均在 product2 之中），而图 10-103 为选择状态（复制的 5 个螺钉均在“在圆形阵列.1”之中）。

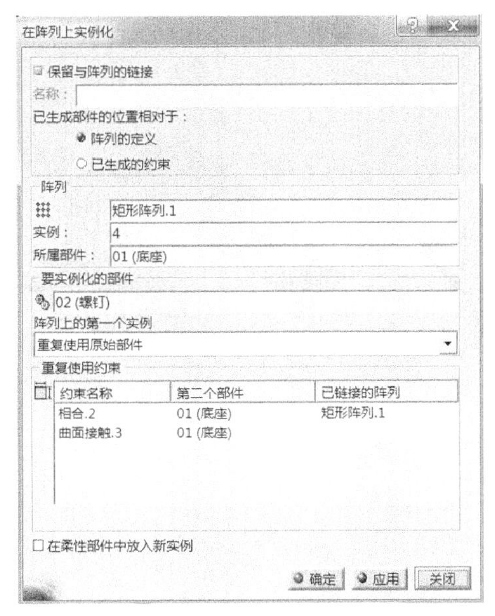


图 10-99 “在阵列上实例化”对话框

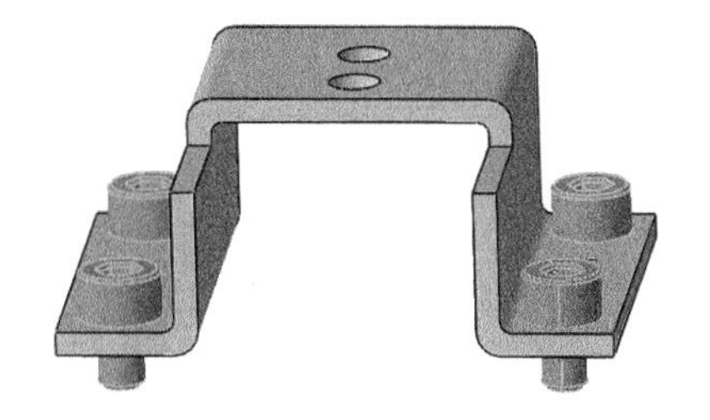

图 10-100 底座与螺钉的矩形阵列

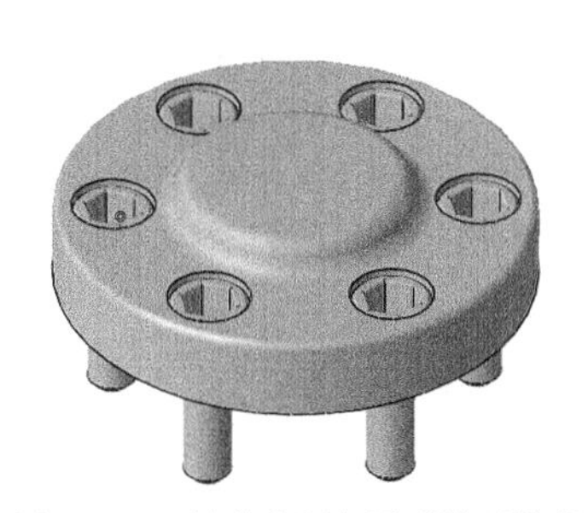

图 10-101 端盖和螺钉圆形阵列装配

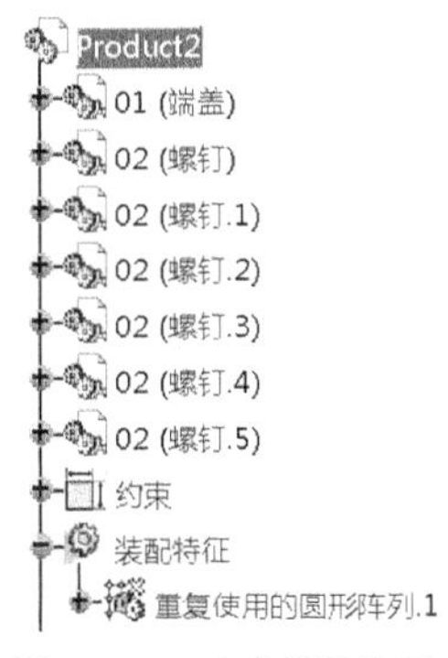


图 10-102 未选择的排列

图 10-103 选择后的排列

圆形阵列与矩形阵列操作完全相同。

### 2．快速多实例化命令

利用“快速多实例化”命令可快速复制一个相同的零件。具体操作步骤如下：

（1）在特征树上单击要复制的零件，如图 10-104 所示的螺钉。

（2）单击“快速多实例化”图标，就会复制出一个螺钉，如图 10-105 所示。如果连续单击图标，就会连续复制零件。

### 3．定义多实例化命令

**【实例 10-7】** 利用“定义多实例化”命令快速复制一个零件并置于指定位置。

将图 10-106 底座上方的螺钉装入前面的孔中。

（1）单击“测量间距”图标，测出两孔轴线距离 8mm，如图 10-107 所示。

（2）在特征树上选择图 10-106 上面的螺钉。

（3）单击“定义多实例化”图标，在弹出的“多实例化”对话框（见图 10-108 中输入新实例为“1”；输入间距“8”测出的两孔轴间距）。选择 $y$ 轴或与轴间距平行的棱线，复制的螺钉装入前面的孔中，单击“确定”按钮，完成的“定义多实例化”复制，如图 10-109 所示。

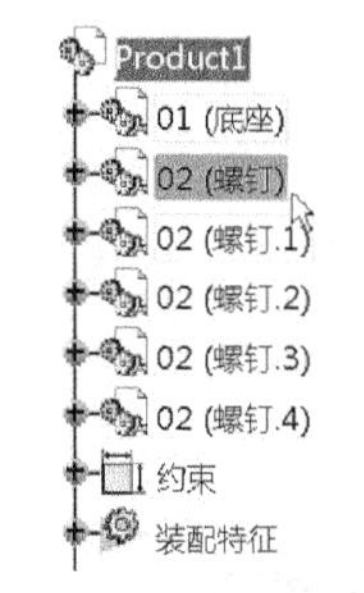


图 10-104　选择复制零件

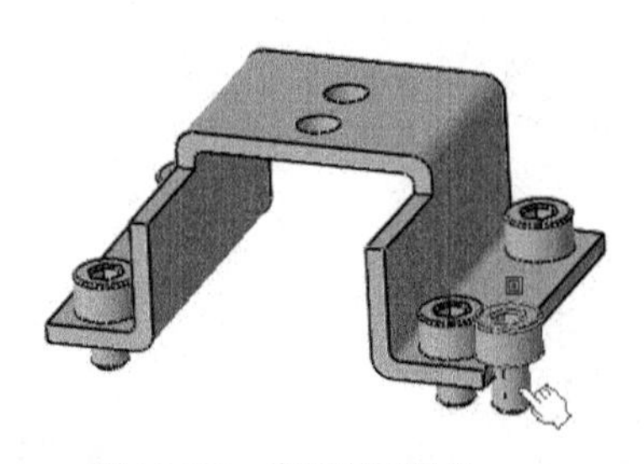

图 10-105　完成复制零件

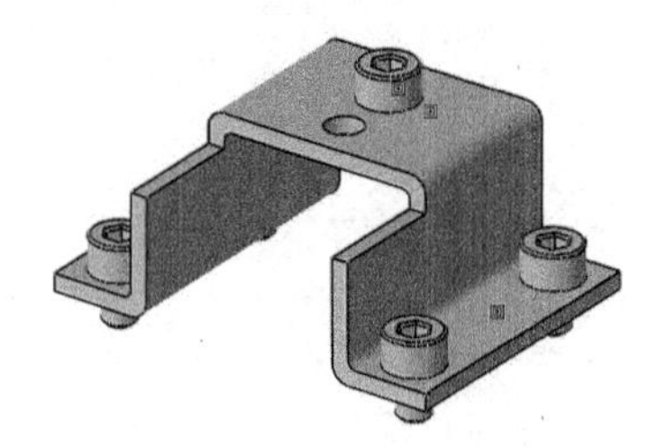

图 10-106　选择复制零件

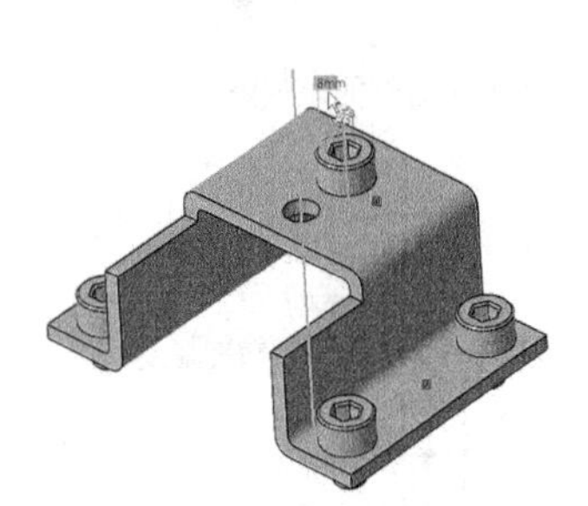

图 10-107　测量孔间距

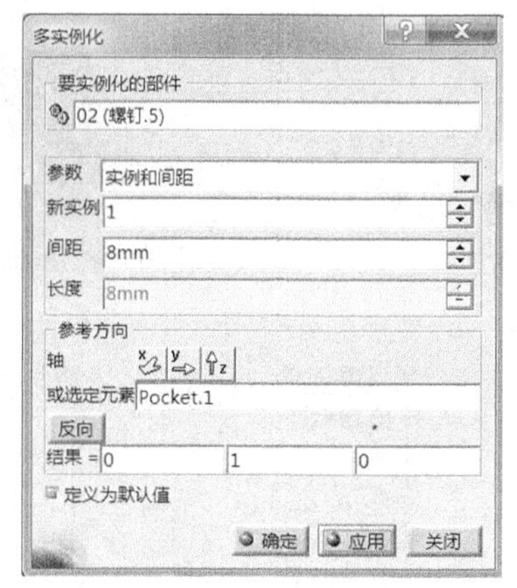


图 10-108　多实例对话框

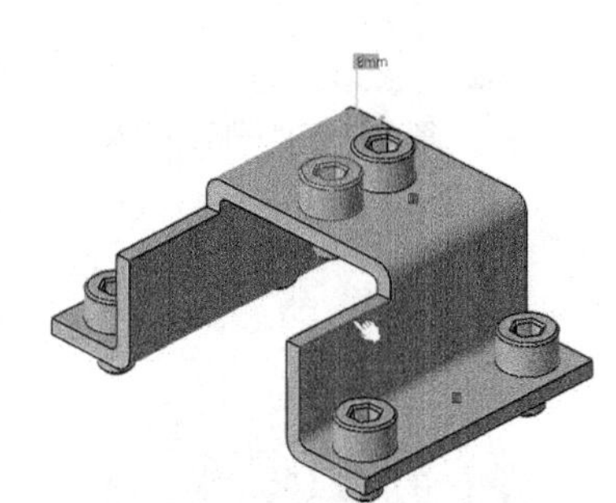

图 10-109　定义多实例化复制

定义多实例化对话框选项的有关说明：

- “参数窗口”有三种排列方式：
  - “实例和间距”。复制的数目和间距。
  - “实例和长度”。复制的数目和总距离。
  - “间距和长度”。间距和总距离。
- 参考方向：可以选择 x、y、z 作为排列方向，也可以选择物体上的棱线等元素作为排列方向。单击反向按钮可以变为相反方向。
- “定义为默认值”：选择此复选框，再次使用“快速多实例化”命令时，以这些参数作为默认参数。

**4．对称命令**

设计一台机器时，如果有对称的部件，可以只建立一个部件，与其对称的另一半部件可利用“对称”命令快速创建。具体操作步骤如下：

（1）单击“对称”图标，弹出如图 10-110 所示的“装配对称向导”对话框。

（2）单击图中的对称面，如图 10-111 所示。

（3）选择要变换的产品，在图中或在特征树上选择零件，如图 10-112 所示的支架。

（4）显示对称的零件及放大的对称平面，如图 10-113 所示。在对话框上单击“确定”按钮，弹出“装配对称结果”对话框，如图 10-114 所示，单击“关闭”按钮，完成对称零件的复制，如

图 10-115 所示。

图 10-110 装配对称向导对话框

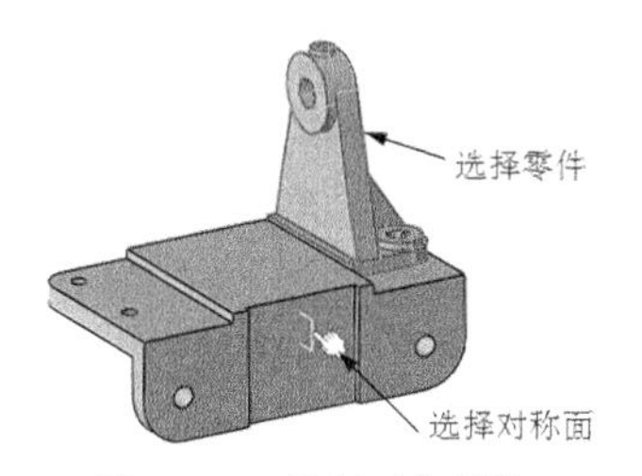


图 10-111 选择对称部件

图 10-112 选择零件

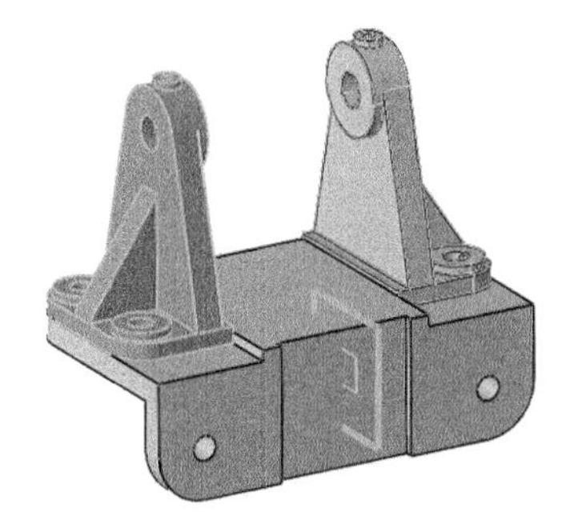

图 10-113 对称预览

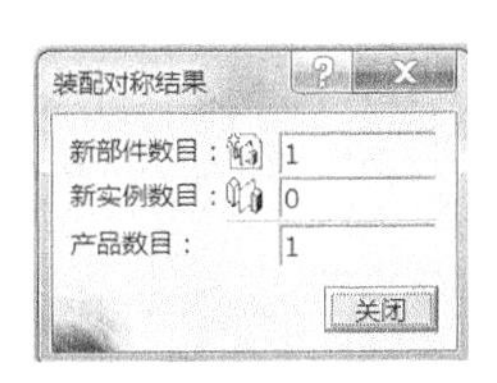


图 10-114 显示对称结果

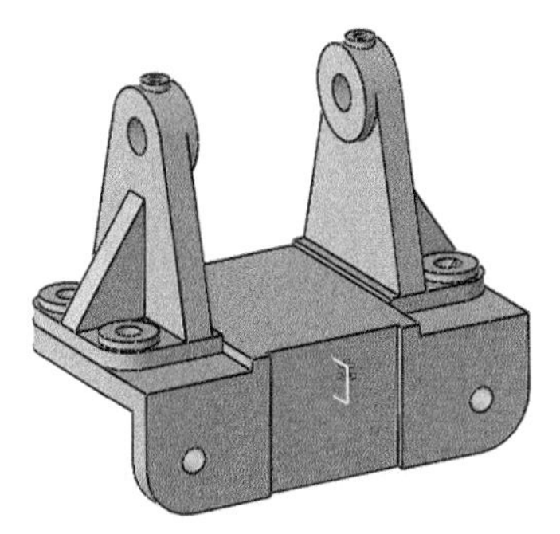

图 10-115 完成对称复制

# 10.7 自下而上装配设计实例

自下而上装配设计是在零件设计工作台下设计出部件或机器中的全部零件，然后在装配设计工作台中调入全部零件，再按照装配关系逐个装配零件。当零件的结构、尺寸都已确定，不需要再改动时可用此种设计方法。

**【实例 10-8】** 通过一台杠杆拉紧装置（图 10-116 是该装置及已经设计好的全部零件），演示自下而上装配设计的操作步骤。

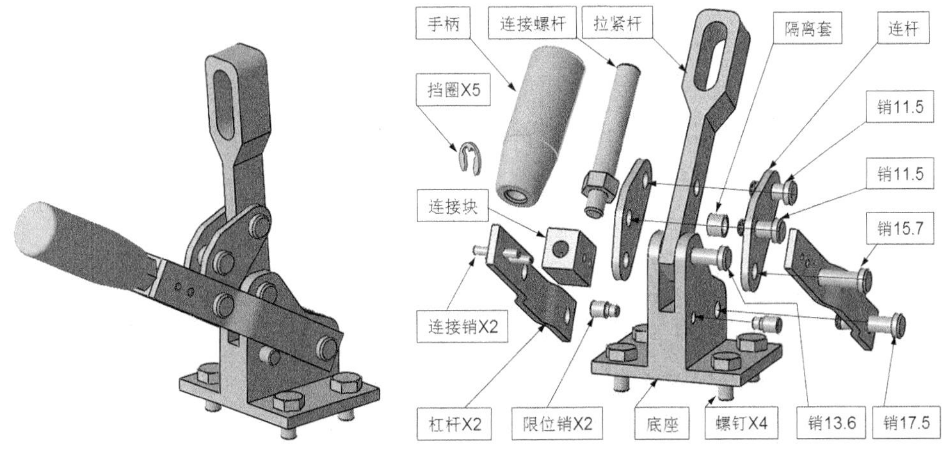


图 10-116 杠杆拉紧装置总成及其零件

（1）打开 CATIA 程序，单击菜单“开始”→“机械设计”→“装配设计”命令，进入装配设计工作台。

（2）选择装配特征树上的根节点“Product1”。

（3）单击“现有部件”图标，或单击菜单“插入”→“现有部件”命令，出现“选择文件”对话框，打开保存零件的文件夹，如图 10-117 所示。按下 Ctrl 键，连选零件 dizuo（底座）、luodingM4（螺钉）、xianweixiao（限位销）后单击“打开”按钮，三个零件被添加到装配特征树上，并显示在工作界面中，利用罗盘或其他移动命令将三个零件分开，如图 10-118 所示。

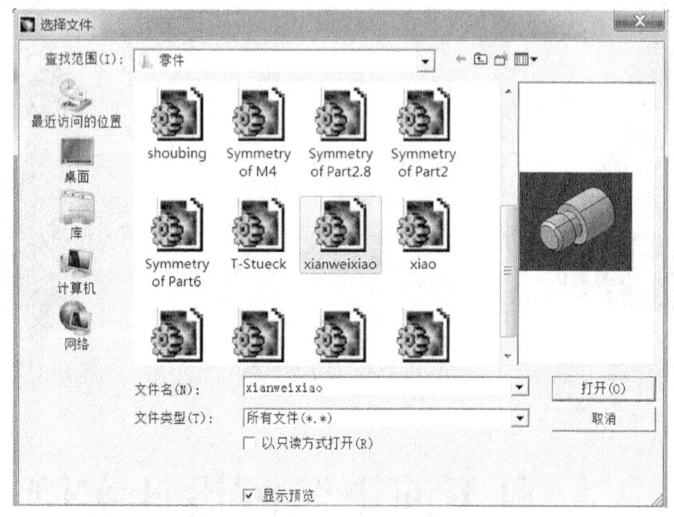


图 10-117 选择文件对话框

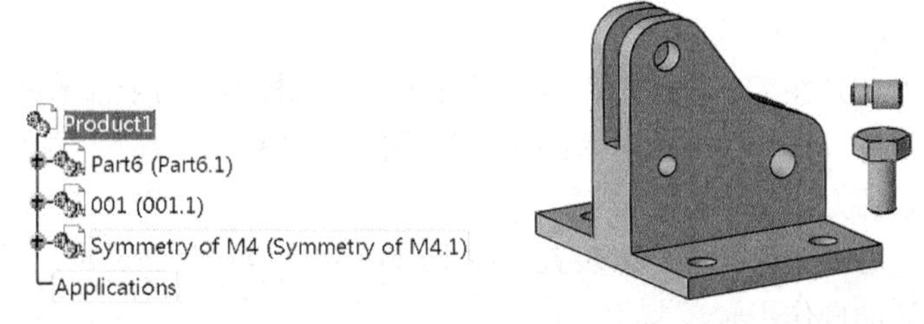


图 10-118 插入底座、螺钉和限位销

（4）由于插入的零件一般都以默认名称显示在特征树上，为了便于看清楚零件的装配顺序和约束关系，最好对零件重新命名并按装配顺序进行排序。具体操作如下：

① 在特征树上右击零件默认名称，如 part6，在“属性”对话框中进行改名和编号。

② 单击根节点“Product1”，再单击“树形树重新排列”图标，在弹出的对话框中利用上下箭头对零件进行重新排序，如图 10-119 所示。

（5）固定底座。

单击“固定”图标，在装配特征树上选择底座或直接在工作界面中选择底座，完成底座的固定。

（6）约束螺钉和底座。

- 约束 1：单击智能移动图标，在弹出的“智能移动”对话框中选择“自动约束创建”选项，先选择螺钉轴线，再选择底座孔的轴线，单击“确定”按钮，完成同轴约束（利用智能移动完成的约束不需要更新，其他约束执行后需要更新）。

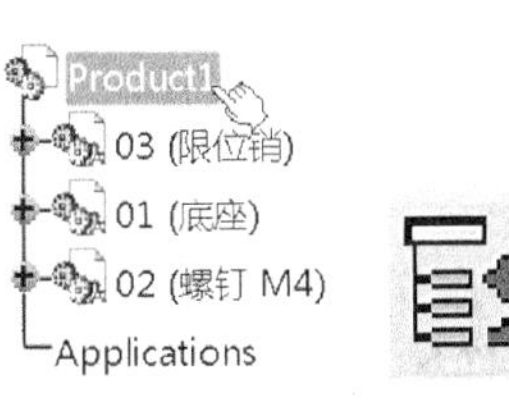

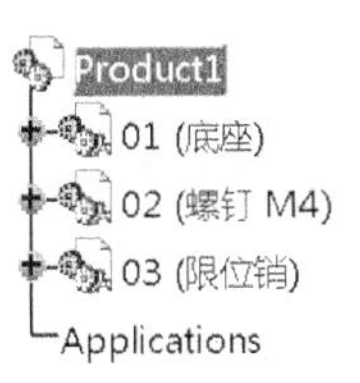


图 10-119　重新对零件命名和排序

- 约束 2：单击“相合约束”图标，选择底座上表面，再选择螺钉头下面任一条边线，单击“更新”按钮，完成两面的相合约束，如图 10-120 所示，完成的约束添加在特征树上。利用重复使用阵列命令，完成另外三个螺钉的复制（参考 10.6.2 节中的第 1 节）。

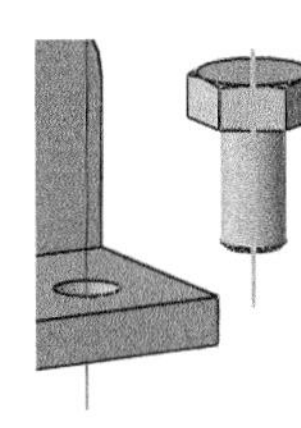
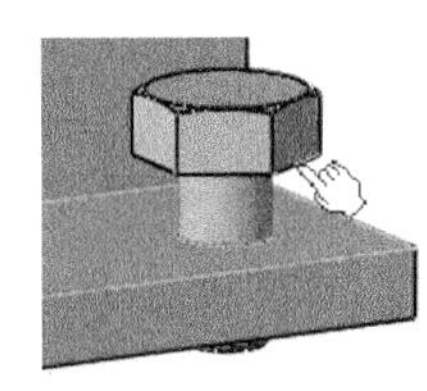
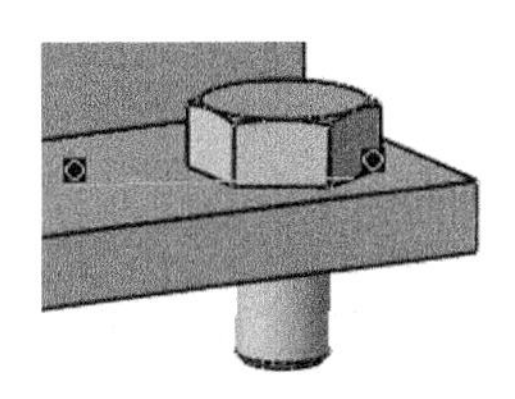

图 10-120　螺钉与底座的约束

（7）约束限位销和底座。

单击“相合约束”图标，分别选择限位销轴线和底座孔的轴线如图 10-121（a）所示。再单击“接触约束”图标，选择底座前表面和限位销中间端面，如图 10-121（b）所示。单击“更新”按钮，完成限位销和底座的同轴约束及两面的接触约束（注意：选择环形端面时，应将光标移至两圆之间，而不应只选择一个圆，如图 10-121（b）所示）。

对称复制：在特征树上选择限位销，单击对称图标，选择对称面，如图 10-121（c）所示。单击“完成”按钮，单击关闭按钮，单击“更新”按钮，完成限位销的对称复制如图 10-121（d）所示。

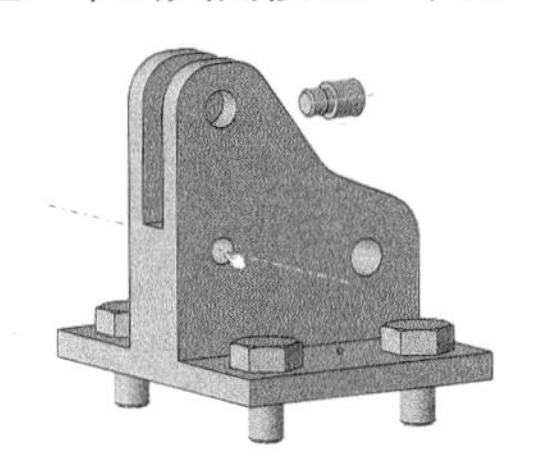

（a）选择两零件的轴线

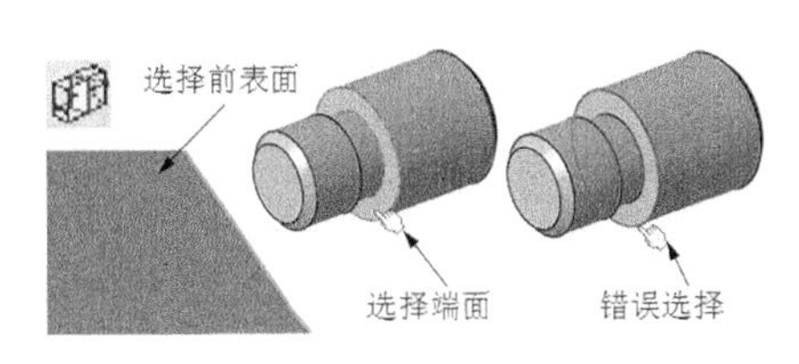


（b）选择两零件表面

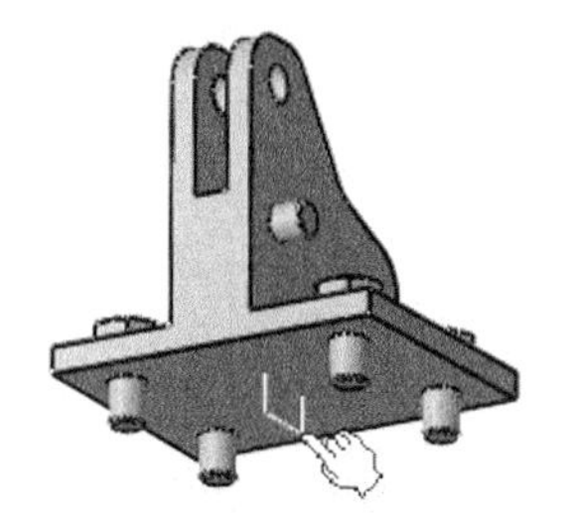

（c）选择对称面

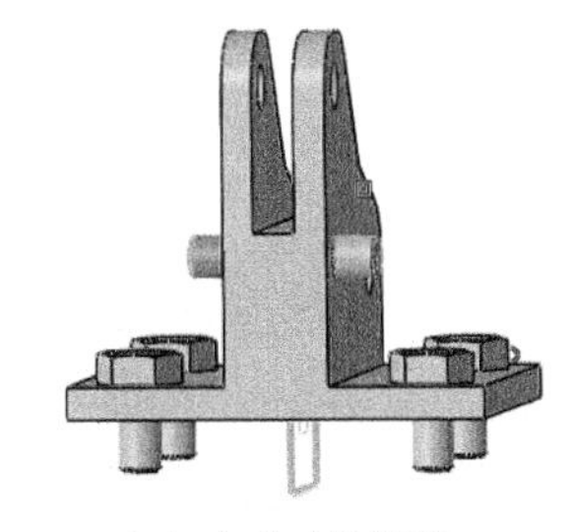

（d）完成对称复制

图 10-121　限位销与底座的约束

（8）约束杠杆和底座、杠杆和限位销。

① 重复（2）～（4）步骤插入 ganggan（杠杆）和 xiao110.5（销 110.5）并重新命名和排序，如图 10-122（a）所示。

② 利用“相合约束”和“接触”约束，完成杠杆和底座的约束并用罗盘将杠杆旋转适当角度，如图 10-122（b）所示。

③ 单击“接触约束”，选择杠杆底面和限位销圆柱面，如图 10-122（c）所示，在弹出的“约束属性”对话框的“方向”窗口中选择“外部”，如图 10-122（d）所示，单击“确定”按钮，单击“更新”按钮，完成杠杆与限位销的接触约束，如图 10-122（e）所示。

④ 利用“相合”约束和“接触”约束，完成销 x110.5 与杠杆的约束，如图 10-122（f）所示。

⑤ 对称复制：单击“对称”图标，选择对称面，在特征树上或在图中选择杠杆，单击“完成”按钮，单击“关闭”按钮，单击“更新”按钮，完成杠杆的对称复制。

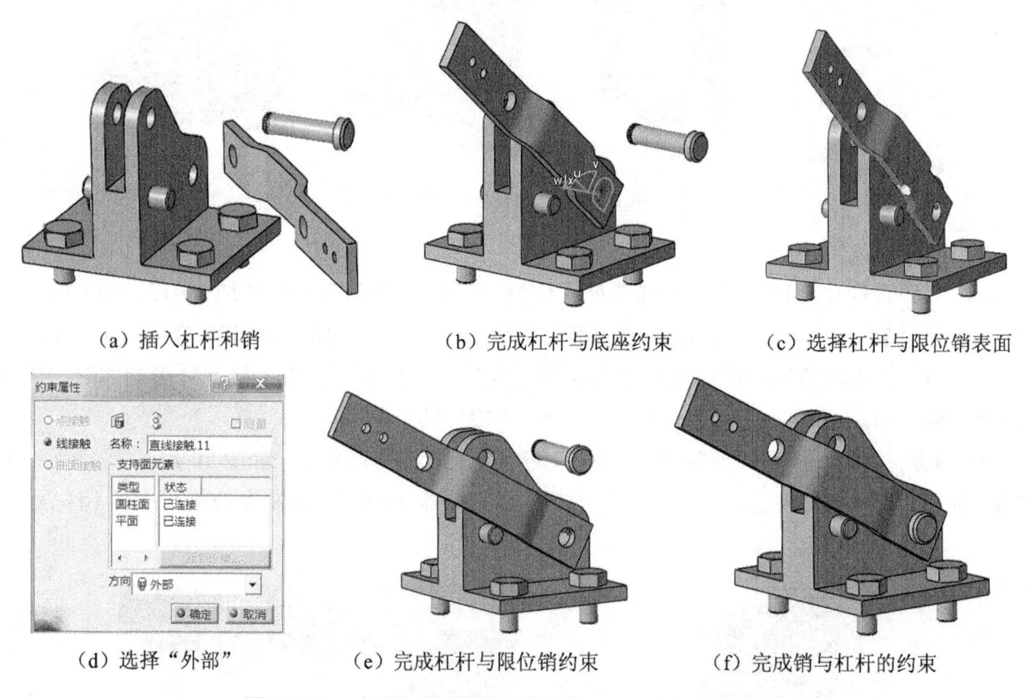


（a）插入杠杆和销　（b）完成杠杆与底座约束　（c）选择杠杆与限位销表面

（d）选择“外部”　（e）完成杠杆与限位销约束　（f）完成销与杠杆的约束

图 10-122　杠杆与底座和限位销及销 x110.5 与杠杆的约束

（9）约束拉紧杆和底座、拉紧杆和销 13.6。

① 利用命名，插入 lajingan（拉紧杆）和 xiao13.6（销 13.6）并重新命名和排序，如图 10-123 所示。

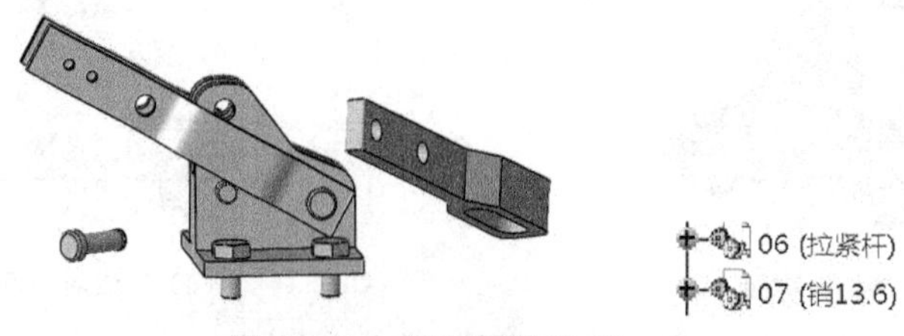


图 10-123　插入拉紧杆与销 13.6

② 拉紧杆与底座的同轴约束：单击“智能移动”图标，在弹出的“智能移动”对话框中选择“自动约束创建”选项，先选择拉紧杆轴线，再选择底座孔的轴线，如图 10-124 所示。单击“确定”按钮，单击“更新”按钮，完成拉紧杆和底座孔的同轴约束，如图 10-125 所示。

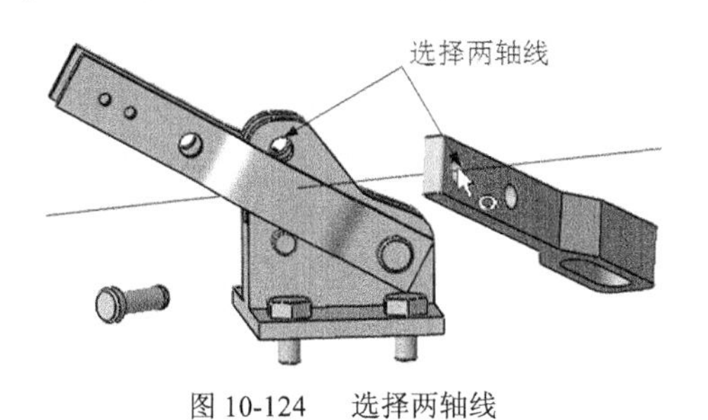


图 10-124　选择两轴线

图 10-125　完成同轴约束

③ 拉紧杆与底座的偏移约束：利用“测量间距”命令，测得底座槽宽 4.1mm，拉紧杆壁厚 4mm，如图 10-125 所示。为使拉紧杆两侧面与底座槽两侧面保持 0.05mm 的相同间隙，可单击“偏移约束”命令，再分别选择拉紧杆与底座槽相邻的两侧面，在弹出的对话框中，方向选为“相反”，偏移输入 0.05，如图 10-126 所示。单击“确定”按钮，再单击“更新”按钮，完成拉紧杆和底座槽的偏移约束，如图 10-127 所示。

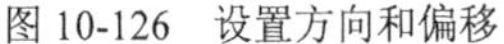

图 10-126　设置方向和偏移

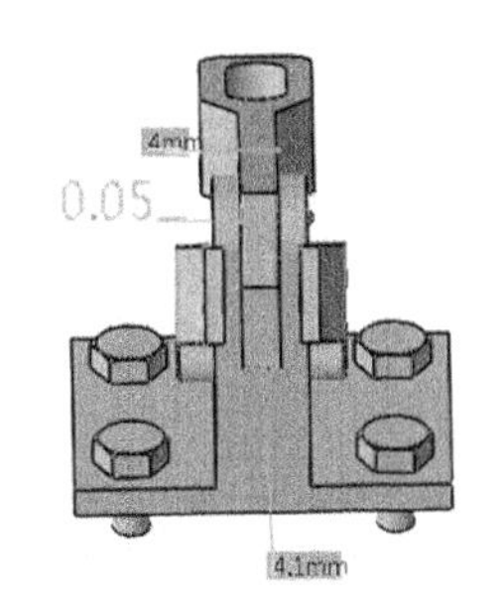


图 10-127　完成 0.05 偏移约束

图 10-128　完成销与底座约束

④ 利用“智能移动”和“接触约束”，完成销 13.6 与底座孔的同轴与接触约束，如图 10-128 所示。

（10）约束连杆和销 11.5、隔离套和销 11.5。

① 利用现有部件命令，插入 liangan（连杆）和 xiao11.5（销 11.5）并重新命名和排序，如图 10-129 所示。

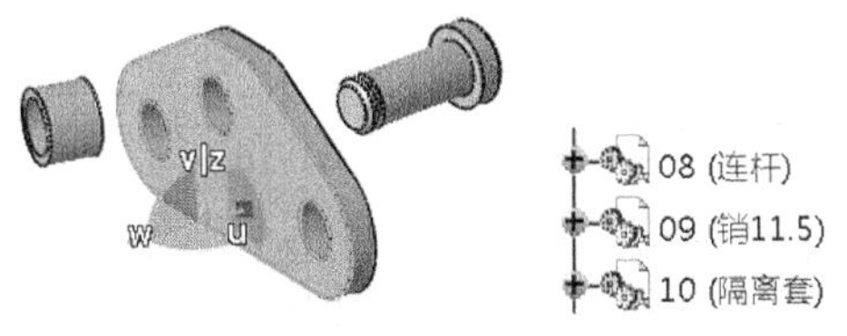


图 10-129　插入连杆、隔离套和销 11.5 并重新命名和排序

图 10-130　完成三个零件的约束

② 利用“智能移动”和“接触约束”，完成连杆中间孔和销 11.5 的同轴与接触约束。用相同操作再完成隔离套与销的同轴约束及与连杆的接触约束并更新，如图 10-130 所示。

③ 单击“固联”图标，顺次选择连杆、销 11.5 及隔离套，在固联对话框中显示被选中的零件，如图 10-131 所示，单击“确定”按钮，完成三个零件的固联。

④ 利用罗盘将拉紧杆旋转至如图 10-132 所示位置，再将连杆用罗盘拖到与拉紧杆相近的位置，如图 10-133 所示位置（需要说明的是：当用罗盘移动连杆时，与其固联在一起的销和隔离套会与连杆分离，如图 10-133 所示。但是，当完成第 5 步操作后，固联在一起的三个零件会一起约束到指定位置）。

⑤ 单击“相合约束”，选择两个孔的轴线。单击“接触约束”，选择两个表面，如图 10-133 所示。单击“更新”按钮，完成固联件（连杆、销和隔离套）与拉紧杆的约束，如图 10-134 所示。

图 10-131　固联三个零件

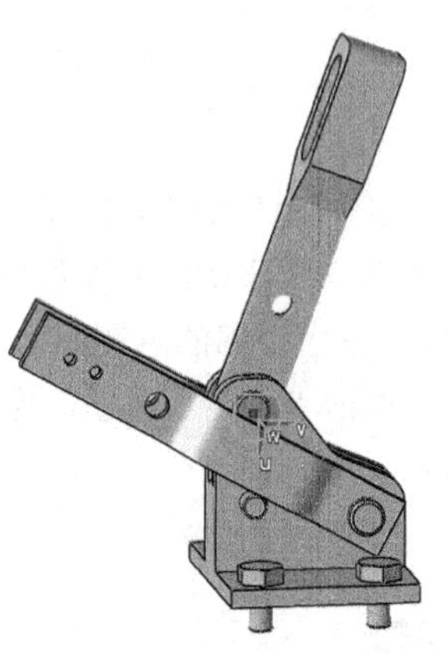

图 10-132　旋转拉紧杆

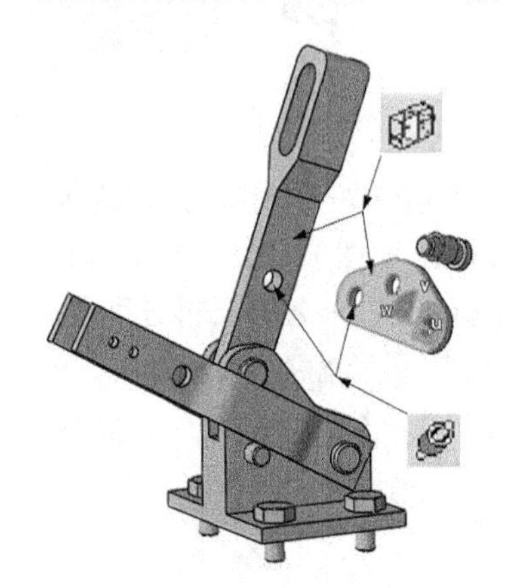

图 10-133　选择约束

⑥ 单击“智能移动”图标，在“智能移动”对话框中选择“自动约束创建”选项，选择连杆孔轴线，再选择杠杆孔的轴线，如图 10-134 所示。单击“确定”按钮，单击“更新”按钮，完成拉紧杆与连杆的同轴约束，如图 10-135 所示。

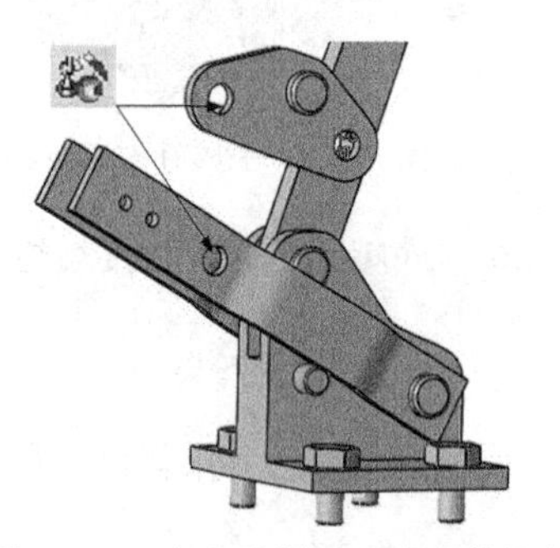

图 10-134　完成固联件与拉紧杆的约束

图 10-135　完成杠杆与连杆的约束

⑦ 单击“对称命令”按钮，选择对称平面，选择要变换的产品（连杆），单击“完成”按钮，单击“关闭”按钮，单击“更新”按钮，完成连杆的对称复制，如图 10-136 所示。

⑧ 利用快速多实例化命令复制销 11.5：单击，选择销，如图 10-137 所示。利用“相合约束”和“接触约束”，完成复制销与连杆的同轴约束与接触约束，如图 10-138 所示。

（11）利用具有定位的现有部件命令（该命令的特点是每次插入一个零件，插入时即可执行一种约束），插入 xiao15.7（销 15.7）。

① 选择装配特征树上的根节点“Product1”，单击图标，选择 xiao15.7。

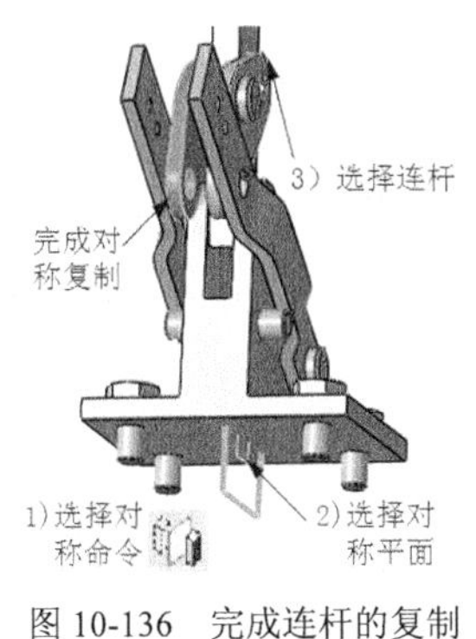

图 10-136　完成连杆的复制

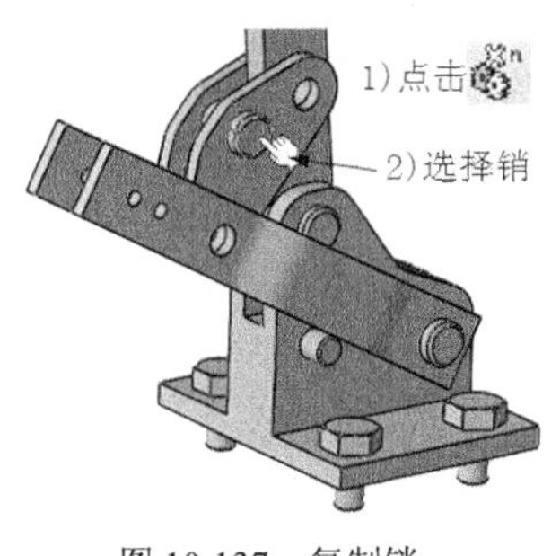

图 10-137　复制销

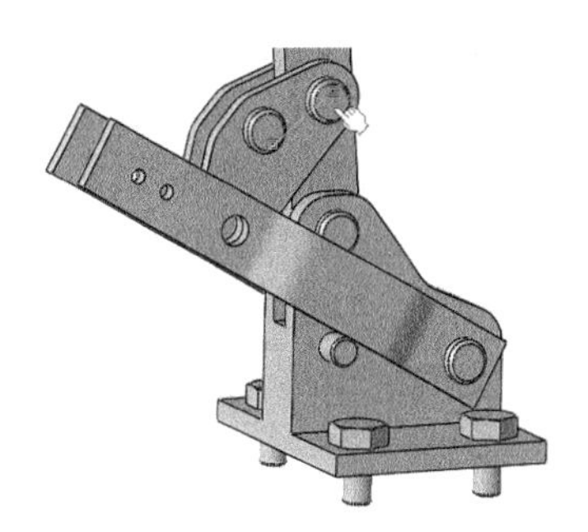
图 10-138　完成复制销的约束

② 在弹出的“智能移动”对话框中选择“自动约束创建”，将“相合”调至顶层，如图 10-139 所示。在预览窗口中单击圆柱面。再单击杠杆上孔的轴线，如图 10-140 所示。单击“确定”按钮，完成销 15.7 与杠杆的同轴约束。

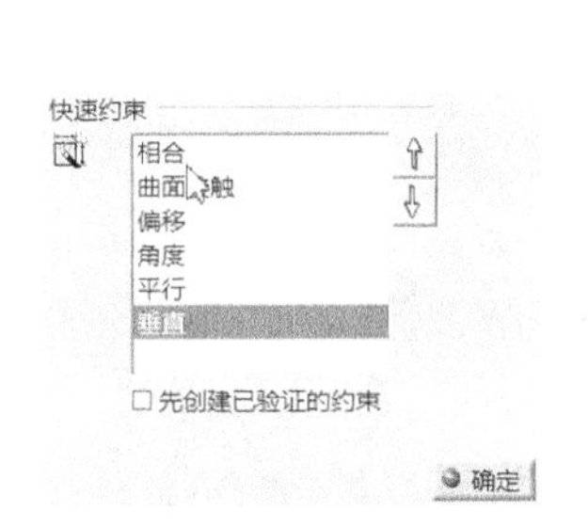

图 10-139　对话框的设置

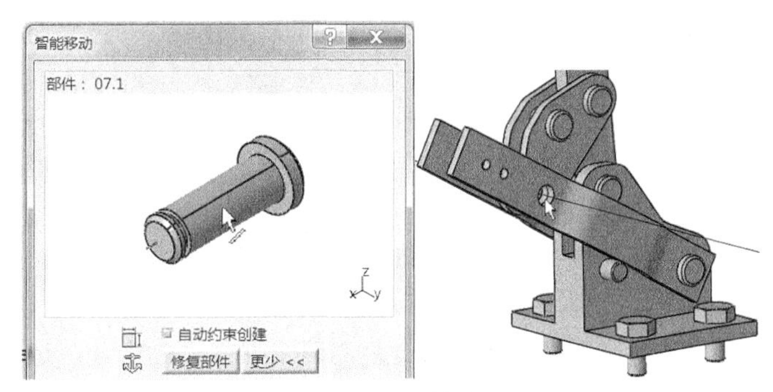

图 10-140　选择两轴线

③ 利用“接触约束”图标，完成销 15.7 与杠杆的接触约束并重新命名，如图 10-141 所示。

（12）约束连接块、连接螺杆、手柄和连接销。

① 利用现有部件命令，插入 lianjiekuai（连接块）、lianjieluogan（连接螺杆）、shoubing（手柄）和 lianjiexiao（连接销）并重新命名和排序。

② 利用两次相合约束和一次接触约束，如图 10-142 所示。单击“更新”按钮，完成连接块与杠杆的约束。

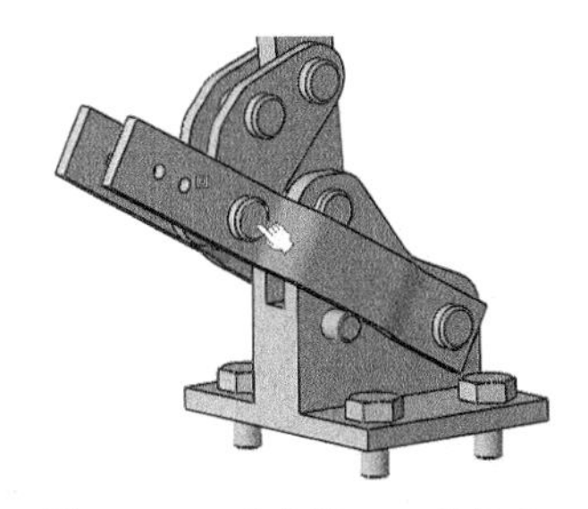
图 10-141　完成销 15.7 的约束

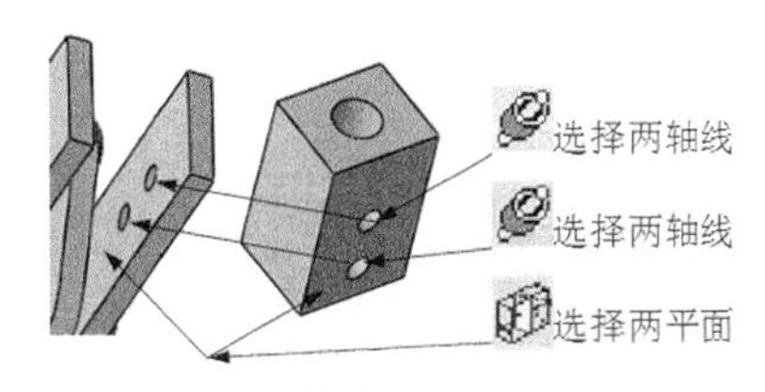

图 10-142　连接块与杠杆的约束

③ 利用“相合约束”和“偏移约束”（偏移方向选择同向；偏移距离设为 0mm），如

图 10-143 所示。单击“更新”按钮，完成连接销与杠杆的约束。

④ 利用“测量间距”图标，测出两孔轴线距离 5mm。单击“定义多实例化”按钮，弹出“多实例化”对话框，选择连接销，新实例设为“1”，间距设为“5mm”，参考方向选择与两孔中心线平行的棱线，单击“反向”按钮，单击“确定”按钮，完成连接销的定义多实例化复制，如图 10-144 所示。

⑤ 利用“相合约束”和“接触约束”，如图 10-145 所示。单击“更新”按钮，完成连接螺杆与连接块的约束。

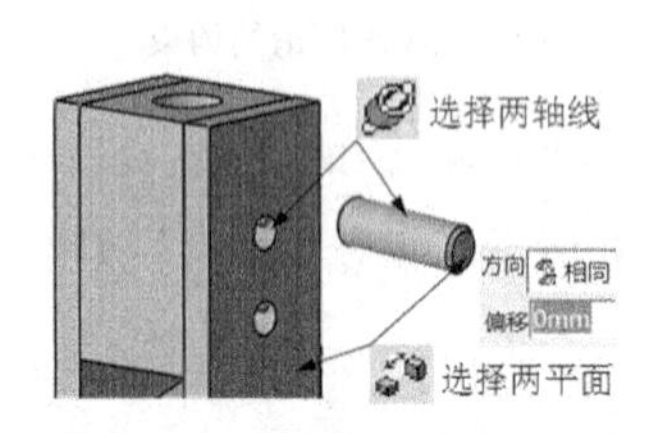


图 10-143　连接销与杠杆的约束

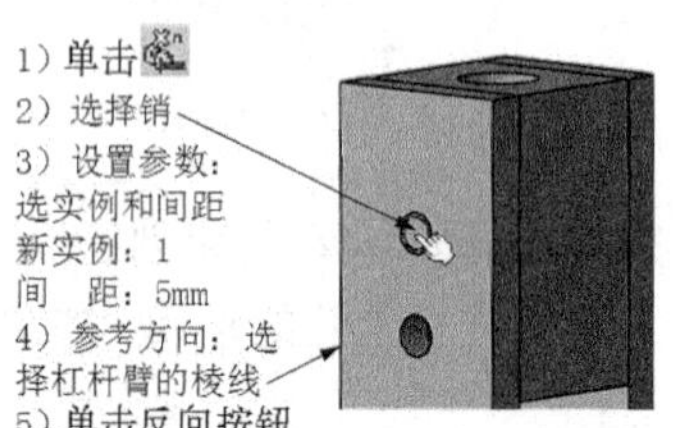
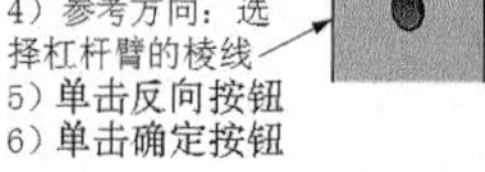


图 10-144　快速多实例化复制连接销

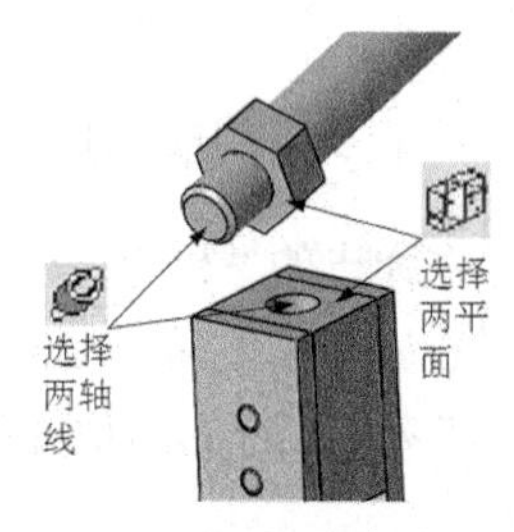


图 10-145　连接螺杆与连接块的约束

⑥ 利用“相合约束”和“接触约束”，如图 10-146 所示。单击“更新”按钮，完成连接螺杆与手柄的约束。

（13）约束挡圈和销。

① 利用“现有部件”命令，插入 dangquan（挡圈）并重新命名。

② 利用快速多实例化命令复制四个挡圈。单击，选择挡圈，再连续单击三次图标，完成四个挡圈的复制。

③ 重复利用“相合约束”和“接触约束”，完成五个挡圈与五个销的同轴约束与接触约束，如图 10-147 所示。

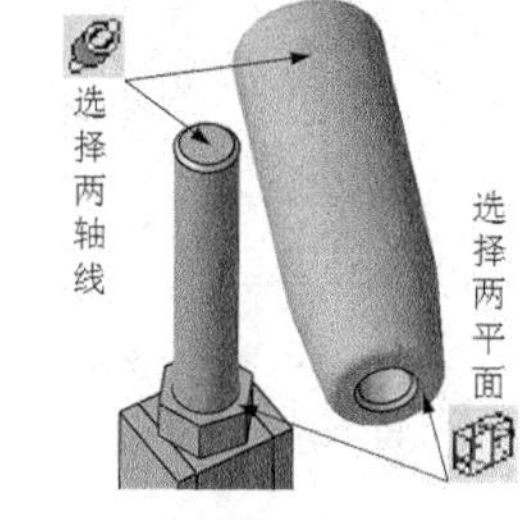


图 10-146　连接螺杆与手柄的约束

完成装配的杠杆拉紧装置如图 10-148 所示，展开装配特征树即可看到其装配约束的全过程，如图 10-149 所示。

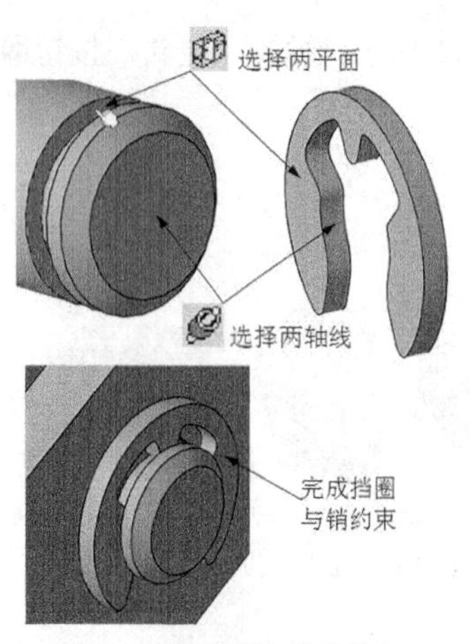


图 10-147　挡圈和销的约束

图 10-148　杠杆拉紧装置

- 约束
  - 固定.1 (底座)
  - 相合.2 (螺钉 M4,底座)
  - 相合.3 (底座,螺钉 M4)
  - 相合.5 (限位销,底座)
  - 曲面接触.6 (底座,限位销)
  - 相合.7 (底座,杠杆臂)
  - 曲面接触.8 (底座,杠杆臂)
  - 直线接触.10 (杠杆臂,限位销)
  - 相合.11 (销17.5,杠杆臂)
  - 曲面接触.12 (杠杆臂,销17.5)
  - 相合.21 (拉紧杆,底座)
  - 相合.23 (销13.6,底座)
  - 曲面接触.24 (底座,销13.6)
  - 相合.25 (销11.5,杠杆)
  - 曲面接触.26 (销11.5,杠杆)
  - 相合.27 (隔离套,销11.5)
  - 曲面接触.28 (杠杆,隔离套)
  - 固联.2(杠杆,销11.5,隔离套)
  - 相合.37 (杠杆,拉紧杆)
  - 曲面接触.38 (拉紧杆,杠杆)
  - 相合.39 (杠杆,杠杆臂)
  - 相合.40 (杠杆,销11.1)
  - 曲面接触.41 (杠杆,销11.1)
  - 相合.46 (销15.7,杠杆臂)
  - 曲面接触.47 (杠杆臂,销15.7)
  - 相合.48 (杠杆臂,连接块)
  - 相合.49 (杠杆臂,连接块)
  - 曲面接触.50 (杠杆臂,连接块)
  - 偏移.51 (杠杆臂)
  - 相合.52 (杠杆臂)
  - 相合.53 (连接螺杆,连接块)
  - 曲面接触.54 (连接块,连接螺杆)
  - 相合.55 (连接螺杆,手柄)
  - 曲面接触.56 (连接螺杆,手柄)
  - 曲面接触.57 (销11.1,挡圈)
  - 相合.58 (销11.1,挡圈)
  - 相合.59 (销11.5,挡圈.3)
  - 曲面接触.60 (销11.5,挡圈.3)
  - 相合.61 (销15.7,挡圈.2)
  - 曲面接触.62 (销15.7,挡圈.2)
  - 相合.63 (销13.6,挡圈.1)
  - 曲面接触.64 (销13.6,挡圈.1)
  - 相合.65 (销17.5,挡圈.4)
  - 曲面接触.66 (挡圈.4,销17.5)
  - 相合.67 (连接销,杠杆臂)
  - 偏移.68 (杠杆臂,连接销)

图 10-149 装配约束过程

# 10.8 自上而下装配设计实例

自上而下装配设计是在装配设计工作台下，以一个主要零件或部件作为参考来设计其他零件。该设计方法的最大优点是新生成的零件在形状和尺寸上与参照零件之间可适时进行修改以保持相关及协调性，并能同时保持装配关系。

自上而下设计方法非常符合实际设计过程，在进行新产品设计时多采用这种设计方法。

**【实例 10-9】** 以图 10-150 所示滚轮架的装配示意图及零件图演示自上而下装配设计的操作步骤。

（1）打开 CATIA 程序，单击菜单“开始”→“机械设计”→“装配设计”命令，进入装配设计工作台。

（2）单击装配特征树上的根节点“Product1”，如图 10-151 所示。

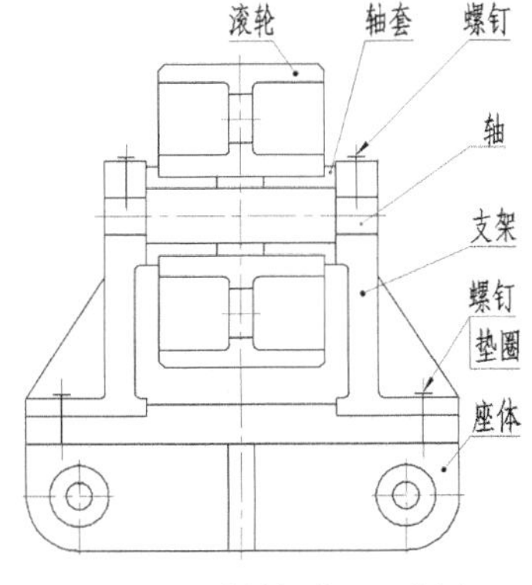


图 10-150 滚轮架装配示意图

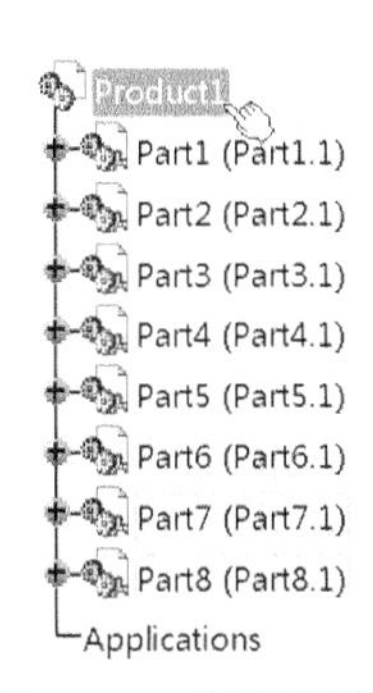


图 10-151 创建新零件

（3）单击“产品结构工具栏”中的“零件”图标，或单击菜单“插入”→“新建零件”命令，出现“新零件：原点”对话框，单击“是”按钮，如图 10-152 所示，完成新零件 part1 的创建。重复此过程，完成 part2～part8 的创建，如图 10-151 所示。

（4）为方便设计，按装配顺序对零部件重新命名。将光标置于特征树上的根节点“Product1”上单击右键，在弹出的“属性”对话框中重新命名为“滚轮架”，如图 10-153 所示。再将光标置于 part1 上单击右键，在属性对话框中重新命名为座体，序号为 01。重复此过程完成对其余 7 个零件的重新命名，如图 10-154 所示。

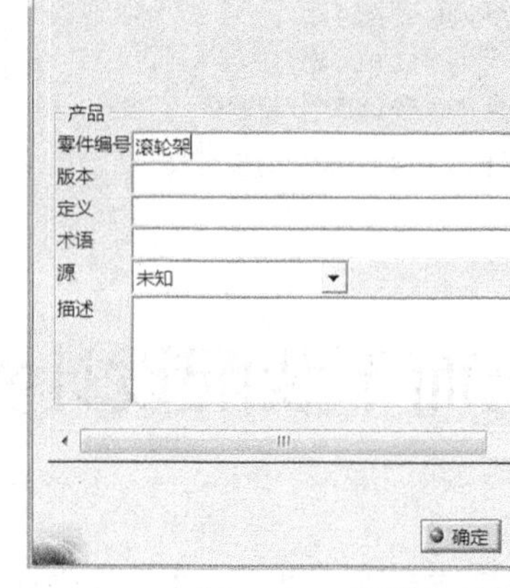


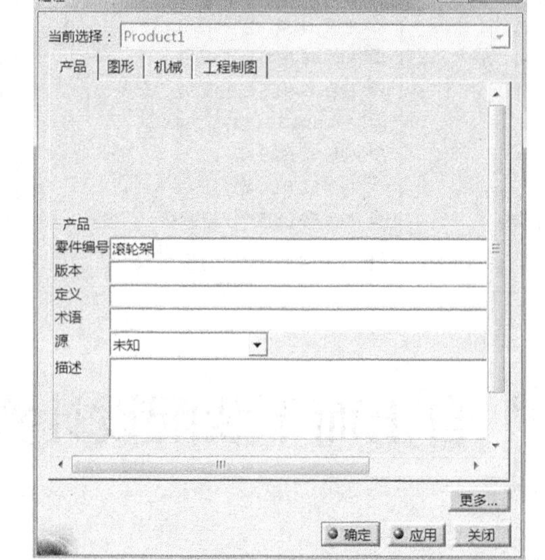


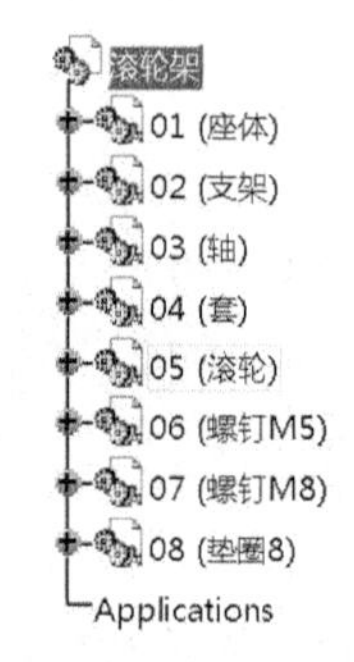


图 10-152　新零件：原点对话框　　图 10-153　属性对话框　　图 10-154　对新零件重新命名

（5）主要零件座体（见图 10-155）的创建（由图 10-150 装配示意图可知座体是主要零件）。

展开座体特征树后，双击“零件几何体”如图 10-156 所示，即可切换到零件设计工作台创建座体的三维实体模型，具体创建步骤如下。

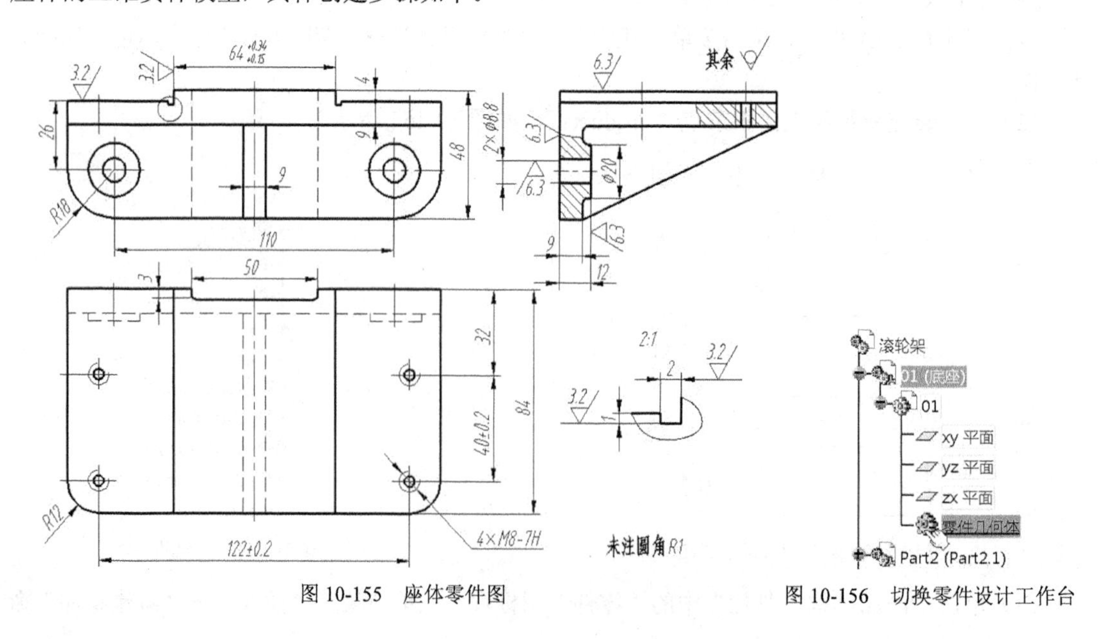


图 10-155　座体零件图　　图 10-156　切换零件设计工作台

① 选择 ZX 坐标面，按图 10-155 座体主视图，对称绘制座体支撑板的草图轮廓后向前拉伸 84mm，如图 10-157 所示。利用倒圆角命令生成半径 12mm 的圆角，如图 10-158 所示。

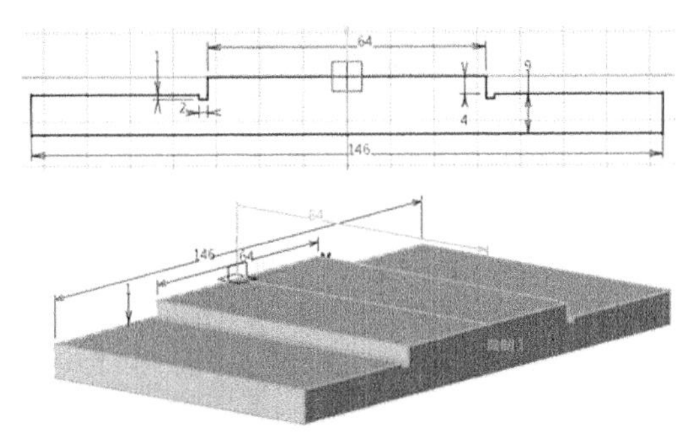


图 10-157 创建底座的支撑板

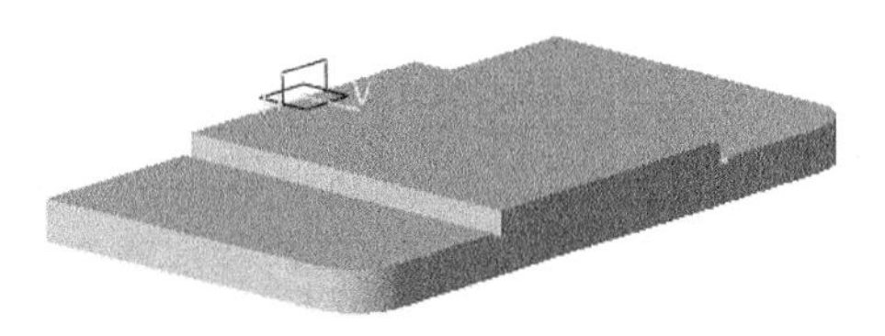

图 10-158 生成 R12 圆角

② 选择 ZX 坐标面，按图 10-155 座体主视图绘制座体下部安装板的草图轮廓，如图 10-159 所示，然后向前拉伸 9mm。

③ 选择对称面 YZ 坐标面，按图 10-155 座体左视图绘制座体中间肋板的草图轮廓，如图 10-160 所示，然后利用“加强肋”图标生成厚度 9mm 的肋板。

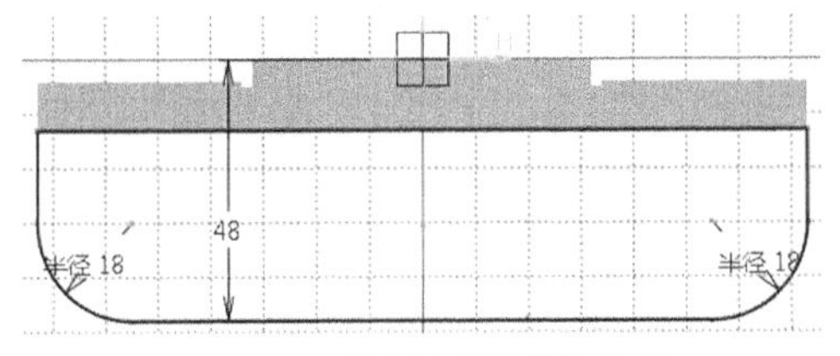


图 10-159 绘制安装板草图轮廓

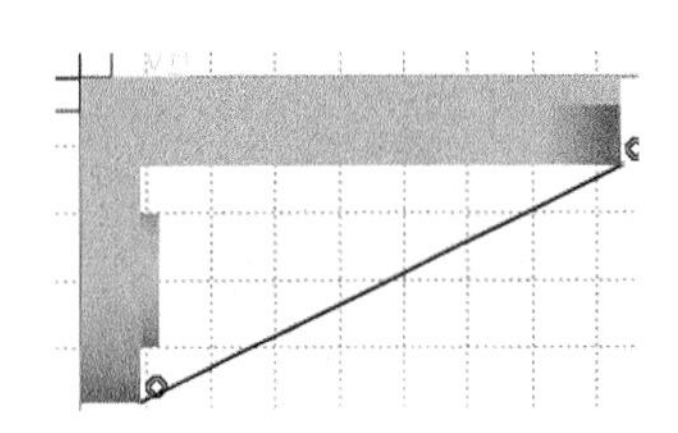

图 10-160 绘制肋板草图

④ 利用孔命令生成一个 M8 的螺纹孔，再利用矩形阵列命令复制出其他 3 个螺纹孔。在支撑板后上方画矩形草图，利用切槽命令生成从上到下的矩形槽，如图 10-161 所示。

⑤ 利用和命令生成安装板上的两个凸台及同心孔，如图 10-162 所示。

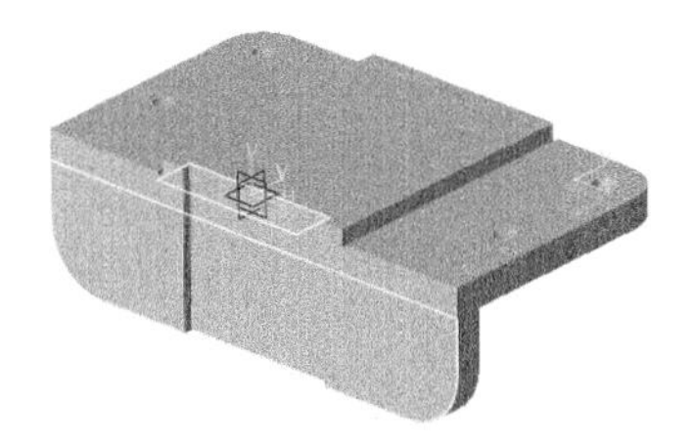

图 10-161 生成螺纹孔和切槽

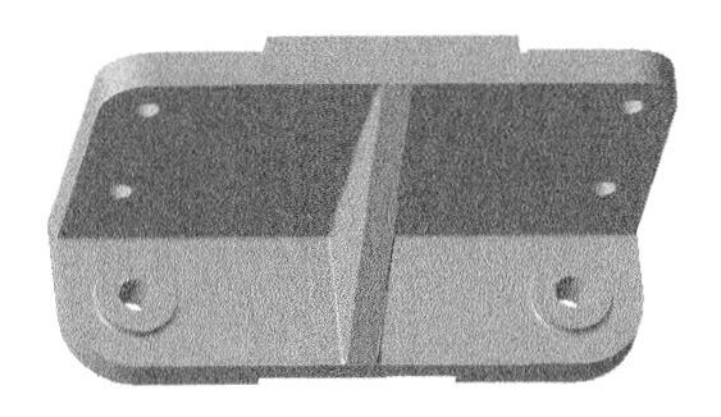

图 10-162 完成的底座

（6）支架零件（见图 10-163）的创建。

展开支架特征树后，双击“零件几何体”如图 10-164 所示，切换到创建支架的零件设计工作台中，其三维实体模型的创建步骤如下：

① 选择座体左上面，如图 10-165 所示，绘制支架底板的草图并进行约束，如图 10-166 所示。选择右上角两圆弧后，利用同心度进行约束，约束后的位置如图 10-167 所示。

② 利用拉伸命令生成 6mm 高的支架底板，如图 10-168 所示。

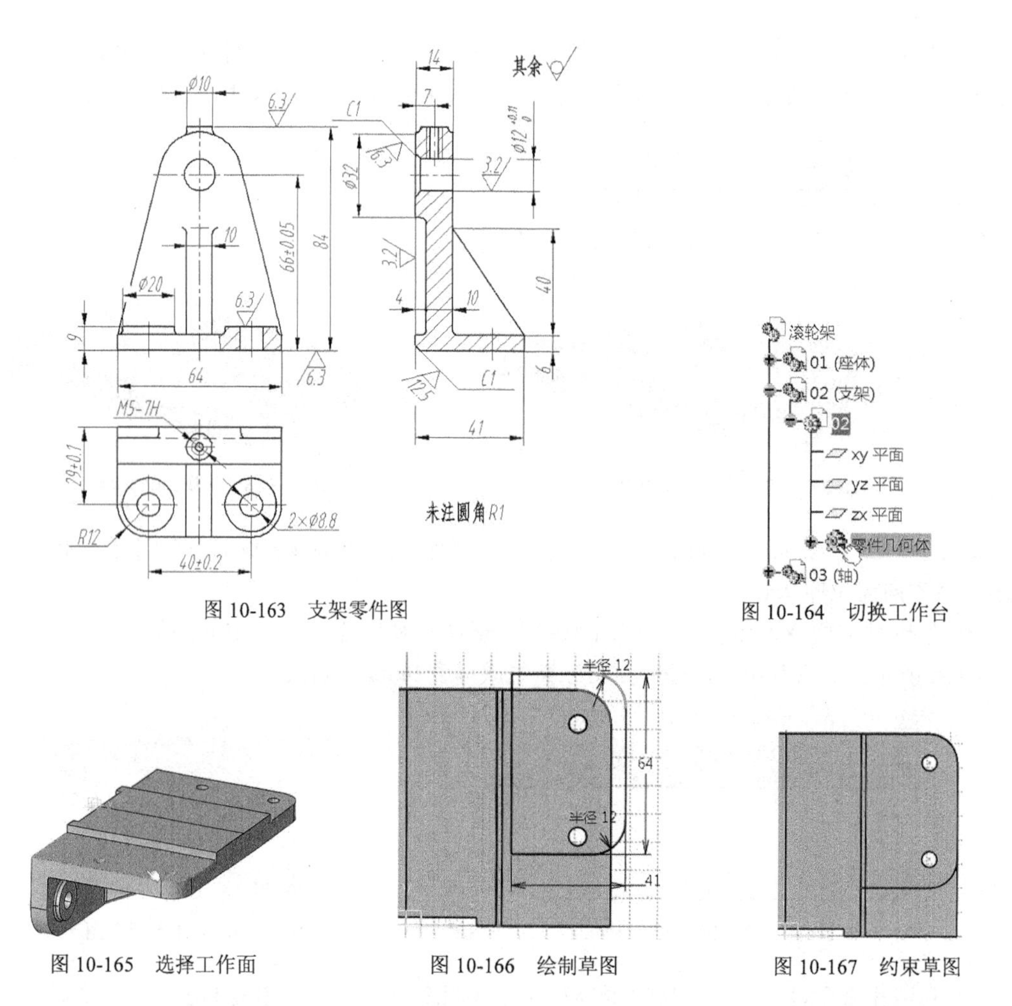


图 10-163 支架零件图　　图 10-164 切换工作台

图 10-165 选择工作面　　图 10-166 绘制草图　　图 10-167 约束草图

③ 选择图 10-169 中手指处的平面，绘制支架后面直径 32、厚度 4mm 凸台的草图，如图 10-170 所示。向左拉伸凸台后选择图 10-171 手指处端面，绘制支架支撑板的草图，如图 10-172 所示。拉伸 10mm，生成支架的支撑板，如图 10-173 所示。

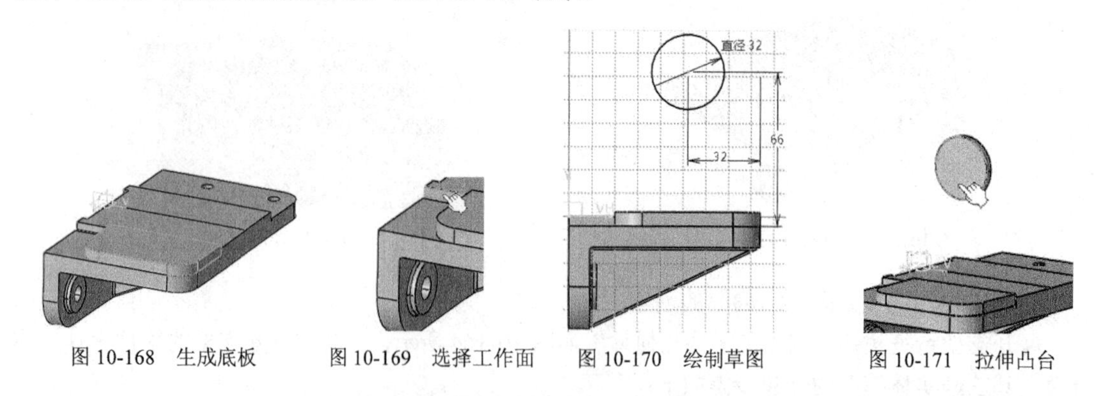


图 10-168 生成底板　　图 10-169 选择工作面　　图 10-170 绘制草图　　图 10-171 拉伸凸台

④ 在特征树上右击座体将其隐藏，利用参考平面创建距底板前表面 32mm 的对称平面，如图 10-173 中手指处。选择此参考面绘制支架上肋板的草图，如图 10-174 所示，利用加强肋命令生成厚度 10mm 的肋板，如图 10-175 所示。

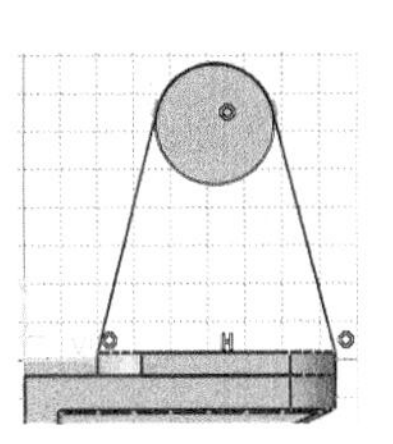

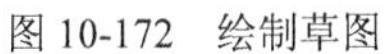

图 10-172 绘制草图

图 10-173 创建参考面

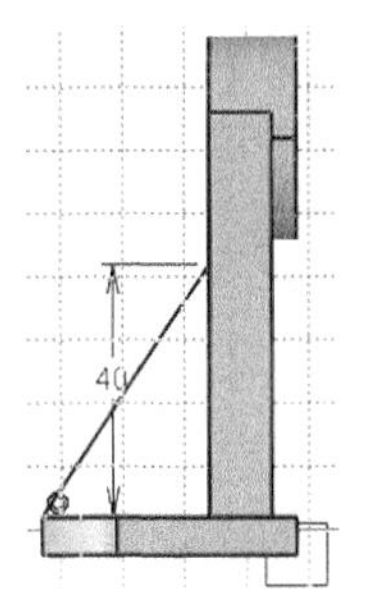


图 10-174 绘制草图

图 10-175 生成肋板

⑤ 以支架底面为基准，利用参考平面▱创建与其相距 84mm 的参考面，如图 10-175 中手指处，在此参考面上绘制上方凸台的草图并生成凸台，如图 10-176 所示。

⑥ 选择底板上表面绘制 2 个直径 20mm 的圆并拉伸成凸台。利用孔命令◙在直径 10mm 的凸台上生成一个 M5 的螺纹孔。其他凸台上生成光孔，支架三维实体如图 10-177 右图所示。

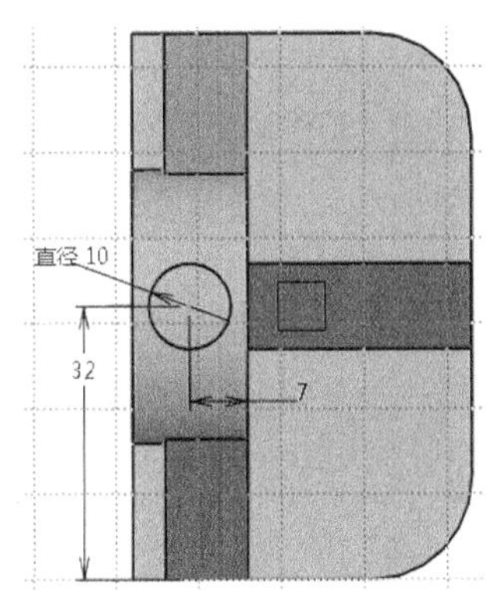


图 10-176 绘制草图拉伸凸台

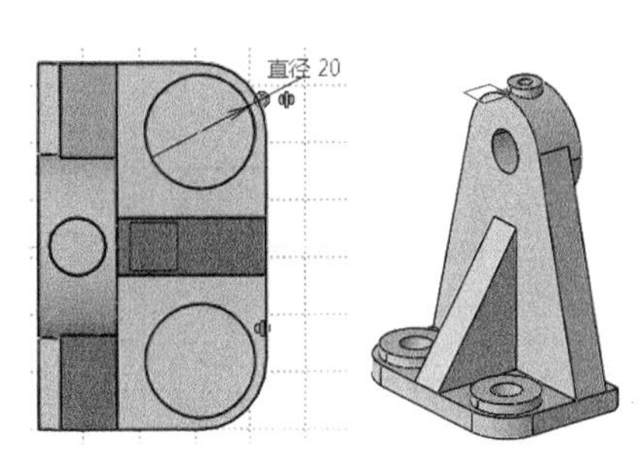


图 10-177 绘制草图拉伸 2 个凸台

（7）轴（见图 10-178）的创建。

展开轴特征树后，双击“零件几何体”如图 10-179 所示，切换到创建轴的零件设计工作台中，其三维实体模型的具体创建步骤如下：

① 选择图 10-173 所示支架的对称平面，绘制如图 10-180 所示轴的草图并施加尺寸约束，利用旋转命令生成的轴如图 10-181 所示。

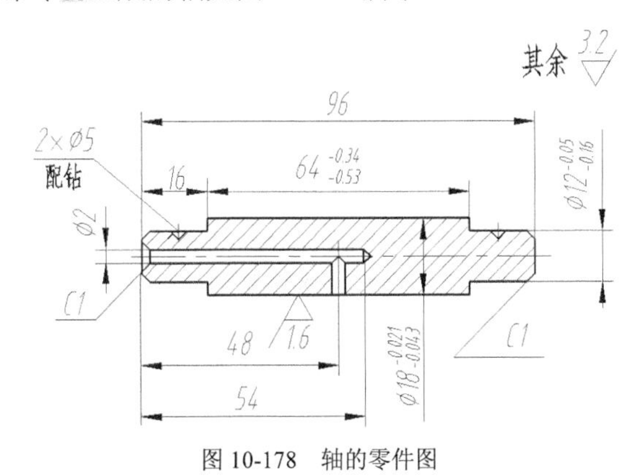


图 10-178 轴的零件图

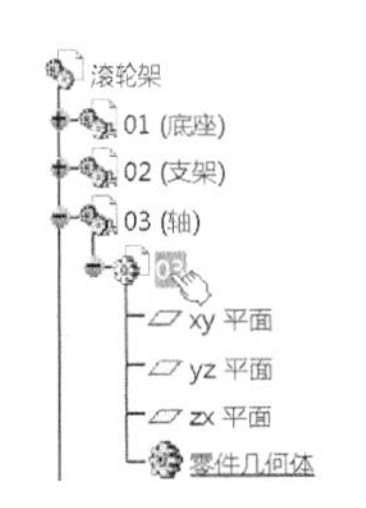


图 10-179 切换工作台

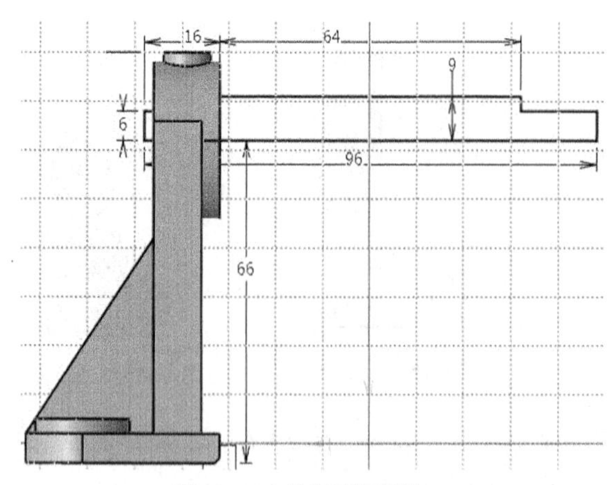

图 10-180 绘制轴的草图

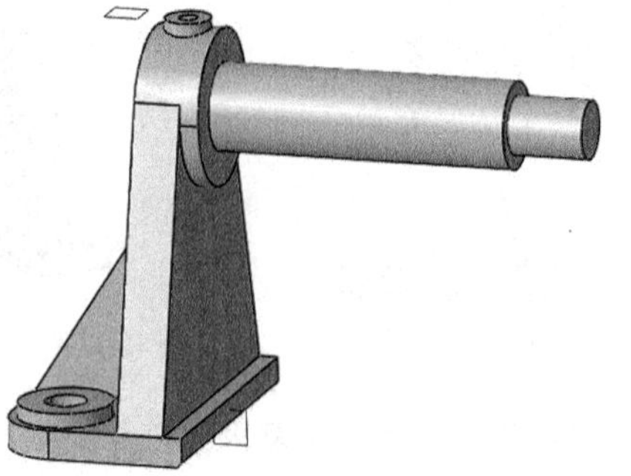

图 10-181 生成轴

② 利用打孔命令，在轴左端创建直径 2mm、深度 54mm 的孔。以支架底面为基准，创建相距 57mm 与轴下面相切的参考面，如图 10-182 所示。在此参考面上绘制直径 2mm 的圆并使其圆心相合于支架的对称面且相距轴左端面 48mm（如若零件互相遮挡，无法定位，可隐藏遮挡零件或单击视图工具条中的按钮使其呈线框显示）如图 10-183 所示。利用切槽命令生成圆孔，其深度为 9mm，与水平圆孔相交，利用倒角命令对轴端进行倒角。

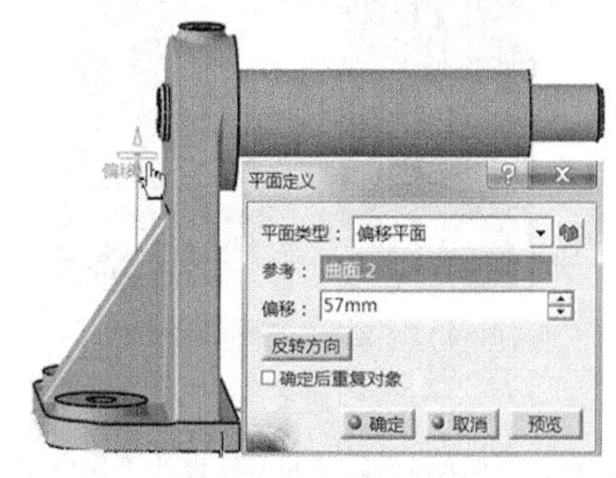

图 10-182 创建参考面

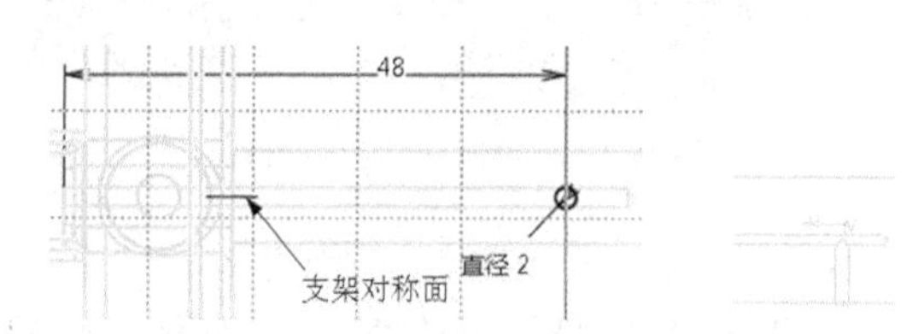

图 10-183 绘制并约束直径 2mm 的圆

（8）套（见图 10-184）的创建。

展开套的特征树后，双击“零件几何体”如图 10-185 所示，切换到创建套的零件设计工作台中，其三维实体模型的具体创建步骤如下：

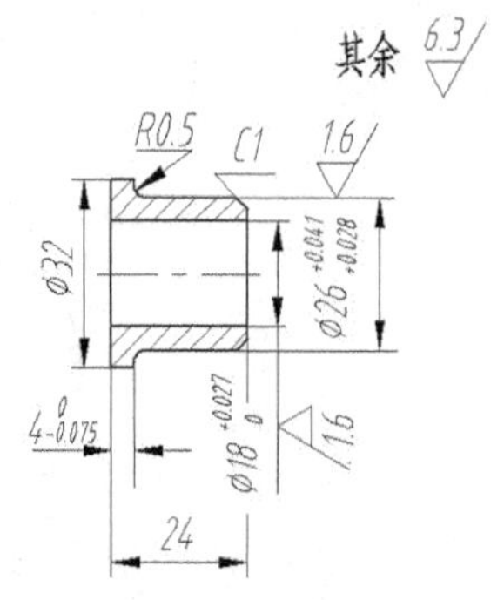

图 10-184 套的零件图

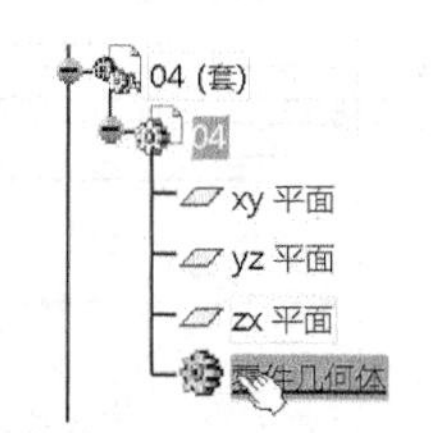

图 10-185 切换工作台

① 选择支架的对称平面，隐藏轴，绘制套的草图并施加约束，如图 10-186 所示。

② 利用旋转命令生成套，如图 10-187 所示。

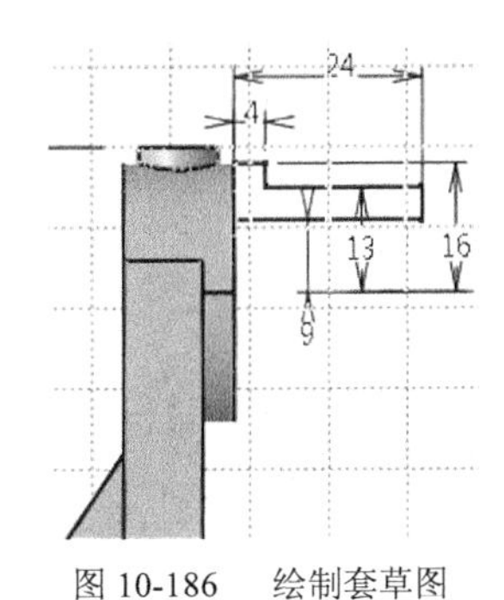


图 10-186　绘制套草图

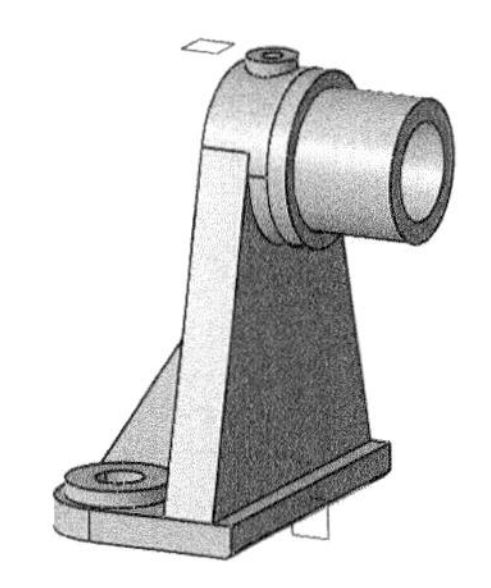

图 10-187　生成套

（9）滚轮（见图 10-188）的创建。

展开滚轮的特征树后，双击“零件几何体”如图 10-189 所示，切换到创建滚轮的零件设计工作台中，其三维实体模型的具体创建步骤如下：

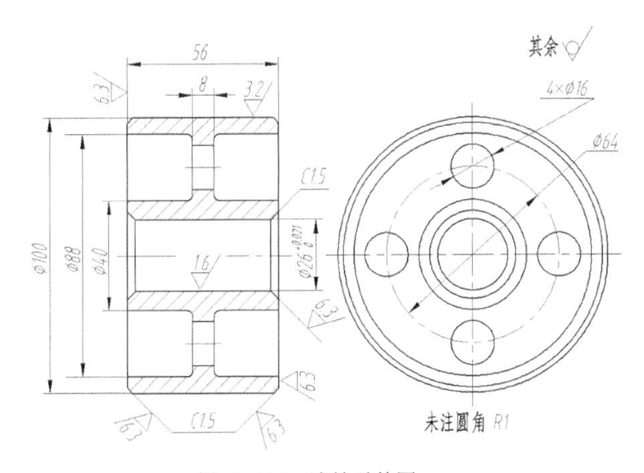


图 10-188　滚轮零件图

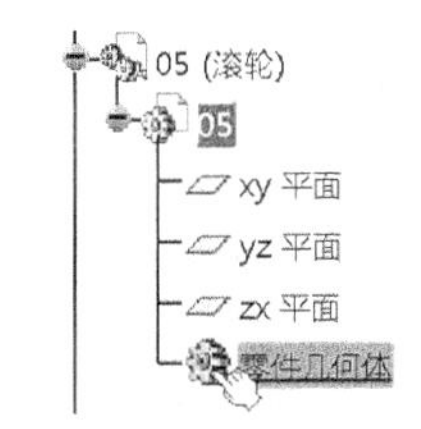


图 10-189　切换工作台

① 选择支架的对称平面。绘制滚轮的草图并施加约束如图 10-190 左图所示。

② 利用旋转命令生成滚轮（选择套的轴线旋转）。在轮辐上绘制均匀分布，直径 16mm 的 4 个圆，利用切槽命令生成 4 个圆孔，如图 10-190 右图所示。

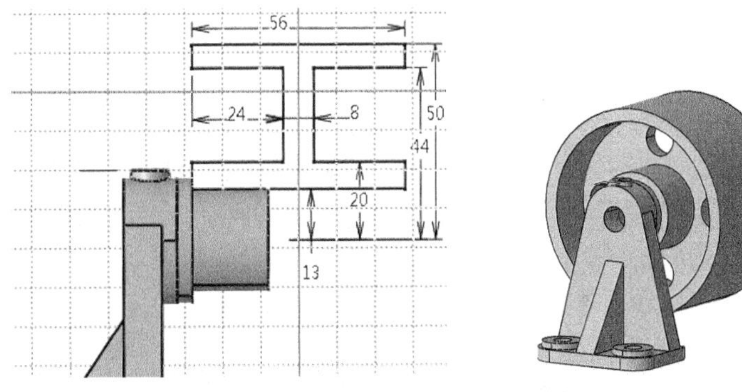


图 10-190　绘制滚轮草图，生成滚轮

（10）对称零件的复制。

由于 2 个支架和轴套对称装配，因此可在装配工作台中进行复制装配。具体操作如下：

① 双击装配特征树上根目录，切换到装配设计工作台中。

② 在特征树上选择支架后，单击“对称”按钮，再选择图 10-191 左图中手指处的对称平面，依次单击对话框中“完成”和“关闭”按钮，完成支架的复制。在特征树上选择套，重复此步骤，完成套的复制，如图 10-191 右图所示。

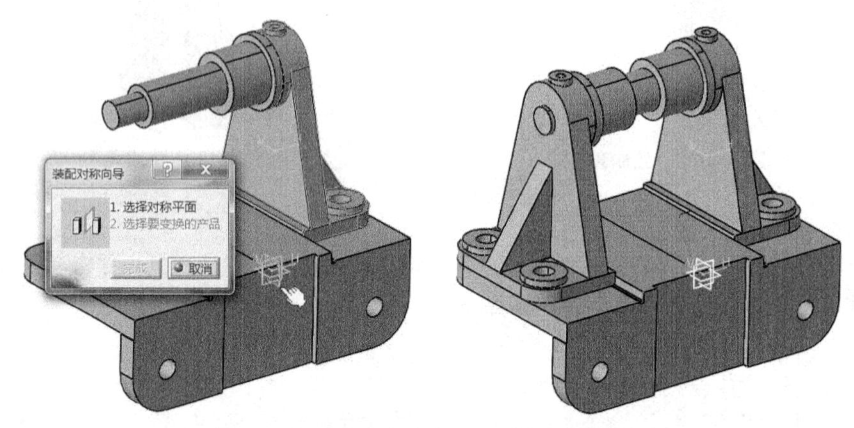


图 10-191　选择对称平面，完成支架和套的复制

（11）轴上紧定螺钉孔的配作。

轴需要 2 个 M5 的锥端紧定螺钉将其与支架固定，但在轴的二维视图上没有给出与 M5 螺钉相配的锥孔的定位尺寸。为确定轴上锥孔的准确位置，可在虚拟装配成图 10-192 所示状态时，利用测量工具测量轴上锥孔轴线的准确位置。具体操作如下：

① 单击测量工具条中的“测量间距”按钮，依次选择轴端面和支架上方凸台的轴线，测出两者之间最小距离为 9mm，如图 10-192 所示。重复上述步骤测出两凸台轴线间的距离为 78，如图 10-193 所示。根据测量，在轴上确定的锥孔的定位尺寸如图 10-194 所示。

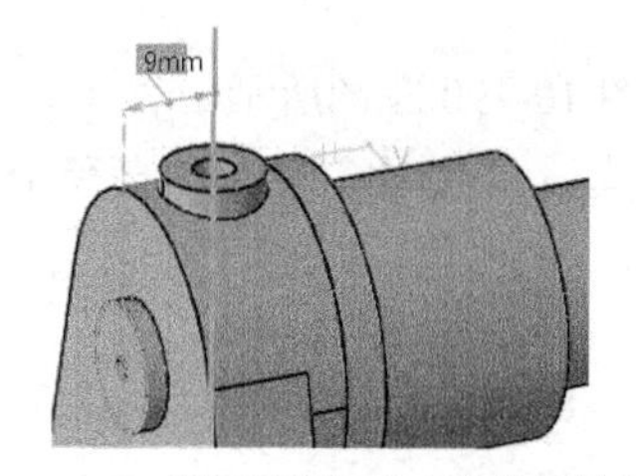


图 10-192　测量轴端与凸台轴线间的距离

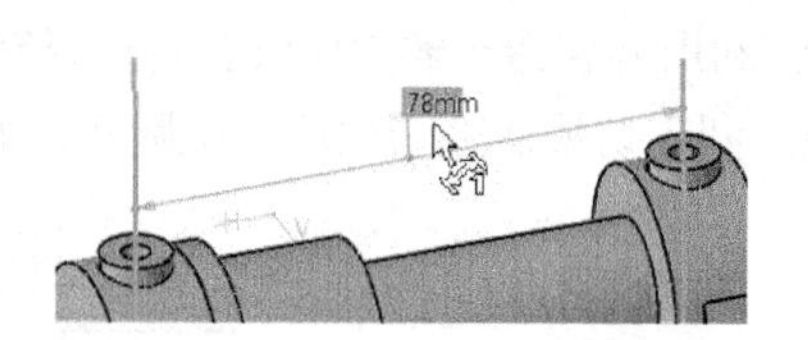


图 10-193　测量两凸台轴线间的距离

② 在特征树上双击“轴的零件”图标，切换到轴的零件设计工作台。选择支架的对称平面，单击“绘制草图”图标，在草图工作台中隐藏其他零件，绘制配钻锥孔的草图并对其进行约束，如图 10-195 所示（选择线框显示，便于定位）。选择图 10-196 手指处竖直线，单击轴命令，将其变为旋转轴线，单击，单击“旋转槽”按钮，生成锥孔。

③ 选择锥孔，单击“矩形阵列”按钮，设置如图 10-197 所示。单击选择参考元素窗口（呈蓝色），选择轴线，生成相距 78mm 的另一锥孔，如图 10-198 所示。

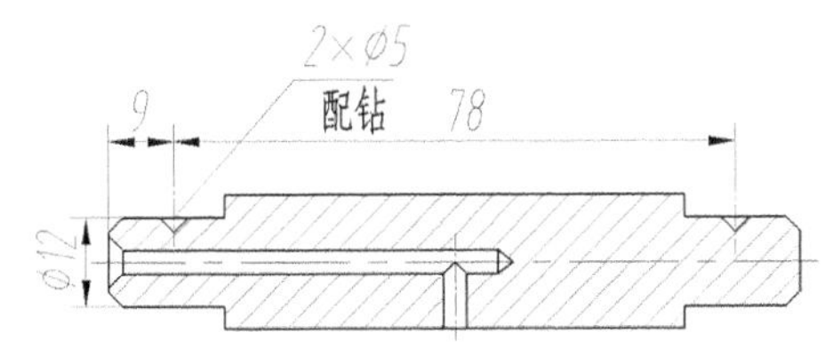


图 10-194 确定锥孔轴线的定位尺寸

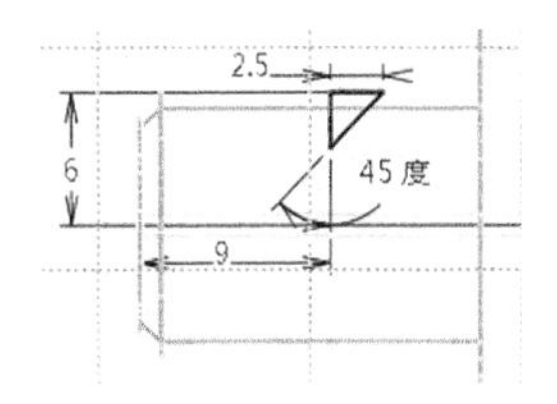


图 10-195 绘制锥孔草图

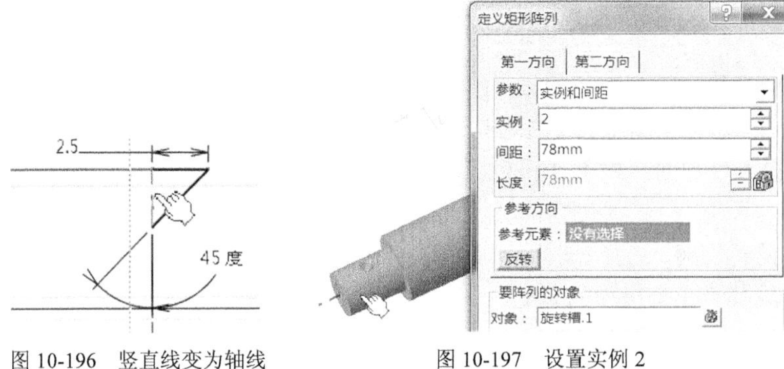


图 10-196 竖直线变为轴线

图 10-197 设置实例 2

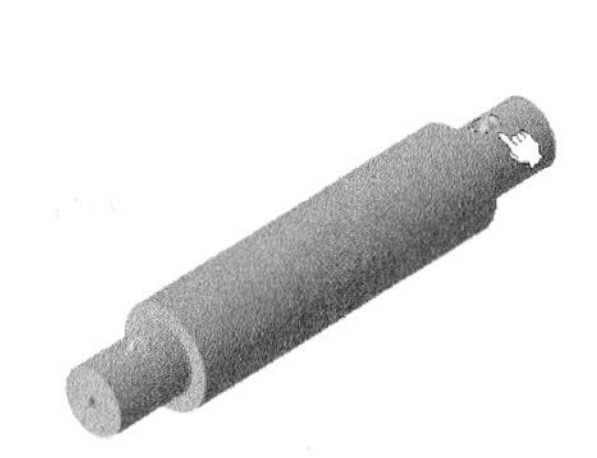

图 10-198 完成阵列复制

（12）插入标准件。

① 插入螺钉（ISO-4766 SCREW M5×12）。

单击特征树根目录，单击“插入标准件”按钮。在弹出的“目录浏览器”对话框中选择 Screws，选择 ISO-4766 并双击左键，再选择 M5×12 并双击，如图 10-199 所示。单击目录对话框下面的“确定”按钮，如图 10-200 所示。完成 M5×12 螺钉的插入。

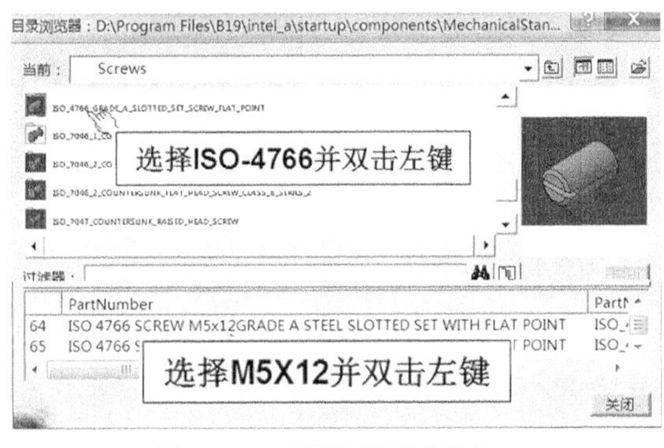


图 10-199 目录浏览器的操作

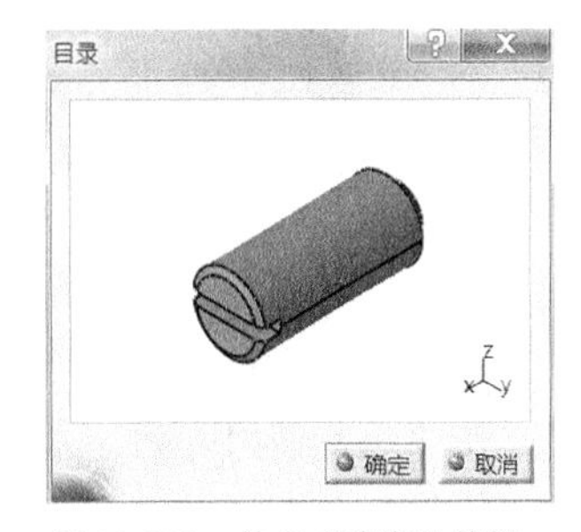


图 10-200 单击“确定”按钮

② 插入螺钉（ISO-1207 SCREW M8×20）。

继续在目录浏览器中用相同操作步骤，插入 ISO-1207 SCREW M8×20 的螺钉。

③ 插入垫圈（ISO-7089 WASHER 8×16）。

继续在目录浏览器中用相同操作步骤，插入 ISO-7089 WASHER 8×16 的垫圈。

（13）标准件的装配。

① ISO-4766 SCREW M5×12 螺钉的装配。

单击“相合约束”命令，先选择螺钉轴线，再选择轴上锥孔轴线。单击“接触约束”命令，先选择螺钉端部的锥面，再选择锥孔的锥面。单击“更新”命令，完成一个螺钉的装配。

选择已装配的 M5 螺钉，单击定义多实例化命令，在多实例化对话框中设置：新实例 1，间距 78mm，

参考方向　或选定元素 Shaft.1，选择轴线如图 10-201 左图所示。单击“确定”按钮，完成另一个螺钉的装配，如图 10-201 右图所示。

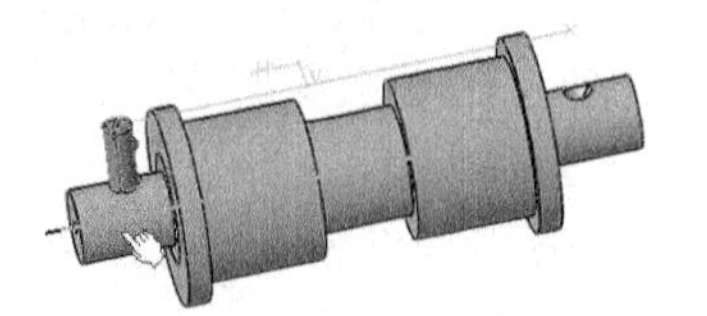
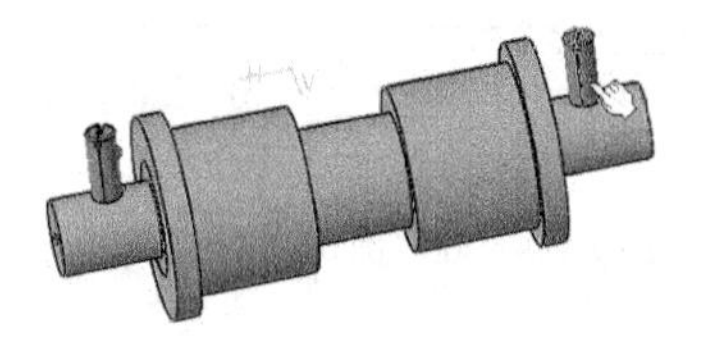

图 10-201　M5×12 螺钉的装配

② ISO-7089 WASHER 8×16 垫圈的装配。

单击“相合约束”命令，先选择垫圈轴线，再选择支架凸台孔的轴线。单击“接触约束”命令，先选择垫圈底面，再选择凸台顶面，如图 10-202（a）所示。单击“更新”命令，完成一个垫圈的装配。

在装配特征树上展开座体的特征树，选择矩形阵列.1，按下 Ctrl 键，再选择已经装配好的垫圈。单击重复使用阵列命令，完成其余 3 个垫圈的装配。

③ ISO-1207 SCREW M8×20 螺钉的装配。

单击“相合约束”命令，先选择螺钉轴线，再选择支架凸台孔的轴线。单击“接触约束”命令，先选择螺钉头底面，再选择凸台顶面，如图 10-202（b）所示。单击“更新”命令，完成一个螺钉的装配，如图 10-202（c）所示。

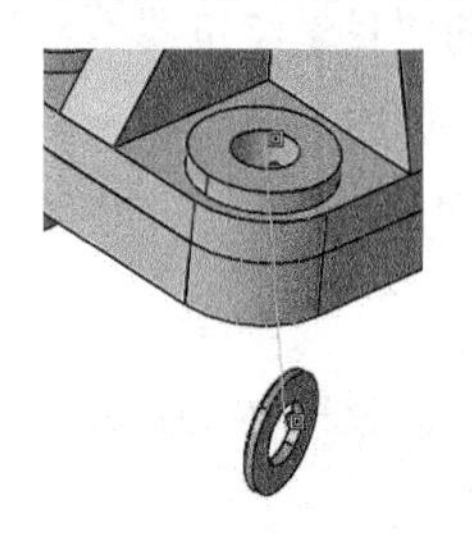

（a）约束垫圈

（b）约束螺钉

（c）装配螺钉

图 10-202　约束垫圈

在装配特征树上展开座体的特征树，选择矩形阵列.1，按下 Ctrl 键，再选择已经装配好的 M8×20 螺钉。单击“重复使用阵列”命令，完成其余 3 个螺钉的装配，显示全部零件，完成全部零件装配的滚轮架如图 10-203 所示。

图 10-203　完成滚轮架装配

（14）零部件的保存。

① 装配部件的保存：双击装配特征树根目录“滚轮架”，单击菜单“文件”→“另存为”命

令，文件名不可以输入汉字，保存类型自动更换为CATProduct。

② 装配零件的保存：在特征树上双击要保存的零件图标，单击下拉菜单“文件”→“另存为”命令，文件名不可以输入汉字，保存类型自动切换为CATPart。重复此过程，可将三维实体装配中的全部零件进行保存。

保存后的零件可以单独打开进行修改。修改后的零件更新后，在三维装配中也随之修改。

## 10.9 协同混合装配设计实例

现代机械装备要实现的功能越来越完善，结构趋于复杂化，一台机器的零部件数量往往十分众多。波音777是波音公司首次完全利用计算机绘图进行设计的飞机。它是世界第一款完全以计算机三维CAD绘图技术设计的民用飞机，整个设计过程没有使用纸张绘图，而是使用CATIA三维计算机辅助设计软件来完成。事先“建造”一架虚拟的777，让工程师可以及早发现任何误差，并预先判定数以千计的零件是否配合妥当，然后才制作实体模型。在原型机建造的时候，“各种主要部件”一次性成功对接。一架777飞机上有300万个零部件，由来自全球17个国家的900多家供应商提供。

300多万个零件，每一样零件都会打上编号，连最小的螺钉和铆钉都依尺寸及材质分门别类，如果300万个零件在庞大的仓库里而没有零部件的编号系统，结果只能是乱成一团。

应用CATIA设计较复杂的机器时，基于“自下向上”和“自上向下”两种基本方法中的任何一种方法，都不能独立完成设计任务，设计过程中需要许多人进行团队协同作业，才能实现。“自下向上”和“自上向下”两种基本方法，不但需要混合交互应用于开发过程本身，还要紧密融合团队协同作业的组织管理方式，二者的立体交互和有机结合，才可高效率的完成产品开发阶段的设计任务。

**1. 一台机器的装配设计，从团队协同开发的流程阶段**

（1）首先要由产品首席设计师，对机器按功能和结构进行部件的划分。制定各个部件的模块空间尺寸的边界约束条件，辅以命名和编号系统，并制定出各个部件在世界坐标系下的部件“用户坐标系分配图”，然后依据上述内容，对团队成员进行分组，由大团队中的小团队执行各个部件用户坐标系、模块空间尺寸边界约束条件、命名和编号系统的“综合约束模式”下的装配设计。小团队的工作组织模式，如同大团队的一样，由该部件首席设计师负责子部件和零件设计任务的分配。第一阶段是部件间的“自上向下”的虚拟装配方法的应用。

（2）部件小团队成员完成底层的零部件设计，逐级汇总到部件首席设计师，最后汇总到产品首席设计师那里，实现初次机器总体虚拟装配的部件对接。此阶段是每个部件和机器间的“自下向上”的虚拟装配方法的应用，而各个部件小团队内部成员的任务执行，仍然要用“自上向下”方法、“自下向上”方法、“混合装配方法”的联合应用。

（3）首席产品设计师汇总并建立机器整体虚拟装配，组织产品用户和业内专家对机器进行综合评价，汇总修改意见，给各个部件团队逐级下达指令进行中层、底层修改。第三阶段是整机和各个部件间的“自上向下”方法的应用，其底层零件修改又是“自下向上”方法的应用。

要设计出功能完善的机器，需要执行上述“三阶段”设计流程的循环。

**2．一台机器的装配设计，从机械产品自身装配的设计流程**

第一阶段：概念设计；第二阶段：功能结构设计；第三阶段：产品详细设计；第四阶段：产品分析。

现代机械产品的设计，先由产品的大致形状特征及用途对整体进行结构设计，然后根据装配情况对零件进行详细设计。这种方法是由粗到精的过程，更符合人的思维方式。“自下向上”和“自上向下”两种基本方法在四阶段流程中有单一应用，也有混合方法的联合应用。在四个阶段的每个阶段中，均融合了 CAE 的性能评价技术，是当今计算机辅助三维设计开发中不可或缺的技术手段，而不仅仅是在产品分析的第四阶段应用 CAE 技术。

机器设计的“机械产品自身装配设计流程”与“团队协同开发的流程”两条流程的有机融合，是实现大中型虚拟装配设计的唯一有效途径。协同混合装配设计的三维立体流程图，直观表述了这种融合应用。即混合装配设计方法协同应用于坐标轴 X 和 Y 的两个流程中，如图 10-204 所示。

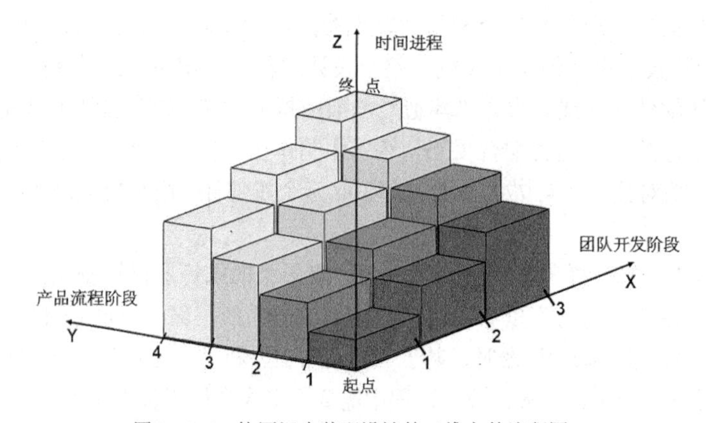


图 10-204　协同混合装配设计的三维立体流程图

图 10-204 所示流程图，表述了基于三维立体设计空间上“自下向上”和“自上向下”的协同混合虚拟装配技术路线应用，为读者今后的远程异地分布式团队协同开发（有专业的网络协同开发大型软件平台的支持），为多零部件的大型机械装备的三维装配工程图设计打下良好的基础。

本节通过一个车床在概念和功能结构设计阶段的简化装配设计实例，阐述产品开发团队，如何运用“协同混合装配设计方法”开发机器产品，演示应用协同混合装配设计方法进行 CATIA 工程图数字模型的虚拟装配。

通过给出如图 10-205 所示的车床装配示意图，演示研发过程来阐述团队开发阶段（见图 10-204 的 X 坐标）进程中的“自下向上”和“自上向下”两种基本方法的混合应用，而产品流程阶段（见图 10-204 的 Y 坐标）进程中的“自下向上”和“自上向下”两种基本方法的混合应用，可参考第 11 章有关内容。

## 10.9.1　协同混合装配设计的第一阶段

图 10-205 所示为车床装配示意图，其机械部分一般分为六个部分：01 床头箱、02 床身导轨、03 床身机座、04 尾座、05 刀架，06 溜板箱。

（1）该车床首席设计师，依据车床功能部件的划分，将产品开发团队分为六个组，为每个组的部件进行编号，这里为 01、02、03、04、05、06，建立车床部件 CATIA 特征树目录、部件存储目录，如图 10-206、图 10-207 所示，然后下发给每个部件小团队的主任设计师，每个组完成一个部件的装配设计。

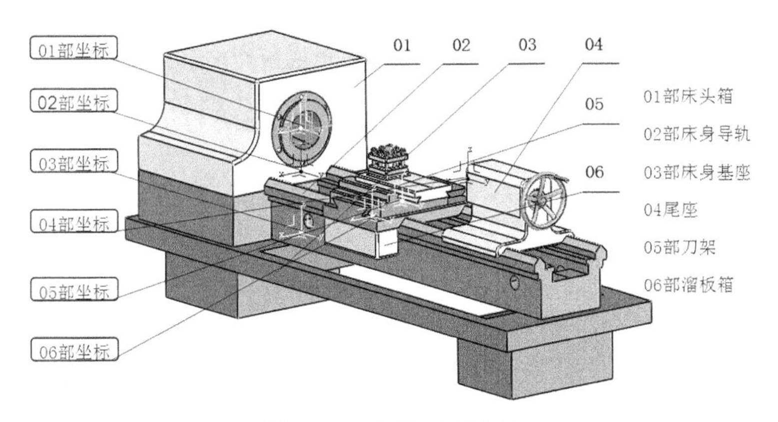


图 10-205 车床装配示意图

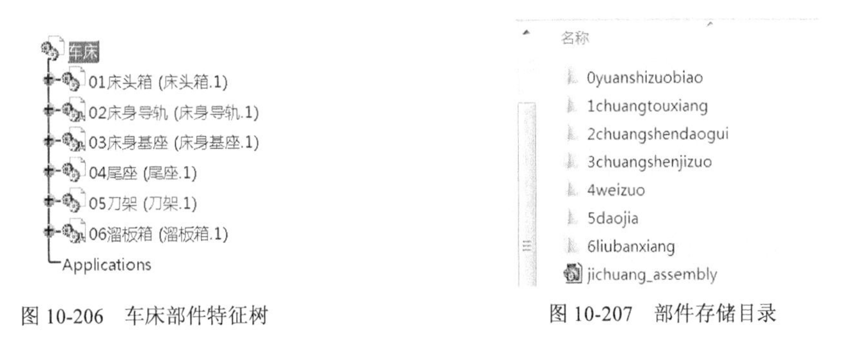


图 10-206 车床部件特征树

图 10-207 部件存储目录

（2）车床首席设计师依据用户要求，通过功能设计计算，给出各个部件主要功能参数和各个部件的空间结构的约束尺寸。

（3）首席设计师绘制车床各个部件的“用户坐标系分配图”，并下发给相应的部件设计小团队的主任设计师。

① 进入 CATIA“零件设计”工作台，建立“用户坐标系分配图”零件。建立六个空间参考点。01～06 部件的用户坐标系原点坐标分别为点 1（0,0,0），点 2（0,0,-300），点 3（0,0,730），点 4（0,2400,0），点 5（0,1200,-275），点 6（330,1200,-336）。各个原点均以“点 1 床头箱坐标原点”为参考点，如图 10-208 所示的点定义，并为点分别命名，在特征树上单击右键快捷菜单中的属性来添加命名。用户坐标系各个原点，如图 10-209 所示。

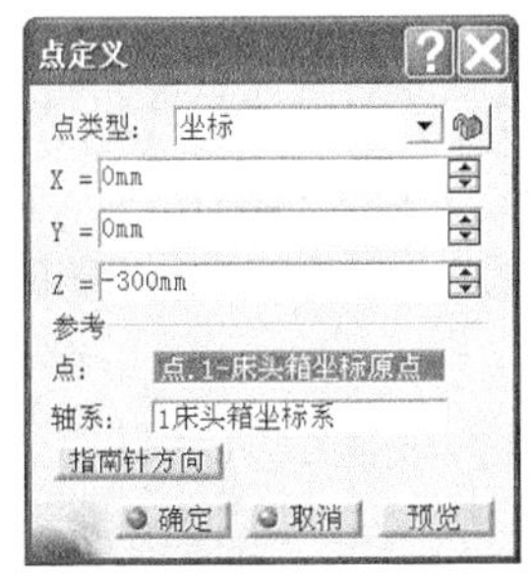


图 10-208 点定义

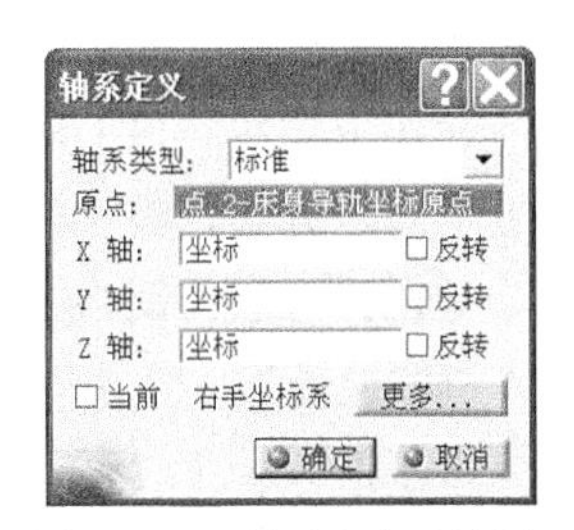


图 10-209 轴系定义对话框

② 应用上步骤中的部件坐标点作为用户坐标原点，单击“工具”工具条中的“坐标工具”图标，出现“轴系定义”对话框，如图 10-210 所示。在原点选择项的空白处单击，然后到特征树中点选“点 2-床身导轨坐标原点”，最后单击“确定”按钮。建立 02 部件的用户坐标系，其他部件也如此操作。坐标系建立后，通过单击右键快捷菜单的属性来添加命名，如图 10-211 所示。

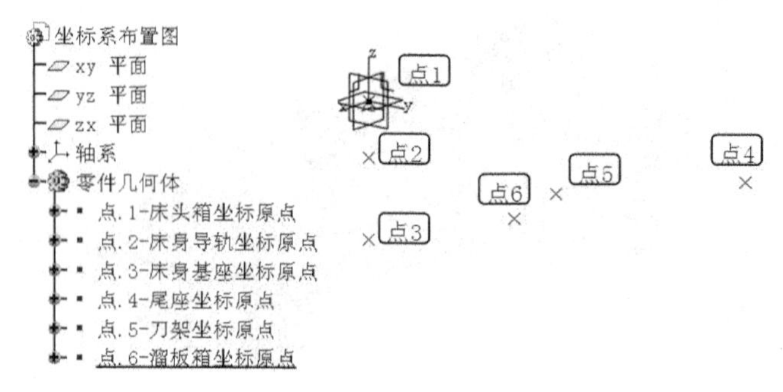


图 10-210　用户坐标系各个原点

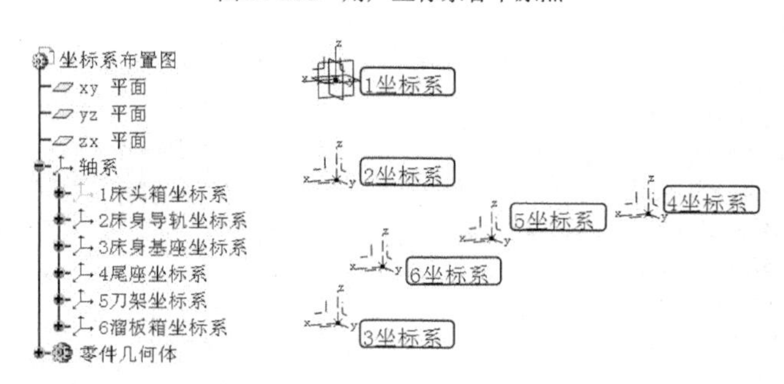


图 10-211　用户坐标系分配图

③ 首席设计师将车床装配示意图和“用户坐标系分配图”分发给各个部件团队的主任设计师，并令其将自己的用户坐标系通过单击右键快捷菜单的对象，设置为当前坐标，并将其他用户坐标系隐藏到隐藏空间，各个部件设计师为该文件更名后，用作本部件的核心定位零件的 CATIA 文件。

## 10.9.2　协同混合装配设计的第二阶段

此阶段进入到各个部件小团队进行部件设计。部件设计团队内部要遵照零件的“由内向外”和“自上向下”的设计原则。为节约篇幅，以下只介绍各部件中主要零件的设计过程。

**1．01 部件——床头箱的装配设计（由 01 部件设计小团队完成）**

（1）床头箱部件设计师要遵照以“核心定位零件”为基础的“由内向外”的 3D 绘图次序原则，确立的“核心定位零件”为车床主轴。其他零件，如多对齿轮的轴系和箱体的空间定位，要依据用户坐标系和该零件几何结构和尺寸确定。“核心定位零件”应在本部部件用户坐标系内定位。本部件内的其他零件也应按“自上向下”的优先装配进行创建。对于标准零件，通用零件，则要采用“自下向上”装配方法。部件内部如果还有子部件，其设计规则与整台机器和各个部件协同设计原则相同，是设计方法和策略的“循环嵌套”。

（2）进入“机械设计”→“零件设计”工作台。建立零件，命名为“1 主轴”，单击 XY 平面，单击，绘制草图并施加尺寸约束，如图 10-212 所示，单击，退出草图工作台，单击旋转体图标，建立“1 主轴”实体，如图 10-213 所示。

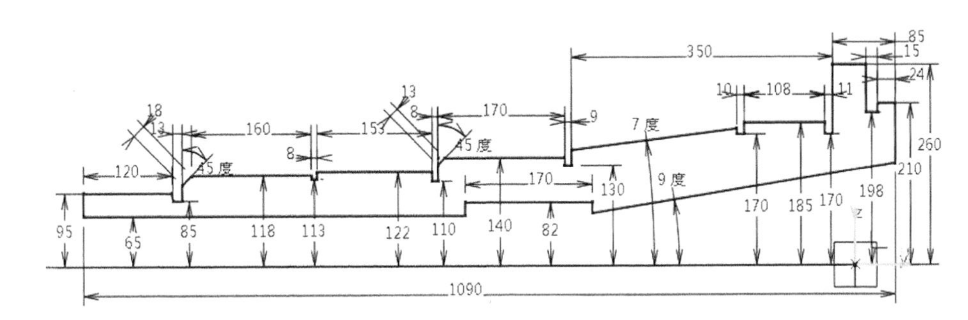

图 10-212 1主轴草图

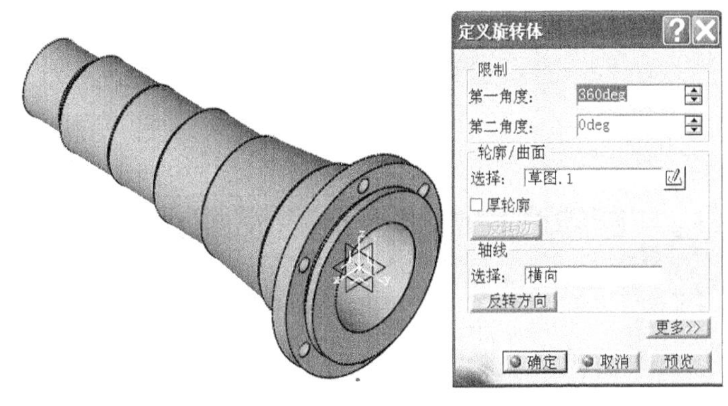

图 10-213 1主轴

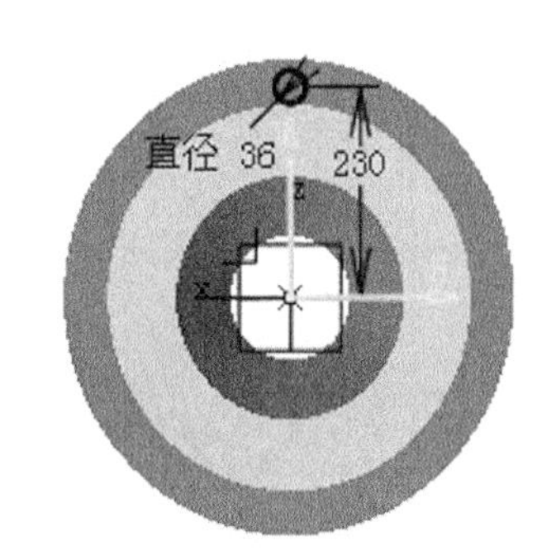

图 10-214 1主轴法兰圆孔草图

（3）选择“1主轴”的法兰右面，单击，绘制圆草图，并施加尺寸约束，直径36mm的圆孔，距离轴孔中心230mm，如图10-214所示，单击退出草图工作台。单击凹槽图标，建立“1主轴”孔，单击，进行圆形阵列，如图10-215所示。

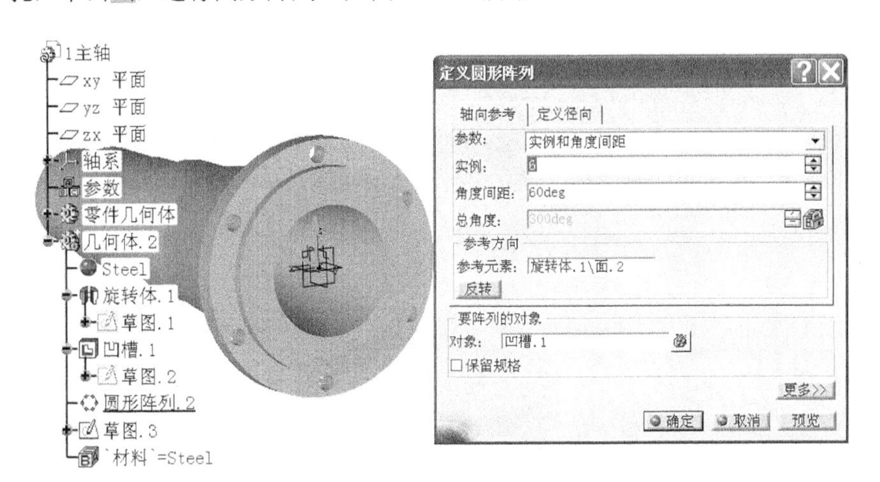

图 10-215 1主轴法兰圆孔圆形阵列

（4）进入“机械设计”→“装配设计”工作台，建立装配体文件，命名为“01 床头箱”（部件序号+部件名称），建立CATIA床头箱部件特征树，如图10-216所示。单击现有部件图标，导入“1主轴”零件，并单击，固定主轴，作为“核心基准零件”。单击零件图标，插入零件到CATIA床头箱装配文件的特征树，新插入的零件要询问“想要为新零件定义新原点吗？”单击

"是"，并选择本部件的用户坐标系原点为新零件的新原点，部件内的其他零件都如此设置。单击XY 平面，单击，绘制草图并施加尺寸约束，如图 10-217 所示。单击退出草图工作台。单击凸台图标，第一限制长度 400mm，第二限制长度 379mm，建立床头箱体的实体，如图 10-218 所示。

图 10-216 床头箱零件特征树

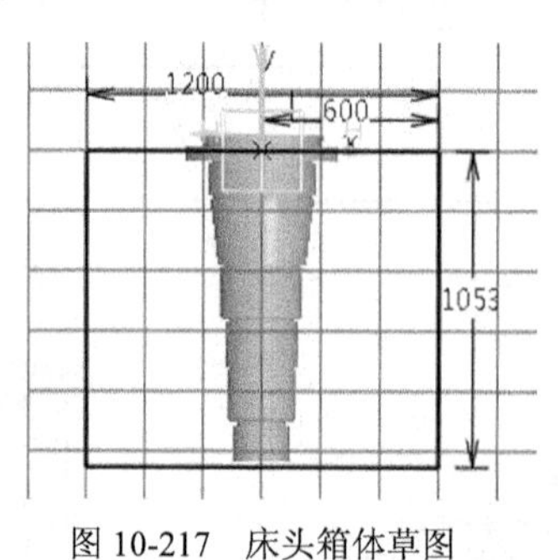


图 10-217 床头箱体草图

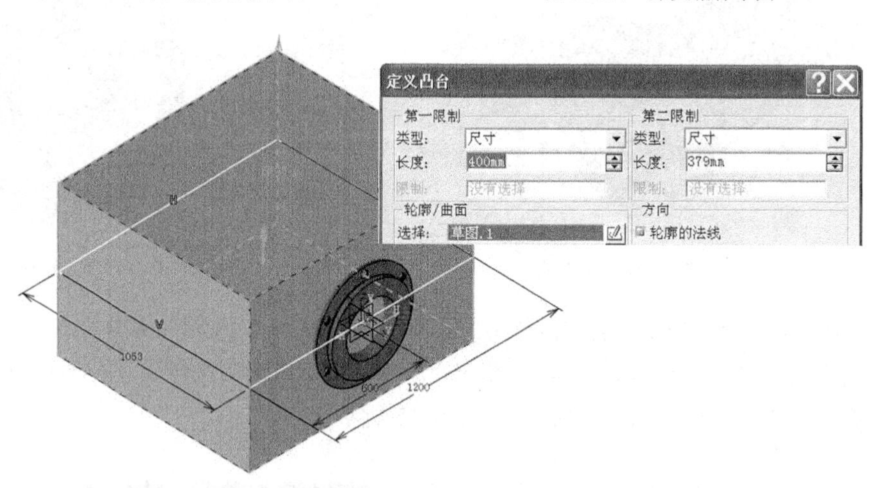


图 10-218 床头箱体

（5）选择床头箱体的主轴正面，单击，绘制草图并施加尺寸约束，如图 10-219 所示。单击退出草图工作台。单击凹槽图标，建立床头箱体的实体，单击盒体，内侧厚度 50mm，建立中空的床头箱体零件，如图 10-220 所示。

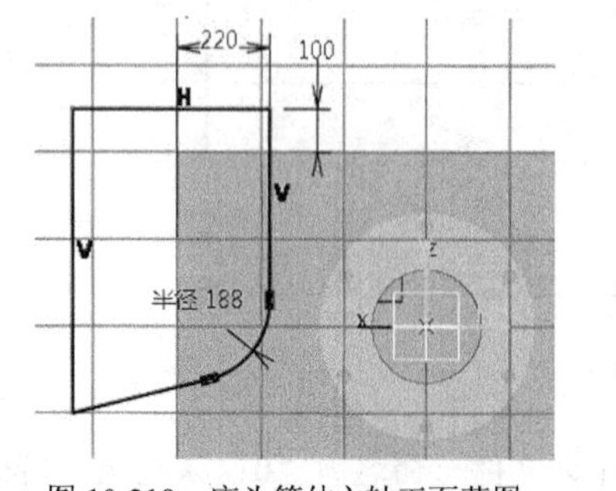


图 10-219 床头箱体主轴正面草图

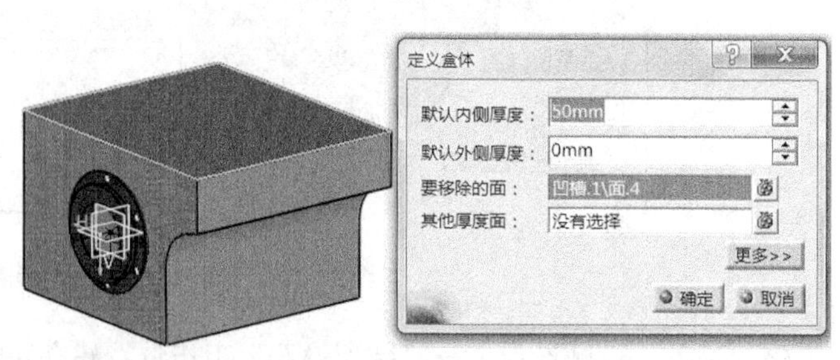


图 10-220 床头箱腔体

（6）选择床头箱体正面，单击，绘制圆草图并施加直径尺寸约束 293mm，如图 10-221 所示。单击退出草图工作台。单击凹槽图标，建立主轴箱体的主轴前端孔。选择床头箱体后面，单击，绘制圆草图并施加直径尺寸约束 207mm，如图 10-222 所示。单击退出草图工作台，单击凹槽图标，建立主轴箱体的主轴后端孔，如图 10-223 所示。

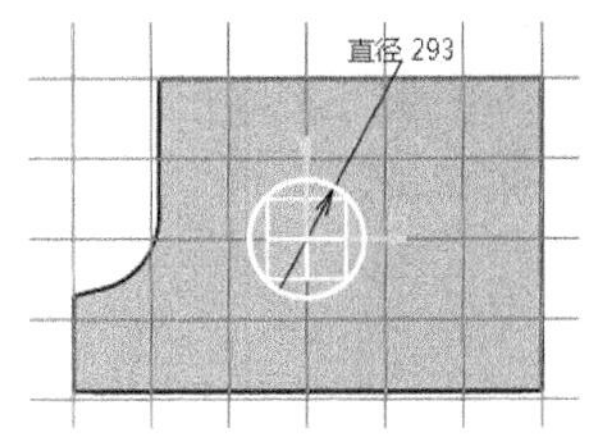

图 10-221 床头箱主轴孔草图

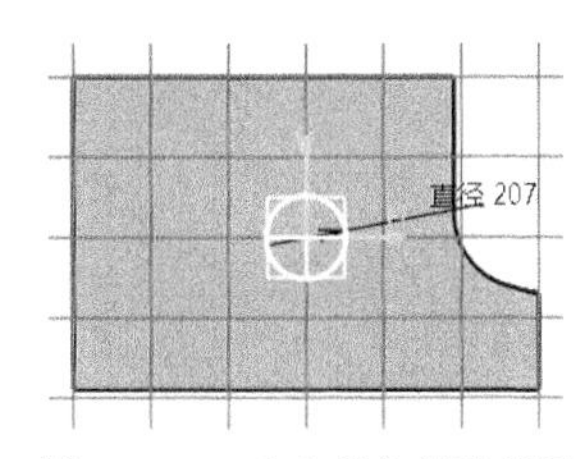

图 10-222 床头箱主轴孔草图

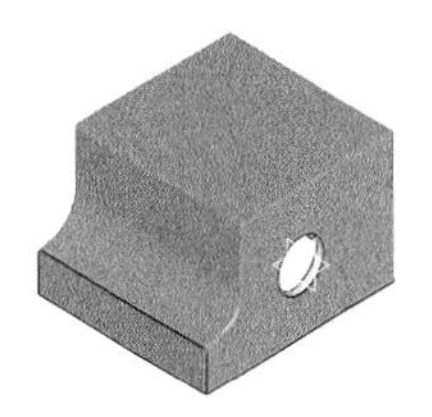
图 10-223 床头箱体

（7）床头箱零部件在特征树上及存储目录中的命名应按如图 10-224 和图 10-225 所示方式进行规范命名，特征树上可用汉字命名，存储目录中要用对应的汉语拼音或英文。

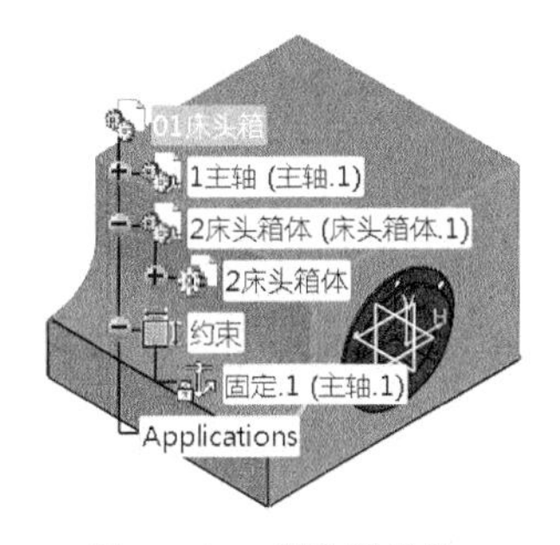

图 10-224 床头箱部件

D:\7-7.9hunhezhuangpei_model2014\1chuangtouxiang

| 名称 | 大小 | 类型 |
| --- | --- | --- |
| 1zhuzhou | 398 KB | CATIA 零件 |
| 2chuangtouxiangti | 222 KB | CATIA 零件 |
| chuangtouxiang | 22 KB | CATIA 产品 |

图 10-225 床头箱部件存储目录

以上过程包含了“自上向下”和“自下向上”设计的联合应用。此时，可将完成的床头箱部件的装配设计上传给车床首席设计师。

**2．02 部件——床身导轨装配设计（由 02 部件设计小团队完成）**

（1）床身导轨的设计。进入“机械设计”→“零件设计”工作台，建立零件，命名为“2 床身导轨”（部件序号+部件名称），单击 XZ 平面，单击，绘制草图并施加尺寸约束，如图 10-226 所示。单击退出草图工作台。单击凸台图标，建立床身导轨实体，如图 10-227 所示。

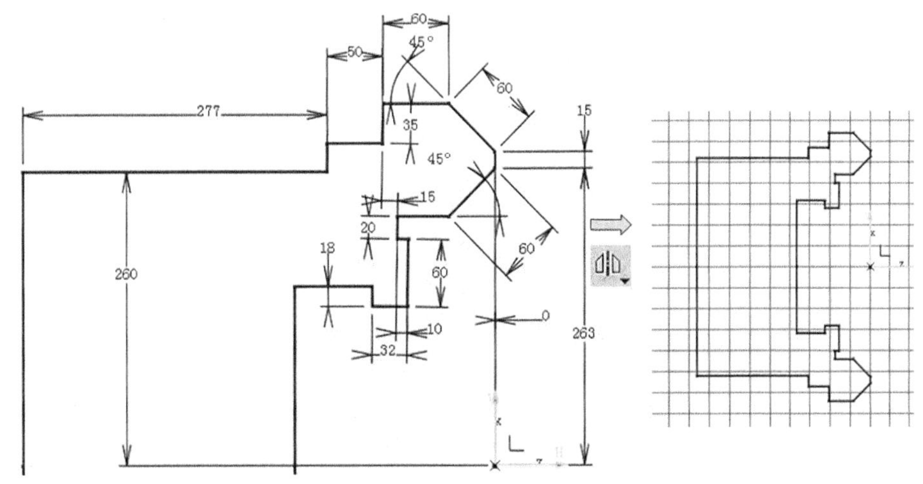

图 10-226 2 床身导轨主截面（XZ 面）草图

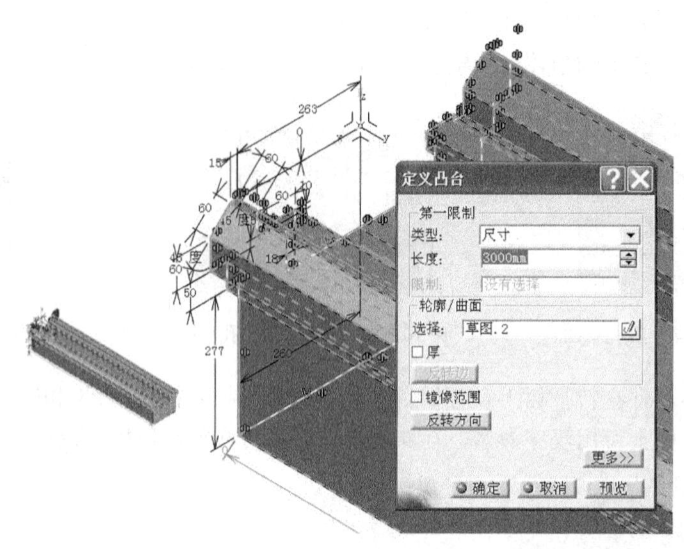


图 10-227 床身导轨实体

（2）选择图 10-227 的床身导轨实体的后端面，单击，绘制草图并施加尺寸约束，如图 10-228 所示。单击退出草图工作台。单击凸台命令图标，建立床身导轨的床头箱体底座部分的实体，如图 10-229 所示。

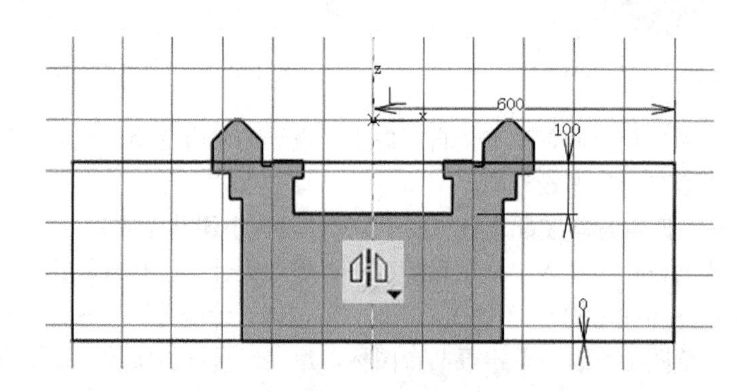


图 10-228 床身导轨实体后端面添加草图

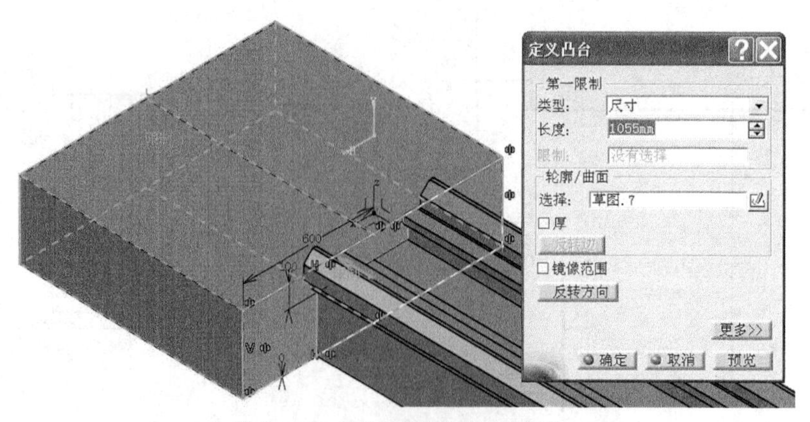


图 10-229 床头箱体底座部分的实体

（3）选择床头箱体底座部分的上表面，单击，绘制草图并施加尺寸约束，如图 10-230 所示。单击退出草图工作台。单击凹槽命令图标，建立床头箱体底座空腔，如图 10-231 所示。

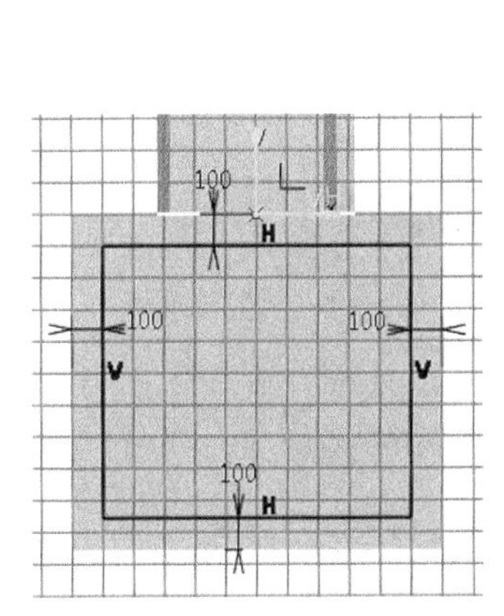


图 10-230 床头箱体底座空腔草图

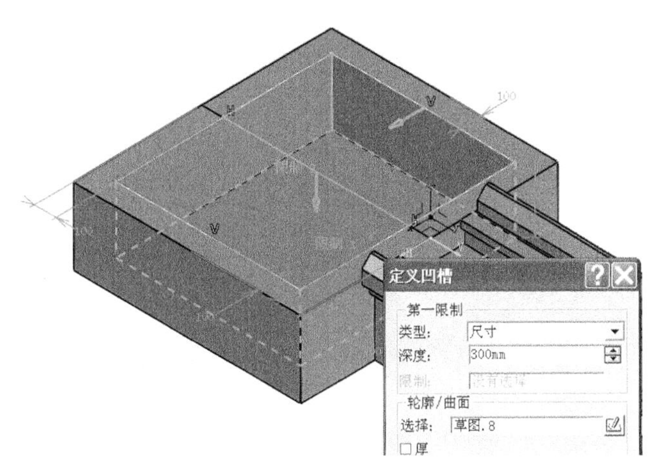


图 10-231 机床导轨床头底座腔体

（4）选择床身导轨的山型导轨下底面，单击，绘制草图并施加尺寸约束，如图 10-232 所示。单击退出草图工作台。单击凹槽图标，建立床身导轨结构空腔，如图 10-233 所示。

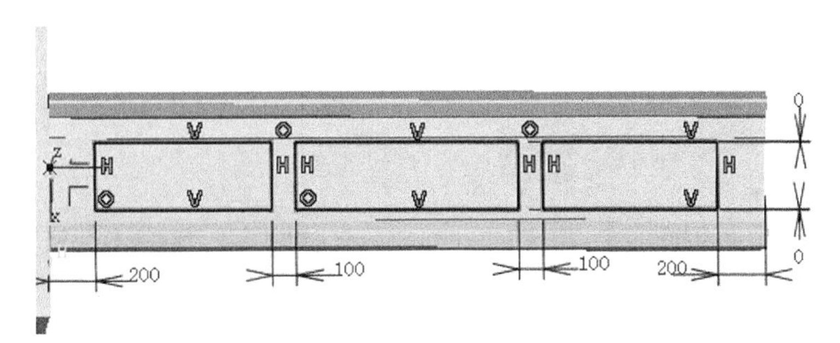


图 10-232 床身导轨结构空腔草图

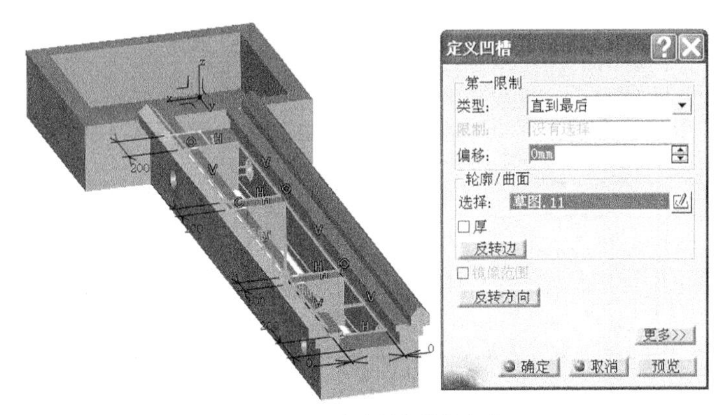


图 10-233 床身导轨结构空腔

（5）选择床身导轨的山型导轨侧面，单击，绘制草图并施加直径 100mm 尺寸约束，单击退出草图工作台。单击凹槽图标，建立四个吊装孔，如图 10-234 所示。

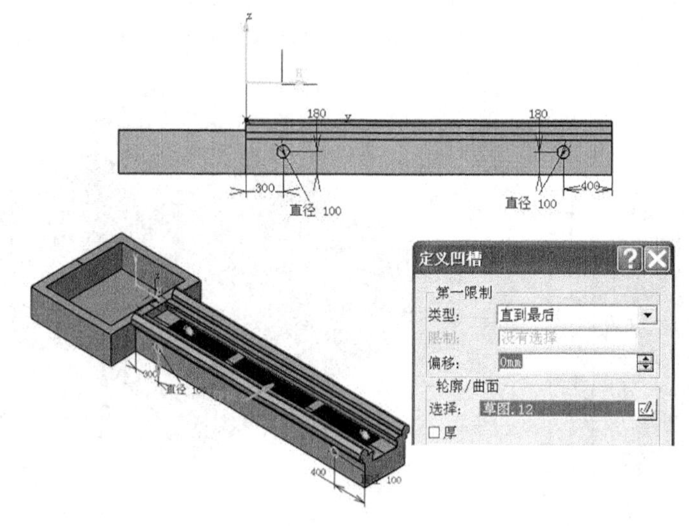


图 10-234 四个吊装孔

（6）床身导轨零件效果图，如图 10-235 所示。对床身导轨部件的零件存储目录命名，如图 10-236 所示。此时，完成的床身导轨部件的装配设计上传给车床首席设计师。

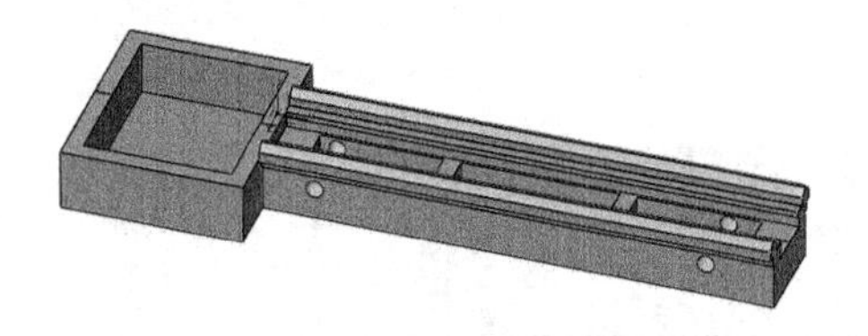

图 10-235 床身导轨部件

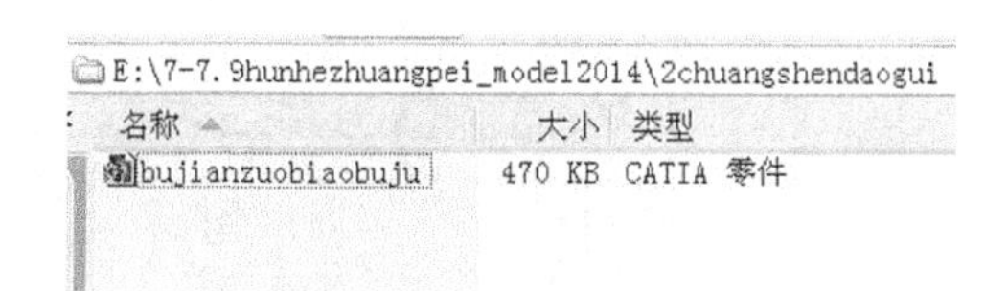


图 10-236 床身导轨部件存储目录

### 3．03 部件——床身导轨装配设计（由 03 部件设计小团队完成）

（1）进入“机械设计”→“零件设计”工作台，建立零件，命名为“2 床身基座”，单击 XY 平面，单击草图图标，绘制草图并施加尺寸约束，如图 10-237 所示。单击退出图标退出草图工作台。单击凸台图标凸台图标，凸台长度 150mm，建立床身基座实体，如图 10-238 所示。

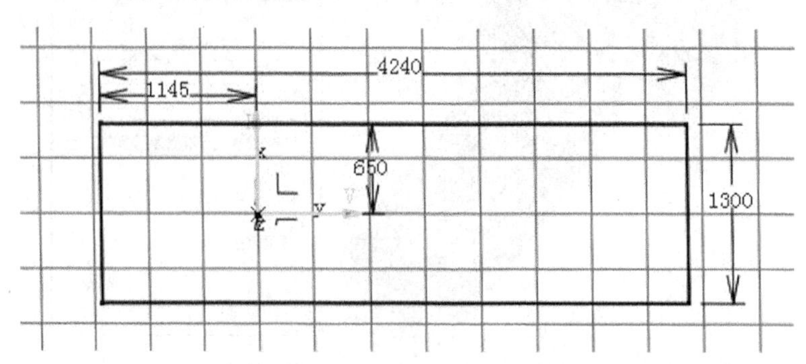


图 10-237 床身基座 XY 平面草图

（2）选择基座实体下端面，单击草图图标，绘制草图并施加尺寸约束，如图 10-239 所示。单击退出图标退出草图工作台。单击凸台图标凸台图标，建立床身基座实体的支撑部分，如图 10-240 所示。

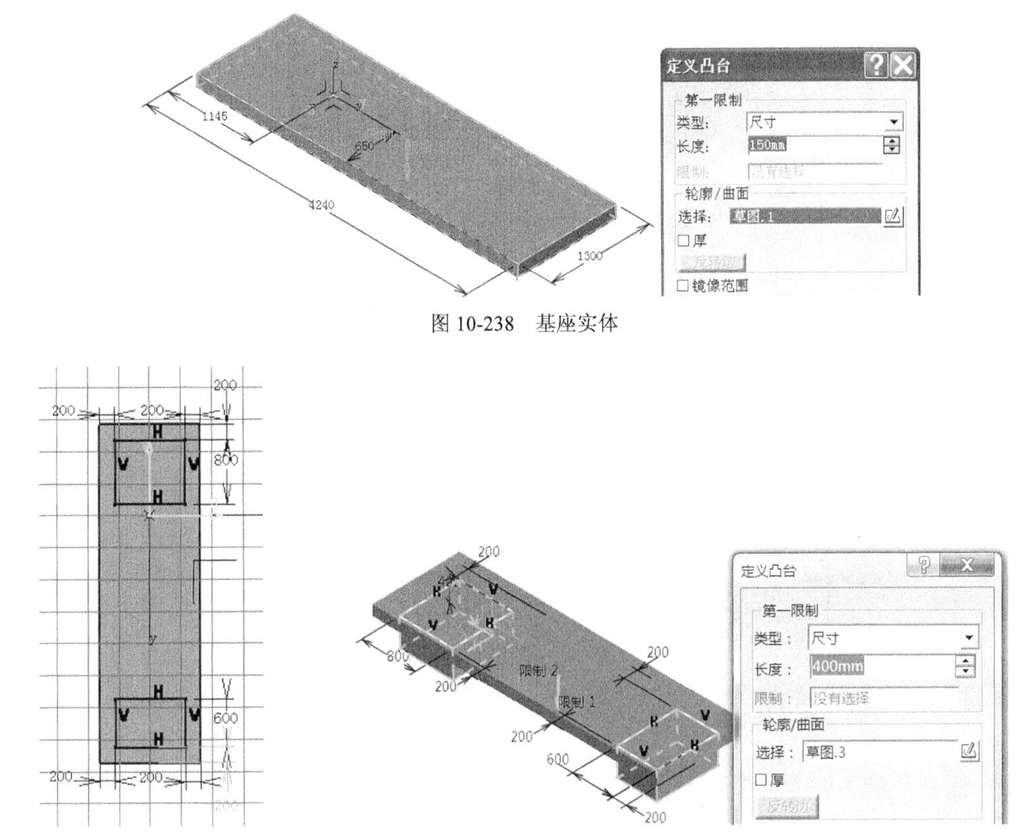


图 10-238 基座实体

图 10-239 基座实体的支撑部分草图

图 10-240 基座实体支撑部分

（3）在基座实体的上端面和下端面绘制矩形草图，这里未施加尺寸约束。概念设计阶段，非重要结构，可酌情确定尺寸大小。单击“直线”图标，连接上下两个面上矩形的对应顶点，如图 10-241 所示。单击工具，定义已移除的多截面实体，如图 10-242 所示的坡口槽。

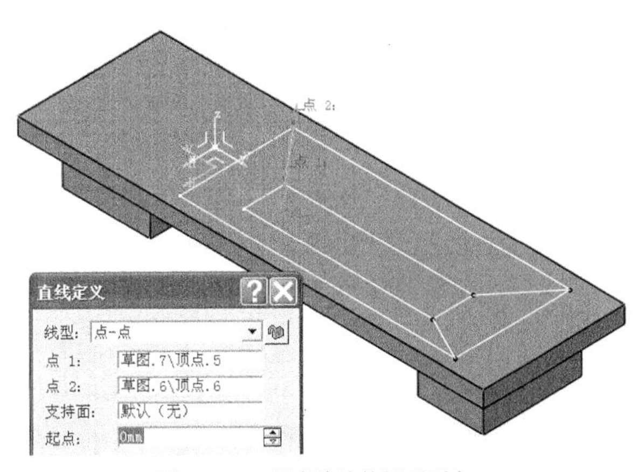


图 10-241 用直线连接矩形顶点

（4）床身基座部件，如图 10-243 所示。对床身基座部件的零件存储目录命名，如图 10-244 所示。将完成的床身基座部件的装配设计上传给车床首席设计师。

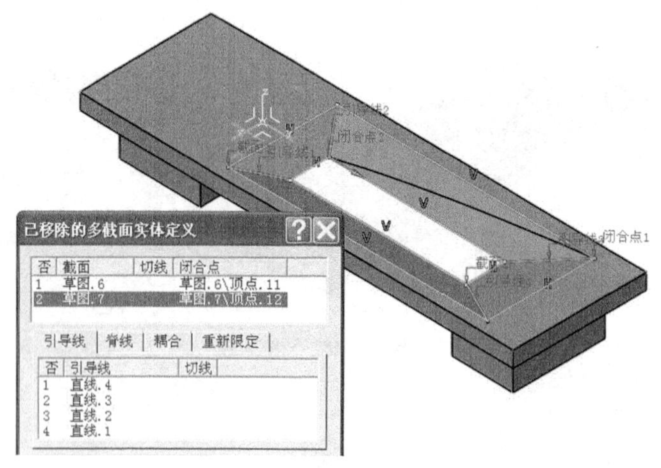


图 10-242　坡口槽

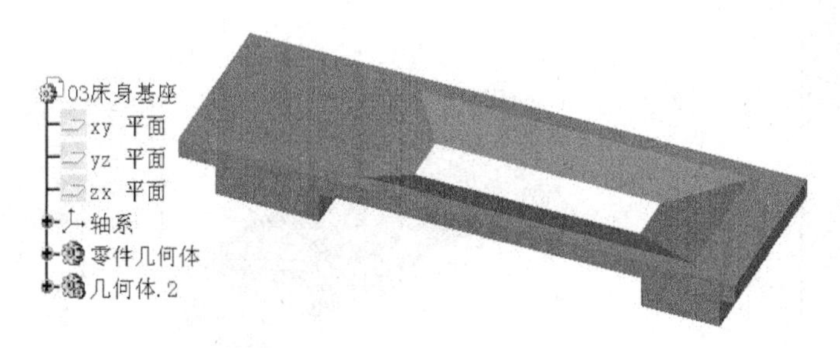


图 10-243　床身基座部件

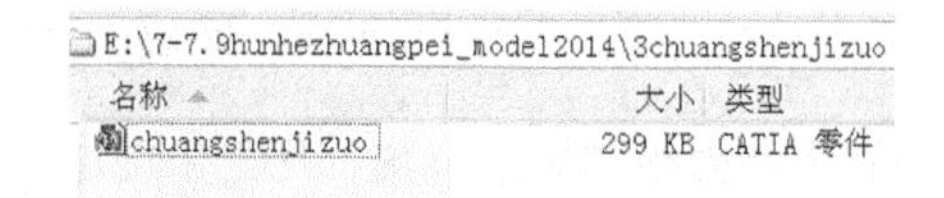


图 10-244　床身基座部件存储目录

### 4．04 部件——尾座装配设计（由 04 部件设计小团队完成）

（1）尾座部件设计师遵照“由内向外”的“核心定位零件”选定的原则，确立“核心定位零件”为尾座顶尖，其他零件的空间定位要依该零件为基准。“核心定位零件”应定位在本部件用户坐标系内。

（2）进“入机械设计”→“零件设计”工作台，建立零件，命名为“尾座顶尖”单击 XY 平面，单击，绘制草图并施加尺寸约束，如图 10-245 所示。单击退出草图工作台。单击“旋转体”图标，建立尾座顶尖实体，如图 10-246 所示。

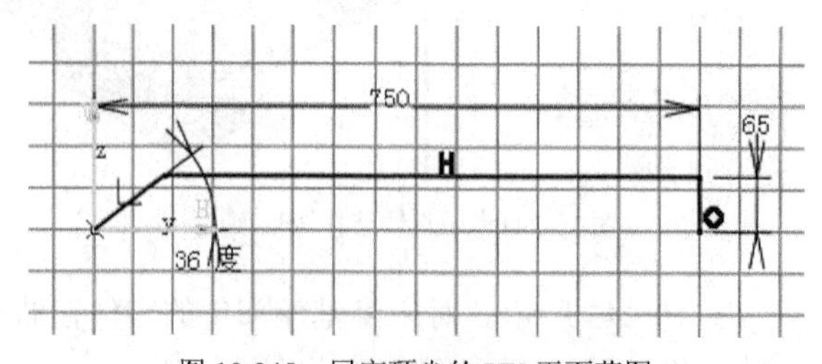


图 10-245　尾座顶尖的 XY 平面草图

（3）进入“机械设计”→“装配设计”工作台，建立装配文件，命名为“04 尾座”，单击现有部件图标，导入尾座顶尖零件，并单击，固定尾座顶尖，作为“核心定位零件”。单击“零件”图标，插入零件到CATIA尾座装配文件的特征树，新插入的零件要询问“想要为新零件定义新原点吗？”如图10-247所示。这里单击“是”按钮，并选择本部件的用户坐标原点为新零件的新原点，部件内的其他零件都如此设置。通过右键快捷菜单的属性更改文件名称为“2尾座体”。同样，添加“3手轮”零件，建立尾座部件特征树目录，如图10-248所示。

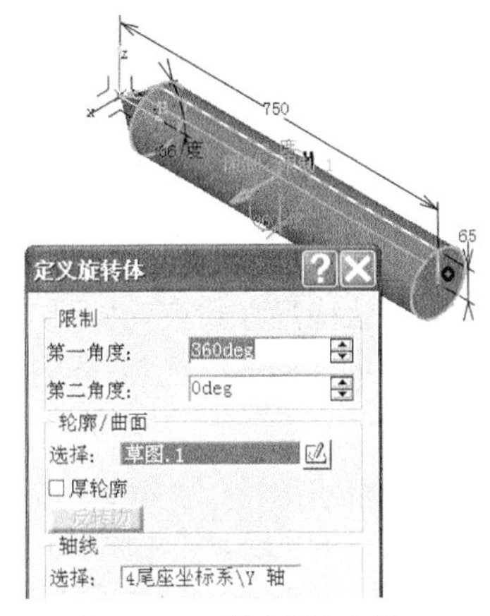


图10-246 尾座顶尖实体

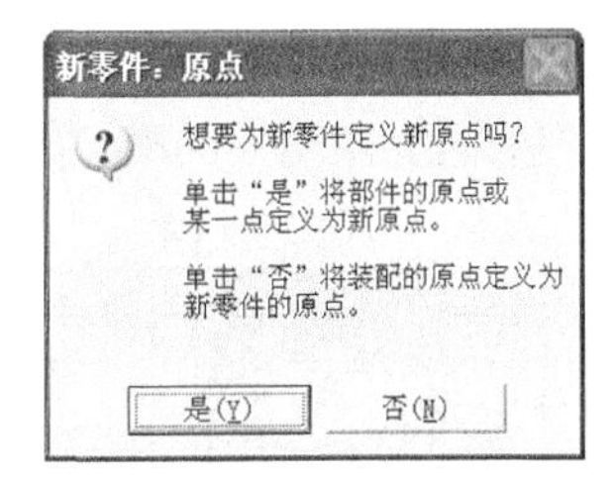


图10-247 定义新坐标原点

（4）单击XY平面，单击，绘制草图并施加尺寸约束，如图10-249所示。单击退出草图工作台。单击凸台图标，建立尾座的实体，如图10-250所示。

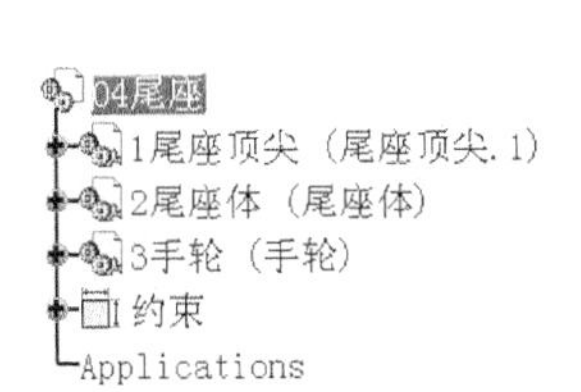


图10-248 尾座部件特征树

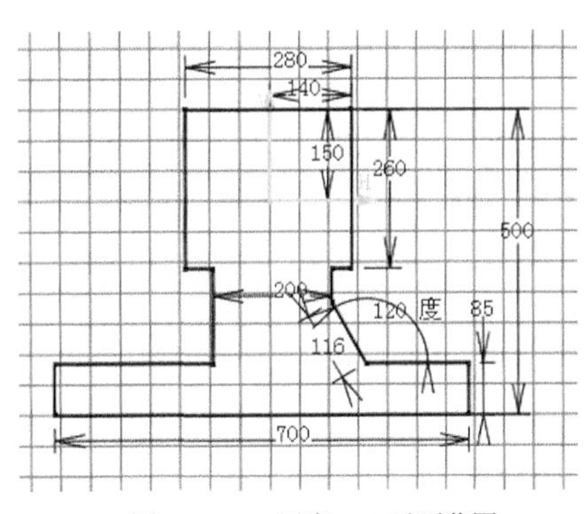


图10-249 尾座XY平面草图

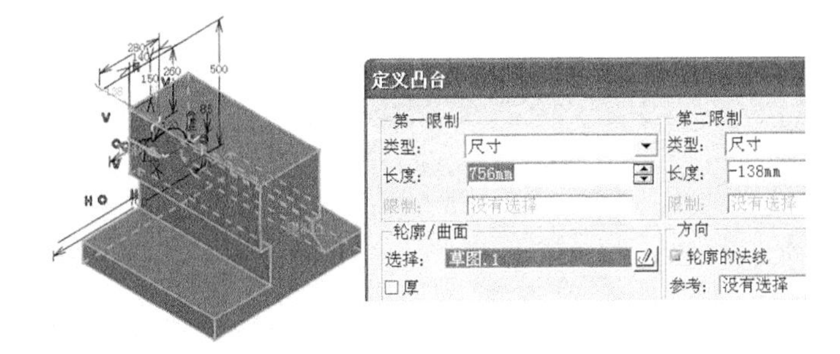


图10-250 尾座凸台

（5）选择尾座体的后表面或者建立一个参考平面，单击，绘制草图并施加直径尺寸约束，如图 10-251 所示。单击退出草图工作台。单击凹槽图标，建立顶尖孔结构，如图 10-252 所示。

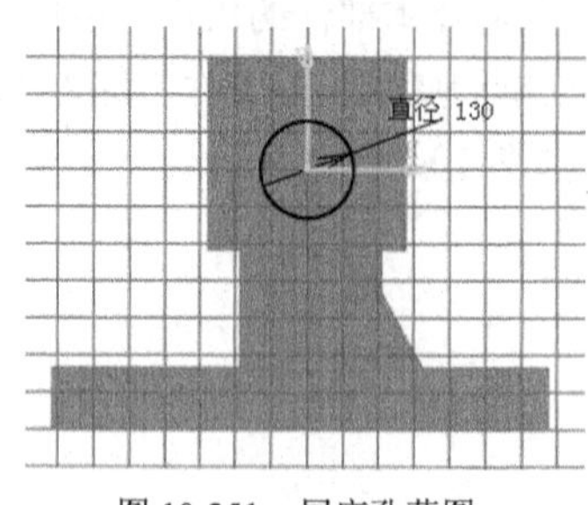

图 10-251　尾座孔草图

图 10-252　尾座体

（6）选择尾座体的后表面，单击，绘制草图并施加导轨槽尺寸约束，如图 10-253 所示。单击退出草图工作台。单击“凹槽”图标，建立有导轨槽的尾座体，如图 10-254 所示。

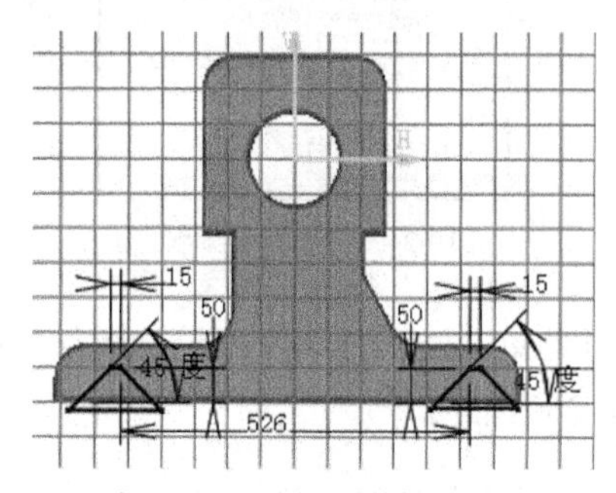

图 10-253　尾座导轨槽草图

图 10-254　尾座（有导轨槽）

（7）进入 04 尾座“装配设计”工作台，单击零件图标，插入零件到尾座装配文件的特征树，通过右键快捷菜单的属性更改文件名称为“3 手轮”。选择尾座体的后面，单击，绘制草图并施加寸约束直径 75mm，如图 10-255 所示。单击退出草图工作台。单击凸台命令图标，建立手轮轴，如图 10-256 所示。

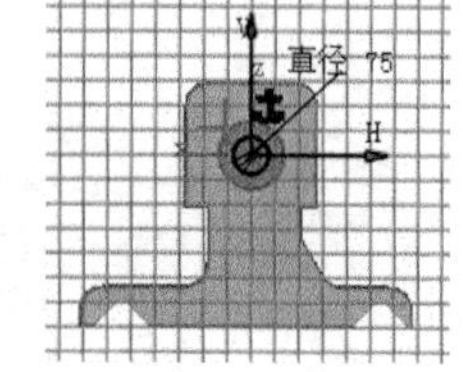

图 10-255　手轮轴草图

（8）选择 YZ 平面，单击，绘制草图并施加圆直径 42mm 尺寸约束，如图 10-257 所示。选择手轮轴后端面，单击，绘制草图并施加圆直径 370mm 尺寸约束，如图 10-258 所示。单击退出草图工作台。单击定义肋图标，建立手轮轮缘体，如图 10-259 所示。

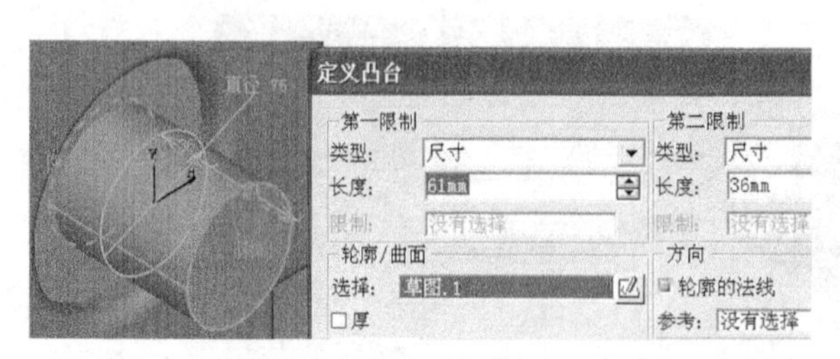

图 10-256　手轮轴

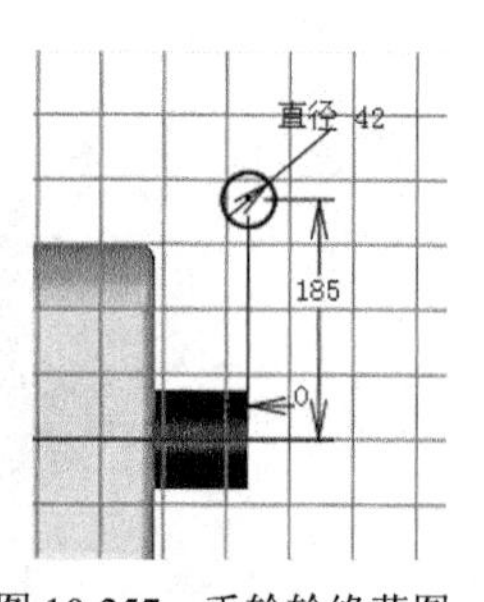

图 10-257　手轮轮缘草图

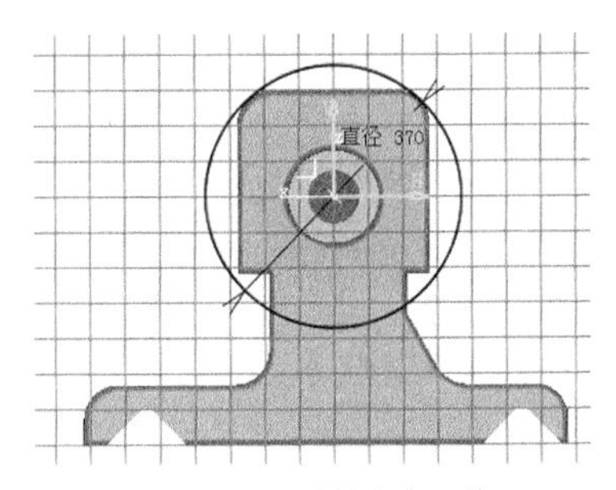


图 10-258 手轮轮缘中心线

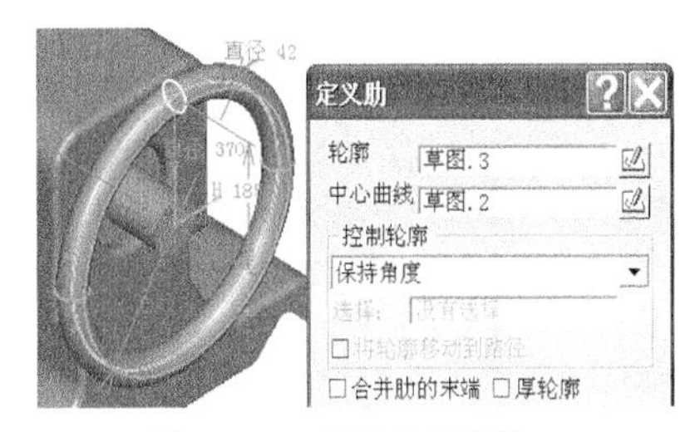


图 10-259 手轮轮缘实体

（9）选择 YZ 平面，单击，用样条线工具，绘制轮辐中心线草图，如图 10-260 所示。单击，单击参考面，选择轮辐中心线，建立参考面，如图 10-260 所示。再选择该参考平面，单击，应用椭圆命令，绘制长轴半径 16mm，短轴半径 8mm 的椭圆，如图 10-261 所示。退出草图工作台，单击定义肋图标，建立手轮轮辐（见图 10-262），应用“圆周阵列”工具，复制 5 条轮辐，如图 10-263 所示。选择手轮轴端面，单击，在轮缘处绘制直径 30mm 的圆。单击，单击图标，定义 150mm 长的圆柱手柄。

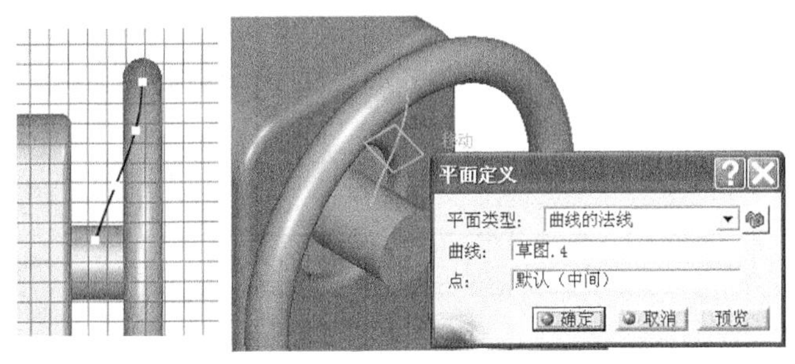


图 10-260 建立参考平面

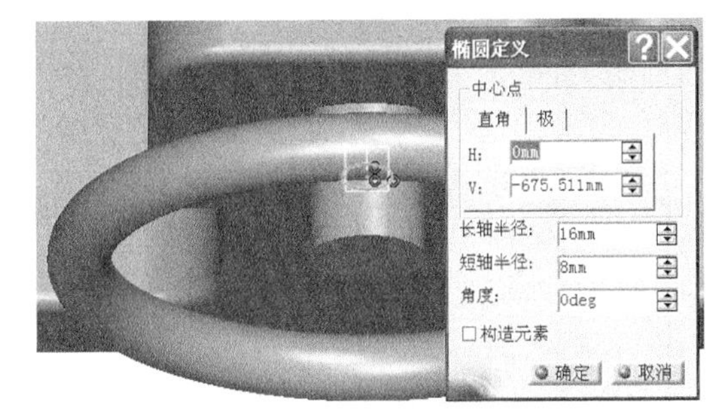


图 10-261 绘制椭圆草图

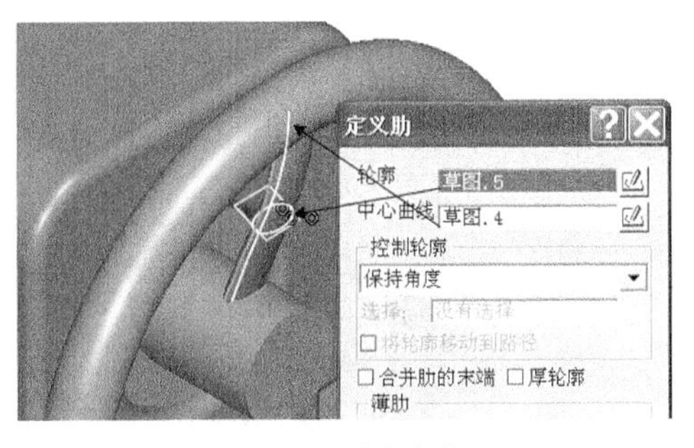


图 10-262 轮辐实体

图 10-263 圆周阵列轮辐

（10）对尾座部件中的零件在特征树上命名以及存储目录中的命名，如图 10-264、图 10-265 所示。将完成的尾座部件的装配设计上传给车床首席设计师。

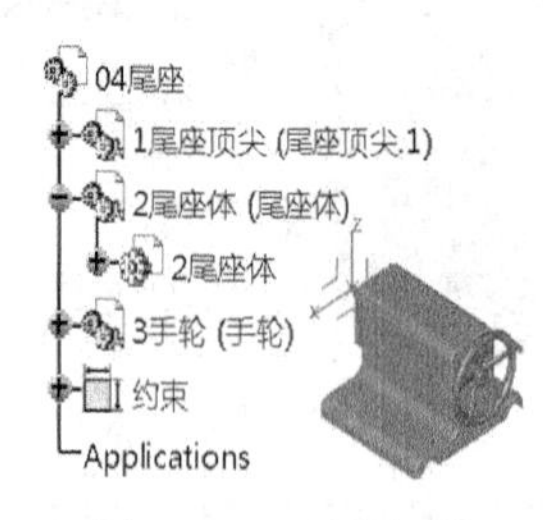


图 10-264　尾座部件

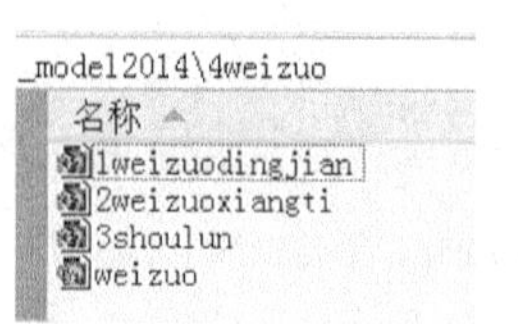


图 10-265　尾座部件存储目录

**5．05 部件——刀架装配设计（由 05 部件设计小团队完成）**

（1）刀架部件设计师遵照“由内向外”的“核心定位零件”原则，确立“核心定位零件”为床鞍。其他零件的空间定位要依据该零件为基准，“核心定位零件”应定位在本部件用户坐标系内。

（2）进入“机械设计”→“零件设计”工作台，建立零件，命名为“床鞍”。单击 YZ 平面，单击，绘制草图并施加尺寸约束，如图 10-266 所示。单击退出草图工作台。单击凸台命令图标，第一限制长度 470mm，第二限制长度 430mm，建立床鞍实体，如图 10-267 所示。

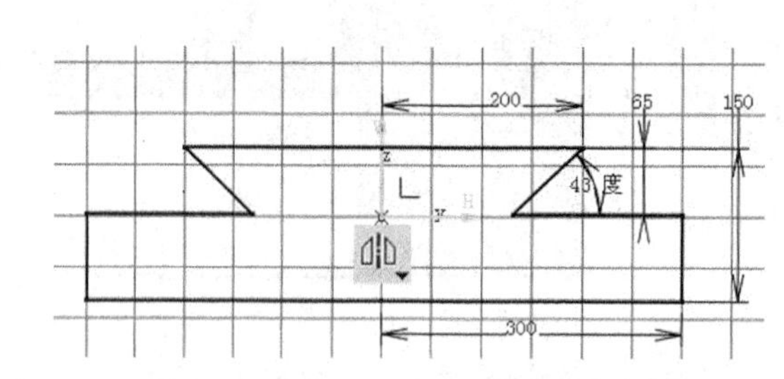


图 10-266　床鞍草图

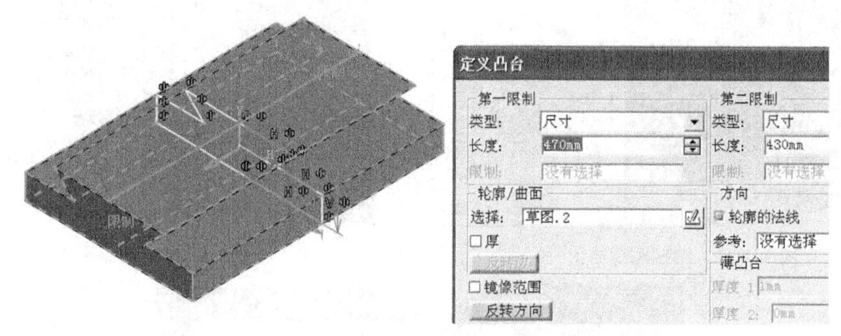


图 10-267　床鞍

（3）单击床鞍侧面，单击，绘制草图并施加尺寸约束，如图 10-268 所示。单击退出草图工作台。单击凹槽图标，建立带导轨槽的床鞍实体，如图 10-269 所示。

第（2）和（3）步骤建立了“床鞍”实体，这种普通的方法适合概念和功能设计阶段中的渐进式绘图过程，当熟悉了零件的结构后，可以采用 CATIA 中的稍高级的复合功能工具，使建模操作更快捷。如下面例子。

进入“机械设计”→“零件设计”工作台，建立零件，命名为“床鞍”。单击 YZ 平面，单击，绘制草图并施加尺寸约束，单击，退出草图工作台。单击 XZ 平面，单击，绘制草图并施加尺寸约束，单击，退出草图工作台。单击实体混合图标，建立床鞍实体，如图 10-270 所示。

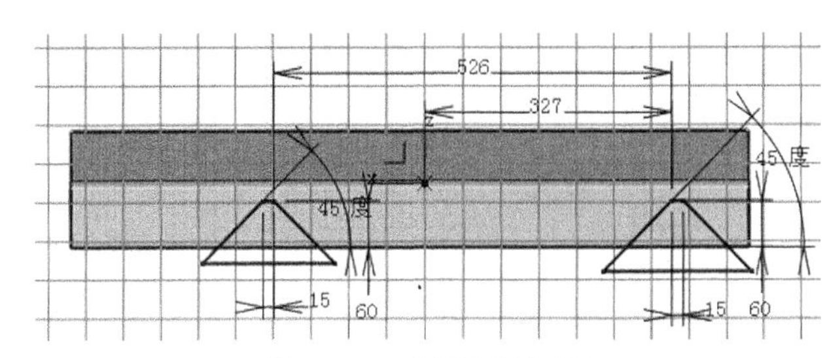


图 10-268 床鞍导轨槽草图

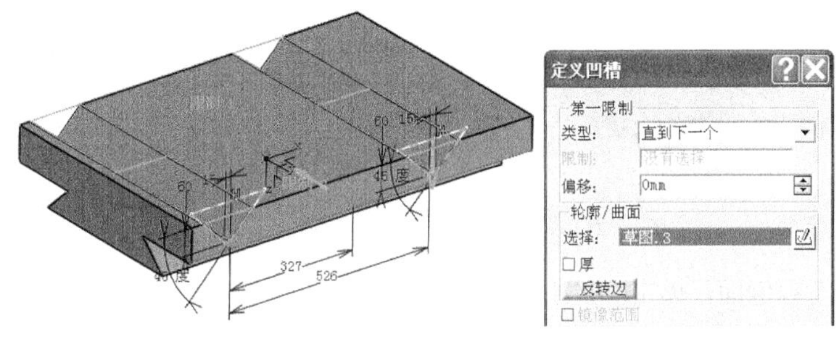


图 10-269 带导轨槽床鞍

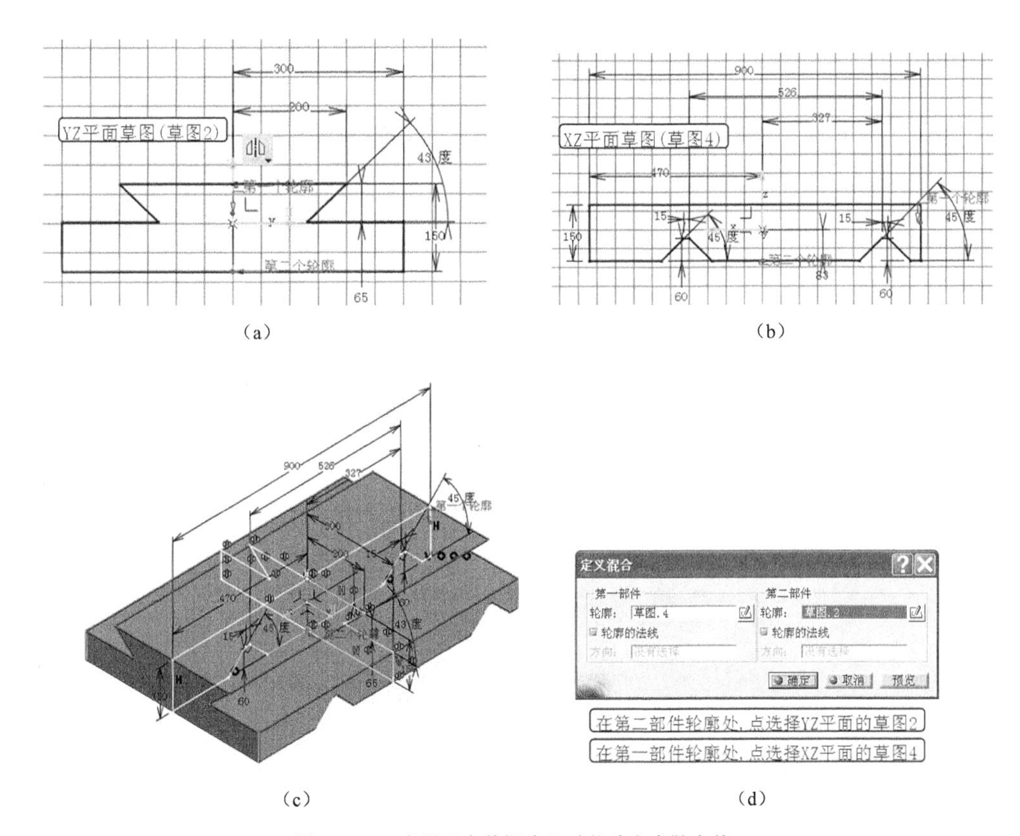


（a） （b）

（c） （d）

图 10-270 应用“实体混合”功能建立床鞍实体

（4）单击 YZ 平面，单击，绘制草图并施加尺寸约束，如图 10-271 所示。单击退出草图工作台。单击凸台图标，第一、二限制长度均为 300mm，建立中滑板实体，如图 10-272 所示。

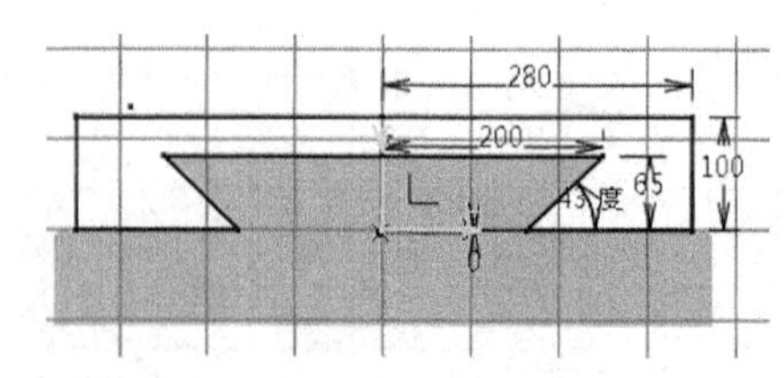


图 10-271　中滑板草图（1）

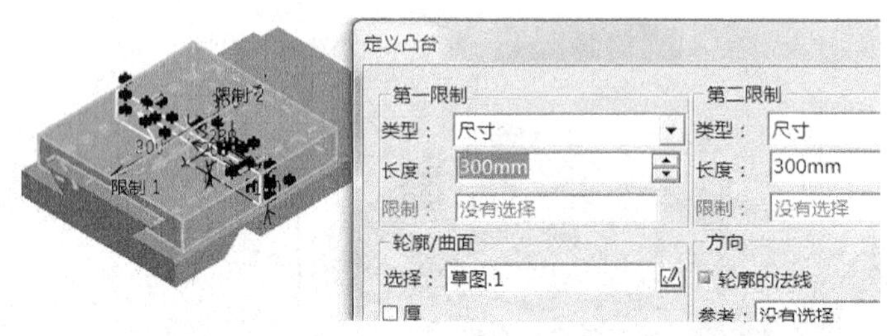


图 10-272　定义凸台

（5）单击中滑板侧面，单击，绘制草图并施加尺寸约束，如图 10-273 所示。单击退出草图工作台。单击凹槽图标，建立带上凹槽中滑板实体，如图 10-274 所示。

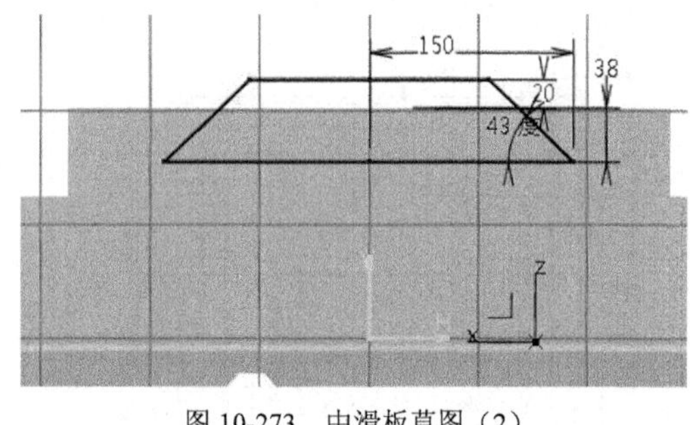


图 10-273　中滑板草图（2）

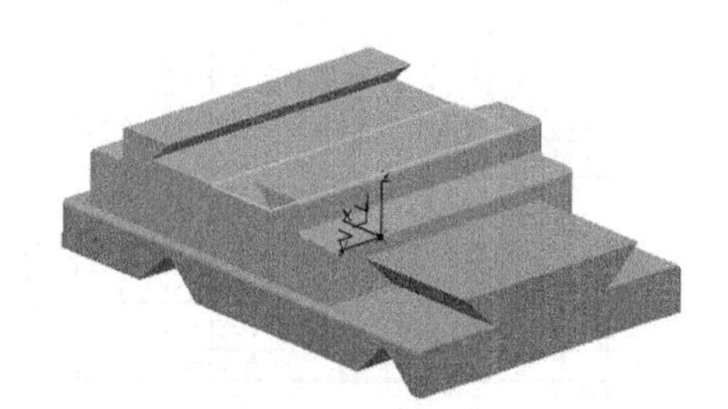

图 10-274　中滑板

（6）单击 XZ 平面，单击，绘制草图并施加尺寸约束，如图 10-275 所示。单击退出草图工作台。单击凸台图标，建立小滑板实体，如图 10-276 所示。

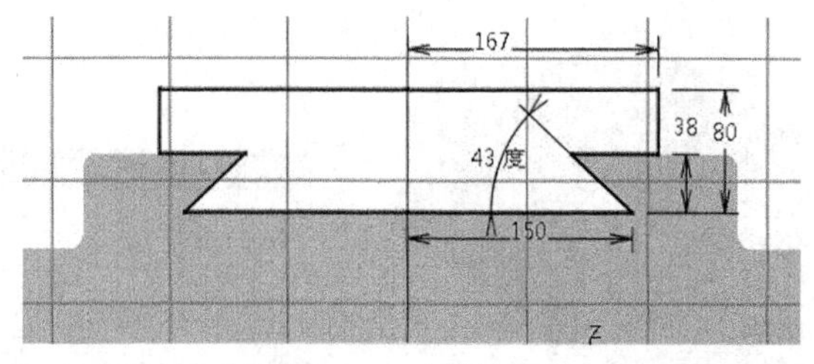


图 10-275　小滑板草图

（7）单击小滑板上面，单击，绘制草图并施加尺寸约束，如图 10-277 所示。单击退出草图工作台。单击凸台图标，建立有上平台（厚度 28mm）的小滑板实体，如图 10-278 所示。

（8）单击小滑板上平台面，单击，绘制草图并施加尺寸约束，如图 10-279 所示。单击退出草图工作台。单击凸台图标，凸台长度 36mm，建立“方刀架”下固定板实体，如图 10-280 所示。

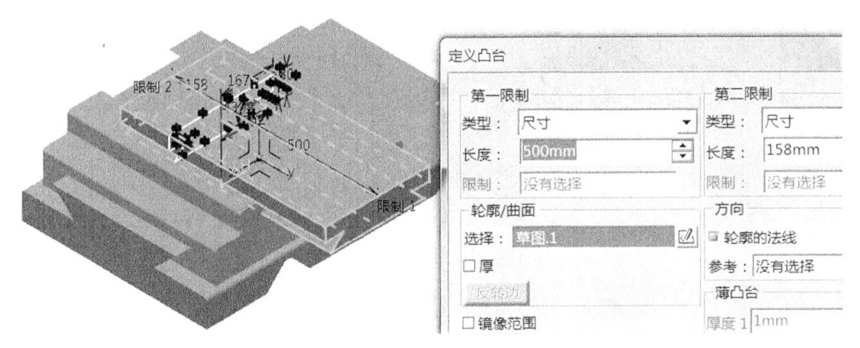


图 10-276　小滑板

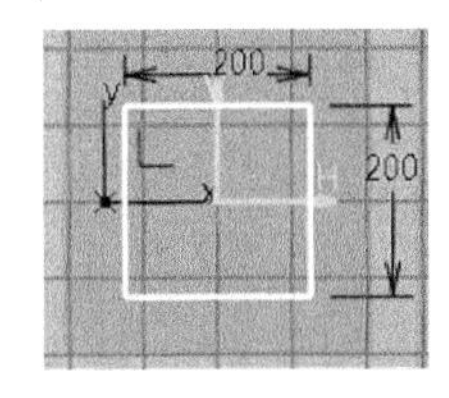


图 10-277　小滑板上平台草图

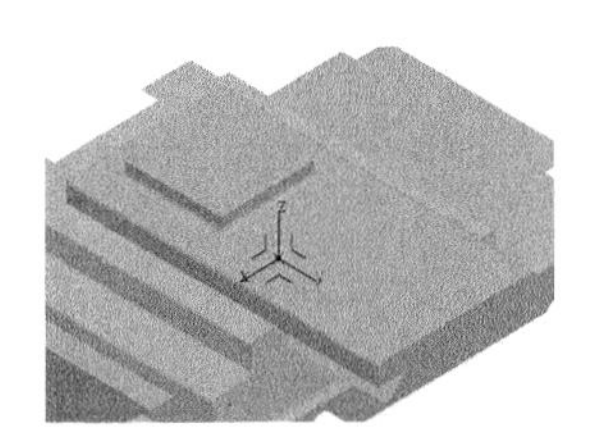

图 10-278　带上平台的小滑板

（9）单击“方刀架”下固定板上面，单击，绘制草图并施加尺寸约束，单击退出草图工作台。单击凸台图标，凸台长度 50mm，建立方刀架中间方支柱实体，如图 10-281 所示。

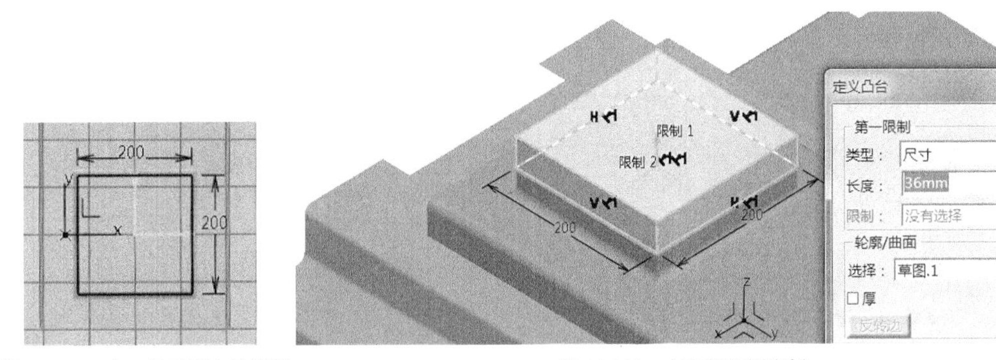


图 10-279　方刀架下固定板草图　　　　图 10-280　方刀架下固定板

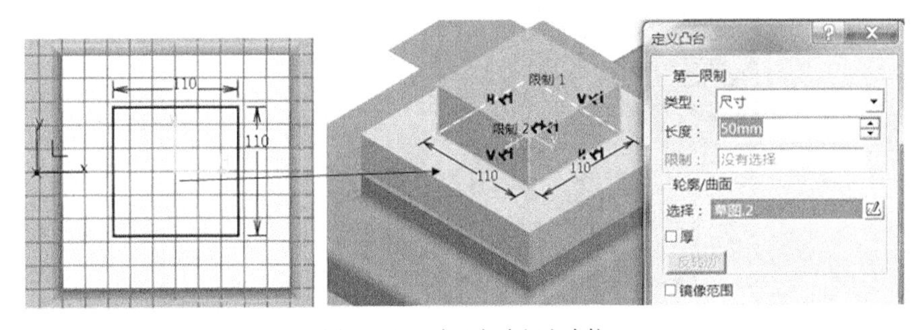


图 10-281　方刀架中间方支柱

（10）单击方刀架中间方支柱上面，单击，绘制草图并施加尺寸约束，单击退出草图工作台。单击凸台图标，凸台长度 36mm，建立方刀架上固定板实体，如图 10-282 所示。

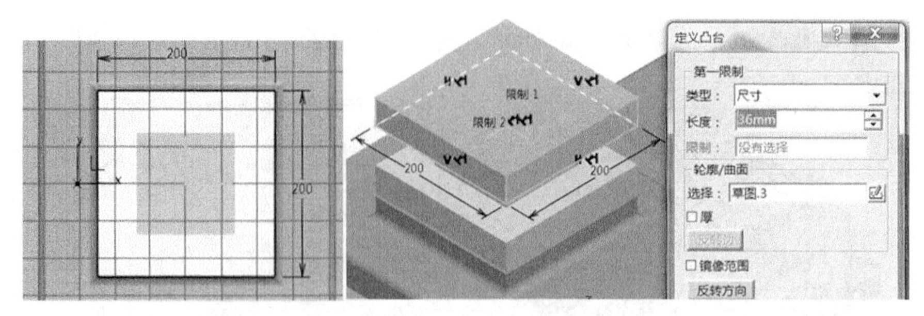


图 10-282　方刀架上固定板

（11）单击方刀架上固定板上面，单击，绘制圆草图并施加直径 80mm 尺寸约束，单击退出草图工作台。单击凸台图标，凸台长度 52mm，建立方刀架顶圆柱实体，如图 10-283 所示。单击倒角命令，完成圆柱顶端倒角，如图 10-284 所示。

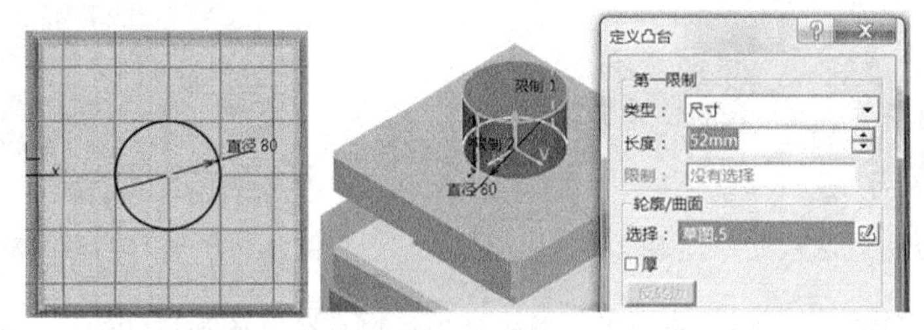


图 10-283　方刀架顶圆柱

（12）单击刀架上固定板上面，单击，绘制圆草图并施加尺寸约束，如图 10-285 所示。单击退出草图工作台。单击凹槽图标，建立螺栓孔凹槽，如图 10-286 所示。

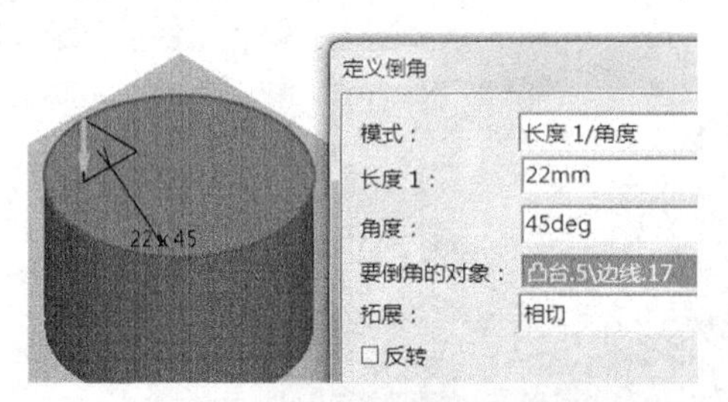


图 10-284　方刀架顶圆柱倒角

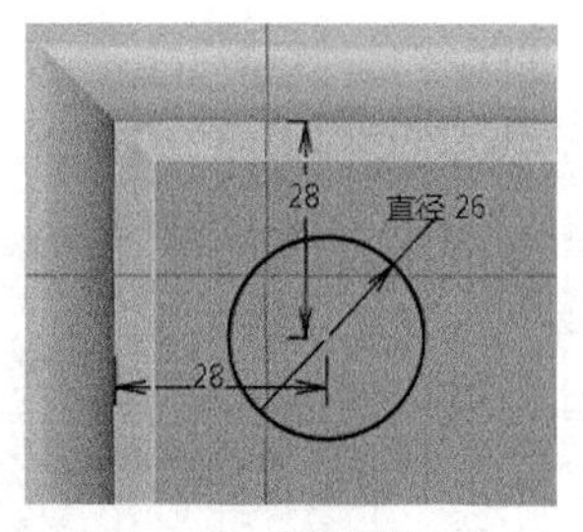


图 10-285　螺栓孔草图

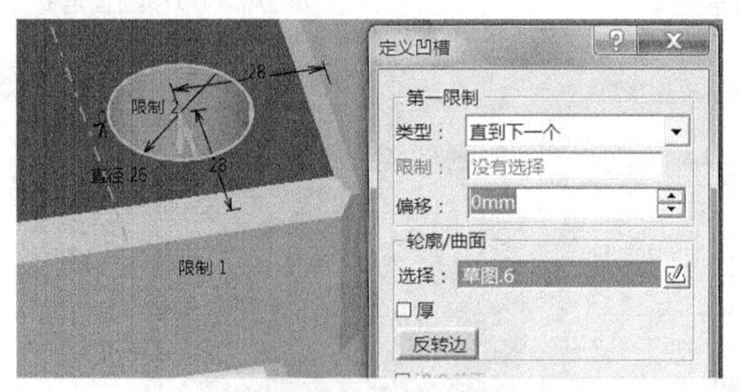


图 10-286　螺栓孔凹槽操作

（13）点选螺栓孔凹槽，单击“阵列”图标，第一方向和第二方向的实例：3，间距：72mm，点选中间圆孔，去除这个不需要的孔凹槽，如图 10-287 所示。

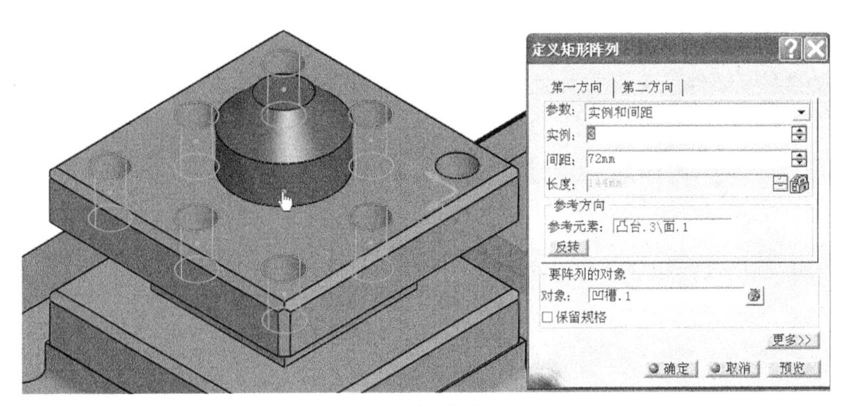


图 10-287　阵列螺栓孔凹槽

（14）单击，选择标准件螺栓。（10-10.9hunhezhuangpei_model/5daojia/5luoshuan），插入到装配特征树，单击相合约束，选择螺栓中心线，螺栓孔内表面（显示中心线时选定），单击“确定”。单击偏移动约束图标，选择螺栓垫圈下表面和刀架上固定板上面，单击“确定”按钮。单击“更新”图标，如图 10-288 所示。

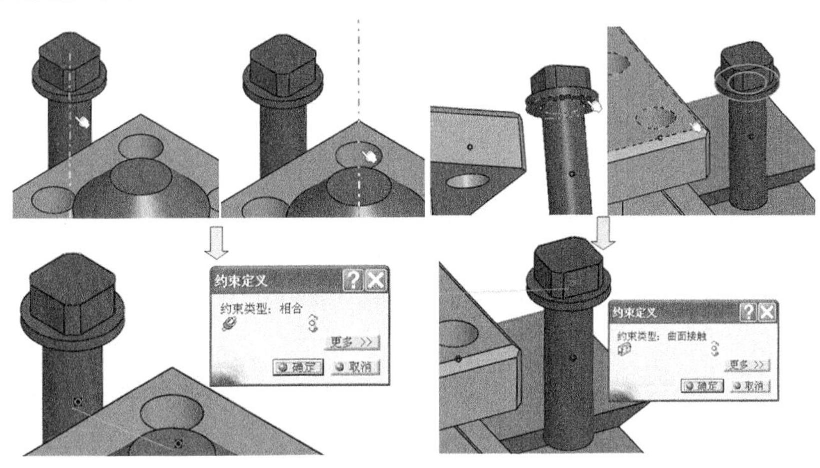


图 10-288　约束螺栓

（15）单击重复使用阵列图标，选择螺栓和阵列螺栓孔，一次性快速装配所有螺栓，如图 10-289 所示。

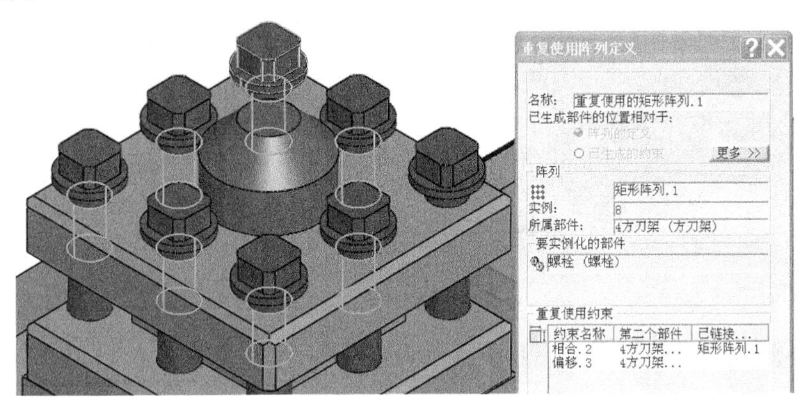


图 10-289　多个螺栓的快速装配

（16）对刀架部件中的零件在特征树上命名以及存储目录中的命名，如图 10-290、图 10-291 所示。将完成的刀架部件的装配设计上传给车床首席设计师。

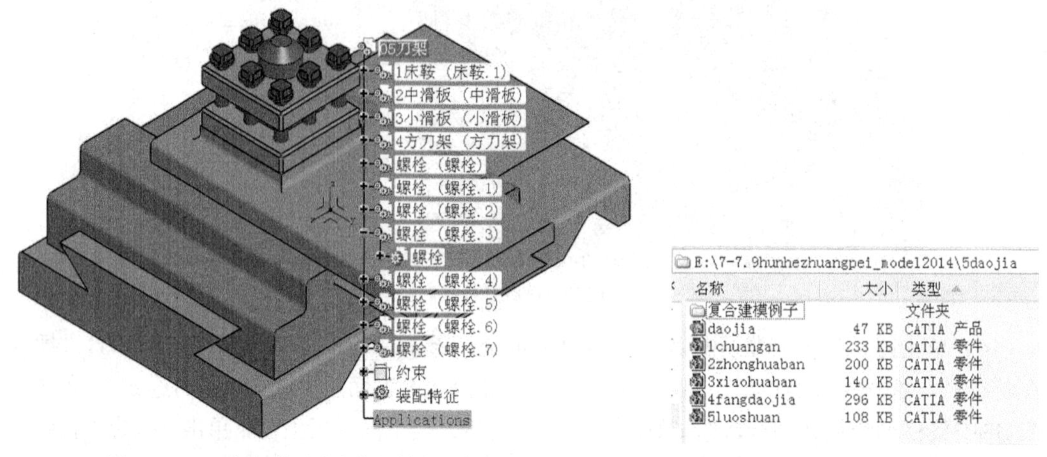


图 10-290 刀架部件以及在特征树上的命名　　图 10-291 刀架部件存储目录

**6．06 部件——溜板箱装配设计（由 06 部件设计小团队完成）**

（1）溜板箱设计师遵照“由内向外”的“核心定位零件”的原则，确立的“核心定位零件”为溜板箱内的某主轴，其他零件的空间定位要依据该零件为基准，“核心定位零件”应定位在本部件用户坐标系内。

（2）溜板箱内部包含的复杂的齿轮系传动在此不作介绍。这里用矩形箱体表示该部件，选择 xy 坐标面，单击，绘制草图并施加尺寸约束，如图 10-292（a）所示。单击退出草图工作台。单击凸台图标，创建溜板箱的矩形箱体，如图 10-292 所示。

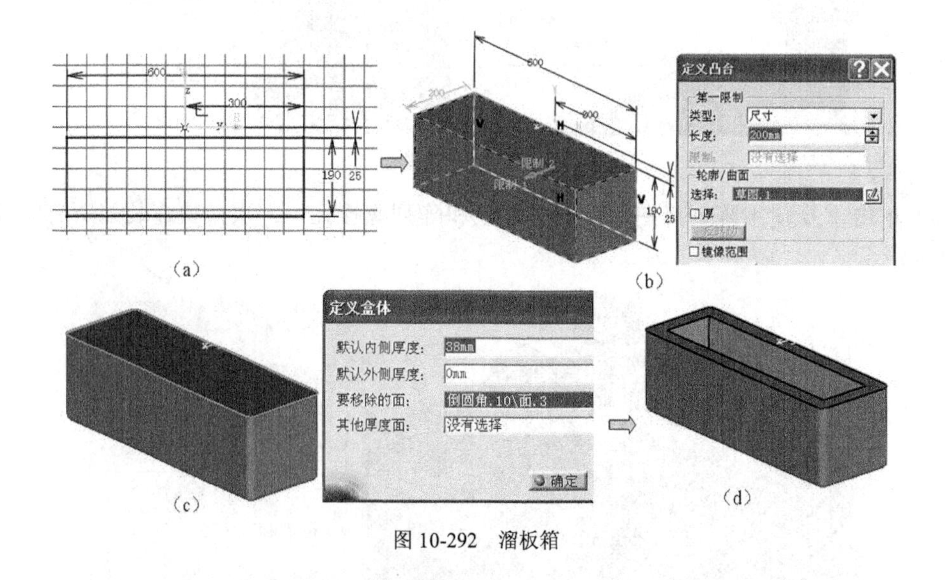


图 10-292 溜板箱

## 10.9.3 协同混合装配设计的第三阶段

本阶段进行车床整体装配对接，由车床首席设计师完成。

（1）车床首席设计师汇总六个部件设计小团队上传的部件，将上述六个部件存放到一个文件夹中，如图 10-293 所示。

E:\7-7.9hunhezhuangpei_model2014

| 名称 | 大小 | 类型 |
| --- | --- | --- |
| 0yuanshizuobiao | | 文件夹 |
| 1chuangtouxiang | | 文件夹 |
| 2chuangshendaogui | | 文件夹 |
| 3chuangshenjizuo | | 文件夹 |
| 4weizuo | | 文件夹 |
| 5daojia | | 文件夹 |
| 6liubanxiang | | 文件夹 |
| jichuang_assembly | 47 KB | CATIA 产品 |

图 10-293　车床部件存储目录

（2）进入“机械设计”→“装配设计”工作台，利用现有部件命令，导入如图 10-293 所示文件目录中的所有部件或零件，利用本章前述章节的有关内容，完成的车床总体虚拟装配效果如图 10-294 所示。自动生成的工程图如图 10-295 所示。

（3）有关说明。通过双击各个部件的用户坐原点，可以更改某部件用户坐标在空间中的位置，即可自动调整“核心定位零件”的空间位置。该部件内的普通零件，可以先用固联功能，连接所有零件，然后与“核心定位零件”（或用户坐标系）之间建立部件个体的六个自由度中的一个或几个自由度之间的几何约束，即可实现部件整体跟随坐标原点之间的相关移动。如果在未施加约束自由度方向移动用户坐原点，部件不会做该方向的自动跟随移动。手动移动部件不受上述关联关系的影响，可以整部移动。将部件转换成柔性子装配时，可以手动移动部件内的任何一个零件，当然可以再次单击该图标，转换回刚性子装配，便又可手动移动整个部件了。本节数字模型请见随书资源包（第 11 章）。

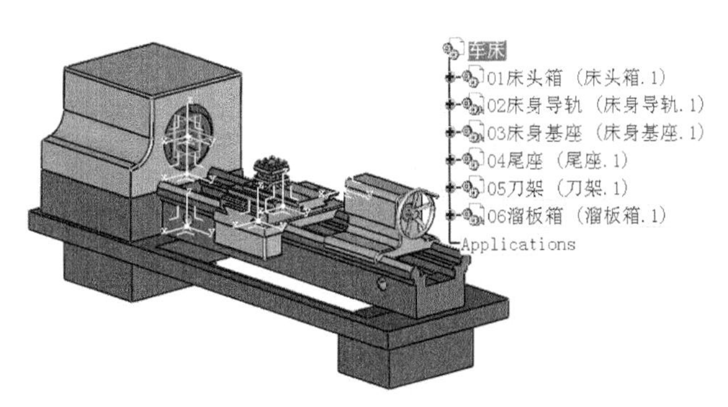


图 10-294　车床

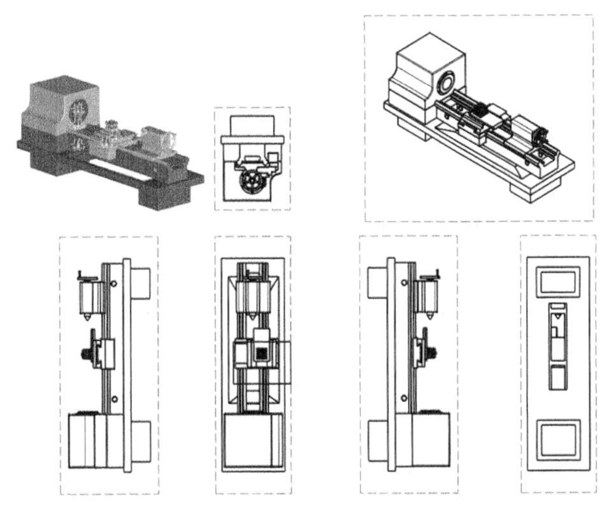

图 10-295　车床工程图

# 第11章 减速器参数化装配设计

CATIA 虚拟装配设计有“自下向上”和“自上向下”两种方法。本章通过一个减速器设计实例，叙述两种方法的联合应用。

第八章重点讲述了机械常用零件的 3D 参数化设计方法。本章介绍 CATIA“发布”功能，“发布”功能可实现产品设计过程中的各个零件参数的外部关联调用，即“全局参数”的应用。

本章将产品 CATIA 虚拟装配的各个设计参数的全局关联应用融合到的“自下向上”和“自上向下”两种方法中，为多零部件的大型机械装备的快速全程参数化装配设计打下基础。

## 11.1 自下向上装配设计

“自下向上”装配设计方法，是应用 CATIA 的“零件设计”和“装配设计”模块，分别进行单个零件、部件的设计，再进行装配，依照产品装配关系，完成总体产品设计，如图 11-1 所示。这种装配建模，需要设计者交互的给定装配构件之间的配合约束关系，然后由 CATIA 系统自动计算构件的转移矩阵，来实现虚拟装配。本节通过机械设计中最常用的定轴轮系传动设计实例，说明“自下向上”设计流程和方法。

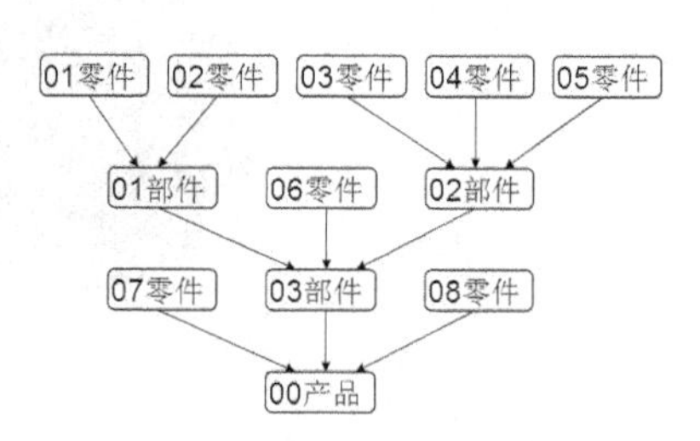


图 11-1　自下向上产品装配关系

### 11.1.1　装配所需的零件设计

打开 11-1bottom-up_assembly 文件夹，如图 11-2 所示，可以看到有 3 个轴和 4 个齿轮的零件。齿轮 1 和齿轮 3 的模数和齿数为 $m_n$=2，$z_1$=20，$z_3$=20；齿轮 2 和齿轮 4 的模数和齿数为 $m_n$=2，$z_2$=30，$z_4$=30。这是由第 8 章的渐开线直齿圆柱齿轮的参数化的数字模板，直接参数驱动获得。

轴零件是在草图中绘制轴轮廓线，再通过旋转体工具，即可获得。这里零件未做细节设计，本节的目的，只是为了快速学习“自下向上”装配设计的方法。

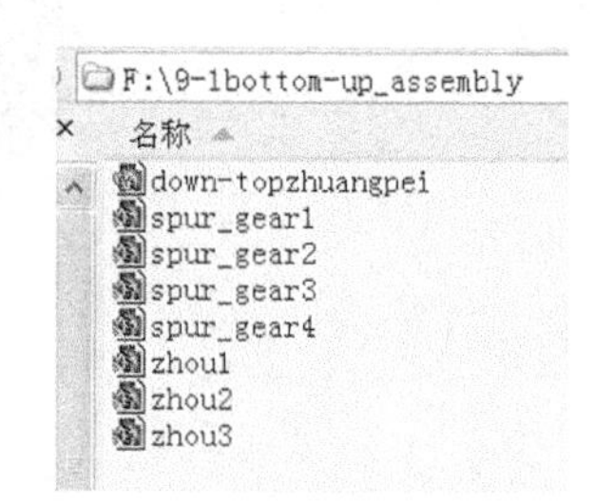


图 11-2　文件目录

### 11.1.2　“自下向上”装配设计

（1）单击“开始”→“机械设计”→“装配设计”，进入“装配设计”工作台，建立装配文件，找到产品结构工具，单击现有部件工具，打开选择文件对话框，单击 zhou1 .CATPart，如图 11-3 所示，零件被导入到 down-topzhuangpei.CATProduct 装配文件中，在特征树上显示出文件名称。

同样方法，导入 zhou2，zhou3 到 down-topzhuangpei.CATProduct 装配文件中，以 down-topzhuangpei.CATProduct 文件名，保存装配文件到 11-1bottom-up_assembly 文件夹。

（2）应用移动工具中操作按钮，点选 X，沿 X 方向拖动 zhou2 和 zhou3，结果如图 11-4 所示。

图 11-3 选择文件

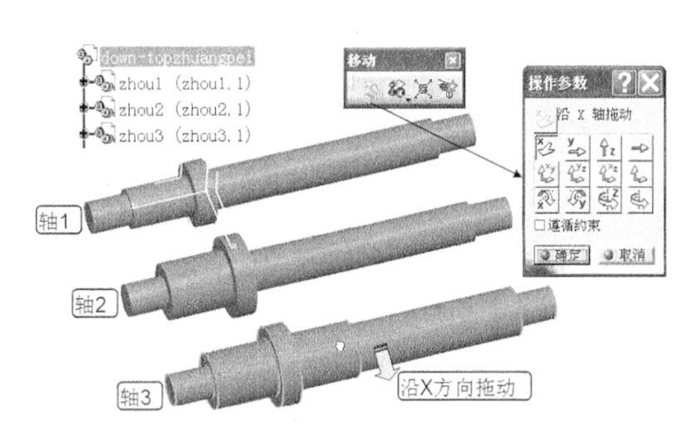


图 11-4 沿 X 方向拖动轴

（3）单击约束工具栏中的偏移工具，依据标准直齿轮传动中心距公式计算出中心距 $a=m_n*(z_1+z_2)/2=50\text{mm}$，用尺寸 50mm 去约束轴 1 和轴 2，轴 2 和轴 3 的距离，轴 1 和轴 3 约束距离为 70mm。三个轴中心距的约束施加结果，如图 11-5 所示。

（4）应用“产品结构”工具，单击现有部件工具，打开选择文件对话框，点选 spur_gear1，零件被导入到 down-topzhuangpei.CATProduct 装配文件中，在特征树上显示出文件名称，如图 11-6 所示。

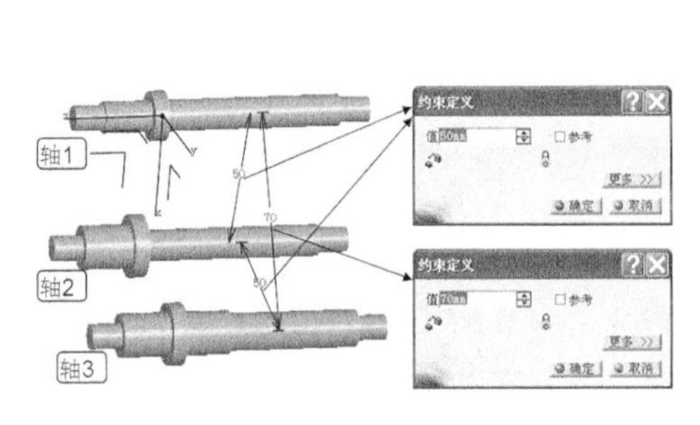


图 11-5 轴中心距的约束施加

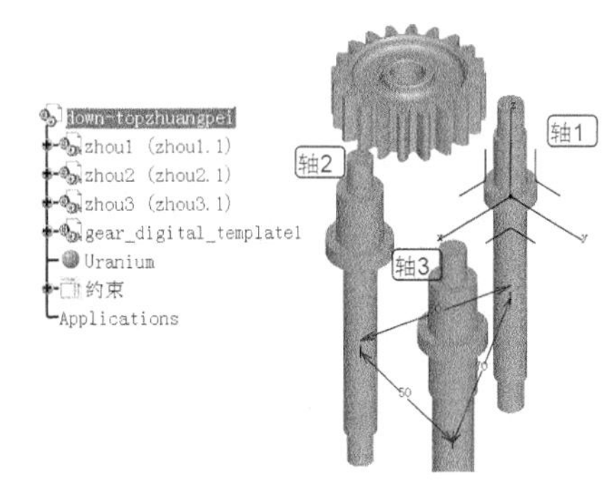


图 11-6 导入齿轮 1

（5）齿轮装配到轴上，通过同轴相合约束和接触约束，正确定位轴和齿轮的装配关系。

① 应用约束工具栏中的相合约束工具，鼠标移动到齿轮 1 的内孔表面，出现中心线后点选，然后鼠标移动到轴 1 的外表面，出现中心线后点选，单击约束定义对话框的“确定”，完成约束，如图 11-7 所示。

② 应用约束工具栏中的接触约束工具，鼠标移动到齿轮 1 的轴孔端面后点选，然后鼠标移动到轴 1 的轴肩侧端面后点选，单击约束定义对话框的“确定”，完成约束，如图 11-8 所示。

（6）重复步骤（4）和步骤（5），完成齿轮 2、齿轮 3 和轴 2；齿轮 4 和轴 3 的定位装配，自下向上装配效果，如图 11-9 所示。

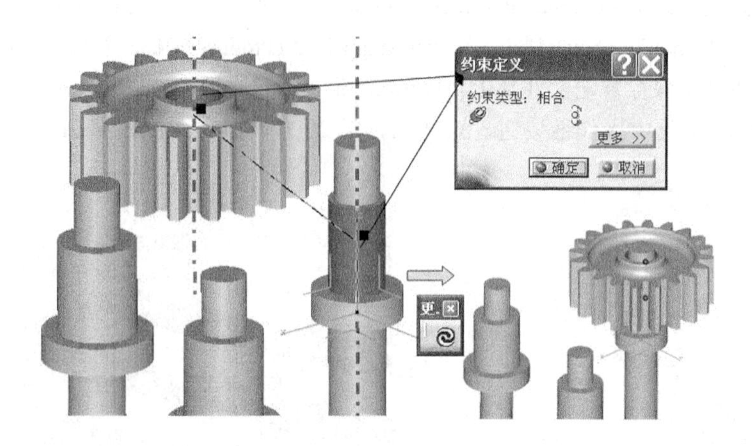


图 11-7　相合约束

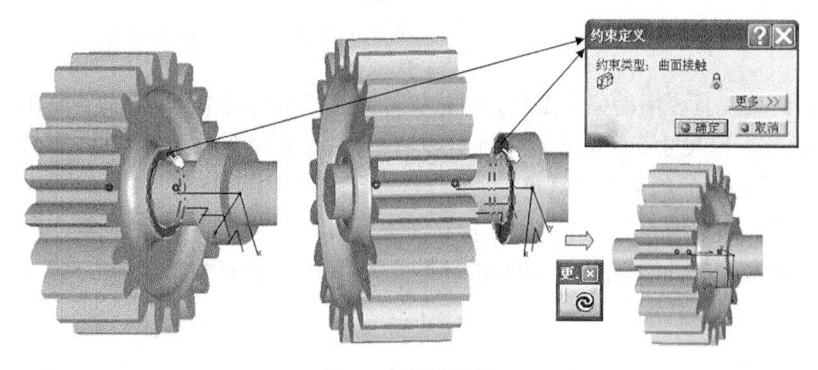


图 11-8　接触约束

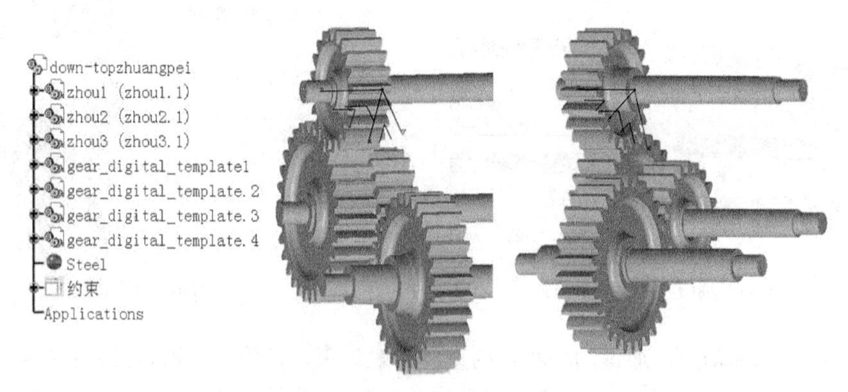


图 11-9　自下向上装配效果

## 11.1.3　CATIA 自动生成工程图

转入“机械设计”→“工程制图”工作台，如图 11-10 所示，出现创建工程制图对话框，选择布局，CATIA 自动生成的工程图，如图 11-11 所示。

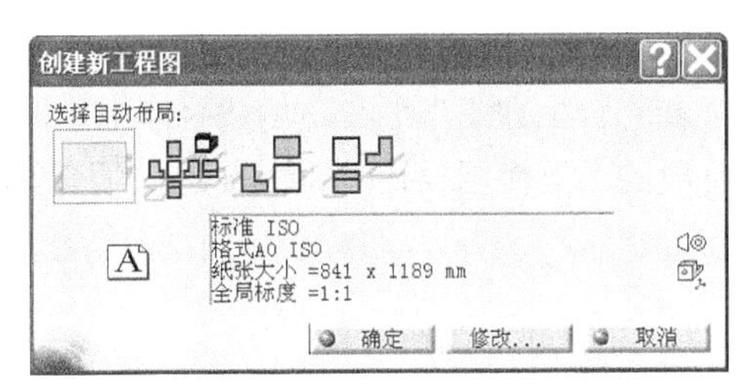


图 11-10 创建工程制图对话框

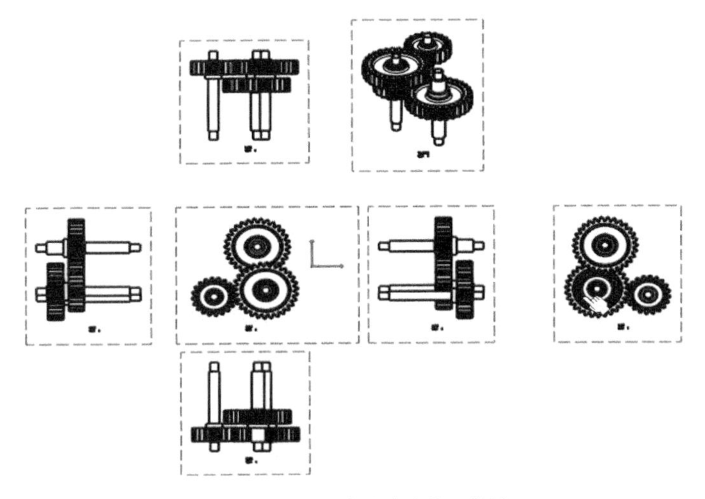

图 11-11 CATIA 自动生成的工程图

# 11.2 “自上向下”和“自下向上”的协同装配设计

本节重点讲述减速器“自上向下”的参数化装配设计流程和方法。

传统的“自下向上”设计方法是从零件设计到总体装配设计，既不支持产品从概念设计到详细设计，又不支持零件设计过程中信息的自动传递，尤其是产品零部件之间的装配关系（如装配形式、层次、配合等）无法得到完整描述。

装配设计时，交互地给定构件之间的配合约束不仅操作繁琐，而且由于构件之间的配合较多，容易出现欠约束或过约束的情况。这种方法的零部件之间不存在任何参数关联，仅仅存在简单装配关系，只有进行装配时才能发现零件设计是否合理。一旦发现问题，需要对零件重新设计、重新装配，需经过反复修改才能得到令人满意的结果。“自下向上”设计方法仅适用于 11.1 节的简单装配。

“自上向下”是指在装配环境中创建与其他零部件相关的零部件模型，是在装配部件的顶级向下产生零部件的装配设计方法，自上向下的产品装配关系，如图 11-12 所示。

机械产品自身装配设计流程一般分为概念设计、功能结构设计、产品详细设计、产品分析四个阶段。先由产品的大致形状特征及用途对整体进行拓扑结构设计，然后根据装配情况对零件进行详细设计。这种方法是由粗入精的过程，更符合人的思维方式，可以保证设计产品的零部件相互间有一个合理的位置，可以简单的依靠调整骨架定位的参数和关系，适时更改模型的空间位置装配关系。通过“自下向上”和“自上向下”的方法的联合应用，按着人们常规设计思路，为概念设计和产品详细设计两个阶段的上下协同设计，CATIA 提供了有效的数字化实现手段。

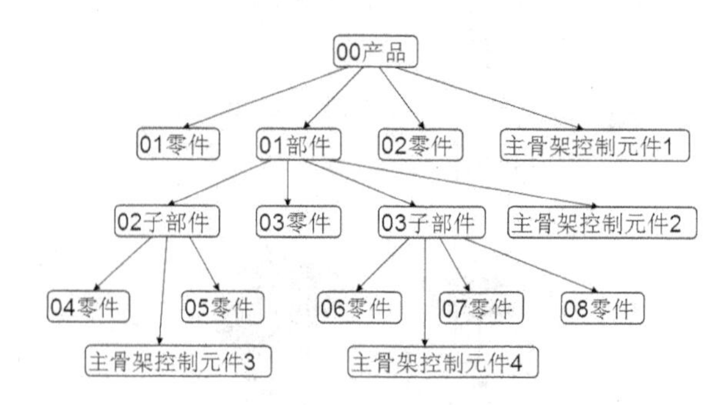


图 11-12 自上向下的产品装配关系

“自上向下”的设计思想，可有效的提高设计质量和缩短设计周期。优点如下。

（1）参考基准统一，集中，数量少；

（2）减少设计过程中装配零部件的关联性修改；

（3）可以实现更紧凑的装配空间布局，最大限度的利用有限的部件装配空间；

（4）在装配空间中设定的正确位置上，可以设计具有细化特征的零件；

（5）“自下向上”和“自上向下”并行作业技术，使机械产品从概念设计到详细设计的流程在同一平台上得以实现。

CATIA 通过建立新的参考点，参考线和基准平面等，建立控制结构零件，再通过“发布”工具，将这些控制元素转换成装配体系中其他零件可以引用的参考基准或控制参数变量。通过管理主控制零件骨架中所用到的基准：点、线、草图、曲面等元素，管理其他各个零件的几何尺寸和空间位置。“自上向下”的装配设计方法中，CATIA 的“发布”功能有着重要应用。“发布”主要功能如下。

（1）可以对特征进行标注和命名，能单独保存在模型特征树中，便于查找；

（2）在装配中便于零件替换，具有相同发布名称会自动联接；

（3）当“发布”的元素被替换和改变时，“发布”元素为基准零件的将会同步更新；

（4）当“发布”重新命名后，其引用过它的参考也同步更名；

（5）某元素被发布，如果删除了此元素，则基于此元素为参考的元素将不会被删除，能独立存在。若为该发布名称重新联接新的元素，然后同步更新一下，就可与新的元素关联。

CATIA 可“发布”的对象有：参数；线框元素：点、线、面、草图；零件几何体；实体特征：凸台、凹槽、孔；面特征:拉伸面、旋转面、偏移面、结合面、坐标基准面；所有几何元素子特征:面，边；自由曲面设计特征。

### 11.2.1 CATIA“自上向下”参数化装配设计的环境设置

（1）进入“工具”→选项→基础结构→零件基础结构→常规→外部参考项目，选择“保持与选定的对象连接”项，如图 11-13 所示。

（2）进入“工具”→选项→基础结构→零件基础结构→常规→外部参考项目，选择“规定外部选择与已发布元素相关联”项，如图 11-14 所示。

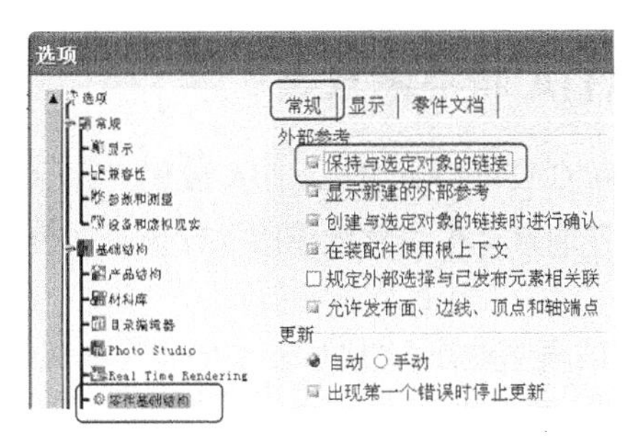

图 11-13 环境设置 1

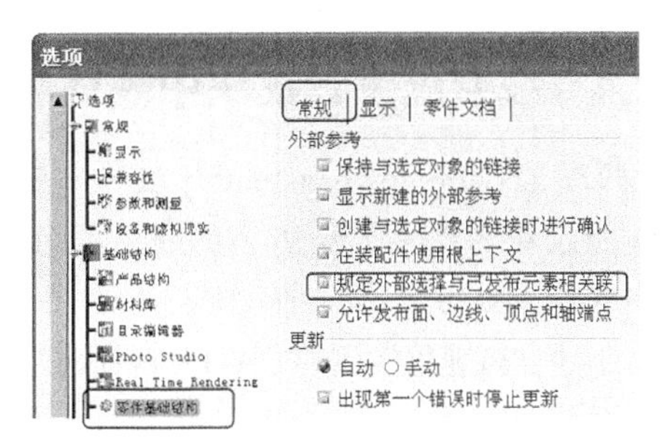


图 11-14 环境设置 2

（3）进入“工具”→选项→机械设计→装配设计→约束→创建约束项目，可以根据需要选择第 2 或第 3 项，如图 11-15 所示。

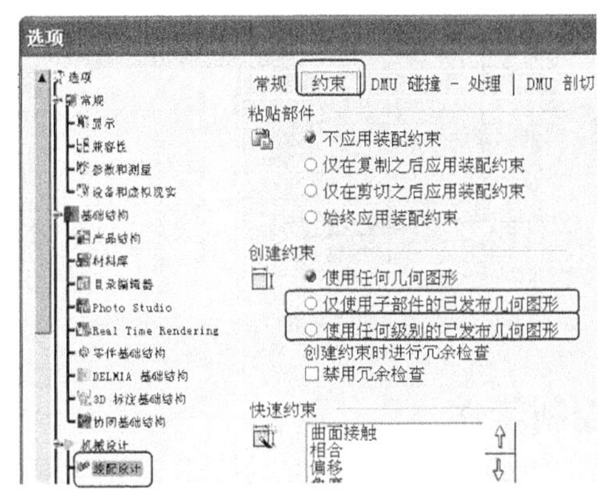


图 11-15 环境设置 3

## 11.2.2 “自上向下”参数化装配设计的流程

前期产品概念设计→前期产品零部件特征目录树的创建→产品零部件主要参考元素的提取→主骨架的驱动元素规划创建和发布→基于主骨架为总体基准的各零部件参数化建模→外部参考的联接→主骨架参数的控制。

## 11.2.3 减速器的概念设计

依据第 8 章的内容，应用两对齿轮和一对蜗轮蜗杆传动构成轮系，加入“轴承总成”，轴和箱体等组成减速器，其概念设计图，如图 11-16 所示。

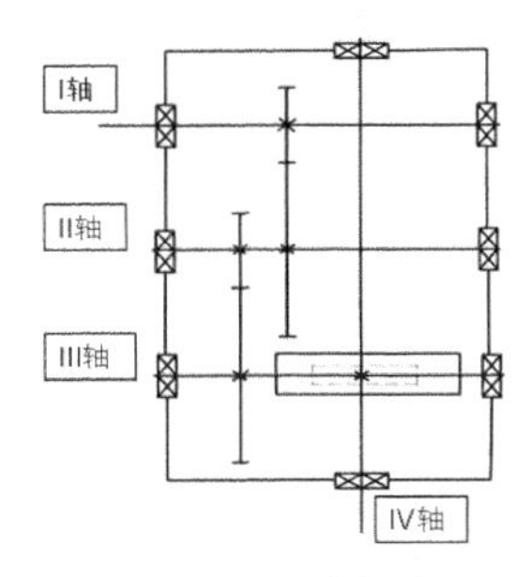


图 11-16 减速器的概念设计

## 11.2.4　在装配设计模块中规划和创建 CATIA 特征树目录

（1）在 11-2top-down_assembly 文件夹中建立 jiansuqi.CATProduct 的 CATIA 装配文件，CATIA 特征树目录命名要遵守第 10 章的通用规则。CATIA 部件的特征树目录应按照装配关系区分层次，装配关系级别要参照零部件明细表。

（2）建立减速器实例的 CATIA 特征树，依据减速器的概念设计，图 11-16 中的零件或部件的名称，映射并创建 jiansuqi.CATProduct 根目录下的 CATIA 特征树零部件目录列表，如图 11-17 所示。

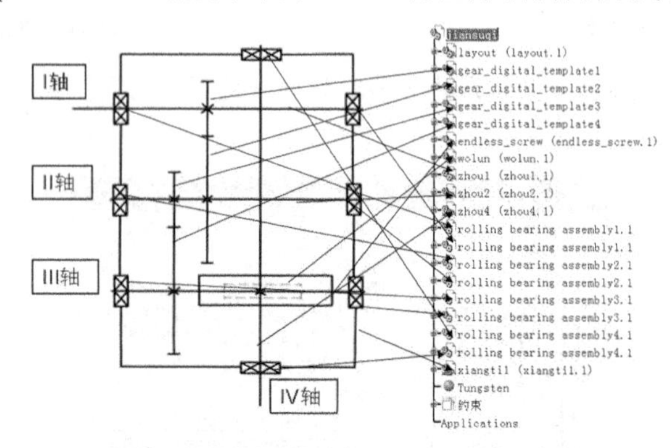


图 11-17　减速器实例的 CATIA 特征树建立

## 11.2.5　建立主骨架控制零件

本节应用 11.1 节的例子，应用“自上向下”及“自上向下”和“自下向上”的联合应用，进行概念设计和功能结构设计。

首先，要建立控制装配部件中各个零件装配位置关系的主骨架零件，命名为 layout.CATPart，在 XY 平面上绘制并提取定轴轮系装配体的重要控制元素（各个轴的中心距），绘制控制零件。

（1）在 XY 平面上，单击“轮廓工具”中的创建点工具图标，建立三个点，再应用尺寸约束工具，建立点间的尺寸约束，如图 11-18 所示。

（2）在“参考元素”工具条上选直线工具，选择“点-方向”线型，选择 1 中建立的三点，方向栏中选择“用户坐标轴系的 Z 轴”方向，建立三条直线，即轴 1、轴 2 和轴 3，三轴平行，如图 11-19、图 11-20 和图 11-21 所示。“发布”轴线便于在装配中单击选择外部参考元素，观察要比用户坐标更直观。

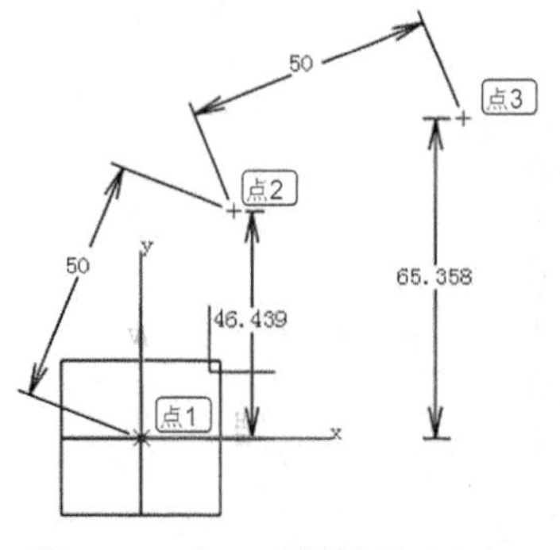


图 11-18　在 XY 平面上建三个点

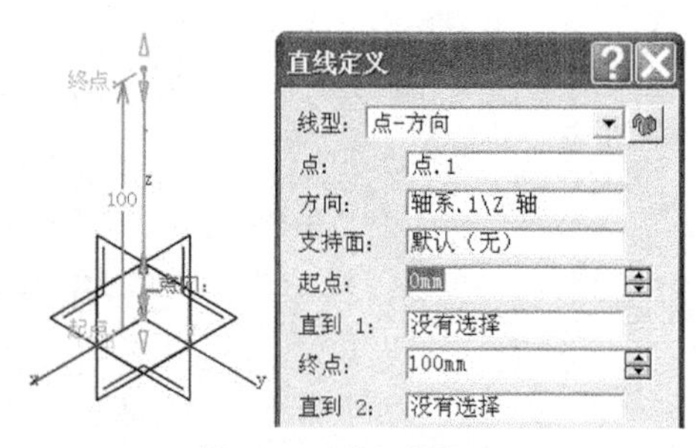


图 11-19　建立直线 1

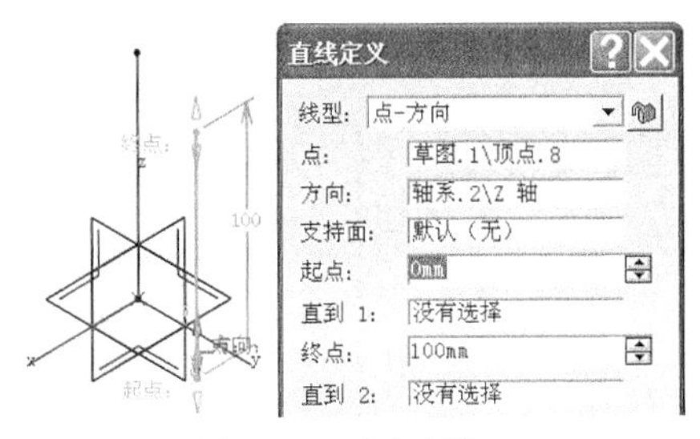


图 11-20 建立直线 2

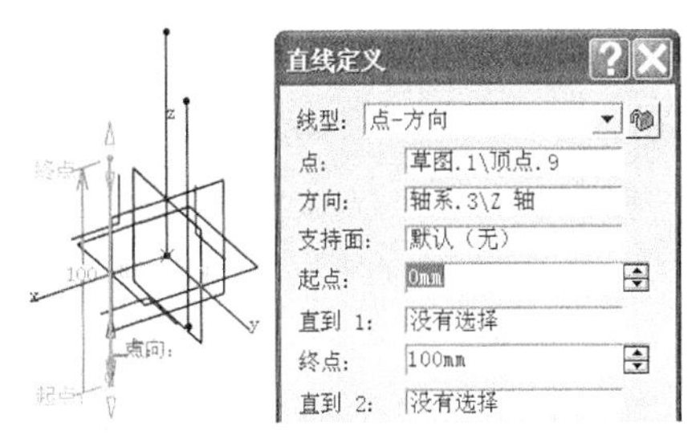


图 11-21 建立直线 3

（3）以 2 中的点 1、点 2、点 3 为坐标原点，建立三个用户坐标系，如图 11-22 所示。并且在“3 轴用户坐标系”的 YZ 平面内，应用“轮廓工具”中创建点工具，建立点 4，用工具约束到 Y 轴和 Z 轴的距离，YZ 坐标（−45.277，68.588），以点 4 为原点，应用“工具”工具条中的轴系（坐标系）工具，建立用户坐标系，如图 11-23 所示。

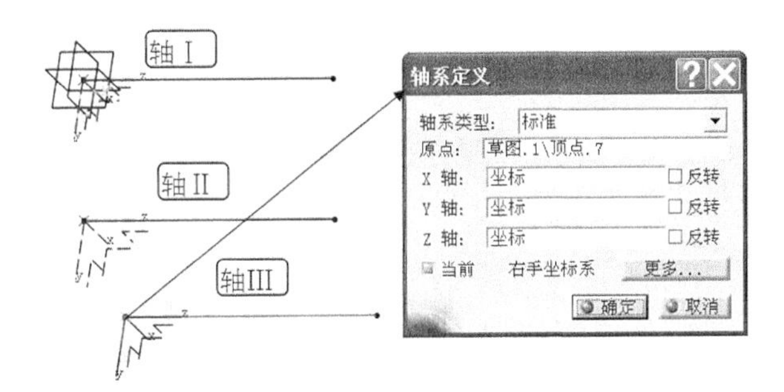


图 11-22 建立三个用户坐标系

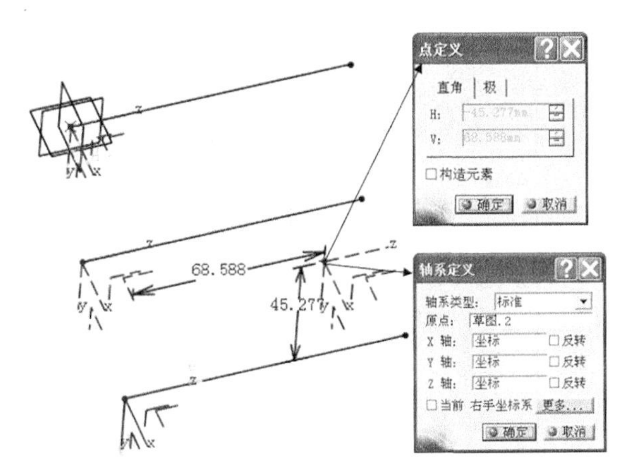


图 11-23 在点 4 处建立第四个用户坐标系

（4）在点 4 处的用户坐标系中，单击工具图标，建立直线，以“轴系 4 的 X 轴方向”为直线的方向，如图 11-24、图 11-25 所示。

（5）在“零件设计”工作台上，选择如图 11-26 所示的轴直线端点，应用“参考元素”中的创建点工具条，建立三维空间的参考点 2、点 3、点 4，这里“发布”三维空间参考点，要比直接“发布”草图空间的点，在 CATIA 特征树上名称列表意义显示更明确清晰。

（6）应用“工具”菜单→“发布”功能 ，发布下列控制元素，特征树上的结果显示，如

图 11-27 所示。

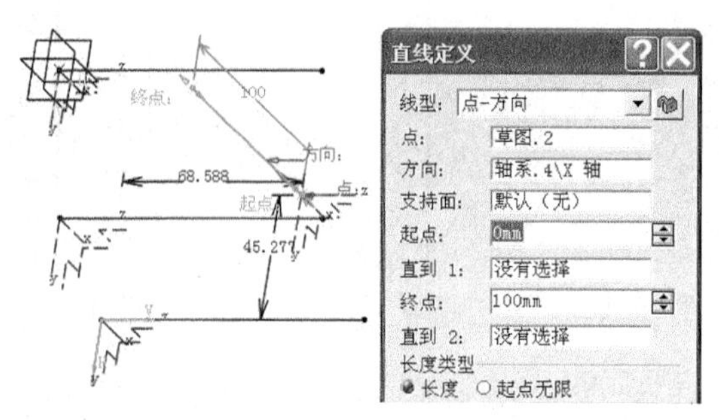


图 11-24　在点 4 处建立直线

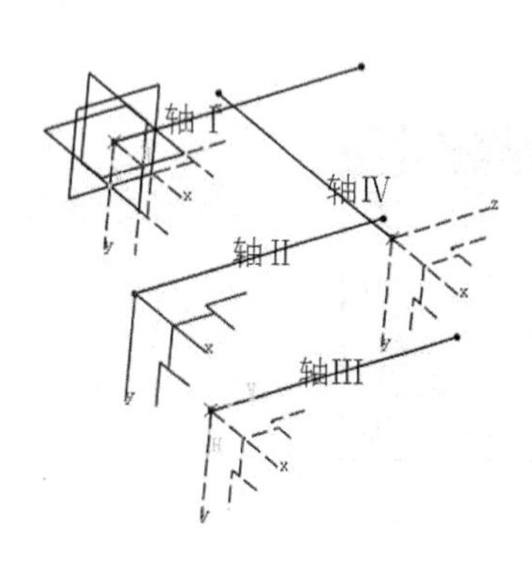


图 11-25　4 轴直线

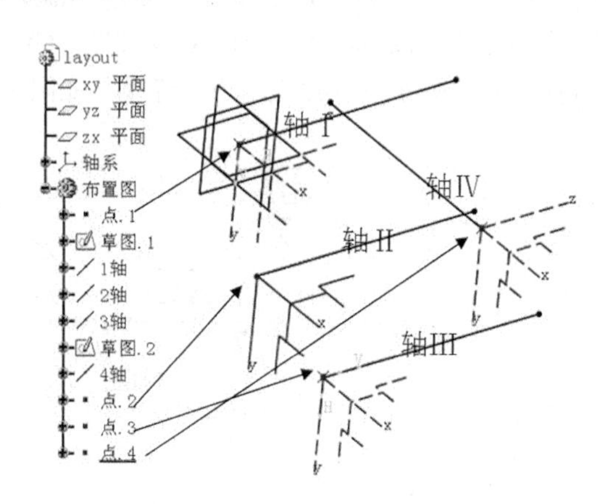


图 11-26　建立“非草图空间”的参考点 2、点 3、点 4

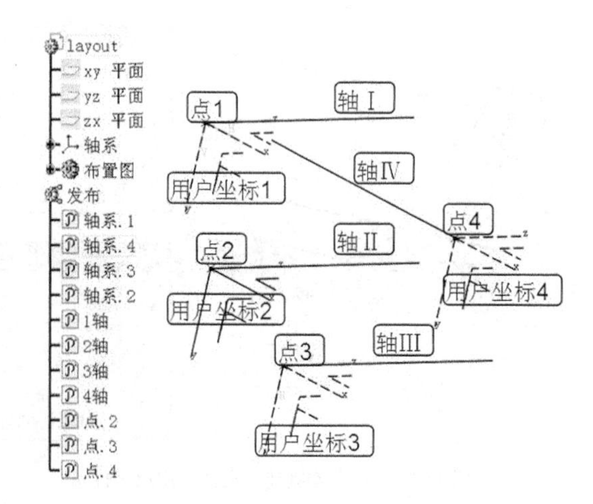


图 11-27　发布控制元素

## 11.2.6　减速器参数化装配

CATIA 平台上，联合应用“自下向上”和“自上向下”的装配方法，进行减速器的参数化装配设计。依据产品的初步规划，定义 CATIA 部件特征树，导入拥有布局控制元素的骨架零件，并“自下向上”导入现有零件和“自上向下”建立新零件，与骨架零件的已经发布的几何元素或参数相关联，接受骨架零件的装配关联控制，便于协同设计装配体系内的各个相关零件。大部分的工作可以体现在：“自下向上”的修改骨架和最开始设置的关系参数，已经接受外部参数或元素驱动的各个零部件会同步更新；完全参数化或半参数化的零件要做细节的“自下向上”的修改。

1．齿轮零件的装配

（1）第 8 章已经建立了渐开线标准直齿轮的参数化数字模板，按减速器实例的 CATIA 特征树零部件名称来命名齿轮，$m_n$=2，$z_1$=20，$z_2$=30，$z_3$=20，$z_4$=30，自动生成齿轮零件的 CATIA 文件，放入装配文件夹。

（2）应用“自下向上”方法，导入齿轮 $z_1$=20，齿轮 $z_2$=30，应用相合约束工具，齿轮 1 与 layout.CATPart 文件已经发布的“轴 1 直线”构成同轴约束，齿轮 2 与 layout.CATPart 文件已经发布的“轴 2 直线”构成同轴约束。应用操作工具，沿 Z 轴拖动，确定齿轮沿着轴向的初步合理位置，装配第一对啮合齿轮，如图 11-28 所示。

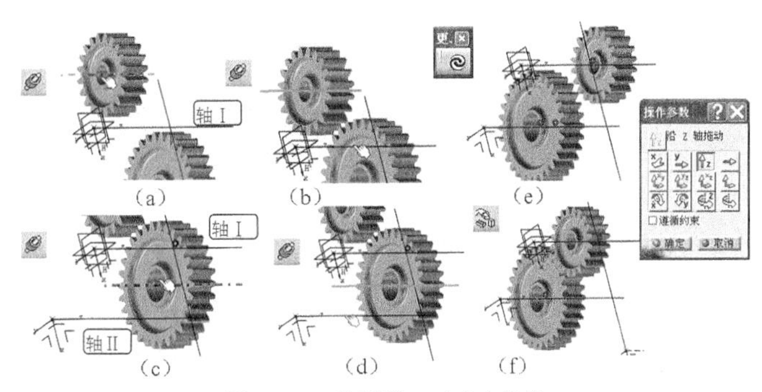


图 11-28 装配第一对啮合齿轮

（3）应用“自下向上”方法，导入齿轮 $z_3$=20，齿轮 $z_4$=30，应用相合约束工具，齿轮 3 与 layout.CATPart 文件已经发布的“轴 2 直线”构成同轴约束，齿轮 4 与 layout.CATPart 文件已经发布的“轴 3 直线”构成同轴约束。应用操作工具，沿 Z 轴拖动，确定齿轮沿着轴向的初步合理位置，装配第二对啮合齿轮，如图 11-29 所示。

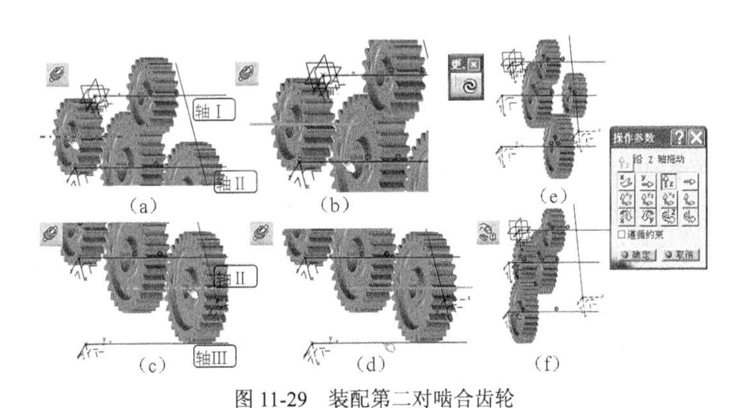


图 11-29 装配第二对啮合齿轮

（4）应用“自下向上”方法，导入蜗杆（$m_n$=2，$q$=9，$z_1$=1）蜗轮（$m_t$=2，$z_2$=36）应用相合约束工具，蜗杆与 layout.CATPart 文件已经发布的“轴 3 直线”构成同轴约束，蜗轮与 layout.

CATPart 文件已经发布的“轴 4 直线”构成同轴约束。应用操作工具，沿 Z 轴拖动，确定齿轮沿着轴向的初步合理位置。蜗轮蜗杆啮合装配，如图 11-30 所示。

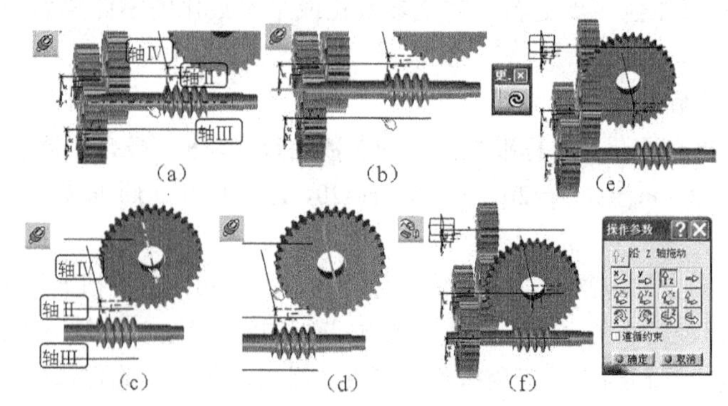


图 11-30 蜗轮蜗杆啮合装配

## 2．轴零件的装配设计

（1）应用“自上向下”方法，单击草图工具，在发布的“坐标轴系 1”的 XZ 平面上，以发布的“1 轴直线”为中心线画轴 1 草图，并用工具约束尺寸，退出草图工作台。应用旋转体工具，旋转生成“1 轴”，“自上向下”绘制的第一根轴，如图 11-31 所示。

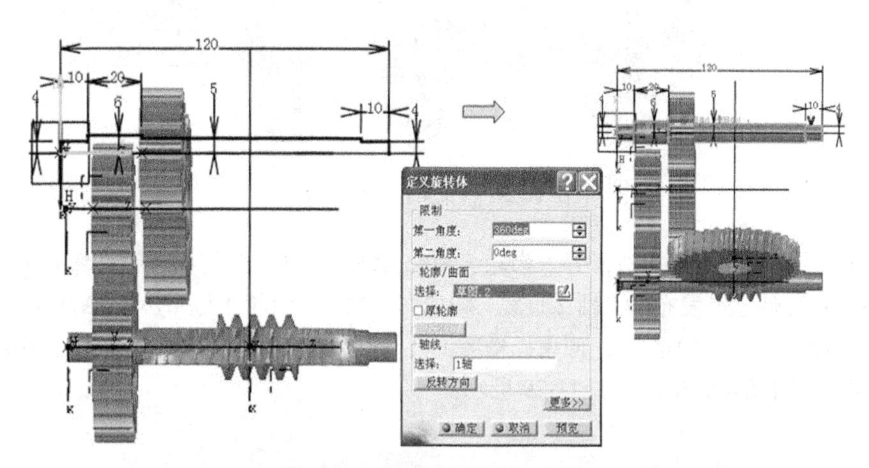


图 11-31 自上向下绘制第一根轴

（2）应用“自上向下”方法，单击草图工具，在发布的“坐标轴系 2”的 XZ 平面上，以发布的“2 轴直线”为中心线画轴 2 草图，并用工具约束尺寸，退出草图工作台，应用旋转体工具，旋转生成“2 轴”，“自上向下”绘制的第二根轴，如图 11-32 所示。

（3）应用“自上向下”方法，单击草图工具，在发布的“坐标轴系 4”的 XZ 平面上，以发布的“4 轴线”为中心线画轴 4 草图，并用工具约束尺寸，退出草图工作台，应用旋转体工具，旋转生成“4 轴”，“自上向下”绘制的第四根轴，如图 11-33 所示。

## 3．通过控制零件的控制参数调整，控制零件的空间位置

调整 layout.CATPart 骨架零件中已发布的几何元素的尺寸约束数值，来调节传动系统中各个轴心线的空间相对位置，满足齿轮传动和蜗杆蜗轮传动的中心距要求，满足立体空间布局的不碰撞和干涉，如图 11-34 所示。

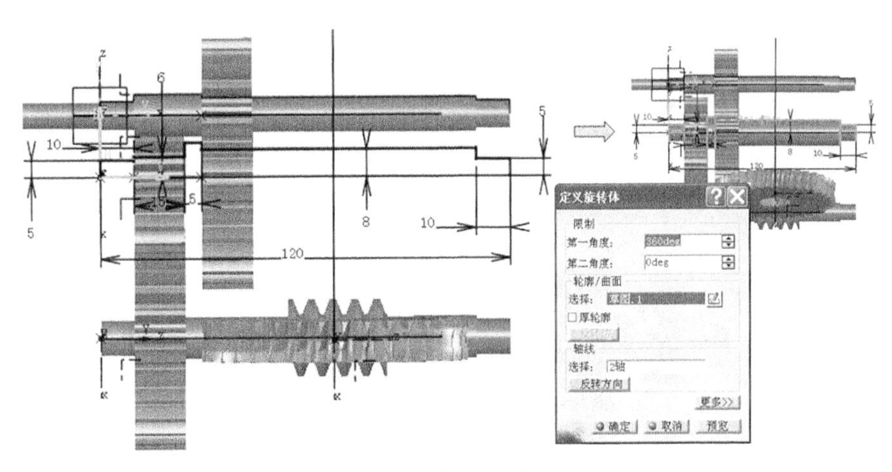


图 11-32 自上向下绘制第二根轴

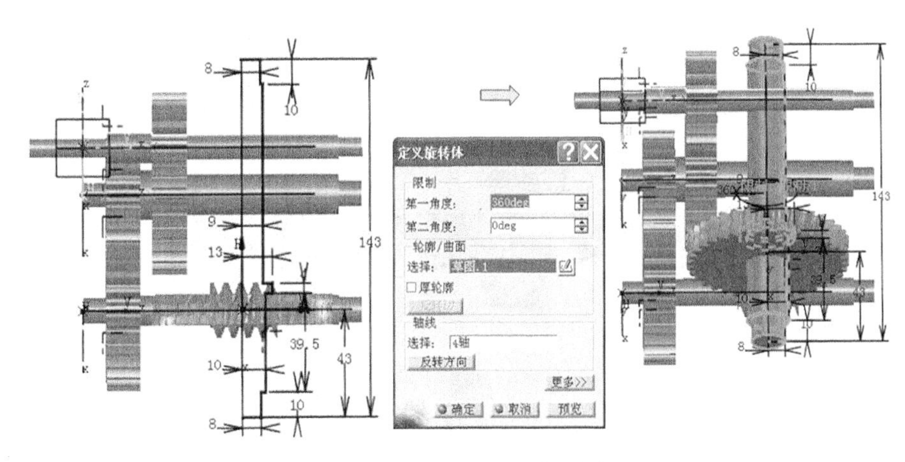


图 11-33 自上向下绘制第四根轴

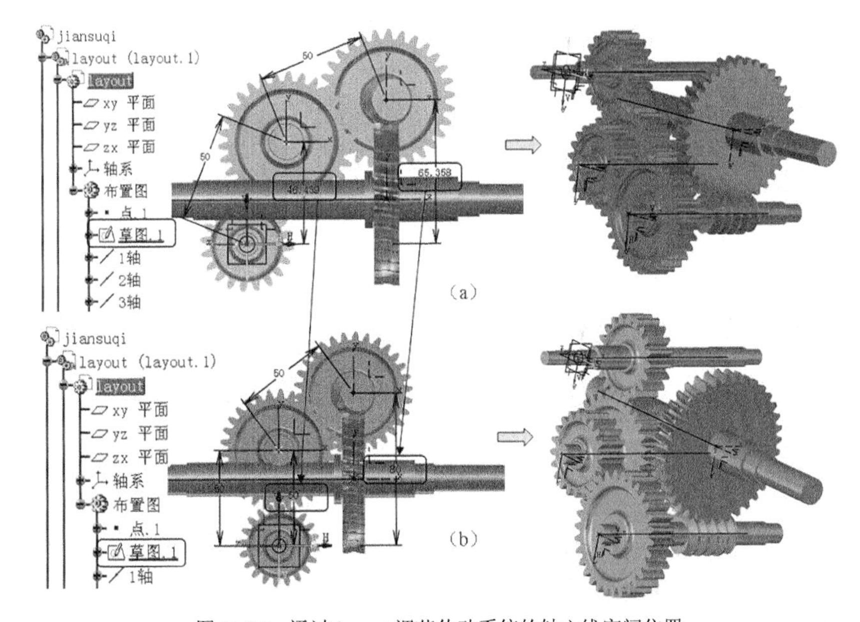


图 11-34 通过 layout 调节传动系统的轴心线空间位置

4．轴承总成组件的装配

（1）应用“自下向上”方法，插入“轴承总成”，如果导入的轴承初始位置离装配位置较远，可以先应用捕捉，调整到接近正确位置，再用操作工具，稍微移开，然后应用相合约束和接触约束工具，“轴承总成 1”与 layout.CATPart 文件中已经发布的“轴 1 直线”构成同轴约束，及轴承和轴肩的相合约束，第一对轴承总成装配，如图 11-35 所示。

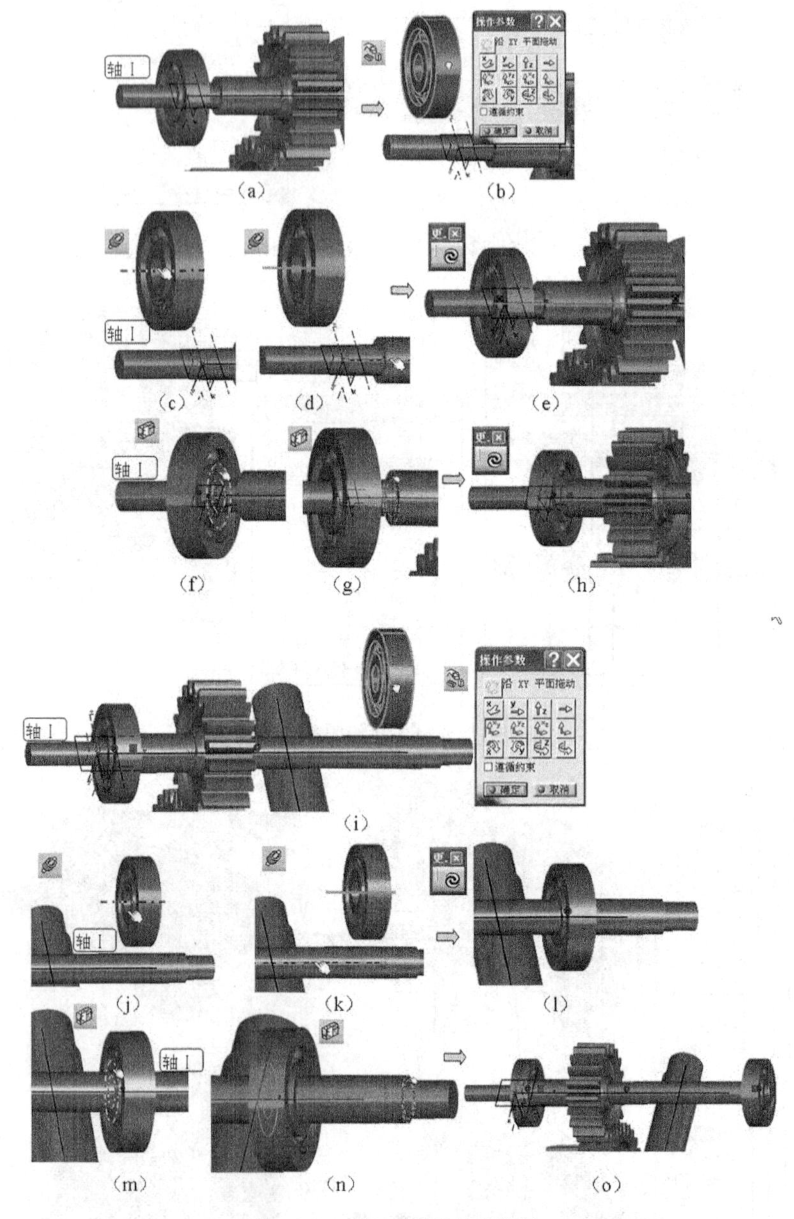


图 11-35　第一对轴承总成装配

（2）“轴承总成 2”与 layoutt.CATPart 文件已经发布的“轴 2 直线”构成同轴约束，及轴承和轴肩的相合约束，第二对轴承总成装配，如图 11-36 所示。

（3）“轴承总成 3”与 layout.CATPart 文件已经发布的“轴 3 直线”构成同轴约束，及轴承和轴肩的相合约束，第三对轴承总成装配，如图 11-37 所示。

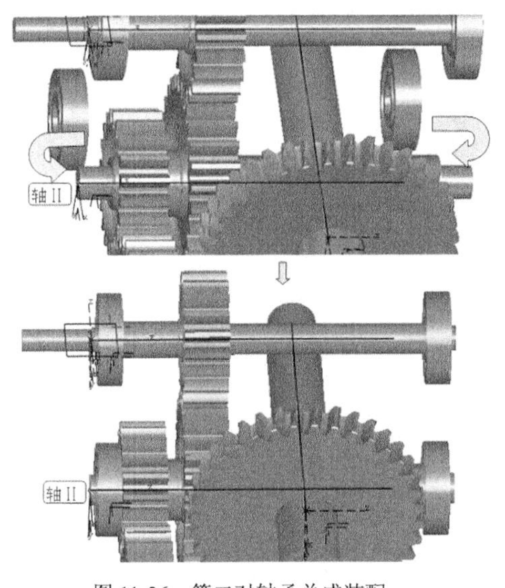


图 11-36 第二对轴承总成装配

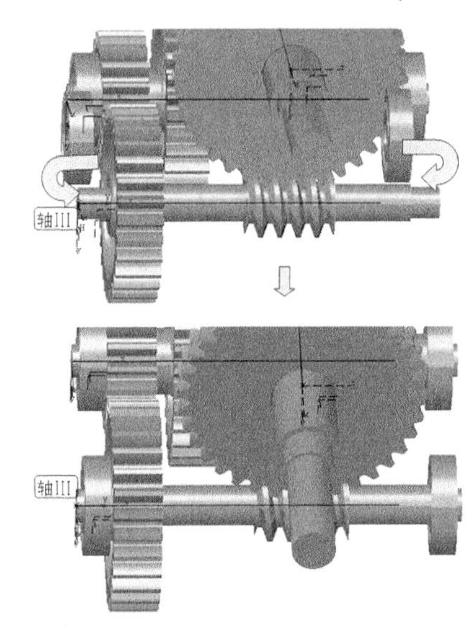


图 11-37 第三对轴承总成装配

（4）“轴承总成 4”与 layout.CATPart 文件已经发布的“轴 4 直线”构成同轴约束，及轴承和轴肩的相合约束，第四对轴承总成装配，如图 11-38 所示。

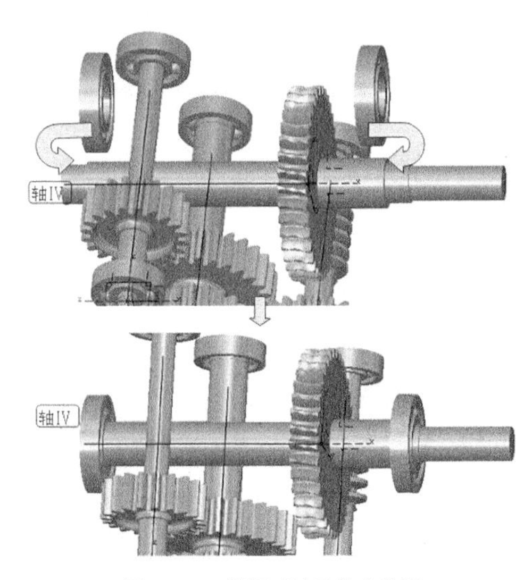


图 11-38 第四对轴承总成装配

（5）完成减速器内部核心零件装配，效果如图 11-39 所示。

5．减速器箱体零件的装配设计

（1）应用“自上向下”方法，单击草图工具，在发布的“坐标轴系 4”的 XZ 平面上，画箱体 4 草图，并用工具约束尺寸，退出草图工作台。应用凸台工具，第一限制长度 109mm，第二限制长度 25mm，绘制实心箱体零件。由于是应用“自上向下”方法，其安装位置已经正确，不用再施加定位约束了，如图 11-40 所示。

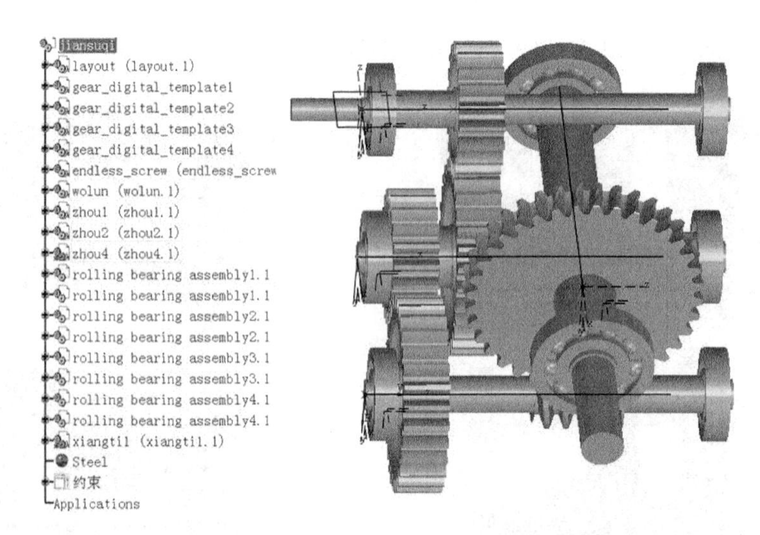


图 11-39　减速器内部核心零件装配效果图

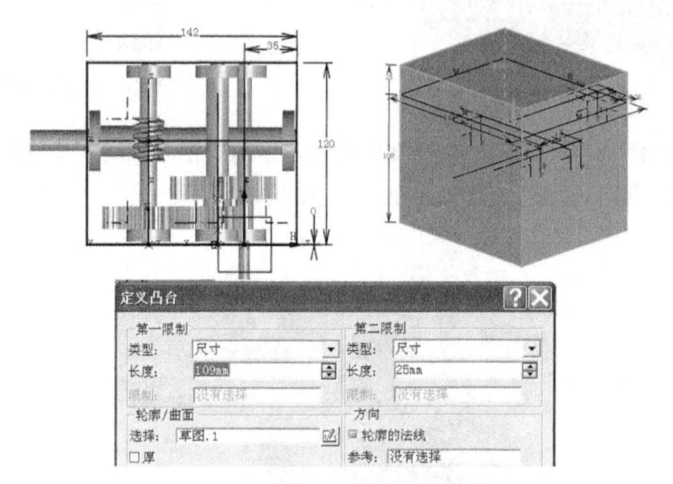


图 11-40　自上向下绘制实心箱体零件

（2）应用盒体工具，绘制箱体，如图 11-41 所示。

（3）在已发布的“坐标轴系 1”的 XZ 平面上，即箱体正面，用草图工具，以已发布的 3 个用户坐标原点为圆心，用圆工具，分别画 3 个圆，并用工具约束直径 30mm 尺寸，退出草图工作台，应用凹槽工具，形成箱体正面轴承孔，如图 11-42 所示。

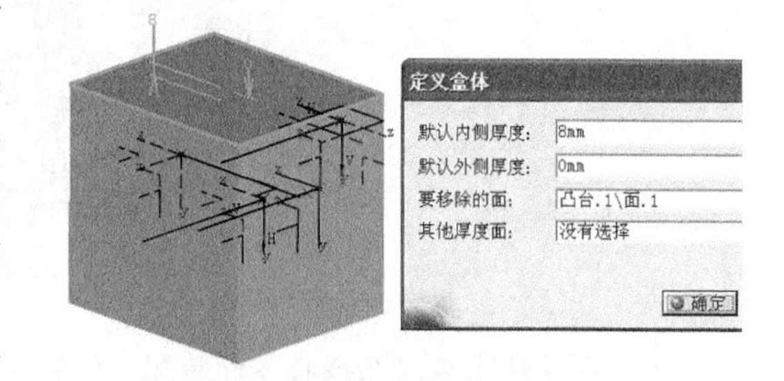


图 11-41　用盒体功能绘制箱体

（4）在箱体侧面，用草图工具，用已发布的“坐标轴系 4”的原点为圆心，用工具画 1 个圆。并用工具约束直径 40mm 尺寸，用对话中定义约束，约束圆心和轴 4 为同心定位，工具退出草图工作台。应用凹槽工具，形成箱体侧面轴承孔，如图 11-43 所示。

**6．完成减速器 3D 参数化装配的数字模型**

见光盘 11-2top-down_assembly 文件夹，jiansuqi.CATProduct 文件，效果如图 11-44 所示。

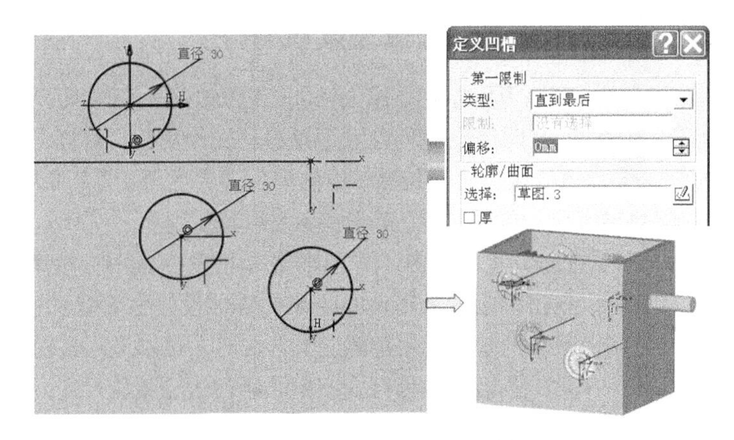


图 11-42 箱体正面轴承孔绘制

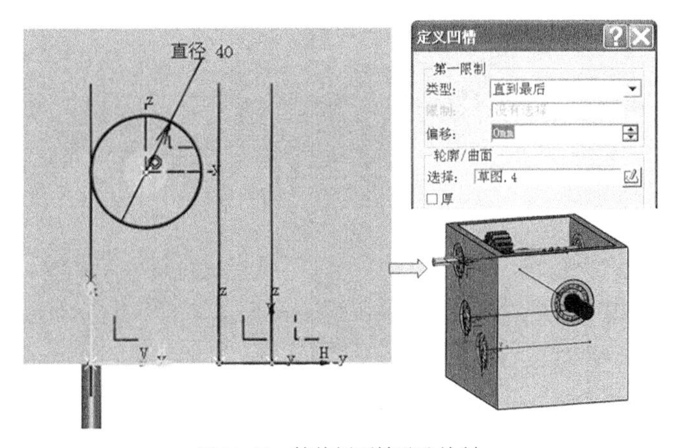


图 11-43 箱体侧面轴承孔绘制

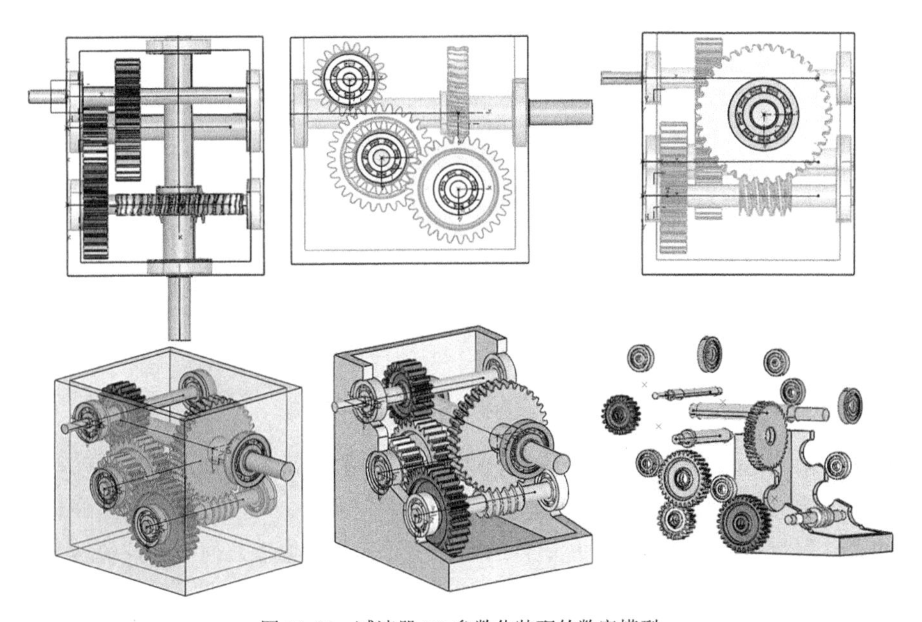

图 11-44 减速器 3D 参数化装配的数字模型

## 11.2.7 减速器参数化自动交互虚拟装配设计

本节减速器的数字模型，可以应用控制零件 layout.CATPart 进行轴间距离的“从上到下”的控制。轴系 1、轴系 2、轴系 3、轴系 4 的空间位置可以自动受控更新，箱体上的轴承孔也自动受控更新，再改变齿轮的参数，可以快速实现装配体中的零件尺寸更新，为产品的动态 CAE 分析提供了必备的参数化装配数字模型，是系列产品开发的必备基础。

（1）快速双击 layout.CATPart，更改草图 1 中的轴 2 和轴系 3 的中心距离为 60mm（原来是 50mm），退出草图工作台。双击特征树上 jiansuqi，从“零件设计”工作台回到“装配设计”工作台。单击更新，轴 2 和轴系 3 的啮合齿轮距离变大。这时，可以进入齿轮 3 和齿轮 4 的“零件设计”工作台修改齿轮的模数或齿数，获得符合新中心距的齿轮结构尺寸，快速重新构成正确啮合的齿轮对，这里齿轮 4 的齿数 30 改为 40，如图 11-45 所示。

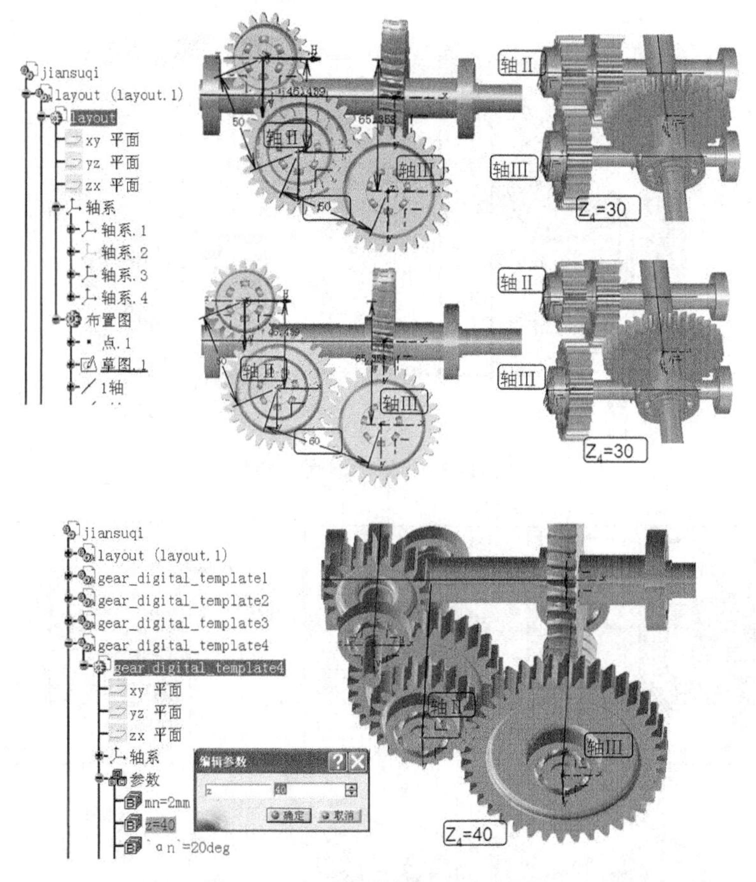


图 11-45 正面轴系轴间距的自动控制

（2）快速双击 layout.CATPart，更改草图 2 的距离 45.277mm，退出草图工作台。双击特征树上 jiansuqi，从“零件设计”工作台回到“装配设计”工作台，单击更新。蜗杆和蜗轮的啮合齿轮距离变大。这时，可以进入蜗杆和蜗轮的零件设计工作台修改几何尺寸，快速重新构成正确啮合传动。

## 11.2.8 CATIA 自动生成工程图

转入“机械设计”→“工程制图”工作台，出现“创建工程制图”对话框，选择布局，CATIA 自动生成的工程图，如图 11-46 所示。

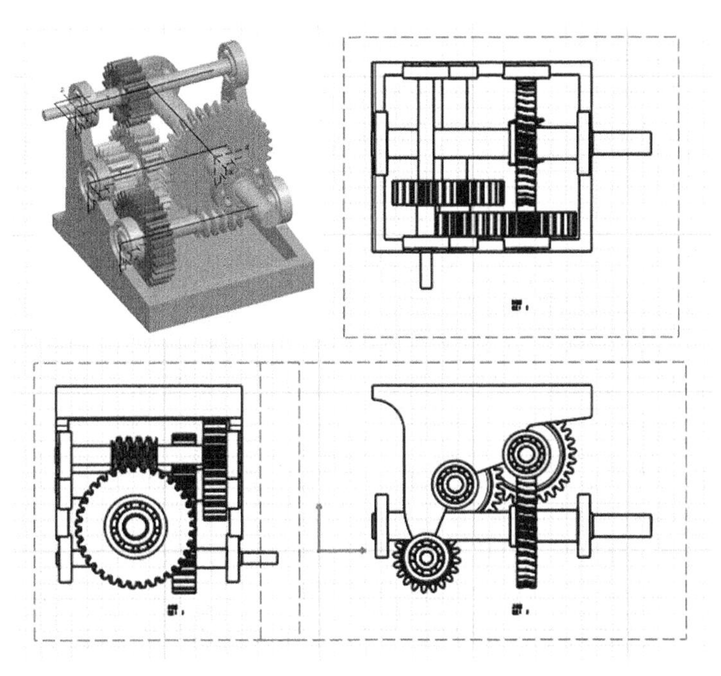

图 11-46 CATIA 自动生成工程图

## 11.2.9 测试题

根据“顶尖座”、“齿轮泵”、“截止阀”、“钻模”等部件的二维视图构建其三维数字模型的题目以及 CAXC 认证考试的模拟试题见第 11 章随书资源包。

# 参 考 文 献


[1] 侯洪生．工程图学教材中传统内容与三维 CAD 融合性的研究．工程图学学报．2008

[2] 侯洪生．三维数字化的工程图学课程体系改革与实践．中国图学新进展．2007

[3] 侯洪生．由二维视图复原三维立体的新方法：工程图学学报．2011

[4] 侯洪生．机械工程图学．北京：科学出版社．2012

[5] 窦忠强．工业产品设计与表达．北京：高等教育出版社．2006

[6] 云杰漫步科技 CAX 设计室．CATIA V5R20 完全自学一本通．北京：电子工业出版社．2011

[7] 林玉祥．机械工程图学习题集．北京：科学出版社．2012

[8] 李苏红．CATIA V5R 实体造型与工程图设计．北京：科学出版社．2008

[9] 孙恒，李继庆．机械原理教程．西安：西北工业大学出版社．2011

[10] 王宁侠．机械设计．北京：机械工业出版社．2011

[11] 刘广武，刘笑羽，陶永兰，冯增铭．CATIA 斜齿轮全参数化曲面法三维数字建模及精度研究．机械设计与制造．2011

[12] 边欣，杨光，陈书军．自顶向下的虚拟装配设计．机械管理开发．2007

[13] 蒋知民，张洪鏸．怎样识读机械制图新标准．北京：机械工业出版社．2010

[14] 尤春风等．CATIA V5 机械设计．北京：清华大学出版社．2002

[15] 丁仁亮．CATIA V5 基础教程．北京：机械工业出版社．2007